[宁夏贺兰山国家级自然保护区
第二次综合科学考察系列丛书]

宁夏贺兰山国家级自然保护区 综合科学考察

主　编 ◎ 王小明
副主编 ◎ 刘振生　李志刚　胡天华

黄河出版传媒集团
阳光出版社

图书在版编目（CIP）数据

宁夏贺兰山国家级自然保护区综合科学考察/王小明主编. -- 银川：阳光出版社，2011.8

ISBN 978-7-80620-908-0

Ⅰ.①宁…Ⅱ.①王…Ⅲ.①自然保护区—科学考察—考察报告—宁夏 Ⅳ.①S759.992.43

中国版本图书馆 CIP 数据核字（2011）第 176846 号

宁夏贺兰山国家级自然保护区综合科学考察　　　　王小明 主编

责任编辑　王　燕　金佩霞
封面设计　石　磊
责任印制　郭迅生

黄河出版传媒集团
阳 光 出 版 社　出版发行

地　　　址	银川市北京东路 139 号出版大厦（750001）
网　　　址	http://www.yrpubm.com
网上书店	http://www.hh-book.com
电子信箱	yangguang@yrpubm.com
邮购电话	0951-5044614
经　　　销	全国新华书店
印刷装订	宁夏雅昌彩色印务有限公司
印刷委托书号	（宁）0009510

开本	787mm×1092mm　1/16
印张	35.25
字数	650 千
版次	2011 年 12 月第 1 版
印次	2011 年 12 月第 1 次印刷
书号	ISBN 978-7-80620-908-0/S·39
定价	118.00 元

序

自然资源、自然环境是人类赖以生存和发展的基础。发展自然保护事业，科学开发利用自然资源，对于维护生态平衡、保护生物多样性、开展科学研究和对外交流、促进经济社会可持续发展等，都具有十分重要的作用。当今世界，由于人口过快膨胀、过度采掘自然资源、片面追求经济增长等，环境问题日渐成为最严重的社会问题之一，引起了全社会的高度关注。加强自然保护、改善生存环境，已是全球共举，势在必行，刻不容缓。

宁夏生态区位重要，东、西、北三面分别被毛乌素、腾格里、乌兰布和沙漠包围，是风沙侵入祖国腹地的通道之一。新中国成立以来，特别是党的十一届三中全会以来，在党中央、国务院的高度重视和亲切关怀下，经过各级各部门的积极努力，宁夏的生态建设取得了显著成绩，特别是自然保护事业有了长足进步。目前，全区已建成森林、草原、湿地、沙生动植物、野生动植物、地质遗迹6大类型的自然保护区13处，面积54.7090万公顷，占全区国土面积的8.24%，初步形成了门类比较齐全、功能比较完善的自然保护网络，对改善全区的生态环境、保护生物多样性发挥着不可替代的作用。

宁夏贺兰山国家级自然保护区，是我区最早建立的森林生态系统类型自然保护区，是银川平原的天然屏障。保护区地跨温带草原与荒漠两大植被区域交界地带，是我国6大生物多样性中心之一的阿拉善—鄂尔多斯中心的核心区域，具有广泛的地域代表性和区域分界特点，在植物学、动物学、生态学、地质学、环境科学及水土保持等研究领域具有特殊重要地位。保护区成立20多年来，在各级各部门的关心支持和广大干部职工的不断努力下，保护区植被覆盖率明显提高，生物多样性得到了有效保护，涵养水源、保持水土、防风固沙、调节气候功能不断增强，为银川平原乃至周边区域的繁荣发展发挥了重要作用。

《宁夏贺兰山国家级自然保护区综合科学考察》一书，内容丰富，资料详实，比较系统地介绍了保护区的科学价值、主要资源和环境状况。本书的出版，将使国内外关注自然保护事业的人士能更加全面地了解贺兰山自然保护区，对于指导保护区的生态建设、资源利用、科学研究与对外交流具有重要的学术价值。希望保护区以此次科学考察为契机，进一步加强生态环境保护、生物多样性保护以及各种资源的保护、研究和利用，为建设祖国西部生态屏障作出贡献。

宁夏回族自治区副主席　郭林海

前 言

　　贺兰山位于银川平原与阿拉善高原之间,北起巴彦敖包,南至马夫峡子,是我国少有的西南—东北走向的山脉,南北绵延 250 km,宽约 30 km,海拔 1 400~3 500 m,最高峰俄博疙瘩 3 556.1 m。山体东侧巍峨壮观,峰峦重叠,崖谷险峻,远观若群马奔腾。岳飞的一曲《满江红》赋予了贺兰山诗一般的雄浑意境,贺兰山因此声名远扬,在众人心目中留下了深刻的印象。这次考察的范围在东经 38°21′~39°22′,北纬 105°44′~106°42′之间。

　　贺兰山在行政区划上隶属于宁夏回族自治区和内蒙古自治区,是两个自治区的分界线,也是中国西北地区的重要地理界线。在经历了近 25 亿年的地史演变之后,贺兰山形成了独特的地形、地貌及地理特征,并在此基础上产生了丰富的生物资源,在我国西北地区具有举足轻重的生态意义,被列为我国 6 大生物多样性保护的热点地区之一,也是我国北方地区唯一的生物多样性中心。贺兰山目前建立了两个国家级自然保护区,一个是宁夏贺兰山国家级自然保护区,着重对贺兰山东坡的自然资源进行保护,面积为 1 935.36 km²;另一个是内蒙古贺兰山国家级自然保护区,着重对贺兰山西坡的自然资源进行科学管理保护,面积 677.1km²。

　　为了更好地保护贺兰山的生物资源,使其生态系统的结构更完善,生态功能的有效性充分发挥,早在 1950 年,原宁夏省人民政府 512 号通令颁布的《贺兰山、罗山天然林保育办法》中就明令"禁牧、禁伐、禁猎";1956年国家林业部根据全国人民代表大会第三次会议92号提案,在全国划定了315个天然森林禁伐区(自然保护区),贺兰山亦被列入其内;1980年国务院108号文件批转的《三北地区防护林纪要》,将贺兰山列为重要水源涵养林之一;1982年7月1日,在宁夏回族自治区第四届人民代表大会第四次会议通过的《宁夏天然森林管理暂行办法》中,明确把贺兰山定为省(自治区)级自然保护区,体现了贺兰山在宁夏回族自治区的重要生态价值;1983年在全国林业系统自然保护区新疆会议上,考虑到贺兰山独特的地理地貌与生物资源,进一步把贺兰山列为全国的重点自然保护区之一;1988年国务院以国发(1988)30号文件正式批准贺兰山为国家级自然保护区,凸显了贺兰山的生态价值在全国的重要性。

宁夏贺兰山自然保护区在1983~1985年进行了第一次全面的综合科学考察,获得了一批有价值的标本与基础数据,推动了保护区的建设与发展。但是,自然资源是具有时空特征的,它与政府的保护力度、当地居民参与保护的意识有着密切的关系。从20世纪90年代起,在国家、自治区有关部门的指导与支持下,宁夏贺兰山国家级自然保护区管理局严格认真执行国家有关保护法规,进一步加大对宁夏贺兰山的自然资源的保护力度,在基础设施、人员培训、自然资源的监测与研究、社区公众教育和国际合作等方面取得了一系列成绩。

为了全面认识保护区的自然资源现状,掌握其变化规律与特征,为宁夏贺兰山国家级自然保护区的有效管理与可持续发展提供科学依据,2007年1月,宁夏回族自治区林业局、宁夏贺兰山国家级自然保护区管理局共同组织,聘请了全国9个科研单位、大学及有关部门30多名专家和科研人员,组成了宁夏贺兰山国家级自然保护区第二次综合科学考察队伍,对贺兰山的地质地貌、气象、水文、植被、森林资源、脊椎动物资源、昆虫资源、社会经济和保护区功能区划等13个方面进行了为期三年的全面、系统的专业考察与研究,获得了大量的科学资料与数据,对贺兰山自然资源动态特征有了更深入的认识与理解。

为了进一步使科学考察资料系统化，宁夏贺兰山国家级自然保护区管理局决定编辑出版《宁夏贺兰山国家级自然保护区综合科学考察》。我们在专项考察报告和宁夏贺兰山国家级自然保护区管理局的科学研究成果与本地资源长期监测数据的基础上，通过集体讨论，明确分工，确定了写作大纲。本书第一章由王小明教授、刘振生教授编写，第二章由郑昭昌研究员、李艳春高级工程师、方树星研究员、梁存柱教授编写，第三章由梁存柱教授编写，第四章由白学良教授编写，第五章由宋刚副教授、孙丽华副教授编写，第六章由刘振生教授、李志军高级工程师、乔征磊讲师编写，第七章由王新谱教授、杨贵军讲师编写，第八章由楼晓钦高级工程师、胡天华高级工程师编写，第九章由赵春玲高级工程师编写，第十章由陈晓军高级工程师编写，第十一章由胡天华高级工程师编写。本书由华东师范大学王小明教授和东北林业大学刘振生教授负责汇总和定稿。

《宁夏贺兰山国家级自然保护区综合科学考察》是多年来国内外专家学者辛勤工作的成果。在此，我们向对宁夏贺兰山国家级自然保护区的发展和研究作出贡献的各级领导、专家学者表示最诚挚的谢意。

《宁夏贺兰山国家级自然保护区综合科学考察》由多学科、多单位的专家共同完成，在文体的写作方式、问题的科学分析等方面存在差异，虽然编写组进行了加工与修改，不足之处仍不可避免，诚望读者批评与指正。

《宁夏贺兰山国家级自然保护区综合科学考察》编写组

2010 年 1 月

目　录

第一章 总 论

1.1 自然地理概况

1.1.1 地理位置

贺兰山坐落于宁夏回族自治区和内蒙古自治区交界处,位于银川平原与阿拉善高原之间,是北温带草原向荒漠过渡的地带,属阴山山系。

1.1.2 地质地貌

1.1.2.1 地质

贺兰山是一座形成较晚却有悠久地质历史的山体。地层除青白口系、志留系、泥盆系外,其余发育比较齐全。太古界和中新元古界的片麻岩、变质碎屑岩和石英岩主要出露在贺兰山北段和中段的南部。下古生界寒武系、奥陶系的石灰岩、砂岩、页岩发育良好,分布广。上古生界则以石炭系与二叠系同等发育为特点,以页岩、砂岩为主,并含有煤层。中生界三叠系广泛分布在北部,侏罗系次之,前者以紫红色砂岩、砾岩、页岩为主,为构成贺兰山中段北部山体的主要地层之一,后者以各种灰色页岩、砂岩为主,是产煤的主要地层之一, 白垩系和第三系都不发育。在山前地带和山间低地广泛分布着第四系冲、洪积物、风积物和山麓堆积物。

1.1.2.2 地貌

贺兰山地貌属于第三级,即地貌基本形态成因类型。它是一条较典型的拉张或剪切拉张型块断山地。由于较高,引起外力地质作用的垂直分带,自上而下可分为寒冻分化山地、流水侵蚀山地和干燥剥蚀山地3个四级类型。每一个四级地貌类型,又根据组成物质的不同,分为若干个五级地貌类型。

贺兰山地形,因受地质构造、干燥剥蚀和流水侵蚀的影响,形成山体突兀、高低悬殊、岭谷相间、山壁陡峭、沟谷深切、地面破碎的特点。自山麓苏峪口 1 400 m 至最高峰俄博疙瘩 3 556.1 m,相差 2 100 m。岭谷多,而且与分水岭垂直,呈东南向羽状平行排列,仅贺兰山中段即有主要沟谷 30 余条,地貌十分特殊。

1.1.3 水文

贺兰山东麓水系属黄河水系黄河上游下段宁夏黄河左岸分区,东麓有大小沟道 67 条,多数沟道为季节性河流,植被较好的沟道常流水径流深可达 20 mm。流域面积大于 50 km² 的沟道有 13 条,大武口沟是贺兰山区最大的河流,流域面积 574 km²。沿山的所有沟道出口海拔高程 1 300 m 以上,受地形地貌及气候影响,沟道水流具有暴涨暴落特性。

东麓区境内,年平均降水量 255.6 mm,其中山地 426 mm,坡地 180.5 mm。每年 11 月至次年 3 月,降水较少,一般占 20%。降水主要集中在汛期 6 月~9 月,分布的特点是海拔越高,分配越均匀,中段 2 000 m 以上的林区,占降水量的 60%~70%,以下至洪积扇地,占降水量的 70%~75%。大武口地区及其以北占 80% 左右。

1.1.4 土壤

宁夏贺兰山自然保护区地形复杂,植被多样。因此,土壤类型也较复杂,可划分为高山土纲、半淋溶土纲、干旱土纲、初育土纲、钙层土纲和漠土纲 6 个土纲,其下属 9 个土类 14 个亚类和 30 个土属。9 个土类分别为高山与亚高山草甸土、灰褐土、栗钙土、棕钙土、灰钙土、新积土、石质土、粗骨土和灰漠土。保护区土壤,特别是中段具有明显的垂直分异,阳坡从下到上大致为山前灰漠土→山麓棕钙土→山地石质土、新积土、粗骨土→栗钙土→亚高山、高山灌丛草甸土;阴坡大致表现为山前灰漠土→山麓棕钙土→山地灰褐土→亚高山、高山灌丛草甸土。从大的土壤带可简化为棕钙土→灰褐土→亚高山、高山灌丛草甸土 3 个带。

1.1.5 气候

贺兰山地处宁夏西北部,属中温带干旱气候区,具有典型的大陆性季风气候特点。冬季受蒙古冷高压控制,寒冷而漫长,夏季炎热而短暂,春季气温回升快,大风及沙尘天气频繁,秋季凉爽。无霜期短,终年雨雪稀少,气候干燥,日照时间长,大雾天气多。据贺兰山高山气象站 30 年(1961 年~1990 年)的观测资料记载,贺兰山年平均气温为-0.7 ℃,极端最高气温为 25.4 ℃,极端最低气温为-32.6 ℃,气温年较差为 26.0 ℃。年平均降水量为 418.1 mm,降水日数为 94 天,大雨(日降水量大于等于 25 mm)以上的降水日数平均为 2.6 天,一日最大降水量达 211.5 mm。降水的季节变化大,平均 6 月~9 月降水量达 260.2 mm,占全年降水量的 62%,是一年中降水量最集中、降水次数最多的时期,也是该地区山洪、泥石流及山体滑坡等地质灾害多发期。贺兰山区春季风大沙多,年平均风速为 7.5 m/s,大风日数达 157.7 天,最大风速为 38.7 m/s,全年主导风向为西北偏西风,出现频率为 29%,其中冬、春、秋三季的主导风向均为西北偏西风,夏季主导风向转为东南偏东风。年平均沙尘暴天气日数为 2.2 天,日照时数为 3 022.8 小时、无霜期为 117.7 天,初霜日出现在 9 月 8 日前后,终霜日出现在 5 月 12 日前后。贺兰山区出现雾及雷暴天气的日数明显高于平原地区,年平均雾日数达到 88.7 天,雷暴日数达到 22.3 天。贺兰山由于山势陡峭、地形复杂,山地气候特点明显。

1.2 自然资源

1.2.1 植被

贺兰山地质历史比较悠久,山地自然条件和植物区系组成复杂多样,形成了山地丰富多样的植被类型。可划分为 11 个植被型,69 个群系。主要包括寒温性针叶林、温性针叶林、针阔混交林、落叶阔(小)叶林、疏林、常绿针叶灌丛、落叶阔(小)叶灌丛、旱生灌丛、草原、荒漠、草甸、水生、沼生植被。贺兰山保护区植被具有明显的垂直分异、坡向分异与水平分异。特别是由于贺兰山海拔较高,植被垂直分异明显且带谱复杂。按植被型,可划分成 4 个植被垂直带:山前荒漠与荒漠草原带→山麓与低山草原、灌丛带→中山针叶林带→高山或亚高山灌丛、草甸带。坡向分异表现在山体内部在同一海拔高度范围内,由于坡向不同,使同一垂直带或亚带内的植物群落有很大差别。贺兰山保护区的南、北、中段植被类型也有明显的差别,各自形成一些特殊群落类型。

1.2.2 野生动植物

1.2.2.1 野生植物

经过系统采集、分类鉴定和订正,宁夏贺兰山自然保护区目前记录到野生维管植物 84 科 329 属 647 种 17 个变种。其中蕨类植物 10 科 10 属 16 种;裸子植物 3 科 5 属 7 种;被子植物 71 科 314 属 624 种 17 个变种。被子植物中有双子叶植物 61 科 248 属 476 种 17 个变种;单子叶植物 10 科 66 属 148 种。维管植物种类以菊科(Compositae)和禾本科(Gramineae)最多,其次是豆科(Fabaceae)、蔷薇科(Rosaceae)、藜科(Chenopodiaceae)、毛茛科（Ranunculaceae）、莎草科（Cyperaceae）、十字花科（Cruciferae）、石竹科（Caryophyllacea）、百合科（Liliaceae）。前20科共有234属489种,占全部属的71.1%,全部种的77.1%;其余64科仅95属148种。

此外,贺兰山还分布有苔藓植物30科81属204种(包括种以下单位,下同),贺兰山东坡共有26科65属142种,西坡共有27科67属162种,其中苔类7科9属11种,藓类植物23科72属193种;大型真菌259种,隶属于16目32科81属。

1.2.2.2 森林资源

保护区土地总面积193 535.68 hm²,其中林地面积191 127.08 hm²,非林地面积2 408.6 hm²;林地中有林地面积18 635.3 hm²,疏林地面积7 829.3 hm²,灌木林地面积8 973.7 hm²,未成林造林地面积343.1 hm²,宜林地面积155 342.88 hm²,辅助生产用地2.8 hm²,森林覆盖率14.3%。保护区活立木蓄积量132.1万 m³,其中林分蓄积127.8万 m³,疏林地蓄积4.3万 m³。

1.2.2.3 野生动物

贺兰山在动物地理区划上属于古北界中亚亚界蒙新区西部荒漠亚区和东部草原亚区的过渡地带。共有脊椎动物5纲24目56科139属218种,其中鱼纲1目2科2属2种,两栖纲1目2科2属3种,爬行纲2目6科9属14种,鸟纲14目31科81属143种,哺乳纲6目15科45属56种。

保护区中属于国家重点保护的脊椎动物有40种,其中Ⅰ级保护动物8种;Ⅱ级保护动物32种。

1.2.2.4 昆虫

宁夏贺兰山昆虫以典型的古北界成分占绝对优势,并且与东洋界区系有明显联系,同时与新北界区系又有一定关联。已鉴定出昆虫有1 025种,隶属于18目165科700属,其中有宁夏新记录280种。优势目是鞘翅目、鳞翅目、半翅目、双翅目和直翅目,5个目的科数占总科数的62.4%,鞘翅目、半翅目、双翅目的种数占总种数74.5%。

1.2.3 旅游资源

贺兰山东麓旅游资源十分丰富,是宁夏东线的黄金旅游线路。在这里有中国各个时期的长城遗址,有古老神奇的冰川地貌、完整的原始森林垂直分布景观、雄伟险秀的山麓地貌、珍稀特有的野生动植物资源,自然景观和人文景观等诸多景观交织辉映,构成了贺兰山东麓旅游资源的精粹。

1.3 社会经济

1.3.1 行政区划及社区人口

贺兰山自然保护区东部的银川平原,是宁夏回族自治区经济社会最为发达的地区之一。截至 2008 年年底,沿山地区及保护区内分布着银川、石嘴山两市,永宁县、贺兰县、平罗县、西夏区、惠农区、大武口区六县区,共有 15 个乡 31 个镇 39 个街道办事处 319 个居委会 462 个自然村。土地面积 17 105.8 km²。有各类法人单位 195 128 个,各类产业活动单位 3 819 个。

沿山地区共有人口 775 165 户 2 388 730 人,户均 3.08 人。人口出生率 10.1‰,自然增长率 5.55‰。人口构成:汉族 1 767 453 人,占比 75.27%;回族 582 663 人,占比 23.27%;其他民族 38 614 人,占比 1.3%。

1.3.2 经济状况

据《宁夏统计年鉴 2008》表明,截至 2008 年年底,沿山地区完成地区生产总值 5 291 500 万元,比上年增长 13.25%,其中,第一产业完成总产值 438 972 万元,占比 5.85%;第二产业完成 4 219 279 万元,占比 60.6%;第三产业完成 2 847 287 万元,占比 33.55%。人均地区生产总值 31 693.5 元,比上年增长 11.7%。完成全社会固定资产投资共计 5 267 922 万元,人均固定资产投资 22 177.5 元。地方财政收入 511 109 万元,人均 2 139.66 元。地方财政支出 947 769 万元,人均 3 967.66 元。城镇在岗职工年平均工资 30 366.5 元,农民家庭人均纯收入 4 899.99 元。人均社会消费品零售额 7 753 元。2008 年年内,实现社会消费品零售总额 1 995 766 万元,比上年增长 22.2%。周边地区及辖区内,有星级住宿单位和限额以上餐饮单位 85 个,从业人员 9 801 人,营业额 70 330.4 万元。

1.3.3 社区事业

保护区周边及辖区内,有铁路、高速公路、国道、省道、民航等较为完善的交通基础设施。以银川为中心的航线到达十余个城市,年客运量 4 894.5 万人,货运量 8 616.4 万吨。邮电业务总量 378 561.7 万元,电话机总数 800 286 户,移动电话用户 1 718 271 户。国际互连网用户 165 118 户。周边地区经济的快速发展,为科技、教育、文化、卫生等各项事业的发展,提供了有力的保障。沿山地区有普通高等学校 11 所,在校学生 84 471 人;中学(含中等专科学校、职业中学、普通中学)170 所,在校学生 230 374 人;小学 335 所,在校学生 210 364 人。有各类卫生机构 684 个,其中医院 90 个,每千人执业医师 2.1 人,共计床位数 11 928 张。

1.4 保护管理

自然保护区建立的宗旨是保护人类赖以生存的自然资源及其复合体。在保护好自然资源的前提下,自然保护区不仅应当成为人们认识自然规律的科学研究基地,而且也应该成为促进当地社会经济与环境协调发展的示范基地,以及开展环境教育宣传和旅游的场所。因此,保护区的范围中不仅包括未破坏的原生性自然资源地段或区域,也应该包括部分已保护开发的地段或区域,不同地段或区域具有不同的保护管理任务与目标。在遵循自然规律和保护生物学原理的同时,将保护区建设成为以保护为主,具有可持续发展功能的、自然与社会协调的示范基地。

1.5 综合评价

宁夏贺兰山国家级自然保护区的建设和发展,不仅具有显著的生态效益和社会效益,尚具有一定的经济效益。这对于促进自然保护区事业和社区经济建设的发展、协调保护与发展的关系,实现资源、环境与经济的可持续发展都具有重要意义。

根据国家环境保护局和国家技术监督局联合发布的《自然保护区类型与级别划分原则》(GB/T14529—93),宁夏贺兰山国家级自然保护区应属于"自然生态系统"类别的"森林生态系统类型"的国家级自然保护区。其主要的保护对象是自然生态系统及其生物多样性;珍贵稀有动植物资源及其栖息地,特别是珍贵稀有树种和马鹿、岩羊、马麝等珍稀濒危动物及其栖息地;以青海云杉为主的水源涵养林,以及体现森林植被垂直带分布的典型自然地段;不同自然地带的典型自然景观。

第二章 自然环境

2.1 地理位置

贺兰山位于宁夏回族自治区和内蒙古自治区交界处,坐落在北温带草原向荒漠过渡地带,位于银川平原与阿拉善高原之间,构成银川平原的天然屏障。贺兰山山势呈西南东北走向,南北长约250 km,东西宽20~40 km,绵延200余km,中部峰峦重叠,沟谷狭窄,地形险要,两端坡缓而干旱,海拔一般为2 000~3 000 m,主峰俄博疙瘩位于主分水岭西侧,海拔3 556.1 m。习惯上把贺兰山分作南、中、北三段,三关口以南为南段,三关口至大武口间为中段,大武口以北为北段。

2.2 地质

2.2.1 地质变迁

贺兰山历史悠久,构造复杂,尤以煤和非金属矿产资源颇丰,众多独特的地质遗迹对于研究和解决某些国内地质理论问题具重要意义。更兼贺兰山地处我国东西构造域交界的重要位置,被地质学界普遍关注。

迄今,贺兰山经历了近25亿年的地史演变,可谓饱经沧桑!自太古代,经元古代、古生代、中生代、新生代,各地史阶段都留下了丰富的地质遗迹,接受了总厚逾40 000 m的沉积。

在遥远的太古时期,地球尚处在初期阶段。贺兰山地区还是一片浩瀚烟海,沉积了厚逾万米的碎屑岩夹少许火山岩。大约在25亿年和20亿年时,经受强烈区域变质作用,形成了一套由片麻岩、变粒岩和各种混合岩组成的高一中级角闪岩相的变质岩系,从而固结成为贺兰山的结晶基底,也是构成华北地块的一部分。

分布在黄旗口一带的黑云母斜长花岗岩体,在贺兰山地史中占有显赫位置。它产于古元古代末期(吕梁期),有约 17 亿年的高龄,是古、中元古代之间的一次重大热构造事件之产物,具有重要地质意义。该岩体呈岩基状产出,出露面积约 81 km²。此乃贺兰山区(宁夏部分)仅有的一处较大的花岗岩体,故成为贺兰山的"宠儿"。以它特有的结构构造及其形成的地形地貌特征,怪石嶙峋、千姿百态,构成一道靓丽的风景线。

自中元古代早期(距今约 16 亿年),这里开始裂陷,成为一个近南北向的裂陷槽,称"贺兰拗拉槽",贺兰山区随之沦为大海。

中元古代早期(长城纪),贺兰山区为陆表性的滨海,沉积了巨厚的碎屑岩夹少许碳酸盐岩,构成了长城系黄旗口组。该地层呈角度不整合覆于太古界变质岩和元古界花岗岩之上。分上、下两段:上段为厚层石英岩夹板岩和含叠层石燧石条带白云岩,厚 13~245 m;下段为乳白、紫红、砖红色石英岩,其下部夹有一层暗紫色粉砂质泥质板岩(这就是著名的贺兰石),底部为含砾粗粒石英岩,厚 10~138 m。此时出现贺兰山区最古老的低等植物化石——微体古植物 *Leiominuscula orientelis*(东方光面小球藻)、*Trematosphaeridium*(穴面球形藻)、*Trachysphaeridium cultum*(薄壁粗面球形藻)、*Leiopsophosphaera minor*(小光球藻)、*Taeniatum crassum*(厚带藻)等。

该地层内之石英岩是具有巨大经济价值的优质硅石矿,颇具规模,是我区优势矿种之一。带有绿彩的暗紫红色粉砂质泥质板岩则是久负盛名的工艺原料——贺兰石。

本地层厚而坚硬,构成贺兰山的肩膀。经大自然的雕琢,常形成奇峰妙峦,有的宛如"白衣秀士",有的则俨然"紫袍将军"。小口子(滚钟口)的"笔架山"就是由它塑造而成的。近来又发现含铁质的石英岩,随着铁的多寡与分布,形成了"落霞""彩云""串珠""群峰"等图案,变幻无穷,成为颇有价值的观赏石。本地层是含铁较集中的层位,已构成低品位的铁矿,其价值不容忽视。

中元古代晚期(距今约 13 亿年)的蓟县系王全口组与上述黄旗口组相伴出现。为厚及千米的中厚层白云岩、燧石条带白云岩、石灰岩夹石英岩。含微生物岩之叠层石:*Conophyton garganicus*(加尔加诺锥叠层石)、*Jacutophyton*(雅库特维叠层石)、*Colonella*(柱状叠层石)、*Conophyton wangquangouensis*(王全沟锥叠层石)、*Conophyton ocularoides*(眼状锥叠层石)等和 *Margominuscula*(厚壁小球藻)、*Leiopsophosphaera solida*(坚壁光球藻)、*Leiominuscula*(光面小球藻)等微体古植物化石。其底部海绿石砂岩的钾氩测年值为 12.89 亿年。

这一地层的巨厚硅质白云岩,致密坚硬,构成贺兰山的脊梁,屡形成奇峰绝壁。苏峪口青松岭的重重峰峦,樱桃沟的绝壁峡谷皆由这一地层塑造。其中之优质白云岩,是冶炼金属镁和冶金化工矿产原料。随着地质勘查工作的深入开展,其价值将日显突出。

新元古代早期,贺兰山区抬升为陆地,遭受剥蚀。至新元古代末期的震旦纪(距今约 7 亿年)时,这里经受构造变动之后,地形崎岖,高差悬殊,气候寒冷,遂在山麓海滨发育冰川,形成一系列与冰川作用有成因联系的岩石,这就是著名的贺兰山震旦系正目观组。这一冰川作用是贺兰山区地史中的重大事件,它所留下的正目观组是一典型而稀有的地质遗迹。它仅分布于贺兰山中段的苏峪口—正目观—黄旗口—紫花沟一带,露头很少,更显珍贵。

经宁夏地质学者的研究,对这一地层的分布范围、厚度变化、岩性岩相特点、沉积作用、沉积环境、地球化学特征、古纬度、所含古生物及矿产等诸方面都有了完整而全面的了解。查明了它以平行不整合伏于寒武系之下,以角度不整合覆于蓟县系之上,有确定的空间层位,鲜明的特征。其下部是杂砾岩,厚 7~144 m,向上过渡为含砾板岩和板岩,厚 8~161 m,构成一个完整的沉积旋回。经过深入研究,确认其杂砾岩是与冰川作用有成因联系的冰碛砾岩,黑色板岩则是较深水安静滞流环境的沉积。确认其时代为震旦纪晚期(距今约 6.6 亿年),属山麓岸边冰川。当时苏峪口一带的古纬度为 35.8°。并总结出它的两种沉积模式——冰沟型简单式、兔儿坑型复杂式。这些资料已载入英国剑桥大学 1994 年出版的《地球古冰川记录》一书中,引起中外有关学者的瞩目,许多专家专程前来考察,从而提高了贺兰山的知名度。

值得特别提及的是,在贺兰山震旦系正目观组的上部暗色板岩中含有丰富的蠕虫动物的遗迹化石(有学者认为这就是动物的实体化石)。这是宁夏地区迄今为止发现最古老的动物遗迹(或动物本身化石),距今约有 6.5 亿年的历史。它与国际上著名的"埃迪克拉动物群"同期。我们对贺兰山的这一动物群暂时命名为"贺兰山动物群"。毋庸置疑,这的确是典型而稀有的地质遗迹。当然,它还有待进一步做专题深入研究,以期能有重大突破。

经中国地质大学著名遗迹化石专家杨式溥教授和宁夏国土资源厅郑昭昌教授研究认为,这些震旦纪的遗迹化石主要是蠕虫动物在沉积层面附近形成的潜穴牧食迹和它们的粪粒。代表了较深水和安静滞流的低能环境。大量的蠕虫动物得以充分繁衍生息,方可留下如此丰富的化石。主要遗迹化石有 *Helanoichnus helanensis*(贺兰贺兰迹)、*Ningxiaichnus suyukouensis*(苏峪口宁夏迹)、*Neonerietes uniserialis*(单列新砂蚕迹)、*Parascalarituba ningxiaensis*(宁夏原始梯管迹)、*Taenioichnus zhengmuguanensis*(正目观带状迹)、*Ningxiaichnus minimum*(小形宁夏迹)等。

此外,该地层中还含有 *Bavlinella faveolata*(蜂巢巴甫林藻)、*Micrhystridium*(微刺藻)、*Trachyminuscula*(粗面小球藻)、*Leiominuscula*(光面小球藻)、*Taeniatum crassum*(厚带藻)等微体古植物化石。

进入古生代(距今 5.5 亿~4 亿年),贺兰拗拉槽进一步发展,并逐渐扩大成为广阔的边缘海,鼎盛时期发展成为拗拉谷。

贺兰山区的寒武系发育良好,上、中、下三统俱全,总厚 1 300 余 m,由各类碳酸盐岩并少许砂页岩构成。与下伏震旦系呈平行不整合接触,与上覆奥陶系则为连续整合关系。

苏峪口一带是本区寒武系发育最好的地方。剖面完整、出露清晰、化石丰富。其研究程度最高,是华北地台西缘寒武系颇具代表性地方,层型剖面即在此地(即所称的标准剖面)。站在苏峪口国家森林公园北眺,只见岩层飞舞,重峦叠嶂、峭壁悬崖,宛如道道屏幕,悬于天际。这便是寒武系的宏观容貌。

早寒武世中期阶段(沧浪铺期,距今约 5.4 亿年),海水沿华北古陆西南边缘自东南向西北发生海侵,海水经由现在的河南省临汝—陕西省的陇县—甘肃省的平凉—宁夏同心青龙山北上,直达贺兰山苏峪口一带。在古陆边缘狭长地带,海之滨岸浅滩沉积了厚约 39 m 的含磷碎屑岩,这就是今日的苏峪口磷矿。这段地层也被命名为"苏峪口组",相当于河南的"辛集组"。

早寒武世晚期阶段(龙王庙期),海水范围与中期相同,但环境已变为泻湖相。沉积了 47 m 的藻灰岩、白云岩、含藻灰结核的白云岩及薄层泥质灰岩。其中之白云岩是具工业价值的矿产。这就是"五道淌组"。

至中寒武世早期阶段(毛庄期),海侵扩大,海水漫及贺兰山区南达紫花沟,北至王全沟、乌达,乃至内蒙的岗德尔山一带。在广阔的潮坪环境下,沉积了厚 40 余 m 的页岩、薄层泥质灰岩和深灰色微生物岩(藻礁灰岩)及核形石灰岩。

中寒武世中期(徐庄期)阶段,海侵迅速扩大到整个贺兰山区。海水随之加深,其环境也由潮坪渐变为鲕滩环境,呈现典型高能的鲕粒滩相。接受了厚 200 余 m 的鲕粒灰岩、生屑灰岩及薄层泥晶灰岩及少许页岩的沉积。

中寒武世晚期(张夏期)阶段,海水达到空前规模,是寒武纪海侵的鼎盛时期。届时,宁夏全区皆沉沦海底。东边的鄂尔多斯古陆也仅只东胜一带露出水面成为孤岛。海水随之加深,呈现陆棚环境,沉积了厚约 500 m 的竹叶状灰岩(砾屑灰岩),风暴特征明显、砂屑灰岩、生屑灰岩及薄层泥晶灰岩、泥质条带灰岩等。大量风暴岩的呈现,昭示当时贺兰山区处在距赤道不远的低纬度区。

进入晚寒武世早期(崮山期)阶段,海水范围、沉积相及岩石等古地理轮廓,基本继承了前一阶段(张夏期)的情况。但是,海侵顶峰已过,已是海退过程的开始,海水开始回落。苏峪口一带有 111 m 厚的各类石灰岩的沉积。

晚寒武世中期(长山期)阶段,已明显发生海退,海域变小,海水渐浅。气候亦趋燥热,也由前一阶段(崮山期)的陆棚相、滩相转变为潮坪相,沉积了厚 190 m 的紫红色竹叶灰岩(为异地风暴岩)、砂屑颗粒灰岩、白云岩、薄层泥晶灰岩等。

至晚寒武世晚期(凤山期)阶段(距今约 5 亿年),海侵范围急剧缩小,海水更趋变浅,呈现典型的泥坪和泥云坪环境,接受了厚 166 m 的含藻白云岩、颗粒白云岩、薄层泥晶灰岩及少许砾屑灰岩的沉积。

整个晚寒武世是一个不断海退的过程,及至晚寒武世末期,海水范围缩小到与中寒武世早期(毛庄期)相似的情况,古地理特征亦大体相同。

综上所述,可以看出,整个寒武纪贺兰山区的情况是:自早寒武世中期开始并持续海进,海水范围逐渐扩大。中寒武世末期(张夏期)达到最大海侵,海水漫及宁夏全区。此后,海水逐渐回落,进入海退并持续发展,至晚寒武世末期,达到最低点。从而构成一个完整的海进、海退过程。与这一过程相伴的沉积物也构成了一个完整的沉积旋回。

寒武纪是三叶虫的时代,它曾盛极一时,统治了整个海洋。毫不例外,贺兰山区的寒武系中亦曾伴有丰富的三叶虫。它随着时间和环境的变迁,其种群亦做迅速地演化,从而形成了丰富多样的三叶虫动物群。

自 20 世纪 50 年代以来,地层古生物学者在该区的寒武系中已发现大量三叶虫化石,鉴定出了 50 多个属、种,并确认这一三叶虫动物群属于华北类型。摘代表者列述如下。

上寒武统(自上而下)

Paracalvinella cylinaria(柱状付卡尔文虫)

Tsinania(济南虫)

Pagodia(宝塔虫)

Chuangia helanshanensis(贺兰山庄氏虫)

Lioparia punctata(有疹光颊虫)

Blackwelderia tenuilimbata(窄边蝴蝶虫)

Blackwelderia fortis(强壮蝴蝶虫)

Cyclolorenzella normalis(平常劳伦斯虫)

Drepanura(蝙蝠虫)

中寒武统(自上而下)

Damesella(德氏虫)

Taitzuia(太子虫)

Poshania(博山虫)

Crepicephalina(小裂头虫)

Bailiella(毕雷氏虫)

Inouyia capax(宽井上虫)

Sunaspis(孙氏盾壳虫)

Probowmania(原波曼虫)

Shantunaspis(山东盾壳虫)

下寒武统(自上而下)

Ningxiaspis ningxiaensis(宁夏宁夏盾壳虫)

Bergeroniellus(鲍格郎氏虫)

Bergeroniellus (shifangia) helanshanensis(贺兰山石坊虫)

Hsuaspis(许氏盾壳虫)

在距今 5 亿~4.5 亿年时,进入奥陶纪。由于晚寒武世末期的大规模海退,导致鄂尔多斯广大地区缺失晚寒武世末期至早奥陶世早期的沉积。又是大自然的恩赐,唯贺兰山这块圣地保留了寒武纪至奥陶纪的连续沉积。

贺兰山区不仅有完整多样的早、中奥陶世的沉积物,而且伴有丰富多彩的古生物化石、更兼是华北西部生物地层研究最清楚的地区,从而使得贺兰山的奥陶系又成为科研、教学、地质旅游的又一耀眼的亮点。

　　该区下奥陶统为古华北碳酸盐台地的西缘,是稳定型沉积,具有一系列浅水沉积特征,如潮道沟、潮坪的纹层和透镜状构造等。早奥陶世末,贺兰拗拉谷渐趋活跃,产生了一系列近南北向同生断裂,随之深陷,中奥陶世拗拉谷达到鼎盛时期构成秦祁贺三叉裂古的一个分支。这是贺兰山地史中极为壮观的一页。随之在拗拉谷内接受了巨厚复杂的大陆边缘斜坡相海底扇重力流沉积,具有完好的鲍马序列及滑塌特征。并含有深、浅水交互混生的生物群。具有陆源重力流(浊流)与碳酸盐重力流(崩塌角砾岩)混合交替特征。

　　经过地层古生物学者多年的研究,现已查明了贺兰山区奥陶系的纵向地层序列和横向岩相序列,建立了地层层序,树立了沉积模式,建立起古生物化石带。

　　自上而下,列述如后:

中奥陶统

　　银川组(O₂y):深水海盆相陆源浊积岩夹碳酸盐碎屑流沉积组合,厚1 500 m。

　　Protopanderodus insculptus(蚀刻原潘氏牙形石)带。

　　山字沟组(O₂s):深水海盆相陆源浊积岩夹碳酸岩质砾屑灰岩沉积组合,厚大于1 000 m。

　　Nemagraptus–Dicellograptus(丝笔石–叉笔石)组合。

　　樱桃沟组(O₂y):大陆斜坡相重力流沉积组合,厚141~1 778 m。

　　Amplexograptus deceratus amplexograptoides(围笔石状装饰围笔石)带;

　　Cordylodus horridus–Periodon aculeatus(突出肿牙形石–刺状围牙形石)组合。

下奥陶统

　　中梁子组(O₁z):陆棚碳酸盐台地沉积组合,厚128~538 m。

　　Tangshanodus tangshanensis(唐山唐山牙形石)带;

　　Aurilobodus leptosomatus–Loxodus dissectus(薄体耳叶牙形石–分离斜牙形石)带;

　　Wutinoceras(五顶角石带)。

　　前中梁子组(O₁q):陆棚相含硅质碳酸盐沉积组合,厚191~381 m。

　　Serratognathus–Bergstroemognathus(锯颚牙形石–伯氏颚牙形石)组合。

　　下岭南沟组(O₁x):潮滩相含藻碳酸盐沉积组合,122~133 m。

　　Scolopodus opimus–Glyptoconus quadraplicatus(肥大尖牙形石–正方雕刻牙形石带);

　　Rossodus manitouensis(马尼托罗斯牙形石带);

　　Scolopodus primitivus(原始尖牙形石带)。

应特别指出的是贺兰山奥陶纪的石灰岩,尤其是优质化工灰岩,是水泥、化工、冶金、陶瓷、制糖工业的原料。具有质优量多的特点,是宁夏又一优势矿种。

至晚奥陶世(距今约 4.5 亿年),随着华北古老地块的总体上升,贺兰山地区亦抬升为陆,结束了拗拉谷的生命。这一状况一直持续到泥盆纪末(距今 4.5 亿~3.5 亿年)。

早—中石炭世(距今约 3.4 亿年),贺兰海槽再度活动,发生海侵,祁连海与华北海在贺兰山地区沟通,呈现滨海沼泽和海陆交互环境。当时气候温暖湿润,植被繁茂,生机盎然,动植物竞相繁衍,地层中保留了丰富的化石。已发现的植物化石有 *Sphynophyllum*(楔叶)、*Pecopteris*(栉羊齿)、*Neuropteris ovata*(卵形脉羊齿)等。还有特别珍贵的动物化石 *Reticuloceras reticulatum*(网纹网纹菊石)、*Mensteroceras*(敏斯特菊石)、*Sttafella*(斯塔夫虫)、*Quasifusulina cayeuxi*(凯佑氏似纺锤虫)、*Pseudoschwagerina*(假希瓦格䗴)、*Schwagerina*(希瓦格䗴),以及 *Linoproductus*(线纹长身贝)、*Marginifera himalayaensis*(喜马拉雅围脊贝)等等。

晚石炭世末(距今约 2.9 亿年),本区海水最终退出,成为陆地。

石炭纪是全球性的成煤期。本区石炭纪所形成总厚近千米的地层浑身都披着灰黑色的外装,一看就知道它与煤炭有着紧密联系。确是如此,贺兰山区的石炭井、石嘴山、沙巴台、乌达等地都是重要的煤炭基地,都曾在宁夏的经济发展中发挥重要作用。

进入二叠纪(距今 2.9 亿~2.4 亿年),贺兰山中段地区均匀沉降,演变为内陆河湖环境。在响水至大武口一带形成大型河湖盆地,接受了厚及千米的陆相碎屑沉积。当时气候由温暖湿润渐变为炎热干旱,而且是交替呈现,导致灰白、黄绿、灰黄、紫红、灰绿等杂色岩层相间互层,十分醒目。其中含有植物化石 *Annularia stellata*(星轮叶)、*Cordaites schenkii*(疏脉科达)、*Tingia carbonica*(华夏齿叶)、*Lepidodendron oculusfelis*(猫眼鳞木)、*Annularia orientalis*(东方轮叶)、*Pecopteris anderssenii*(镰刀栉羊齿)、*Lobatannularia*(瓣轮叶)、*Yuania styiata*(卵叶)、*Neuropteris ovata*(卵形脉羊齿)、*Sphynophyllum costae*(截楔叶)、*Emplectoteris triangularia*(三角织羊齿)及 *Florimites*(孢粉化石周翼粉)、*Cordaitina*(科达粉)等等。

在北武当小曲子沟发现的科达树古植物化石(硅化木),它是一根长及 8 m、直径在 1 m 左右的树干。埋藏于下二叠统的浅灰色厚层中粗粒云母长石石英砂岩中。它原本是早二叠世(距今约 2.8 亿年)的科达树,死亡迅速埋藏后,在漫长的地质历史中,树木之有机成分逐渐被硅质(并有少许钙质、铁质),但仍保存了树木的原有结构构造(如年轮等)与外形,故称"硅化木"。经地质变迁,这些硅化木又暴露于地表,重见天日,遂展现于世人面前。

由于地壳造山运动,使这些原本是河流、湖泊中形成的水平岩层,凌空崛起,岩层直立,铸成今日之险峰和峡谷的壮观地貌,真可谓"河湖凌空、峰峡兼存"。由紫红、灰绿、灰白、黄绿色条带鲜明的陡立岩层形成的条条彩带、悬于天际,构成一道靓丽的风景线。这一景致在贺兰山东麓的大水沟、汝箕沟、大峰沟、龟德沟等沟口俱有呈现。

三叠纪(距今 2.4 亿~2.1 亿年)承袭了二叠纪的古地理面貌,并进一步发展为大型湖盆地,在贺兰山中段叠置于老地层之上。周边并有许多河水注入湖盆。在数千万年的时间里,湖盆中快速沉积了巨厚(总厚逾 4 000 m)的黄绿、灰绿夹紫红色之砾岩、各类砂岩、粉砂岩及页岩。其上部呈现较多黑色页,昭示湖盆晚期气候温湿、植被茂密、沉积速率缓慢,湖盆即将封闭结束。其中含植物化石 *Danaeopsis fecunada*(多实拟丹尼蕨)、*Glossophyllum shansiensis*(陕西舌叶)、*Cladophlepis stenophylla*(狭叶枝脉蕨)、*Neocalamites*(新芦木)、*Coniopteris*(锥叶蕨)及双壳类化石 *Utschamiella*(乌哈姆蚌)、*Tutuella*(图士蚬)等。

由于本区之三叠纪地层厚度大,巨厚的砂砾岩层致密坚硬,经多次造山运动之后,形成陡峭山峰,耸入云端,直指苍穹。贺兰山 3 000 m 以上的山峰大都由它构成。3 556.1 m 的主峰(俄博疙瘩)就是由它塑造而成的。可以说,是它构成贺兰山高昂的头部。贺兰山东麓各个沟口、要隘均见灰绿色雄浑巍峨的山体,沿沟望去,崇山峻岭、峭壁嶙峋;沟口两侧,各有巨石盘踞,犹如狮象把门,俨然道道雄关、重重要隘,这就是三叠系巨厚砂砾岩之容貌。

天工还将它塑造出许多颇具观赏价值的景点,如天生桥、双乳峰、巨石蛙、幽谷水潭等等。更有一系列具科研价值的地质遗迹,如各种形式的褶皱、大型板状斜层理、包卷层理、底模等等。

三叠纪末期的印支运动,使贺兰山总体上升,结束了三叠纪的湖盆环境。

演化至侏罗纪(距今 1.9 亿~1.4 亿年),贺兰山的陆相湖盆地急剧缩小,仅限于中段的汝箕沟、大峰沟、古拉本、二道岭一带,呈现为山间盆地,沉积了厚约 3 000 m 的河湖相碎屑岩含煤建造。

早—中侏罗世,气候温暖湿润、植被繁茂、生机盎然,汝箕沟一带呈现湖泊沼泽环境,在灰黑色的地层中孕育了极为丰富的煤炭资源,经过变质后,成为享誉中外的优质

"太西煤"。它为宁夏人民奉献出光和热。

该地层中含有早—中侏罗世著名的锥叶蕨-拟刺葵植物群。其代表化石有 *Coniopteris*（锥叶蕨）、*Ginkgoites*（银杏）、*Phornicopsis*（拟刺葵）、*Cladophlepis*（枝脉蕨）、*Podozamites*（苏铁杉）、*Pityophyllum*（松型叶）、*Baiera*（拜拉）、*Desmiophyllum*（带状叶）等等。

中侏罗世虽继承了早—中期的古地理古气候环境，但气候渐趋干燥，沉积物随之变粗，成煤的沼泽环境已不复存在，这是一个漫长的渐变过程。

晚侏罗世，盆地急剧缩小，仅只二道沟和雀台沟一带接受沉积，为干燥炎热气候环境下的山间盆地内的红色粗碎屑磨拉石建造。昭示着重大的地壳变格即将到来。

晚侏罗世末（距今约 1.4 亿年）燕山运动Ⅰ幕的影响，由于推挤作用产生一系列近南北向的褶趋冲断推覆带，使贺兰山总体上升，褶皱冲断成山，造就了贺兰山的雏形。从而结束了中生代大型陆相盆地的环境。

造山期后的白垩纪（距今 1.4 亿~1 亿年），仅在贺兰山东西两侧山前地区的庙山湖、塔塔水、南寺一带形成小型的内陆湖相沉积。其下部属干旱气候条件下的盆地边缘山麓洪流堆积，为紫红色纵横向变化极快的复成分砾岩，厚 500 余 m。上部演化为较温暖条件下的内陆湖相细碎屑夹淡水碳酸盐沉积，厚 340 多 m。富含腹足类、双壳类、轮藻、介形虫等门类化石，主要有 *Lioplacodes*（平滑螺）、*Cypridea*（女星虫）、*Metacypris*（圆星虫）、*Mongolianella*（蒙古虫）、*Lycopterocypris*（狼星虫）、*Ziziphocypris*（枣星虫）、*Sphaerium*（球蚬）等。上述化石的时代为早白垩世。

早白垩世末的燕山运动Ⅱ幕（主幕）不仅造成了上白垩统和古近系古新统的缺失，而且使贺兰山凌空崛起，巍然屹立，姿态峥嵘。

地史演化到新生代的古近纪和新近纪（即第三纪）（距今 0.65 亿~0.24 亿年），仅在贺兰山东西两麓零星堆积有由砾岩、砂岩、泥岩组成的陆相红色粗碎屑建造，构成起伏的山前丘陵地带。

新生代的喜马拉雅运动（距今约 0.24 亿年）使贺兰山进一步急剧上升，银川地堑猛烈下沉，终铸成今日之势。

2.2.2 地貌特征与类型

2.2.2.1 地貌特征

今日贺兰山之容貌是长期以来内、外地质应力综合作用的直观表现。其中内应力为主,外应力仅为修饰。

贺兰山是一条北东东向典型的拉张型外倾式断块山地。东西两麓皆为巨大的正断层所限,断层面倾向外围盆地,呈垒堑式构造格局。

贺兰山地貌总体上呈东仰西倾的态势,分水岭偏于山体东侧,其顶面较为平坦,两坡斜面不对称。西坡长而缓、沟谷较小,最大相对高差1 556 m。山前以下白垩统为基座的洪积台地颇为醒目。台地之外是洪积倾斜平原,继之则为沙漠。形成山地–台地–洪积倾斜平原–沙漠的过渡模式。东坡则短而陡,沟谷幽深,最大相对高差达2 056 m。呈巍峨之山势、陡峻之山坡;断崖壁立、峭石嶙峋的壮观景象。然后,急转而下,达于平地。紧接是由巨厚的为大块漂砾所构成的洪积扇、洪积裙,呈花边样的整齐美观地系于贺兰山前,从而形成山地与平原的直接过渡。

由于岩石性质的差异和内、外应力作用的不同,致使贺兰山北、中段地貌形态上存在着显著差异、各具特点。

北段东坡山体最宽处约21 km,海拔不超过2 000 m。主要由太古代各类变质岩构成,其边缘见少许寒武纪、石炭纪地层分布。由于岩石较为松软,物理风化极为强烈,多形成浑圆的山体和球状风化之地貌形态。最北端伏于乌兰布和沙漠。

中段则是贺兰山的主体部分,构成贺兰山坚厚的胸膛和高昂的头部。这也是贺兰山自然保护的主体地段。其海拔大都高逾2 000 m,最高峰俄博疙瘩(主峰)3 556.1 m即在此段中部略偏南处。这里主要由元古代、古生代及中生代地层构成。岩层巨厚而坚硬,形成庞大而雄浑的山体、陡峻的山峰、层峦叠嶂、峭岩危耸、深沟峡谷、峰谷并存的地貌景观。在海拔2 000 m上下,有一夷平面,呈现出一段相对平缓的山坡,出现小型山间洼地或山间台地。山坡上风化物较厚,乃至呈现小型山间积水洼地。

中段东坡南窄北宽,最宽处达21 km。以苏峪口为界,向南宽度不足14 km,山势较缓;向北则山体较宽,至汝箕沟一带,宽逾20 km。

这里元古界有丰富的硅石和白云岩资源;古生界有储量巨大的优质石灰岩矿产;中生界则孕育着质优的煤炭资源。这些都是宁夏的优势矿种。

贺兰山中段地形具有明显垂直分带现象,呈"阶梯状",自下而上呈现了三个不同的地貌类型。阶面海拔1 500~2 000 m为干燥剥蚀山地,2 000~3 000 m为流水侵蚀山地,3 000~3 556 m为寒冻风化山地。这种阶梯状地形皆由断层分割所致。例如汝箕沟至大武口沟,山体被两条北东向正断层切割,形成三级阶梯,海拔分别为2 000 m、2 300 m、2

500 m,高差分别是 800 m、300 m、200 m。再如大甘沟之南,山体被两条北东和北北东向正断层切割,其东盘呈叠瓦式下降,形成高差 500 m 以上的三级阶梯,海拔分别为1 400~1 600 m、2 000~2 300 m、3 000 m 左右;再如三关断裂带之北侧山体海拔为 2 400~2 500 m,而南侧陡然下降至 1 800~1 900 m,形成北西向高差达 600 m 的两级阶梯。

贺兰山东坡之沟谷,垂直分水岭呈南东向平行梳状排列,消失于山前洪积倾斜平原。常年流水者和间歇干沟兼有,前者除洪水季节,皆为涓涓细流。主要沟谷纵坡降值有明显的陡缓变化(表2-1),并显多级峡谷。峡谷往往与沟谷纵坡降值较陡段落一致。如苏峪口沟与

表 2–1　贺兰山东坡不同高程河床纵坡降对照

沟名	坡降陡缓	缓	陡	缓	陡
大水沟	纵坡降值	0.0359	0.1071	0.05	0.2917
	标高(m)	1200~1750	1750~1800	1800~1950	1950~3000
苏峪沟	纵坡降值	0.0462	0.08	0.0714	0.2551
	标高(m)	1400~1700	1700~1900	1900~1950	1950~3200
百寺沟	纵坡降值	0.0526	0.125	0.0652	0.1837
	标高(m)	1400~1500	1500~1600	1600~1750	1750~2650
甘沟	纵坡降值	0.0526	0.1	0.0833	0.2111
	标高(m)	1500~1700	1700~1800	1800~1900	1900~2850

甘沟的两级峡谷地段与(表2-1)中所列沟谷纵坡降值较陡段落重叠。颇有意义的是,峡谷地段或沟谷纵坡降值较陡段落每每有断层切过。大致在海拔 1 800~2 000 m 处,几乎所有沟谷的纵坡降值都有明显的变化,而且在这个高度内,恰恰是贺兰山东坡发育最普遍的一级阶梯。

综上所述,贺兰山东坡之山体展布、山麓断层崖、断层三角面、阶梯状地形、沟谷纵坡降值的陡缓变化以及峡谷的分布等等,皆与断裂有关,这充分体现了断块山地之特点。

2.2.2.2　地貌类型

在地貌基本形态成因类型的等级序列中,贺兰山地属于第三级。它是一条较典型的拉张或剪切拉张型块断山地。由于它的较大高度,引起了外应力地质作用的垂直分带,因而自上而下可以分为寒冻风化山地、流水侵蚀山地和干燥剥蚀山地三个四级类型。每个四级地貌类型又据组成的物质再细分为若干五级地貌类型。

(1)寒冻风化山地

其特点是海拔高 3 000~3 500 m,寒冻风化强烈,冰融现象明显。每年 11 月至翌年5 月处于积雪冰冻期。沟谷切割深度在 500 m 左右,纵坡降值大。根据物质成分可划分

为碎屑岩构成的寒冻风化山地和碳酸盐岩构成的寒冻风化山地两种类型。前者山体由砾岩、砂岩及少许页岩构成,山脊呈梳状;后者山体由石灰岩、白云岩及其过渡型岩石构成,多呈锯齿状山脊。当岩层倾向与坡向一致时,多呈直线状或突状山坡,相反时,则为悬崖峭壁。且屡见倒石堆。

（2）流水侵蚀山地

海拔 2 000~3 000 m 范围内,是贺兰山次生天然林的主要分布地区。年降雨量一般达 420 mm,流水侵蚀强烈。山坡陡峻,沟谷呈"V"字型,切割深度达 500~1 000 m,峡谷幽深,纵坡降值大。

（3）干燥剥蚀山地

该地貌单元(海拔 1 500~2 000 m)内,基岩裸露,年降雨量约 200 mm,物理风化强烈,岩石的残坡积碎屑发育。沟谷宽缓,纵坡降值较小,切割深度 500~800 m。一般发育有 I－II 级阶地。碎屑岩山地呈梳状,碳酸盐岩山脊多为锯齿状。小口子—黄旗口—百寺口(拜寺口)一带之花岗岩区山脊则呈浑圆状。

（4）山前洪积倾斜平原–洪积扇、洪积裙

贺兰山东坡沟道颇为发育,多数自西而东延伸,呈梳状分布。共有大小沟道 180 余条。其中三关至苦水沟之间有主要沟道 21 条。具代表性的有三关口、榆树沟、甘沟、大口子沟、黄旗口沟、拜寺口沟、苏峪口沟、贺兰口沟、插旗口沟、大水沟、汝箕口沟、大峰沟、龟头沟、石炭井沟、大武口沟、苦水沟等。皆系黄河水系的外流区。其中最大者为大武口沟,集水面积为 574 km²。沟道一般在中、上部下切较深,呈"V"字型,沟道部则较为宽阔,砾石遍布沟底。每当山洪暴发,迅猛异常。洪水裹挟着大量砂石,咆哮如雷,滚滚向前;横冲直闯,一路狂奔,势不可挡。当它冲出山口,地形豁然开阔,能量骤然释放,山洪变成了辫状散流,它再也无力携带砂石,遂有次序地由大至小,由粗到细,逐渐停积下来。它在山前构成一个扇状体,因系洪积成因,故称"洪积扇"。许多洪积扇连接起来便构成"洪积裙"。

贺兰山东麓山前由洪积扇、洪积裙构成的洪积倾斜平原十分发育。自花布山至插旗口一带,宽达 15~25 km,暖泉以北变窄,仅有 4~8 km。构成洪积扇之洪积物十分典型,每一个沟谷,自沟口向外,分为三个相带,彼此平行,逐渐过渡。扇顶:地面倾斜 5~7 度,坎坷不平,巨砾累累,草木罕见,荒无生机;中部:地面倾斜 3 度左右,散布于扇状沟叉,砂砾混杂,植物稀疏;前缘,以砂、沙质黏土为主,地势平坦,间有洼地,或成沼泽,或为龟裂盐碱地。

COMPREHENSIVE SCIENTIFIC INVESTIGATIOIV REPORTS ON NINGXIA HELAN NATIONAL NATURE RESERVE

这些由第四系构成的洪积扇之年龄为距今 200 万年至现代。

沿贺兰山前俯视,可以清楚地看出,洪积裙宛如一条花边带褶的裙子,围在贺兰山前。它不独是一条特殊的风景线,而且蕴藏有丰富的砂石资源。

2.3 气候

贺兰山位于宁夏银川平原的西侧,是我国少有的南北走向的山脉,由于其特殊的地形、地貌及地理特征,形成了其两侧均异的气候差异。首先,高大的贺兰山体能影响大气环流和中小尺度天气系统,气流在越山的过程中由于受到地形的抬升,在山区比平原地区容易形成云系或降水天气过程;有研究表明:在山区一般海拔高度每升高 100 m 所降低的温度可与纬度向北推移 1 度相接近;另外,由于气流经过山谷、盆地、坡地、山顶时所接受的机械作用不同,太阳辐射、日照时数、风向、风速和夜间冷空气径流等也都不同,其气候状况差异较大,而且还与地面的植被状况有关。

因此,我们利用 20 世纪 60 年代以来先后几次在贺兰山区不同方位进行气象观测时所获得的气象资料,对形成贺兰山区天气气候的基本大气环流、天气系统进行分析,较详细地描述其天气气候特点及气象灾害分布特征等。

2.3.1 气象观测点的布设及观测内容介绍

在本次分析过程中,先后使用了 1961~1990 年贺兰山气象站资料;1980~2007 年石炭井气象站资料;1987~1991 年贺兰山气象考察资料以及近年来在贺兰山区布设的多个自动气象观测站气象观测资料(图 2-1)。由于目前自动气象站资料只有气温、降水、风向、风速,其他气象要素的分析使用了前期两个不同时段不同观测点气象观测资料的补充,尽量做到气象要素分析的完整性,力求对贺兰山区气候进行较全面地分析评述。

2.3.2 贺兰山区基本环流特征和气候

贺兰山在阻挡西来冷空气东移的同时,也阻挡了腾格里沙漠东侵,它是中国季风气候和非季风气候的分界线。因此,形成贺兰山区天气气候的大气环流系统具有明显的变化特征:冬季多有强冷空气向南爆发,高空槽随西风带基本气流向东移动并加深,形成东亚大槽,地面气旋在高空槽前向东北移动并加深,形成阿留申低压并与蒙古冷高压一起成为冬季天气的基本形势;春季东亚大槽明显变得宽平,宁夏上空基本气流由冬

注:山地气候时空差异大,文中长年代气候背景分析用 1961~1990 年贺兰山气象站资料,其他具体气象要素(气温、降水、风、蒸发、相对湿度等)的变化分析用 1980~2007 年石炭井气象站资料,1987~1991 年贺兰山气象考察资料及 2003~2007 年多个自动气象站资料,分析结论存在差异。

季的西北风变为偏西风,此季节多小槽、小脊活动,且槽、脊移动明显,同时,热带系统逐渐开始活跃,所以这个季节是气旋活动最频繁的季节,与气旋相伴的还有移动性的小型反气旋,这就构成了春天天气多变的特征;夏季受性质不同的大陆副热带高压影响,冷空气势力明显减弱,范围缩小,路径偏西,雨带出现在西太平洋副热带高压脊西北部的西南气流与冷空气交锋的地方。

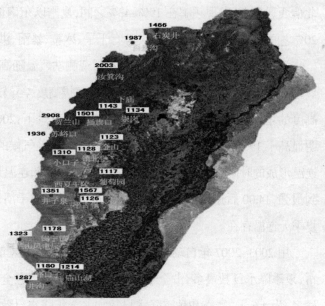

图 2-1　宁夏贺兰山区气象观测点分布(m)
(图中数据为观测点海拔高度)

由初夏经盛夏向秋季过渡的时期中,雨带随着副高脊线逐渐北移;秋季副热带高压势力减弱,并自盛夏最北位置南撤,地面上北方冷空气势力逐渐加强,冷高压又活动在蒙古国一带,地面热低压逐渐消失,冷空气活动增多,但该季节由于副热带高压仍维持,但地面为冷高压所控制,构成秋高气爽的天气特征,若副高增强且稳定地控制该地区时,会造成该地区明显升温,形成典型的秋老虎天气。

　　用贺兰山气象站自 1961~1990 年 30 年平均气象观测资料来说明贺兰山区的基本气候概况。贺兰山区年平均气温为-0.7 ℃,最冷月 1 月平均气温为-13.9℃,极端最低气温为-32.6 ℃,出现在 1988 年 1 月 22 日;最热月 7 月平均气温为 12.1 ℃,极端最高气温为 25.4 ℃,出现在 1974 年 6 月 16 日;平均全年降水量为 418.1 mm,主要集中在 6~9 月,占年降水量的 62%,贺兰山区是宁夏暴雨、山洪的多发地,一日最大降雨量达到 211.5 mm,出现在 1975 年 8 月 5 日,年暴雨日数为 3 天,冰雹日数为 5.7 天,日降雨量大于 25 mm 的日数平均为 26 天;由于海拔高,雷电天气明显多于平原地区,贺兰山区年平均雷暴日数为 22.3 天,年大雾天气达到 88.7 天,全年无霜期为 117.7 天,初霜期一般出现在每年的 9 月 8 日前后,终霜日出现在 5 月 12 日左右,每年的积雪日数达到 113.2 天;该地年及春季大风沙尘天气较多,年平均沙尘暴日数为 2.2 天,大风天气日数多达 157.7 天,全年主导风向为西北偏西风,出现频率为 29%,一年中冬、春、秋三季均以西北偏西风为主,出现频率在 19%~43% 之间,夏季以东南偏东风为主,出现频率在 18%~20% 之间。该地区主要的气象灾害有干旱、冰雹、暴雨、洪涝、大风、沙尘暴、霜冻等。

通过对 2003~2007 年贺兰山区不同观测站气温随高度的变化分析:贺兰山区具有典型的山地气候特点,不同观测站气温随海拔高度差异较大,各测站年平均气温随海拔高度的增加逐渐降低,近年来,在气候变暖的背景下,2003~2007 年的各项气温指标均明显高于 1961~1990 年的观测值;逆温是贺兰山区气候的又一特点,贺兰山区不同季节逆温形成的时间、强度差异较大,冬季从 20:00 开始逆温形成,到清晨 6:00~7:00 逆温达到最强,14:00 后逆温消失;秋季贺兰山区逆温形成于清晨 7:00~8:00,且强度较弱,春、夏季无逆温存在。

用 2003~2007 年自动站观测资料分析,贺兰山区年内各月降水日数呈单峰型分布,夏季降水日数最多,占全年降水日数的 45%,接近全年降水日数的一半,其中 7 月最多,为 4.6 天,春季和秋季降水日数均占全年降水日数的 22%,只有夏季降水日数的一半;而冬季降水日数最少,只占全年降水日数的 10%,其中 12 月多年平均降水日数最少,仅为 0.7 天;从年际变化看,20 世纪 80 年代平均降水日数为 27.5 天,90 年代平均降水日数为 26.2 天,2001~2007 年平均降水日数为 27.6 天,年降水日数最多的年份是 1983 年,为 37 天,年降水日数最少的年份是 2005 年,仅为 15 天;5~10 月的一日最大降水量明显比其他月份大,其中苏峪口一日最大降水量出现在 1988 年,最大为每天 54.5 mm,石炭井 1997 年一日最大降水量最多,为每天 58.6 mm;月平均最长连续降水日数呈两峰型变化,平均最长连续降水日数 1 月开始逐渐增多,至 3 月达到最大(2.8 天),4 月又减小,5 月开始又逐渐增多,至 8 月达到次大(2.4 天),11 月以后又开始减小,至 12 月减至最小(0.8 天);通过对石炭井观测站降水量资料分析,月平均降水量呈明显的单峰型变化,降水集中出现在 5~9 月,其中 7 月平均降水量最大,为 44.2 mm,8 月平均降水量次大,为 38.2 mm;1 月和 12 月平均降水量最小,仅为 1.0 mm。最多月和最少月平均降水量相差 44 倍,从各季平均降水量变化看,降水主要集中出现在夏季,平均降水量为 112.6 mm,秋季和春季平均降水量相近,分别为 31.6 mm 和 28.1 mm,冬季平均降水量最少,仅为 3.6 mm,只有夏季平均降水量的 3%;各年代段降水量有所差异,20世纪 80 年代平均为 164.2 mm,20 世纪 90 年代平均为 190.7 mm,2001~2007 年平均为 171.2 mm,年降水量最多的年份是 1994 年,为 252. 6 mm,最少的年份是 1981 年,年降水量为 106.6 mm,最多降水量与最少降水量相差 2.4 倍。另外,地形对降水有一定的影响,不同坡向、不同高度降水量的大小往往不同,大部分时次北坡均比南坡降水量大;通过分析发现,近年来随着全球气候变暖贺兰山区的极端气候事件频繁发生,暴雨强度有所增加。

通过利用1989年~1991年各观测站的气象资料分析,贺兰山区平均风速具有明显的日、月和季节性变化特征。在风速日变化中,从早上太阳升起后风速开始增大,下午13:00~15:00达到一日中的最大,然后逐渐减小;月平均风速的大小除了和季节、一日中的时间有关外,还受山体走向及海拔高度的影响,苏峪口站、汝箕沟站、小口子站、贺兰山风电场测站位于山口和山谷,月平均风速明显大于其他位于平坦地区测站的风速;四季平均风速差异较大,春季平均风速最大,秋季平均风速最小,夏季和冬季介于两者之间;从各测站年平均风速看,由于在山地气候中,风速的大小受局部地形的影响特别大,苏峪口、汝箕沟、小口子、贺兰山风电场年平均风速相对较大,均超过2.0 m/s,西夏王陵、崇岗、石炭井、葡萄园测站的年平均风速相对较小,均小于2.0 m/s。从年内各月日照时数百分率看:石炭井测站的日照时数百分率最高,全年平均达到69%,其次是苏峪口和磷矿,分别为58%和49%,贺兰山测站日照时数百分率最低,只有46%,一年中秋、冬季节(9月~翌年1月)日照时数百分率最高,春、夏季节(2~8月)相对较低。从贺兰山区一日四次空气相对湿度看:早晨(8:00)空气相对湿度最高,可达到52%,随着气温升高,蒸发量加大,空气相对湿度迅速下降,中午(14:00)下降到44%,午后随着气温下降,蒸发量减小,空气相对湿度逐步上升,傍晚(20:00)达到49%,整个夜间相对湿度都比较高,凌晨2:00时达到51%,接近一天中的峰值;一年中夏、秋季节由于降水量相对比较集中,空气相对湿度较大,8月份达到极大值,平均为60%左右,其次是冬季(12、1、2月)平均相对湿度基本在45%~60%,春季空气相对湿度是一年中的最低时期,特别是4月、5月,基本在35%~50%,年平均空气相对湿度除了与海拔高度有关系外,还和测站所在区域的植被覆盖程度有很大关系,尽管苏峪口与石炭井海拔高度接近,但年平均空气相对湿度相差7%,苏峪口测站空气相对湿度明显高于石炭井,主要由于苏峪口测点的植被覆盖程度明显优于石炭井。从蒸发量空间分布看,苏峪口年蒸发量最高,为2 525 mm,是年降水量的16倍,其次是磷矿和石炭井,年蒸发量分别为1 913.4 mm和1 916.4 mm,分别是年降水量的11和10.5倍,贺兰山测站的年蒸发量最小,仅为1 551.0 mm,是年降水量的3.7倍,从蒸发量的季节分布看,一年中夏季由于降水量比较集中, 空气相对湿度较大,6~8月蒸发量最大, 单月蒸发量达到175.3~

368.5 mm,整个夏季蒸发量占年蒸发量的40%左右,其次是春季(3~5月)和秋季(9~11月),单月蒸发量在66.3~364 mm之间,分别占年蒸发量的26%~30%和21%~23%,冬季(12~翌年2月)蒸发量最小,为44~76.5 mm,仅占年蒸发量的8%左右。

2.3.3 影响贺兰山区天气气候的主要大气环流

宁夏深居内陆,远离海洋,全年大部分时间受西风环流支配,北方大陆气团控制时间较长,加之位于宁夏西北部的贺兰山脉,在阻挡西来冷空气东移的同时,也阻挡了腾格里沙漠东侵,该区域是中国季风气候和非季风气候的分界线。形成宁夏贺兰山区天气气候的大气环流系统具有明显的变化特征。

2.3.3.1 贺兰山区不同季节环流概况

春季

南支西风急流于3~6月先后发生二次显著减弱,位置也向北移动约5个纬距。北支西风急流的强度和位置均少变化。西风带槽、脊的平均位置没有大的变化,但强度减弱。5月份,东亚大槽明显变得宽平,我国上空基本气流由冬季的西北风变为偏西风。此季节,多小槽、小脊活动,且槽、脊移动明显,同时,热带系统逐渐开始活跃,西风指数逐渐下降(图2-3)。地面上,因为大陆增温较快,蒙古冷性高压减弱并西移到东经75°附近。我国东北地区出现一个低压,鄂霍次克海为一个高压。南亚的印度低压于3月份开始逐渐扩展到孟加拉湾,形成低压带。4月中旬以后,偏南的夏季风开始盛行,太平洋副高逐渐向西伸展。

由于冬季的两个大气活动中心向相反方向移动并减弱,高空的基本气流是平直的西风,多小波动,南、北两支急流仍然存在,并对应着两个锋区,所以这个季节的气旋活动是最频繁,与气旋相伴的还有移动性的小型反气旋,这就构成了春天天气多变的特征。

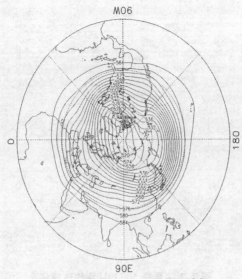

图 2-2 春季 500 hPa 平均环流场

夏季

　　南支急流消失,与北支急流合并成一支急流,位于北纬 40°附近西风带的平均槽、脊位置与冬季相反。东亚沿海出现高压脊取代原来的东亚大槽,在东经 80°~90°出现槽取代原来的平均脊(图 2-4)。脊、槽的强度均比冬季弱。西太平洋副高脊线由北纬 15°向北移到 25°并继续向北移。在北纬 22°以南出现了东风气流,随着副高脊线逐渐向北移动。在青藏高原南侧出现了全球最强的东风急流,中心位于 100~150 hPa 等压面上。在东风急流的下方为印度西南季风气流。印度的热低压加深,亚洲大陆也为热低压控制。蒙古高压和阿留申低压完全破坏。副热带高压在我国东部势力增强。我国西部则受性质不同的大陆副热带高压影响。冷空气势力明显减弱,范围缩小,路径偏西,冷空气南下,锋面的斜压性也不如冬、春两季,雨带就出现在西太平洋副热带高压脊西北部的西南气流与冷空气交绥的地方。由初夏经盛夏向秋季过渡的时期中,雨带随着副高脊线逐渐北移。此季节,西风环流指数达到一年中的最低值。

　　由于冬季,我国天气过程以西风带气流控制为特征,比较单一稳定,而夏季则同时受东、西风带控制,影响的系统除了西风带槽、脊、气旋、反气旋和锋面等以外,又有副热带和东风带的热带辐合带、东风波等天气系统。季风风系也比冬季复杂,北部是偏北风、南部有东南季风和西南季风。

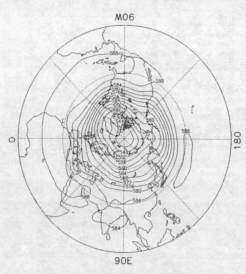

图 2-3　夏季 500 hPa 平均环流场

秋季

9 月份,东亚沿岸在东经 130°附近平均槽开始建立,副热带高压势力减弱,并自盛夏最北位置南撤。脊线退到北纬 25°~30°,海上高压中心则向东南方向移动。高空强东风开始南移,南支的西风带逐渐恢复(图 2-5)。地面上北方冷空气势力加强,冷高压又活动在蒙古国一带,地面热低压逐渐消失,各地冷空气活动增多。由于副热带高压仍维持在我国上空,但地面为冷高压所控制,构成秋高气爽的天气特征。若副高增强且稳定地控制某一地区时,会造成该地区明显升温,形成典型的秋老虎天气。

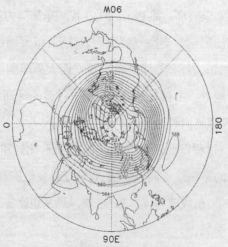

图 2-4　秋季 500 hPa 平均环流场

冬季

每年 10 月中旬以后,东亚地区上空的西风急流分为南北两支。急流强度逐渐加强达到一年中的最强程度,西风环流控制中国大陆,西风带的平均大槽位于东经 140°附近,强度明显加强,中纬度东经 130°的槽比秋季更深,青藏高原北部东经 90°附近为平均高压脊控制,我国上空基本气流为西北风,冬季环流指数是全年最高的时期(图 2-2)。降水量迅速减少,气温呈迅速下降趋势。地面上,蒙古的冷性高压强度达全年最强值,中心平均位于东经 100°~105°、北纬 45°~55°附近,冷高压的范围可达整个东亚地区。蒙古的冷性高压只有在高空有较大的低槽移来而地面气旋发展时才能在短时间内受到破坏,但这种高空槽和地面气旋往往又是诱导一次新的强冷空气入侵的气压系统,会造成一次强冷空气过程。同时,南支急流中的孟加拉湾低槽的槽前西南气流不断向我国输送水汽。在此季节,诱导强冷空气向南爆发的高空槽随西风带基本气流向东移动并加深,最后变成大槽取代衰老的东亚大槽,于是东亚大槽经历了一次替换。强冷空气活动结束时,地面气旋在高空槽前向东北移动并加深,最后汇入亚洲东北部的阿留申低压,从而使之再生。因此整个冬季,这个低压基本维持稳定不变,故又称之为半永久性的大气活动中心,它与蒙古冷高压一起成为冬季天气的基本形势。

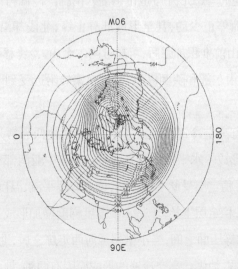

图 2-5 冬季 500 hPa 平均环流场

COMPREHENSIVE SCIENTIFIC INVESTIGATIOIV REPORTS ON NINGXIA HELAN NATIONAL NATURE RESERVE

2.3.3.2 影响贺兰山区天气气候的主要天气系统

（1）锋面天气系统

①冷锋天气系统

我国上空多西风槽活动，槽后常带来大量冷空气。因此，冷锋就成为影响宁夏的重要天气系统之一。通常冬季冷锋较夏季冷锋强，与其相应的高空槽发展较深，锋区明显，锋后冷平流较强，冷锋过后降温明显，有时可造成寒潮天气，夏季虽然强度较弱，但它是产生降水天气的最主要影响系统之一。

冷空气进入西北地区的主要路径有4条，分别为从帕米尔高原向东进入西北地区，从北面经天山沿河西走廊南下，从天山东部进入塔里木、柴达木盆地，由蒙古国中部经内蒙古向陕西关中地区侵入。由于地形影响，冷锋进入西北地区后其形状和移动速度都发生很大的变化。刚从西部进入我国南疆时，冷锋多呈东北—西南向；当冷锋南段移近天山西北部时，因受天山阻挡，常静止于山前，形成天山准静止锋。冷锋北段因冷空气堆积，移速加快，因此，形状发生变化。冷锋越过天山以后，将加速前进并快速扩散到南疆盆地的低层，锋面坡度相应变缓。若冷空气未翻越天山，而是移到天山东北部，则冷空气可从南疆盆地的马蹄形开口地带倒灌入南疆。冷锋再向东南前进时，其南段常受阿尔金山的阻挡而停止少动，甚至形成准静止锋，北段却沿着祁连山北麓加速前进。当冷空气在阿尔金山前堆积加强后，可越过阿尔金山。冷锋移动受阿尔金山、祁连山的影响，当冷锋到达甘肃东部和陕西以后，往往在秦岭附近受到阻挡，并静止停留一段时间。

西北地区有时还有高空冷锋活动。冬季，南疆盆地低层常为冷空气占据，很少移动，所以在700 hPa会形成一水平稳定层。如果这时在中亚南部有冷低压存在，便有小槽移过南疆上空。水平稳定层受此小槽影响，槽前有暖平流，温度升高，稳定层下降，槽后有冷平流，温度降低，稳定层上抬。于是水平温度梯度增加形成了高空冷锋。但其锋区只出现在600~800 hPa等压面之间，当小槽移至河西走廊之后，北部再无补充冷空气南下，高空冷锋便趋于减弱，消失。高空冷锋的形成原因有两种，地面有较强的辐射冷却，空中有暖平流侵入而形成，另一种是由于前次冷空气停留该地区形成的。稳定层形成后，其高度在600~700 hPa之间，能维持5~7天。在稳定层维持期间，稳定层内及其以下有较低的云层，降水量不大。如果北支急流有波动东传，可使云层加厚，降水加强。

冬季冷锋常常没有成片的中、低云，仅在高层有些卷云。这种冷锋多处于西风槽的南缘或槽后,上空有较强的西北风或偏西风,并有下沉气流,低层偏南气流很弱,冷、暖空气都很干燥。冷锋的移动往往较快,锋后常有大风和风沙。冬季冷锋出现云系时,多数位于锋下和锋区稳定层里,常为大片的高积云、碎云和降水。而在暖空气里,仅高空有些卷云。这与一般锋面云系是不相同的,其原因是冷锋处在高空槽的南缘或槽后,有较强的下沉气流,锋上云系发展不起来。而在锋前有水平稳定层存在,稳定层内和稳定层下的空气相当潮湿,甚至有一片中、低云和零星降水。当冷锋移来时,稳定层遭到破坏,锋下的冷空气与稳定层下的潮湿空气相混合,加上乱流的作用,便在锋下形成云系。

在西北地区东部有水平稳定层维持的时候,如果空中有小槽过境,在槽线附近,稳定层上面可发展起浓厚的云层,并引起降水。小槽过后,稳定层上面的云层消失,在稳定层下面,由于吹东南风和降水的影响,水汽增多,常维持中、低云。如果又有小槽移来,云和降水又可得到发展,形成连阴雨天气。

夏季比较明显的冷锋,一般都有降水,云系多在锋面之上,锋前也有中、低云发展。春、秋过渡季节,锋上云系与夏季相近。但由于 500 hPa 槽线落后于地面锋线较远,所以云区也落后锋线很多。锋前和锋线附近是高云或少云天气,锋后有大风及风沙,在锋后 200 km 及更远的地方才开始有中、低云,雨区在 500 hPa 槽线附近。

影响宁夏的冷锋有 3 条路径。西北路冷锋:冷锋从俄罗斯境内移入我国新疆后,从北疆经甘肃省河西走廊和内蒙古自治区阿拉善盟翻越贺兰山后进入宁夏。这是影响宁夏贺兰山区气候的冷锋的最主要路径。西路冷锋:冷锋进入南疆盆地后,经南疆进入青海省,然后从甘肃省南部进入宁夏。北路冷锋:冷锋进入蒙古人民共和国后,自北向南经我国内蒙古自治区移入宁夏。

冷锋冬半年移速较快,夏半年移速较慢。在宁夏停滞的时间一般在 6 小时左右,冷锋移入宁夏后,常造成降水、大风和降温天气。有时因锋面较弱,水汽条件较差以及其他原因并不一定形成明显天气,其中西路冷锋只要进入宁夏境内,一般都会出现明显的降水天气。北路冷锋过宁夏明显影响天气的几率最小,主要影响降温,大风天气,其次是降水天气。尤其是冬半年冷空气势力较强,自北向南将出现较强的降温和大风天气。西北路冷锋进入宁夏明显影响天气的几率也是比较大的。主要是降水,一年四季均可出现,其次是大风天气,以春季居多。

当西北路冷锋到达贺兰山西侧时,若冷空气势力还不够强(不能直接翻越贺兰山),则冷锋在山的西侧要停滞 3~6 小时。当冷空气在贺兰山西侧堆积时,可有冷空气从山的南北两侧中卫、石嘴山绕流进入我区。这时可以看到中卫、石嘴山两站+△P3加大，西风、北风加强。而处在贺兰山中段东侧的灵武地区，由于尚处在锋前，+△P3不明显，吹弱的东风或南风。这时冷锋呈弓形，当冷空气翻越贺兰山后，灵武地区的风和变压才会显明变化，以后锋面继续规律东移。

②河套锢囚锋天气系统

锢囚锋是由冷锋赶上暖锋，或是两条冷锋迎面相遇，把暖空气抬到高空，而在原来的锋面下又形成新的锋面。西北地区的锢囚锋大部分属于地形锢囚性质。在河套地区出现的锢囚锋也同地形有着密切的关系。河套的外围地形，西南部毗邻青藏高原，西部有贺兰山，北部有阴山、狼山等较大的山脉屏障，这对于从西北方下来的冷空气起了一定的阻碍作用，或促成局部冷空气行径改道，从而产生形式不同的锢囚锋。

河套锢囚锋的形式主要有两种，一是河套回流在六盘山东侧或高原东侧形成准静止锋，这时，如果西边有冷锋东移，在河套地区形成锢囚锋；二是河西气旋东移受到东边高压的阻塞，西边的冷锋追上了东边的冷锋或静止锋，在河套西侧形成锢囚移入河套；三是河套北部有东西向冷锋南压，由于受到阴山、狼山和西边贺兰山的阻挡，使西段冷锋移动变慢，而东段冷锋受地形阻挡影响较小，仍能南下，一部分从河套东北部向西迁回推进，最后在河套西部同西来的西段冷锋相遇而形成河套锢囚锋。

上述三种河套锢囚锋中以河套有回流准静止锋同西边过来的低槽冷锋相遇造成的锢囚锋为最多，河西气旋形成锢囚锋移入河套的次之，北方冷锋南压由于地形阻碍造成的锢囚锋最少。

河套锢囚锋是造成宁夏大降水天气的主要系统之一。造成大降水量有三个因素，一是地面气流辐合，在宁夏北部为东北气流，南部为偏南气流，河西是西北气流，共同构成气旋式辐合区；二是中层有锢囚的抬升作用；三是高层有槽前的西南气流。河套锢囚锋形成之后，生命史一般不长，大部分移出河套就消失，表现为一条冷锋继续东南移，这与东部的准静止锋层次浅薄有关。

河套锢囚锋的降水天气一般出现在锢囚点的两侧，分布上锋后比锋前严重。在有较强的西南气流和低层回流时锋前降水比锋后严重，在锋面过境后反而天气迅速好转。

(2)河套回流天气系统

当高空低压槽移到贝加尔湖附近并向南伸展时，就可能有冷空气分量经华北南下，地面上的冷高压中心便从蒙古移至华北或临近渤海湾，冷高压的外围浅脊在南伸过程中西扩到河套地区。而当贝加尔湖的低槽冷空气南下时，河套地区往往没有严重的天气产生，有时仅表现出冷锋尾部扫过，短时云系较多，风力较大，但当冷锋移到黄淮流域，从地面冷高后部上来的"东南气流"，却能在河套地区造成比较严重的天气，这种反气旋后部的"东南气流"即为"回流"或河套回流。

回流所表现的天气主要是中低层云严重并伴有降水现象。造成这种阴雨天气的原因，一是经过东部平原地区上来的低层气流比较潮湿，二是回流沿着渭河北岸推到黄土高原，有比较明显的地形抬升作用。

回流天气在宁夏全区都能出现。强回流可以影响到宁夏北部的银川平原地区，弱回流一般只影响宁夏南部的六盘山区，这一回流路径是沿渭河北岸的泾河、葫芦河北上，因为受到六盘山、月亮山的阻挡，在迎风坡造成了阴雨天气。强烈的回流，不仅能越过六盘山、屈武山顺着清水河流域流入宁夏银川平原，另一路回流位置偏东偏北，是沿洛河、环江北上经陕甘宁边区，再顺着苦水河流域而进入宁夏银川平原。宁夏银川平原是南北狭长的河谷地带，西有贺兰山，东有鄂尔多斯台地，回流天气一旦进入，是不容易退出和扩散的，因此天气表现也极为明显。河套回流出现机会很多，在河套南部地区的持续时间也较长，但仅有回流是造成不了大量降水的，只有当西边有低槽冷空气东移与之会合，形成河套锢囚锋，才是河套地区的一个重要降水型。

（3）西太平洋高压天气系统

西太平洋高压是影响宁夏重要的大型天气系统之一。在对流层的中，下层，太平洋高压的主体一般位于海洋上，夏季可伸入大陆，偶尔能够控制宁夏。当控制宁夏时为晴好天气或局部地区有微到小量降水。一般宁夏是在此高压的西北或偏西边缘，有时造成宁夏同心以南地区有大到暴雨天气。在 500 hPa 高空图上，太平洋高压是以 588 位势什米等高线来代表它的外围控制线。高压外围的 584 位势什米线是易使高压西部边缘水汽向北输送的临界线，宁夏在此线附近时，或大或小要产生降水天气。

当河西西风槽不很强，而西太平洋高压本身很强或在增强中，它可使西风槽北缩，向东北方向移去或使由南北向的槽转成东北—西南向，而高压稳定。反之，脊东撤。

在 500 hPa 图上，当青藏高压分裂出小高压东移入海并入西太平洋高压时，易引起后者西进。西风带的高压脊东移与西太平洋高压合并亦可引起西太平洋高压的西伸或北跃。

（4）青藏高压天气系统

青藏高压是从纬度比青藏高原偏北的伊朗高原移来的。它是在青藏高原大地形对西风环流阻挡与扰动作用下，于高原西部对流层中部形成的具有显著特征的反气旋环流。当印度季风中断时,高原上的 500 hPa 青藏高压也不再出现,这与季风偏弱期西风带偏南有关。当青藏高原上空对流层中,上部同时出现高压控制时,高原及邻近地区出现雨季中断。高压内部离地面 8 km 左右的高度上有明显的逆温层,在近地面 2 km 处的温度垂直递减率等于或大于干绝热递减率,高压中心附近的 400 hPa 以下近地层是辐合上升,400 hPa 以上是下沉。这种独特的层结和扰动,往往将具有动力性质的高压改变为热力性质的高压。

对宁夏来讲,青藏高压比西太平洋高压影响次数多,降水强度大且范围广。一般在六月份青藏高压就频繁地影响宁夏。当青藏高压位于宁夏西部时易产生雷阵雨和冰雹天气,控制我区时则为干热天气,一旦移到我区东部时,从青藏高原西部过来的低涡往往东移到我区,盛夏时期有时从印度和孟加拉湾沿青藏高压后部的偏南气流移来暖湿的低涡,造成宁夏较大的暴雨天气。

2.3.4 气温分布特征分析

在对宁夏贺兰山区的气温分布特征进行分析时,使用了磷矿、贺兰山气象站、苏峪口、石炭井四站 1987~1991 年气温资料以及贺兰山区自动气象站 2003~2007 年气温数据。

2.3.4.1 气温的日变化

从 2003~2007 年贺兰山区不同季节逐时气温的日变化曲线看到(图 2-6),贺兰山区不同季节气温日变化趋势总体基本一致,即从 20:00 开始,气温逐渐下降,到清晨 6:00~8:00 达到一天的最低值后,逐渐上升,在每日的 15:00~17:00 出现最高值后又开始下降。

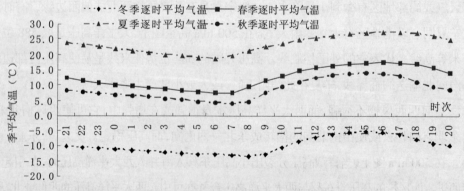

图 2-6　宁夏贺兰山区四季平均气温的日变化（2003~2007）

从表 2-2 可以进一步得出,贺兰山区春、夏季一日中最低气温通常出现在 6:00,最高气温出现在 16:00,而冬、秋季最低气温分别出现在 8:00 和 7:00,较春、夏季退后 1 小时左右;最高气温均出现在 15:00,较春、夏季提前 1 小时左右。四个季节中,贺兰山区夏季从 20:00 开始到次日 6:00 气温的下降速率最快,春季次之,冬季下降速率最慢;而从最低气温到最高气温的升温速率春季最大,秋季次之,冬季最小。这表明,一天之中,贺兰山区春季气温日变化最显著,冬季气温的日变化最小。

表 2-2　宁夏贺兰山区四季平均气温的日变化(2003~2007)　℃

季节\时次	21	22	23	0	1	2	3	4	5	6	7	8
冬季	-10.2	-10.6	-11.0	-11.3	-11.6	-11.9	-12.3	-12.5	-12.8	-12.9	-13.1	-13.3
春季	12.3	11.4	10.7	10.0	9.6	9.1	8.6	8.1	7.7	7.3	7.4	9.5
夏季	23.8	23.3	22.5	21.9	21.3	20.6	20.0	19.5	19.0	18.6	19.5	21.0
秋季	8.1	7.6	7.3	6.8	6.5	6.0	5.5	5.0	4.5	4.2	3.8	4.6

季节\时次	9	10	11	12	13	14	15	16	17	18	19	20
冬季	-12.9	-10.5	-8.7	-7.3	-6.3	-5.7	-5.4	-5.6	-6.2	-7.9	-9.2	-9.9
春季	11.5	13.1	14.5	15.6	16.4	17.0	17.4	17.5	17.4	16.8	15.6	13.9
夏季	22.4	23.5	24.6	25.5	26.2	26.8	27.1	27.4	27.3	27.0	26.2	24.9
秋季	7.4	9.4	11.1	12.4	13.3	13.8	14.0	13.6	12.9	11.2	9.5	8.5

2.3.4.2 逆温特征分析

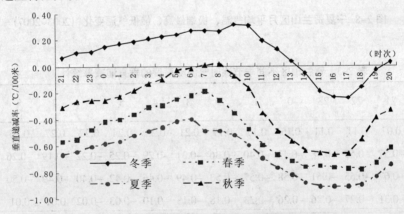

图 2-7　贺兰山区不同季节逐时气温随高度垂直递减率的日变化

从 2003~2007 年贺兰山区不同季节逐时气温随高度的变化曲线(图 2-7)及统计表(表 2-3)看到,贺兰山区逐时气温随海拔高度的变化趋势在不同季节基本相同,即从 21:00 开始,气温垂直递减率由最低值逐渐上升,到清晨 6:00~9:00 达到最高值后,垂直递减率逐渐下降,下午 16:00 左右下降到最低值后,又呈明显上升趋势。其中冬季从 20:00~次日 13:00 气温垂直递减率为正值,气温随高度的增加而升高,清晨 9:00~10:00

垂直递减率达到最高值,之后逐渐减小,到 14:00 后递减率变为负值;秋季从 21:00 开始,气温递减率逐渐升高,5:00~6:00,递减率基本接近于 0,7:00~8:00,温度递减率转为正值,之后温度递减率迅速转为负值,在午后达到最低,即气温随高度下降最快;夏季和春季,温度递减率全天为负值,且夏季垂直递减率的负值远大于春季。这表明,贺兰山区冬季从 20:00 开始逆温形成,到清晨 9:00~10:00 逆温达到最强,14:00 后逆温消失;秋季贺兰山区逆温形成于清晨 7:00~8:00,且强度较弱,而春、夏这两个季节贺兰山区无逆温存在。

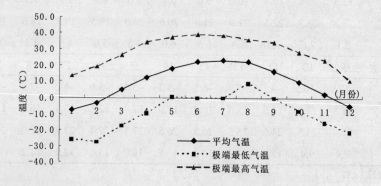

图 2-8 宁夏贺兰山区月平均气温、极端最高、最低气温变化（2003~2007）

表 2-3 贺兰山区不同季节逐时气温随高度的垂直递减率统计 ℃/100m

时次 季节	21	22	23	0	1	2	3	4	5	6	7	8	日平均
冬季	0.07	0.11	0.11	0.15	0.17	0.19	0.21	0.23	0.24	0.27	0.27	0.26	
春季	-0.57	-0.55	-0.48	-0.42	-0.40	-0.36	-0.31	-0.29	-0.25	-0.22	-0.19	-0.26	
夏季	-0.67	-0.65	-0.61	-0.58	-0.57	-0.53	-0.49	-0.46	-0.42	-0.40	-0.49	-0.50	
秋季	-0.31	-0.27	-0.26	-0.26	-0.23	-0.18	-0.13	-0.10	-0.03	-0.02	0.01	0.01	

时次 季节	9	10	11	12	13	14	15	16	17	18	19	20	
冬季	0.32	0.31	0.20	0.13	0.04	-0.05	-0.19	-0.24	-0.24	-0.16	-0.03	0.03	0.10
春季	-0.35	-0.48	-0.60	-0.67	-0.72	-0.76	-0.75	-0.77	-0.78	-0.79	-0.74	-0.62	-0.51
夏季	-0.52	-0.60	-0.69	-0.77	-0.83	-0.88	-0.92	-0.92	-0.92	-0.90	-0.84	-0.75	-0.66
秋季	-0.08	-0.17	-0.36	-0.49	-0.57	-0.64	-0.66	-0.68	-0.67	-0.56	-0.39	-0.33	-0.32

2.3.4.3 月平均气温、极端最高、极端最低气温的变化

从贺兰山区 2003~2007 年月平均气温、月极端最高气温和月极端最低气温的分布

图(图2-8)及统计表(表2-4)看到,三条温度曲线的变化趋势基本一致。贺兰山区月平均气温和月极端最高气温的最低值均出现在1月,而月极端最低气温的最低值出现于2月,其后,三种气温均呈逐渐上升趋势。月平均气温在7月出现全年最高值,月极端最低气温于8月出现最高值,而月极端最高气温6月达到最高值,之后三种气温均明显下降。贺兰山区月极端最低气温的最低值出现在2月,达到≤-25℃的极端低温,月极端最高气温出现在5~8月,达到>36℃的极端高温天气。

表2-4 宁夏贺兰山区月平均气温、极端最高、极端最低气温变化统计 ℃

项目 \ 月份	1	2	3	4	5	6	7	8	9	10	11	12
平均气温	-7.5	-3.3	5.1	12.5	18.1	22.3	23.3	22.2	16.4	9.7	2.5	-5.1
极端最低气温	-26.1	-27.5	-17.5	-9.4	0.4	0.0	0.0	8.8	0.0	-8.2	-15.6	-21.2
极端最高气温	13.5	19.0	26.7	34.5	37.6	39.0	38.6	36.1	34.2	28.2	23.3	10.8

从2003~2007年贺兰山区六个区域自动站月平均气温变化图看到(图2-9),随海拔高度的不同,各测站气温变化有明显差异。从表1.5可以清楚地看出,1月和2月,石炭井站平均气温均为最低,海拔高度次低的崇岗平均气温均为最高,海拔高度最高的苏峪口平均气温1月略低于崇岗,2月略高于石炭井;3月葡萄园和庙山湖平均气温相同均为最高,苏峪口平均气温最低,石炭井平均气温次低;4月开始到11月,苏峪口平均气温均为最低,除5月外,崇岗平均气温均为最高,石炭井平均气温4月到9月为次低,10月和11月葡萄园平均气温为次低,葡萄园5月平均气温为最高,崇岗为次高,6、7、9、10西夏王陵平均气温次高,8月和11月庙山湖平均气温次高;12月西夏王陵平均气温最低,苏峪口次低,崇岗平均气温最高,庙山湖平均气温次高。年平均气温海拔高度最高的苏峪口最低,石炭井次之,崇岗年平均气温最高,庙山湖次高。

COMPREHENSIVE SCIENTIFIC INVESTIGATIOIV REPORTS ON NINGXIA HELAN NATIONAL NATURE RESERVE

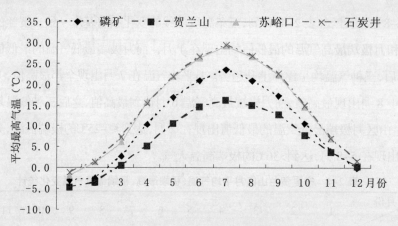

图 2-9 宁夏贺兰山区各测点月平均气温统计（2003~2007）

表 2-5 宁夏贺兰山区各测点月平均气温统计   ℃

站点	海拔（m）	1	2	3	4	5	6	7	8	9	10	11	12
苏峪口	1 936.0	−6.7	−3.9	2.1	9.1	13.7	18.9	19.5	18.0	13.4	6.5	1.0	−5.8
西夏王陵	1 567.0	−8.2	−3.5	5.4	13.9	17.9	23.6	24.6	23.0	17.7	10.9	2.4	−6.0
崇岗	1 134.0	−6.4	−2.4	6.4	14.8	20.0	24.5	25.4	23.8	18.6	12.1	3.7	−3.8
石炭井	1 466.0	−8.9	−4.1	3.3	10.5	17.3	21.6	23.1	22.5	15.5	9.8	2.2	−5.7
葡萄园	1 117.0	−6.8	−2.9	6.6	13.8	20.2	22.4	23.6	22.8	16.5	9.1	1.8	−4.9
庙山湖	1 214.0	−8.0	−2.7	6.6	12.8	19.7	22.9	23.8	23.2	16.9	9.7	3.6	−4.2

从 1987 年~1991 年贺兰山区部分观测站平均最高气温变化图(图 2-10)及各月统计表(表 2-6)看到,4 个测站变化趋势基本一致。1 月各测站月平均最高气温为全年最低值,7 月均达到最高值。1~11 月贺兰山站平均最高气温在 4 个测站中均为最低,贺兰山磷矿观测站平均最高气温次低,12 月磷矿观测点平均最高气温最低,贺兰山站平均最高气温次低;除 4 月和 5 月平均最高气温为苏峪口观测点最高外,其他各月石炭井站平均最高气温均为最高。贺兰山、磷矿 1 月、2 月和 12 月月平均最高气温低于 0℃,其他各月均高于 0℃;贺兰山 1 月和 2 月月平均最高气温低于 0℃,其他各月均高于 0℃;苏峪口和石炭井 1 月平均最高气温低于 0℃,其他各月均高于 0℃。4 个测点中,年平均最高气温贺兰山站最低,石炭井站最高。

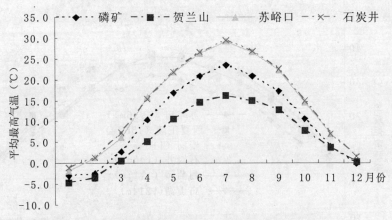

图 2-10　宁夏贺兰山区各测点月平均最高气温（1987~1991）

表 2-6　宁夏贺兰山区各测点月平均最高气温统计（1987~1991）　　　　℃

月份 站点	1	2	3	4	5	6	7	8	9	10	11	12	年平均
磷矿	−3.0	−2.5	2.7	10.3	16.8	21.0	23.4	20.9	17.4	10.7	4.0	−0.2	10.1
贺兰山	−4.8	−3.4	0.6	5.2	10.7	14.6	16.2	14.9	12.7	7.7	3.6	0.3	6.5
苏峪口	−1.8	1.2	6.1	15.9	21.9	26.4	29.1	26.5	22.4	14.8	6.9	0.3	14.2
石炭井	−1.1	1.4	7.2	15.4	21.8	26.7	29.5	27.0	22.5	14.9	7.0	1.4	14.5

2.3.4.4 极端气温的月变化

从 2003~2007 年贺兰山区六个区域自动气象站逐站月极端最高气温变化图（图 2-11）看到，各站变化趋势总体基本相同。苏峪口站 1~2 月极端最高气温有所下降，之后逐渐上升，7 月达到最高后开始呈下降趋势，其中 4~5 月以及 8~9 月上升和下降的幅度相对较小；其他各站极端最高气温从 1 月开始均呈明显上升趋势，石炭井和葡萄园 6 月极端最高气温达到最高。分别为 34.8℃和 39.0℃，而西夏王陵、崇岗、庙山湖三站 7 月极端最高气温最高，分别为 38.6℃、38.3℃和 37.7℃，8 月开始，西夏王陵、崇岗两站极端最高气温的下降速率与石炭井、葡萄园和庙山湖三站相比明显偏小。

从各月统计表看到（表 2-7），西夏王陵站 6~8 月极端最高气温达到>36℃的极端高温天气标准；崇岗和庙山湖站 6~7 月极端最高气温达到>36℃的极端高温天气标准；葡萄园 5~7 月极端最高气温达到>36℃的极端高温天气标准；而苏峪口和石炭井两站各月极端最高气温均未达到>36℃的极端高温天气标准。

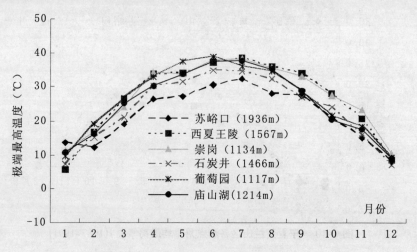

图 2-11 宁夏贺兰山区各测站月极端最高气温变化（2003~2007）

崇岗站年极端最高气温在 6 个测站中最高,西夏王陵次高,苏峪口站年极端最高气温最低,石炭井站年极端最高气温次低。

宁夏贺兰山区极端最高气温的最高值出现于 6 月,达 39.0℃,7 月极端气温的最高值达到次高,为 38.6℃,12 月极端最高气温仅为 10.8℃。

表 2-7 贺兰山区各测站月极端最高气温统计   ℃

月份 站点	1	2	3	4	5	6	7	8	9	10	11	12	年平均
苏峪口	13.5	12.3	18.9	26.4	27.3	30.7	32.5	28.1	27.5	21.0	15.0	8.3	21.8
西夏王陵	5.7	16.7	26.4	33.9	34.2	37.2	38.6	36.1	34.2	28.2	20.7	8.4	26.7
崇岗	11.0	16.6	24.1	34.5	33.7	38.1	38.3	35.9	33.3	27.4	23.3	10.6	27.2
石炭井	7.3	15.1	21.1	30.5	31.5	34.8	34.6	32.4	27	24.1	15.9	7.2	23.5
葡萄园	9.6	19.0	26.7	32.8	37.6	39.0	36.1	34.7	28.8	21.5	18.5	9.4	26.1
庙山湖	10.9	16.3	25.2	30.3	33.8	37.4	37.7	35.1	28.9	20.5	17.6	9.0	25.2
极端最高	13.5	19.0	26.7	34.5	37.6	39.0	38.6	36.1	34.2	28.2	23.3	10.8	28.5

2003~2007 年贺兰山区 6 个区域自动气象站月极端最低气温变化表明(图 2-12),各站5~9 月极端最低气温高于 0℃, 其他各月均低于 0℃。苏峪口站 1 月开始极端最低气温逐渐上升,到 6 月达到次高值后,7 月又有所下降,8 月极端最低气温达到一年中的最高值后,又呈明显下降趋势;西夏王陵站 1 月到 2 月极端最低气温有所下降,之后明显上升,6 月与 5 月相比极端最低气温又有所下降,7 月达到一年的最高值后,呈逐渐下降趋势;崇岗站和葡萄园站 1~2 月极端最低气温有所下降,之后均呈逐渐上升趋势,并

分别在 8 月和 7 月达到一年中的最高值；石炭井站和庙山湖站从 1 月开始极端最低气温均呈逐渐上升趋势，分别在 7 月和 8 月达到一年中的最高值，之后明显下降。

从各月极端最低气温的统计表（表 2-8）得出，崇岗站年平均极端最低气温在六站中最高，为 -3.5℃，苏峪口站最低为 -7.7℃，其他四站年平均极端最低气温相差不大，在 -6.4℃~-6.6℃之间。

贺兰山区极端最低气温的最低值出现在 2 月，达 -27.5℃，1 月极端最低气温的最低值为 -26.1℃，极端最低气温的最高值出现在 8 月，达 14.1℃。

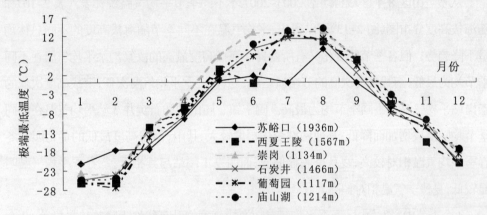

图 2-12 宁夏贺兰山区各测站月极端最低气温变化（2003~2007）

表 2-8 贺兰山区各测站月极端最低气温统计 ℃

站点 \ 月份	1	2	3	4	5	6	7	8	9	10	11	12	年平均
苏峪口	-21.2	-17.7	-17.5	-9.4	0.4	1.7	0.0	8.8	0.0	-6.6	-10.2	-21.2	-7.7
西夏王陵	-26.1	-26.2	-11.8	-6.5	3.6	0.0	12.9	10.9	6.0	-5.6	-15.6	-21.1	-6.6
崇岗	-23.7	-24.0	-12.5	-3.7	6.9	13.1	13.2	13.5	6.6	-3.2	-10.6	-17.9	-3.5
石炭井	-25.3	-24.0	-16.0	-8.7	1.4	9.1	11.5	11.4	2.4	-8.2	-11.7	-20.4	-6.5
葡萄园	-25.9	-27.5	-14.2	-8.0	1.8	6.9	12.4	11.5	4.3	-7.3	-11.8	-18.6	-6.4
庙山湖	-25.4	-24.9	-11.7	-7.4	2.8	10.1	13.7	14.1	6.0	-3.3	-9.7	-17.4	-4.4
极端最低	-26.1	-27.5	-17.5	-9.4	0.4	0.0	0.0	8.8	0.0	-8.2	-15.6	-21.2	-9.7

2.3.4.5 平均、最高、最低气温的季节变化

在贺兰山区不同季节三种气温随高度的递减率中（表 2-9），冬季平均、最高、最低气温的递减率均最高，秋季次之，春季平均气温和平均最高气温的递减率最小，而夏季

平均最低气温的递减率最小。

表 2-9　贺兰山区不同季节平均、最高、最低气温递减率　　　　　℃/100m

项目 \ 季节	冬季	春季	夏季	秋季
平均气温递减率	−0.34	−0.95	−0.92	−0.50
平均最高气温递减率	−0.01	−1.16	−1.01	−0.32
平均最低气温递减率	0.11	−0.62	−1.25	−0.59

从贺兰山区 8 个区域自动站 2003~2007 年不同季节平均气温统计表（表 2-10）和随海拔高度分布图(图 2-13)可以得出，平均气温在不同季节随海拔高度的不同总体均呈下降趋势，但各季节的变化又有所差异。海拔高度最高的汝箕沟站平均气温在不同季节均为最低，海拔高度次高的苏峪口站春、夏、秋三季平均气温次低；海拔高度次低的崇岗站平均气温在不同季节均为最高。闽宁镇、庙山湖和石炭井 3 站平均气温在不同季节均随海拔增加而降低；其他两站变化幅度较大，其中，海拔高度最低的葡萄园站冬春季平均气温相对较高，夏秋季明显偏低；而西夏王陵站与其相反，冬春季平均气温明显较低，夏秋季气温相对偏高。

4 个季节中，贺兰山区春季平均气温随海拔高度的升高线性下降趋势最显著，八个自动站除西夏王陵站平均气温低于石炭井站外，其他各站平均气温随海拔增加而降低；夏季平均气温的线性下降趋势较为显著，葡萄园站平均气温明显偏低，西夏王陵站明显偏高，其他各站平均气温随海拔增加而降低；冬季平均气温随海拔高度的升高线性下降趋势最不明显。贺兰山区不同季节平均气温随海拔高度的变化表明，冬季是贺兰山区最易形成逆温分布的季节，秋季次之。

表 2-10　宁夏贺兰山区各观测点四季平均气温统计(2003~2007)　　　　　℃

观测站（海拔 m）	冬季	春季	夏季	秋季
葡萄园（1117）	−4.9	13.5	22.9	9.1
崇岗（1134）	−4.2	13.7	24.6	11.5
闽宁镇（1178）	−4.5	13.3	23.4	10.7
庙山湖（1214）	−5.0	13.0	23.3	10.1
石炭井（1466）	−6.2	10.4	22.4	9.2
西夏王陵（1567）	−5.9	12.4	23.7	10.3
苏峪口（1936）	−5.5	8.3	18.8	7.0
汝箕沟（2003）	−7.2	6.7	16.0	6.7

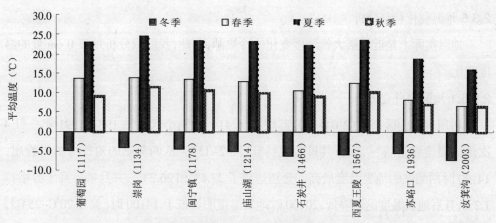

图 2-13　宁夏贺兰山区四季平均气温随拔海高度分布（2003~2007）

2.3.4.6 年平均气温随海拔高度分布

从宁夏贺兰山区 8 个区域自动站 2003~2007 年年平均气温变化曲线看到（图2-14），年平均气温随海拔高度增加呈显著下降趋势（表 2-11）。其中海拔高度最低的葡萄园站年平均气温明显偏低，而海拔高度较高的西夏王陵站年平均气温明显偏高，这两个站的异常变化可能与周围特殊的地形、地貌有关，其他各站随海拔高度的增加年平均气温逐渐降低。

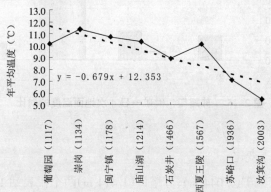

$$y = -0.679x + 12.353$$

图 2-14　宁夏贺兰山区各各观测点年平均气温分布（2003~2007）

表 2-11　宁夏贺兰山区各观测点年平均气温统计（2003~2007）

项目＼站名	葡萄园	崇岗	闽宁镇	庙山湖	石炭井	西夏王陵	苏峪口	汝箕沟
海拔高度(m)	1117	1134	1178	1214	1466	1567	1936	2003
气温(℃)	10.2	11.4	10.7	10.4	8.9	10.1	7.2	5.5

2.3.5 地温变化特征分析

地温实际上是近地层大气温度变化的冷热源,在此,我们只分析地表 0 cm 处的温度变化。

2.3.5.1 地温的日变化

利用贺兰山区磷矿(2 044 m)、苏峪口(1 414 m)两个代表站 1987~1991 年一日 4 次地表温度统计资料,分析其日变化特征(图 2-15)。从两测站的对比分析可看出,14:00 时两测站的地表温度最高,分别达到了 27.4℃和 26.2℃,并且磷矿高于苏峪口1.2℃,其后地表温度迅速降低,20:00 时地表温度明显低于 14:00 时(偏低 20℃~25℃),达到4.0℃~9.6℃,8:00 时两侧站的地表温度为 2.3℃~7.0℃,夜间 2:00 时达到了一天 4 次观测中的最低值。另外,一天中除 14:00 时,磷矿地表温度略高于苏峪口外,其他三个时次苏峪口地表温度均明显高于磷矿 5℃左右,说明磷矿测站的昼夜温差大于苏峪口,造成这一现象的主要原因可能是由于磷矿测站处的地表植被覆盖度比苏峪口差,空气相对湿度低等。

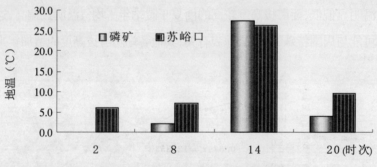

图 2-15　苏峪口、磷矿一日 4 次地面温度的对比

2.3.5.2 地温的月、季变化

利用贺兰山区磷矿(2 044 m)、苏峪口(1 414 m)两个代表站 1987~1991 年逐月平均地表温度统计资料,分析其月、季变化特征(图 2-16)。

从两测站总的情况看,一年中夏季(6~8 月)地表平均温度最高,可达到 21.4℃~28.6℃,其次是秋季(9~11 月)和春季(3~5 月),地表温度分别为-3.8℃~20.5℃和 1.7℃~21.1℃,冬季(12~2 月)是一年中地表温度最低的季节,只有-11.3℃~2.0℃。

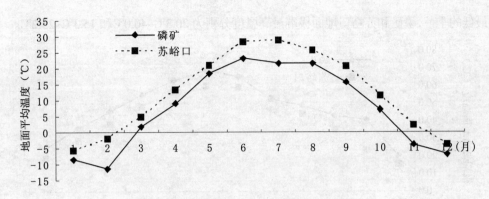

图 2-16 苏峪口、磷矿地面温度的月变化

从两测站对比情况看(图 2-17):夏季,苏峪口测站平均地表温度为 27.6℃,高于磷矿 5.5℃;春季,苏峪口测站平均地表温度为 13.2℃,高于磷矿 3.4℃;秋冬季节仍然是苏峪口测站平均地表温度高,且高于磷矿测站 5.1 ℃。这种地表温度上的差异主要是由于磷矿和苏峪口两测站的海拔高度差异所造成的。

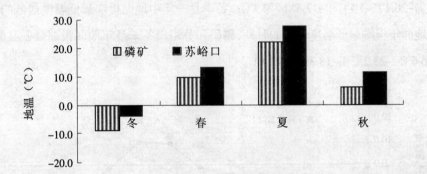

图 2-17 苏峪口、磷矿地面温度的季节变化

2.3.5.3 地面极端最高、最低温度的月际变化

利用贺兰山区磷矿(2 044 m)、苏峪口(1 414 m)两个代表站 1987~1991 年逐月地表极端最高、最低温度统计资料,分析其月、季变化特征。

两测站地面极端最高温度的逐月分布特征与平均最高气温的分布相似(图 2-18)。夏季(6~8 月)最高,也是年地面极端最高温度出现的时期,其中磷矿的地面极端最高温度为 61.8℃~67.5℃,苏峪口为 56.1℃~59.5℃;其次是春季和秋季,磷矿和苏峪口的地面极端最高温度分别为 42.7℃~51.9℃和 34.9℃~52.2℃;冬季是一年中地面极端最高温度最低的季节,磷矿和苏峪口地面极端最高温度分别为 20.3℃~40.0℃和 15.3℃~23.2℃。

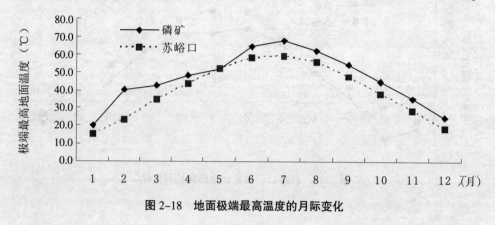

图 2-18　地面极端最高温度的月际变化

两测站地面极端最低温度的逐月分布特征与平均最低气温的分布相似(图 2-19)。夏季(6~8 月)地面极端最低温度相对最高,其中磷矿的地面极端最低温度为-1.3℃~9.4℃,苏峪口为 8.0℃~18.2℃;其次是春季和秋季,磷矿和苏峪口的地面极端最低温度分别为-20.1℃~4.4℃和-12.4℃~-0.2℃;冬季是一年中地面极端最低温度最低的季节,也是地面年极端最低温度出现的时期,磷矿和苏峪口冬季及年地面极端最低温度分别为-26.6℃~-23.2℃和-18.3℃~-12.4℃。

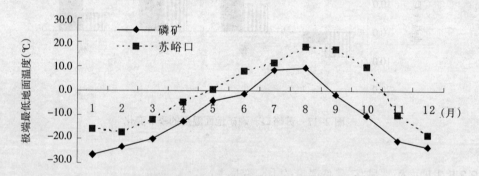

图 2-19　地面极端最低温度的月际变化

表 2-12　磷矿、苏峪口代表测站地面极端最高、最低温度逐月平均统计　　　　　℃

月份 站点	1	2	3	4	5	6	7	8	9	10	11	12
磷矿（极端最低）	−26.6	−23.3	−20.1	−13.0	−4.4	−1.3	8.3	9.4	−1.9	−10.4	−20.7	−23.2
苏峪口（极端最低）	−16.0	−17.7	−12.4	−4.7	0.2	8.0	11.4	18.2	17.3	9.9	−10.0	−18.3
磷矿（极端最高）	20.3	40.1	42.7	48.1	51.9	64.3	67.5	61.8	54.1	44.6	35.2	24.6
苏峪口（极端最高）	15.3	23.2	34.9	43.8	52.2	58.4	59.5	56.1	47.7	38.1	28.6	18.5

通过对两测站的对比可看出：在一年四季中，磷矿的地面极端最高温度均明显高于苏峪口；磷矿的地面极端最低温度均明显低于苏峪口。因此可以推测出，磷矿地面温度的年较差明显大于苏峪口（表 2-12）。

2.3.6　降水分布特征（用 2003~2007 年自动站观测资料）

2.3.6.1　降水日数的分布

（1）降水日数的月变化

按照观测规范规定，日降水量≥0.1 mm 为一个降水日。从贺兰山地区石炭井观测站 1981~2007 年平均降水日数月变化图中看到（图 2-20），月平均降水日数呈单峰型，各月多年平均降水日数在 0.7~4.6，7 月多年平均降水日数最多，为 4.6 天；12 月多年平均降水日数最少，仅为 0.7 天。从逐月变化过程看，3 月开始大气环流及天气系统出现调整，北半球中高纬度环流系统减弱北缩，中低纬度环流系统开始加强北抬，表现为天气逐渐变暖，降水日数逐渐增多，至 7~8 月达到最大；9 月以后随着天气的变冷，降水日数逐渐减少，至 12 月降为最少。

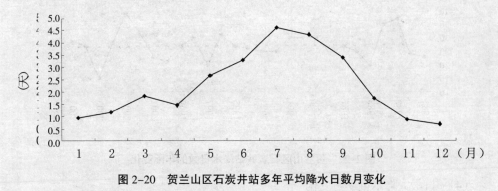

图 2-20　贺兰山区石炭井站多年平均降水日数月变化

（2）降水日数的季节变化

从贺兰山区石炭井观测站 1981~2007 年降水日数季节分布图中看到（图 2-21），夏季降水日数最多,占全年降水日数的45%,接近全年降水日数的一半;春季和秋季降水日数分别占全年降水日数的22%,只有夏季降水日数的一半;而冬季降水日数最少,只占全年降水日数的10%。

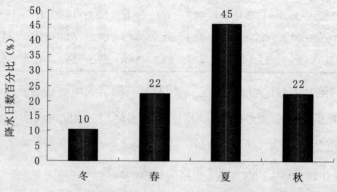

图2-21　贺兰山区石炭井站降水日数的季节分布

（3）降水日数的年际变化

从贺兰山区石炭井观测站1981~2007年降水日数年际变化图(图2-22)看出,降水日数的年际变化幅度不大,20世纪80年代平均降水日数为27.5天,20世纪90年代平均降水日数为26.2天,2001~2007年平均降水日数为27.6天,但总体上呈缓慢减少的趋势,减少率为每十年0.3天;年降水日数最多的年份是1983年,为37天,年降水日数最少的年份是2005年,仅为15天。

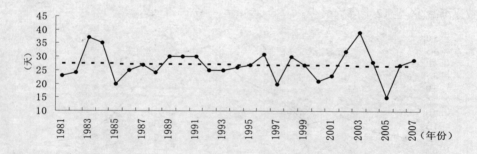

图2-22　贺兰山区石炭井站降水日数的年际变化

（4）一日最大降水量逐月变化

从磷矿观测站一日最大降水量月际变化图(图2-23)看出,5~10月的一日最大降水量明显比其他月份大,其中9月一日降水量最大,为38.2 mm,其次是8月,一日最大降水量为35.5 mm;12月一日最大降水量最小,仅为4.5 mm,次小为2月,一日最大降

COMPREHENSIVE SCIENTIFIC INVESTIGATIOIV REPORTS ON NINGXIA HELAN NATIONAL NATURE RESERVE

水量为 6.2 mm。9 月一日最大降水量是 12 月一日最大降水量的 8.5 倍。

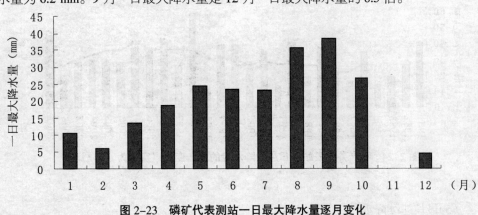

图 2-23　磷矿代表测站一日最大降水量逐月变化

从磷矿、苏峪口、石炭井、贺兰山 4 个观测站一日最大降水量统计表（表 2-13）分析：磷矿一日最大降水量出现在 1987 年，最大为每天 38.2 mm；苏峪口一日最大降水量出现在 1988 年，最大为每天 54.5 mm；石炭井一日最大降水量出现在 1990 年，最大为 40.5 mm/d；贺兰山一日最大降水量出现在 1987 年，最大为每天 42.7 mm。

表 2-13　贺兰山区四个代表站一日最大降水量统计表（1987~1991 年）　　　　mm

站点 \ 年份	1987	1988	1989	1990	1991
磷矿	38.2	35.5	30	18.8	31.4
苏峪口	39.8	54.5	27.7	49.4	18.5
石炭井	24.3	37.7	18.8	40.5	12.2
贺兰山	42.7	33.6	28.5	25.1	

从石炭井站一日最大降水量逐年变化图（图 2-24）中看到，一日最大降水量的年际变化较明显，其中 1991 年一日最大降水量最少，为每天 12.2 mm；1997 年一日最大降水量最多，为每天 58.6 mm，1997 年比 1991 年偏多 46.4 mm，最多年与最少年一日最大降水量相差 4.8 倍。从 5 年滑动平均值曲线看，一日最大降水量呈缓慢增多的趋势，增长率为每十年 3.4 mm，从另一个侧面也说明了近年来，随着全球气候变暖，宁夏贺兰山区的极端气候事件频繁发生，暴雨强度有所增加。

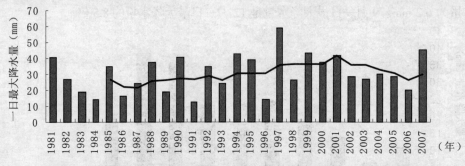

图 2-24　石炭井代表站一日最大降水量的逐年变化（实线为 5 年滑动）

（5）最长连续降水日数分布

从苏峪口观测站月平均最长连续降水日数变化图（图 2-25）看出，月平均最长连续降水日数呈两峰型变化，平均最长连续降水日数 1 月开始逐渐增多，至 3 月达到最大（2.8 天），4 月又减小，5 月开始又逐渐增多，至 8 月达到次大（2.4 天），11 月以后又开始减小，至 12 月减至最小（0.8 天）。3 月平均最长连续降水日数是 12 月的 3.5 倍。

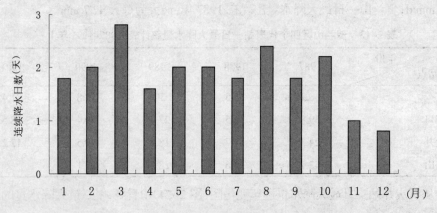

图 2-25　苏峪口测站月最长连续降水日数（1978~1991）

2.3.6.2 降水量的逐月变化

从石炭井测站月平均降水量变化图（图 2-26）看出，月平均降水量呈明显的单峰型变化，降水集中出现在 5~9 月，其中 7 月平均降水量最大，为 44.2 mm，8 月平均降水量次大，为 38.2 mm；1 月和 12 月平均降水量最小，仅为 1.0 mm。最多月和最少月平均降水量相差 44 倍。

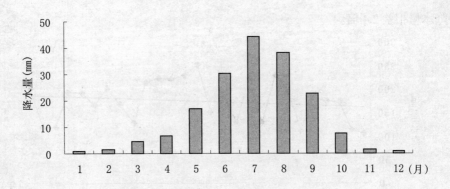

图 2-26　石炭井代表站月平均降水量变化

2.3.6.3 降水量的四季变化

从石炭井测站各季平均降水量变化图(图 2-27)中看到,各季平均降水量呈明显的单峰型变化,降水主要集中出现在夏季,平均降水量为 112.6 mm,秋季和春季平均降水量相近,分别为 31.6 mm 和 28.1 mm,冬季平均降水量最少,仅为 3.6 mm,只有夏季平均降水量的 3%。

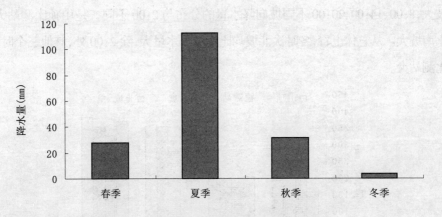

图 2-27　石炭井代表站各季平均降水量变化

2.3.6.4 降水量年际变化

从石炭井代表测站年降水量变化图(图 2-28)中看到,年降水量变化幅度不大,20世纪 80 年代平均为 164.2 mm,20 世纪 90 年代平均为 190.7 mm,2001~2007 年平均为 171.2 mm,总体上呈增多的趋势,增长率为每十年 9.3 mm;年降水量最多的年份是 1994年,降水量为252.6 mm,最少的年份是 1981 年,年降水量为 106.6 mm,最多降水量与最少降水量相差 2.4 倍。

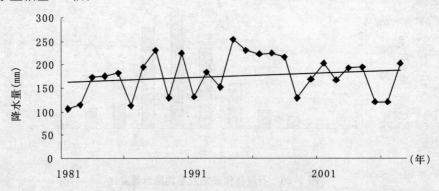

图 2-28　石炭井代表站年降水量变化

2.3.6.5 不同时次、不同坡向降水量分布

　　总体上讲，中午 14:00 和傍晚 20:00 降水量明显大于夜间 2:00 和凌晨 8:00。另外，地形对降水有一定的影响，不同坡向、不同高度降水量的大小往往不同。从磷矿观测点不同坡向降水量分布图（图 2-29）看出，2:00 时的降水量是测站比山顶大、北坡比南坡大，8:00、14:00、20:00 不同坡向降水量的分布与 2:00 不同，是山顶比测站大、北坡比南坡大。从总体上看，各时次北坡均比南坡降水量大，除 2:00 外，其他三个时次山顶比测站大。

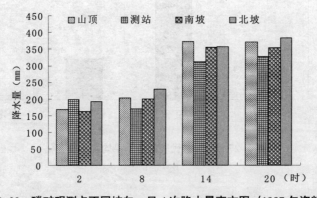

图 2-29　磷矿观测点不同坡向一日 4 次降水量直方图（1987 年资料）

2.3.7 相对湿度及蒸发量分布特征

2.3.7.1 相对湿度分布特征

　　相对湿度直接表示空气中的干湿程度。当空气中水汽极少甚至近于没有时，空气

相对湿度为 0,当空气中水汽已经饱和,即水分已停止蒸发时,相对湿度便达到 100%。云雾中相对湿度一般为 100%。

(1)相对湿度的日变化

利用贺兰山区磷矿代表站 1987~1991 年一日四次空气相对湿度观测资料分析其日变化(图 2-30)。一天中早晨(8:00)空气相对湿度最高,可达到 52%,随着气温升高,蒸发量加大,空气相对湿度迅速下降,中午(14:00)下降到 44%,午后随着气温下降,蒸发量减小,空气相对湿度逐步上升,傍晚(20:00)达到 49%,整个夜间相对湿度都比较高,2:00 达到 51%,接近一天中的峰值。

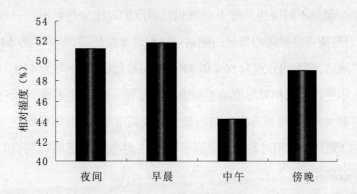

图 2-30　贺兰山区磷矿代表站相对湿度日变化距平直方图 (1987~1991)

(2)相对湿度的月际变化

利用贺兰山区磷矿、石炭井、贺兰山、苏峪口四个代表站 1987~1991 年逐月平均空气相对湿度统计资料,分析其月际变化特征(图 2-31、表 2-14)。从总体看,一年中夏、秋季节由于降水量相对比较集中,空气相对湿度较大,8 月份达到极大值,平均为60%左右,其次是冬季(12 月至翌年 2 月)平均相对湿度基本在 45%~60%,春季空气相对湿度是一年中的最低时期,特别是 4~5 月基本在 35%~50%。

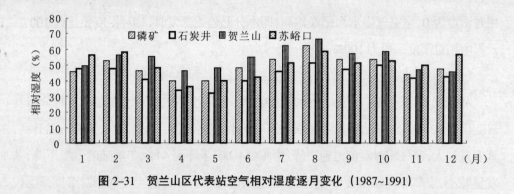

图 2-31　贺兰山区代表站空气相对湿度逐月变化（1987~1991）

通过 4 个测站不同海拔高度上空气相对湿度的对比分析看出：一年中除 1 月份外，其他各月海拔高度最高的贺兰山测站空气相对湿度最高，年平均为 54%，其次是苏峪口和磷矿测站，年平均分别为 50% 和 49%，石炭井最低，年平均为 43%。

可看出年平均空气相对湿度除了与海拔高度有关系外，还和测站所在区域的植被覆盖程度有很大关系，尽管苏峪口与石炭井海拔高度接近，但年平均空气相对湿度相差 7%，苏峪口测站空气相对湿度明显高于石炭井，主要由于苏峪口测点的植被覆盖程度明显优于石炭井。

表 2-14　贺兰山区代表站空气相对湿度逐月、年统计（1987~1991）　　　　%

月份 站点(海拔 m)	1	2	3	4	5	6	7	8	9	10	11	12	年平均
磷矿 2044	46	53	46	40	40	48	54	63	54	54	44	48	49
石炭井 1466	48	48	41	34	32	40	46	51	47	50	41	43	43
贺兰山 2908	50	56	56	47	48	55	62	67	58	59	47	46	54
苏峪口 1414	56	58	48	36	40	42	51	59	51	53	50	57	50

2.3.7.2 蒸发量分布

（1）蒸发量月际变化

用贺兰山区磷矿、石炭井、贺兰山、苏峪口四个代表站的 1987~1991 年逐月蒸发量统计资料，分析其月际变化特征(图 2-32、表 2-15)。从空间分布看，苏峪口年蒸发量最高，为 2 525.0 mm，占年降水量的 16 倍，其次是磷矿和石炭井，年蒸发量分别为 1 913.4 mm 和 1 916.4 mm，分别占年降水量的 11 和 10.5 倍，贺兰山测站的年蒸发量最小，仅为 1 551.0 mm，占年降水量的 3.7 倍。

(2)蒸发量季节变化

从季节分布看,一年中夏季由于降水量比较集中,空气相对湿度较大,6~8 月蒸发量最大,单月蒸发量达到 175.3~368.5 mm,整个夏季蒸发量占年蒸发量的 40%左右,其次是春季(3~5 月)和秋季(9~11 月),单月蒸发量在 66.3~364 mm,分别占年蒸发量的 26%~30%和 21%~23%,冬季(12 月~翌年 2 月)蒸发量最小,为 44~76.5 mm,仅占年蒸发量的 8%左右。

表 2-15 贺兰山区代表性观测站月、年蒸发量统计   mm

站点(海拔 m) \ 月份	1	2	3	4	5	6	7	8	9	10	11	12	年合计
磷矿(2044)	61.6	48.1	92.3	152.4	235.1	255.1	276.8	204.0	185.3	139.0	96.0	67.8	1813.5
苏峪口(1414)	64.4	72.9	135.2	264.3	364.0	368.5	373.2	286.9	236.1	166.2	116.8	76.5	2525.0
石炭井(1466)	50.0	52.1	103.4	182.3	275.1	270.8	291.3	222.6	181.3	134.3	96.2	57.0	1916.4
贺兰山(2908)	44.0	47.4	76.8	144.1	204.4	219.1	221.1	175.3	153.2	104.5	66.3	55.0	1511.2

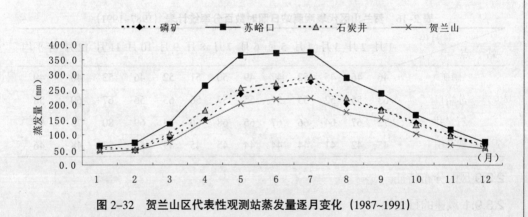

图 2-32 贺兰山区代表性观测站蒸发量逐月变化（1987~1991）

2.3.8 日照时数分布特征

利用贺兰山区磷矿、石炭井、贺兰山、苏峪口四个代表站 1987~1991 年逐月日照时数百分率统计资料,分析其月、季变化特征。

2.3.8.1 日照时数百分率的空间分布

从图 2-33 中看出,年内各月石炭井测站的日照时数百分率最高,全年平均达到 69%,其次是苏峪口和磷矿,分别为 58%和 49%,贺兰山测站日照时数百分率最低,只有 46%。

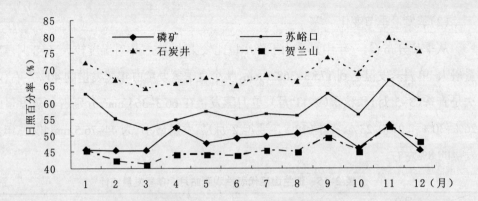

图2-33　贺兰山区代表观测站日照时数百分率变化（1987~1991）

2.3.8.2 日照时数百分率的时间分布

从表2-16中看出,一年中秋、冬季节(9月~翌年1月)日照时数白分率最高,春、夏季节(2~8月)相对较低。

表2-16　贺兰山区代表观测站日照时数百分率统计表　（1987~1991）　　　%

站　点 ＼ 月份	1月	2月	3月	4月	5月	6月	7月	8月	9月	10月	11月	12月	年平均
磷矿	46	46	45	52	47	49	50	51	52	46	53	46	49
苏峪口	63	55	52	55	57	55	57	56	63	56	67	60	58
石炭井	72	67	64	66	67	65	68	66	73	69	80	75	69
贺兰山	45	42	41	44	44	44	45	45	49	45	53	48	46

2.3.9 风的分布特征

2.3.9.1 风速的日变化

从贺兰山地区不同季节平均风速的日变化图(图2-34)中看到,风速具有明显的季节性变化特征。春季平均风速最大、秋季最小,夏季和冬季介与两者之间,风速的这种变化主要是春季受大气环流的影响,天气系统处于调整阶段。从一日各时次平均风速的变化看,各季的风速值均从早上太阳升起后开始增大,下午13:00~15:00时达到一日中的最大,然后逐渐减小。

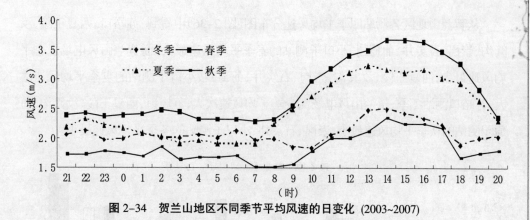

图 2-34　贺兰山地区不同季节平均风速的日变化 (2003~2007)

2.3.9.2 风速的逐月变化

从贺兰山地区各测站月平均风速变化图(图 2-35)看出,风速的大小受山体地形及海拔高度的影响非常大,各测站各月平均风速变化互不相同,西夏王陵、汝箕沟、石炭井、葡萄园、小口子测站平均风速的最大值出现在 1~5 月,苏峪口、崇岗、贺兰山风电场测站的平均风速最大值出现在 11 月,而平均风速的最小值各测站均出现在 7~8 月;因受贺兰山山脉的地形影响,各测站之间的月平均风速(图 2-35)也有明显的差异,苏峪口站、汝箕沟站、小口子站、贺兰山风电场站位于山口和山谷,平均风速明显大于其他位于平坦地区测站的风速。

2.3.9.3 风速的季节变化

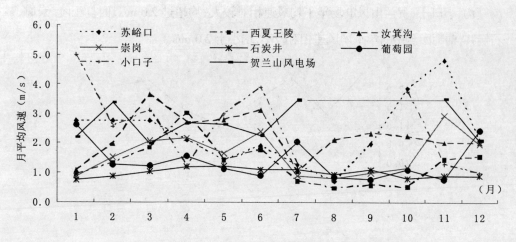

图 2-35　贺兰山地区各测站月平均风速变化 (2003~2007)

COMPREHENSIVE SCIENTIFIC INVESTIGATIOIV REPORTS ON NINGXIA HELAN NATIONAL NATURE RESERVE

从贺兰山地区各测站四季平均风速分布图(图2-36)中看到,苏峪口、西夏王陵、汝箕沟、崇岗、石炭井、葡萄园、小口子测站的春季平均风速最大,而贺兰山风电场夏季平均风速最大;西夏王陵、汝箕沟、崇岗、石炭井、葡萄园、小口子测站的夏季平均风速次大,苏峪口测站冬季、贺兰山风电场测春季平均风速次大;苏峪口、西夏王陵、汝箕沟、葡萄园测站的秋季平均风速最小,崇岗、石炭井、小口子测站的冬季平均风速最小。

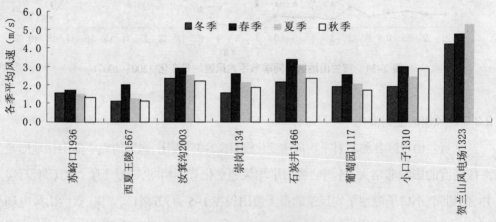

图 2-36　贺兰山地区各测站季节平均风速分布 (2003~2007)

2.3.9.4　风速的年变化

从贺兰山地区各测站年平均风速分布图中看到(图2-37),由于在山地气候中,风速的大小受局部地形的影响特别大,贺兰山区地形复杂,年平均风速差异较大。苏峪口、汝箕沟、小口子、贺兰山风电场年平均风速相对较大,均超过 2.0 m/s,西夏王陵、崇岗、石炭井、葡萄园测站的年平均风速相对较小,均小于 2.0 m/s。

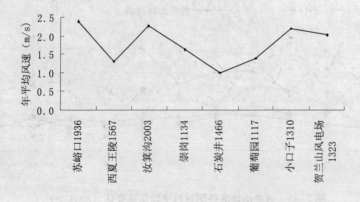

图 2-37　贺兰山地区各测站年平均风速分布 (2003~2007)

2.3.9.5 风向频率分布

从贺兰山地区苏峪口测站风向频率分布图(图2-38)中看到,苏峪口测站风向主要以西风(W)为主,风向频率为9.3%,其次是西北偏西风(WNW),风向频率为8.3%;而西北偏北风(NNW)出现的最少,风向频率仅为0.8%,次少是西南偏南风(SSW),风向频率为1.0%。苏峪口测站风向频率的这种分布特点主要是受贺兰山山脉走向及测站所在的地理位置影响。

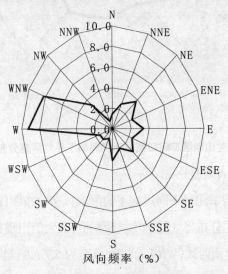

图2-38　贺兰山地区苏峪口测站风向频率分布 (1988~1989)

2.3.9.6 不同风向下平均风速分布

从贺兰山地区苏峪口测站不同风向的平均风速分布图(图2-39)中看到,苏峪口测站西风(W)和西北偏西风(WNW)的平均风速最大,均为2.6 m/s,其次是西北风(NW),平均风速为2.1 m/s;而西南偏南风(SSW)的平均风速最小,为1.0 m/s,次少是西南风(SW),平均风速为1.1 m/s。不同风向平均风速的这种分布特征,与风向频率的分布特征基本一致,说明不同风向平均风速的大小主要是受大气环流的影响。

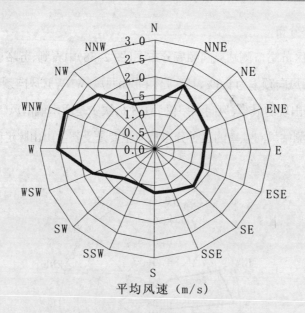

图 2-39　贺兰山地区苏峪口测站不同风向下平均风速分布 (1988~1989)

2.3.9.7 不同风向下最大风速分布

从贺兰山地区苏峪口测站不同风向下的最大风速分布图(图 2-40)中看到,苏峪口测站最大风速随风向的分布特征与平均风速相似,最大值出现在西风(W)方位上,风速为 6.6 m/s,其次是西北偏西风(WNW),最大风速为 5.7 m/s;最小值出现在西南偏南风方位(SSW),风速为 1.3 m/s。不同风向最大风速的分布特征也与风向频率的分布特征基本一致。

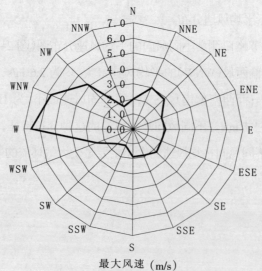

图 2-40　贺兰山地区苏峪口测站不同风向下最大风速分布 (1988~1989)

2.3.10 贺兰山区主要气象灾害特征分析

宁夏贺兰山区因复杂的自然地理状况和特殊的地质结构及气候条件,干旱、暴雨洪涝、冰雹、霜冻、大风沙尘暴等气象灾害频繁发生。以石炭井、大武口、惠农、银川、贺兰山、青铜峡、中卫7站作为贺兰山区的代表站,分析该地区主要气象灾害的发生及演变特征(图2-41)。其中贺兰山站资料年限为1961~1990年,其他各站资料年限均为建站至2006年。

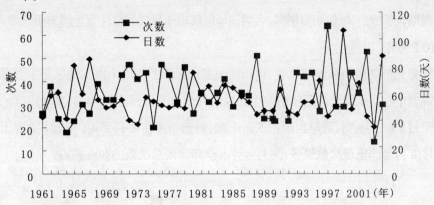

图2-41 贺兰山区干旱发生次数及持续时间

2.3.10.1 干旱

从干旱发生的时间来看,贺兰山区干旱可分为春、夏、秋、冬及各个季节的连旱等类型。其中冬旱最多,秋旱和春旱次之。夏旱最少;连旱以秋冬连旱最多,冬春季连旱次之;而三季连续出现干旱次数最多的是秋冬春三季连旱。

干旱具有持续性的特征,其中,连续出现干旱年数最长的为惠农站,达17年,其次为中卫,14年。

(1)春旱 3~5月是农作物播种、出苗及营养生长阶段,要求有一定的水分供给。近50年,贺兰山区春旱发生次数为21次。

(2)夏旱 6~8月正值小麦进入抽穗扬花成熟阶段,大秋作物进入生长旺盛季节,是生物需水最多时期。如果短期无雨或少雨,即可形成"卡脖子旱",贺兰山区夏旱发生几率较小,贺兰山区近50年中仅出现2次。

(3)秋旱 9~11月秋作物进入灌浆成熟和收获阶段,也是冬麦播种、出苗、分蘖时期,需水量相对减少,除个别年份外,一般年份的雨量基本能满足需要。秋季虽然降水

COMPREHENSIVE SCIENTIFIC INVESTIGATION REPORTS ON NINGXIA HELAN NATIONAL NATURE RESERVE

较多,变率较小,不易产生干旱,但一旦发生,其影响极为严重,并危及次年的春播。近50年中贺兰山区出现秋旱21次。

(4)冬旱 贺兰山区冬季降水稀少,极易出现干旱,贺兰山区近50年中出现冬旱达59次。但由于冬季该地区没有农作物,因此冬旱的影响较小。

贺兰山区干旱发生次数及持续时间在1861年至20世纪80年代中期变化幅度相对较小,随全球气候变暖,20世纪80年代后期发生次数合持续时间变化幅度明显增大,变化周期显著缩短,峰值明显增多,表明该地区极端干旱气候事件发生频率明显增大。

2.3.10.2 暴雨、洪涝

宁夏北部贺兰山东麓迎风坡、银川西北部地区和石嘴山中南部地区是宁夏暴雨的相对高发中心。从贺兰山区暴雨发生次数的月分布图看到(图2-42),贺兰山区的暴雨发生于每年的5~8月,最早出现在5月下旬,最迟结束在8月下旬,一年中主要出现在7~8月,8月暴雨出现次数最多,两月合计占全年暴雨总次数的80%左右。

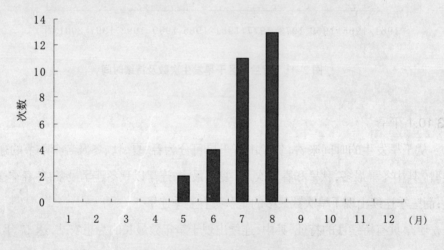

图2-42 贺兰山区暴雨月分布

贺兰山东麓迎风坡地区的暴雨发生次数明显多于背风坡地区,北部的石嘴山是该地区暴雨发生次数最多的地区,其次是贺兰山区南部的青铜峡,而石炭井地区由于位于贺兰山东麓的背风坡,因此暴雨发生次数最少。

从近50年来贺兰山区暴雨的年际演变曲线来看(图2-43),该地区暴雨发生次数总体呈增加趋势。其中近50年来暴雨主要集中出现在两个阶段,分别为20世纪60年代到70年代中期以及90年代中期到2006年之间。

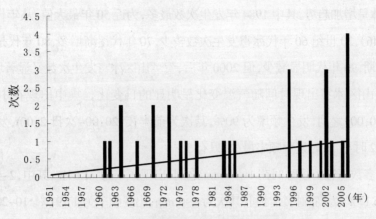

图 2-43　贺兰山区暴雨发生次数年际变化

暴雨引起的洪涝、河水猛涨或山洪暴发,往往导致局部地区水土流失,冲毁农田、房屋、桥梁、堤坝,使水库漫溢或决口,给国民经济、人民生命财产造成严重损失。

近 50 年来,贺兰山区的洪涝灾害相当频繁,几乎每年都有县(市)受灾,其中,1967、1973、1984、1991、1995、1998 年为区域性灾害。

2.3.10.3 冰雹

贺兰山区冰雹出现在一年中的 3 月下旬至 10 月中旬,主要集中出现在 6 月至 8 月,其中 7 月冰雹出现次数最多,其次为 8 月(图 2-44)。贺兰山区初雹日一般在 3 月下旬至 4 月中旬。

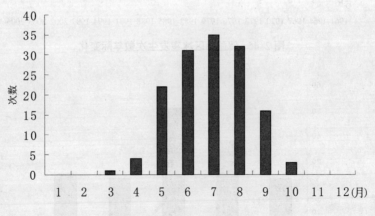

图 2-44　贺兰山区冰雹月分布

从贺兰山区冰雹发生次数的年际变化看到（图 2-45），冰雹发生次数波动幅度较大,但总体呈增加趋势。其中1984年发生次数最多,为近50年最大值。从年代际分布可知(图2-46),20世纪60年代冰雹发生次数较少,70年代逐渐增多,80年代是贺兰山区冰雹频发期,90年代明显减少,但2000年后,贺兰山区冰雹发生次数又显著增多。

贺兰山区冰雹出现时间随气温变化呈明显的日变化,集中出现在中午至傍晚(12:00~20:00)之间,发生频率为90%,其次为前半夜(20:00~次日2:00),发生频率为7%。而02时至12时发生频率最少,只有3%。

绝大多数降雹持续时间在1~10 min之间,出现频率为71.84%,其中,2~4 min出现频率为26.17%,为高频持续时间,其次为4~6 min,出现频率为17.91%。10~20 min持续时间出现频率为17.91%。降雹持续时间超过30 min的,其出现频率仅有4.08%。

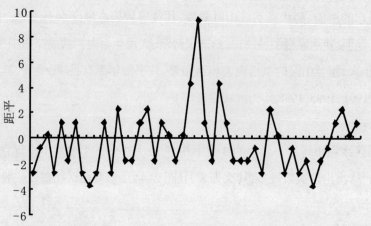

图 2-45 贺兰山区冰雹发生次数年际变化

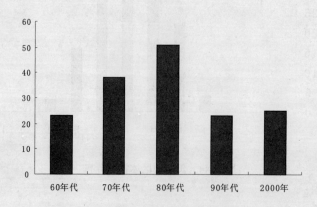

图 2-46 贺兰山区冰雹发生次数年际分布

2.3.10.4 大风沙尘暴

由于贺兰山地形的作用及冷空气影响路径的因素,宁夏北部的贺兰山区是大风天气多发区,其中惠农站大风天气出现次数最多,年均出现 52.6 次,平均 7 天就有一次大风天气;贺兰山区年平均大风日数在 20~30 天,惠农年平均大风日数达 40 天以上。

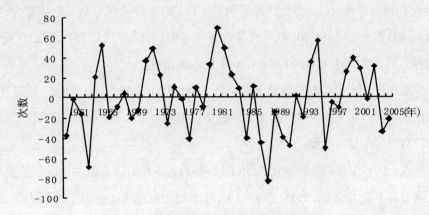

图 2-47 贺兰山区大风发生次数年际变化

贺兰山区大风发生次数随年代呈波动变化,20 世纪 60、70 年代年大风日数明显偏多,80、90 年代年大风日数偏少,21 世纪初期比 20 世纪 80、90 年代略有增加(图 2-47)。

大风天气在一年内均可出现,4~5 月发生频数最高,7~10 月发生次数最少。大风天气的发生次数每年从 1 月开始逐月上升,到 4 月份达到全年最高值,4~5 两月的平均次数比历年月平均值要高出 100%以上,之后逐渐减少,9 月为全年最低点,9 月以后又逐渐增加。大风天气 3~6 月高于历年月平均值(图 2-48)。

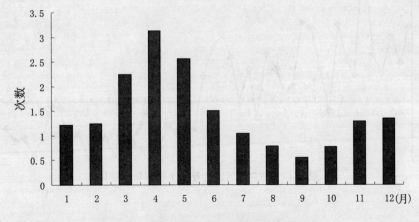

图 2-48 贺兰山区大风天气出现次数月分布

贺兰山区各季平均大风日数分布与年平均大风日数分布基本相似,惠农为大风中心。一年中春季是大风出现次数最多的季节,夏季与冬季平均大风日数不同百分率的出现站数基本相同,秋季是宁夏四季中平均大风日数最少的季节。

贺兰山区各季 20 世纪 60、70 年代均为大风日数偏多期,80、90 年代为偏少期;但 21 世纪初期的各季大风日数变化趋势明显不同:夏、秋季大风日数呈继续减少的趋势,冬季大风日数比 20 世纪 80、90 年代冬季略有增加,而春季大风日数比 20 世纪 80、90 年代春季明显增加,甚至比 20 纪 60、70 年代春季还多。

宁夏年平均大风日数总体呈下降趋势,但贺兰山区的平罗—陶乐一带以及永宁、中宁以西地区,年平均大风日数呈增加趋势。贺兰山区各季大风日数的分布与年平均大风日数的分布基本一致。

贺兰山区沙尘暴的年际变化表明(图 2-49),近 50 年,宁夏贺兰山区年沙尘暴频次的下降较春季更为显著。1951 年以来,沙尘暴过程发生频次经历了 3 个时期:20 世纪 50 年代,沙尘暴过程频次在波动中有所增加,60 年代到 80 年代中期,变化平稳,波动幅度较小;之后,沙尘暴过程频次显著减少,并持续偏低,2000 年起,沙尘暴过程频次又有所增加,但均维持在历年平均值以下。近 50 年中,20 世纪 80 年代中期前,沙尘暴过程发生频次变化较平缓,呈 3~4 年的变化周期,其后,波动频率明显增加,周期缩小为 2~3 年。

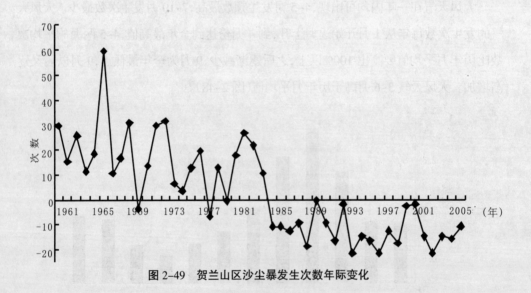

图 2-49 贺兰山区沙尘暴发生次数年际变化

贺兰山区沙尘暴年代际变化表明,从 20 世纪 60 年代到 70 年代末期,年沙尘暴增加较为明显,80年代初到80年代中期,为缓慢增加趋势,而春季沙尘暴从70年代到80年代中期呈逐渐增加趋势。1984年左右年和春季沙尘暴均出现了由多到少的明显转折,之后,呈减少趋势(图2-49)。

沙尘暴天气在一年内均可出现,4月、5月发生频数最高,7~10月发生次数最少。沙尘暴天气的发生次数每年从1月开始逐月上升,到4月份达到全年最高值,4、5两月的平均次数比历年月平均值要高出100%以上,之后逐渐减少,9月为全年最低点,9月以后又逐渐增加。其中沙尘暴天气2~6月高于历年月平均值(图2-50)。

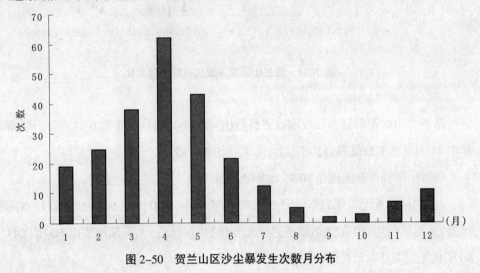

图 2-50　贺兰山区沙尘暴发生次数月分布

2.3.10.5 霜冻

贺兰山区的霜冻出现在每年的4~5月和10月,其中10月出现次数最多,占霜冻出现次数的49.2%,其次是4月,为42.2%,5月出现次数最少,仅为8.5%。从霜冻发生次数旬际变化来看,4月中旬和10月上旬霜冻出现次数最多,其次是4月下旬。

从贺兰山区霜冻出现次数的年际变化曲线看到,近50年,该地区霜冻发生次数总体呈下降趋势。年代际变化表明,贺兰山区20世纪60年代、70年代及80年代霜冻出现变化不大,但90年代发生次数显著减少,2001年后又有所增加(图2-51)。

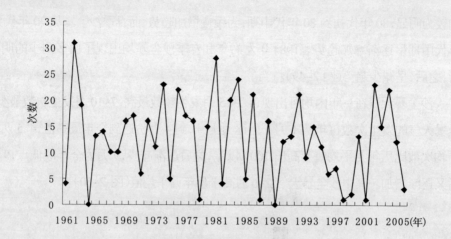

图 2-51　贺兰山区霜冻发生次数年际变化

从贺兰山区逐月霜冻日数统计资料看出:每年的 9 月~次年的 6 月均会出现霜冻,其中 11 月发生次数最多,12 月次之,而 8 月和 6 月最少。

贺兰山区轻霜冻出现在 10 月上中旬,结束在 4 月下旬~5 月上旬。

初(终)霜日及无霜期的年代际变化表明,贺兰山区 20 世纪 60 年代初霜日、终霜日提前,无霜期缩短;70 年代初霜推迟或无变化、终霜推迟,无霜期缩短比 60 年代明显;80 年代无霜期基本无变化;90 年代无霜期延长。

对霜冻突变分析的结果表明:在有观测资料的 44 年中,贺兰山区初(终)霜日及无霜期均发生了突变。初霜日突变年出现在 1974 年,突变前初霜冻日期提前,出现时间早于 10 月上中旬,突变后初霜冻日期退后,出现时间晚于 10 月上中旬;终霜冻日期突变年出现在 1984 年,1984 年前终霜冻日期晚于 4 月下旬,1984 年后终霜冻日期早于 4 月下旬,由于初(终)霜冻日期的改变,对应无霜期在 1984 年也出现了突变,突变后无霜期较突变前延长了 10~11 天。

2.4 贺兰山东麓水环境

贺兰山东麓水系属黄河水系黄河上游下段宁夏黄河左岸分区,山脉呈西南——东北走向,东麓有大小沟道 67 条,多数沟道为季节性河流,植被较好的沟道常流水径流深可达 20 mm。流域面积大于 50 km² 的沟道有 13 条,大武口沟是贺兰山区最大的河流,流域面积 574 km²。沿山的所有沟道出口海拔高程 1 300 m 以上,受地形地貌及气候影响,沟道水流具有暴涨暴落特性。

大气降水除部分以地表径流流出山区外,还有部分补给了基岩的地下水,赋存于风化裂隙带内或渗入层状裂隙带。地下水受大气降水的渗入补给,经短途运移,以侵蚀下降泉和接触泉的形式出露于地表,并沿沟谷流至山前洪积扇顶部即转入地下。

本次贺兰山保护区水环境质量现状调查,主要针对贺兰山东麓地表水,同时,依据所掌握的资料对各沟道中的泉水及分布在山前的水源地地下水做出简要评述。

2.4.1 常流水沟道水量及水质

本次常流水沟道水量及水质现状调查,贺兰山东麓有 13 条沟道为常流水沟道,其余多数沟道在枯水季节,河水断流、河床裸露。

按照行政分区,青铜峡市境内贺兰山东麓主要有花石沟、马莲沟、榆树沟等沟道。其中花石沟集水面积 393 km²,空克墩沟集水面积 296 km²,双疙瘩沟集水面积 483 km²。本次调查青铜峡市境内无常流水沟道。

永宁县境内贺兰山东麓主要包括大窑沟、三期沟等 7 条沟道。各沟道集水面积均小于 50 km²。本次调查永宁县境内贺兰山东麓无常流水沟道。

银川市境内贺兰山东麓主要包括黄渠口沟、甘沟等 17 条沟道。各沟道集水面积均小于 50 km²。本次调查对小口子沟实测流量 0.01 m³/s。小口子沟水质优于《地表水环境质量标准》(GB3838-2002)Ⅲ类标准,可作为饮用水源。小口子沟常流水主要用于小口子沟口旅游区绿化灌溉及人饮。

贺兰县境内贺兰山东麓主要包括苏峪口沟、贺兰口沟等 6 条沟道。其中苏峪口沟集水面积 50.5 km²,其余各沟道集水面积均小于 50 km²。本次调查贺兰口沟、苏峪口沟为常流水沟道。其余沟道均无常流水,为季节性沟道。对贺兰口沟三个断面实测流量,其中金山村断面实测流量 0.016 m³/s,沟口实测两次流量分别为 0.048 m³/s、0.076 m³/s。苏峪口沟实测流量为 0.018 m³/s。贺兰口沟及苏峪口沟的水质优于《地表水环境质量标准》(GB3838-2002)Ⅲ类标准,可作为饮用水源。

平罗县境内贺兰山东麓主要包括大水沟、小水沟等 7 条沟道。其中大水沟集水面积 140 km²,小水沟集水面积 73 km²,其余各沟道集水面积均小于 50 km²。本次调查大水沟、小水沟为常流水沟道。其中大水沟上建有截潜坝及蓄水池,全年蓄水量在 4 000 万~8 000 万 m³,截潜水量主要用于平罗县城市供水,本次实测流量 0.12 m³/s。小水沟上建有截潜坝,于 20 世纪 80 年代建成,截潜水量主要用于 100 hm² 农田灌溉及

500 人农业人口用水,本次实测流量 0.056 m³/s。汝箕沟上建有涝坝,蓄水主要用于下游常胜村农业灌溉,沟口设有水文站常年监测沟道流量。本次对大水沟、小水沟和汝箕沟 3 条沟道采水样分析,其监测数据显示:3 条沟道的水质均优于《地表水环境质量标准》(GB3838-2002)Ⅲ类标准。

大武口区境内贺兰山东麓主要包括大武口沟、大风沟、汝箕沟等 9 条沟道。其中大武口沟集水面积 574 km²,大风沟集水面积 154 km²,其余各沟道集水面积均小于 50 km²。本次调查大武口沟、大风沟、鬼头沟、涝巴沟为常流水沟道。其中大风沟上建有截潜坝,沟口处还建有蓄水池 3 座,建成于 1997~1998 年,3 座蓄水池年蓄水量 61 万 m³,本次实测流量 0.059 m³/s。大风沟 SO_4^{2-} 超标 0.4 倍,水质尚可,其水体经处理后可作为饮用水源。鬼头沟上有截潜工程,建于 2006 年 10 月,主要用于大武口城市用水,本次实测流量 0.030 m³/s。鬼头沟水质优于《地表水环境质量标准》(GB3838-2002)Ⅲ类标准,水质优良。涝巴沟上有截潜坝,拦截郑家沟、巴家沟等 3 个的沟道潜水,于 1990 年建成,本次实测流量 0.007 m³/s,曾经作为附近的生活用水水源,现主要用于灌溉附近 200 hm² 农田。涝巴沟 SO_4^{2-}、矿化度分别超标 1.8 倍、0.5 倍,水质较差,但其水体经处理后可作为饮用水源。韭菜沟上游有泉眼,主要用于北武当庙生活用水。大武口区境内导洪工程于 2008 年建成,将汝箕沟—大峰沟之间沟道洪水由导洪堤导入大峰沟,并最终汇入星海湖南域。大武口沟有水文站常年监测沟道流量,大武口沟水体污染严重。

惠农区境内贺兰山东麓的沟道主要包括柳条沟、正谊关沟等 14 条沟道。其中柳条沟集水面积 121 km²,其余各沟道集水面积均小于 50 km²。本次调查柳条沟、正谊关沟、大王泉沟、小王泉沟沟为常流水沟道,其余沟道均无常流水。柳条沟上游有泉眼,实测流量 0.082 m³/s,沟上有一截潜坝,于 1980 年建成,主要为周边提供生活用水;正谊关沟上游有泉水出露,在 70 年代建成截潜坝,主要为惠农区火车站提供生活用水,实测流量 0.014 m³/s;大王泉沟现从上游黑水沟截潜常流水,用于灌溉罗家园子村农田,曾作为周边村民饮用水及煤矿用水,现当地群众已改用地下水。惠农区建有燕窝池滞洪区,境内沟道洪水最终全部汇入燕窝池滞洪区。其中南部大王泉沟、黑水沟、小王泉沟洪水较大,洪水汇合后经导洪堤分流,60%经南部出口进入燕窝池滞洪区,40%经北部出口进入燕窝池滞洪区。小南沟、庆沟、偷牛沟等若干小山洪沟汇集后直接进入燕窝池滞洪区。白虎洞沟汇入红果子沟后进入燕窝池滞洪区。

按照水系的空间分布,贺兰山东麓南段主要有马圈沟、红崖沟、榆树沟等 16 个沟道,无常流水沟道;中段主要有高个子口沟、小口子沟、大西峰沟等 27 条沟道,其中,小口子沟、贺兰口沟、苏峪口沟、大水沟、小水沟、大风沟、汝箕沟及鬼头沟等 8 个沟道为常流水沟道,其余沟道为季节性河流;北段主要分布有大水沟、小水沟等 15 条沟道,其中大武口沟、大王泉沟、小王泉沟、柳条沟、正谊关沟为常流水沟道,其余沟道为季节性河流。

本次取样分析了上述常流水沟道的水质并进行了流量实测。

常流水实测流量最大的沟道是大武口沟,流量为 442 L/s,其次为大水沟,流量为 129 L/s,实测流量最小的沟道是小口子沟,流量为 10 L/s。

各常流水沟道实测流量结果见统计图 2-52,贺兰山东麓沟道基本特征及常流水调查统计见表 2-17。贺兰山东麓沟道水系沟道分布见图 2-53。贺兰山东麓常流水水质分析结果见表 2-18。

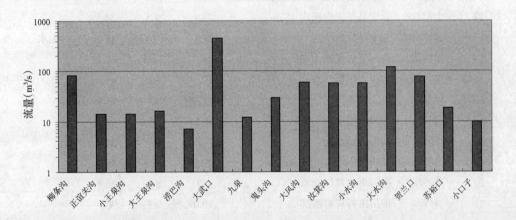

图 2-52　贺兰山常流水沟道实测流量统计

表 2-17　贺兰山东麓沟道基本特征及常流水调查统计

序号	沟名	地　点	面积 (km²)	长度 (km)	比降 (‰)	常流水流量 (L/s)
1	花石沟	青铜峡市大坝西南约 10km	397	41.8	7.94	
2	大沙沟	青铜峡市大坝西约 10km	71.8	32.7	10.3	
3	庙山湖沟	青铜峡市大坝西北 5km	24.3	12.8	11.6	
4	双疙瘩沟	青铜峡市大坝西北 10km	483	46.9	8.74	
5	空克墩沟	青铜峡市大坝西北 12km	296	51.4	11.1	
6	马圈沟	青铜峡市玉泉营西约 3km	46.3	23.2	13.7	
7	红崖沟	青铜峡市红崖沟口	74.4	22.6	17.4	
8	三期沟	青铜峡市宁化桥西南 4.5km	34.8	29.5	20.7	
9	柳渠沟	青铜峡市宁化桥西北 7.5km	23.7	17.2	24	
10	大井沟	永宁县平吉堡西南 17km	3.1	4.6	51.4	
11	小井沟	永宁县平吉堡西南穿过银巴公路	30.7	15.5	39.4	
12	大窑沟	永宁县平吉堡西南 15km	28.1	9.5	54.5	
13	大台吃沟	永宁县大台吃沟	5.6	6	71.1	无水
14	榆树沟	银川平吉堡西 10km 处	44.0	18.4	48.1	
15	马连井子沟	银川吉堡西 7.5km 处	12.3	8.6	41.8	
16	沙其沟	银川沙其沟	2.2	3.7	75.9	
17	小腊塔沟	银川小腊塔沟	4.2	4.9	62.1	
18	大腊塔沟	银川大腊塔沟	7.2	6.7	54.8	
19	山嘴沟	银川平吉堡西北 7.5km 处	28.5	11.3	38.3	
20	泉齐沟	银川市建材厂南	9.5	8.6	26.8	
21	甘沟	银川市石灰窑西部	30.0	9.7	90.9	
22	高个子沟	银川市高家闸西南小村南侧	4.4	4.9	169	
23	椿树沟	银川市西椿树口	3.3	4	218	
24	独树沟	银川市西偏北 10km	7.6	6.3	189	
25	大口子沟	银川市西偏北 20km	9.4	7.4	169	
26	小口子沟	银川市镇北堡西偏南 20km	5.6	4.4	192	10
27	黄渠口沟	银川市小口子北约 3km	32.1	11	90.3	
28	小水箕沟	小水渠沟口北约 0.5km	4.8	5.8	150	
29	大水箕沟	银川大水箕沟	13.0	9.5	117	无水
30	郑木关沟	镇北堡西北约 15km 处	12.9	8.2	118	
31	白寺口沟	镇北堡北偏西约 15km	21.6	9.6	92.8	
32	韭菜沟	苏峪口南 1km	5.9	5.1	158	
33	苏峪口沟	镇北堡西北约 15km	50.5	13.7	73.9	18
34	贺兰口沟	金山乡西约 12km	48.9	13.3	81.4	76

续表 2-17　贺兰山东麓沟道基本特征及常流水调查统计

序号	沟名	地点	面积(km²)	长度(km)	比降(‰)	常流水流量(L/s)
35	盘沟	贺兰金山	1.7	2.9	307	
36	插旗口沟	金山乡北约 13km	46.8	13	75.4	无水
37	小西峰沟	暖泉火车站西约 6km	2.4	3.3	133	
38	大西峰沟	崇岗乡西北约 8km	26.4	9.5	73.6	
39	大水沟	崇岗乡西北约 2km	140.0	21.8	43.6	120
40	黑石庆沟	崇岗乡	2.2	3	254	无水
41	小水沟	崇岗乡	73.0	20	38.6	56
42	大高个子沟	崇岗乡	1.8	2.6	148	无水
43	汝箕沟	长胜墩西南约 3km	79.8	22.2	32.9	56
44	小风沟	九泉子西北 2.5km	29.8	14.1	38	无水
45	大风沟	小峰沟北 2.5km	154.0	26.6	20.3	59
46	龟头沟	潮湖堡北约 4km	74.3	22	61.1	30
47	韭菜沟	潮湖堡北偏东约 5km	15.4	8.2	63.4	无水
48	小枣沟	大武口	2.4	3.5	98.4	
49	大武口沟	大武口北入沟	574.0	50	11.5	442
50	郑家沟	大武口	2.4	4.1	197	
51	大芦沟	大武口	4.8	4.4	147	无水
52	河沟	简泉农场三站西北约 8km	21.8	15.5	59.2	
53	苦水沟	大王泉沟南约 2.7km	14.7	14.6	60.5	
54	大王泉沟	罗家院北约 1km	13.6	9.1	63.6	16
55	黑水沟	罗家院北约 1km	32.1	14.4	55.7	无水
56	小王泉沟	罗家院东约 3km	24.7	14.8	42.4	14
57	庆沟	惠农	2.9	4.4	93.8	
58	红果子沟	达家梁子西北 5km	24.9	15.6	47.1	
59	白糊子沟	达家梁子西北约 6km	9.1	6.3	118	无水
60	边沟	惠农	2.8	4.1	147	
61	正谊关沟	石嘴山火车站西偏北 6km	42.5	14.2	37.4	14
62	道路沟	惠农	29.0	17.6	31.4	无水
63	柳条沟	头道坎西约 4km	121.0	21.4	21.2	82

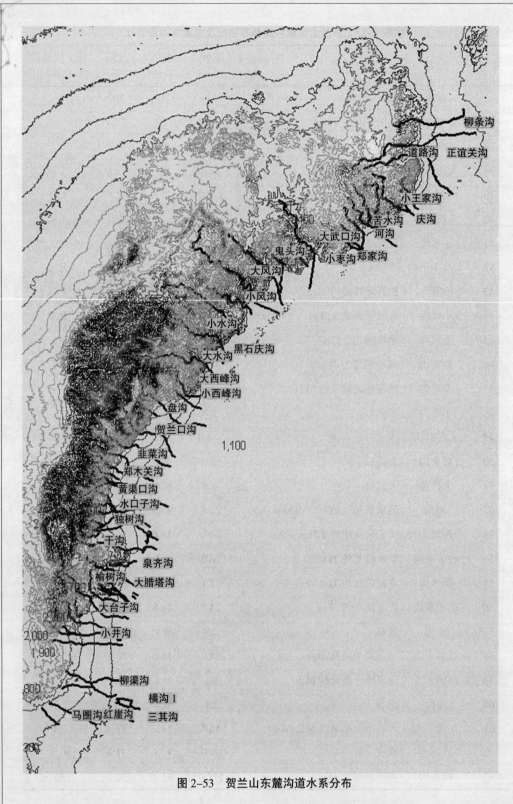

柳条沟

道路沟　正谊关沟

小王家沟

苦水沟　庆沟

大武口沟　河沟

鬼头沟　小枣沟　郑家沟

大风沟

小风沟

小水沟

黑石庆沟

大水沟

大西峰沟

小西峰沟

盘沟

贺兰口沟

1,100

韭菜沟

郑木关沟

黄渠口沟

水口子沟

独树沟

干沟

泉齐沟

榆树沟　大腊塔沟

大台子沟

2,000　小开沟

1,900

800

柳渠沟

横沟1

马圈沟红崖沟　三其沟

图 2-53　贺兰山东麓沟道水系分布

表 2–18　贺兰山常流水沟道常规水质分析结果

| 沟道名称 | 取样地址 | 实测流量(L/s) | 分析项目 | | | | | | |
			pH 值	总硬度(以 CaCO$_3$ 计 mg/L)	硫酸盐(mg/L)	矿化度(mg/L)	氯化物(mg/L)	钙离子(mg/L)	氟化物(mg/L)
柳条沟	柳条沟长流水	82	8.2	621	551	1180	124	248.4	0.90
正谊关沟	正谊关沟泉水	14	8.0	350		540		140.0	0.71
小王泉沟	小王泉沟	14	8.2	230	97.4	410	39.0	92.0	0.21
大王泉沟	大王泉沟	16	8.1	345	192	550	46.1	138.0	0.23
涝巴沟	涝巴沟	7.0	7.8	836	695	1390	131	334.4	1.42
大武口	大武口	442	8.2	644	1420	2730	236	257.6	0.840
九泉	龙泉山庄	12	8.1	205		354		82.0	0.41
龟头沟	龟德沟	30	8.1	185	75.0	330	31.9	74.0	0.43
大风沟	大风沟	59	8.3	420	353	912	124	168.0	0.36
汝箕沟	汝箕沟	56	8.3	350	87.1	446	56.7	140.0	0.09
小水沟	小水沟截潜	56	8.1	280	57.0	360	24.8	112	0.29
大水沟	截潜坝前 10m	120	8.4	230	52.5	322	24.8	92	0.19
贺兰口	贺兰口	76	7.8	190	55.8	232	31.9	76	0.05
苏裕口	苏裕口	18	7.9	188		300		75	
小口子	小口子	10	7.6	175	30.0	178	31.9	70	0.35
	平均	39.3	8.1	349.9	305.5	682.3	75	140	0.46
数值统计	最大	120	8.4	836	1420	2730	236	334.4	1.42
	最小	7.0	7.6	175	30	178	24.8	70	0.05
评价参考标准		–	6~9	300	250	1000	250	–	1.0
最大值超标倍数		–		1.78	4.68	1.73		–	0.42

2.4.2 贺兰山东麓水化学特征及水质评价

在水质评价中,常规水质参数,包括色、嗅、味、透明度或浊度、总悬浮固体、水温、pH 值、电导率、硬度、矿化度、含盐量等。根据贺兰山地表水水资源质量特点、水质监测状况、水体功能评价要求,本次贺兰山地表水资源天然水化学特征水质评价选用 pH 值、矿化度、总硬度、硫酸盐、氯化物、氟化物等项指标作为评价参数。

对于有人类活动的沟道大武口沟及汝箕沟评价参数包括溶解氧、高锰酸盐指数、化学需氧量、氨氮、挥发酚和砷,五日生化需氧量、氟化物、氰化物、汞、铜、铅、锌、镉、铬(六价)、总磷、石油类等项目;参考评价项目为 pH 值、水温和总硬度。

2.4.2.1 水化学特征

(1)水化学类型

贺兰山区地形起伏高差大,沟谷切割较剧,径流条件良好,水循环交替活跃,大部分沟道的地表水及地下水,水质类型简单,矿化度低,硬度不高,以中性、弱碱性水为主。由于地形、岩性和地下水的循环条件不同,其水化学特征也有一定差异。

贺兰山区水化学类型一般以重碳酸钙、钙镁或镁钙水为主,次为重碳酸钙或钠钙型水,少见重碳酸氯钙钠水或钠钙水,偶见硫酸钙镁和重碳硫酸钙镁钠型水。

贺兰山山脉中段,水化学类型均为 $HCO_3-Ca\cdot Na$ 水,或 $HCO_3\cdot Cl-Na\cdot Ca$ 水。贺兰山山脉北段,地表水化学类型多为 $HCO_3-Ca\cdot Na$ 水,或 $HCO_3\cdot Cl-Na\cdot Ca$ 水,大武口沟、柳条沟为 $Cl\cdot SO_4\cdot HCO_3-Na$ 水。

贺兰山水的化学离子组成体现山区河流的特点,其绝大部分沟道阴离子中以 HCO_3^- 占优势,阴离子含量 $HCO_3^->Cl^->SO_4^{2-}$,阳离子中以 Ca^{2+} 为主,阳离子含量 $Ca^{2+}>Mg^{2+}>Na^++K^+$。

(2)矿化度

天然地表水是一种含有多种化学元素的复杂溶液,其中 Ca^{2+}、Mg^{2+}、Na^+、K^+、Cl^-、SO_4^{2-}、HCO_3^-、CO_3^{2-} 为天然水中常见的八大离子,矿化度通常以溶解于水中主要离子之和来表示,以 mg/L 计,水的矿化度说明了水中溶解盐分的多少,是评价水质好坏的重要指标之一。

贺兰山地表水矿化度,一般均为低矿化度淡水,矿化度多小于 1 000 mg/L,多数矿化度为300~600 mg/L,最低为 178 mg/L。大武口等少数沟道的地表水矿化度为1 000~3 000 mg/L,大武口所采水样矿化度 2 730 mg/L,为属弱矿化度水微咸水。

分布在贺兰山区的地下水矿化度绝大部分在 1 000 mg/L 以下,属低矿化度淡水,只有极个别特殊地段或地层原因或地下水运动途径相对较长,出现大于 1 000 mg/L,如苦水沟水的矿化度达 6 300 mg/L,属中等矿化度咸水。贺兰山东麓常流水实测矿化度结果见图 2-54。

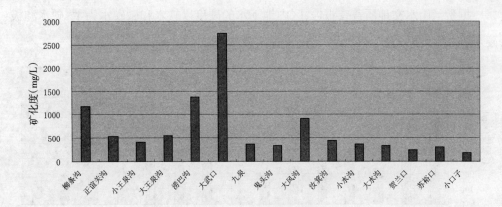

图 2-54　　贺兰山东麓沟道常流水矿化度统计

（3）pH 值

贺兰山地表水的 pH 值在 7.6~8.4,低值区多出现于贺兰山中段或沟道上游,以中性和弱碱性水为主。区内地下水的 pH 值略近似于地表水的 pH 值,大部分在 7.3~8.4,为中—弱碱性水。贺兰山东麓常流水实测 pH 值结果见图 2-55。

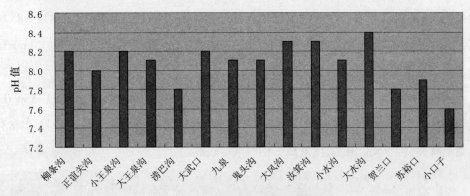

图 2-55　贺兰山常流水 pH 值统计

（4）总硬度

水中所含 Ca^{2+}、Mg^{2+} 称为总硬度, 把水中 Ca^{2+}、Mg^{2+} 含量换算为与其相对应的 $CaCO_3$ 量来计算硬度值,单位采用 mg/L。

贺兰山沟道大部分河段以低硬度水为主,总硬度变化区间为 190~420 mg/L,属软水。贺兰山中段的贺兰口沟总硬度最低,仅为 190 mg/L,总硬度大于 450 mg/L 的有 3 个沟道,分别是柳条沟、涝坝沟和大武口沟。贺兰山东麓常流水总硬度结果见图 2-56。

据贺兰山水文地质普查报告,区内地下水的硬度以软水和微硬水为主,硬水和极硬水所占比例不大。

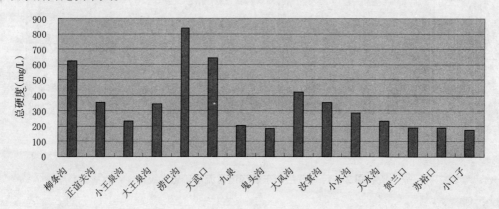

图 2-56　贺兰山东麓常流水总硬度统计

（5）氟化物

根据本次水质调查分析,贺兰山水体的氟化物含量变化区间是 0.05~1.42 mg/L,多数小于 1.0 mg/L, 仅有涝坝沟的氟化物含量超标。据国家生活饮用水 GB5479—85 标准,生活饮用水中氟化物含量要小于 1.0 mg/L。饮水中含氟的适宜浓度为 0.5~1.0 mg/L。贺兰山东麓常流水氟化物含量见图 2-57。

根据区域水文地质普查报告,贺兰山黄旗口沟花岗岩分布区,氟离子含量1~3 mg/L,比周围其他沟道高。水中氟离子含量高可能与组成花岗岩的矿物云母、角闪石中含有氟离子有关,岩石风化淋滤,使氟离子相对浓度较高。

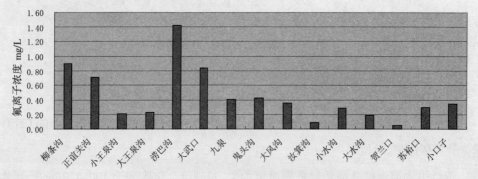

图 2-57　贺兰山东麓常流水氟化物含量统计

COMPREHENSIVE SCIENTIFIC INVESTIGATION REPORTS ON NINGXIA HELAN NATIONAL NATURE RESERVE

（6）硫酸盐、氯化物

贺兰山各沟道常流水的硫酸盐含量平均值为305 mg/L，变幅区间较大，最小值仅为30 mg/L，最大值达1 420 mg/L，大多数沟道的常流水硫酸盐含量小于200 mg/L；常流水沟道氯化物平均值为75 mg/L，最小值仅为24.8 mg/L，最大值达236 mg/L（图2-58）。

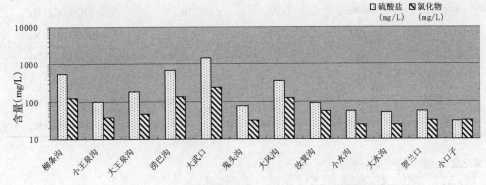

图2-58 贺兰山东麓常流水硫酸盐、氯化物含量统计

（7）地下水水化学特征

贺兰山主体主要是由中生界以前的基岩组成。地下水类型为基岩裂隙水、碳酸盐岩裂隙溶洞水和第四系松散堆积物沟谷潜水。贺兰山自然保护区范围的地貌形态多为高中山，沟深坡抖，沟道多呈"V"型，地下水的径流排泄通畅，地下水质良好，矿化度多小于1 g/L，水化学类型为 $HCO_3-Ca\cdot Mg$ 水、$HCO_3-Ca\cdot Na$ 水。

根据区域水文地质普查报告，在贺兰山中段(插旗口—大武口)的含水岩层主要由侏罗系与三叠系构成，岩性多为厚层砂岩或砂岩与泥岩互层，地下水类型为裂隙孔隙层间水，地下水多以下降泉的形式出露，泉水流量变化大。在贺兰山北段石炭井矿区、中段苏峪口沟等处有寒武奥陶系灰岩分布，岩溶发育地段富水性较好，岩溶水以泉水形式出露，泉水流量变化大。贺兰山的风化裂隙水的分布主要受地形和岩性的控制，含水层厚度不大，大多就地补给、就地排泄，多以下降泉的形式排泄到沟谷，单泉流量一般小于每天50 m³。贺兰山东麓部分地下水(泉水)流量及水质见表2-19。

表 2-19　贺兰山地下水(泉水)流量及水质监测统计

沟名	泉水编号	流量(m³/d)	矿化度（g/L）	水化学类型
大台吃沟	780	173	0.56	HCO₃–Na·Ca
马连井子沟	891	41	0.38	HCO₃–Ca·Mg
椿树沟	898	256	0.31	HCO₃–Ca·Mg
独树沟	890	0.97	0.33	HCO₃–Ca·Mg
大口子沟	879	20.5	0.35	HCO₃–Ca·Na
小口子沟	873	78	0.32	HCO₃–Ca·Mg
小水箕沟	785	6.9	/	HCO₃–Ca·Na
大水箕沟	780	250	0.4	HCO₃–Ca·Na
榆树沟	5003	52	0.3	HCO₃–Ca·Mg

2.4.2.2 天然水质空间分布

根据本次及历年沟道水质分析数据综合统计,贺兰山大部分沟道为淡水,贺兰山中段水质好,南北两段稍差。

贺兰山东麓天然水质空间分布(由南向北)见表 2-20。

表 2-20　贺兰山东麓沟道天然水质空间分布

贺兰山东麓区段	pH值 变幅	pH值 平均	矿化度 变幅	矿化度 平均	总硬度 变幅	总硬度 平均	水化学类型	水质状况
花石沟至庙山湖沟	7.7~8.0	7.8	750~1460	1120	235~525	335	氯化物水	水质差,可作羊畜饮用
马圈沟—柳渠沟	7.4~8.0	7.6	500~1000	820	200~540	335	重碳酸盐水、硫酸盐水	水质很好、可饮用
大井沟—甘沟	7.1~7.4	7.2	350~1000	710	240~555	360	多为重碳酸盐水	水质好、可饮用
高个子沟—小水沟	7.2~8.4	7.5	250~450	330	105~280	180	全为重碳酸盐水	低矿化度,水质很好、可饮用
汝箕沟—大武口沟南侧支沟	7.3~8.1	7.6	300~1330	560	160~530	260	重碳酸盐水	水质好、适于饮用
大武口沟北侧支沟—苦水沟南	7.6~8.0	7.6	1000~3090	2100	275~2040	1195	硫酸盐水	硬度大,水质差
苦水沟—大王泉沟	7.4~8.0	8.0	6250	800	高矿化度硫酸盐水	水质很差		
黑水沟—小王泉沟	7.4~8.2	7.8	410~550	480	230~345	288	硫酸盐及重碳酸盐钙型水	水质较好,但部分沟水硬度大
红果子沟—柳条沟	7.4~8.2	7.8	540~1180	860	350~620	451		

2.4.3 贺兰山东麓水污染评价

2.4.3.1 评价方法

地表水的评价方法采用单项污染指数法,即将每个水质监测参数与《地面水环境质量标准》(GB3838-2002)进行比较,确定水质类别,最后选择其中最差级别作为该区域的水质状况类别。

$$P_i=C_i/S_i$$

式中: P_i——单项污染指数;

C_i—— i 污染因子监测浓度(mg/L);

S_i—— i 污染因子标准浓度(mg/L)

2.4.3.2 水环境评价标准

宁夏贺兰山为国家自然保护区,根据地表水环境质量标准(GB3838-2002)水域功能和标准分类(表2-21),贺兰山自然保护区水域环境功能和保护目标划分应属于 I 类标准。水质评价执行 GB3838-2002《地面水环境质量标准》I 类标准。

表 2-21 水域功能和标准分类

地表水水域环境功能划分质量分类	保护目标
I 类	主要适用于源头水、国家自然保护区
II 类	主要适用于集中式生活饮用水地表水源地一级保护区、珍稀水生生物栖息地、鱼虾类产卵场、仔稚幼鱼的索饵场等
III 类	主要适用于集中式生活饮用水地表水源地二级保护区、鱼虾类越冬场、洄游通道、水产养殖区等渔业水域及游泳区
IV 类	主要适用于一般工业用水区及人体非直接接触的娱乐用水区
V 类	主要适用于农业用水区及一般景观要求水域

本次水环境污染调查,对有人类活动的汝箕沟和大武口进行水质污染监测,汝箕沟水样代表其枯水期水质污染情况,大武口水样包含丰、平、枯各季节污染状况。

2.4.3.3 水污染评价结果及分析

汝箕沟水质水质监测结果及水质现状评见表2-22、表2-23。

大武口水质大武口沟水质监测结果及水质现状评见表2-24、表2-25。

表 2-22　汝箕沟水环境质量监测结果　　　　　　　　　　　　　　　　mg/L

分析项目	pH 值	氨氮	挥发酚	氟化物	高锰酸盐指数	砷	汞
浓度	8.3	0.07	<0.002	0.09	0.9	<0.0005	<0.00002

分析项目	硫酸盐	化学需氧量	铁	锰	氯化物	矿化度
浓度	87.1	<10	0.1	0.01	56.7	446

表 2-23　汝箕沟水质现状污染指数评价

分析项目	C_i 污染因子监测浓度(mg/L)	S_i 污染因子标准浓度(mg/L)	P_i 单项污染指数
pH 值	8.3	6~9	0.92
氨氮	0.07	≤0.15	0.47
挥发酚	<0.002	≤0.002	1.00
氟化物	0.09	≤1.0	0.09
高锰酸盐指数	0.9	≤2	0.45
砷	<0.0005	≤0.05	0.10
汞	<0.00002	≤0.00005	0.40
硫酸盐	87.1	≤250	0.35
化学需氧量	<10	≤15	0.67
铁	0.1	≤0.3	0.33
锰	0.01	≤0.1	0.10
氯化物	56.7	≤250	0.23
矿化度	446	≤1000	0.45

由表 2-26 可以看出,汝箕沟断面水样,作为反映人类活动污染指标的氨氮有检出,日排放量为 0.34 kg,单项污染指数为 0.47,作为反映水体中有机和无机还原性物质污染的高锰酸钾指数有检出,日排放量为 4.36 kg,单项污染指数为 0.45,说明汝箕沟水质已经受到污染,目前所有污染物单项污染指数均小于 1,污染较轻。汝箕沟水体各污染物浓度见图 2-59。

表2-24 大武口沟水质监测结果-单项污染浓度值 C_i 及特征值统计

采样次数 / 采样时间	1 08-3-13	2 08-5-13	3 08-7-10	4 08-9-9	5 08-11-11	6 08-12-11	7 09-3-11	8 09-5-11	样品总数	检出率(%)	超标率(%)	实测范围	I类水质评价标准	最大值 超标倍数	最大值 出现日期	年平均
流量(m³/s)	0.38	0.09	0.06	0.35	0.34	0.22	0.442	0.64	7			0.06~0.38	-		08-03-13	0.23
水温(℃)	6.0	23.0	22.0	15.0	10.0	-	-	-	5			6.00~23.0	-		08-05-13	15.2
pH	8.3	8.3	8.1	8.0	8.0	8.2	8.2	8.2	8		0	8.00~8.30	6~9		08-03-13	8.16
电导率(μS/cm)	2330.0	2960.0	3280.0	2780.0	3050.0	3390.0	2930.0	3080	8			2330~3390	1000	2.39	08-12-11	2975
氯化物(mg/L)	152.0	275.0	259.0	206.0	248.0	230.0	236.0	225	8		25.0	152~275	250	0.1	08-05-13	229
硫酸盐(mg/L)	930	1320	1420	1430	1890	1380	1420	1350	8		100	930~1890	250	6.6	09-05-11	1393
矿化度(mg/L)	1960	2810	2850	2350	2940	2950	2730	2720	8			1960~2950	1000	1.95	08-12-11	2664
总硬度(mg/L)	456	651	645	536	689	651	644	677	8			456~689	450	0.53	08-11-11	619
溶解氧(mg/L)	10.7	9.5	7.3	5.0	9.4	-	11.3	8.1	7		14.3	5.00~11.30	≥7.5		09-05-11	8.8
氨氮(mg/L)	0.49	0.75	0.31	0.75	1.22	0.44	0.32	0.10	8	100	100	0.31~1.22	0.15	7.13	08-11-11	0.548
亚硝酸盐氮(mg/L)	0.028	0.041	0.019	0.007	0.132	0.085	0.014	0.018	8	100		0.01~0.13	—		08-11-11	0.043
硝酸盐氮(mg/L)	2.28	2.20	1.60	2.67	2.89	2.96	2.9	3.5	8	100	0	1.60~3.54	10.00		08-12-11	2.63
高锰酸盐指数(mg/L)	1.5	2.6	1.4	1.4	0.9	3.6	1.0	1.0	8	100	25.0	0.90~3.60	2.00	0.80	08-12-11	1.7
化学需氧量(mg/L)	<10.0	<10.0	<10.0	<10.0	<10.0	19.9			6	16.7	16.7	<10~19.90	15.00	0.33	08-12-11	19.9
五日生化需氧量(mg/L)	<2.0	<2.0	<2.0	<2.0	<2.0	8.2	6.0	<2.0	8	37.5	25.0	<2.0~8.20	3.00	1.733	08-12-11	7.1
氰化物(mg/L)	<0.004	<0.004	<0.004	<0.004	<0.004	<0.004	<0.004	<0.004	8	0	0	<0.004	0.005			
砷(mg/L)	<0.0005	<0.0005	<0.0005	<0.0005	<0.0005	<0.0005	<0.0005	<0.0005	8	0		<0.0005	0.05			
挥发酚(mg/L)	<0.002	0.005	<0.002	<0.002	<0.002	<0.002	<0.002	<0.002	8	12.5		<0.002~0.005	0.002	1.5	08-05-13	0.005
六价铬(mg/L)	<0.004	0.006	<0.004	<0.004	<0.004	<0.004	<0.004	<0.004	8	12.5		<0.004~0.006	0.010		08-05-13	0.006
汞(mg/L)	0.00081	<0.00002	<0.00002	<0.00002	<0.00002	<0.00002	<0.00002	<0.00002	8	12.5	12.5	<0.00002~0.0008	0.00005	15.2	08-03-13	0.0008
镉(mg/L)	<0.001	<0.001	<0.001	<0.001	<0.001	<0.001	<0.001	<0.001	8	0		<0.001	0.001			

续表 2-24　大武口沟水质监测结果－单项污染浓度值 C_i 及特征值统计

采样次数 采样时间	1 08-3-13	2 08-5-13	3 08-7-10	4 08-9-9	5 08-11-11	6 08-12-11	7 09-3-11	8 09-5-11	样品总数	检出率(%)	超标率(%)	实测范围	I类水质评价标准	最大值 超标倍数	最大值 出现日期	年平均
铅(mg/L)	<0.010	<0.010	<0.010	<0.010	<0.010	<0.010	<0.010	<0.010	8	0	0	<0.010	0.01			
铜(mg/L)	<0.001	<0.001	<0.001	<0.001	<0.001	<0.001	<0.001	<0.001	8	0	0	<0.001	0.01			
铁(mg/L)	0.76	1.99	0.20	4.53	3.81	0.03	1.160	0.030	8	100	62.5	0.03~4.530	0.3	14.1	08-09-09	1.56
锌(mg/L)	0.201	<0.050	<0.050	0.236	0.223	<0.050	0.092	0.084	8	62.5	62.5	<0.050~0.236	0.05	3.72	08-09-09	0.17
锰(mg/L)	0.111	0.086	<0.010	0.412	0.527	0.105	0.289	0.031	8	87.5	62.5	<0.010~0.527	0.1	4.27	08-11-11	0.22
总磷(mg/L)	0.119	0.026	0.176	0.237	0.133	0.110	0.054	0.050	8	100	12.5	0.026~0.237	0.020	10.85	08-09-09	0.11
总氮(mg/L)							3.340	3.540	2	100	100	3.340~3.540	0.2	16.7	09-05-11	3.44
氟化物(mg/L)	1.13	1.45	1.10	1.13	0.98	0.81	0.840	0.960	8	100	50.0	0.81~1.45	1.0	0.45	08-05-13	1.05
石油类(mg/L)	0.075	0.098	0.100	0.100	0.057	0.098	0.138	0.152	8	100	100	0.057~0.152	0.05	2.04	09-05-11	0.10
硒(mg/L)	<0.0005	<0.0005	<0.0005	<0.0005	<0.0005	<0.0005	<0.0005	<0.0005	8	0		<0.0005	0.01			
阴离子表面活性剂(mg/L)	<0.05	<0.05	<0.05	<0.05	<0.05	<0.05	<0.05	<0.05	8	0		<0.05	0.2			

表2-25 大武口水环境单项污染指数 P_i 评价

采样次数 采样时间	1 2008-3-13	2 2008-5-13	3 2008-7-10	4 2008-9-9	5 2008-11-11	6 2008-12-11	7 2009-3-11	8 2009-5-11	平均	I类水质评价标准
pH	0.92	0.92	0.90	0.89	0.89	0.91	0.91	0.91	0.91	6~9
氯化物(mg/L)	0.61	1.10	1.04	0.82	0.99	0.92	0.94	0.90	0.92	250
硫酸盐(mg/L)	3.72	5.28	5.68	5.72	7.56	5.52	5.68	5.40	5.57	250
溶解氧(mg/L)	0.70	0.79	1.03	1.50	0.80	—	0.66	0.93	0.92	≥7.5
氨氮(mg/L)	3.27	5.00	2.07	5.00	8.13	2.93	2.13	0.67	3.65	0.15
硝酸盐氮(mg/L)	0.23	0.22	0.16	0.27	0.29	0.30	0.29	0.35	0.26	10
高锰酸盐指数(mg/L)	0.75	1.30	0.70	0.70	0.45	1.80	0.50	0.50	0.84	2
化学需氧量(mg/L)	—	—	—	—	—	1.33	0.00	0.00	0.44	15
五日生化需氧量(mg/L)	—	—	—	—	—	2.73	2.00	—	2.37	3
氰化物(mg/L)	—	—	—	—	—	—	—	—		0.005
砷(mg/L)	—	—	—	—	—	—	—	—		0.05
挥发酚(mg/L)	—	2.50	—	—	—	—	—	—	2.50	0.002
六价铬(mg/L)	—	0.60	—	—	—	—	—	—	0.60	0.01
汞(mg/L)	16.20	—	—	—	—	—	—	—	16.20	0.00005
镉(mg/L)	—	—	—	—	—	—	—	—		0.001
铅(mg/L)	—	—	—	—	—	—	—	—		0.01
铜(mg/L)	—	—	—	—	—	—	—	—		0.01
铁(mg/L)	2.53	6.63	0.67	15.10	12.70	0.10	3.87	0.10	5.21	0.3
锌(mg/L)	4.02	0.86	—	4.72	4.46	—	1.84	1.68	3.34	0.05
锰(mg/L)	1.11	—	—	4.12	5.27	1.05	2.89	0.31	2.23	0.1
总磷(mg/L)	5.95	1.30	8.80	11.85	6.65	5.50	2.70	2.50	5.66	0.02
总氮(mg/L)	—	—	—	—	—	—	16.70	17.70	17.20	0.2
氟化物(mg/L)	1.13	1.45	1.10	1.13	0.98	0.81	0.84	0.96	1.05	1
石油类(mg/L)	1.50	1.96	2.00	2.00	1.14	1.96	2.76	3.04	2.05	0.05
硒(mg/L)	—	—	—	—	—	—	—	—		0.01
阴离子表面活性剂(mg/L)	—	—	—	—	—	—	—	—		0.2

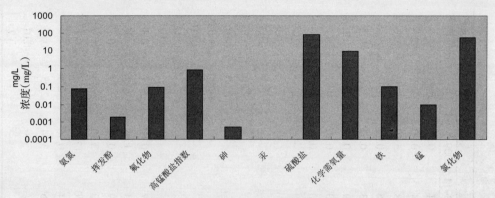

图 2-59 汝箕沟水体各污染物浓度统计

大武口污染较为严重,由表 2-24、表 2-25 可以看出,多项污染物超标,氨氮、总磷、石油类、硫酸盐、铁、锌、锰等在监测时段,包括丰、平、枯季节,污染指数均多大于2,其中氨氮的污染指数平均为 3.65,总磷为 5.66,硫酸盐为 5.57,石油类为 2.05,铁为 5.21。汞、挥发酚、高锰酸盐指数、化学需氧量、5 日生化需氧量等污染物,在部分监测时段检出,且污染指数大于 1,其中汞污染检出一次,污染指数达到 16.20,总氮检出两次,污染指数平均17.20。

2.4.3.4 大武口水体污染动态变化

大武口沟是贺兰山保护区中人类活动最为集中的地区,以下主要污染物指标的动态变化反映大武口水体污染动态变化情况。

(1)氨氮

大武口水体氨氮在全年大部分时间污染指数均大于1,且污染浓度变幅大,污染浓度最大值出现在 11 月,污染指数为8.13,最小值出现在 2009 年 5 月,污染指数为 0.67,两者变化相差 12 倍。大武口沟水体氨氮最大排放量为每天 35.8 kg(图 2-60)。

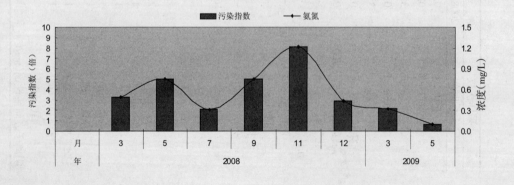

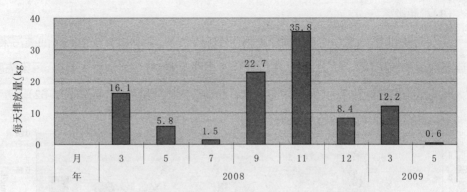

图 2-60　大武口水体氨氮污染变化过程及氨氮排放量统计

（2）总磷

大武口水质总磷污染在丰、平、枯各时间段污染指数均大于 1,在年内的 5 月开始加重,到 9 月达到最大值,随后污染逐渐减少,污染浓度最大时的污染指数为 11.85,最小污染指数为 1.30,两者变化相差 9 倍。水中磷主要来源为生活污水、化肥、有机磷农药及近代洗涤剂所用的磷酸盐增洁剂等,大武口沟水体总磷最大排放量为每天 7.2 kg(图 2-61)。

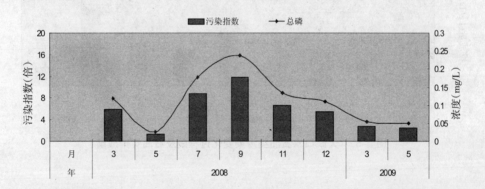

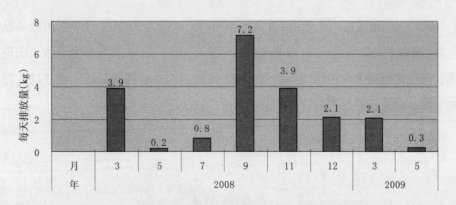

图 2-61　大武口水总磷污染变化过程线及总磷排放量统计

（3）石油类

在观测期间内,大武口水质石油类污染指数多大于1,显示出有较重的石油类污染,污染指数最小值出现在11月,但从污染变化过程线上看,有逐渐加重的趋势,污染浓度最大时的污染指数达到3.04,大武口沟水体石油类最大排放量为5.3 kg/d(图2-62)。

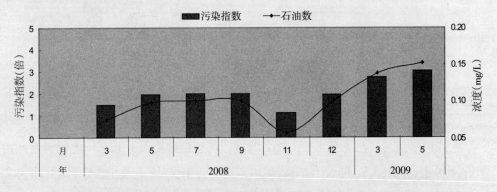

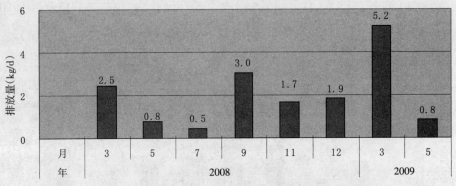

图 2-62　大武口水石油类污染变化过程线及石油类排放量

（4）硫酸盐

大武口水质硫酸盐污染浓度高,监测初期污染指数为3.72,随后的监测结果显示硫酸盐浓度在波动中缓慢上升,说明硫酸盐污染有加重的趋势,污染指数最大值出现在11月,污染浓度最大时的污染指数为7.56。大武口沟水体硫酸盐最大排放量为每天55.52 t(图2-63)。

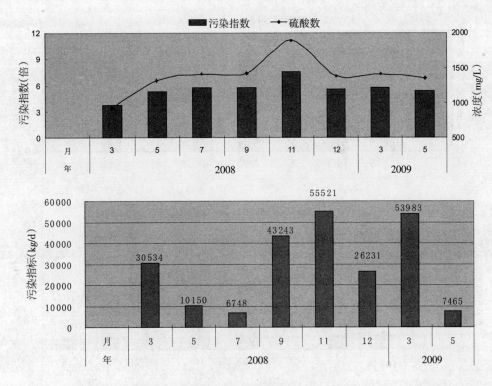

图 2-63 大武口水硫酸盐污染变化过程线

(5)铁、锰、锌

大武口水质铁、锰、锌污染变化趋势基本一致,三者最大污染浓度及污染都出现在 9 月和 11 月,其中铁污染指数超过 10,锰、锌污染指数在 4 左右,在部分监测时间三者的污染指数小于 1,污染浓度最小出现在 7 月和 12 月(图 2-64)。

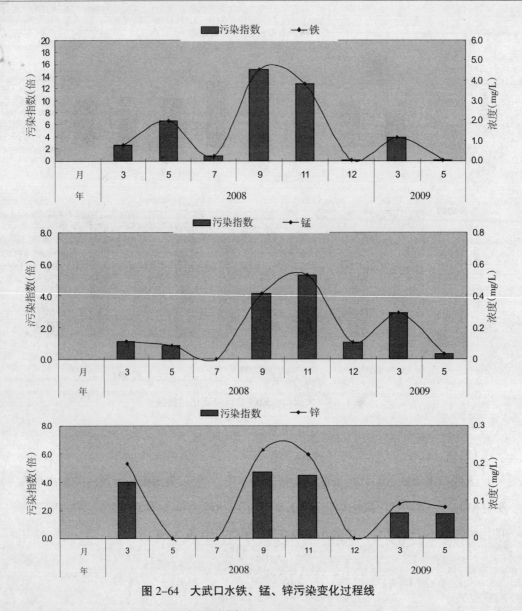

图 2-64　大武口水铁、锰、锌污染变化过程线

2.4.4 贺兰山山前水源地水环境监测分析

山前的地下水水源地的补给主要来源于贺兰山侧向径流补给、沟道径流入渗及坡面洪水入渗等,分布在贺兰山山前的地下水水源地主要有银川北郊、鬼头沟、大武口沟、红果子沟及柳条沟水源地。

2.4.4.1 评价标准及评价方法

贺兰山山前地下水水源地水环境质量评价采用《地下水质量标准》(GB/T14848-93)中的Ⅲ类标准(表 2-28)。采用单项标准指数法和综合评价相结合方法进行评价。

表 2-26 地下水质量标准（GB/T14848-93）

序号	项目	I 类	II 类	III 类	IV 类	V 类
1	色（度）	≤5	≤5	≤15	≤25	>25
2	嗅和味	无	无	无	无	有
3	浑浊度（度）	≤3	≤3	≤3	≤10	>10
4	肉眼可见物	无	无	无	无	有
5	pH		6.5~8.5		5.5~6.5，8.5~9.0	<5.5，>9.0
6	总硬度(以 $CaCO_3$ 计,mg/L)	≤150	≤300	≤450	≤550	>550
7	溶解性总固体（mg/L）	≤300	≤500	≤1000	≤2000	>2000
8	硫酸盐（mg/L）	≤50	≤150	≤250	≤350	>350
9	氯化物（mg/L）	≤50	≤150	≤250	≤350	>350
10	铁（Fe，mg/L）	≤0.1	≤0.2	≤0.3	≤1.5	>1.5
11	锰（Mn，mg/L）	≤0.05	≤0.05	≤0.1	≤1.0	>1.0
12	铜（Cu，mg/L）	≤0.01	≤0.05	≤1.0	≤1.5	>1.5
13	锌（Zn，mg/L）	≤0.05	≤0.5	≤1.0	≤5.0	>5.0
14	钼（Mo，mg/L）	≤0.001	≤0.01	≤0.1	≤0.5	>0.5
15	钴（Co，mg/L）	≤0.005	≤0.05	≤0.05	≤1.0	>1.0
16	挥发性酚类(以苯酚计,mg/L)	≤0.001	≤0001	≤0.002	≤0.01	>0.01
17	阴离子合成洗涤剂（mg/L）	不得检出	≤0.1	≤0.3	≤0.3	>0.3
18	高锰酸盐指数（mg/L）	≤1.0	≤2.0	≤3.0	≤10	>10
19	硝酸盐（以 N 计，mg/L）	≤2.0	≤5.0	≤20	≤30	>30
20	亚硝酸盐（以 N 计，mg/L）	≤0.001	≤0.01	≤0.02	≤0.1	>0.1
21	氨氮(NH_4,mg/L)	≤0.02	≤0.02	≤0.2	≤0.5	>0.5
22	氟化物（mg/L）	≤1.0	≤1.0	≤1.0	≤2.0	>2.0
23	碘化物（mg/L）	≤0.1	≤0.1	≤0.2	≤1.0	>1.0
24	氰化物（mg/L）	≤0.001	≤0.01	≤0.05	≤0.1	>0.1
25	汞（Hg，mg/L）	≤0.00005	≤0.0005	≤0.001	≤0.001	>0.001
26	砷（As，mg/L）	≤0.005	≤0.01	≤0.05	≤0.05	>0.05
27	硒（Se，mg/L）	≤0.01	≤0.01	≤0.01	≤0.1	>0.1
28	镉（Cd，mg/L）	≤0.0001	≤0.001	≤0.01	≤0.01	>0.01
29	铬 Cr^{6+}，	≤0.005	≤0.01	≤0.05	≤0.1	>0.1
30	铅（Pb，mg/L）	≤0.005	≤0.01	≤0.05	≤0.1	>0.1
31	铍（Be,mg/L）	≤0.00002	≤0.0001	≤0.0002	≤0.001	>0.001

续表 2-26 地下水质量标准(GB/T14848-93)

序号	项　　目	Ⅰ类	Ⅱ类	Ⅲ类	Ⅳ类	Ⅴ类
32	钡(Ba,mg/L)	≤0.01	≤0.1	≤1.0	≤4.0	>4.0
33	镍(Ni,mg/L)	≤0.005	≤0.05	≤0.05	≤0.1	>0.1
34	滴滴滴(μg/L)	不得检出	≤0.005	≤1.0	≤1.0	>1.0
35	六六六(μg/L)	≤0.005	≤0.05	≤5.0	≤5.0	>5.0
36	总大肠菌群(个/L)	≤3.0	≤3.0	≤3.0	≤100	>100
37	细菌总数(个/L)	≤100	≤100	≤100	≤1000	>1000
38	总 σ 放射性(Bq/L)	≤0.1	≤0.1	≤0.1	>0.1	>0.1
39	总 β 放射性(Bq/L)	≤0.1	≤1.0	≤1.0	>1.0	>1.0

2.4.4.2 评价结果及分析

(1)水源地地下水监测分析结果(表 2-27)

(2)贺兰山自然保护区山前水源地地下水评价结果(表 2-28)

表 2-28 贺兰山山前地下水水源地水质评价结果

序号	水源地	一般化学指标和细菌学指标		毒理学		放射性指标	
		水质类别	主要超标项目	达标评价	主要超标项目	达标评价	主要超标项目
1	银川北郊	Ⅳ	铁(0.1)	达标		达标	
2	汝箕沟	Ⅱ		达标		达标	
3	鬼头沟	Ⅱ		达标		达标	
4	大武口沟	Ⅱ		达标		达标	
5	红果子沟	劣Ⅴ	硫酸盐(0.9)总硬度(0.4)	达标		达标	
6	柳条沟	Ⅲ		不达标	氟化物(0.9)	达标	

根据地下水水源地评价结果表 2-27,贺兰山山前地下水水源地水质状况总体良好。但银川北郊水源地铁稍微超标,红果子水源地硫酸根超标,柳条沟水源地氟化物超标。

(3)贺兰山山前各地下水水源地地下水水质评价简述

①银川北郊水源地　水质类别是Ⅳ类,一般化学指标铁超标倍数为 0.1 倍;毒理学及放射性指标均有检出,但未超标。

②汝箕沟、鬼头沟、大武口沟三个水源地　各项评价指标均达标,其水质优良,可以作为生产、生活用水使用,水源地水质评价为Ⅱ类。

表 2-27 贺兰山前水源地水质监测

mg/L

序号	水源地	毒理学指标												细菌学指标		放射性指标	
		硝酸盐	亚硝酸盐	氟化物	氰化物	汞	砷	硒	隔	六价铬	铝	滴滴涕(μg/L)	六六六(μg/L)	大肠菌群	细菌指数	α放射性(Bq/L)	β放射性(Bq/L)
1	银川北郊	0.12	0.004	0.74	0.002	0.00004	0.0010	0.00025	0.0005	0.004	0.005	0.006	0.0045	1.5	1	0.025	0.008
2	汝箕沟	0.04	0.0015	0.50	0.002	0.0000045	0.00025	0.00025	0.0005	0.002	0.005	0.006	0.0045	1.5	2		
3	鬼头沟	4.07	0.0015	0.35	0.002	0.0000045	0.0135	0.00025	0.0005	0.002	0.005	0.006	0.0045	1.5	1		
4	大武口沟	4.16	0.0015	0.38	0.002	0.0000045	0.0022	0.00025	0.0005	0.002	0.005	0.006	0.0045	1.5	1		
5	红果子沟	0.97	0.0015	0.72	0.002	0.00002	0.00025	0.00025	0.0005	0.004	0.005	0.006	0.059	1.5	2	0.000	0.095
6	柳条沟	9.01	0.0015	1.90	0.001	0.00010	0.0100	0.0020	0.010	0.010	0.010	0.006	0.0045	1.5	1	0.030	0.150

序号	水源地	一般化学指标												
		色(度)	浑浊度	pH	总硬度	溶解总固体	硫酸盐	氯化物	铁	锰	铜	锌	挥发酚	阴离子合成洗涤剂
1	银川北郊	7	1.5	8.5	272	440	74.0	71.0	0.33	0.088	0.04	0.136	0.002	0.025
2	汝箕沟	5	1.5	7.8	160	350	52.0	43.0	0.015	0.005	0.005	0.025	0.001	0.025
3	鬼头沟	2.5	1.5	8.1	145	298	25.0	30.1	0.125	0.005	0.006	0.025	0.001	0.025
4	大武口沟	2.5	1.5	7.5	195	406	59.0	47.0	0.015	0.005	0.0005	0.025	0.001	0.025
5	红果子沟	7	1.5	7.4	648	952	478	34.0	0.015	0.021	0.002	0.025	0.001	0.025
6	柳条沟	2.5	1.5	8.1	327	990	194	204	0.080	0.005	0.0005	0.320	0.001	0.025

③红果子沟水源地　水质评价为劣Ⅴ类,一般化学指标硫酸根超标0.9倍,总硬度超标0.4倍;毒理学及放射性指标均达标。

④柳条沟水源地　水质评价为Ⅲ类,一般化学指标均达标,毒理学指标氟化物超标0.9倍。

2.4.5 贺兰山水体微量元素

水中的微量元素一般含量很少,约占水中矿物质总量的2%,虽然它们不能决定贺兰山水的化学类型,但天然水中某些微量元素的含量不足和过量都会对人类的健康和生命过程产生影响,微量元素的多少也是环境要素的特征反映,在没有受到污染的情况下,微量元素的环境背景值反映环境要素在自然界存在和发展过程中本身固有的物质组成特征。

微量元素水样样品采自调查区从北到南的大水沟、插旗口沟、苏峪口沟内响水、黄旗口沟和小口子沟。采样点靠近分水岭,避开矿区,共有采样点7个,水样多采自流程不远的溪流,测定分析微量元素15种。

2.4.5.1 贺兰山水体微量元素含量(表2-29)

表2-29　贺兰山东坡部分沟道水体中微量元素含量统计　　　　　　　　　μg/L

采样地点	大水沟北	大水沟南	插旗口沟	苏峪口沟响水	黄旗口	黄旗口沟口	小口子
样本数	5	5	5	6	4	5	5
铁(Fe)	70.6	94.8	71.4	34.5	293	130.8	177
锰(Mn)	2.5	4	2.5	1	8.9	6.8	2.4
砷(As)	3.5	9.9	2.4	4.4	5.6	4.2	6.1
锂(Li)	9.5	5.6	3.7	3.3	5.2	4.1	3.9
铬(Cr)	2.1	1.6	1.9	1.2	1	1.5	1
镍(Ni)	3	3	<3	<3	<3	<3	<3
铜(Cu)	<1	<1	<1	1	1.1	1	1
镉(Cd)	0.12	0.1	0.1	0.11	0.14	0.16	0.15
铅(Pb)	<1-1	<1	<1	<1	1.5	<1	<1
钴(Co)	<1-2	<1	<1	<1	<1	<1	<1
钼(Mo)	<10	<10	<10	<10	<10	<10	<10
钒(V)	<5	<5	<5	<5	<5	<5	<5
锡(Sn)	<2	<2	<2	<2	<2	<2	<2
锑(Sb)	<2	<2	<2	<2	<2	<2	<2
铍(Be)	<0.05	<0.05	<0.05	<0.05	<0.05	<0.05	<0.05

由分析结果看,贺兰山水体微量元素的组成,铁(Fe)元素是水体中最多的元素,而钴(Co)、钼(Mo)、等 6 种微量元素含量较小,其含量都在仪器测定下限以下(微量元素分析仪/石墨炉原子吸收法)。其他 8 种微量元素的含量无特别异常,如果与《地面水环境质量标准》(GB3838—2002) Ⅰ 类标准值的比较,多为标准值的 10%~20%。总体看来,贺兰山微量元素含量不会对人类的健康和生命过程产生影响。

2.4.5.2 贺兰山东麓沟道水体微量元素含量

(1)在所有沟道泉水或河道基流均检出的元素,含量相对较低,满足《地面水环境质量标准》(GB3838—2002) Ⅰ 类标准值的标准。

①镉(Cd)　在所有沟道检出,其含量变化在 0.1~0.16μg/L 之间,与《地面水环境质量标准》(GB3838—2002) Ⅰ 类标准值进行比较,其最大值为标准值的 16%(图 2-65)。

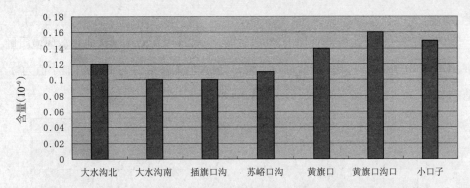

图 2-65　不同沟道镉的分布变化

②铬(Cr)　在所有水样均有检出,其含量变化在 1.0~2.1 μg/L,与《地面水环境质量标准》(GB3838—2002) Ⅰ 类标准值进行比较,其最大值为标准值的 21%;最小值为标准值的 10%(图 2-66)。

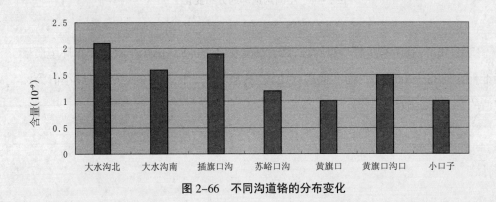

图 2-66　不同沟道铬的分布变化

③锂（Li）　在所有水样均有检出，其含量变化在 3.3~9.5 μg/L，《地面水环境质量标准》(GB3838—2002) 中没有锂 Li 指标（图 2-67）。

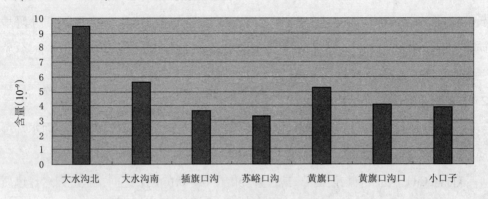

图 2-67　不同沟道锂的分布变化

④砷（As）　在所有水样均有检出，其含量变化在 2.4~9.9 μg/L，与《地面水环境质量标准》(GB3838—2002) Ⅰ 类标准值进行比较，其最大值为标准值的 19.8%；最小值为标准值的4.8%；大水沟南泉水砷含量最大（图 2-68）。

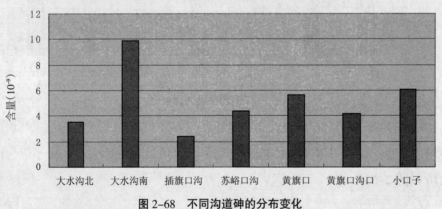

图 2-68　不同沟道砷的分布变化

⑤锰（Mn）　在所有水样均有检出，其含量变化在 1.0~8.9 μg/L，与《地面水环境质量标准》(GB3838—2002) Ⅰ 类标准值进行比较，其最大值为标准值的 17.8%；最小值为标准值的2%（图 2-69）。

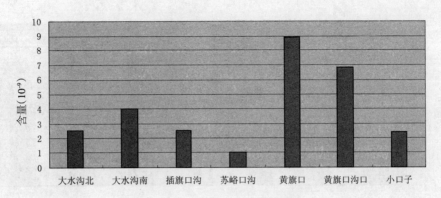

图 2-69 不同沟道锰的分布变化

（2）部分沟道泉水或河道基流中检出的元素，含量满足《地面水环境质量标准》(GB3838—2002) Ⅰ类标准值的标准。

①铜(Cu) 在苏峪口沟、黄旗口、黄旗口沟口、小口子沟检出，其含量与《地面水环境质量标准》(GB3838—2002) Ⅰ类标准值进行比较，仅为标准值的 10%。

②铅(Pb) 铅为有害的微量元素，在黄旗口沟检出，其含量与《地面水环境质量标准》(GB3838—2002) Ⅰ类标准值进行比较，为标准值的 15%。

③镍(Ni) 在大水沟北和大水沟南的泉水或河道基流中检出，其含量为 3 μg/L，与《地面水环境质量标准》(GB3838—2002) Ⅰ类标准值进行比较，其最大值为标准值的 15%。

（3）在所有泉水或河道基流水样中均检出的元素，含量超过 Ⅰ 类标准，为Ⅲ类水质标准。

铁(Fe)在所有泉水或河道基流水样均有检出，其含量变化在 34.5~293 μg/L 之间，与《地面水环境质量标准》(GB3838—2002) Ⅰ类标准值进行比较，其最大值为标准值的 2.93 倍；最小值为标准值的 34.5%；分布在黄旗口沟、黄旗口沟口和小口子沟的泉水或河道基流水质含铁超Ⅰ水质类标准，为Ⅲ类水质标准(图 2-70)。

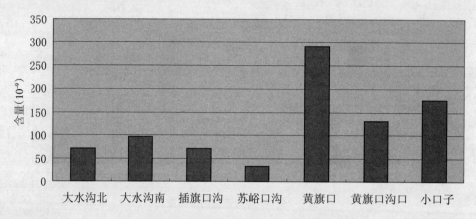

图2-70　贺兰山东坡部分沟道泉水中铁元素含量

（4）含量在测定下限以下或未检出的元素

钴(Co)、钼(Mo)、钒(V)、锡(Sn)、锑(Sb)、铍(Be)等6种元素，含量在测定下限以下，所监测沟道泉水或河道基流中的这6中微量元素含量较小。

2.4.5.3 微量元素空间分布

微量元素含量大小顺序排列在空间分布略有差异。

（1）大水沟南、大水沟北泉水或河道基流的微量元素含量由大到小依次为

Fe > Li > As > Mn> Ni > Cr > Cd（图2-71）。

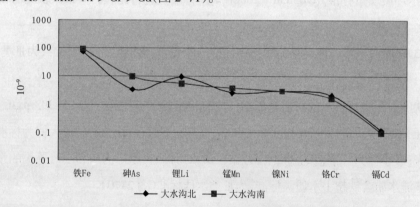

图2-71　大水沟南、大水沟北泉水或河道基流的微量元素含量

（2）插旗口沟、苏峪口沟水体的微量元素含量

Fe> As > Li > Mn > Cr > Cd（图2-72）。

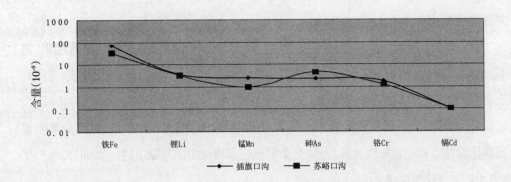

图 2-72　插旗口沟、苏峪口沟水体的微量元素含量

（3）黄旗口、黄旗口沟口和小口子水体的微量元素含量

Fe> Mn >As > L > Ni > Cr > Cu > Cd（图 2-73）。

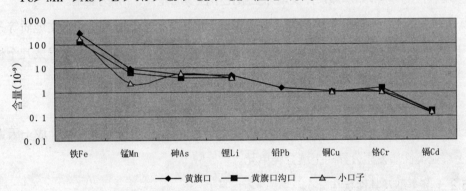

图 2-73　黄旗口、黄旗口沟口和小口子水体的微量元素含量

2.5 土壤

　　土壤是生态系统的物质基础,它在很大程度上影响植被的分布和生产力。而植被类型及其演替,亦是影响土壤形成、地理分异及演变的重要因素。一般土壤系指土壤类型个体,而土被则是指地球陆地表面某地区土壤类型的总体结构。贺兰山自然保护区自然生境类型多样,成土因素复杂,土壤类型也较多。

2.5.1 土壤分类的原则与依据

2.5.1.1 土壤分类的原则

　　本次综合考察的土壤分类主要参考《中国土壤分类系统》的分类原则来进行,其具体分类原则如下。

（1）按照土壤发生学观点，将成土条件，成土过程和土壤属性紧密地结合起来，每类土壤由于成土条件与成土过程的不同，必然产生各自的发生土层和理化性状，分类时三者同时考虑，重点放在土壤属性上。

（2）高级分类单位按发生学进行分类，主要体现中心概念和地带性，基层分类主要反映地区特点和土壤属性差异，基层分类单元在高级分类的基础上进一步细分。

2.5.1.2 土壤分类依据

本次综合考察土壤分类系统采用五级分类制，即土纲、亚纲、土类、亚类、土属。

（1）土纲　为土壤分类的最高单元，是由一组土壤形成特征和性状相近似的土类组成。

（2）亚纲　为土纲的辅助分类单元，在同一土纲中根据控制成土过程条件的差异及土壤属性的差异，如水热条件及地球土壤化学性质的差异，细分为亚纲。

（3）土类　为土壤分类中的高级分类单元，是在一定的生物气候和水文地质等条件下，产生独特的成土过程，并具有相应的土壤属性，每个土类具有一个主导或几个相结合的成土过程，土壤剖面有相同的土壤发生层次及相似的剖面形态特征。

（4）亚类　是在土类范围内不同发育阶段或土类间的过渡类型。

（5）土属　是土壤分类系统中的中级分类单元，是以成土母质等区域性成土因素使土壤亚类性质发生分异的土壤分类单元。

2.5.2 土壤类型及其性状与分布

根据本次考察研究，宁夏贺兰山自然保护区土壤可分为高山土纲、半淋溶土纲、干旱土纲、初育土纲、钙层土纲和漠土纲六个土纲。其下属9个土类，15个亚类和30个土属（表2-30）。

表 2-30 宁夏贺兰山自然保护区土壤分类系统

土纲	亚纲	土类	亚类	土属
高山土	高山、亚高山草甸土		典型亚高山草甸土	残积-坡积亚高山草甸土
				坡积亚高山草甸土
半淋溶土	半温湿半淋溶土	灰褐土	灰褐土	残积灰褐土
				残积坡积灰褐土
				坡积灰褐土
			泥炭化灰褐土	残积泥炭化灰褐土
			石灰性灰褐土	冲积石灰性灰褐土
				坡积残积石灰性灰褐土
				坡积石灰性灰褐土
				残积-坡积石灰性灰褐土
钙层土	半干温钙层土	栗钙土	暗栗钙土	厚层残积暗栗钙土
			栗钙土	坡积栗钙土
				黄土状栗钙土
			淡栗钙土	砾质淡栗钙土
干旱土	干温干旱土	棕钙土	淡棕钙土	洪积冲淡棕钙土
				薄层残积淡棕钙土
				坡积淡棕钙土
			棕钙土	薄层棕钙土
				坡积棕钙土
	干暖温干旱土	灰钙土	普通灰钙土	冲积洪积灰钙土
初育土	土质初育土	新积土	坡积土	/
		石质土	石质土	坡积石灰性石质土
			钙质粗骨土	残积钙质粗骨土
				残积坡积钙质粗骨土
	石质粗骨土	粗骨土		坡积石灰性粗骨土
				残积石灰性粗骨土
			石灰性粗骨土	洪积石灰性粗骨土
				坡积粗骨土
				残积粗骨土
				残积坡积粗骨土
漠土	干旱漠土	灰漠土	钙质灰漠土	钙质灰漠土

2.5.2.1 高山、亚高山草甸土

高山、亚高山草甸土是发育在高山、亚高山条件下的一种土壤,分布于贺兰山垂直带最上部。土壤带宽约500 m,集中分布在3 000 m以上主峰附近,面积较小,地势陡峻,地表多巨石,局部地块有岛状或斑块状的嵩草草甸,而石质陡坡常由鬼箭锦鸡儿、高山柳形成高寒灌丛。由于所在地境气候寒冷、多劲风(100天以上),植物生长期仅70~90天,从10月上旬至次年5月下旬皆为积雪期。降水量达500 mm左右,土壤较湿润,生物作用主要为粗腐殖质的积累过程和冻融交替的氧化还原过程。在嵩草草甸下腐殖质层平均15 cm,为棕色的草根层,植物根系密布盘结而具韧性。质地为壤质,中下层变粗,土壤剖面特征如表2-31。pH值随土层加深而增加,到下部又减少。盐基代换总量较高,为25.27 ml/100 g。在高山灌丛下,除土层较薄外,有时有岩石裸露,但土壤理化性状与高山嵩草草甸近同(表2-32、表2-33)。

表2-31　高山、亚高山草甸土土壤剖面形态

土层（cm）	根系	颜色	质地	结构	松紧度	湿度	酚酞反应
0~10	多量	黑棕色 7.5YR2/2	中壤	团状	稍紧	湿	无
10~35	中量	淡棕色 7.5YR5/6	中壤	小块状	疏松	湿	无
35~45	少量	灰黄棕 10YR5/2	中壤	团状	紧	湿	无
45 以下			母质				

表2-32　高山、亚高山草甸土土壤剖面化学性质

层次	厚度(cm)	统计内容	有机质(%)	全氮(g/kg)	全磷(g/kg)	全钾(g/kg)	速效氮(mg/kg)	速效磷(mg/kg)	速效钾(mg/kg)	pH	CaCO₃(mg/kg)
A	10	n	2	2	2	2	2	1	2	2	2
		x	9.67	2.99	0.73	32.90	720.89	69.96	579.43	6.98	—
		CV%	42.23	36.37	8.15	10.19	34.35	—	63.23	—	—
B	18	n	2	2	2	2	2	2	2	2	2
		x	8.47	2.25	0.87	33.80	307.42	18.77	127.90	7.745	18.74
		CV%	5.47		54.72	4.22	75.99	17.24	35.04	5.38	0.05
C	15	n	2	2	2	2	2	2	2	2	2
		x	6.00	1.44	0.90	34.93	372.23	12.74	88.33	7.81	19.28
		CV%	75.11	85.62	4.33	10.67	74.61	51.21	27.34	4.62	5

表 2-33　高山、亚高山草甸土土壤剖面的机械组成

土层	厚度	颗粒组成（%）					>0.02mm	质地命名
	cm	>2mm	2~0.2mm	0.2~0.02mm	0.02~0.002mm	<0.002mm		
A	23	0.00	21.46	45.95	28.00	4.58	67.41	砂土及壤砂土
AB	21	0.00	4.25	53.94	35.05	6.76	58.19	砂土及壤砂土
B	16	0.16	4.98	59.53	32.83	2.50	64.67	砂土及壤砂土
C	11	18.45	13.79	22.09	32.93	12.74	54.33	砂　壤

2.5.2.2 灰褐土

灰褐土为温带半湿润气候条件下由森林、灌丛植被发育的一种土壤。在贺兰山中山带的山地云杉林、山地油松林及几种中生灌丛下，形成了山地灰褐土，在海拔 1 900~3 000 m 间形成垂直带土壤。上界与高山、亚高山草甸土相接，下界为棕钙土。山地灰褐土的形成条件受山地垂直带气候影响，降水量 300~450 mm，气候湿润，地表通常有 5~10 cm 枯枝落叶层，在山地云杉林下有明显的苔藓地被物，腐殖质层厚度 25~30 cm。土壤剖面特征见表 2-34、表 2-35 和表 2-36。

根据灰褐土的淋溶作用的强弱和游离碳酸钙的有无，宁夏贺兰山山地可分普通灰褐土、泥炭灰褐土及石灰性灰褐土 3 个亚类。

普通灰褐土可进一步分为淋溶灰褐土和典型灰褐土。淋溶灰褐土分布在海拔 2 400~3 000 m 之间，多为阴坡，植被为山地云杉林。气候湿度较大，降水量在 350~450 mm 之间，草本植被以湿生苔藓为主，并有许多苔草。林下植被落叶层较厚 5~10 cm。苔藓地被物达 50% 以上。典型灰褐土：分布在贺兰山中下部，海拔在 2 200~2 400 m。多为阳坡、缓坡，气候湿度较淋溶灰褐土干，降水量 250~350 mm，主要植被类型为山地油松林及中生灌丛。林下枯枝落叶层多少不均，一般可达 1~5 cm。局部地段没有。没有苔藓层，有少量的稀疏下木和草本。质地为中壤。剖面下石灰聚积明显，一般为核状或斑块状。

泥炭化灰褐土：分布在海拔 2 400 m 左右的山地阴坡，地表有石块。植被以云杉、山杨为主，草本层盖度小。以小红菊、早熟禾和苔草为主。

石灰性灰褐土：多分布在海拔 2 100~2 400 m，多为半阳坡或半阴坡，气候湿度进一步降低，降水量为 250~300 mm，其上植被为中生或旱生灌丛，有时为灰榆或杜松疏林。土质较溥，经常有较大面积岩石裸露。林和灌丛下，草本植物稠稀不均，土壤表层枯

枝落叶甚少。

石灰性灰褐土分布在普通灰褐土带下，海拔 1 900~ 2 100 m 针叶阔叶混交林带，以油松和山杨为主,郁闭度多在 0.2~0.4;林间空地和下木有杜松、山柳、虎榛子、丁香等植物生长;草本植被以黄芪、野决明、铁线莲较多,亦有少量苔藓和苔草。

表 2-34 灰褐土土壤剖面形态

土层 (cm)	根系	颜色	质地	结构	松紧度	湿度	盐酸反应	酚酞反应
0~28	多量	黑棕色 7.5YR2/2	轻壤	粒状	疏松	湿	强	稍弱
29~80	中量	淡棕色 7.5YR5/6	中壤	小块状	疏松	干	极强	明显
81 以下			母岩为沙岩、石灰岩					

表 2-35 灰褐土剖面化学性质统计

层次	厚度 (cm)	统计内容	有机质 (%)	全氮 (g/kg)	全磷 (g/kg)	全钾 (g/kg)	速效氮 (mg/kg)	速效磷 (mg/kg)	速效钾 (mg/kg)	pH	$CaCO_3$ (mg/kg)
A	15	n	19	19	19	19	19	19	19	19	19
		x	4.43	1.22	0.70	32.98	325.34	26.40	419.70	7.62	39.21
		CV%	51.39	41.85	48.58	10.60	34.49	46.39	36.52	3.37	68.61
AB	20	n	5	5	5	5	5	5	5	5	5
		x	2.73	0.98	0.47	34.84	112.94	15.02	250.05	7.86	25.35
		CV%	76.50	95.55	22.25	8.14	58.49	49.65	47.95	3.78	5.4
B	16	n	17	17	17	17	17	17	17	17	17
		x	2.40	0.91	0.65	33.56	134.32	8.19	231.25	7.97	53.86
		CV%	65.58	48.26	56.05	12.96	59.86	49.45	47.91	2.74	29.6
C	38	n	10	10	10	10	10	10	10	10	10
		x	1.19	0.52	0.56	35.29	62.23	10.06	206.34	8.09	72.45
		CV%	76.36	79.60	43.34	11.67	64.77	64.39	62.28	2.81	43.4

表 2-36 灰褐土土壤剖面的机械组成

土层	厚度 (cm)	颗粒组成（%）					>0.02mm	质地命名
		>2mm	2~0.2mm	0.2~0.02mm	0.02~0.002mm	<0.002mm		
A	15	12.37	14.79	44.30	23.66	4.88	71.46	砂壤
AB	20	37.48	9.72	27.67	19.14	5.98	74.87	砂壤
B	25	33.73	8.00	35.16	18.07	5.04	76.89	砂壤
C	21	48.90	12.37	22.42	12.77	3.54	83.69	粉壤

2.5.2.3 栗钙土

栗钙土是发育在温带半干旱气候干草原植被下,具有栗色腐殖质层、明显钙积层

COMPREHENSIVE SCIENTIFIC INVESTIGATIOIV REPORTS ON NINGXIA HELAN NATIONAL NATURE RESERVE

的地带性土壤。宁夏贺兰山自然保护区栗钙土主要分布于海拔 1 600 m~1 900 m(阴坡)和 2 000 m(阳坡)的山麓。其上物种有克氏针茅,甘青针茅等。

栗钙土剖面是由栗色腐殖质层、灰白色碳酸钙淀积层和母质层组成。土体厚 40~120 cm,腐殖质层厚 13~30 cm,平均为 22 cm,暗灰棕色(5YR4/4)、灰黄棕色(10YR5/2)或淡棕色(7.5YR5/6),粒状或团块状结构,质地为沙壤土、壤质沙土或沙质黏壤土,稍紧,有大量根系分布,层次过渡明显。钙积层厚 30~50 cm,平均 41 cm,暗灰黄色(2.5YR5/2)或灰白色(5YR7/1),质地砂质黏壤土、壤质黏土或黏壤土,紧实,根系很多。

根据采集土样的室内分析,栗钙土土壤酸碱度(pH)随土层厚度变化,表层土 pH 值7~7.5,亚表层到心底土 pH 值增高到 8.0~8.2,有的剖面心土 pH 值达 8.4。土壤有机质及矿物养分含量,土层上下差异明显,据室内分析化验,有机质层的有机质含量 3.6%,有的高达 9%以上;底土层有机质含量 1%左右;底土层中除全钾含量表土与底土相差无几外,全氮、全磷、水解氮、速效磷等,底土层含量较表土层明显减少(表 2-37、表 2-38 和表 2-39)。

表 2-37　栗钙土土壤剖面形态

土层（cm）	根系	颜色	质地	结构	松紧度	湿度	酚酞反应	盐酸反应
0~28	多量	棕色 7.5YR4/4	中壤	块状	稍紧	潮	弱	明显
29~46	少量	淡棕色 7.5YR5/6	中壤	块状	紧	潮	微弱	明显
47~110	少量	淡黄棕 10YR7/6	中壤	块状	紧	润	明显	强
110~135	少量	灰黄色 2.5YR6/3	中壤 夹有沙粒	块状	紧	润	明显	极强
135 以下			冲击母质，石块较多，磨圆度高					

表 2-38　栗钙土剖面化学性质统计

层次	厚度 (cm)	统计内容	有机质 (%)	全氮 (g/kg)	全磷 (g/kg)	全钾 (g/kg)	速效氮 (mg/kg)	速效磷 (mg/kg)	速效钾 (mg/kg)	pH	CaCO$_3$ (mg/kg)
A	22	n	6	6	6	6	6	6	6	6	6
		x	3.37	1.15	0.58	31.14	166.07	7.23	332.66	7.99	57.35
		CV%	97.18	28.70	35.75	8.60	45.32	45.96	25.59	2.81	97.68
Bk	27	n	6	6	6	6	6	6	6	6	6
		x	1.62	0.71	0.47	31.59	104.08	7.15	297.31	8.41	155.56
		CV%	68.85	40.17	36.15	11.42	75.88	139.14	109.59	3.53	52.42
C	37	n	3	3	3	3	3	3	3	3	3
		x	1.10	0.48	0.38	29.07	34.48	5.99	221.30	8.52	93.72
		CV%	38.91	41.06	34.54	17.71	57.82	77.12	155.03	5.70	77.73

表 2-39　栗钙土土壤剖面的机械组成

土层	厚度 cm	颗粒组成（%）					>0.02mm	质地命名
		>2mm	2~0.2mm	0.2~0.02mm	0.02~0.002mm	<0.002mm		
A	23	27.08	13.06	32.65	21.44	5.77	72.79	砂壤
Bk	36	11.06	12.80	38.49	26.97	10.68	62.35	砂壤
C	21	43.46	12.90	29.20	9.42	5.01	85.57	粉壤

2.5.2.4 棕钙土

棕钙土是草原向荒漠过渡的一种地带性土壤,在自然地理上包括荒漠草原和草原化荒漠两个植被亚带。保护区受贺兰山山地垂直带的影响,属山地棕钙土性质。由于贺兰山基带为草原化荒漠带,故这里是半地带土壤与地带性土壤的混合。

棕钙土的气候属温带大陆性类型,较山地土壤(灰褐土、高寒草甸土)热量高,降水量一般在 150~250 mm,其中 70% 以上的降水在夏季,年均温 2 ℃左右,≥10 ℃的积温为 2 500℃~3 000℃。土壤剖面分化明显,表层含盐分。钙积层明显,厚度20~30 cm。

棕钙土在保护区主要分布在山前洪积扇地带,在长流水,三关口的山前平原均有分布。棕钙土的植被类型以珍珠、红沙草原化荒漠群落为主,但也有针茅草原化荒漠,因此具有草原土壤的发生层次。但腐殖质层之上的沙化、砾石化、假结皮及裂缝等地表特征是荒漠化成土烙印。棕钙土剖面是由腐殖层(A)、钙积层(Bk)和母质层(C)所组成(表2-40、表2-41 和2-42)。

棕钙土的腐殖质层,是生物有机残体进入土壤后经腐殖质化过程形成的发生层,其厚度一般为 20~30 cm,平均厚度 28 cm。棕钙土腐殖质层的颜色为褐棕、浅棕色,色调变化与腐殖质层的腐殖质组成、含量、土壤母质及局部地形有关,也受区域盐化、碱化的影响。

碳酸钙淀积层,紧接腐殖质层。钙积层一般出现在 20~30 cm 以下,松散母质钙积层位置随腐殖质层厚度加深而下降至 30~40 cm 以下,钙积层厚度平均 35 cm。多以粉末状、斑块状碳酸钙淀积为主要形式,个别可见菌丝状淀积。在砂岩、砂砾岩上发育的棕钙土,钙积层普遍为粉末状成层淀积。斑块状淀积以泥质岩多见,棕钙土西部斑块状淀积多于东部。钙积层因淀积大量碳酸钙而较黏重,多含砾质,通层紧实坚硬,结构多块状或粉末状,根系很少,仅有少量灌木根系贯穿。砂岩、砂砾岩和风积沙上发育的棕钙土,钙积层向下过渡大多不明显,Bk 层与 C 层在外观上似无清晰的界限。

棕钙土的 C 层除松散堆积物母质深厚外,岩石风化母质均较薄,通常厚30~45 cm。C 层碳酸钙含量比 B 层明显降低。但比表层在形态上仍可见较强淀积。C 层是易溶盐及石膏的淀积层,尤其西部棕钙土较普遍。石膏淀积仅以粉红色短棒状晶体出现在剖面底部,但局部地形个别剖面石膏出现在 40 cm 以下。

棕钙土在保护区有 2 个亚类。

棕钙土:集中分布在贺兰山中段山麓与低山地带,植被为短花针茅荒漠草原为主,土层较深,厚达 100 cm,质地为轻壤或沙壤。腐殖层厚达 30 cm,0~20 cm 有机质在1%以上。

淡棕钙土:分布于山麓,土层一般也较厚,质地多为沙质、砂砾质或砾石质。植被为红沙—无芒隐子草、珍珠—无芒隐子草的草原化荒漠群落。

表 2-40 棕钙土土壤剖面形态

土层(cm)	根系	颜色	质地	结构	松紧度	湿度	酚酞反应	盐酸反应
0~10	少量	淡棕色 7.5YR5/6	沙壤	块状	紧	润	弱	强
10~25	少量	淡棕色 7.5YR5/6	沙壤	块状	紧	润	明显	极强
26 以下	少量	黄棕色 10YR5/8	沙壤	无明显结构	紧	润	无	极强

表 2-41 棕钙土剖面化学性质统计

层次	厚度(cm)	统计内容	有机质(%)	全氮(g/kg)	全磷(g/kg)	全钾(g/kg)	速效氮(mg/kg)	速效磷(mg/kg)	速效钾(mg/kg)	pH	CaCO₃(mg/kg)
A	15	n	7	7	7	7	7	7	7	7	7
		x	0.70	0.46	0.47	29.48	75.05	8.07	281.55	8.28	86.93
		CV%	21.64	52.88	21.23	8.48	84.71	83.85	14.87	2.25	40.25
Bk	21	n	7	7	7	7	7	7	7	7	7
		x	0.70	0.55	0.52	29.29	48.63	5.39	137.66	8.45	129.67
		CV%	36.02	39.78	35.07	9.03	77.52	117.61	20.74	3.52	60.30
C	42	n	4	4	4	4	4	4	4	4	4
		x	0.36	0.40	0.43	31.75	8.37	5.40	125.57	8.41	147.02
		CV%	19.31	59.02	50.04	15.51	14.09	83.91	54.41	1.60	66.31

表 2-42　棕钙土土壤剖面的机械组成

土层	厚度 cm	颗粒组成（%）					>0.02mm	质地命名
		>2mm	2~0.2mm	0.2~0.02mm	0.02~0.002mm	<0.002mm		
A	15	30.86	15.68	35.68	14.22	3.56	82.22	砂壤
AC	16	61.86	11.79	19.38	5.82	1.15	93.03	粉壤
B	33	15.02	14.92	46.44	17.38	6.25	76.38	砂壤
C	11	49.74	15.25	21.73	9.23	4.05	86.72	粉壤

2.5.2.5 灰钙土

灰钙土是荒漠草原植被下的地带性土壤。主要分布在海拔 1 400~1 900 m 山地至山麓一带。植被类型为荒漠草原，主要有红沙，斑子麻黄，本氏针茅等旱生植物。植被盖度低。坡度一般在 30°~40°，母质为洪积物。地表剥蚀较严重。

由于植被稀疏，植株矮小，生物积累量低，主要靠地下根系积累，加之微生物活动特别剧烈，导致有机质发生了较强的矿化作用。因此，土壤中的有机质含量不高，一般在 0.4%~0.8%。碳酸钙在全剖面均有淀积，并且淀积层不明显，碳酸钙的淀积形态多为假菌丝体、霉状和斑块状。

据土样的室内分析表明，灰钙土的 pH 为 8.1~8.7，质地轻粗，结构性差，养分含量低，尤其缺乏有机质，再加上水分条件不好，气候干旱，容易引起风蚀沙化。灰钙土的土壤理化分析见表 2-43、表 2-44 和表 2-45。

表 2-43　灰钙土土壤剖面形态

土层（cm）	根系	颜色	质地	结构	松紧度	湿度	酚酞反应	盐酸反应
0~16	少量	淡棕色 7.5YR5/6	沙壤	不明显	紧	干	明显	极强
17~33	少量	淡棕色 7.5YR5/6+	轻壤	块状	紧	润	极显	极强
33 以下		坡积-洪基母质，砾石无棱角						

表 2-44　灰钙土土壤剖面化学性质

层次	厚度 (cm)	有机质 (%)	全氮 (g/kg)	全磷 (g/kg)	全钾 (g/kg)	速效氮 (mg/kg)	速效磷 (mg/kg)	速效钾 (mg/kg)	pH	$CaCO_3$ (mg/kg)
A	16	0.72	0.51	0.59	31.34	38.35	3.51	477.32	8.44	120.7
Bk	16	0.55	0.40	0.51	29.91	52.34	4.55	696.82	8.72	97.12
C	母质	–	–	–	–	–	–	–		–

表 2–45　灰钙土土壤剖面的机械组成

土层	厚度 (cm)	颗 粒 组 成 （%）					>0.02mm	质地命名
		>2mm	2~0.2mm	0.2~0.02mm	0.02~0.002mm	<0.002mm		
A	16	63.84	7.05	17.89	8.20	3.02	88.78	粉壤
B	15	4.81	14.83	42.31	25.71	12.34	61.96	砂壤

2.5.2.6 新积土

是指新的松散堆积物上成土时间很短、发育微弱的幼年土壤。在保护区这种土壤出现在山地低山丘陵间或山前的干河床上。近代沙、砾石有时杂有石块为其主要物质。土壤剖面分层不明显，有机质含量较低，其上植物甚少。主要分布于山前洪积扇上，地形平坦。母质类型为近现代冲、洪积物，质地很不均匀，含有一定数量的砾石。其上生长贺兰山特有的斑子麻黄群落，另外还有灰瑶、甘蒙锦鸡儿、阿拉善鹅观草等群落，植被覆盖度小于30%。

新积土由于形成时间较短、又反复冲刷沉积，尚未形成发生层次，只可见到明显的沉积层次。各层次质地也不尽相同，下层有时出现粗砂和砾石。层次之间的颜色也不一样，土色较杂，但以棕黄色为主。整个剖面 pH 偏高，各层在 7.3~9.0 之间，属弱碱性至碱性。土壤养分状况，从统计结果看，有机质、全氮、全磷、全钾含量均较低，并且各层次间的含量变化不大（表 2–46、表 2–47）。

表 2–46　新积土土壤化学性质

厚度 (cm)	统计内容	有机质 (%)	全氮 (g/kg)	全磷 (g/kg)	全钾 (g/kg)	速效氮 (mg/kg)	速效磷 (mg/kg)	速效钾 (mg/kg)	pH	CaCO₃ (mg/kg)
	n	4	4	4	4	4	4	4	4	4
38	x	1.74	1.17	0.76	58.11	140.32	21.14	417.50	8.14	90.47
	CV%	53.86	86.29	87.76	102.36	78.67	49.70	61.10	2.24	34.67

表 2–47　新积土土壤剖面的机械组成

土层	厚度 cm	颗 粒 组 成（%）					>0.02mm	质地命名
		>2mm	2~0.2mm	0.2~0.02mm	0.02~0.002mm	<0.002mm		
A	13	25.52	16.86	38.04	15.13	4.45	80.42	砂壤
B	72	31.24	25.66	26.21	10.08	6.81	83.11	砂壤
C	13	22.98	57.58	16.26	3.18	0.00	96.82	砂壤

2.5.2.7 石质土

接近地面上的土层小于 10 cm,基岩裸露面积>30%,称之为石质土。石质土处在山地脊部、陡坡丘陵的阳坡和半阳坡上,植被盖度极低,水土流失严重,并不断遭到外力作用,始终有成土过程,剖面分化极不明显。剖面一般由腐殖质层和基岩层组成。土体内含砾石较多,厚度一般小于 20 cm,质地为砂质壤土,粒状结构,有石灰反应。

石质土生物作用弱,有机质和其他养分含量均很低。土壤剖面由腐殖质层和基质层构成。腐殖质层厚不足 20 cm,砂壤土并夹有砾石,粒状结构,地表常有裸露的基岩,其剖面化学与物理性质见表 2-48 和表 2-49。

表 2-48　石质土剖面化学性质统计

层次	厚度 (cm)	有机质 (%)	全氮 (g/kg)	全磷 (g/kg)	全钾 (g/kg)	速效氮 (mg/kg)	速效磷 (mg/kg)	速效钾 (mg/kg)	pH	CaCO₃ (mg/kg)
AC	18	2.34	1.20	0.67	34.98	226.93	26.16	510.42	7.97	18.41
C	8	1.28	1.10	0.31	30.00	95.56	21.41	344.71	8.34	9.14

表 2-49　石质土土壤剖面的机械组成

土层	厚度 (cm)	颗 粒 组 成(%)					>0.02mm	质地命名
		>2mm	2~0.2mm	0.2~0.02mm	0.02~0.002mm	<0.002mm		
AC	22	19.71	22.42	35.75	17.26	4.86	77.89	砂壤
C	33	38.40	27.33	18.93	12.42	2.92	84.66	砂壤

2.5.2.8 粗骨土

粗骨土是发育在各类型基岩碎屑物上的幼年土壤。广泛分布于保护区低山丘陵顶部和山坡的中下部较缓地段。在三关口至大水沟的阳坡、半阳坡,以及大水沟以北的低山带,都有粗骨土的广泛分布。

粗骨土分布的地形较石质土低而坡缓,有不足 20 cm 的土层,风蚀、水蚀较严重,生物积累较微弱,土壤剖面发育不完整,质地粗砾,砾石含量高,其下为母岩分化的碎屑物,土壤有强烈的石灰反应。

粗骨土上植物生长较稀疏,冲沟两侧植被较好。主要生长稀疏的灰榆、杜松及斑子麻黄、蒿叶猪毛菜等群落。

其土壤剖面特征、化学性质分析资料统计结果和机械组成见表 2-50、表 2-51 和表

2-52。

表 2-50 粗骨土土壤剖面形态

土层（cm）	根系	颜色	质地	结构	松紧度	湿度	酚酞反应	盐酸反应
0~14	中量	棕色 7.5YR4/4	中壤	小块状粒状	紧	潮	弱	明显
15~30	中量	淡棕色 7.5YR5/6	中壤	无结构	紧	潮	微弱	极强
30 以下				风化母质				

表 2-51 粗骨土剖面化学性质

层次	厚度（cm）	统计内容	有机质（%）	全氮（g/kg）	全磷（g/kg）	全钾（g/kg）	碱解氮（mg/kg）	速效磷（mg/kg）	速效钾（mg/kg）	pH	CaCO₃（mg/kg）
AC	15	n	11	10	11	11	11	11	11	11	11
		x	2.25	0.53	0.30	4.79	129.90	11.45	166.96	8.14	82.77
		CV%	77.16	66.21	49.69	14.97	79.13	78.28	55.87	4.81	89.12
C	51	n	11	10	11	11	10	10	11	11	11
		x	1.96	0.67	0.48	31.09	108.51	9.97	126.50	8.10	102.90
		CV%	1.61	0.45	0.33	6.00	110.08	7.92	65.74	4.02	66.32

表 2-52 粗骨土土壤剖面的机械组成

土层	厚度（cm）	颗粒组成（%）					>0.02mm	质地命名
		>2mm	2~0.2mm	0.2~0.02mm	0.02~0.002mm	<0.002mm		
A	17	43.75	19.64	23.77	10.46	2.38	87.16	粉壤
AB	29	60.18	11.15	15.98	10.04	2.65	87.31	粉壤
AC	25	50.21	14.89	20.03	11.49	3.37	85.14	粉壤
B	38	69.09	10.04	8.14	5.24	7.48	87.28	粉壤
C	28	59.45	11.16	11.63	12.70	5.06	82.25	粉壤

2.5.2.9 灰漠土

灰漠土是发育在温带荒漠边缘上的土壤,介于棕钙土和灰棕漠土之间。分布在本区北端石嘴山市落石滩东北,面西。植被为荒漠植被,主要有沙冬青、霸王、四合木、红砂等群落。地表多有覆沙,砂砾质、砾质土壤表层有机质含量较低,无腐殖质层,成土过程中生物作用微弱,由于碳酸钙的不淋溶或弱淋溶,土壤中有时有浅而薄的钙积现象,地表盐化,有盐皮和龟裂现象。从其剖面特征看是接近草原土壤(钙质土)的一种荒漠土壤。因此灰漠土具一般荒漠土壤特征,但不典型,保护区主要为钙质灰漠土。土剖面特征、化学性质和颗粒组成见表 2-53、表 2-54 和表 2-55。

表 2-53　灰漠土土壤剖面形态

土层（cm）	根系	颜色	质地	结构	松紧度	湿度	酚酞反应	盐酸反应
0~6	少量	淡棕色 7.5YR5/6	轻壤	块状	松	潮	弱	明显
7~26	少量	淡棕色 7.5YR5/6	轻-中壤	块状	紧	潮	微弱	强
27~55	少量	杂色	轻壤	块状	紧	潮	无	强
56 以下				风化母质				

表 2-54　灰漠土剖面化学性质

层次	厚度（cm）	有机质（%）	全氮（g/kg）	全磷（g/kg）	全钾（g/kg）	速效氮（mg/kg）	速效磷（mg/kg）	速效钾（mg/kg）	pH	$CaCO_3$（mg/kg）
A	6	1.00	0.21	0.31	52.61	25.39	7.86	179.69	8.51	30.26
B_1	19	0.20	0.33	0.28	31.18	51.32	6.35	186.26	8.45	79.32
B_2	28	0.23	0.20	0.14	29.24	7.66	1.33	66.59	8.69	7.52
C	38	0.42	0.20	0.08	28.47	1.10	1.03	36.71	8.77	2.36

表 2-55　灰漠土土壤剖面的机械组成

土层	厚度（cm）	颗 粒 组 成 （%）					>0.02mm	质地命名
		>2mm	2~0.2mm	0.2~0.02mm	0.02~0.002mm	<0.002mm		
A	6	9.22	32.48	53.79	4.51	0.00	95.49	砂土及壤砂土
B	49	19.52	50.99	21.89	5.57	2.03	92.40	砂壤
C	20	57.36	40.89	1.75	0.00	0.00	100.00	粉壤

2.5.3 土壤的分布规律

土壤是各成土因素综合作用下的产物,因而土壤都有着与其成土环境相适应的空间地理位置和空间分布格局。例如,既有与气候类型和生物(植被类型)相适应呈广域分布的地带性规律,包括水平地带(纬度的和经度的)和垂直地带性(正向的和负向的);又有因地质、地貌、水文条件和人类活动的影响而形成的区域性规律。

贺兰山主体自山麓到岭峰,相对高差 2 000 m 左右,主峰 3 556 m。随山体从基带到主峰的气候、植被垂直带为:基带降水量 200 mm 以下的山前地带是珍珠或红沙-丛生禾草草原化荒漠带——山麓降水量 200 mm 左右,以短花针茅为建群种的山麓荒漠草原。低山海拔 2 000~2 500 m,降水量 300~350 mm 为云杉-山杨林或云杉-草类林为代表的山地针叶林、山地针阔混交林带。山地 2 400~2 700 m,降水量 350~450 mm 为典型山地阴暗针叶林带。2 700~3 000 mm、降水量 400~450 mm 的亚高山带,为具高山灌丛的云杉亚带。3 000 m 以上高山带,降水量 450~600 mm,植被为鬼箭锦鸡儿、高山柳。随着气候与植被垂直带相应出现的土壤垂直带为山前淡棕钙土亚带→山麓棕钙土亚带→低山石灰性灰褐土亚带→山地钙质灰褐土亚带→山地淋溶灰褐土亚带→亚高山高山灌丛草甸土带。从大的土壤带可简化为棕钙土→灰褐土→高山灌丛草甸土三个带(图 2-74)。

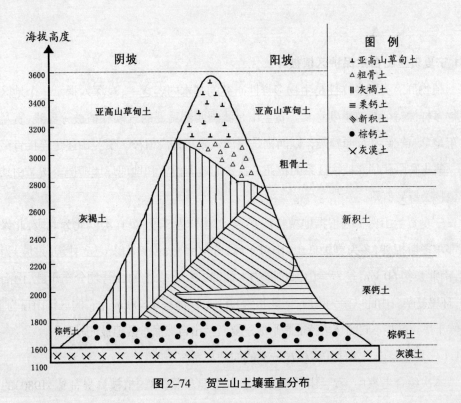

图 2-74 贺兰山土壤垂直分布

COMPREHENSIVE SCIENTIFIC INVESTIGATION REPORTS ON NINGXIA HELAN NATIONAL NATURE RESERVE

第三章　植被与植物多样性

3.1 宁夏贺兰山自然保护区植被

　　植物群落类型多样性是生物多样性研究的基本内容之一,对深入揭示一个地区的生物多样性特征具有重要意义。贺兰山是我国西部重要的气候和植被分界线,贺兰山以东是草原气候和草原植被,以西则是荒漠气候和荒漠植被。贺兰山还是连接青藏高原、蒙古高原和华北植物区系的枢纽。特殊的地理位置和地理环境塑造了贺兰山独特的植物类群与群落。

　　宁夏贺兰山保护区根据地貌特征,可将山体分为3段:汝其沟以北为北段,北缘与西鄂尔多斯相邻,多为剥蚀低山,山势平缓,分化强烈;汝其沟以南至甘沟(东坡)为中段,南北长约60 km,是贺兰山保护区的主体,3 000 m以上的山脊均分布于此,山高谷深,环境复杂。由此以南为南段,南北长约80 km,以海拔1 500 m左右的低缓山丘为主,气候干旱。这些不同的环境特征是形成宁夏贺兰山自然保护区植被的基础。

3.1.1 宁夏贺兰山自然保护区植被分类的原则与系统

　　本次综合考察中,贺兰山植被分类研究主要参照《中国植被》(吴征镒,1980)的分类原则(种类组成、外貌和结构、生态地理特征)与系统,采用植被型(植被亚型)(高级单位)和群系(中级单位)两个等级,同时增加了疏林和旱生灌丛两个植被型。根据《中国植被》对植被型的定义:凡建群种生活型相同或相近,同时对水、热条件一致的植物联合为植被型,虽然疏林、旱生灌丛不是严格的植被型,而是植被型组,本综合考察报告将其作为植被型,主要考虑其对水分条件的一致性,正如《中国植被》将荒漠作为植被型(应是植被型组)的处理一样。

根据上述原则,贺兰山自然保护区植被分类系统如下:

Ⅰ.寒温性针叶林 Cold-temperate coniferous forest

　　1.青海云杉林 Form. *Picea crassifolia*

Ⅱ.温性针叶林 Temperate coniferous forest

　　2.油松林 Form. *Pinus tabulaeformis*

　　3.杜松林 Form. *Juniperus rigida*

Ⅲ.针阔混交林 Coniferous and broad-leaf mixed forest

　　4.青海云杉+山杨混交林 Form. *Picea crassifolia* +*Populus davidiana*

　　5.油松+山杨混交林 Form. *Pinus tabulaeformis* + *Populus davidiana*

Ⅳ.落叶阔(小)叶林 Deciduous broad-leaf forest

　　6.山杨林 Form. *Populus davidiana*

　　7.白桦林 Form. *Betula platyphylla*

　　8.丁香林 Form. *Syringa oblata*

Ⅴ.疏林 Open forest

　　A. 常绿针叶疏林 Evergreen coniferous open forest

　　9. 杜松疏林 Form. *Juniperus rigida*

　　B. 针阔混交疏林 Coniferous and broad-leaf mixed open forest

　　10. 杜松+灰榆混交疏林 Form. *Juniperus rigida* + *Ulmus glaucescens*

　　C. 落叶阔叶疏林 Deciduous broad-leaf open forest

　　11.灰榆疏林 Form. *Ulmus glaucescens*

Ⅵ. 常绿针叶灌丛 Evergreen coniferous shrub

　　12.叉子圆柏灌丛 Form. *Sabina vulgaris*

　　13.杜松灌丛 Form. *Juniperus rigida*

Ⅶ. 落叶阔(小)叶灌丛 Deciduous broad-leaf shrub

　　A. 高寒落叶阔叶灌丛 Alpine deciduous broad-leaf shrub

　　14.高山柳灌丛 Form. *Salix oritrepha*

　　15.鬼箭锦鸡儿灌丛 Form. *Caragana jubata*

　　B. 寒温落叶阔叶灌丛 Cold-temperate deciduous broad-leaf shrub

　　16. 银露梅灌丛 Form. *Pentaphylloides davurica*

COMPREHENSIVE SCIENTIFIC INVESTIGATION REPORTS ON NINGXIA HELAN NATIONAL NATURE RESERVE

17. 小叶金露梅灌丛 Form. *P. parvifolia*

C. 温性落叶阔叶灌丛 Temperate deciduous broad-leaf shrub

18. 虎榛子灌丛 Form. *Ostryopsis davidiana*

19. 毛樱桃灌丛 Form. *Prunus tomentosa*

20. 蒙古绣线菊灌丛 Form. *Spiraea mongolica*

21. 曲枝绣线菊灌丛 Form. *S. tomentulosa*

22. 酸枣灌丛 Form. *Ziziphus jujuba* var. *spinosa*

23. 山杏灌丛 Form. *Prunus sibirica*

24. 小叶忍冬 Form. *Lonicera microphylla*

25. 黄刺玫灌丛 Form. *Rosa xanthina*

26. 准格尔枸子、小叶忍冬杂木灌丛 Codominance Form. *Cotoneaster soongoricus* and *Lonicera microphylla*

27. 西北沼委陵菜灌丛 Form. *Comarum salesovianum*

Ⅷ. 旱生灌丛 Montane xerophytic shrub

28. 斑子麻黄灌丛 Form. *Ephedra rhytidosperma*

29. 蒙古扁桃灌丛 Form. *Prunus mongolica*

30. 甘蒙锦鸡儿灌丛 Form. *Caragana opulens*

31. 内蒙薄皮木矮灌丛 Form. *Leptodermis ordosica*

32. 贺兰山女蒿矮灌丛 Form. *Hippolytia alashanensis*

Ⅸ. 草原 Steppe

A. 草甸草原

33. 甘青针茅草原 Form. *Stipa przewalskyi*

34. 贝加尔针茅草原 Form. *Stipa baicalensis*

B. 典型草原 Typical steppe

35. 本氏针茅草原 Form. *Stipa bungeana*

36. 大针茅草原 Form. *Stipa grandis*

37. 克氏针茅草原 Form. *Stipa krylovii*

38. 白羊草草原 Form. *Bothriochloa ischaemum*

39. 白草草原 Form. *Pennisetum centrasiaticum*

40. 阿拉善拟鹅观草 Form. *Roegneria alashanica*

41. 百里香草原 Form. *Thymus serpyllum*

42. 石生齿缘草草原 Form. *Eritrichium rupestre*

C. 荒漠草原 Desert steppe

43. 短花针茅草原 Form. *Stipa breviflora*

44. 沙生针茅草原 Form. *Stipa glareosa*

45. 戈壁针茅草原 Form. *Stipa gobica*

46. 灌木亚菊半灌木草原 Form. *Ajania fruticulosa*

47. 铺散亚菊半灌木草原 Form. *A. khartensis*

X. 荒漠 Desert

48. 珍珠荒漠 Form. *Salsola passerina*

49. 红沙荒漠 Form. *Reaumuria soongorica*

50. 长叶红沙荒漠 Form. *R. trigyna*

51. 霸王荒漠 Form. *Zygophyllum xanthoxylon*

52. 松叶猪毛菜荒漠 Form. *Salsola laricifolia*

53. 沙冬青荒漠 Form. *Ammopiptanthus mongolicus*

54. 四合木荒漠 Form. *Tetraena mongolica*

55. 猫头刺荒漠 Form. *Oxytropis aciphylla*

56. 着叶盐爪爪、细枝盐爪爪荒漠 Codominance Form. *Kalidium foliatum* and *K. gracile*

57. 中亚紫菀木 Form. *Asterothamnus centrali-asiaticus*

XI. 草甸 Meadow

A. 高山草甸 Alpine meadow

58. 嵩草草甸 Form. *Kobresia myosuroides*

59. 矮嵩草草甸 Form. *Kobresia pygmaea*

60. 高山嵩草草甸 Form. *Kobresia pusilla*

B. 山地温性草甸 Montane temperate

61. 宽叶多序岩黄芪杂类草草甸 Form. *Hedysarum polybotrys* var. *alaschanicum*

C. 沟谷湿草甸 Valley meadow

62. 拂子茅草甸 Form. *Calamagrostis epigejos*

63. 高山地榆草甸 Form. *Sanguisorba alpina*

64. 寸草苔草甸 Form. *Carex duriuscula*

65. 芦苇草甸 Form. *Phragmites australis*

XII. 水生、沼生植被

66.扁杆藨草 Form. *Scirpus planiculmis*

67.细灯心草 Form. *Juncus gracillimus*

68. 长果水苦荬 Form. *Veronica anagalloides*

69. 北水苦荬 Form. *Veronica anagallis-aquatica*

由此可见,宁夏贺兰山自然保护区植物群落类型比较多样和复杂,可划分为 12 个植被型 69 个群系。

3.1.2 宁夏贺兰山自然保护区主要植被类型简介

3.1.2.1 寒温性针叶林

本区寒温性针叶林只有青海云杉林(Form. *Picea crassifolia*)一个群系,也是贺兰山主要的森林群系之一。它主要分布在 2 400~3 100 m 的山地阴坡,年降雨量 300~400 mm,雨水较充沛,气温温凉。典型群落以青海云杉纯林为主,其下苔藓地被植物丰富;在其分布上限林下常以高山柳、鬼箭锦鸡儿为下木;在其分布下限常与油松组成混交林,气温仍属温凉,但雨量偏少,属半干旱类型。个别地段常与山杨组成小片的混交林。

3.1.2.2 温性针叶林

该植被型主要包括油松(Form. *Pinus tabulaeformis*)和杜松(Form. *Juniperus rigida*)两个群系。

油松群系为宁夏贺兰山保护区森林群落的主要群系之一。油松林多数为纯林,群落分布上限常混生少量青海云杉,下限或较干燥的半阴坡常有杜松分布,局部混生少量山杨。土壤为灰褐土,年降雨量为270~350 mm。林下只有少量灌木,如枸子木、小叶忍冬、虎榛子、蒙古绣线菊、小叶金露梅等。草本层盖度不大,为 5%~10%,主要有苔草(*Carex* sp.)、早熟禾(*Poa* sp.)等,并常分布铁杆蒿等半灌木。

油松林与青海云杉林共同组成了保护区的主要森林植被,占整个森林植被的90%以上。油松林与青海云杉林的面积共约 10 463 hm²,占保护区面积大约4.7%,虽然面积不大,却是保护区水源涵养的主体,在水土保持、维护生态环境、保护物种多样性等方面都占有非常重要地位,是宁夏银川平原的天然绿色屏障。

杜松林在贺兰山保护区多呈小片状散布,主要分布在中山带以南,海拔1 900~2 300 m的阴坡、半阴坡,是贺兰山针叶林最耐旱的类型。郁闭度较高的杜松林多分布于沟谷,地面多有裸岩出露,土层较薄,群落中往往有油松分布。

3.1.2.3 针阔混交林

典型的针阔混交林在贺兰山保护区分布面积较小,多呈零星分布。主要包括青海云杉+山杨混交林(Form. *Picea crassifolia + Populus davidiana*)和油松+山杨混交林(Form. *Pinus tabulaeformis + Populus davidiana*)2个群系。

3.1.2.4 落叶阔(小)叶林

保护区内山地阔叶林多呈团块状或条块状分布,面积很小,其分布的垂直高度在2 400~2 700 m,多生长在半阳坡或半阴坡。所处生境的气温、降雨量与同海拔的山地针叶林相同。主要包括山杨林(Form. *Populus davidiana*)、白桦林(Form. *Betula platyphylla*)和丁香林(Form. *Syringa oblata*)3个群系。其中以山杨群系最为普遍,多出现在云杉林外缘较平坦的山坳或山谷,往往形成以山杨为主混生云杉或油松的针阔混交林。丁香林海拔较低,以阴坡、沟谷地为主,多混生其他树种。白桦林分布极少,偶见小片群落。

3.1.2.5 疏林

贺兰山是一侵蚀和剥蚀的中山山地,在森林垂直带的干燥阳坡。蒸发量大,干燥度强,针叶树种很难生长。阔叶树也只有耐旱性强的灰榆等能稀疏生长。因此在贺兰山保护区的海拔2 000~2 500 m的干燥阳坡形成了一个以灰榆为主的疏林带。除灰榆群系外,还分布少量的杜松疏林、杜松+灰榆混交疏林(*Ulmus glaucescens*)。

灰榆群系是贺兰山主要的植被类型,分布广,面积大。通常树高仅3~4 m,不郁闭,有大量灌木、半灌木和草本植物伴生,如蒙古绣线菊、小叶忍冬、几种栒子木、黄刺玫等;半灌木有铁杆蒿,贺兰山女蒿。灰榆疏林在山地景观独特,它是森林环境向灌丛乃至草原景观的过渡类型。这种林型生态环境脆弱,水土流失也很严重,一旦遭到破坏,极难恢复,因此更应严加保护。

3.1.2.6 常绿针叶灌丛

山地常绿针叶灌丛由叉子圆柏灌丛(Form. *Sabina vulgaris*)、杜松灌丛2个群落系构成,其中以叉子圆柏灌丛为主。叉子圆柏灌丛呈团块状分布,一般分布于海拔2 500~2 700 m的半阳坡、半阴坡较多,在云杉林缘、平缓山顶或沟谷坡地有时也有分布。叉子圆柏是匍匐灌木,常常单独组成纯群落,景观醒目,伴生植物很少,是很好的水土保持群落。

3.1.2.7 落叶阔(小)叶灌丛

落叶阔叶灌丛为贺兰山自然保护区重要的植被类型。分布广,面积大,类型多。根据其分布的海拔高度或对温度的适应,将其划分为 3 个类型。

高寒落叶阔叶灌丛(Alpine deciduous broad-leaf shrub),分布在贺兰山海拔 3 000~3 500 m 的山巅,全年有霜冻,冬季积雪。≥10℃积温 600 ℃以下。年降水量在 430 mm以上,气候冷凉而湿润;土壤为高山草甸土,湿度大,含水量高。主要包括高山柳灌丛(Form. *Salix oritrepha*)和鬼箭锦鸡儿灌丛(Form. *Caragana jubata*),呈斑状分布,覆盖度在 80%以上。常与高山嵩草组成复合群落。伴生矮嵩草、火绒草、紫喙苔草、早熟禾、高山蚤缀等。草群高度在 5 cm 左右。

寒温落叶阔叶灌丛(Cold-temperate deciduous broad-leaf shrub),分布于贺兰山保护区海拔(2 700)2 800~3 000 m 山地较陡阳坡、半阳坡,形成了亚高山灌丛景观。通常,在这区域≥10℃积温为 800 ℃~1 000 ℃,年降水量 400 mm,土壤为亚高山灌丛土。主要包括银露梅灌丛(Form. *Penlaphylloides davurica*)和小叶金露梅灌丛(Form. *P. parvifolia*)2个群系。以小叶金露梅为优势,群落常混生蓝靛果忍冬、叉子圆柏等灌木。其下草本分布不均,土层较厚的地方有嵩草、苔草、火绒草、禾叶风毛菊等。灌丛密度较大,覆盖度在60%左右。

温性落叶阔叶灌丛(Temperate deciduous broad-leaf shrub),是由温性、中生灌木所组成的山地植被类型,集中分布在 1 800~2 700 m 的阳坡、半阳坡及沟谷。在海拔较低处云杉林分布不到的阴坡也常由中生灌木占据。随海拔增高,湿度增大,中生灌丛逐渐向半阳坡甚至阳坡转移,有时在阳坡与灰榆疏林混生。该类型是贺兰山灌丛植被的主要类型,分布广,面积大,类型也很多,主要包括虎榛子(Form. *Ostryopsis davidiana*)、山杏(Form. *Prunus sibirica*)、小叶忍冬(Form. *Lonicera microphylla*)、毛樱桃(Form. *Prunus tomentosa*)、蒙古绣线菊(Form. *Spiraea mongolica*)、曲枝绣线菊(Form. *S. tomentulosa*)、酸枣(Form. *Zizyphus jujuba* var. *spinosa*)、羽叶丁香(Form. *Syringa pinnatifolia*)、黄刺玫(Form. *Rosa xanthina*)等灌丛及准格尔枸子、小叶忍冬、黄刺玫杂木(Form. *Comarum salesovianum*)灌丛和西北沼委陵菜灌丛等。其中,西北沼委陵菜灌丛在贺兰山东坡分布面积较小,集中分布于贺兰沟。中生灌丛群落组成复杂,其他枸子木,小叶鼠李、小叶茶藨子等也均可构成群落。

3.1.2.8 旱生灌丛

该类型为贺兰山较特殊的群落类型,分布面积较大生于海拔较低的山坡、沟谷或陡坡,生境往往较干旱,主要包括斑子麻黄灌丛(Form. *Ephedra rhytidosperma*)、蒙古扁桃灌丛(Form. *Prunus mongolica*)、甘蒙锦鸡儿灌丛(Form. *Caragana opulens*)、荒漠锦鸡儿灌丛(Form. *C. roborovskyi*)、内蒙野丁香矮灌丛(Form. *Leptodermis ordosica*)、贺兰山女蒿矮灌丛(Form. *Hippolytia alashanensis*)等群系,除甘蒙锦鸡儿、荒漠锦鸡儿外,其余均为贺兰山及其毗邻地区的特有群系。

3.1.2.9 草原

山地草原在宁夏山贺兰山自然保护区出现在山地森林带以下海拔 1 600~2 600 m 的平缓坡地, 常与中生灌丛复合存在。贺兰山保护区分布有宁夏及内蒙古地区所有的针茅,是蒙古高原及宁夏黄土高原针茅的集中分布区。保护区内草原群落面积较大,类型丰富。根据对水分的生态适应,可划分为 3 个类型。

草甸草原,在保护区分布面积不大,主要分布于阳坡、半阳坡较上部,水分条件较好。主要包括甘青针茅草原(Form. *Stipa przewalskyi*)和贝加尔针茅草原(Form. *Stipa baicailensis*)两个群系。甘青针茅草原是保护区非常有特色的草原群系,集中分布于海拔较高的平缓山坡、山坳中。主要伴生种有赖草、早熟禾、披针叶黄华等。甘青针茅不仅是草原群落的建群种和优势种, 也常分布于中生灌丛和生长良好的灰榆林。甘青针茅草原群系也是黄土高原山地分布的一个草原群系,与其他草原群落相比,分布范围较小,面积也不大。贺兰山是其重要的分布区,这也是贺兰山植被考察中的首次发现。

典型草原,在保护区分布面积较大,类型也较多,主要分布于海拔 1 500~2 400 m 各类山坡、沟谷边缘等生境。主要包括本氏针茅(Form. *Stipa bungeana*)、大针茅(Form. *S. grandis*)、克氏针茅(Form. *S. krylovii*)、白羊草(Form. *Bothriochloa ischaemum*)、白草(Form. *Pennisetum centrasiaticum*)、阿拉善鹅观草(Form. *Roegneria alashanica*)、百里香(Form. *Thymus serpyllum*)、石生齿缘草草原(Form. *Eritrichium rupestre*)等 8 个群系。本氏针茅、白羊草、白草 3 个群系分布于海拔较低的山坡及沟谷边缘,群落多曾小片分布,但分布范围非常广泛,从南到北都有分布。阿拉善鹅观草是贺兰山一个特殊的草原群落,多分布于山地阳坡、半阳坡,该物种也常分布于山地灌丛中。大针茅草原分布面积不大,多分布于水分条件较好的山坡。克氏针茅草原是保护区草原群落的主要类型,分布较广,面积也较大,退化后往往被百里香、石生齿缘草群落取代。

荒漠草原,为保护区草原植被的主要类型,分布于山地中段海拔较低的山坡及南北两段海拔较高的山坡,占据一定景观空间,海拔为 1 200~1 600 m。主要包括短花针茅草原(Form. *S. breviflora*)、沙生针茅草原(Form. *S. glareosa*)、戈壁针茅草原(Form. *S. gobica*)、灌木亚菊半灌木草原（Form. *Ajania fruticulosa*)、铺散亚菊半灌木草原(Form. *A. khartensis*)5 个群系。在贺兰山低山带,主要物种除多年生草本戈壁针茅、短花针茅外,还常伴生荒漠细柄茅、无芒隐子草以及较多的灌木、灌木种,包括蒙古扁桃、松叶猪毛菜、荒漠锦鸡儿、木旋花、斑子麻黄等。土壤为石质棕钙土,年降水量在 200~250 mm。

3.1.2.10 荒漠

从植被分类的角度,荒漠原则上不是一个植被型,是一个植被型组,本文为了描述的方便,将其视为植被型。该类型一般分布在贺兰山山地垂直带的基带,地形为倾斜或起伏的山前坡地或平原以及南北段的低山带,海拔 1 100~1 500 m,土壤为灰漠土,年降水量在 150~200 mm。主要包括珍珠(Form. *Salsola passerine*)、红沙(Form. *Reaumuria soongorica*)、长叶红沙(Form. *R. trigyna*)、霸王(Form. *Zygophyllum xanthoxylon*)、松叶猪毛菜（Form. *Salsola laricifolia*)、沙冬青（Form. *Ammopiptanthus mongolicus*)、四合木(Form. *Tetraena mongolica*)、猫头刺（Form. *Oxytropis aciphylla*)、中亚紫菀木(Form. *Asterothamnus centrali–asiaticus*)、着叶盐爪爪、细枝盐爪爪荒漠（Codominance Form. *Kalidium foliatum* and *K. gracile*)11 个群系。上述群系中,均为草原化荒漠,除建群种外,主要伴生无芒隐子草、沙生针茅等草本植物,多年生杂类草和一年生层片在多雨年份发育较好。

3.1.2.11 草甸

贺兰山保护区草甸面积较小,但类型仍较多。

高山草甸,有嵩草(Form. *K. myosuroides*)、矮嵩草(Form. *K. pygmaea*)、高山嵩草(Form. *K. pusilla*)3 个群系。分布在贺兰山 3 000~3 500 m 的山巅及山脊附近较平坦处。全年有霜冻,冬季积雪。气候冷凉而湿润,土壤为高山草甸土,湿度大。在地势较平坦处,往往伴生火绒草、紫喙苔草、早熟禾、高山蚤缀等。草群高度在5 cm 左右,密集如地毯。但实际上这一高度的山地大部分为陡坡,形成以鬼箭锦鸡儿和高山柳为主的高山灌丛,因此,高山草甸面积不大,常与高山灌丛组成复合景观。

山地温性草甸主要分布于山地林缘及林间空地,多为宽叶多序岩黄芪杂类草草甸(Form. *Hedysarum polybotrys* var. *alaschanicum*)群系。

沟谷湿草甸面积不大，零星分布于沟谷溪流及水塘附近。主要有拂子茅(Form. *Calamagrostis epigejos*)、高山地榆（Form. *Sanguisorba alpina*)、寸草苔（Form. *Carex duriuscula*)、芦苇草甸(Form. *Phragmites australis*)等群系。

3.1.2.12 水生、沼生植被

该类型面积很小，零星分布于水潭及河流边缘，主要包括扁杆藨草(Form. *Scirpus planiculmis*)、细灯心草（Form. *Juncus gracillimus*)、长果水苦荬（Form. *Veronica anagalloides*)、北水苦荬(Form. *Veronica anagallis-aquatica*)等群系。

3.1.3 植物群落多样性的生态条件

首先，贺兰山独特的地理位置是产生群落类型多样型的一个重要条件。贺兰山虽然位于我国内陆干旱区，但夏季东南季风的余泽尚能光顾，山体基带仍有约 200 mm 的降水，且集中于 7~9 月，雨热同期，利于植物生长。这与荒漠区其他大的山体，如西部天山、戈壁阿尔泰山主要靠山体垂直变化带来的降水有所不同。此外，与西部其他山地相比，贺兰山与我国东部草原区和森林区毗邻，蒙古高原的草原群落类型（多种针茅草原），华北广布的油松林，虎榛子灌丛等都能在这里相遇。有些类型如蒙古扁桃群落是华北类型柄扁桃(*Prunus pedunculata*)的旱生变体。

其次，高耸的山体，复杂多样的生境条件，是产生群落类型多样性的重要环境条件。贺兰山从山基至山巅，高差 2 000 m 以上，随着海拔的增高，垂直变化明显，形成多个垂直带。东西坡的分异，南、北、中各段的差别，加之地形、地貌、坡向、土壤的变化，给贺兰山创造出一个复杂多样的自然环境。按温度因子，可划分出暖温、中温、寒温、高寒诸多生境类型；按水分因子，可划分出超旱生、真旱生、旱生、中旱生、旱中生、中生、湿中生、湿生等多种生境类型；此外还有石生、沙生、阳生、阴生等众多生境。这些为多种群落类型的生存和分布提供了必要条件。

第三，物种多样性是群落类型多样性的基础。目前已知宁夏贺兰山自然保护区有野生维管植物 84 科 329 属 647 种 17 变种，因而造就了植物群落类型的多样性。

3.1.4 植被的空间分异

3.1.4.1 垂直分异

贺兰山由于海拔较高，相对高差大，主峰已进入高山范围，因此山地植被垂直分异明显，带谱比较复杂。按植被型，可划分成 4 个植被垂直带：山前荒漠与荒漠草原带→山麓与低山草原、灌丛带→中山针叶林带→高山、亚高山灌丛、草甸带。在各垂直带中，有

的还可以再划分出 2~3 个垂直亚带,如草原带中可以划出山麓荒漠草原亚带和中低山典型草原亚带。在针叶林带中,可以划出中山下部温性针叶林(油松林)亚带和寒温性针叶林(青海云杉林)亚带。进入亚高山范围(2 800~3 100 m)还可以划分出含高寒灌木的亚高山针叶林(青海云杉林)亚带(图3-1)。

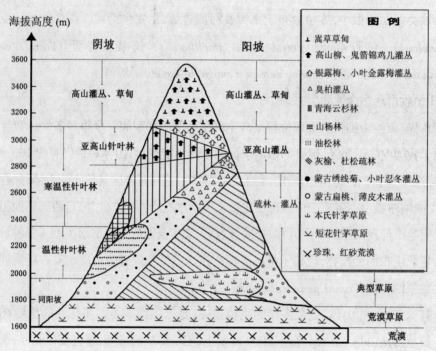

图3-1 贺兰山山地植被垂直分布结构

3.1.4.2 坡向分异

山体内部在同一海拔高度范围内,由于坡向不同,水热组合则不同,使同一垂直带或亚带内的植物群落有很大差别。如在山地典型草原亚带内,草原群落多占据阳坡、半阳坡,而半阴坡、阴坡则被中生灌丛所占据,较陡的阴坡还能出现灰榆、杜松疏林。在山地温性针叶林亚带,与平缓阴坡上的油松林相对应的是阳坡的灰榆疏林;平缓半阳坡则是中生夏绿阔叶灌丛。山地寒温性针叶林——青海云杉林,是贺兰山垂直带谱中最宽的类型,在下有油松林带的区段,它占据 2 400~3 100 m 的阴坡、半阴坡。与青海云杉林相对的阳坡下段(2 700 m 以下)是灰榆疏林;上段(2 700~3 100 m)是银露梅和小叶金露梅亚高山灌丛。2 400~2 700 m 半阳坡常出现团块状的叉子圆柏灌丛。3 000 m 以上阴阳坡分异不明显,完全被高山柳和鬼箭锦鸡儿高寒灌丛所占据,只有在地形较平缓,土质稍厚地段才出现斑块状的嵩草高寒草甸(图3-1)。

3.1.4.3 水平分异

　　贺兰山保护区的南、北、中段植被类型也有明显的差别,各自形成一些特殊群落类型。贺兰山保护区北段荒漠化程度较高, 分布大面积的东阿拉善—西鄂尔多斯特有的沙冬青群系、戈壁荒漠特征种松叶猪毛菜群系、西鄂尔多斯特有的四合木群系,南段则极少见。南段荒漠化程度也很高,有喜暖且旱生性较强的羽叶丁香灌丛、斑子麻黄垫状灌丛,而北段没有,但斑子麻黄在中段沟口附近略有分布。中段是贺兰山的主体,植物群落类型丰富、垂直带完整、带谱宽而复杂,这里的针叶林群落、高寒灌丛、高寒草甸及多数中生灌丛皆不见于南北段。

　　此外,贺兰山山体东坡窄陡,西坡宽缓,东西坡水热状况不同。宁夏贺兰山自然保护区位于东坡,山基海拔低,气候温暖,年均温在 8 ℃以上。≥10 ℃的积温在 3 300 ℃左右。在山口和沟谷的村户中种植的臭椿 (*Ailanthus altissima*)、桑 (*Morus alba*)、枣 (*Ziziphus jujuba* var. *inermis*)、核桃 (*Juglans regia*)、栾树 (*Koelreuteria paniculata*)等皆为华北地区习见树种,西坡则无。在山坡脚下或沟谷内常见的酸枣灌丛,油松林带下部常见的虎榛子灌丛、甘蒙锦鸡儿灌丛及零星分布的白桦等均不见于西坡。西坡山基较高,气候温凉,年均温8 ℃以下(巴音浩特 7.6 ℃),≥10 ℃的积温 3 000 ℃左右。山麓中段(哈拉乌沟)有一较宽的(1~1.5 km)短花针茅荒漠草原带,靠近山体是由短花针茅与冷蒿(*Artemisia frigida*)共同组成的群落,向外则是比较纯的短花针茅群落,这两组群落内见不到任何荒漠植物的参与。再向下才见到混生珍珠的短花针茅荒漠草原,其下土壤为黄土性的棕钙土,土层较厚,这与东坡低山带石质性较强,又比较零散的常混有大量灌木亚菊(*Ajania fruticulosa*)及荒漠植物的短花针茅草原迥然不同。西坡沟谷深长,湿度较大,水分条件较好,乌柳 (*Salix cheilophila*) 灌丛、坡脚的醉马草(*Achnatherum inebrians*)草甸、低山带荒漠锦鸡儿旱生灌丛与藏锦鸡儿(*Caragana tibetica*)旱生灌丛等又为东坡贺兰山保护区所不见。

　　另外,从宏观的区域地理角度考虑,贺兰山是我国西部一条重要的自然地理分界线—温带草原与温带荒漠分界线,贺兰山以西为荒漠植被和荒漠气候,以东为草原植被和草原气候。但本次调查发现,宁夏贺兰山保护区山麓荒漠化程度很高,山前平坦的洪积扇上,主要以红沙、斑子麻黄(南部)等典型的荒漠群落为主,群落中无或仅有稀疏的由无芒隐子草(*Cleistogenes songorica*)、戈壁针茅等组成的多年生草本层片。此外在山前气候特征上也有类似的特征。主峰西侧的巴彦浩特年平均温度比主峰东侧的银川市低 1 ℃左右,年降雨量基本相同约为 200 mm,因此东坡比西坡略干旱。此外贺兰山东坡沟谷多宽短,西坡较深长,这些因素可能是导致东坡森林面积很小,以旱生和中生灌丛为主的原因之一。

3.1.5 植物群落类型的特有性

宁夏贺兰山自然保护区有一批特有的植物群落类型,是由贺兰山特有植物组成的,一般面积不大,分布不广。

斑子麻黄(*Ephedra rhytidosperma*)群落

分布于贺兰山保护区中段以南的低山带,集中分布于甘沟以南的沟口碎石质阳坡上或山麓砾石戈壁,并可沿贺兰山余脉延伸到中卫、中宁等地。为强旱生垫状小灌木群落,群落盖度约8%(不计草本),斑子麻黄高 10(5)~25 cm,丛径约 30 cm,种群密度0.4~1 株/m²,盖度约 6%。群落结构简单,除斑子麻黄小灌木层片外,主要次优势植物是木旋花(*Convolvulu tragacanthoides*)半灌木,高约 5 cm,丛径约 6 cm,盖度不足 1%。常半生猫头刺(*Oxytropis aciphylla*)半灌木,有时也可成为次优势植物。在土层较好的地段,草本层有一定的发育,主要有短花针茅、戈壁针茅、无芒隐子草等。土层较薄的砾石戈壁仅有稀疏的草本植物。

内蒙薄皮市(*Leptodermis ordosica*)(野丁香)群落

该群落是贺兰山特有群落中分布最广的一种,在北、中、南段的东西两坡均能见到,但以中南部居多。多出现在山体内部的干燥石质阳坡,低山带阴坡、半阴坡的裸岩石缝。为小灌木群落,群落盖度约 10%(不计草本),内蒙薄皮木高 15(10)~30 cm,种群密度约 1.4 株/m²,盖度约 7%,其生态类型介于旱生与中生之间,但偏于旱生。主要的次优势植物是松叶猪毛菜或蒙古扁桃,松叶猪毛菜一般高 40 cm,丛径约 45 cm,盖度约 2%;蒙古扁桃一般高约 1 m,冠幅径约 0.8 m,盖度约 3%。常伴生木旋花、猫头刺、灌木亚菊等灌木和半灌木。群落结构也比较简单,灌木一般有 2 个亚层,草本层不发达,稀疏分布有本氏针茅、中亚细柄茅(*Ptilagrostis pelliotii*)等。

贺兰山女蒿(*Hippolytia alashanensis*)群落

该群落的分布和生境与内蒙薄皮木相近,但从不出现在山口以外,旱生性很强,专生长在灰榆疏林不能生长的中山带以下(2 000~2 500 m)的悬崖、石壁或干燥岩缝中。属小灌木群落,高 20 cm 左右,冠幅径约 15 cm,群落极度稀疏,盖度不足 5%。伴生少量喜石性植物,如阿拉善鹅观草、曲枝绣线菊、乳毛土三七(*Sedum aizoon* var. *scabrum*)等。

四合木 (*Tetraena mongolica*) 群落

为西鄂尔多斯特有群落,分布于贺兰山北段东麓,位于草原化荒漠带。为强旱灌木群落,生于沙砾质、砾质或石质生境,单独或与其他植物共同组成群落。群落总盖度约20%,四合木高 20~40 cm,丛径 25~90 cm,密度 0.4 丛/m²,盖度约 15%。主要伴生种有红沙、霸王(*Zygophyllum xanthoxylon*)、绵刺等灌木及无芒隐子草、沙生针茅、多根葱等多年生草本。

蒙古扁桃 (*Prunus mongolica*) 群落

为东阿拉善–西鄂尔多斯特有群落,喜生于石质山坡或砾石干沟,常出现在贺兰山保护区低山带石质山坡、浅沟谷或各山余脉石质低山丘陵,是一个石生系列的生态类型。蒙古扁桃是一种多刺的灌木,刺硬而长,常呈密刺灌丛状。贺兰山浅山区,发育良好,群落总盖度约25%,蒙古扁桃高 20~80 cm,丛径 30~150 cm,密度 0.5 丛/m²,盖度约20%。主要伴生植物有铁杆蒿、狭叶青蒿、小叶忍冬、松叶猪毛菜等半灌木和灌木,草本层发达,由本氏针茅、沙生针茅、阿拉善鹅观草等多种多年生草本植物构成;东阿拉善地区主要伴生松叶猪毛菜、霸王、沙冬青、红沙等,草本层不发达。

沙冬青 (*Ammopiptanthus mongolicus*) 群落

为东阿拉善–西鄂尔多斯特有群落,分布较广,常生于山谷、山麓或丘间盆地。在贺兰山保护区北段山麓及浅沟谷发育良好。群落多呈零星小片状分布,局部地段面积较大。典型的沙冬青群落盖度约 14%,沙冬青高 30~90 cm,丛径 40~110 cm,密度约 0.1 株/m²,盖度约 13%;在东阿拉善地区主要伴生种有霸王、驼绒藜,草本层不发达;贺兰山山麓及浅沟谷主要伴生松叶猪毛菜、蒙古扁桃等,草本层发达,主要有短花针茅、本氏针茅、无芒隐子草、黄芪等。

长叶红沙 (*Reaumuria trigyna*) 群落

长叶红沙为东阿拉善–西鄂尔多斯特有种,在贺兰山保护区主要分布于大武口以北,可单独组成小群落。面积均不大,数公顷至十几公顷。总盖度2%。长叶红沙高 12~28 cm,丛径 10~25 cm,密度约 0.2 株/m²,盖度不足 1%。伴生红沙、亚菊等等灌木和半灌木及无芒隐子草、沙生针茅等草本植物。

COMPREHENSIVE SCIENTIFIC INVESTIGATIOIV REPORTS ON NINGXIA HELAN NATIONAL NATURE RESERVE

3.2 宁夏贺兰山自然保护区维管植物多样性

3.2.1 植物分类群的多样性

宁夏贺兰山自然保护区目前记录到野生维管植物84科329属647种17变种。其中蕨类植物10科10属16种；裸子植物3科5属7种；被子植物71科314属624种17变种。被子植物中有双子叶植物61科248属476种17个变种；单子叶植物10科66属148种。维管植物种类以菊科(Compositae)和禾本科(Gramineae)最多，其次是豆科(Fabaceae)、蔷薇科(Rosaceae)、藜科(Chenopodiaceae)、毛茛科(Ranunculaceae)、莎草科(Cyperaceae)、十字花科(Cruciferae)、石竹科(Caryophyllaceae)、百合科(Liliaceae)。前20科共有234属499种，占全部属的71.1%，全部种的77.1%；其余64科仅95属148种（表3-1）。

宁夏贺兰山自然保护区总面积0.22万 km²，有种子植物631种(包括17变种)，每平方公里为0.29种。相邻草原区的大青山1.1万 km²，有841种(赵一之，1998)，每平方公里0.08种；南部的六盘山0.5万 km²，有种子植物700种，每平方公里0.14种；荒漠区的祁连山调查区1.7万 km²，有1 014种，每平方公里为0.06种；龙首山0.75万 km²，326种(王秉山，1982)每平方公里为0.04种，相比之下，宁夏贺兰山保护区单位面积上植物种多度较高。

表3-1　宁夏贺兰山自然保护区野生维管植物统计

科 family	属 genus	种 species	变种 variety	科 family	属 genus	种 species	变种 variety
1. 禾本科 Gramineae	40	86		12. 蓼科 Polygonaceae	6	16	
2. 菊科 Compositae	36	82	1	13. 玄参科 Scrophulariaceae	8	15	
3. 豆科 Fabaceae	16	44	3	14. 龙胆科 Gentianaceae	8	13	
4. 蔷薇科 Rosaceae	13	37	5	15. 杨柳科 Salicaceae	2	10	1
5. 藜科 Chenopodiaceae	14	31	1	16. 伞形科 Umblliferae	8	10	
6. 毛茛科 Ranunculaceae	10	25		17. 紫草科 Boraginaceae	7	9	
7. 莎草科 Cyperaceae	8	23		18. 蒺藜科 Zygophyllacese	6	7	
8. 十字花科 Cruciferae	15	21		19. 报春花科 Primulaceae	3	7	
9. 石竹科 Caryophyllaceae	10	20		20. 茄科 Solanaceae	4	6	
10. 百合科 Liliaceae	7	19		20科合计	234	499	12
11. 唇形科 Labiatae	13	18	1	其他科(64科)合计	95	148	5
总　　计					329	647	17

3.2.2 植物区系成分的多样性

3.2.2.1 种子植物属的区系多样性

根据吴征镒（2006）对我国种子植物区系地理成分划分，宁夏贺兰山自然保护区种子植物319属可划分为14个分布型，12个变型，共26个分布区类型（中国种子植物为15个类型，31个变型），显示了贺兰山东坡植物区系的多样性。其中温带分布类型（包括北温带、温带亚洲、旧大陆温带等10个分布区类型）数量最多，为180属，占种子植物总属数的56.4%，显示出贺兰山植物区系的温带特征；其次是世界分布48属，占15.0%；地中海—西亚—中亚分布（包括地中海、西亚—中亚、中亚等8个分布区类型）41属，占12.9%；泛热带—热带分布类型（包括泛热带旧大陆热带、热带亚洲等6个分布区类型）31属，占9.7%；东亚分布类型（包括东亚等3个分布区类型）11属，占3.4%；中国特有分布4属，占1.3%。29个分布区类型中代表荒漠特征的中亚与亚洲中部共16属，占4.9%，反映了荒漠植物区系对贺兰山的深刻影响。同时，代表东亚森林特征的东亚分布类型仍有11属，反映了贺兰山虽然地处中国西部荒漠区，但仍受东亚植物区系的影响（表3-2）。

表3-2　宁夏贺兰山自然保护区野生种子植物属的分布类型

	分布区类型 *	属数	占%
世界分布	1. 世界分布	48	15.0
泛热带-热带分布型	2. 泛热带	25	7.8
	3. 热带亚洲和热带美洲	1	0.3
	4. 旧大陆热带	2	0.6
	5. 热带亚洲至大洋洲	2	0.6
	7. 热带亚洲（印度-马来西亚）	2	0.6
温带分布型	8. 北温带	47	14.7
	8-2.北极-高山	1	0.3
	8-4.北温带和南温带（全温带）间断	52	16.3
	8-5.欧亚和南美洲温带间断	11	3.4
	10. 旧大陆温带	40	12.5
	10-1. 地中海区、西亚和东亚间断	3	0.9
	10-2. 地中海区和喜马拉雅间断	4	1.3
	10-3. 欧亚和非洲南部（有时也在大洋洲）间断	4	1.3
	11. 温带亚洲分布	18	5.6

续表 3-2　宁夏贺兰山自然保护区野生种子植物属的分布类型

分布区类型 *		属数	占%
东亚分布型	9. 东亚和北美洲间断	5	1.6
	9-1. 东亚和墨西哥间断分布	1	0.3
	14. 东亚(东喜马拉雅–日本)	5	1.6
地中海–西亚–中亚分布型	12. 地中海区、西亚至中亚	16	5.0
	12-1.地中海区至中亚和南美洲、大洋洲间断	4	1.3
	12-2.地中海区至中亚和墨西哥间断	1	0.3
	12-3.地中海区至亚洲、大洋洲和南美洲间断	3	0.9
	13.中亚	5	1.6
	13-1. 中亚东部(亚洲中部)	9	2.8
	13-2. 中亚至喜马拉雅	3	0.9
中国特有分布	15. 中国特有分布	4	1.3
	未定类型	3	0.9
	合　　计	319	100

* 分布区类型及其编号根据吴征镒等.中国种子植物分布区类型及其起源与分化.2006,昆明:云南科技出版社

3.2.2.2 种的区系多样性

贺兰山保护区维管植物种的区系组成较为复杂,664 种及变种中除 88 种（占总种数的 13.3%)尚未确定成分外,已确定成分的 576 种(包括变种)初步可划分为 9 大类 73 个类型(表 3-3)。其植物区系特点主要表现如下几个方面。

(1)较高的温带广布成分和世界成分

植物区系中温带广布种最多,占 26.7%,其中以北温带分布为主,反映了北温带植物区系的基本特征。北温带成分(包括旧大陆温带、温带亚洲等成分),以草甸和山地植物居多,代表种有 2 种拂子茅(*Calamagrostis epigeios, C. pseudophragmites*),2 种早熟禾(*Poa nemoralis*, *P. pratensis*),2 种披碱草 (*Elymus sibiricus, E. nutans*), 无芒雀麦(*Bromus inermis*),几种委陵菜(*Potentilla anserina,P. conferta,P. multifida*),几种蒿属植物 (*Artemisia frigida,A. sieversiana,A. annua*), 旋覆花 (*Inula japonica*), 狗娃花(*Heteropappus altaicus*),海乳草(*Glaux maritima*)等。世界分布多为杂草,比例较小,占 1.8%。代表植物有藜(*Chenopodium album*),反枝苋(*Amaranthus retroflexus*),狗尾草(*Setaria viridis*), 田旋花 (*Convolvulus arvensis*), 芦苇 (*Phragmites australis*), 海韭菜(*Triglochin maritimum*)等。

表3-3 宁夏贺兰山自然保护区野生维管植物种的分布区类型

	分布区类型	种数	占%	分布区类型	种数	占%
	Ⅰ.1.世界种	12	1.8	24.唐古特种	1	0.2
Ⅰ.热带分布	2.泛热带种	16	2.4	25.阿尔泰-唐古特种	1	0.2
	3.亚洲热带种	1	0.2	26.青藏高原外缘山地种	2	0.3
	Ⅱ.	17	2.6	27.青藏高原东缘种	1	0.2
	4.南北温带种（全温带）	3	0.5	28.喜马拉雅种	1	0.2
Ⅲ.温带广布	5.泛北极（北温带）种	52	7.8	Ⅵ.青藏高原分布 29.唐古特-喜马拉雅种	1	0.2
	6.古北极（旧大陆温带种）种	53	8.0	30.青藏高原东、南部种	1	0.2
	7.东古北极（亚洲温带）种	69	10.4	31.青藏高原唐古特种	1	0.2
	Ⅲ.	177	26.7	32.青藏高原种	11	1.7
	8.东亚-北美种	1	0.2	33.贺兰山-唐古特种	13	2.0
	9.东亚-东非种	1	0.2	Ⅵ.	33	5.0
	10.东亚种	65	9.8	34.达乌里-中国-喜马拉雅种	1	0.2
	11.华北种	48	7.2	35.黑海-哈萨克斯坦-蒙古种	1	0.2
	12.东北种	2	0.3	36.哈萨克斯坦-蒙古种	3	0.5
	13.华北-东北种	12	1.8	37.西伯利亚-蒙古种	2	0.3
Ⅳ.东亚分布	14.华北-华中种	1	0.2	38.达乌里-蒙古种	11	1.7
	15.华北西部山地种	1	0.2	39.蒙古种	7	1.1
	16.秦岭-横断山种	1	0.2	40.内蒙古-黄土高原种	1	0.2
	Ⅳ.	132	19.9	Ⅶ.亚洲中部草原成分 41.黄土高原种	14	2.1
	17.中亚-北美种	1	0.2	42.黄土高原-南蒙古种	2	0.3
	18.欧洲-西伯利亚种	1	0.2	43.中国东部山地(草原)种	1	0.2
	19.北极-高山种	5	0.8	Ⅶ.	44	6.6
Ⅴ.西伯利亚及高山分布	20.西伯利亚-青藏高原种	2	0.3	44.古地中海种	34	5.1
	21.中亚山地-青藏高原种	2	0.3	45.地中海-西亚-中亚种	1	0.2
	22.西伯利亚-唐古特种	1	0.2	46.西伯利亚-亚洲中部种	2	0.3
	23.亚洲高山种	2	0.3	47.亚洲中西部种	1	0.2
	Ⅴ.	14	2.1	48.亚洲中部(荒漠)山地种	4	0.6

续表 3-3   宁夏贺兰山自然保护区野生维管植物种的分布区类型

	分布区类型	种数	占%		分布区类型	种数	占%
VIII. 古地中海及亚洲中部荒漠分布	49.亚洲中部–南亚种	1	0.2	IX. 特有与近特有分布种	62西鄂尔多斯–东阿拉善种	2	0.3
	50.亚洲中部种	32	4.8		63.东阿拉善种	1	0.2
	51.亚洲西部荒漠种	2	0.3		64.贺兰山–西鄂尔多斯种	1	0.2
	52.青藏高原–亚洲中部荒漠种	1	0.2		65.阴山–贺兰山种	3	0.5
	53.戈壁种	11	1.7		66.阴山–贺兰山–祁连山种	3	0.5
	54.东戈壁种	4	0.6		67.贺兰山–祁连山种	4	0.6
	55.南戈壁种	3	0.5		68.贺兰山–阿尔巴斯山–狼山种	2	0.3
	56.准格尔–戈壁种	1	0.2		69.狼山–贺兰山–龙首山种	2	0.3
	57.戈壁–蒙古种	8	1.2		70.贺兰山–东天山种	1	0.2
	58.阿尔泰–西戈壁种	1	0.2		71.贺兰山–兴隆山(太白山)种	4	0.6
	59.阿拉善–柴达木种	1	0.2		72.贺兰山–阿尔巴斯山种	3	0.5
	60.阿拉善种	4	0.6		73.贺兰山特有种	21	3.2
	61.鄂尔多斯–南阿拉善种	1	0.2	IX.		54	7.1
VIII		112	16.9		未确定类型种	76	11.4
	合 计(647 种 17 变种)					664	100.0

(2) 东亚植物区系的深刻影响

贺兰山地处我国西部荒漠区东缘，毗邻东亚植物区系的华北地区，因此东亚森林植物区系的影响仍十分显著，由东亚、中国华北与东北等组成的东亚成分占19.9%，成为仅次于温带广布成分的第二大类区系成分，其中油松（*Pinus tabulaeformis*）、虎榛子（*Ostryopsis davidiana*）、酸枣（*Ziziphus jujuba* var. *spinosa*）、黄刺玫（*Rosa xanthina*）、紫丁香（*Syringa Oblata*）、蒙桑（*Morus mongolica*）、互叶醉鱼草（*Buddleja alternifolia*）、文冠果（*Xanthoceras sorbifolia*）、白莲蒿（*Arfemisia sacrorum*）、凸脉苔草（*Carex lanceolata*）等中国华北、东北成分均有广泛分布。

(3) 显著的古地中海及亚洲中部等荒漠成分

贺兰地处干旱荒漠区，山麓与低山区广泛分布古地中海及亚洲中部等荒漠区系成分，占16.0%。亚洲中部荒漠成分是典型荒漠种，代表植物有霸王（*Sarcozygium xanthoxylon*）、合头藜（*Sympegma regelii*）、短叶假木贼（*Anabasis brevifolia*）等。古地中海成分是更广的旱生成分。代表植物有红沙（*Reaumuria soongorica*）、驼绒藜（*Krascheninnikovia ceratoides*）、苦豆子（*Sophora alopecuroides*）、骆驼蓬（*Peganum harmala*）、花花柴（*Karelinia caspia*）等。

（4）欧洲西伯利亚成分、青藏高原成分及亚洲中部草原成分的广泛渗透

贺兰山地处蒙古高原边缘，在山地垂直带分布有较多的亚洲中部草原成分（占6.6%），包括蒙古草原成分、达乌里蒙古成分，如几种针茅（*Stipa krylovii*, *S. grandis*, *S. breviflora*, *S. klementzii*, *S. gobica*, *S. glareose*），无芒隐子草（*Cleistogenes songorica*），几种葱（*Allium mongolicum*, *A. polyrhizum*, *A. bidentatum*, *A. tenuissimum*, *A. anisopodium*），几种黄芪（*Astragalus melilotoides*, *A. adsurgens*, *A. galactites*）、蒙古莸（*Caryopteris mongolica*）、兔唇花（*Lagochilus ilicifolius*）、戈壁天门冬（*Asparagus gobicus*）等。同时由于贺兰山山体高大，欧洲西伯利亚及亚洲高山（占2.1%）及青藏高原高寒成分（3.0%）也有一定渗透，特别是青藏高原成分的存在反映了贺兰山与青藏高原的广泛联系。北极—高山或环极高山成分，多生长于3000 m以上山地，代表植物有高山唐松草（*Thalictrum alpinum*）、极地早熟禾（*Poa arctica*）、雪白委陵菜（*Potentilla nivea*）、北点地梅（*Androsace septentrionalis*）、粉报春（*Primula farinosa*），以及珠芽蓼（*Polygonum viviparum*）、双花堇菜（*Viola biflora*）、嵩草（*Kobresia myosuroides*）等。青藏高原成分代表植物有2种嵩草（*Kobresia humilis*, *K. pygmaea*），3种苔草（*Carex aridula*, *C. allivescens*, *C. scabrirostris*），2种葱（*Allium przewalskianum*, *A. kansuense*），异针茅（*Stipa aliena*），2种毛茛（*Ranunculus membranaceus*, *R. tanguticus*）和乳突似楼斗菜（*Paraquilegia anemonoides*）、白蓝翠雀（*Delphinium albocoeruleum*）、禾叶风毛菊（*Saussurea graminea*）、西北缬草（*Valeriana tangutica*）、喜山葶苈（*Draba oreades*），以及青海云杉（*Picea crassifolia*）等。

（5）特有性强

贺兰山是我国西北干旱区生物多样性中心，特有与近特有种比例较高，占保护区维管植物种的7.1%。

此外，贺兰山植物区系还分布有一些热带、泛热带成分，以禾草类特别是一年生禾草居多，代表植物有三芒草（*Aristida adscenionis*）、虎尾草（*Chloris virgata*）、锋芒草（*Tragus mongolorum*）、长芒棒头草（*Polypogon monspeliensis*）、多年生有白

羊草（*Bothriochloa ischaemum*）、白草（*Pennisetum centrasiaticum*）等。

3.2.3 植物分类群的特有性

3.2.3.1 属的特有性

宁夏贺兰山自然保护区维管植物没有仅分布于贺兰山的特有属，但有贺兰山所在的阿拉善—鄂尔多斯地区特有属或亚洲中部荒漠特有属。主要包括 1 个西鄂尔多斯特有属，即蒺藜科（Zygophyllaceae）的四合木属（*Tetraena*），分布于贺兰山北段西麓。有 1 个阿拉善—鄂尔多斯特有属，菊科（Compositae）的革苞菊属（*Tugarinovia*），分布于宁夏贺兰山自然保护区南段。上述 2 属，均为单种属。此外还有 2 个亚洲中部荒漠特有属：豆科（Fabaceae）的沙冬青属（*Ammopiptanthus*），本属含 2 种，宁夏贺兰山自然保护区 1 种，分布汝箕沟以北山地沟谷；菊科的紊蒿属（*Elachanthemum*），为 2 种属，宁夏贺兰山自然保护区有 1 种，分布于北段山麓。

上述 5 属，奠定了贺兰山及其周边地区成为中国西北干旱区生物多样性中心的地位。按王荷生中国种子植物多度中心的划分，中国有八个生物多样性中心，秦岭、淮河以北只有两个，一是中条山—南太行山中心，一是南蒙古中心（阿拉善—鄂尔多斯中心）。前者，是我国暖温带山地中国特有属的集中分布地区，是西南和南方特有属分布的北界，与秦岭中心有许多相似之处。

此外，宁夏贺兰山自然保护区分布有中国华北特有属：虎榛子属（*Ostryopsis*）；中国华北–东北特有属：文冠果属（*Xanthoceras*）；中国华北–西南特有属：阴山荠属（*Yinshania*）。

3.2.3.2 物种的特有性

目前发现宁夏贺兰山自然保护区种子植物有贺兰山特有和近特有种 47 个（包括 10 个变种）。其中仅分布于贺兰山的"贺兰山特有种"21 个；以贺兰山为中心，分布区可扩展到周边邻近地区的"贺兰山近特有种"26 个（表 3–4）。这些特有种与近特有种，隶属于 26 科 37 属，占种子植物的 7.1%（包括变种）。石竹科、菊科种类最多，均为 7 种；其次是豆科 4 种（含 1 个变种）。其他科仅含 1~2 种（表 3–4）。

表 3-4 宁夏贺兰山自然保护区的特有与近特有种

科	种	生态型	生活型	分 布
鳞毛蕨科 Dryopteridaceae	*中华耳蕨 *Polystichum sinense*	V	E	贺兰山，阴山，祁连山
松科 Pinaceae	*青海云杉 *Picea crassifolia*	V	A	贺兰山，祁连山，阴山
麻黄科 Ephedraceae	斑子麻黄 *Ephedra rhytidosperma*	I	B	贺兰山山麓，东阿拉善南
榆科 Ulmaceae	毛果灰榆 *Ulmus glaucescens* var. *lasiocarpa*	II	A	贺兰山，阴山西段
荨麻科 Urticaceae	贺兰山荨麻 *Urtica helanshanica*	V	E	贺兰山
蓼科 Polygonaceae	*总序大黄 *Rheum racemiferum*	III	E	贺兰山，狼山，阿尔巴斯山，龙首山
	*单脉大黄 *Rheum uninerve*	III	E	贺兰山，狼山，阿尔巴斯山，龙首山
藜科 Chenopodiaceae	无刺刺藜 *Chenopodium aristatum* var. *inerme*	V	F	贺兰山
石竹科 Caryophyllaceac	贺兰山女娄菜 *Melandrium alaschanicum*	V	E	贺兰山
	瘤翅女娄菜 *Melandrium verrucoso-alatum*	V	E	贺兰山
	耳瓣女娄菜 *Melandrium auritipetalum*	V	E	贺兰山
	*贺兰山孩儿参 *Pseudostellaria helanshanensis*	V	E	贺兰山，陕西（太白山）、河南（罗浮山）
	*宁夏麦瓶草 *Silene ningxiaensis*	II	E	贺兰山、祁连山
	*贺兰山繁缕 *Stellaria alaschanica*	II	E	贺兰山、祁连山
	二柱繁缕 *Stellaria bistyla*	IV	E	贺兰山
毛茛科 Ranunculaceae	阿拉善银莲花 *Anemone alaschanica*	V	E	贺兰山
	软毛翠雀 *Delphinium mollipilum*	V	E	贺兰山
罂粟科 Papaveraceae	贺兰山稀花紫堇 *Corydalis pauciflora.* var. *alaschanica*	V	E	贺兰山
蔷薇科 Rosaceae	蒙古扁桃 *Prunus mongolica*	I	B	阿拉善，贺兰山，乌兰察布北部
	白果毛樱桃 *Prunus tomentosa* var. *jeueocarpa*	V	A	贺兰山

COMPREHENSIVE SCIENTIFIC INVESTIGATION REPORTS ON NINGXIA HELAN NATIONAL NATURE RESERVE

续表 3-4　宁夏贺兰山自然保护区的特有与近特有种

科	种	生态型	生活型	分　布
豆科 Fabaceae	毛果莲山黄芪 *Astragalus leansanicus* var. *lasiocarpus*	IV	E	贺兰山
	拟边塞黄芪 *Astragalus ochrias*	II	E	贺兰山，乌拉山
	*贺兰山岩黄芪 *Hedysarum petrovii*	II	E	贺兰山，六盘山，祁连山北坡
	贺兰山棘豆 *Oxytropis holanshanensis*	II	E	贺兰山
蒺藜科 Zygophyllaceae	四合木 *Tetraena mongolica*	I	B	贺兰山北段，西鄂尔多斯
芸香科 Rutaceae	*针枝芸香 *Haplophyllum tragacanthoides*	II	C	贺兰山、狼山、阿尔巴斯山
大戟科 Euphorbiaceae	红腺大戟 *E. ordosinensis*	II	E	贺兰山、阿尔巴斯山
槭树科 Aceraceae	大细裂槭 *Acer stenolobum* var. *megalophyllum*	V	A	贺兰山
	*毛细裂槭 *Acer stenolobum* var. *pubescens*	V	A	贺兰山
柽柳科 Tamaricaceae	长叶红沙 *Reaumuria trigyna*	II	B	东阿拉善，贺兰山，西鄂尔多斯
伞形科 Apiaceae	*内蒙古西风芹 *Seseli intramongolicum*	IV	E	贺兰山，狼山，阿尔巴斯山，阴山西段
报春花科 Primulaceae	*阿拉善点地梅 *Androsace alaschanica*	II	E	贺兰山，狼山，阿尔巴斯山，祁连山
唇形科 Labiatae	毛萼兔唇花 *Lagochilus ilicifolius* var. *tomentosus*	II	E	贺兰山
玄参科 Scrophulariaceae	*阿拉善马先蒿 *Pedieularis alaschanica*	V	E	贺兰山，龙首山，祁连山
	贺兰玄参 *Scrophularia alaschanica*	V	E	贺兰山，阴山西段
茜草科 Rubiaceae	内蒙薄皮木 *Leptodermis ordosica*	II	B	贺兰山、阿尔巴斯山
桔梗科 Campanulaceae	*宁夏沙参 *Adenophora ningxiaensis*	IV	E	贺兰山，阿尔巴斯山，兴隆山
菊科 Compositae	*贺兰山女蒿 *Hippolytia alashanensis*	II	C	贺兰山，兴隆山
	阿拉善风毛菊 *Saussurea alaschanica*	V	E	贺兰山

续表 3-4 宁夏贺兰山自然保护区的贺兰山特有与近特有种

科	种	生态型	生活型	分 布
菊科 Compositae	缩茎阿拉善风毛菊 *Saussurea alaschanica* var.*acaulie*	V	E	贺兰山
	多头阿拉善风毛菊 *Saussurea alaschanica*	V	E	贺兰山
	贺兰山风毛菊 *Saussurea helanshanensis*	V	E	贺兰山
	*术叶菊 *Synotis atractylidifolia*	V	E	贺兰山，兴隆山，阴山西段
	*鄂尔多斯黄鹤菜 *Yougia ordosica*	V	E	贺兰山，阿尔巴斯山
禾本科 Gramineae	长花长稃早熟禾 *Poa dolichachyra* var. *longiflora*	III	E	贺兰山
	*阿拉善鹅观草 *Pseudoroegneria alashanica*	III	E	贺兰山，东天山
莎草科 Cyperaceae	贺兰山嵩草 *Kobresia helanshanica*	V	E	贺兰山

注:1)* 代表分布区略超出研究范围的当地近特有种;

2) 生态型 Ⅰ强旱生，Ⅱ旱生，Ⅲ 中旱生，Ⅳ 旱中生，Ⅴ中生

3) 生活型 A 小乔木，B 灌木，C 半灌木，D 木质藤本，E 多年生草本，F 一年生草本

贺兰山山地是西北地区新特有类群的分化中心之一,仅分布于贺兰山种及种下的21 个特有类群中,有 10 个是种下等级的变种,表现出植物类群的强烈现代分化。如大叶细裂槭 (*Acer stenolobum* var. *megalophyllum*) 和软毛细裂槭 (*A. stenolobum* var. *pubescens*)是细裂槭(*A. stenolobum*)的旱生变种。

其余仅分布于贺兰山的贺兰山荨麻 (*Urtica helanshanica*)、贺兰山女娄菜 (*Melandrium alaschanicum*)、耳瓣女娄菜 (*M. auritipetalum*)、贺兰山孩儿参 (*Pseudostellaria helanshanensis*)、二柱繁缕(*Stellaria bistyla*)、阿拉善银莲花(*Anemone alaschanica*)、软毛翠雀(*Delphinium mollipilum*)、贺兰山棘豆(*Oxytropis helanshanensis*)、阿拉善风毛菊(*Saussurea alaschanica*)等特有种(表 3-4),以及以贺兰山为中心,可扩展到周边山地的总序大黄 (*Rheum racemiferum*)、单脉大黄 (*R. uninerve*)、宁夏麦瓶草 (*Silene ningxiaensis*)、贺兰山繁缕 (*Stellaria alaschanica*)、贺兰玄参 (*Scrophularia alaschanica*)、内蒙薄皮木(*Leptodermis ordosica*)、阿拉善黄芩(*Scutellaria alaschanica*)等也大多明显为晚近分化的类群。其中有些种类,形成替代分布,如内蒙薄皮木是薄皮木

(*Leptodermis oblonga*)的替代、阿拉善黄芩是黄芩(*Scutellaria baicalensis*)的替代、贺兰玄参是华北玄参(*Scrophularia moellendorffii*)的替代。

贺兰山山地新特有类群的分化与其长期的孤立演化密切相关。这些山地周围被荒漠包围,周边地区气候干旱,而高大的贺兰山由于其山地效应,降水略有增加,成为荒漠中的"孤岛",不仅大大丰富了该地区的生物多样性,而且相对封闭的环境也促使了新类群的分化。

贺兰山山地内部基本无古老的特有种,但山麓边缘分布有四合木、革苞菊等阿拉善–鄂尔多斯成分的古老物种。这些物种大部分极有可能是第三纪古地中海起源的。

3.2.4 植物生态类群的多样性

虽然贺兰山地处干旱区,但贺兰山有海拔 3 000 m 以上的高大山地,极大地丰富了该地区的生物多样性,并提高了中生植物类型的比例,中生与旱中生植物达到61.3%,但旱生类型,包括中旱生、旱生及强旱生类型仍占32.4%(表3-5)。由此足可见该地区植物区系的强烈旱化特征。

植物生活型包括乔木、木质藤本、灌木、半灌木、多年生草本、多年生草质藤本和一二年生草本,以草本植物为主,占79.4%(表3-5),乔木较少,不足3%。

表 3-5　宁夏贺兰山自然保护区维管植物生活型与生态型组成

水分生态型	数 量	%	生活型	数 量	%
湿生或水生	25	3.8	乔木	19	2.9
湿中生	7	1.1	灌木	83	12.5
中生	352	53.0	木质藤本	8	1.2
旱中生	55	8.3	半灌木	27	4.1
中旱生	58	8.7	多年生草本	390	58.7
旱生	137	20.6	多年生草质藤本	3	0.5
强旱生	25	3.8	一、二年生草本	134	20.2
合 计	664	100	合 计	664	100.1

第四章 大型真菌

4.1 贺兰山真菌研究历史

贺兰山的菌物资源研究始于 19 世纪末 20 世纪初。现存中国科学院微生物研究所标本馆采于贺兰山的最早真菌标本是松木层孔菌（*Phellinus pini* (Thore. :Fr.)Ames[= *Fomes pini*(Thore.) Karst.]），生于腐木上，是一位名叫 E. Licent 的学者于 1933 年 8 月 3 日采集的，标本号为[×HMAS30194]，且仅此一号标本，是目前所能见到国内最早的产于宁夏的真菌标本。由此可见，外国人很早以前就对宁夏贺兰山菌物进行了采集研究，可能目前国内的有关研究单位还存有采于宁夏的真菌标本。由于早期宁夏的真菌研究比较难以考证，我们把收集到的科学文献表述如下，以反映宁夏真菌研究的历史。

邓叔群（1947）报道了采于甘肃和宁夏的真菌（具体地点不详），主要是子囊菌、担子菌和半知菌等。

甘肃省农林厅（1959）对包括宁夏在内的植物病虫草害进行了调查，其中包括部分贺兰山林木真菌病害。

韩树金（1960~1961）、马启明和刘蓉等人对宁夏贺兰山菌物进行了较大范围的采集，主要包括大型真菌、锈菌等标本。

20 世纪 80 年代以后，宁夏和国内相关科研部门、大学和行政部门多次组织资源考察队对贺兰山生物资源进行考察研究。特别是《中国孢子植物志》的编写使许多国内著名真菌分类学家先后来到贺兰山进行考察研究，如王宽仓、查仙芳（1997）对宁夏贺兰山真菌进行了调查；贺永喜（2001~2002）对贺兰山东坡野生食、药用真菌资源进行调查，并初步鉴定贺兰山的真菌为 53 种 32 属 18 科；宋刚（1986,2003）在贺兰山西坡对真菌进行了调查,经鉴定共计 55 属 132 种,其中 21 种为中国新记录。

2007~2009 年,由宁夏贺兰山国家级自然保护区管理局组织的贺兰山第二次综合科学考察是对贺兰山大型真菌的首次全面系统的考察研究。

4.2 物种多样性分析

为了能反映出贺兰山自然保护区大型真菌的物种多样性,对贺兰山自然保护区主要属种做了统计分析(表 4-1)。

表 4-1　贺兰山自然保护区大型真菌主要属种的统计

科	属	种	属占比例（%）	种占比例（%）
丝膜菌科	4	48	4.9	18.2
口蘑科	17	65	20.9	27.4
蘑菇科	6	20	7.4	7.6
革盖菌科	7	11	8.6	4.2
多孔菌科	1	6	1.2	2.2
牛肝菌科	2	7	2.5	2.7
刺革菌科	2	6	2.5	2.3
球盖菇科	5	13	6.2	4.9
鬼伞科	2	10	2.5	3.8
蜡伞科	3	8	3.7	3.0
地星科	1	6	1.2	2.3
马勃科	2	10	2.5	3.8

贺兰山自然保护区特殊的地理位置及丰富的植物资源孕育了当地大量的真菌资源。从表 4-1 的种属统计中可以清晰地反映出该地区大型真菌的物种丰富度,如丝膜菌科、口蘑科都属于世界性大科,分别占本次统计的 18.2% 和 27.4%。其次,有些科包含种的数量很少,但包含的属却很丰富,如革盖菌科、球盖菇科、蜡伞科。再次,大型真菌的物种总数、科属所占比例、生境多样性反映了该地区大型真菌物种的多样性。物种的多样性与该地区复杂的地理环境、优越的气候条件有关,而且与高等植物和昆虫的物种多样性密切相关,只有生境的多样性才能有多样性的物种与之相适应。因此研究大型真菌物种的多样性可以为今后该地区真菌与环境条件关系的研究打下基础。研究该地区的大型真菌物种的多样性,可以反映大型真菌的区系组成、起源和演化,为进一步研究贺兰山自然保护区菌物资源提供第一手资料。

4.3 经济真菌资源评价

贺兰山海拔 1 900~3 100 m 这一地带,地形复杂,岭高谷深,气候湿润,大型真菌种类丰富,其中不乏与人类关系密切的食用、药用菌及菌根菌,为了科学地对这些经济真菌资源的现状进行评价,现分述如下。

4.3.1 食用菌资源

贺兰山的食用菌种类繁多,仅就本次考察采集的大型真菌来讲,有食用价值的就达一半以上,并且贺兰山食用菌的生物量之大,在西北地区实属少见。其中,"贺兰山紫蘑"等食用菌以其产量之大、味道之美而驰名中外,为世人所瞩目。"贺兰山紫蘑"是当地对生于青海云杉林中的数种丝膜菌的统称,主要包括以下 4 种:紫红丝膜菌(*Corinarius rufo-olivaceus*,俗称紫蘑菇)、蓝丝膜菌 (*C. caerulescens*,俗称紫茄子)、白丝膜菌(*C. albidus*,俗称白紫蘑菇)和朱红丝膜菌(*C. cinnabarinus*,俗称红紫蘑菇)。前两者仅见报道于我国青海,而后两者则仅见于贺兰山。这 4 种"紫蘑菇"中以紫红丝膜菌的产量最大,每年盛夏雨后,以直线式大量群生于青海云杉林下,俗称蘑菇溜子,一般一群有子实体一个,鲜重约 1 kg。"贺兰山紫蘑"个体硕大,最大者菌盖直径达 20 cm。鲜食肉质细腻,口感极佳,干品鲜味更浓,实为菌菜之上品。当地群众雨后常入山采之,或自食或外销。目前当地有关部门对"紫蘑菇"的采集、收购、管理还没有跟上,目前的大量掠夺式采集,势必造成该资源产量的下降和枯竭。对此应引起有关部门的高度重视,尽早制定出科学管理办法。

在贺兰山除了"紫蘑菇"外,还有很多食菌的产量亦很可观,如松乳菇[*Lactarius deliciosus* (L. ex Fr) Gray] (俗称钢棒)、锈口蘑[*Tricholoma pessundatum* (Fr.) Quél.],(俗称黄金头)、翘鳞肉齿菌(俗称牛舌头)、野蘑菇(俗称草菇)等。这些食菌的生物量之巨大,都达到商品收购或加工的要求,但由于口感较"紫蘑菇"稍差,锈口蘑、翘鳞肉齿菌还略带苦味,当地群众很少采食,甚至被视为毒菌而不屑一顾,实为资源的浪费。上述几种食菌当地如能有组织地进行采集、加工制成干品,罐头或其他食品添加剂,必将对提高当地人民的生活水平,增加地方经济收入起到不可低估的作用。

4.3.2 药用菌资源

在贺兰山丰富的真菌资源中,药用真菌也占有相当的比例,初步鉴定出药用真菌 21 种,且有 17 种为宁夏新记录种。其中,有些还是食药兼用的大型菌类。表4–2是对贺兰山药用真菌资源的初步统计。

表 4-2　贺兰山自然保护区大型药用真菌统计

功效	种数	比例（%）	代表种
抗癌作用	9	21.4	荷叶丝膜菌 *Cortinarius salor* Fr.
止血作用	5	11.9	赭褐马勃 *Lycoperdon umbrinum* Pers.
消肿解毒	4	9.5	大秃马勃 *Calvatia gigantea*（Batsch. ex Pers.）Lloyd.
益肠胃	4	9.5	蜜环菌 *Armillariella mellea*（Vahl. ex Fr.）Karst.
清肺益喉	3	7.1	梨形马勃 *Lycoperdon pyriforme* Schaeff. ex Pers.
抗菌抗病毒	3	7.1	香菇 *Lentinu edodes*(Berk.)Sing.
消炎作用	3	7.1	无柄地星 *Geastrum sessile*（Sow.）Pouz.
降血糖	2	4.8	毛头鬼伞 *Coprinus comatus*（Mell. ex Fr.）Gray.
降胆固醇	2	4.8	翘鳞肉齿菌 *Sarcodon imbricatus*（L. ex Fr.）Karst.
其他	7	16.7	

由表 4-2 可见，药用真菌的作用是多方面的。在众多的作用中，具抗癌作用的真菌种类占 21.4%，占绝对优势，并且多数种类的抑制肿瘤率达 90%~100%。多数药用真菌的作用不止一种，如尖顶地星[*Geastrum triplex*（Jungh.）Fisch.]可消肿、解毒、止血、活血、止痒等；另外，除表 4-2 的主要作用外，还具有其他多种功效，如蜜环菌[*Armillariella mellea*(Vahl. ex Fr.)Karst.]有强健筋骨、疏风活络、明目利肺、益肠胃的功效。

4.3.3 外生菌根菌资源

菌根是自然界一种普遍的真菌与植物共生的现象，即某些真菌与寄生植物根系间的一种互惠互利的共居关系。在这一关系中，真菌利用其分泌的一些特殊酶类分解土壤中植物难于利用的物质（如磷等），供给植物矿物质和一些小分子有机物，增加植物根系吸收水分的能力，促进植物体生长，提高物种的抗逆性，而绿色植物则通过其特有的光合作用为真菌的生长提供有机养料。在贺兰山可与森林树种形成菌根关系的菌根菌有很多，有 20 种为外生菌根菌，其中 14 种为贺兰山新记录种。

外生菌根菌主要和云杉属树木形成共生关系或生在阔叶林中地下。其中生在针叶林中地下的真菌有豹斑口蘑（*Tricholoma pardinum* Quél.）、锈色口蘑[*Tricholoma Pessundatum*（Fr.）Quél.]、梭柄松苞菇[*Catathlasma ventricosum*（Peck）Sing.]、褐环粘盖牛肝菌[*Suillus luteus*（L. ex Fr.）Gray)、灰疣柄牛肝菌(*Leccinum griseum*（Quél.）Sing]、紫红丝膜菌[*Cortinarius rufo-olivaceus*（Pers.）Fr.]、黄褐丝膜菌(*Cortinarius decoloratus* Fr.)、黄褐丝盖伞(*Inocybe flavobrunnea* Wang.)、浅黄褐乳菇(*Lactarius vflavidulus* Imai.)、蓝柄丽齿菌[*Calodon suaveolens*（Scop. ex Fr.）Quél.]。

生在阔叶林地上的有豹斑口蘑（*Tricholoma pardinum* Quél.）、锈色口蘑[*Tricholoma Pessundatum*（Fr.）Quél.]、松乳菇[*Lactarius delicosus*（L. ex Fr.）Gray]、灰疣柄牛肝菌[*Leccinum griseum*（Quél.）Sing]、荷叶丝膜菌（*Cortinarius salor* Fr.）、褐疣柄牛肝菌[*Leccinum scabrum*（Bull. ex Fr.）Gray]、褐离褶伞[*Lyophyllum fumosum*（Pers. ex Fr.）P. Orton]、褐盖粉褶菌 [*Rhodophyllus rhodolius*（Fr.）Quél.]、柱柄丝膜伞（*Cortinarius Chindrpes* Kauff）。

其余种类分布较广，无特定分布区域。

4.4 开发贺兰山真菌资源的几点建议

贺兰山是我国西北地区重要的真菌资源宝库，这些真菌与其他动植物构成了多样化的生态系统，在维持本地区生态系统的良性循环起着极其重要的作用，同时，这些真菌也是当地人民赖以生存的重要资源，在增加和丰富当地的食品、医药等方面起着重要的补充作用。然而，由于过度利用和环境变化（如森林的过度采伐及退化等）很容易使其濒于枯竭。所以，开发利用该地区丰富的自然资源，必须有一整套科学的、合理的策略。为此，根据野外考察、分类鉴定及真菌的生物学特性对开发贺兰山的真菌资源提出以下几点建议。

4.4.1 经济真菌资源的综合利用与资源保护

真菌资源因其具有地域性、再生性、群落性等特点区别于其他植物资源。开发利用中最重要的一点就是保护其再生能力，使其能被永续利用。真菌的再生能力除因物种不同外，很容易因利用方式和森林植被的变化而变化。导致经济真菌再生能力下降的直接原因主要有两点：一是掠夺性的采集，二是森林的过度采伐，林相结构的破坏，这两者的结合足以使任何一种真菌资源在很短的时间内濒于枯竭。例如，在贺兰山当地群众对紫蘑菇的采食就近于掠夺式的采集，这几年其自然再生能力已有下降的趋势。这种利用方式不仅导致该资源再生能力的下降，而且与之共生的森林能力已有下降的趋势。所以建议有关部门在贺兰山自然保护区动、植物保护名单中应将紫蘑菇列入其中，同时加强宣传教育，有计划地引导当地群众合理地适量地采集，严禁掠夺式采集。

4.4.2 大力开展野生经济真菌的引种驯化工作

贺兰山经济真菌虽然种类繁多、产量较大，但仅限于采集野生的食、药用真菌，只能部分补充当地的食品和药物的资源，距形成商品的要求还相去甚远。只有经人工驯化,进行人工栽培后才能变资源优势为经济优势。所以,开发贺兰山的经济真菌资源这方面工作显得十分重要,在查清、研究当地主要经济真菌的生物学特性后分离菌种,进而进行驯化与栽培,是开发贺兰山经济真菌的一条必由之路。

4.4.3 发展野生经济真菌的深加工工业

贺兰山的野生经济真菌的开发目前仍停留在粗放的、直接的、低水平的利用。通常是当地群众自发地、无组织地进行采集、晒制成干品自食或出售,更谈不上对其进行进一步的加工处理。这种利用方式不仅造成资源的浪费,而且不利于形成更具有特色的商品,收益也偏低。所以,必须加强经济真菌收购管理的同时,发展其深加工工业,进行精细的加工,形成具有地方特色的品牌商品,打入国内、国际市场,为振兴地方经济发挥作用。

4.4.4 保护生态环境,做好可持续利用工作

保护真菌资源必须保护其赖以生存的生态环境,它对于保护和恢复森林生态环境,合理利用资源都具有现实和深远的意义。因为真菌尤其是珍稀菌类对环境要求比较苛刻,只有封山育林,建设自然保护区,才是保护真菌资源多样性的一项有效措施。在自然保护区内可以对真菌资源进行精心管理,严格执行有关管理条例和法规,杜绝对真菌资源的乱采和灭绝性利用。同时腐生菌可以净化林地卫生,外生菌根菌增强了林木抵抗不良环境的能力,在森林的维护、发展中起到积极的作用。总之,应该在加强对资源与环境保护的前提下,科学规范地利用真菌资源,使整个贺兰山的生态环境朝着可持续的平衡方面发展,达到经济效益、生态效益和社会效益的和谐统一。

第五章 苔藓资源

贺兰山由于其独特的地理位置、地形地貌和自然地理条件及多样的生态系统和丰富的物种资源,为植物学、动物学、生态学、环境科学、森林病虫害防治及水土保持等多学科的学术研究提供了重要的科研基地。同时, 贺兰山也是其东西坡灌区的主要水源涵养地,起着阻止风沙东移的作用,保护了银川平原。近年来,由于禁牧、封山育林等各项工作的顺利实施,贺兰山的生物多样性在不断地增加,一些属国家级保护的野生动物数量明显上升,水源涵养和水土保持作用不断加强。因此,对贺兰山苔藓植物区系的系统考察,将为贺兰山自然保护区的合理建设、管理以及植物资源的保护提供科学、完善的资料和依据。

5.1 贺兰山苔藓植物的研究历史

贺兰山苔藓植物的研究历史是从新中国成立后开始的,并有许多重要的发现。在1963 年,内蒙古大学仝治国教授在贺兰山西坡南寺、北寺、哈拉乌沟采集标本 588 号,并整理出贺兰山西坡藓类名录(未发表),同年,发表了《中国几种旱生藓类的新分布》研究论文,涉及到 4 个采自贺兰山西坡的中国新记录种。根据这些采集的标本,白学良教授先后于 1987 年发表了《内蒙古藓类植物初报》,记录了分布于贺兰山西坡的藓类植物 19 科、46 属、80 余种(含变种、变型),1993 年和高谦报道了中国丛藓科的 1 个新记录属和 5 个新记录种 ,1996 年报道了 4 个中国新记录种,1997 年报道了中国丛藓科的 1 个新记录属及 4 个新记录种,1998 年报道了 1 个苔类中国新记录种,1997 年由他主编的《内蒙古苔藓植物志》中收录了贺兰山西坡苔藓植物共 27 科 64 属 165 种（含变种、变型），并详细记载了其分布、生境和科属种的特征。1997 年路端正发表了《贺兰山习见苔藓植物》，共鉴定了习见苔藓植物 14 科 22 属 29 种，其中苔类 1 科 1 属 1 种；藓类 13 科 21 属 28 种。

1993 年 7 月在宁夏贺兰山国家级自然保护区和内蒙古贺兰山国家级自然保护区的支持下，白学良、霍兴林等在贺兰山东坡苏峪口，西坡哈拉乌和北寺分别采集标本424号，并于 1996 年 7 月在贺兰山东坡苏峪口、西坡的北寺和哈拉乌等地做研究样方222个，对贺兰山苔藓植物的垂直分布进行系统研究，于 1998 年发表论文《贺兰山苔藓植物物种多样性、生物量及生态学作用的研究》，首次对贺兰山不同海拔高度主要林型苔藓植物多样性、生物量及生态学作用进行了科学分析。2000 年报道一个在苏峪口发现的新种——残齿小壶藓（*Tayloria rudimenta*），2004 年报道在苏峪口发现的一个中国新纪录种——小孔筛齿藓（*Coscinodon cribrosus*）。

2003 年 7 月，宁夏贺兰山国家级自然保护区组织了贺兰山东坡苔藓植物的系统考察，白学良、王先道和翟昊对贺兰山东坡(苏峪口、小口子、黄旗口、汝箕沟、砂锅州)进行了考察，采集标本 482 号，于 2004 年 7 月以设置的 120 个研究样方，对贺兰山东坡苏峪口的苔藓植物的垂直分布和群落组成进行了较初步的定量分析，奠定了贺兰山苔藓植物区系生态学研究的基础。2006 年赵东平、白学良发表 Bryophyte Flora of Helan Mountain in China 研究论文，报道贺兰山苔藓植物 30 科 77 属 201 种。

5.2 宁夏贺兰山自然保护区东坡苔藓植物优势科属统计和地理分布分析

5.2.1 科、属、种组成

通过对贺兰山东坡 956 号苔藓植物标本整理发现苔藓植物 26 科 65 属 142 种（含变种、变型），其中苔类 5 科 7 属 9 种，藓类 21 科 58 属 133 种；发现中国新记录种 3 个，宁夏新记录种 126 个，贺兰山新记录种 38 个。

5.2.2 优势科属统计和分布特点分析

贺兰山东坡的森林覆盖面积较大，相对较为潮湿，苔藓植物 85.3% 的种多分布于林下和林缘土壤、峭壁及岩面，仅有少量种分布在无林山的裸露岩面和土壤。苔藓植物科属组成优势科较为明显，含 5 种以上的 9 科 44 属 111 种，丛藓科（Pottiaceae)19 属 53 种，灰藓科（Hypnaceae)6 属 12 种，真藓科（Bryaceae)3 属 11 种，提灯藓科（Mniaceae) 3 属 7 种，青藓科（Brachytheciaceae)3 属 7 种，紫萼藓科（Grimmiaceae)4

属6种，木灵藓科（Orthotrichaceae）1属5种，柳叶藓科（Amblystegiaceae）4属5种，大帽藓科（Encalyptaceae）1属5种，占总科数的34.6%，集中了本区67.7%的属和78.2%的种；含2~4种的9科13属23种，仅含1种的8科8属8种。含5种以上的属共7属，占总属数的7.7%，共51种，占总种数的35.9%；含1~4种的属共58属91种，占总种数的64.1%。

本区苔藓植物多数属种集中在少数科属中这一结论正是我国内陆干旱区植物区系特征之一，与维管植物区系分析结果相一致。本区虽然处于内陆，但夏季东南季风的余泽尚能光顾，山体基带仍有约200 mm的降水，且集中在7~9月（占全年降水的70%以上），雨热同期，利于植物生长。贺兰山还与我国东部草原区和森林区毗连，又是华北区、青藏区和蒙新区植物区系成分的交汇地带，因此区系成分兼有三个植物区系的特征。

优势科统计无苔类植物，反映了本区苔类植物贫乏的特点，含10种以上的6科均属北方温带地区的常见大科，以旱生藓类为主，各科地理分布简述如下。

（1）第一大科是丛藓科，属种丰富，以旱生藓类为主。虽然它们的生物量比较小、但分布面积广，是北方温带干旱和半干旱区干燥生境下覆盖地面的主要成分，多见于疏林、无林山、林缘、草甸、裸露岩面、峭壁石缝和土壤上。分布较广的代表属有：毛氏藓属、纽藓属、石藓属、反扭藓属、扭口藓属、对齿藓属、红叶藓属、盐土藓属、流苏藓属、芦荟藓属、赤藓属、墙藓属等。大量丛藓科植物的分布，反映了本区气候趋于干燥的环境特点。

（2）灰藓科在本区主要分布有世界广布种、北温带常见种和东亚成分，也是林下地被层的主要成分，如美灰藓（*Eurohypnum leptothallum*）、直叶灰藓（*Hypnum vaucheri*）主要分布在林缘干燥处或岩石上，假丛灰藓（*Pseudostereodon procerrimum*）、灰藓（*Hypnum cupressiforme*）、镰叶灰藓（*Hypnum bambergeri*）在阴湿林下均有大面积分布。

（3）真藓科是世界范围分布的大科，生态幅度较广，适应性强，在干燥地带、水湿地、沼泽、林地都有广泛分布。在此区分布的仅真藓属就有16种，占总数的7.8%。

（4）提灯藓科和青藓科分布于世界各地，多集中于温暖地区的森林和湿源，是我国华北植物区系的主要代表。由于贺兰山分布有较大面积的森林，而且林下相对潮湿，适合此2科植物生长，同时也说明华北成分向贺兰山的渗透。

（5）紫萼藓科的多数种是世界广布种，在亚热带和温带分布较广，但在热带仅仅分布在高山，多生于裸岩面。贺兰山地处北温带而且气候相对干燥，十分适合紫萼藓的生长，如卵叶紫萼藓（*Grimmia ovalis*（Hedw.）Lindb）、阔叶紫萼藓（*Grimmia laevigata* (Brid.) Brid）等在该区有大量分布，仅在台湾地区、秦岭发现的筛齿藓（*Coscinodon cribrosus* (Hedw.) Spruce)在贺兰山也有分布。

（6）优势属多数为北温带常见种类，如对齿藓属（*Didymodon*）、大帽藓属（*Encalypta*）、赤藓属（*Syntrichia*）、真藓属（*Bryum*）、提灯藓属（*Mnium*）、木灵藓属（*Orthotrichum*）、灰藓属（*Hypnum*），其中木灵藓属是树干生藓类的重要代表，常生于阴暗潮湿林下树干上，是贺兰山具有茂密森林的重要证据。有一些科的种类并不多，但他们的个别种却是林下地被层主要成分，代表植物如羽藓科（Thuidiaceae）的山羽藓（*Abietinella abietina*）、美姿藓科(Timmiaceae)的北方美姿藓（*Timmia bavarica*）、丛藓科（Pottiaceae）的大赤藓（*Syntrichia princeps*）、牛毛藓科（Ditrichaceae）的细牛毛藓（*Ditrichum flexcaule*）、对叶藓（*Ditrichum capillaceum*），绢藓科（Entodontaceae)的厚角绢藓（*Entodon concinnus*）、灰藓科（Hypnaceae)的直叶灰藓（*Hypnum vaucheri*）、假丛灰藓（*Pseudostereodon procerrimus*)等。它们生物量大，常在林下形成大面积地被层，对水源涵养和减缓地表径流起着重要作用。

（7)贺兰山是一座地质历史比较古老的山地，是很多种子植物模式标本的原产地。苔藓植物研究起步较晚，近年来由于研究的深入，在贺兰山也命名了 3 个新种:双齿赤藓(*Syntrichia bidentata*)、长肋牛角藓(*Cratoneuron longicostatum*)和残齿小壶藓(*Tayloria rudimenta*)，其中残齿小壶藓的模式标本产地在贺兰山东坡苏峪口。随着研究的不断深入,在贺兰山发现更多的新分类群是极有可能的。

5.2.3 中国和贺兰山新记录

本次研究发现中国新记录种 3 个,条纹细丛藓（*Microbryum starckeanum*）、幽美真藓(新拟名)(*Bryum elegans*)、镰叶灰藓（*Hypnum bambergeri*），宁夏新记录种 128 个,贺兰山新记录种 38 个。

5.3 植物区系地理成分分析

根据植物物种或其他分类单位的现代地理分布资料可以将其分为若干分布型,在此基础上可以了解某地区植物区系的分布型结构及与其他地区植物区系的关系(吴征镒,1991)。因此,本研究根据吴征镒对中国种子植物属的分布区类型研究的界定范围和吴鹏程苔藓植物的区系及地理分布类型(吴征镒,1991;吴鹏程,1998),并结合贺兰山苔藓植物分布的特点,将该区苔藓植物划分为如下主要成分。

5.3.1 世界广布成分

广泛分布于世界各地的种,在本区世界广布成分共有 27 种,主要有凤尾藓(*Fissidens bryoides*)、流苏藓(*Crossidium squamiferum*)、真藓(*Bryum argenteum*)、银藓(*Anomobryum filiforme*)、丛生真藓(*Bryum caespiticium*)、牛角藓(*Cratoneuron filicinum*)、柳叶藓(*Amblystegium serpens*)、灰藓(*Hypnum cupressiforme*)、高山小金发藓(*Pogonatum alpinum*)等。这类成分由于它的广布性并不能反映该地区与其他植物区系的关系。

5.3.2 古热带成分

旧世界热带是指亚洲、非洲和大洋洲热带地区及邻近岛屿[也称为旧世界热带成分(Old World Tropics elements)],以与美洲新大陆热带相区别。该成分只有印度扭口藓(*Barbula indica*)1 种。

5.3.3 北温带成分

广泛分布于欧洲、亚洲、北美洲温带的成分,本区该成分有 79 种,占总种数的55.6%(不计世界广布成分),有着显著的优势,是贺兰山苔藓植物的主体。这说明该地区苔藓植物属温带性质,这与其所处地理位置和该地区种子植物分布规律基本相符。主要代表种有卷叶合叶苔(*Scapania cuspiduligera*)、紫背苔(*Plagiochasma rupestre*)、红色拟大萼苔(*Cephaloziella rubella*)、羽苔(*Plagiochila ovalifolia*)、细牛毛藓(*Ditrichum flexicaule*)、尖叶大帽藓(*Encalypta rhabdocarpa*)、反扭藓(*Timmiella anomala*)、红对齿藓(*Didymodon asperifolius*)、反叶对齿藓(*Didymodon ferrugineus*)、盐土藓(*Pterygoneurum subsessile*)、流苏藓(*Crossidium squamiferum*)、短喙芦荟藓(*Aloina brevirostris*)、芽孢赤藓(*Syntrichia pagorum*)、无疣墙藓(*Tortula mucronifolia*)、南欧紫萼藓(*Grimmia tergestina*)、细枝连轴藓(*Schistidium strictum*)、刺边葫芦藓(*Funaria muhlenbergii*)、隐壶藓(*Voitia nivalis*)、缺齿藓(*Mielichhoferia mielichhoferi*)、筛齿藓(*Coscinodon cribrosus*)、垂蒴真藓(*Bryum uliginosum*)、刺叶提灯藓(*Mnium spinosum*)、北方美姿藓(*Timmia bavarica*)、钝叶木灵藓(*Orthotrichum obtusifolium*)、碎米藓(*Fabronia ciliaris*)、山羽藓(*Abietinella abietina*)、长毛尖藓(*Cirriphyllum piliferum*)、美丽拟同叶藓(*Isopterygiopsis pulchella*)、假丛灰藓(*Pseudostereodon procerrimus*)、镰叶灰藓(*Hypnum bambergeri*)等。

5.3.4 亚洲-北美洲成分

分布于东亚和北美洲的成分,该成分共有 6 种:刺毛钱苔(*Riccia setigera*)、黑对齿藓（*Didymodon nigrescens*）、污色木灵藓（*Orthotrichum sordidum*）、梭尖对齿藓（*Didymodon johansenii*）、缨齿藓（*Jaffueliobryum wrightii*）、小牛舌藓（*Anomodon minor*）。在第四纪以前，欧亚大陆和北美洲通过白令古陆相连，东亚–北美成分的存在，进一步证实了这一观点。

5.3.5 欧洲–亚洲成分

广泛分布于欧亚大陆的成分，本区该成分共 4 种有卵叶藓（*Hilpertia velenovskyi*）、树形疣灯藓（*Trachycystis ussuriensis*）、刺叶赤藓（*Syntrichia caninervis*）、侧立毛氏藓（*Molendoa schliephackei*）。

5.3.6 温带亚洲成分

分布于温带亚洲的成分，该成分共 5 种，有细叶对齿藓（*Didymodon perobtusus*）、东亚碎米藓（*Fabronia matsumurae*）、双齿赤藓（*Syntrichia bidentata*）、平肋提灯藓（*Mnium laevinerve*）、齿灰藓（*Podperaea krylovii*）。

5.3.7 东亚成分

5.3.7.1 中国–日本–喜马拉雅成分

广泛分布于中国、日本至喜马拉雅地区的成分，该成分共 8 种，有多褶青藓（*Brachythecium buchananii*）、尖叶对齿藓（*Didymondon constrictus*）、卷叶丛本藓（*Anoectangium thomsonii*）、缺齿小石藓（*Weissia edentula*）、无齿红叶藓（*Bryoerythrophyllum gymnostomum*）、美灰藓圆枝变种（*Eurohypnum leptothallum* var. *tereticaule*）、美灰藓（*Eurohypnum leptothallum*）、小牛舌藓全缘亚种（*Anomodon minor* ssp. *integerrimus*）。

5.3.7.2 中国–日本成分

仅分布于中国、日本、朝鲜及俄罗斯远东地区，该成分共计 5 种：尖叶对齿藓（*Didymondon constrictus* var. *flexicuspis*）、钝叶小石藓（*Weissia newcomeri*）、钝头红叶藓（*Bryoerythrophyllum brachystegium*）、东亚碎米藓（*Fabronia matsumurae*）、皱叶青藓（*Brachythecium kuroishicum*）。

5.3.8 中国特有种

5.3.8.1 中国特有种

仅分布于中国，该成分有 8 种，为西藏大帽藓（*Encalypta tibetana*）、短叶小石藓（*Weissia semipallida*）、硬叶对齿藓尖叶变种（*Didymodon rigidulus* var. *ditrichoides*）、剑叶

对齿藓（*Didymodon rufidulus*）、斜叶芦荟藓（*Aloina obliquifolia*）、云南墙藓（*Tortula yunnanensis*）、直蒴葫芦藓（*Funaria discelioides*）、卷叶真藓（*Bryum thomsonii*）。

5.3.8.2 贺兰山东坡特有种

仅分布于贺兰山东坡，该成分有 1 种：残齿小壶藓（*Tayloria rudimenta*）。

上述分析表明贺兰山东坡苔藓植物区系组成与我国蒙新区、华北区、喜马拉雅植物区均十分相近，并与欧洲、北美植物区系有一定联系。

5.4 贺兰山珍稀濒危苔藓植物

世界自然保护联盟（IUCN）濒危物种红色名录的等级和标准应该是简单而被广泛接受的全球受威胁物种的分级标准体系，该体系的目的是为按照物种的绝灭危险程度进行最广泛物种的等级划分提供明晰而客观的框架。根据 IUCN 物种红色名录濒危等级和标准，苔藓植物红色名录濒危等级和标准如下。

极危种（Critically Endangered）CR：至今仅发现一个产地，分布面积小于 100 km²。这个产地估计少于 10 个个体。

濒危种（Endangered）EN：至今发现 2~3 个产地，每个产地分布面积小于 100 km²。每个产地估计少于 10 个个体，每个种群的个体数估计少于 50 个个体。

易危种（Vulnerable）VU：至今发现少于 10 个产地，每个产地分布面积小于 100 km²。

根据以上标准，2004 年在上海师范大学召开了中国苔藓植物多样性保护国际研讨会，经过国内外 20 多位苔藓植物专家认真讨论，通过了中国濒危苔藓植物红色名录，列出中国濒危苔藓植物 82 种，其中极危种（CR）36 种；濒危种（EN）29 种；易危种（VU）17 种，模式产地在贺兰山的双齿赤藓（*Syntrichia bidentata* (X.-L. Bai) X.-L. Bai）被列为濒危种（EN）。参考中国濒危苔藓植物红色名录，我们初步列出贺兰山东坡濒危苔藓物种 16 种，其中极危 2 种，濒危 5 种，易危 9 种。

5.4.1 极危种（CR）

残齿小壶藓 *Tayloria rudimenta* X.-L. Bai & B. C. Tan（壶藓科 Splachnaceae）生境局限，种群个体稀少，至今仅发现一个产地，模式标本产地：苏峪口阴湿岩面薄土生。

筛齿藓 *Coscinodon cribrosus* (Hedw.) Spruce（紫萼藓科 Grimmiaceae）分布区局限，种群个体稀少，至今仅发现一个产地，具有重要的科学研究价值，苏峪口林下土生。

5.4.2 濒危种（EN）

双齿赤藓 *Syntrichia bidentata* (X.-L. Bai) X.-L. Bai(丛藓科 Pottiaceae)生境局限，种群个体稀少，汝箕沟林缘、灌丛岩面土生。本种已列入中国濒危苔藓植物红色名录。

芽孢赤藓 *Syntrichia pagorum* (Milde) Amann(丛藓科 Pottiaceae)生境局限，种群个体稀少，苏峪口、黄旗沟树干生。

缨齿藓 *Jaffueliobryum wrightii* (Sull.) Ther. (紫萼藓科 Grimmiaceae)生境局限，种群个体稀少，汝箕沟 2 800 m 以上高山岩面土生。

南欧紫萼藓 *Grimmia tergestina* Tomm. ex B. S. G. (紫萼藓科 Grimmiaceae)生境局限，种群个体稀少，苏峪口岩面钙质薄土生。

缺齿藓 *Mielichhoferia mielichhoferi*(Funck ex Hook.)Loeske(真藓科 Bryaceae)生境局限，种群个体稀少，苏峪口林下土生。

5.4.3 易危种（VU）

刺毛钱苔 *Riccia setigera* Schust. (钱苔科 Ricciaceae) 生境局限，种群个体稀少，小口子土生。

卷叶合叶苔 *Scapania cuspiduligera* (Nees) K. Müll.(合叶苔科 Scapaniaceae)生境局限，种群个体稀少，苏峪口、砂锅州林下岩面生。

西藏大帽藓 *Encalypta tibetana* Mitt. (大帽藓科 Encalyptaceae) 生境局限，种群个体稀少，苏峪口、砂锅洲云杉、油松林下岩面薄土。

条纹细丛藓 *Microbryum starckeanum* (Hedw.) Zand. = *Pottia starckeana* (Hedw.) C. Muell. (丛藓科 Pottiaceae) 生境局限，种群个体稀少，苏峪口、汝箕沟，油松–云杉混交林下土壤。

卵叶盐土藓 *Pterygoneurum ovatum* (Hedw.) Dix. (丛藓科 Pottiaceae) 生境局限，种群个体稀少，苏峪口、汝箕沟钙质土壤生。

齿灰藓 *Podperaea krylovii* (Podp.) Iwats. et Glime. (灰藓科 Hypnaceae)生境局限，种群个体稀少，苏峪口腐木生。

美姿藓 *Timmia megapolitana* Hedw.分布区局限，种群个体稀少，苏峪口林下土生。

卵叶藓 *Hilpertia velenovskyi* (Schiffn.) Zand. (丛藓科 Pottiaceae) 生境局限，苏峪口废弃民居土墙生。

梭尖对齿藓 *Didymodon johansenii* (Williams) Crum (丛藓科 Pottiaceae)，生境局限，苏峪口、砂锅州高山草甸钙质土壤生。

5.5 贺兰山苔藓植物物种多样性、生物量及生态学作用

贺兰山苔藓植物生长繁茂,是各植被带的主要林下地被物,特别是在云杉林下,几乎全部由苔藓覆盖地面,形成厚达 10~20 cm 的地被层,在物质循环和水分循环中占有重要地位。因此,研究苔藓植物地被层的组成、生物量、含水量在水土保持、水源涵养及在植被带中的生态学作用,对保护贺兰山的天然植被具有十分重要的意义。我们在多次对贺兰山苔藓植物进行系统考察,采集标本 500 多号,研究样方 342 个的基础上,鉴定了包括前人采集的标本共 1 009 号,测定了各种林型的光照、相对湿度、土壤 pH 值和养分含量,分析了苔藓植物种类、地被层组成、生物量、吸水量与各生态因子的关系,以供研究贺兰山森林生态系统参考。

5.5.1 贺兰山苔藓植物地理分布东西坡差异比较分析

根据现有资料统计,贺兰山共有苔藓植物 30 科 81 属 204 种和变种,贺兰山东坡共有 26 科 65 属 142 种和变种,西坡共有 27 科 67 属 162 种和变种,东西坡共有科 23 科,共有属 51 属,贺兰山东西坡的苔藓植物科属种数量统计见表 5-1。

表 5-1 贺兰山东西坡苔藓植物科、属、种数量统计

项　　　目	科	属	种
分布于东坡的苔藓植物	26	65	142
分布于西坡的苔藓植物	27	67	162
东西坡共有的苔藓植物	23	51	101
仅分布于东坡的苔藓植物	3	14	42
仅分布于西坡的苔藓植物	4	16	61

仅分布于西坡的有叶苔科、地钱科、垂枝藓科、金发藓科 4 个科,圆叶苔属、地钱属、细枝藓属、假细罗藓属、褶藓属、羽藓属、垂枝藓属、小金发藓属、旱藓属、丝瓜藓属、木衣藓属、匐灯藓属、毛梳藓属、丛藓属、范氏藓属、三洋藓属 16 个属;仅分布于东坡的有拟大萼苔科、钱苔科、牛舌藓科 3 科,拟大萼苔属、钱苔属、紫背苔属、石地钱属、同叶藓属、小壶藓属、细丛藓属、筛齿藓属、银藓属、缺齿藓属、齿灰藓属、毛灯藓属、金灰藓属、牛舌藓属 14 属。

从表 5-1 中可以看出,东西坡共有科占总科数的 76.7%,共有属占总属数的 63%,共有种占总种数的 49.5%。东西坡科属数量近于相同,种数西坡稍多。贺兰山东西坡的苔藓种类在很大程度上是相似的,这与东西坡的整体环境相似有关。贺兰山整体地理环境很有层次感,东西坡都是由相同植物带构成,都拥有大量油松林、青海云杉林、混交

林以及高山草甸和山脚半荒漠草原。在相同的林下,主要地被层和优势种也基本相同,例如山前都有盐土藓(*Pterygoneurum subsessile*)、芦荟藓(*Aloina rigida*)、土生对齿藓(*Didymodon vinealis*)等,油松林下的灰藓(*Hypnum cupressiforme*)、直叶灰藓(*Hypnum vaucheri*)、青藓(*Brachythecium albicans*)等藓类,云杉林下的假丛灰藓(*Pseudostereodon procerrimum*)、山羽藓(*Abietinella abietina*)、细牛毛藓(*Ditrichum flexcaule*)、对叶藓(*Ditrichum capillaceum*)等藓类,3 000 m以上高山灌丛带都生有高山大帽藓(*Encalypta alpina*)、缨齿藓(*Jaffueliobryum wrightii*)、隐壶藓(*Voitia nivalis*)及多种对齿藓和紫萼藓等。

总体上来说,贺兰山东坡与草原相连,水热条件较好,西坡与荒漠相连,气候干燥寒冷,气候环境的干湿度不同造成了东西坡苔藓物种的差异。东坡山势陡峭,沟深林密,创造了许多小生境,西坡山势相对平缓,森林面积和密度也要大一些,由于绝大部分的苔藓植物都生长在林下,是西坡物种比东坡较多的主要原因。

东西坡也有各自独特的分布种,如仅分布在东坡的圆叶苔(*Jamesoniella autumnalis*)、红色拟大萼苔(*Cephaloziella rubella*)、肥果钱苔(*Riccia sorocarpa*)、刺毛钱苔(*Riccia setigera*)、镰叶灰藓(*Hypnum bambergeri*)、幽美真藓(*Bryum elegans*)、缺齿藓(*Mielichhoferia mielichhoferi*)、残齿小壶藓(*Tayloria rudimenta*)、毛灯藓(*Rhizomnium punctatum*)、条纹细丛藓(*Microbryum stackeanum*)、筛齿藓(*Coscinodon cribrosus*)、美丽拟同叶藓(*Isopterygiopsis pulchella*)、金灰藓(*Pylaisiella polyantha*)等都是喜湿生或湿中生种类,西坡的旱藓(*Indusiella thianschanica*)、毛尖紫萼藓(*Grimmia pilifera*)、拟无齿紫萼藓(*Grimmia subanodon*)都是极端耐旱藓类,反映了西坡较干燥的环境特点,但西坡也有一些喜湿生藓类在东坡没有发现,如细枝藓(*Lindbergia brachyptera*)、假细罗藓(*Pseudoleskeella catenulata*)、短枝褶藓(*Okamuraea brachydictyon*)、范氏藓(*Warnstorfia fluitans*)、三洋藓(*Sanionia uncinata*)、毛梳藓(*Ptilium crista-castrensis*)、高山小金发藓(*Pogonatum alpinum*)等,反映了西坡森林面积较大且温湿度较好的环境特点。有些种虽然仅分布在东坡或西坡,但这些种都是北温带常见种或者是广布种,如地钱属、羽藓属、紫背苔属、石地钱属、银藓属、牛舌藓属等,如果做深入细致的考察和研究,这些种在东西坡都会有分布。

5.5.2 森林生态系统中苔藓植物生态类型、生物量和吸水量比较分析

5.5.2.1 1 900 m以下山前荒漠草原带

山前荒漠草原带经过调查,共查明6科17属31种;丛藓科16种,占总种数的

51.6%。显示出该区较为干旱的环境特点，山前代表种均为旱生藓类，如土生对齿藓（*Didymodon vineralis*）、灰藓（*Hypnum cupressiforme*）、中华赤藓（*Syntrichia sinensis*）、流苏藓（*Crossidium squamiferum*）、芦荟藓（*Aloina rigida*）、阔叶紫萼藓（*Grimmia laevigata*）等。此外，这里还有一些分布较广的种，如灰藓（*Hypnum cupressiforme*）、丛生真藓（*Bryum caespiticium*）、真藓（*Bryum argenteum*）等。此带藓类不形成大面积地被层，常呈小斑块出现在阴湿岩面或土壤，未作生物量和吸水量调查。

5.5.2.2 油松（*Pinus tabulaeformis*）林

油松林分布于海拔 1 900~2 200 m，林下相对湿度 65%~70%，光照强度 5 600~8 600 lx，林下土壤是普通山地灰褐土，pH 值 8.13~8.37。主要土壤养分含量为氮 0.15%~0.39%、磷 0.06%~0.081%、钾 2.41%~2.63%、钙 2.02%~2.28%、镁 0.56%~0.62%、铁 0.22%~0.26%、钠 0.98%~1.02%。林下维管植物种类繁多，生长茂盛，苔藓植物在生态位竞争中处于劣势，共有 16 科 29 属 48 种，以顶蒴单齿类和单中肋藓类占优势，没有木生藓类，旱生藓类和石生藓类的种数多，分布广。地被层主要有 6 种藓类，均为土生藓类。建群层片的优势种是直叶灰藓、灰藓、美姿藓和对叶藓，总盖度 13.3%，总生物量 1 160.9 kg/hm²，地被层自然吸水量为 685.0 kg/hm²，饱和吸水量 2 280.3 kg/hm²，直叶灰藓的饱和吸水量最大，为 692.3 kg/hm²。主要伴生种有壶藓科的残齿小壶藓（*Tayloria rudimenta*），葫芦藓科的刺边葫芦藓（*Funaria muhlenbergii*），提灯藓科的平肋提灯藓（*Mnium laevinerve*）、毛灯藓（*Rhizomnium punctatum*），白齿藓科的白齿藓（*Leucodon sciuroides*），牛舌藓科的小牛舌藓（*Anomodon minor*）、小牛舌藓全缘亚种（*Anomodon minor* ssp. *integerrimus*），碎米藓科的碎米藓（*Fabronia ciliaris*）、东亚碎米藓（*Fabronia matsumurae*）等，详见表 5-2、表 5-3、表 5-4。

表 5-2 贺兰山藓类植物各类群数量统计

藓类植物类群	本研究调查的藓类植物总数 159 sp.		高山灌丛草甸 54 sp.		云杉林 82 sp.		云杉-山杨林 76 sp.		油松林 47 sp.	
	种数	%	种数	%	种数	%	种数	%	种数	%
顶蒴单齿类	78	49.1	31	57.4	33	40.2	41	53.9	28	59.6
顶蒴双齿类	29	18.2	5	9.3	13	15.9	13	17.1	8	17.0
侧蒴双齿类	51	32.1	17	31.5	36	43.9	22	28.9	11	23.4
金发藓类	1	0.6	1	1.9						
无中肋	4	2.5	4	7.4	2	2.4	1	1.3		
双中肋	17	10.7	6	11.1	13	15.9	7	9.2	4	8.5
单中肋	138	86.8	44	81.5	67	81.7	68	89.5	43	91.5

5.5.2.3 青海云杉-山杨(*Picea crossifolia–Populus davidiana*)林

青海云杉-山杨混交林分布于海拔 2 200~2 350 m,林下相对湿度 75%~81%,光照强度 1 610~4 600 lx,土壤类型是山地淋溶灰褐土,pH 值 8.05~8.23,主要养分含量为:氮(0.25%~0.36%)、磷 0.016%~0.079%、钾 2.59%~2.89%、钙 1.18%~1.44%、镁 0.42%~0.58%、铁 0.14%~0.22%、钠 0.63~1.00%。林下维管植物种类贫乏,生长稀疏。藓类植物生长繁茂,共有苔藓植物 21 科 42 属 78 种,顶蒴单齿类、单中肋藓类、旱生藓类、石生藓类占优势。地被层由 7 种土生藓类组成,建群层片优势种为长毛尖藓、山羽藓、美姿藓,总盖度56.7%,总生物量 6 910.1 kg/hm²,地被层自然吸水量为 6 030.9 kg/hm²,饱和吸水量14 957.1 kg/hm²,其中,以山羽藓、毛尖藓、美姿藓的盖度、生物量和吸水量最大。主要伴生种有丛藓科的大赤藓(*Syntrichia princes*)、真藓科的刺叶真藓(*Bryum cirrhatum*)、缺齿藓(*Mielichhoferia mielichhoferi*)、提灯藓科的具缘提灯藓(*Mnium marginatum*),详见表 5-2、表 5-3、表 5-4。

5.5.2.4 青海云杉(*Picea crossifolia*)林

青海云杉是贺兰山植物群落的建群种,分布于 2 350~2 800 m,林下相对湿度 78%~87%,光照强度 970~2 300 lx,土壤类型是山地淋溶灰褐土,pH 值 7.7~8.11,主要养分含量为: 氮 0.21%~0.51%、磷 0.048%~0.070%、钾 1.41%~2.62%、钙 1.10%~1.64%、镁 0.52%~0.64%、铁 0.22%~0.28%、钠 0.84%~1.10%。林下阴暗潮湿,郁闭度 0.7~0.8,维管植物稀少,种类贫乏,整个林下地被层全部由苔藓植物组成,共有苔藓植物 24 科 47 属 86 种,以侧蒴双齿类、中生藓类、土生藓类为优势,地被层由 11 种藓类组成,建群层片优势种是山羽藓、细牛毛藓、假丛灰藓、毛尖羽藓、大墙藓、绢藓,总盖度 70.8%,总生物量 9 147.7 kg/hm²,地被层自然吸水量 8 204.4 kg/hm²,饱和吸水量 20 174.5 kg/hm²,以山羽藓、毛尖藓、细牛毛藓、假丛灰藓、毛尖羽藓的盖度、生物量和吸水量最大。主要伴生种有牛毛藓科的对叶藓(*Ditrichum capillaceum*),丛藓科的芽孢赤藓(*Syntrichia pagorum*),提灯藓科的树形疣灯藓(*Trachycystis ussuriensis*)、具缘提灯藓(*Mnium marginatum*),美姿藓科的美姿藓(*Timmia megapolitana*),木灵藓科的污色木灵藓(*Orthotrichum sordidum*)、木灵藓(*Orthotrichum anomalum*)、钝叶木灵藓(*Orthotrichum obtusifolium*),鳞藓科的钝叶小鼠尾藓(*Myurella julacea*),薄罗藓科的细罗藓(*Leskeella nervosa*),青藓科的褶叶青藓(*Brachythecium salebrosum*)、羽枝青藓(*Brachythecium plumosum*),灰藓科的金灰藓(*Pylaisiella polyantha*)、镰叶灰藓(*Hypnum bambergeri*)、灰藓(*Hypnum cupressiforme*）、齿灰藓（*Podperaea krylovii*）等，详见表 5-2、表 5-3、表 5-4。

表 5-3　贺兰山藓类植物生态类型数量统计

生态类型	本研究调查的藓类植物总数 164 sp.		高山灌丛草甸 56 sp.		云杉林 86 sp.		云杉-山杨林 78 sp.		油松林 48 sp.	
	种数	%	种数	%	种数	%	种数	%	种数	%
中生藓类	69	42.1	25	44.6	45	52.3	31	39.7	18	37.5
旱生藓类	80	48.8	31	55.4	29	33.7	42	53.8	28	58.3
水生藓类	15	9.1			12	14.0	5	6.4	2	4.2
土生藓类	64	39.0	17	30.4	36	41.9	27	34.6	16	33.3
木生藓类	5	3.0			5	5.8	2	2.6		
石生藓类	80	48.8	39	69.6	33	38.4	44	56.4	30	62.5

5.5.2.5 高山灌丛草甸

鬼箭锦鸡儿（*Caragana jubata*）、高山柳（*Salix cupularis* var. *lasiogyne*）和多种嵩草 *Kobresia* spp.形成亚高山灌丛草甸带，分布于 2 800 m 以上的高山带。相对湿度变化较大，为 45%~75%，光照强度 98 000~120 000 lx，土壤类型是山地草甸土，pH 值 7.10，接近中性，主要养分含量为氮 0.24%、磷 0.071%、钾 2.50%、钙 1.34%、镁 0.57%、铁 0.23%、钠 0.86%。本带气候高寒，夏季常有云雾缭绕，相对湿度可以达到 75%，共有苔藓植物 18 科 26 属 56 种，顶蒴单齿类、单中肋藓类、石生藓类、旱生藓类占优势。此带不形成大面积地被层，苔藓植物呈随机小斑块分布，根据 56 个样方植物种数和生物量统计，出现频率较高、生物量较大的有 10 种藓类，总盖度 3.89%，总生物量 297.6 kg/hm²。群落优势种常为对齿藓属和紫萼藓属的一些种类，如红对齿藓（*Didymodon asperifolius*）、无齿紫萼藓（*Grimmia anodon*）、剑叶对齿藓（*Didymodon rufidulus*），细枝连轴藓（*Schistidium strictum*）。主要的伴生种有丛藓科的梭尖对齿藓（*Didymodon johansenii*）、反叶对齿藓（*Didymodon ferrugineus*）、黑对齿藓（*Didymodon nigrescens*）、石芽藓（*Stegonia latifolia*），紫萼藓科的卵叶紫萼藓（*Grimmia ovalis*）、阔叶紫萼藓（*Grimmia laevigata*）、缨齿藓（*Jaffueliobryum wrightii*），壶藓科的隐壶藓（*Voitia nivalis*）等。此外，一些广布种，如灰藓、直叶灰藓也有分布。详见表 5-2、表 5-3、表 5-4。

表 5-4　贺兰山藓类植物地被层物种组成、盖度、生物量、吸水量测定

种	油松林(1900~2200m)				云杉–山杨林(2200~2350m)			
	盖度%	生物量 g/100 cm² kg/hm²	自然吸水量% kg/hm²	饱和吸水量% kg/hm²	盖度%	生物量 g/100 cm² kg/hm²	自然吸水量% kg/hm²	饱和吸水量% kg/hm²
山羽藓 *Abietinella abietina*	1.3	13.3 172.9	71.5 123.6	207.4 358.6	15.5	14.5 2247.5	86.0 1932.9	207.4 4661.3
假丛灰藓 *Pseudostereodon procerrimum*								
厚角绢藓 *Entodon conncinus*								
毛尖羽藓 *Thuidium philibertii*								
大墙藓 *Tortula princeps*								
长毛尖藓 *Cirriphyllum piliferum*	0.5	12.5 62.5	65.8 41.1	250.9 156.8	13.7	13.3 1822.1	118.9 2166.5	250.9 4571.6
直叶灰藓 *Hypnum vaucheri*	4.2	9.5 399.0	55.7 222.2	173.5 692.3	7.6	11.6 911.4	59.3 540.4	187.9 1712.5
细牛毛藓 *Ditrichum flexicaule*					2.9	8.5 246.5	85.7 211.3	217.1 535.2
灰藓 *Hypnum cupressiforme*	3.0	8.2 246.0	53.0 130.4	213.8 525.9	9.2	10.3 947.6	60.0 568.6	213.8 2025.9
美姿藓 *Timmia bavarica*	1.8	11.0 198.0	60.0 118.8	198.3 392.6	5.4	12.5 675.0	83.1 560.9	198.3 1338.5
对叶藓 *Distichium capillaceum*	2.5	3.3 82.5	59.5 48.9	186.8 154.1	2.4	2.5 60.0	83.8 50.3	186.8 112.1
红对齿藓 *Didymodon asperifolius*								
无齿紫萼藓 *Grimmia anodon*								
剑叶对齿藓 *Didymodon rufidulus*								
细枝连轴藓 *Schistidium strictum*								
总计	13.3	1160.9	685.0	2280.3	56.7	6920.1	6030.9	14957.1

续表 5-4 贺兰山藓类植物地被层物种组成、盖度、生物量、吸水量测定

种	油松林 (1900~2200 m)				云杉–山杨林 (2200~2350 m)			
	盖度%	生物量 g/100cm² kg/hm²	自然吸水量 %kg/hm²	饱和吸水量 %kg/hm²	盖度%	生物量 g/100cm² kg/hm²	自然吸水量 %kg/hm²	饱和吸水量% kg/hm²
山羽藓	24.8	15.4	86.0	207.4				
Abietinella abietina		3819.2	3284.5	7921.0				
假丛灰藓	4.2	14.5	96.9	275.0	0.25	9.3	70.5	235.7
Pseudostereodon procerrimum		609.0	590.1	1674.8		23.3	16.4	54.9
厚角绢藓	3.3	12.3	68.1	213.0				
Entodon conncinus		405.9	276.4	864.6				
毛尖羽藓	2.8	14.0	86.0	210.9				
Thuidium philibertii		392.0	337.1	826.7				
大墙藓	2.3	13.8	112.0	210.0				
Tortula princeps		317.4	355.5	665.7				
长毛尖藓	12.3	13.8	118.9	250.9	0.35	12.0	65.8	198.7
Cirriphyllum piliferum		1697.4	2 018.2	4 258.8		42.0	27.6	83.5
直叶灰藓	3.9	9.8	59.3	187.9	0.84	10.7	55.7	187.9
Hypnum vaucheri		382.2	226.6	718.2		90.1	50.2	169.3
细牛毛藓	6.7	9.0	85.7	217.1	0.19	7.5	41.5	150.5
Ditrichum flexicaule		603.0	516.8	1 309.1		14.3	5.9	21.5
灰藓	7.6	9.5	60.0	213.8	0.27	11.3	60.0	213.8
Hypnum cupressiforme		722.0	433.2	1 543.6		30.0	18.0	64.1
美姿藓	1.4	11.9	83.1	198.3				
Timmia bavarica		166.6	138.4	330.4				
对叶藓	1.5	2.2	83.8	186.8	0.24	1.8	59.5	186.8
Distichium capillaceum		33.0	27.6	61.6		4.3	2.6	8.0
红对齿藓					0.51	6.6	64.7	212.9
Didymodon asperifolius						33.7	21.8	71.7
无齿紫萼藓					0.39	5.0	58.3	166.7
Grimmia anodon						19.5	11.4	32.5
剑叶对齿藓					0.27	5.3	1.1	96.1
Didymodon tufidulus						14.37	10.21	28.0
细枝连轴藓					0.58	4.5	0.4	54.7
Schistidium strictum						26.16	15.81	40.4
总计	70.8	9147.7	8204.4	20174.5	3.89	297.6	179.9	574.1
合计								

第六章 昆虫资源

6.1 宁夏贺兰山自然保护区昆虫区系及其起源

一个地区的昆虫种类组成与其所处的自然环境密不可分,受许多非生物和生物因子的影响。一方面不同昆虫区系间,其昆虫的组成结构存在自身特点,另一方面,不同的昆虫区系相互间也保持着千丝万缕的联系。

贺兰山坐落于蒙古草原与亚洲中部荒漠两个重要植物区系的交界处。由于山势东坡狭陡, 西坡缓长以及山岭相间排列的复杂地形,气候和上坡的空间变化十分明显,重新分配局部范围的水热条件, 形成多种多样的生态环境, 为不同生态习性和不同区系来源的昆虫, 提供了适宜的生存条件。其昆虫区系的组成受到周围草原、荒漠、森林和高寒等区系的深刻影响。特殊的地理位置和各类不同的生存环境为各类昆虫提供了适宜的生存条件,使贺兰山昆虫区系组成上表现出鲜明的特性。因此,研究贺兰山昆虫区系组成与特点,有助于探究不同动物区系的相互关系,阐明昆虫区系形成与演化的规律,还可探索总结特定地区动物区系的地域分化和发展特点。

在陆地动物地理区划的研究中,主要有两种区划的观点。一是 6 区系统,即是澳大利亚区(Australian Region)、新热带区(Neotropical Region)、埃塞俄比亚区(Ethiopian Region)、印度马来亚区(India–Malaysia Region)、古北区(Palearctic Region)和新北区(Nearctic Region),其中澳大利亚区简称澳洲区,埃塞俄比亚区简称非洲区,古北区和新北区合称为全北区(Holarctic Region),印度马来亚区简称东洋区(Oriental Region);二是 8 区系统,即古北区、新北区、印度马来区、澳洲区、热带非洲区、新热带区、大洋区(Oceania Region)和印度区(India Region)。本综合考察报告采用 6 区系统的学术观点及张荣祖(1999)中国动物地理区划的 2 区 7 亚区体系。

6.1.1 宁夏贺兰山自然保护区昆虫区系特征

(1)宁夏贺兰山自然保护区昆虫区系在世界动物地理区划中的分布特点

根据宁夏贺兰山 952 种昆虫的已知分布记录,在世界动物地理区划中的区系分布型如表 6-1,共计 6 类 14 式分布型。这反映了贺兰山昆虫以古北界区系型占优势,计 666 种,占总数的 69.96%;以跨区分布的"古北界+东洋界"式区系型次之,计 189 种,占 19.85%;全北界区系型计 43 种,占 4.52%;其他各分布型种类共 54 种(含世界广布种),仅占总数的 5.67%。

从地理位置看,贺兰山位于古北区中部,分布于此的昆虫以典型的古北界成分占绝对优势,并且与东洋界区系有明显联系,同时与新北界区系又有一定关联度。除了全北区和东洋界的种类外,其他各分布型种类 54 种,而且这些种类几乎都为广布种,因此说明贺兰山昆虫分布型与非洲界、澳洲界和新热带界类型无实质关系。

贺兰山昆虫中典型的古北界成分在目级阶元表现出不同差异。如直翅目、半翅目、蛇蛉目、脉翅目、鞘翅目、鳞翅目和膜翅目,相应的古北区种类在各目中所占比例均超过 65%,其他类群比例较低。其中,直翅目的癞蝗科和鞘翅目的拟步甲科种类几乎都是典型的古北区类型。

除了典型的古北界成分和与东洋界共有成分外,研究发现还有少量典型东洋界成分的侵入,如粉条巧夜蛾(*Oruza divisa*)、柳突小卷蛾(*Gravitarmata glaciate*)和暗色槽缝叩甲(*Agrypnus musculus*)等在贺兰山分布。分布于贺兰山的世界广布种烟蓟马(*Thrips tabaci*)、豌豆蚜(*Acyrthosiphon pisum*)、温室粉虱(*Trialeurodes vaporariorum*)和菜蛾(*Plutella xylostella*)等一些重要的农业害虫。

表 6-1　宁夏贺兰山自然保护区昆虫在世界动物地理区划中不同区系型种类数和比重

分布型	种类数	古北界	东洋界	新北界	非洲界	澳洲界	新热带界	比重(%)
单区型								
古北界	666	666						69.96
双区型								
古北界+东洋界	189	189	189					19.85
古北界+新北界	43	43		43				4.52

续表 6-1　宁夏贺兰山自然保护区昆虫在世界动物地理区划中不同区系型种类数和比重

分布型	种类数	古北界	东洋界	新北界	非洲界	澳洲界	新热带界	比重（%）
三区型								
古北界+东洋界+新北界	13	13	13	13				1.37
古北界+东洋界+非洲界	1	1	1		1			0.11
古北界+东洋界+澳洲界	7	7	7			7		0.74
古北界+东洋界+新热带界	2	2	2				2	0.21
古北界+新北界+澳洲界	3	3		3		3		0.32
古北界+新北界+新热带界	2	2		2			2	0.21
四区型								
古北界+东洋界+新北界+澳洲界	5	5	5	5		5		0.53
古北界+东洋界+新北界+新热带界	2	2	2	2			2	0.21
五区型								
古北界+东洋界+新北界+非洲界+澳洲界	3	3	3	3	3	3		0.32
古北界+东洋界+新北界+澳洲界+新热带界	1	1	1	1		1	1	0.11
世界广布型	15	15	15	15	15	15	15	1.58
合计	952	952	238	87	19	34	22	100

为了进一步分析 6 个动物地理区之间的区系关系，将含特定地理区的跨区区系型进行统计得到表 6-2。

表 6-2　宁夏贺兰山自然保护区昆虫在世界动物地理区划中含特定地理区的跨区区系型的复计比较

含特定区的跨区区系型	跨区区系型数	复计种类数	比重 （%）
古北界区系型		666	69.96
含东洋界的跨区区系型	9	238	25.0
含新北界的跨区区系型	8	87	9.14
含非洲界的跨区区系型	2	19	2.0
含澳洲界的跨区区系型	5	34	3.57
含新热带界的跨区区系型	4	22	2.31

表 6-2 显示，含东洋界的跨区区系型复计种类数最多，有 9 式 238 种，复计比重为 25%；含新北界的跨区区系型复计种有 8 式 87 种，比重达 9.14%；含非洲界、澳洲界、新热带界的复计种数分别为 19、34 和 22，复计比重分别为 2.0%、3.57% 和 2.31%。以上结果也体现出贺兰山昆虫区系与东洋界关系密切，与非洲界、澳洲界、新热带界联系最弱。

（2）宁夏贺兰山自然保护区昆虫区系在中国动物地理区划中的分布特点

按中国动物地理区划，贺兰山昆虫共有 46 式区系型，统计各式区系型的种类数量和比重得到表 6-3。

表 6-3　宁夏贺兰山自然保护区昆虫在中国动物地理区划中不同区系型种类数和比重

分 布 型	种类数	蒙新区	东北区	华北区	青藏区	西南区	华中区	华南区	比重（%）
单区型									
蒙新区	251	251							26.37
双区型									
蒙新区+东北区	48	48	48						5.04
蒙新区+华北区	81	81		81					8.51
蒙新区+青藏区	8	8			8				0.84
蒙新区+西南区	11	11				11			1.16
蒙新区+华中区	1	1					1		0.11
蒙新区+华南区	2	2						2	0.21
三区型									
蒙新区+东北区+华北区	169	169	169	169					17.75
蒙新区+东北区+青藏区	3	3	3		3				0.32
蒙新区+东北区+西南区	3	3	3			3			0.32
蒙新区+东北区+华中区	2	2	2				2		0.21
蒙新区+华北区+青藏区	4	4		4	4				0.42
蒙新区+华北区+西南区	9	9		9		9			0.95
蒙新区+华北区+华中区	8	8		8			8		0.84
蒙新区+青藏区+西南区	8	8			8	8			0.84
蒙新区+西南区+华中区	3	3				3	3		0.32
蒙新区+西南区+华南区	2	2				2		2	0.21
蒙新区+华中区+华南区	4	4					4	4	0.42
四区型									
蒙新区+东北区+华北区+青藏区	13	13	13	13	13				1.37
蒙新区+东北区+华北区+西南区	51	51	51	51		51			5.36
蒙新区+东北区+华北区+华中区	23	23	23	23			23		2.42
蒙新区+东北区+华北区+华南区	7	7	7	7				7	0.74

续表 6-3 宁夏贺兰山自然保护区昆虫在中国动物地理区划中不同区系型种类数和比重

分布型	种类数	蒙新区	东北区	华北区	青藏区	西南区	华中区	华南区	比重(%)
蒙新区+东北区+青藏区+西南区	2	2	2		2	2			0.21
蒙新区+东北区+西南区+华中区	1	1	1			1	1		0.11
蒙新区+东北区+西南区+华南区	1	1	1			1		1	0.11
蒙新区+东北区+华中区+华南区	1	1	1				1	1	0.11
蒙新区+华北区+青藏区+西南区	6	6		6	6	6			0.63
蒙新区+华北区+青藏区+华中区	1	1		1	1		1		0.11
蒙新区+华北区+西南区+华中区	4	4		4		4	4		0.42
蒙新区+华北区+西南区+华南区	1	1		1		1		1	0.11
蒙新区+华北区+华中区+华南区	3	3		3			3	3	0.32
蒙新区+西南区+华中区+华南区	1	1				1	1	1	0.11
五区型									
蒙新区+东北区+华北区+青藏区+西南区	20	20	20	20	20	20			2.1
蒙新区+东北区+华北区+青藏区+华中区	3	3	3	3	3		3		0.32
蒙新区+东北区+华北区+西南区+华中区	36	36	36	36		36	36		3.78
蒙新区+东北区+华北区+西南区+华南区	5	5	5	5		5		5	0.53
蒙新区+东北区+华北区+华中区+华南区	22	22	22	22			22	22	2.31
蒙新区+东北区+青藏区+西南区+华南区	1	1	1		1	1		1	0.11
蒙新区+华北区+青藏区+西南区+华中区	2	2		2	2	2	2		0.21
蒙新区+华北区+青藏区+华中区+华南区	2	2		2	2		2	2	0.21
蒙新区+华北区+西南区+华中区+华南区	6	6		6		6	6	6	0.63
六区型									
蒙新区+东北区+华北区+青藏区+西南区+华中区	14	14	14	14	14	14	14		1.47
蒙新区+东北区+华北区+青藏区+西南区+华南区	3	3	3	3	3	3		3	0.32
蒙新区+东北区+华北区+西南区+华中区+华南区	54	54	54	54		54	54	54	5.67
蒙新区+华北区+青藏区+西南区+华中区+华南区	3	3		3	3	3	3	3	0.32
全国广布型	49	49	49	49	49	49	49	49	5.15
合计	952	952	531	599	142	296	243	167	100

由表6-3可知,蒙新区型251种,占总数的26.37%,表现出明显的蒙新区区系特点。其余45式区系型中,种类数量最多的是"蒙新区+东北区+华北区"区系型,共169种,占17.75%,说明贺兰山昆虫区系与东北区、华北区联系紧密。在此三区之间,"蒙新区+华北区"区系型81种,"蒙新区+东北区"区系型48种,表现出贺兰山昆虫区系与华北区区系更为密切。

除了全国广布型外,其他各类跨区区系型的构成都支持贺兰山昆虫区系与华北区和东北区的紧密联系。另外,与其他区系相比,贺兰山昆虫区系与西南区的联系较青藏区、华中区和华南区近些。

贺兰山昆虫在中国动物地理区划中按特定地理区的跨区区系型的复计种类及复计比重(表6-4)发现,含华北区的跨区区系型计599种,复计比重达62.92%;含东北区的跨区区系型531种,复计比重55.78%。结果也进一步表明贺兰山昆虫区系与华北区和东北区的紧密联系。

贺兰山已知特有种12种,占现知总种类数的1.26%,占蒙新区区系型成分的4.78%,数据反映贺兰山昆虫区系特有性不强。但从已知的特有种来看,除了直翅目和膜翅目蚁科昆虫外,贺兰山的其他昆虫类群没有专门研究。因此,现有数据还不能真实反映贺兰山昆虫区系的特有性。随着不同昆虫类群专门研究工作的深入,贺兰山昆虫区系特有性将会得到进一步揭示。

表6-4 宁夏贺兰山自然保护区昆虫在中国动物地理区划中含特定地理区的跨区区系型的复计比较

含特定区的跨区区系型	跨区区系型数	复计种类数	复计比重 (%)
贺兰山特有种		12	1.26
纯蒙新区区系型		251	26.37
含东北区的跨区区系型	23	531	55.78
含华北区的跨区区系型	27	599	62.92
含青藏区的跨区区系型	17	142	14.92
含西南区的跨区区系型	25	293	30.78
含华中区的跨区区系型	22	243	25.53
含华南区的跨区区系型	18	167	17.54

6.1.2 宁夏贺兰山自然保护区昆虫区系组成

(1)宁夏贺兰山自然保护区昆虫区系组成概况

以宁夏贺兰山已知的952种昆虫进行昆虫区系结构分析,由表6-5可知,该区昆虫以古北区系种占优势,达 69.96%,广布种占 28.05%,东洋区系成分较少。

表 6–5　宁夏贺兰山自然保护区昆虫区系组成

目名	总种数(个)	古北种		东洋种		广布种	
		种数(个)	占总数百分比（%）	种数(个)	占总数百分比（%）	种数(个)	占总数百分比（%）
弹尾目	1					1	100.00
石蛃目	1	1	100.00				
衣鱼目	1	1	100.00				
蜻蜓目	22	8	36.36	3	13.64	11	50.00
螳螂目	1					1	100.00
蜚蠊目	1	1	100.00				
革翅目	1	1	100.00				
直翅目	63	58	92.06	1	1.59	4	6.35
啮目	1					1	100.00
缨翅目	17	9	52.94			8	47.06
同翅目	56	28	50.00	1	1.79	27	48.21
半翅目	94	65	69.15	2	2.13	27	28.72
蛇蛉目	2	2	100.00				
脉翅目	15	10	66.67			5	33.33
鞘翅目	273	207	75.82	6	2.20	60	21.98
双翅目	97	60	61.86	2	2.06	35	36.08
鳞翅目	245	169	68.98	4	1.63	72	29.39
膜翅目	61	46	75.41			15	24.59
合 计	952	666	69.96	19	2.00	267	28.05

（2）优势目昆虫的区系组成

直翅目昆虫以古北种占绝对优势, 达 92.06%,广布种和东洋种分别占 6.35%和 1.59%,本地特有种 9 种,其中癞蝗科 7 种、蚱科 1 种、槌角蝗科 1 种(表 6–6)。

表 6-6 直翅目昆虫区系分析

科名	总种数（个）	古北种		东洋种		广布种	
		种数（个）	占总数百分比（%）	种数（个）	占总数百分比（%）	种数（个）	占总数百分比（%）
螽斯科	1	1	100.00				
硕螽科	1	1	100.00				
草螽科	1	1	100.00				
驼螽科	1					1	100.00
蟋蟀科	1	1	100.00				
蝼蛄科	2	1	50.00			1	50.00
蚤蝼科	1	1	100.00				
蚱科	4	4	100.00				
癞蝗科	12	12	100.00				
斑腿蝗科	4	4	100.00				
斑翅蝗科	13	12	92.31	1	7.69		
网翅蝗科	14	14	100.00				
槌角蝗科	3	3	100.00				
剑角蝗科	4	3	75.00			1	25.00
锥头蝗科	1					1	100.00
合 计	63	58	92.06	1	1.59	4	6.35

由表 6-7 可知，半翅目昆虫的区系组成仍以古北种占优势，占 69.15%，东洋种和广布种各占 28.72%和 2.13%。

表 6-7 半翅目昆虫区系分析

科名	总种数（个）	古北种		东洋种		广布种	
		种数（个）	占总数百分比（%）	种数（个）	占总数百分比（%）	种数（个）	占总数百分比（%）
黾蝽科	1			1	100.00		
仰蝽科	1	1	100.00				
土蝽科	3	2	66.67			1	33.33
蝽科	24	15	62.50	1	4.17	8	33.33
长蝽科	11	7	63.64			4	36.36
缘蝽科	12	10	83.33			2	16.67
盾蝽科	5	5	100.00				
同蝽科	3	1	33.33			2	66.67

续表 6-7   半翅目昆虫区系分析

科名	总种数(个)	古北种		东洋种		广布种	
		种数(个)	占总数百分比（%）	种数(个)	占总数百分比（%）	种数(个)	占总数百分比（%）
异蝽科	2					2	100.00
红蝽科	1					1	100.00
瘤蝽科	1	1	100.00				
猎蝽科	5	5	100.00				
姬蝽科	2					2	100.00
网蝽科	2	2	100.00				
花蝽科	2	2	100.00				
盲蝽科	19	14	73.68			5	26.32
合 计	94	65	69.15	2	2.13	27	28.72

由表 6-8 可知，同翅目昆虫的区系组成古北种，占 50.00%，广布种次之，占 48.21%，东洋种最少。

表 6-8   同翅目昆虫区系分析

科名	总种数(个)	古北种		东洋种		广布种	
		种数(个)	占总数百分比（%）	种数(个)	占总数百分比（%）	种数(个)	占总数百分比（%）
蝉科	2	1	50.00			1	50.00
叶蝉科	9	4	44.44			5	55.56
角蝉科	1					1	100.00
飞虱科	3					3	100.00
木虱科	2	2	100.00				
个木虱科	2	2	100.00				
斑木虱科	3	2	66.67			1	33.33
蚜科	11					11	100.00
瘿棉蚜科	6	3	50.00	1	16.67	2	33.33
大蚜科	2	1	50.00			1	50.00
粉虱科	1	1	100.00				
蜡蚧科	3	3	100.00				
粉蚧科	1	1	100.00				
旌蚧科	1	1	100.00				
盾蚧科	9	7	77.78			2	22.22
合 计	56	28	50.00	1	1.79	27	48.21

由表6-9可知,鞘翅目区系组成的总趋势仍以古北种占优势,达75.82%,广布种占21.98%,48.48%的科只有古北种分布。

表6-9 鞘翅目昆虫区系分析

科名	总种数（个）	古北种		东洋种		广布种	
		种数（个）	占总数百分比（%）	种数（个）	占总数百分比（%）	种数（个）	占总数百分比（%）
虎甲科	5	4	80.00			1	20.00
步甲科	41	22	53.66			19	46.34
龙虱科	2	2	100.00				
水龟甲科	2	2	100.00				
埋葬甲科	3	3	100.00				
隐翅甲科	1					1	100.00
花萤科	3	3	100.00				
郭公虫科	3	3	100.00				
花蚤科	1	1	100.00				
芫菁科	8	8	100.00				
叩甲科	6	3	50.00	1	16.67	2	33.33
吉丁科	5	4	80.00			1	20.00
皮蠹科	4	2	50.00			2	50.00
阎甲科	4	1	25.00			3	75.00
瓢虫科	19	10	52.63	1	5.26	8	42.11
拟步甲科	49	49	100.00				
天牛科	31	30	96.77			1	3.23
负泥虫科	2	2	100.00				
肖叶甲科	10	10	100.00				
叶甲科	16	10	62.50			6	37.50
铁甲科	2	2	100.00				
卷象科	2	2	100.00				
象甲科	17	17	100.00				
棘胫小蠹科	6	4	66.67			2	33.33
金龟科	5	1	20.00	2	40.00	2	40.00
粪金龟科	2	1	50.00			1	50.00
皮金龟科	1	1	100.00				
蜉金龟科	3					3	100.00

续表 6-9　　　鞘翅目昆虫区系分析

科名	总种数（个）	古北种		东洋种		广布种	
		种数（个）	占总数百分比（%）	种数（个）	占总数百分比（%）	种数（个）	占总数百分比（%）
花金龟科	5	3	60.00			2	40.00
丽金龟科	4	2	50.00			2	50.00
鳃金龟科	9	3	33.33	2	22.22	4	44.44
犀金龟科	1	1	100.00				
锹甲科	1	1	100.00				
合　计	273	207	75.82	6	2.20	60	21.98

由表 6-10 可知，鳞翅目区系组成仍以古北种占优势，达 68.98%，广布种占 29.39%，其中螟蛾科、卷蛾科、夜蛾科、蛱蝶科广布种成分较多。

表 6-10　　鳞翅目昆虫区系分析

科名	总种数（个）	古北种		东洋种		广布种	
		种数（个）	占总数百分比（%）	种数（个）	占总数百分比（%）	种数（个）	占总数百分比（%）
凤蝶科	1					1	100.00
绢蝶科	1	1	100.00				
粉蝶科	11	9	81.82	1	9.09	1	9.09
蛱蝶科	15	5	33.33	1	6.67	9	60.00
眼蝶科	9	7	77.78			2	22.22
灰蝶科	15	11	73.33	1	6.67	3	20.00
弄蝶科	3	3	100.00				
木蠹蛾科	1	1	100.00				
草蛾科	1	1	100.00				
巢蛾科	1					1	100.00
菜蛾科	1					1	100.00
卷蛾科	23	13	56.52			10	43.48
螟蛾科	25	16	64.00			9	36.00
斑蛾科	1	1	100.00				
羽蛾科	1	1	100.00				
舟蛾科	4	3	75.00			1	25.00
鹿蛾科	1	1	100.00				

续表 6-10 鳞翅目昆虫区系分析

科名	总种数(个)	古北种		东洋种		广布种	
		种数(个)	占总数百分比(%)	种数(个)	占总数百分比(%)	种数(个)	占总数百分比(%)
灯蛾科	5	3	60.00			2	40.00
毒蛾科	6	5	83.33			1	16.67
夜蛾科	84	57	67.86			27	32.14
天蛾科	6	4	66.67			2	33.33
枯叶蛾科	3	3	100.00				
尺蛾科	24	21	87.50	1	4.17	2	8.33
苔蛾科	2	2	100.00				
波纹蛾科	1	1	100.00				
合　计	245	169	68.98	4	1.63	72	29.39

由表 6-11 可知,双翅目区系组成的古北种占 61.86%,广布种占 36.08%,东洋种成分最少。

表 6-11 双翅目昆虫区系分析

科名	总种数(个)	古北种		东洋种		广布种	
		种数(个)	占总数百分比(%)	种数(个)	占总数百分比(%)	种数(个)	占总数百分比(%)
大蚊科	1	1	100.00				
蚊科	4	2	50.00			2	50.00
虻科	9	9	100.00				
蠓科	6	5	83.33			1	16.67
摇蚊科	1					1	100.00
蜂虻科	2	1	50.00			1	50.00
网翅虻科	1	1	100.00				
食虫虻科	2	2	100.00				
食蚜蝇科	20	9	45.00			11	55.00
粪蝇科	1					1	100.00
花蝇科	5	1	20.00			4	80.00
蝇科	15	9	60.00	1	6.67	5	33.33
丽蝇科	10	6	60.00	1	10.00	3	30.00
麻蝇科	12	8	66.67			4	33.33
寄蝇科	8	6	75.00			2	25.00
合　计	97	60	61.86	2	2.06	35	36.08

由表 6-12 可知,膜翅目区系组成的古北种占 75.41%,广布种占 24.59%,东洋种成分没有分布。

表 6-12　膜翅目昆虫区系分析

科名	总种数(个)	古北种		东洋种		广布种	
		种数(个)	占总数百分比（%）	种数(个)	占总数百分比（%）	种数(个)	占总数百分比（%）
扁叶蜂科	1	1	100.00				
叶蜂科	1	1	100.00				
树蜂科	2	2	100.00				
姬蜂科	2	1	50.00			1	50.00
茧蜂科	1					1	100.00
泥蜂科	6	4	66.67			2	33.33
胡蜂科	7	4	57.14			3	42.86
蜾蠃科	4	4	100.00				
切叶蜂科	2	2	100.00				
蜜蜂科	11	10	90.91			1	9.09
蚁蜂科	1	1	100.00				
蚁科	23	16	69.57			7	30.43
合　计	61	46	75.41			15	24.59

6.2 宁夏贺兰山自然保护区昆虫物种多样性

6.2.1 宁夏贺兰山自然保护区昆虫种类组成

6.2.1.1 宁夏贺兰山自然保护区昆虫物种组成特点

表 6-13 列出了宁夏贺兰山各目科、属、种的数量。宁夏贺兰山昆虫有 18 目 150 科 647 属 952 种,占宁夏昆虫总种数的 41.1%,其中有宁夏未曾记录种 280 种,说明宁夏贺兰山的物种丰富度极高。宁夏贺兰山昆虫各目按科数量排列依次为鞘翅目>鳞翅目>半翅目>双翅目、直翅目>膜翅目>同翅目>蜻蜓目>脉翅目>缨翅目>蛇蛉目>弹尾目、石蛃目、衣鱼目、蜚蠊目、螳螂目、革翅目、啮目。各目按种数量排列依次为鞘翅目>鳞翅目>双翅目>半翅目>直翅目>膜翅目>同翅目>蜻蜓目>缨翅目>脉翅目>蛇蛉目>弹尾目、石蛃目、衣鱼目、蜚蠊目、螳螂目、革翅目、啮目。优势目是鞘翅目、鳞翅目、半翅目、双翅目和直翅目,5 个目的科数占总科数的 62.4%,鞘翅目、鳞翅目、半翅目、双翅目的种数占总种数 74.5%。

表6-13　宁夏贺兰山昆虫种类组成

目名	科		属		种		宁夏新纪录(个)
	数量(个)	百分比(%)	数量(个)	百分比(%)	数量(个)	百分比(%)	
弹尾目	1	0.7	1	0.2	1	0.1	
石蛃目	1	0.7	1	0.2	1	0.1	
衣鱼目	1	0.7	1	0.2	1	0.1	
蜻蜓目	6	4.0	16	2.5	22	2.3	
蜚蠊目	1	0.7	1	0.2	1	0.1	
螳螂目	1	0.7	1	0.2	1	0.1	
革翅目	1	0.7	1	0.2	1	0.1	
直翅目	15	10.0	35	5.5	63	6.6	
啮目	1	0.7	1	0.2	1	0.1	
缨翅目	3	2.0	9	1.4	17	1.8	
同翅目	12	8.0	49	7.6	56	5.9	1
半翅目	16	10.7	67	10.4	94	9.9	42
蛇蛉目	2	1.3	2	0.3	2	0.2	1
脉翅目	4	2.7	9	1.4	15	1.6	4
鞘翅目	33	22.0	175	27.3	273	28.7	70
双翅目	15	10.0	54	8.4	97	10.2	27
鳞翅目	25	16.7	189	29.4	245	25.7	117
膜翅目	12	8.0	35	5.5	61	6.4	18
合　计	150		647		952		280

从科级水平来看，宁夏贺兰山昆虫平均每科有6.3种，其中15种以上的科有14个，依次为夜蛾科(84种)、拟步甲科(49种)、步甲科(41种)、天牛科(31种)、螟蛾科(25种)、尺蛾科(24种)、蝽科(24种)、卷蛾科(23种)、食蚜蝇科(20种)、盲蝽科(19种)、瓢虫科(19种)、象甲科(17种)、叶甲科(16种)、灰蝶科(15种)，这些科的种数占总种数的42.7%，是优势科。

从属级水平来看，宁夏贺兰山昆虫平均每属有1.5种，其中4种以上的属有30个，这些属的种数占总种数的13.8%，是优势属。5种以上的属有婪步甲属 *Harpalus*(14种)、东鳖甲属 *Anatolica*(11种)、琵甲属 *Blaps*(11种)、雏蝗属 *Chorthippus*(9种)、草蛉属 *Chrysapa*(7种)、冬夜蛾属 *Cucullia*(9种)、原虻属 *Tabanus*(6种)、库蠓属 *Culicoides*(6种)、短鼻蝗属 *Filchnerella*(5种)、地夜蛾属 *Agrotis*(5种)、暗步甲属 *Amara*(5种)、豆

芫菁属 *Epicauta*(5 种)、栉甲属 *Cteniopinus*(5 种)。

6.2.1.2 宁夏贺兰山自然保护区昆虫属种多度

以 4 个优势目为例讨论宁夏贺兰山昆虫的属种多度。

鞘翅目属的多度顺序为天牛科(25)>拟步甲科(19)>步甲科(17)>象甲科(15)>瓢虫科(15)、叶甲科(13)>肖叶甲科(9)>鳃金龟科(7);种的多度顺序为拟步甲科(49)>步甲科(41)>天牛科(31)>瓢虫科(19)>象甲科(17)>叶甲科(16)>肖叶甲科(10)>鳃金龟科(9)>芫菁科(8)。

鳞翅目属的多度顺序为夜蛾科(53)>尺蛾科(22)>螟蛾科(21)>卷蛾科(20)>灰蝶科(11)、蛱蝶科(11)>眼蝶科(8)>毒蛾科(6)、天蛾科(6);种的多度顺序为:夜蛾科(84)>螟蛾科(25)>尺蛾科(24)>卷蛾科(23)>灰蝶科(15)、蛱蝶科(15)>粉蝶科(11)>眼蝶科(9)。

双翅目属的多度顺序为食蚜蝇科(9)>蝇科(7)、寄蝇科(7)>麻蝇科(6)、丽蝇科(6);种的多度顺序为:食蚜蝇科(20)>蝇科(15)>麻蝇科(12)>丽蝇科(10)>虻科(9)>寄蝇科(8)>蠓科(6)>花蝇科(5)。

半翅目属的多度顺序为蝽科(18)>盲蝽科(10)>长蝽科(9)>缘蝽科(7);种的多度顺序为:蝽科(24)>盲蝽科(19)>缘蝽科(12)长蝽科(11)>猎蝽科(5)、盾蝽科(5)。

图 6.1 和 6.2 是优势目的属、种数量等级与科的关系。4 个优势目鞘翅目、鳞翅目、双翅目和半翅目单属科的比例分别为 24.2%、40%、33.3%、37.5%;有 2~10 属的科比例分别为 57.6%、36%,66.7%、56.3%。含 1~2 个种的科比例分别为 33.3%、44%、40%、50%;有 3~15 种的科比例分别为 48.5%、40%、53.3%、37.5%。由此看出,宁夏贺兰山昆虫的群落中科的单位较多,类群小,这样能量流动途径就较多,能量的干扰也就越容易得到补偿,能达到资源的有效分配,说明该区昆虫群落的结构比较稳定。

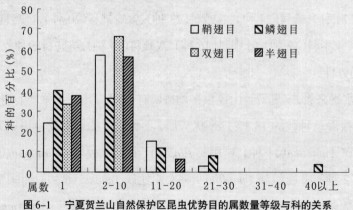

图 6-1　宁夏贺兰山自然保护区昆虫优势目的属数量等级与科的关系

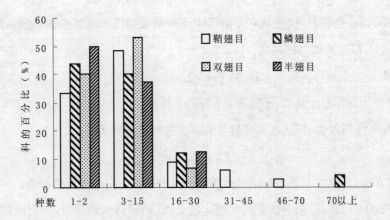

图 6-2　宁夏贺兰山自然保护区昆虫优势目的种数量等级与科的关系

6.2.2 宁夏贺兰山自然保护区昆虫群落多样性

　　群落多样性是群落生态组织水平独特的反映和群落功能的重要特征。常规的群落生态多样性测度方法，如 Shannon-Wiener 指数是基于物种水平的测度方法，而 G-F 指数方法是基于物种数目的研究方法，用于研究科属水平上的物种多样性。生态多样性由于基于个体水平，受到出生率、死亡率、种间种内竞争等多种因素的影响，因此，通常应用于较短的时间尺度的群落多样性研究。生物个体的生老病死是生态系统中的常见现象，而一个物种作为多个种群的组合，它的消失则是一个较为漫长的过程，因此 G-F 指数反映了较长的时间尺度上的物种多样性。因此将常规的基于物种水平上的生态多样性测度方法和基于科属水平上的 G-F 指数方法相结合，用于评价物种多样性将更为客观全面。

6.2.2.1 物种水平的多样性测度

　　（1）物种丰富度指数 d　采用 Margalef 的物种丰富度指数测定宁夏贺兰山昆虫几个类群的丰富度指数。

$$d=(S-1)/\ln N$$

式中 S 为物种数，N 为所有物种的个体数之和。

　　（2）Shannon-Wiener 多样性指数 H'　预测从群落种随即抽取一个一定的个体的种的平均不定性。

$$H'=-\sum(P_i)(\ln P_i)$$

式中 $P_i=$ 第 i 类群个体数占个体总数的比例。

（3）Simpson 指数 D　描述从一个群落中连续两次抽样所得的个体属同一种群的频率，D 值越大，群落的稳定性越高。

$$D=N(N-1)/\sum n_i(n_i-1)$$

式中 N 为群落总个体数，n_i 为第 i 个种的个体数。

（4）均匀性指数 J'　描述实测多样性和最大多样性的比率。

$$J'= H'/Hmax$$

式中 $Hmax$ 最大多样性，$Hmax=\ln S$，H' 为 Shannon–Wiener 多样性指数。

由表 6-14 可知，昆虫丰富度的变幅比较大，以鞘翅目和鳞翅目最高，脉翅目最低，总体表现为种数多的目丰富度较高，反之则低；从多样性指数 D 和 H' 情况来看，均以鞘翅目、鳞翅目和双翅目为最高，脉翅目和蜻蜓目最低；群落均匀度 J' 以同翅目和膜翅目为最高，直翅目、半翅目最低。综上分析，宁夏贺兰山昆虫的群落稳定性较好，物种丰富度较高，其中适应荒漠半荒漠的优势种类较明显。

表 6-14 宁夏贺兰山自然保护区主要昆虫类群的群落多样性分析

类群	蜻蜓目	直翅目	半翅目	同翅目	脉翅目	鞘翅目	鳞翅目	膜翅目	双翅目
d	2.31	4.73	7.90	4.88	1.48	19.13	17.97	5.71	9.47
D	0.85	0.90	0.91	0.93	0.84	0.98	0.97	0.97	0.96
H'	2.72	2.93	3.14	3.76	2.12	4.54	4.21	3.81	4.03
J'	0.88	0.71	0.69	0.96	0.78	0.81	0.77	0.91	0.88

6.2.2.2 科、属水平上的多样性测度

G–F 指数方法是基于物种数目的研究方法，是研究科、属水平上的物种多样性以及衡量一个地区长期的多样性变化指数。

F 指数（科的多样性）

$$D_F=\sum D_{Fk}$$

$$D_{Fk}=-\sum p_i\ln p_i$$

式中 $p_i= S_{ki} / S_k$，S_k 为群落中 k 科的物种数，S_{ki} 为群落中 k 科 i 属中的物种数。

G 指数（属的多样性）

$$D_G=-\sum q_i\ln q_i$$

式中 $q_i=S_j/S$，S 为群落物种总数，S_j 为群落中 j 属的物种数，q 为群落的属数。

G-F 指数

$$D_G=1- D_G /D_F$$

据《宁夏贺兰山自然保护区科学考察报告》(1982)，保护区建立初期调查记录到昆虫 290 种，隶属于 12 目 89 科 248 属。我们在 2007 年 5 月至 2008 年 10 月期间系统采集，鉴定出 952 种，隶属于 18 目 150 科 647 属。对上述两个时间段宁夏贺兰山昆虫的采集鉴定的种类和 G-F 多样性指数的统计结果见图 6-15。

图 6-15　1982 年和 2008 年宁夏贺兰山昆虫的 G-F 指数对比

时间	目	科	属	种	F 指数	G 指数	G-F 指数
1982 年	12	89	248	290	56.21	5.44	0.90
2008 年	18	150	647	952	107.46	6.24	0.94

对比结果显示，与 2008 年相比，1982 年的 F 指数(科的多样性)、G 指数(属的多样性)和 G-F 指数(科属多样性)相差值分别达到了 51.25、0.80 和 0.04。结果说明，1982 年建立保护区建立初期（总面积 15.78 万 hm²），对昆虫的调查研究力度不足，2003 年保护区进行了扩界和功能区调整，面积扩大了 4.845 万 hm²，目前总面积 20.626 万 hm²，昆虫多样性发生了变化，因此，本次调查的结果更能真实的反映保护区昆虫的物种多样性信息。

6.2.3 宁夏贺兰山自然保护区昆虫的垂直分布特征

贺兰山位于宁夏的西北边缘，山体较大，宁夏境内南北长 150 km，东西最宽 50 km，可分为北、中、南三段，南北段基本上属于石质、砾石质中低丘陵，中段为石质高山，整个山体坐落在荒漠草原与草原化荒漠草场带的交界线上。基带海拔 1 250~1 700 m，山脊 2 400~3 000 m，主峰 3 556 m。受山区地形变化以及气候、土壤、海拔、降水量等条件的影响，贺兰山植被的垂直分布明显，根据植被垂直带谱，将主要昆虫的分布分为 5 个垂直分布带。

6.2.3.1 山地荒漠草原带

位于 1 200~1 500 m，属于垂直带系列的基带，旱生灌木斑子麻黄、狭叶锦鸡儿、荒漠锦鸡儿和刺叶柄棘豆、松叶猪毛菜等是主要的植被，植株低矮，盖度一般为 10%。此外还包括杨、柳、榆、山楂和椿树等人工林。该带昆虫种类丰富，主要为适应荒漠半荒漠环境的种类，已知特有成分多分布于此带。代表种类有阿拉善懒螽(*Mongolodectes alashanicus*)、贺兰台蚱(*Formosatettix helanshanensis*)、黄胫小车蝗(*Oedaleus infernalis*)、

COMPREHENSIVE SCIENTIFIC INVESTIGATIOIV REPORTS ON NINGXIA HELAN NATIONAL NATURE RESERVE

亚洲小车蝗(*Oedaleus asiaticus*)、短星翅蝗（*Calliptamus abbreviatus*）、黑腿星翅蝗（*Calliptamus barbarus*）、黑胫短鼻蝗(*Filchnerella nigribia*)(贺兰山特有种)、短翅短鼻蝗(*Filchnerella brachyptera*)(贺兰山特有种)、红缘短鼻蝗(*Filchnerella rubimargina*)(贺兰山特有种)、贺兰短鼻蝗（*Filchnerella helanshanensis*)(贺兰山特有种)、内蒙古笨蝗(*Haplotropis neimongolensis*)、宁夏束颈蝗（*Sphingonotus ningsianus*)、陶乐束颈蝗(*Sphingonotus taolensis*)、科氏痂蝗（*Bryodema kozlovi*)、大胫刺蝗(*Compsorhipis davidiana*)、黄蜻(*Pantala flavescens*)、碧伟蜓(*Anax parthenope julius*)、薄翅螳螂(*Mantis religiosa*)、大青叶蝉(*Tettigella viridis*)、黑圆角蝉(*Gargara genistae*)、横纹菜蝽(*Eurydema gebleri*)、中华东蚁蛉(*Eurolcon sinicus*)、沟眶象(*Eucryptorrhynchus chinensis*)、暗褐尖筒象（*Myllocerus pelidnus*)、金绿尖筒象（*Myllocerus scitus*)、中国豆芫菁(*Epicauta chinensis*)、西伯利亚豆芫菁(*Epicauta sibirica*)、二点钳叶甲(*Labidostomis bipunctata*)、薄荷金叶甲(*Chrysolina exanthematica*)、萹蓄齿胫叶甲(*Gastrophysa polygoni*)、白茨粗角萤叶甲（*Diorhabda rybakowi*)、红缘天牛（*Asias halodendri*)、克小鳖甲(*Microdera kraatzi*)、阿笨土甲（*Penthicus alashanicus*)、粗背伪坚土甲（*Scleropatrum horridum horridum*)、奥氏真土甲(*Eumylada oberbergeri*)、弯齿琵甲(*Blaps femoralis femoralis*)、橙黄豆粉蝶(*Colias fieldi*)、夜迷蛱蝶(*Mimathyma nycteis*)、大红蛱蝶(*Vanessa indica*)、显裳夜蛾（*Catocala deuteronympha*)、黄臀黑灯蛾（*Epatolmis caesarea*)、果叶峰斑螟(*Acrobasis tokiella*)、舞毒蛾(*Lymantria dispar*)、榆黄足毒蛾(*Ivela ochropoda*)、委夜蛾(*Athetis furvula*)、贺兰山箭蚁(*Cataglyphis helanensis*)(贺兰山特有种)等。

6.2.3.2 山地疏林草原带

位于海拔1 500~2 000 m,仍以旱生植物为主,仅有灰榆和杜松2种旱生乔木,灌木有蒙古扁桃、狭叶锦鸡儿、单瓣黄刺梅等,草本植物有针茅、白莲蒿、鹰爪菜、达乌里胡枝子、阿尔泰狗娃花、猪毛菜等,植被盖度由低海拔向高海拔递增,约为5%~15%。该带昆虫种类也比较丰富,代表种类有黑翅痂蝗（*Bryodema nigroptera*)、黄胫异痂蝗(*Bryodemella holdereri holdereri*)、榆叶蝉（*Empoasca bipunctata*)、榆绵蚜(*Eriosoma lanuginosum nuginosum*)、柄脉叶瘿绵蚜(*Pemphigus sinobursarius*)、柳雪盾蚧(*Chionaspis salicis*)、金绿真蝽(*Pentatoma metallifera*)、紫榆叶甲(*Ambrostoma quadriimpressum*)、榆绿毛萤叶甲（*Pyrrhalta aenescens*)、榆黄毛萤叶甲（*Pyrrhalta maculicollis*)、榆绿天牛(*Chelidonium provosti*)、黄带蓝天牛(*Polyzonus fanciatus*)、黄褐幕枯叶蛾(*Malacosoma neustria testacea)、梨叶斑蛾(*Illiberis pruni*)、网锥额野螟(*Loxostege sticticalis*)、豆荚野螟(*Maruca testulalis*)、菱斑草螟(*Crambus pinellus*)、旋歧夜蛾(*Discestra trifolii*)、榆津尺蛾(*Astegania honesta*)、榆绿天蛾(*Callambulyx tatarinovi*)、草小卷蛾(*Celypha flavipalpana*)等。

6.2.3.3 山地针阔混交林带

位于海拔 2 000~2 400 m,主要由油松与山杨混交形成油松、山杨林,树下灌木稀少,主要有胡榛子、栒子和绣线菊等,林地较干燥。昆虫种类主要集中在林冠层和地表层。代表种类有松地长蝽(*Rhyparochromus pini*)、双环真猎蝽(*Harpactor dauricus*)、冷杉松盲蝽(*Pinalitus abietus*)、松长足大蚜(*Cinara pinea*)、杨弗叶甲(*Phratora laticollis*)、松幽天牛(*Asemum amurense*)、小灰长角天牛(*Acanthocinus griseus*)、松厚花天牛(*Pachyta lamed*)、拟步行琵甲(*Blaps caraboides*)、扁长琵甲(*Blaps variolaris*)、波氏栉甲(*Cteniopinus potanini*)、小蘖绢粉蝶(*Aporia hippia*)、牧女珍眼蝶(*Coenonympha amaryllis*)、隐藏珍眼蝶(*Coenonympha arcania*)、灿福蛱蝶(*Fabriciana adippe*)、黄缘蛱蝶(*Nymphalis antiopa*)、婀灰蝶(*Albulina orbitula*)、松果梢斑螟(*Dioryctria pryeri*)、松梢小卷蛾(*Rhyacionia pinicolana*)、松叶小卷蛾(*Epinotia rubiginosana rubiginosana*)、松针小卷蛾(*Piniphila bifasciana*)、李氏大足蝗(*Gomphocerus licenti*)、广布弓背蚁(*Camponotus herculeanus*)、高加索黑蚁(*Formica transkaucasica*)、松黄叶蜂(*Neodiprion sertifer*)等。

6.2.3.4 山地针叶林带

位于海拔 2 400~3 000 m,为青海云杉林带,其中青海云杉藓类林为典型类型。该带昆虫种类逐步减少,林冠层种类最多。代表种类有西伯利亚草盲蝽(*Lygus sibirica*)、丝光小长蝽（高地型）(*Nysius thymi*)、中亚狭盲蝽(*Stenodema turanica*)、绒盾蝽(*Irochrotus sibiricus kerzhner*)、银斑豹蛱蝶(*Speyeria aglaja*)、云杉四眼小蠹(*Polygraphus polygrphus*)、云杉小蠹(*Scolytus sinopiceus*)、云杉八齿小蠹(*Ips typographus*)、云杉梢斑螟(*Dioryctria schuetzeella*)、异色卷蛾(*Choristoneura diversana*)、贺兰腮扁叶蜂(*Cephalcia alashanica*)等。

6.2.3.5 亚高山灌丛草甸带

位于 3 000 m 以上的亚高山灌丛草甸,植被以耐寒的中生灌木和多年生草本为主。在此种景观下昆虫种类明显减少, 高山种占优势, 代表种类有华北雏蝗(*Chorthippus brunneus huabeiensis*)、狭翅雏蝗(*Chorthippus dubius*)、素色异爪蝗(*Euchorthippus*

unicolor)、黑翅雏蝗（*Chorthippus aethalinus*）、绒盾蝽（*Irochrotus sibiricus*）、原野库蠓
（*Culicoides homotomus*）、肥须诺寄蝇（*Tachina atripalpis*）等。

6.3 森林病虫害

6.3.1 森林虫害种类、分布及为害对象

在宁夏贺兰山保护区已知的 952 种昆虫中，有害昆虫占 70%，天敌昆虫占约 20%。
主要林木害虫中以鞘翅目和鳞翅目昆虫占绝对多数，分别为 41.2% 和 33.9%。不同林
分，害虫的分布状况也不相同，由图 7–3 可见，杨树害虫最多，榆树次之，油松和云杉害
虫数量相当，同时看出，不同林分均以鞘翅目昆虫居多。

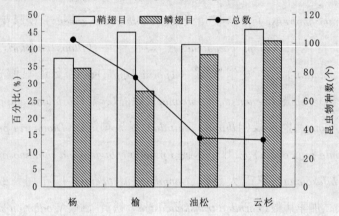

图 6–3　宁夏贺兰山自然保护区主要林木的鞘翅目和鳞翅目昆虫数量

油松球果、枝梢虫害以螟蛾科、枯叶蛾科和卷蛾科的昆虫为多，而且呈现共同蛀食
危害的特征，树干虫害以木蠹蛾科和天牛科幼虫为主，多危害不健康的林木。

云杉球果、枝梢害虫主要以卷蛾科、尺蛾科为主，受害树顶梢枯死，丛生侧枝，树干
害虫以天牛科和棘胫小蠹科幼虫多见。

杨树害虫较多，以柳雪盾蚧、木蠹蛾、枯叶蛾、毒蛾科和天牛科、叶甲科幼虫为主，
且以人工林的为害较为严重。

灰榆树害虫以金绿真蝽、瘿绵蚜、紫榆叶甲、榆绿毛萤叶甲、红缘天牛、榆跳象、脐
腹小蠹、夜迷蛱蝶以及天蛾科、尺蛾科、螟蛾科、毒蛾科幼虫密度较大。

所以，害虫的分布规律不但地貌、气候条件、生态环境有关，还与寄主植物的关系
密切，不同害虫对寄主的选择差异，影响害虫的分布状况。

表6-16是宁夏贺兰山林区主要森林害虫种类及危害情况。在拜寺口沟和椿树沟的人工林沟眶象为害极严重，该虫1年发生1代，世代不整齐，以成、幼虫越冬。卵期7~10天，幼虫共有6龄，化蛹时间为4月下旬~5月和7月下旬~8月上旬，蛹经过10~14天羽化为成虫，成虫主要啃食椿树枝条幼芽和韧皮部，幼虫危害衰弱木，有时为害生长健旺的幼树韧皮部或木质部。成虫具有假死性，喜光，活动高峰在11:00~17:00时。

在本次调查中发现的双条杉天牛（*Semanotus bifasciatus*）和云杉大墨天牛（*Monochamus urussovii*），系随建筑木材引入林区，管理部门要予以足够重视，加强检疫工作，防止入侵害虫对贺兰山林区造成重大损失。

表6-16　宁夏贺兰山林区主要森林害虫种类及危害

害虫种类	寄主	分布	程度
柳雪盾蚧 *Chionaspis salicis*	山杨	小口子	++
松长足大蚜 *Cinara pinea*	油松	苏峪口	++
金绿真蝽 *Pentatoma metallifera*	灰榆、山杨	灰榆林带	++
红缘天牛 *Asias halodendri*	灰榆、酸枣、蒙古扁桃	贺兰口、王泉沟	+++
沟眶象 *Eucryptorrhynchus chinensis*	臭椿	拜寺口、椿树沟	++++
紫榆叶甲 *Ambrostoma quadriimpressum*	灰榆	小口子	++
松幽天牛 *Asemum amurense*	油松、云杉	大水沟、小水沟	++
云杉四眼小蠹 *Polygraphus polygrphus*	青海云杉	苏峪口	+
云杉小蠹 *Scolytus sinopiceus*	青海云杉	苏峪口	+
榆津尺蛾 *Astegania honesta*	灰榆、柳、山杨	贺兰口、小口子	++
榆黄足毒蛾 *Ivela ochropoda*	灰榆	贺兰口、大水沟、正义关	++++
舞毒蛾 *Lymantria dispar*	灰榆、山杨、云杉、油松	贺兰口	+++
松梢小卷蛾 *Rhyacionia pinicolana*	油松、青海云杉	苏峪口	++
云杉尺蛾 *Erannis yunshanvora*	青海云杉	苏峪口	++
异色卷蛾 *Choristoneura diversana*	青海云杉	苏峪口	+

注：+轻微，++较严重，+++严重，++++最严重。

6.3.2 森林病害种类、分布及为害对象

宁夏贺兰山主要植物为青海云杉、油松、灰榆、山杨、杜松、狭叶锦鸡儿和其他小灌木如四合木、蒙古扁桃及旱生牧草等，这里常年干旱少雨，气候干燥，不是非常适合植物病原真菌的生长，因此其种类相对单一、数量也较少，引起的病害也很少有流行或能造

成较大的损失。常见的病害有小檗锈病（*Puccinia graminis* Persoon），茶藨子锈病（*Puccinia ribis* D C.），枸子锈病[*Gymnosporagium clavariaefoyme*（Jacg）D C.]，山杨锈病（*Melampsora laricipopulina* Kleb.），山杨白粉病[*Phyllactinia populi*（Jacz.）Yu]，蒙古扁桃白粉病[*Podosphaera tridactyla*（Wallr.）de Bary]，山杨腐烂病（*Valsa sordida* Nit.），油松枝枯病[*Lophodermium pinastri*（Schrad.）Chev.]。

上述林木病害虽然很少有流行或能造成较大的损失，但管理部门要将其纳入林区有害生物监管的对象，杜绝病源，加强植物检疫，防止病菌传播，一旦发生病害，要收集烧毁病果，此外要加强幼林抚育，促进林木健壮发育，提高抗病力。

6.4 宁夏贺兰山自然保护区的昆虫资源及其保护利用

资源昆虫是指昆虫产物、分泌物、内含物、排泄物等或昆虫虫体本身可作为资源被人类利用，并具有特殊价值的一类昆虫，大致可分为工业原料资源昆虫、药用昆虫、食用昆虫和饲料昆虫、观赏昆虫、传粉昆虫、天敌昆虫、环境保护昆虫、科研材料昆虫。昆虫学、生物化学、生物技术、营养、医药等科学领域的不断发展，为开发昆虫资源提供了条件，昆虫资源的开发利用日益受到重视。

6.4.1 资源昆虫概况

6.4.1.1 天敌昆虫

天敌昆虫能有效地控制农田林区害虫，而且无污染，害虫不会产生抗药性。据统计，有产业开发价值的天敌昆虫种类超过40余种。在欧美、日本等国家，草蛉、瓢虫、蝽象等天敌昆虫的研究与利用已发展到产业化。我国在这方面也取得了很大的成就。目前已有16种寄生蜂和17种捕食性天敌昆虫可以进行大量繁殖和应用，中华草蛉、七星瓢虫、异色瓢虫等人工饲料饲养和利用取得很大进展，采用半机械化人工制卵大规模繁殖赤眼蜂和平腹小蜂技术更使天敌昆虫生产走上了产业化道路。

宁夏贺兰山已知天敌昆虫180种，占昆虫总数的19.1%，为害虫的生物防治奠定了良好的物种基础。由表6–17看出，本地区已鉴定出捕食性天敌168种，占全部天敌种数的93.3%，占绝对优势，其中螳螂、草蛉、蚁蛉、步甲种类较为丰富。寄生性天敌虽然只记载了12种，但实际上种类远远高于此数，一些寄生性的小蜂尚未鉴定，估计其种类也相当丰富。

表6-17　宁夏贺兰山自然保护区天敌昆虫种类

类型	目	科	种	防治害虫种类
捕食性	螳螂目	1	1	菜粉蝶、粘虫、杨毒蛾、蝗虫、叶蝉、蟋蟀、金龟子、天牛、蝇类等多种昆虫
	蜻蜓目	6	22	蚜虫、叶蝉、叶螨等
	革翅目	1	1	蛾类、蚜虫等
	半翅目	3	8	蝇类、飞虱、叶蝉、鳞翅目幼虫
	脉翅目	4	15	蚜虫、叶蝉、介壳虫、粉虱、木虱、蓟马等多种昆虫的卵和初龄幼虫
	蛇蛉目	2	2	蚜虫、叶蝉、叶螨等
	双翅目	3	32	蝗虫、卷蛾、夜蛾、叶甲、蟓类、蚜虫等
	鞘翅目	5	69	鳞翅目昆虫的幼虫、蚜虫、木虱、螨类
	膜翅目	5	18	鳞翅目幼虫等多种昆虫
寄生性	双翅目	2	9	松毛虫、舞毒蛾幼虫、蟓科昆虫、榆绿毛萤叶甲和榆紫叶甲幼虫等
	膜翅目	1	3	舞毒蛾、天幕毛虫、松梢螟、梨星毛虫、黄翅缀叶野螟、亚洲螟幼虫及蝗虫

6.4.1.2 药用昆虫

　　中草药是祖国宝贵的医学资源,虫药是中草药的重要组成部分,早在公元前2世纪时我国现存的最古老的中草药专著《神农本草经》中记载昆虫入药的就有22种。明代李时珍在《本草纲目》中记述了74种,新中国建立后编成的《中国药用动物志》中记述药用昆虫有13目51科143种。据蒋三俊(1979)的考证至今已知入药昆虫至少包括有14目69科239种。宁夏贺兰山自然保护区分布的主要有46种药用昆虫(表6-18),分别占全国和宁夏(58种)的19.5%、79.3%,说明本区药用昆虫资源比较丰富。

表6-18　宁夏贺兰自然保护区山药用昆虫种类及药用价值

目	种名	药名	药用价值	加工
衣鱼目	多毛栉衣鱼 *Ctenolepsma villosa*	衣鱼	有祛风、散结、明目、利尿功能。主治小便不利、淋病、惊痫、重舌、目翳	干燥全虫入药
蜚蠊目	中华真地鳖 *Eupolyphaga sininsis*	地鳖、土元	有活血散瘀、解毒消疳、利水消肿等功能。主治症瘕积聚、小儿疳积、脚气、水肿、疔疮肿毒及蛇虫咬伤	干燥或新鲜全虫入药
螳螂目	薄翅螳螂 *Mantis religiosa*	桑螵蛸	有补肾壮阳、固精缩尿等功能。主治遗尿、遗精、小便频次、带下、肾虚腰痛及神经衰弱等。整虫也入药,有滋补强壮、补肾益精、定惊止搐等功效	干燥卵鞘入药
蜻蜓目	碧伟蜓 *Anax parthenope julius* 夏赤蜻 *Sympetrum darwinianum*	蜻蜓	有益肾强阴、止精、暖水脏之功。主治肾虚阳痿、遗精	全虫入药

续表 6-18　　宁夏贺兰自然保护区山药用昆虫种类及药用价值

目	种名	药名	药用价值	加工
直翅目	黄蜻 *Pantala flavescens* 红蜻 *Crocothemis servilia*	黄衣		
	银川油葫芦 *Teleogryllus infernalis*	蟋蟀	有利尿消肿之功效。主治尿闭、水肿、膨胀等	全虫入药
	日本蚱 *Tetrix japonica* 中华蚱蜢 *Acrida cinerea*	蚱蜢	有止嗌平喘、镇惊止抽、解毒透疹、消肿止痛等。主治百日咳、支气管哮喘、小儿惊风、咽喉肿痛、疹出补畅等。外用治中耳炎	干燥或新鲜全虫入药
	中华稻蝗 *Oxya chinensis* 东亚飞蝗 *Locusta migratoria manilensis*	蝗虫	具有降压、减肥、降低胆固醇的功效；主治破伤风、百日咳、气急、息内风等，另外还可以治疗支气管炎、哮喘等	干燥或新鲜全虫入药
	华北蝼蛄 *Gryllotalpa unispina*	蝼蛄	有利水消肿、解毒消疮的功能。主治水肿、小便不利、石淋、跌打损伤等。外用治疗疮肿毒	干燥全虫入药
	非洲蝼蛄 *Gryllotalpa africana*	土狗、地牯牛		
半翅目	水黾 *Aquarium paludum*	水黾	有解毒、退热、抗癌、疗痔等功能。主治痔疮、疟疾	干燥全虫入药
脉翅目	中华东蚁蛉 *Eurolcon sinicus* 白云蚁蛉 *Glenuroides japonicus* 条斑次蚁蛉 *Deutoleon lineatus*	地牯牛、倒退虫、蚁狮	有通窍利水、止疟、拔毒、退竹木刺。主治疟疾、疔疮、砂淋、中耳炎、癫痫、小儿惊厥、跌打损伤、毒蛇咬伤、脉管炎、骨髓炎	幼虫入药
鞘翅目	黄缘龙虱 *Cybister japonicus*	龙虱、水鳖虫	有补肾、活血之功。适治尿频、小儿遗尿	全虫入药
	苹斑芫菁 *Mylabris calida* 中国豆芫菁 *Epicauta chinensis* 暗头豆芫菁 *Epicauta obscurocephala* 西伯利亚豆芫菁 *Epicauta sibirica* 绿芫菁 *Lytta caraganae*	斑蝥、地胆	攻毒、逐瘀、抗癌。适治恶疮、顽癣、癌瘤、口眼斜、狂犬咬伤、瘰疬、喉蛾、疟疾	全虫入药
	细胸叩甲 *Agriotes fusicollis*	叩头虫	身健筋骨、除疟。主治疟疾、筋骨酸痛、四肢痿痹	全虫入药
	光肩星天牛 *Anoplophora glabripennis* 桑天牛 *Apripona germari*	天牛	活血化瘀、消肿、镇静熄风。主治疟疾、小儿惊风、疔肿、箭镞入肉	全虫入药

续表 6-18　宁夏贺兰自然保护区山药用昆虫种类及药用价值

目	种　名	药名	药用价值	加工
鳞翅目	桃红颈天牛 *Aromia bungii* 白星花金龟 *Potosia brevitarsis* 小青花金龟 *Oxycetonia jucunda* 华北大黑鳃金龟 *Holotrichia oblita*	蛴螬	有活血散瘀、消肿止痛、平喘、去翳等。主治闭经腹疼、哮喘等、外用治丹毒、恶疮、痔疮、目翳等	幼虫入药
	金凤蝶 *Papilio machaon*	茴香虫	有理气、止痛、止呃之功，主治胃毒、症气、噎嗝等	干燥或新鲜幼虫入药
	菜粉蝶 *Pieris rapae Linnaeus* 橙黄豆粉蝶 *Colias fieldi* 斑缘豆粉蝶 *Colias erate*	白粉蝶	有消肿止痛的功能，疗四肢肌肉缩痛（扭转）、龋齿痛等症	干燥成虫全体入药
	玉米螟 *Ostrinia nubilalis*	钻杆虫	有凉血止血、清热解毒的功能。主治便血	新鲜或干燥全虫入药
	豹灯蛾 *Arctia caja*	灯蛾	止漏、解毒	全虫入药
膜翅目	中华长脚胡蜂 *Polistes chinesis antennalis* 中华蜜蜂 *Apis cerana* 意大利蜂 *Apis mellifera* 陆蜾蠃 *Eumenes mediterraneus*	露蜂房	有祛风止痒、解毒杀虫的功能。主治疮疔、瘰疬、疥癣等	干燥巢入药
			功能较多，不同的副产品有不同的药理作用	干燥全虫及副产品入药
	日本弓背蚁 *Camponotus japonicus*	玄驹	内服祛风湿，补肝肾，行气活血，外用消肿解痛	干燥全虫及副产品入药
	丝光蚁 *Formica fusca*		滋补强壮、治蛇伤、疗毒肿痛	入药
	凹唇蚁 *Formica sanguinea*		调节人体免疫系统功能，增强人体抗病、抗衰老和抗疲劳	全虫入药
	掘穴蚁 *Formica cunicularia*			全虫入药
双翅目	亚沙虻 *Tabanus subsabuletorum* 斐虻 *Tabanus filipjevi*		逐瘀、破积、通经之功能，用于治疗症瘕、积聚、小腹蓄血、血滞经闭、扑损瘀血等症	虻虫的干燥全体

　　上述主要是药典中常用的种类，在贺兰山还有很多具有药用价值的种类有待研究。大多数种类在农林上是重要害虫，如芫菁类，多为植食类，且集群为害，中国豆芫菁（*Epicauta chinensis*）、暗头豆芫菁（*Epicauta obscurocephala*）和西伯利亚豆芫菁（*Epicauta sibirica*)在贺兰山数量分布巨大,经过豆科灌丛犹如火烧一般,但这些类群均可入药,如果能变害为利,必将创造巨大的经济、社会价值。

宁夏贺兰山药用昆虫的生态分布具有明显的地带特征,草地昆虫以直翅目种类为优势类群,其他种类较少而且种群密度也很小。林草相间地带,昆虫种类最为丰富,几乎本区所有种类均可在此环境采到。较茂密的林间则以鞘翅目和鳞翅目为优势。阳光强的低级溪流地带,蜻蜓目的种类十分丰富。有花植物在开花期间具有独特的昆虫组成,主要有蝶类、蜜蜂和胡蜂等。该区分布的主要野生药用昆虫具有明显的滋补调理和活血祛淤、舒筋活络、以毒攻毒等临床药效。

6.4.1.3 传粉昆虫

传粉昆虫的种类繁多,主要分属于直翅目、半翅目、缨翅目、鳞翅目、鞘翅目、双翅目和膜翅目。其中膜翅目占全部传粉昆虫43.17%,双翅目占28.14%,鞘翅目占14.11%,半翅目、鳞翅目、缨翅目和直翅目所占比例极小。为农林植物授粉的昆虫以膜翅目为主,增产效益明显,产量可提高10%~20%。宁夏贺兰山的传粉昆虫主要包括蜜蜂总科的一些种类,例如中华突眼木蜂(*Proxylocopa sinensis*)、紫木蜂(*Xylocopa valga*)、褐足原木蜂(*Proxylocopa przewalskyi*)、四条无垫蜂(*Amegilla quadrifasciata*)、中华蜜蜂(*Apis cerana*)等;双翅目的种类有鼠尾管蚜蝇(*Eristalis campestris*)、灰带管蚜蝇(*Eristalis cerealis*)等,蜂虻科和花蝇科昆虫体表的毛刺便于携带花粉;鳞翅目的蝶类,鞘翅目的叩头甲科、金龟甲科、郭公甲科、拟步甲科、叶甲科、芫菁科和天牛科一些种类的成虫亦在花上生活,但它们的传粉作用较小,同时也是为害的种类。

6.4.1.4 食用昆虫和饲料昆虫

人类食用昆虫由来已久,3 000 年前我国《周礼·天宫》中记载了用蚂蚁做菜。在国外有些国家食用昆虫已较普遍。食用昆虫包括各种可被人们直接或间接食用的昆虫或昆虫产物。广义的食用昆虫可分为以下三种类型:一是食用昆虫,指直接供人类食用的昆虫,如中华稻蝗等;二是食药两用昆虫,指既可作为食用,又具滋补、保健、治疗等功效的昆虫,如蚂蚁、蝙蝠蛾、蜜蜂、土元等;三是饲用昆虫,指用做养殖动物饲料或饲料添加剂的昆虫,事实上,大部分食用昆虫既可作食品,又可做饲料,如蝇蛆、黄粉虫等。宁夏贺兰山的可食用昆虫主要有蜻蜓目(成虫)的种类,如碧伟蜓(*Anax parthenope julius*)等;直翅目(成虫和若虫)的种类,如黄胫小车蝗(*Oedaleus infernalis*)、亚洲小车蝗(*Oedaleus asiaticus*)、短星翅蝗(*Calliptamus abbreviatus*)、中华蚱蜢(*Acrida cinerea*)等;鞘翅目(幼虫和成虫）的种类，如华北大黑鳃金龟（*Holotrichia oblita*）、大云鳃金龟（*Polyphylla laticollis*）、桑天牛（*Apripona germari*）等；鳞翅目（蛹）的种类，如金凤蝶（*Papilio machaon*）、菜粉蝶（*Pieris rapae*）、玉米螟（*Ostrinia nubilalis*）等；膜翅目的种类，如中华蜜蜂（*Apis cerana*）、日本弓背蚁（*Camponotus japonicus*）、铺道蚁（*Tetramorium caespitum*）等。

6.4.1.5 观赏昆虫

观赏昆虫由于其美丽的色彩、特殊的翅形、翩翩的舞姿或优美动听的鸣声而越来越被人们喜爱，它将人们引向大自然、返璞归真,陶冶情操,修身养性,由此使其价值陡增。近年来,各地观赏昆虫的市场交易日趋活跃,由此也带动了其养殖业的蓬勃发展。宁夏贺兰山蝶类有 55 种,其中不少是观赏性较强的种类,如金凤蝶（*Papilio machaon*）、红珠绢蝶（*Parnassius bremeri*）、柳紫闪蛱蝶（*Apatura ilia*）、大红蛱蝶（*Vanessa indica*）、灿福蛱蝶（*Fabriciana adippe*）等。鸣虫类主要有暗褐蝈螽（*Gampsocleis sedakovii obscura*）、阿拉善懒螽（*Mongolodectes alashanicus*）、枯蝉（*Subpsaltria yangi*）等。此外,宁夏贺兰山可利用作为工艺观赏的昆虫还有直翅类、虎甲、步甲、天牛、瓢虫、天蛾等。它们种类丰富、体态纷呈,充分认识和利用这一资源的优势和潜在价值,对提高贺兰山旅游业发展具有重大意义。

6.4:2 资源昆虫的保护与利用

6.4.2.1 宁夏贺兰山资源昆虫保护和利用的现状

（1）科学研究薄弱,缺乏对昆虫资源的基础研究。

（2）开发力度不大。尽管本区昆虫资源较为丰富,但是人们往往只注重森林动植物资源和森林生态旅游资源的开发和利用,而对各类昆虫资源认识不足、经费投入少,致使对资源昆虫的保护与合理利用均显得不够。

6.4.2.2 宁夏贺兰山资源昆虫保护和利用的对策

（1）保护好现有资源。保护区首先要加强对森林资源的保护工作,为资源昆虫的繁衍创造一个良好的生态环境,以利资源昆虫的繁殖;其次是加强对资源昆虫的保护工作,不断增加资源昆虫的种群数量,有效地保护物种资源。

（2）加强科学研究。进一步深入调查昆虫资源,特别是加强重要资源昆虫的数量、基础生物学、营养和应用的研究。

（3）突出重点合理开发。贺兰山的资源昆虫种类繁多,必须选准突破口,确定主攻方向。如进行昆虫食品、保健品、医药品的开发研究,开展观赏昆虫纪念品和工艺品的研发,开发蝶类野外识别等科普旅游项目等。

（4）在已有的贺兰山博物馆中,进一步充实与扩大有关昆虫的展示内容,陈列昆虫的各种虫态标本及相关生物学特性的材料,丰富博物馆的科学内容,提升科普宣传的质量与作用。

第七章　脊椎动物

脊椎动物是贺兰山生态系统的重要组成部分之一,它的多样性反映了在长期的进化过程中,不同的陆生脊椎动物类群对贺兰山环境的适应,而且成为贺兰山国家级自然保护区的重点保护对象之一。动物的种类与数量变化是有其时空特征的,特别是与保护力度、当地居民参与保护的意识有明显的关系。虽然贺兰山自然保护区在1984~1985年对其陆生脊椎动物资源进行了较为全面的调查,获得了一批有价值的动物标本与科学数据,但是,随着贺兰山国家级自然保护区进一步加大保护的力度,并取得了一系列的可喜成绩,在1984~1985年调查之后的20余年中,贺兰山生态系统的时空特征都发生了明显的变化。因此,有必要进一步认识其陆生脊椎动物资源现状,并与1984~1985年的调查结果进行比较分析,掌握其变化规律与特征,为贺兰山国家级自然保护区的有效管理提供科学依据。

贺兰山作为全国的六大生物多样性保护的热点地区之一,通过两次贺兰山的陆生脊椎动物资源的研究发现,贺兰山共记录到陆生脊椎动物218种,分别属于5纲24目56科140属。

7.1 贺兰山的两栖爬行动物

7.1.1 两栖爬行动物的种类

在我们的调查期间,共采集和记录两栖爬行动物12种,分别属于3目7科10属,参考已有文献记录与个人资料(翟昊,个人通讯;赵尔宓等,1999),我们认为贺兰山有两栖爬行动物17种,分别属于3目8科11属(表7-1)。

与宁夏回族自治区记录到的两栖爬行动物4目11科16属28种（于有志和张显理，1990）相比，贺兰山除无尾目角蟾科和蜥蜴目石龙子科、龟鳖目鳖科外，其余各科均有分布，其分布科数和种数分别占宁夏两栖爬行动物科数和种数的72.7%和60.7%（表7-2），其中爬行动物物种数量占宁夏回族自治区的66.7%，反映了贺兰山爬行动物的多样性资源是较为丰富的。

贺兰山两栖爬行动物物种多样性指数为0.6 823，均匀性指数为0.5 546，这说明了贺兰山国家级自然保护区两栖爬行动物种类比较稀少，相对比较而言，物种数量也比较低。

根据普通种与稀有种、优势种群的定义（中国物种红色名录），贺兰山的花背蟾蜍（*Bufo raddei*）、中国林蛙（*Rana chensinensis*）、荒漠沙蜥（*Phrynocephalus przewalskii*）、草原沙蜥（*Phrynocephalus frontalis*）、丽斑麻蜥（*Eremias argus*）、密点麻蜥（*Eremias multiocellata*）为优势种群，其分布地点均在5个不同地点以上，种群密度在每平方公里577只以上；花条蛇（*Psammophis lineolatus*）、黄脊游蛇（*Coluber spinalis*）、虎斑颈槽蛇（*Rhabdophis tigrinu*）和白条锦蛇（*Elaphe dione*）为普通种，其余种类为稀有种（表7-1）。

本次调查中依据贺兰山原有采集标本，记录2条王锦蛇（*Elaphe carinata*）为宁夏回族自治区的新记录（翟昊和王力军，2009）。考虑到王锦蛇在与宁夏回族自治区相邻的陕西和甘肃省都有自然分布记录（宋志明等，1984），因此宁陕甘3省区为该物种分布的最北限。由于玉斑锦蛇（*Elaphe mandarina*）在陕西和甘肃省都有自然分布（赵尔宓，2006），且两省为玉斑锦蛇的分布最北限，故可能玉斑锦蛇是宁夏回族自治区新记录，因该物种的标本只有1号，仍需进一步进行调查和研究，以确定是否为宁夏及贺兰山新记录（翟昊，个人通讯）或因贸易而流入自然环境中。

表7-1 贺兰山两栖爬行动物分布、种群密度及区系特征

物种	分布区域	种群密度(只/km²)	区系类型	优势等级
两栖纲 AMPHIBIA				
无尾目 ANURA				
蟾蜍科 Bufonidae				
花背蟾蜍 *Bufo raddei*	黄旗口、插旗口、小水沟、石炭井、落石滩、四合木、乱柴沟、门洞子	622.22±398.61	Xg	+++
蛙科 Ranidae				
中国林蛙 *Rana chensinensis*	拜寺口、贺兰口、大口子、插旗口、大水沟、小水沟	3927.47±4620.98	Xa	+++
黑斑蛙 *Rana nigromaculata*	大水沟 [1]	*	Ea	+
爬行纲 REPTILIA				
蜥蜴目 LACERTILIA				
壁虎科 Gekkonidae				
隐耳漠虎 *Alsophylax pipiens*	榆树沟	100	Dc	+
鬣蜥科 Agamidae				
荒漠沙蜥 *Phrynocephalus przewalskii*	北寺、门洞子、哈乌拉	3133.33±4289.78	Gb	+++
草原沙蜥 *Phrynocephalus frontalis*	大口子、四合木、道路沟、杜树沟、镇木关	577.78±226.90	Ga	+++
蜥蜴科 Lacertidae				
丽斑麻蜥 *Eremias argus*	黄旗口、榆树沟、大口子、拜寺口、门洞子、插旗口、大水沟、汝箕沟、落石滩、道路沟、王泉沟、北寺、马莲口	1025.93±938.79	Xe	+++
荒漠麻蜥 *Eremias przewalskii*	贺兰山东麓 [2]	*	Db	+
密点麻蜥 *Eremias multiocellata*	贺兰口、大口子、插旗口、小水沟、大水沟、石炭井、汝箕沟、落石滩、道路沟、王泉沟、榆树沟	829.63±429.94	Dg	+++
蛇目 SERPENTES				
蝰科 Viperidae				
中介蝮 *Agkistrodon intermedius*	大口子、乱柴沟	116.67±23.57	De	+
蟒科 Boidae				

续表 7-1　贺兰山两栖爬行动物分布、种群密度及区系特征

物种	分布区域	种群密度(只/km²)	区系类型	优势等级
沙蟒 *Eryx miliaris*	马莲口[3]	200	Dc	+
游蛇科 Colubridae				
花条蛇 *Psammophis lineolatus*	大口子、大水沟	266.67±188.56	Dc	++
黄脊游蛇 *Coluber spinalis*	黄旗口、大口子、插旗口、道路沟、门洞子、苏峪口	233.33±51.64	Ub	++
虎斑颈槽蛇 *Rhabdophis tigrinus*	大水沟、落石滩、道路沟、小口子	233.33±152.75	Ea	++
玉斑锦蛇 *Elaphe mandarina*	马莲口[3]	200	Sd	+
王锦蛇 Elaphe carinata	大水沟和苏峪口[4]	166.67±47.14	Sd	+
白条锦蛇 Elaphe dione	汝箕沟、黄旗口	266.67±188.56	Ub	++

注：1.宁夏贺兰山国家级自然保护区综合考察（2002）
　　2.赵尔宓，赵肯堂，周开亚等（1999）
　　3.翟昊，个人通讯
　　4.翟昊和王力军（2009）
　　*缺乏数据

表 7-2　贺兰山两栖爬行动物科、物种数占宁夏回族自治区的比例

动物门类	宁夏记录		贺兰山记录			
	科	种	科	比例/%	种	比例/%
两栖类	3	7	2	66.7%	3	42.9%
爬行类	8	21	6	75.0%	14	66.7%
总　计	11	28	8	72.7%	17	60.7%

7.1.2 区系组成

根据动物地理分布型的研究表明,在贺兰山记录分布的 17 种两栖爬行动物,其中 2 种为东洋界物种,15 种为古北界物种,分别占 11.8%和 88.2%（表 7-3）。东洋界的 2 种全部为南中国型，即王锦蛇和玉斑锦蛇，为东洋界向古北界渗透物种（宋志明等，1984），宁夏回族自治区与周边的陕西和甘肃省共同形成这两种蛇的自然分布的北限。古北界物种主要是由中亚型、东北—华北型、蒙古高原型(草原型)、古北型、季风型的动物地理分布型的物种构成。其中，以中亚型居多，有 6 种，而且密点麻蜥和花条蛇（*Psammophis lineolatus*）为优势物种，荒漠麻蜥（*Eremias przewalskii*）、隐耳漠虎

（*Alsophylax pipiens*）、中介蝮（*Agkistrodon intermedius*）、沙蟒（*Eryx miliaris*）为稀有种,它们代表着蒙新区的组成成分;其次为东北—华北型的 3 个物种,它们是花背蟾蜍、中国林蛙和丽斑麻蜥,属贺兰山优势物种,也是华北区常见优势物种,并且在东北区亦有广泛分布;第三是蒙古高原型(草原型)的 2 个种,即荒漠沙蜥和草原沙蜥,是贺兰山草原和荒漠优势物种, 也属蒙新区成分优势类群;还有古北型的黄脊游蛇和白条锦蛇以及季风型的黑斑蛙（*Rana nigromaculata*）和虎斑颈槽蛇（*Rhabdophis tigrinus*）物种。

宁夏回族自治区在动物地理区划上跨蒙新区与华北区。于有志和张显理(1990),张显理和于有志(1995,2002)的研究表明,贺兰山附近的洪积、冲积平原区域的两栖爬行动物组成更接近于华北区成分,而贺兰山森林草原及洪积荒漠草原,包括贺兰山东坡及冲积扇地带,相当于中国动物地理区划蒙新区西部荒漠亚区的边缘,贺兰山地及山前洪积地带的两栖动物形成了华北区和蒙新区之间的过渡地带。

两栖爬行动物区系组成和地理区划的研究都支持了贺兰山生态系统是具有重要的生物多样性组成,它应该得到更广泛的关注与进一步的研究。

表 7-3 贺兰山两栖爬行动物区系地理分布型及其物种数

地理分布型		类型及编号	物种数
东洋界	南中国型	Sd	2
古北界	蒙古高原型(草原型)	Ga	1
		Gb	1
	古北型	Ub	2
	中亚型	Db	1
		Dc	3
		De	1
		Dg	1
	季风型	Ea	2
	东北—华北型	Xa	1
		Xg	1
		Xe	1

7.2 贺兰山的鸟类资源

7.2.1 鸟类种类及构成

在 24 个调查的沟段中记录到鸟类 8 目 22 科 85 种(表 7-4)。其中燕雀科为本次调查种数最多的科,共 15 种,其次为鹟科 14 种,鹰科 11 种。全部鸟种中属于国家 I 级保护物种的有 3 种,国家 II 级的有 13 种;属于 CITES 附录 1 的 1 种,附录 2 的有 6 种;属于 IUCN Red List 易危(VU)级 1 种,近危(NT)级 2 种。与 20 世纪 80 年代贺兰山综合考察获得的鸟类名录(《宁夏贺兰山国家级自然保护区综合考察》)的比较发现,本次调查共有 22 个新记录。

在全部 85 种鸟类中,冬候鸟 5 种、夏候鸟 19 种、留鸟 40 种、旅鸟 9 种;其中繁殖鸟(夏候鸟和留鸟)共 59 种。表 7-4 中部分新记录鸟种未给出居留型。这是考虑到虽然本次调查非常详细,但是由于某些鸟种的参考资料甚少,调查的时间尚不足以对这些鸟种的居留型作出准确判断,因此目前给出结论有一定的困难。

表 7-4　贺兰山综合考察鸟类物种名录

物种	拉丁学名	居留型	区系	CITES[1]	PROT[2]	IUCN[3]
戴胜目						
戴胜科						
戴胜	*Upupa epops*	夏	广			
鸽形目						
鸠鸽科						
岩鸽	*Columba rupestris*	留	古			
原鸽	*Columba livia*		古			
鹳形目						
鹳科						
黑鹳	*Ciconia nigra*	夏	古	2		I
丘鹬科						
孤沙锥 *	*Gallinago solitaria*	旅	古			
隼形目						
隼科						
阿穆尔隼 *	*Falco amurebsis*	广			P	
红隼	*Falco tinnunculus*	留	广		P	
鹰科						
白尾海雕	*Haliaeetus albicilla*	旅	广	1		I
白尾鹞 *	*Circus cyaneus*		广		P	
苍鹰	*Accipiter gentilis*	旅	古		P	
大鵟	*Buteo hemilasius*	留	古		P	

续表 7-4　贺兰山国家级自然保护区综合考察鸟类物种名录

物种	拉丁学名	居留型	区系	CITES[1]	PROT[2]	IUCN[3]
高山兀鹫 *	*Gyps himalayensis*	留	古	2	P	
黑耳鸢 *	*Milvus lineatus*	留	广		P	
胡兀鹫	*Gypaetus barbatus*	留	广	2	I	
金雕	*Aquila chrysaetos*	留	古	2	I	
雀鹰	*Accipiter nisus*	留	广		P	
秃鹫	*Aegypius monachus*	留	古	2	P	NT
棕尾鵟 *	*Buteo rufinus*		广	2	P	
鸡形目						
雉科						
蓝马鸡	*Crossoptilon auritum*	留	古		P	
石鸡	*Alectoris chukar*	留	古			
雉鸡	*Phasianus colchicus*	留	广			
鹃形目						
杜鹃科						
大杜鹃 *	*Cuculus canorus*	夏	广			
鴷形目						
啄木鸟科						
大斑啄木鸟 *	*Dendrocopos major*	留	广			
雀形目						
百灵科						
凤头百灵	*Galerida cristata*	留	广			
戴菊科						
戴菊	*Regulus regulus*	夏	古			
鹪鹩科						
鹪鹩	*Troglodytes troglodytes*	留	广			
麻雀科						
白鹡鸰	*Motacilla alba*	夏	广			
褐岩鹨	*Prunella fulvescens*	旅	古			
灰鹡鸰	*Motacilla cinerea*	夏	广			
树鹨 *	*Anthus hodgsoni*	夏	广			
树麻雀	*Passer montanus*	留	广			
棕眉山岩鹨	*Prunella montanella*	冬	古			
山雀科						
大山雀	*Parus major*	留	广			
褐头山雀	*Parus montanus*	留	古			
黄腹山雀 *	*Parus venustulus*		广			
煤山雀	*Parus ater*	留	古			
银喉长尾山雀	*Aegithalos caudatus*	留	古			
扇尾莺科						
山鹛	*Rhopophilus pekinensis*	留	古			

续表 7-4　贺兰山国家级自然保护区综合考察鸟类物种名录

物种	拉丁学名	居留型	区系	CITES[1]	PROT[2]	IUCN[3]
大山雀	*Parus major*	留	广			
褐头山雀	*Parus montanus*	留	古			
黄腹山雀 *	*Parus venustulus*		广			
煤山雀	*Parus ater*	留	古			
银喉长尾山雀	*Aegithalos caudatus*	留	古			
扇尾莺科						
山鹛	*Rhopophilus pekinensis*	留	古			
鸸科						
黑头鸸	*Sitta villosa*	留	古			
普通鸸 *	*Sitta europaea*	留	古			
红翅旋壁雀	*Tichodroma muraria*	留	古			
鹟科						
白顶鹏	*Oenanthe pleschanka*	留	古			
白顶溪鸲	*Chaimarrornis leucocephalus*	夏	古			
白眉鸫 *	*Turdus obscurus*	旅	广			
斑鸫	*Turdus naumanni*	冬	广			
北红尾鸲	*Phoenicurus auroreus*	夏	古			
赤颈鸫	*Turdus ruficollis*	冬	古			
贺兰山红尾鸲	*Phoenicurus alaschanicus*	留	古			NT
褐头鸫 *	*Turdus feae*	夏	广			VU
黑喉石鵰	*Saxicola torquata*	夏	广			
红喉姬鹟	*Ficedula parva*	夏	广			
虎斑地鸫	*Zoothera dauma*	旅	广			
蓝歌鸲	*Luscinia cyane*	旅	广			
锈胸蓝姬鹟 *	*Ficedula hodgsonii*		广			
赭红尾鸲	*Phoenicurus ochruros*	夏	古			
鸦科						
大嘴乌鸦	*Corvus macrorhynchos*	留	广			
红嘴山鸦	*Pyrrhocorax pyrrhocorax*	留	古			
喜鹊	*Pica pica*	留	古			
小嘴乌鸦	*Corvus corone*	留	古			

续表 7-4 贺兰山国家级自然保护区综合考察鸟类物种名录

物种	拉丁学名	居留型	区系	CITES[1]	PROT[2]	IUCN[3]
燕科						
家燕	*Hirundo rustica*	夏	广			
岩燕	*Hirundo rupestris*	夏	广			
燕雀科						
白斑翅拟蜡嘴雀	*Mycerobas carnipes*	留	古			
白眉朱雀	*Carpodacus thura*	留	古			
白头鹀	*Emberiza leucocephalos*	冬/留	古			
白腰朱顶雀 *	*Carduelis flammea*		广			
长尾雀 *	*Uragus sibiricus*		古			
戈氏岩鹀	*Emberiza godlewskii*	留	广			
黑头鹀 *	*Emberiza melanocephala*	迷	广			
红交嘴雀	*Loxia curvirostra*		广			
红眉朱雀	*Carpodacus pulcherrimus*	留	古			
黄雀	*Carduelis spinus*	旅	广			
黄嘴朱顶雀	*Carduelis flavirostris*	留	古			
芦鹀 *	*Emberiza schoeniclus*	冬	古			
普通朱雀	*Carpodacus erythrinus*	夏	古			
三道眉草鹀 *	*Emberiza cioides*		古			
田鹀 *	*Emberiza rustica*	冬	广			
莺科						
凤头雀莺	*Leptopoecile elegans*	留	古			
白喉林莺 *	*Sylvia curruca*	旅	广			
橙斑翅柳莺 *	*Phylloscopus pulcher*		广			
褐柳莺	*Phylloscopus fuscatus*	夏	古			
黄眉柳莺	*Phylloscopus inornatus*	夏	古			
山噪鹛	*Garrulax davidi*	留	古			
棕眉柳莺	*Phylloscopus armandii*	夏	古			
鸱鸮科						
长耳鸮	*Asio otus*	留	古		P	
纵纹腹小鸮	*Athene noctua*	留	古		P	

注: * 对比贺兰山保护区 20 世纪 80 年代综合考察鸟类物种名录得到的新记录物种;
  1. CITES 公约附录 1 和附录 2;
  2. 国家级保护物种名录:Ⅰ为国家Ⅰ级保护动物,P 为国家Ⅱ级保护动物;
  3. IUCN 红色物种名录:NT 为近危级;VU 为易危级。

7.2.2 重点沟段鸟类情况

基于贺兰山国家级自然保护区长期监测的基本信息,本次普查重点调查的沟段有甘沟、马莲口、大口子沟、黄旗口、苏峪口、贺兰沟、插旗口、大水沟和小水沟等 9 个区域。其中大口子沟、苏峪口和插旗口是 9 个地区中鸟类物种最丰富的 3 个区域:大口子沟共记录鸟种 38 种,其中秋季统计到 25 种,冬季为 16 种,春季为 13 种,全球近危鸟类物种贺兰山红尾鸲就是冬季在这里发现的;苏峪口共记录鸟类 33 种,其中秋季 18 种,冬季 1 种,春季 23 种;插旗口记录鸟种 27 种,其中秋季 12 种,冬季 15 种,春季 12 种。此外,从单次调查的结果(如春季调查)分析,苏峪口的鸟种丰富度是最高的有 23 种,马莲口达 16 种,而大口子沟、插旗口和大水沟为 12 种或 13 种(表 7-5)。

总体而言,本次调查显示贺兰山区的鸟类群落构成季节变化是比较明显的(表 7-5)。这种现象不仅表现在整体上鸟种的构成在随季节更替而改变,而且不同沟段鸟种的季节性结构也不尽相同。究其原因有三:其一,贺兰山处在生物地理区系的交错区,这里是许多候鸟迁徙的必经之地;其二,贺兰山本身的相对较好的气候条件成为鸟类重要的繁殖场;其三,不同沟段的水文、气候以及植被构成不尽相同,因此造成鸟类物种在不同沟段分布不同。

表 7-5　各沟段各调查季节鸟种分布

物种	拉丁学名	榆树沟	大簧沟	甘沟	马连口子	大口子	小口子	黄旗口子	苏峪口	贺兰三沟	插旗口	大水沟	小水沟	独石沟	玉泉沟	道路沟	柳条沟	小柴沟	强岗岭	门洞子	高口子	哈拉乌	白杨沟	小乱柴沟
戴胜	*Upupa epops*				※				※															
岩鸽	*Columba rupestris*			☆※		☆	☆	☆	☆※	☆	☆※	☆※												
原鸽	*Columba livia*					☆																		
黑鹳	*Ciconia nigra*										※													
孤沙锥	*Gallinago solitaria*											※												
阿穆尔隼	*Falco amurensis*	☆																				☆		
红隼	*Falco tinnunculus*	☆	☆	☆		☆	☆		☆※	☆	☆※	※	☆◇※		☆							※		
白尾海雕	*Haliaeetus albicilla*																	◇						
白尾鹞	*Circus cyaneus*							◇																
苍鹰	*Accipiter gentilis*			☆		☆			◇	◇			◇											
大鵟	*Buteo hemilasius*										◇		◇						◇					
高山兀鹫	*Gyps himalayensis*																					※		
黑耳鸢	*Milvus lineatus*						☆																	
胡兀鹫	*Gypaetus barbatus*						☆																	
金雕	*Aquila chrysaetos*		☆	☆※		◇	☆	◇		☆◇	☆◇	◇※	◇	◇			☆	◇			◇	※		
雀鹰	*Accipiter nisus*		☆	☆			☆		☆	☆	☆	☆	☆※					◇	◇					
秃鹫	*Aegypius monachus*				※			◇	☆※		◇※	☆◇※	※					※	◇			※		
棕尾鵟	*Buteo rufinus*					◇						◇							◇					
蓝马鸡	*Crossoptilon auritum*								☆											※		※		

续表 7-5　各沟段各调查季节鸟种分布

物种	拉丁学名	榆树沟	大篦沟	甘沟	马莲口	大口子	小口子	黄旗口	苏峪口	贺兰沟	插旗口	大水沟	小水沟	独石沟	玉泉沟	道路沟	柳条沟	小柴沟	小罡岭	门洞子	高口子	哈拉乌沟	白杨沟	小乱柴沟
石鸡	*Alectoris chukar*	☆	☆	☆◇		☆	☆		※	◇	☆☆	☆◇	☆◇				☆					※	☆	
雉鸡	*Phasianus colchicus*				◇																			
大杜鹃	*Cuculus canorus*		☆																					
大斑啄木鸟	*Dendrocopos major*							☆														※		
凤头百灵	*Galerida cristata*			※																				
戴菊	*Regulus regulus*	☆							※			◇										※		
鹪鹩	*Troglodytes troglodytes*				◇	◇						◇	◇											
白鹡鸰	*Motacilla alba*					◇※	☆	☆	☆※		※	※	※							※		※		
褐岩鹨	*Prunella fulvescens*												◇	◇						※	◇	※		
灰鹡鸰	*Motacilla cinerea*		☆		☆	☆	☆	☆		☆	☆※	◇												
树鹨	*Anthus hodgsoni*	☆		☆	☆	☆				☆														
树麻雀	*Passer montanus*				◇※	☆※					◇													
棕眉山岩鹨	*Prunella montanella*					◇※		☆	※		※		☆											
大山雀	*Parus major*		☆	☆	◇	☆	☆	☆	※	☆	☆	※	☆											
褐头山雀	*Parus montanus*	☆		☆	◇	☆◇※	☆	☆	☆※	☆	☆※	◇	◇					◇		※		※		
黄腹山雀	*Parus venustulus*	☆		☆	☆	☆		☆	☆															
煤山雀	*Parus aer*	☆	☆	☆		☆		☆	☆※			※		◇					◇				☆	
银喉长尾山雀	*Aegithalos caudatus*	☆	☆	☆					※			※								※		※		
山鹛	*Rhopophilus pekinensis*	☆		☆◇					※															

续表 7-5　各沟段各调查季节鸟种分布

物种	拉丁学名	榆树沟	大簸沟	甘沟	马莲口子	大口子	小口子	黄旗口	苏峪口	贺兰沟	插旗口	大水沟	小水沟	独石沟	玉泉沟	道路沟	柳条沟	小柴沟	强岗岭	门洞口子	高口子	哈拉乌沟	白杨沟	小乱柴沟
黑头䴓	*Sitta villosa*	☆																				☆		
红翅旋壁雀	*Tichodroma muraria*		☆						☆												※		※		
普通䴓	*Sitta europaea*								☆														☆	☆	
白顶䳭	*Oenanthe pleschanka*					※			※			※	※												
白顶溪鸲	*Chaimarrornis leucocephalus*									◇															
白眉鸫	*Turdus obscurus*		☆																						
斑鸫	*Turdus naumanni*				◇			☆					◇												
北红尾鸲	*Phoenicurus auroreus*	☆	☆	☆		☆	☆	☆	☆	☆	☆														
赤颈鸫	*Turdus ruficollis*				◇※	◇							◇										※		☆
贺兰山红尾鸲	*Phoenicurus alaschanicus*																			◇					
褐头鸫	*Turdus feae*		☆								☆														
黑喉石䳭	*Saxicola torquata*					☆					☆														
红喉姬鹟	*Ficedula parva*			☆			☆				☆														
虎斑地鸫	*Zoothera dauma*										☆														
蓝歌鸲	*Luscinia cyane*						☆																		
锈胸蓝姬鹟	*Ficedula hodgsonii*				☆	☆																			
赭红尾鸲	*Phoenicurus ochruros*		☆					◇	☆												◇	◇	☆		
大嘴乌鸦	*Corvus macrorhynchos*	☆		◇※	◇※	◇	☆	☆	☆	☆	☆		◇	◇※					◇	◇	※				
红嘴山鸦	*Pyrrhocorax pyrrhocorax*	☆	☆	◇※		☆		☆	☆	☆	☆		◇※	◇		☆			◇	◇	※	◇	※		

COMPREHENSIVE SCIENTIFIC INVESTIGATION REPORTS ON NINGXIA HELAN NATIONAL NATURE RESERVE

续表 7-5　各沟段各调查季节鸟种分布

物种	拉丁学名	榆树沟	大窑沟	甘沟	马连口	大口子	小口子	黄旗口	苏峪口	贺兰沟	插旗口	大水沟	小水沟	小独石沟	玉泉沟	道路沟	柳条沟	小柴沟	强岗岭	门洞子	高口子	哈拉乌沟	白杨沟	小乱柴沟
喜鹊	*Pica pica*			◇	◇※	◇※		◇					◇※				☆	◇			◇			
小嘴乌鸦	*Corvus corone*																	◇						
家燕	*Hirundo rustica*		☆		※																			
岩燕	*Hirundo rupestris*	☆	☆		◇※	☆	☆		※	☆	◇	※	※			☆						※		
白斑翅拟蜡嘴雀	*Mycerobas carnipes*				◇※	☆																		
白眉朱雀	*Carpodacus thura*								※											※		※		
白头鹀	*Emberiza leucocephalos*				◇				☆	☆														
白腰朱顶雀	*Carduelis flammea*																	◇						
长尾雀	*Uragus sibiricus*								☆															
戈氏岩鹀	*Emberiza godlewskii*	☆		☆	◇	☆◇※	☆	☆	☆◇※	☆◇	☆◇※	◇	◇※	◇				◇	◇	◇		※		
黑头鹀	*Emberiza melanocephala*								※									◇	◇					
红交嘴雀	*Loxia curvirostra*																		◇					
红眉朱雀	*Carpodacus pulcherrimus*					◇※			※										◇					
黄雀	*Carduelis spinus*	☆																						
黄嘴朱顶雀	*Carduelis flavirostris*					☆	☆		☆															
芦鹀	*Emberiza schoeniclus*																							
普通朱雀	*Carpodacus erythrinus*				◇	☆					◇													
三道眉草鹀	*Emberiza cioides*				◇	※					◇													

续表 7-5　各沟段各调查季节鸟种分布

物种	拉丁学名	榆树沟	大窑沟	甘沟	马莲口	大口子	小口子	黄旗口	苏峪口	贺兰沟	插旗口	大水沟	小水沟	独石沟	玉泉沟	道路沟	柳条沟	小柴沟	强岗岭	门洞子	高口子	哈拉乌	白杨沟	小乱柴沟
白喉林莺	*Sylvia curruca*		☆																					
橙斑翅柳莺	*Phylloscopus pulcher*				☆															※				
凤头雀莺	*Pernis ptilorhynchus*																			※				
褐柳莺	*Phylloscopus fuscatus*			☆		☆	☆																	
黄眉柳莺	*Phylloscopus inornatus*	☆		☆	☆				☆															
山噪鹛	*Garrulax davidi*		☆◇			☆◇※			※		◇		☆	◇				◇	◇			※		
棕眉柳莺	*Phylloscopus armandii*		☆	☆		☆		☆																
长耳鸮	*Asio otus*					※																		
纵纹腹小鸮	*Athene noctua*									◇														
鸟种统计 ☆,秋季鸟种		16	19	16		25	22	9	18	10	12	2	4		2	1	3					4	3	2
◇,冬季鸟种				9	8	16		8	1	10	15	8	16	8				12	13		5			
※,春季鸟种				4	16	13			23		12	12	7							8		17		
总计		16	19	29	24	54	22	17	42	20	39	22	27	8	2	1	3	12	13	8	5	21	3	2

注：☆秋季（2007 年 9 月至 10 月）记录到的鸟种；
◇冬季（2007 年 12 月至 2008 年 1 月）记录到的鸟种；
※春季（2008 年 4 月）记录到的鸟种。

7.2.3 新记录鸟种及重要鸟种介绍

本次调查共记录了 22 个新记录鸟种,其中包括全球易危物种褐头鸫以及数种国家级保护猛禽(表 7-4)。以下对新记录鸟种作概要介绍,包括分类特征、体型大小、分布范围、生活习性及栖息地特点等基础生物学信息。其中分类学标准、形态学特征以及栖息地分布参考 Mac Kinnon(2000)。

(1) 孤沙锥 Gallinago solitaria

鹬形目丘鹬科沙锥属。于 2008 年 4 月在大水沟记录到。

体略大(29 cm)的深暗色沙锥。头顶两侧缺少近黑色条纹,嘴基灰色较深。脸上条纹偏白而非皮黄色。肩胛具白色羽缘,胸浅姜棕色,腹部具白及红褐色横纹,下翼或次级飞羽后缘无白色。飞行时脚不伸出于尾后。

分布及习性:喜马拉雅山脉及中亚的山地。越冬从巴基斯坦至日本及堪察加半岛的山麓地带。罕见于泥塘、沼泽及稻田。该物种有两亚种:亚种 solitaria 繁殖于新疆西部的天山、青藏高原东缘的喜马拉雅山脉至四川西北部、青海及甘肃西部和贺兰山。越冬于新疆西部的喀什地区、西藏东南部及云南。亚种 japonica 繁殖于东北各省,越冬在长江流域及广东。

(2) 阿穆尔隼 Falco amurebsis

隼形目隼科隼属。于 2007 年 10 月在内蒙古哈拉乌记录到。国家Ⅱ级保护动物。

体小(31 cm)的灰色隼。腿、腹部及臀棕色。飞行时可见白色的翼下覆羽。雌鸟额白、头顶灰色具黑色纵纹;背及尾灰,尾具黑色横斑;喉白,眼下具偏黑色线条;下体乳白,胸具醒目的黑色纵纹,腹部具黑色横斑;翼下白色并具黑色点斑及横斑。亚成鸟似雌鸟但下体斑纹为棕褐色而非黑色。

分布及习性:繁殖于西伯利亚至朝鲜北部及中国中北部、东北,(罕见于)印度东北部。迁徙时见于印度及缅甸;越冬于非洲。

(3) 白尾鹞 Cireus cyaneus

隼形目鹰科鹞属。于 2007 年 9 月在黄旗口记录到。国家Ⅱ级保护动物。

雄鸟,体型略大(50 cm)的灰色或褐色鹞。具显眼的白色腰部及黑色翼尖。体型比乌灰鹞大,比草原鹞也大且色彩较深。缺少乌灰鹞次级飞羽上的黑色横斑,黑色翼尖比草原鹞长。雌鸟褐色,与乌灰鹞的区别在领环色浅,头部色彩平淡且翼下覆羽无赤褐色横斑。与草原鹞的区别在深色的后翼缘延伸至翼尖,次级飞羽色浅,上胸具纵纹。幼鸟与草原鹞及乌灰鹞幼鸟的区别在两翼较短而宽,翼尖较圆钝。

分布及习性:繁殖于全北界;冬季南迁至北非、中国南方、东南亚及婆罗洲,喜开阔原野、草地及农耕地。本种为常见的季候鸟,但是在调查中仅于秋季记录到,尚无法判断其在贺兰山的居留型。

(4) 高山兀鹫 *Himalayan griffon*

隼形目鹰科兀鹫属。于 2007 年 10 月在内蒙古哈拉乌地区记录到。CITES 附录 2 物种,中国物种红色名录列为稀有种,是国家 II 级保护动物。

体大(120 cm)的浅土黄色鹫。下体具白色纵纹,头及颈略被白色绒羽,具皮黄色的松软领羽。初级飞羽黑色。亚成鸟深褐色,羽轴色浅成细纹。飞行显得甚缓慢。翼尖而长,略向上扬。与兀鹫的区别在尾较短,成鸟色彩一般较浅,下体纵纹较少,幼鸟色彩深沉。

分布及习性:分布于中亚至喜马拉雅山脉。喜马拉雅山脉部分地区、青藏高原、中国西部及中部高海拔栖息环境下的常见食腐肉的鸟。在贺兰山区为留鸟。

(5) 黑耳鸢 *Milvus lineatus*

隼形目鹰科鸢属。于 2007 年 9 月在小口子沟记录到。国家 II 级保护动物。

体型略大(65 cm)的深褐色猛禽。尾略显分叉,飞行时初级飞羽基部具明显的浅色次端斑纹。似黑鸢但耳羽黑色,体型较大,翼上斑块较白。

分布及习性:常见并分布广泛。本种为中国最常见的猛禽。地理分布主要在亚洲北部至日本。在我国以留鸟形式分布于全国各地,包括台湾、海南岛及青藏高原高至海拔 5 000 m 的城镇及村庄、东部河流及沿海开阔的生境中。

(6) 棕尾鵟

Buteo rufinus 隼形目鹰科鵟属。 分别于 2007 年 9 月和 2008 年 1 月在大口子沟和强岗岭记录到。CITES 附录 2 物种,中国物种红色名录列为稀有种,是国家 II 级保护动物。

体大(64 cm)的棕色鵟。翼及尾长。头和胸色浅,靠近腹部变成深色,但有几种色型,从米黄色至棕色至极深色。近黑色型的飞羽及尾羽具深色横斑。尾上一般呈浅锈色至橘黄色而无横斑。飞行似普通鵟,棕色型翼下翼角处具黑色大块斑。滑翔时两翼弯折,随气流翱翔时高举成一定角度。幼鸟外侧尾羽及翼下暗色后缘均具横纹。

分布及习性:繁殖于欧洲东南部至古北界中部、印度西北部、喜马拉雅山脉东部和中国西部;越冬南迁,是罕见留鸟及季候鸟。指名亚种繁殖于新疆喀什、乌鲁木齐及天山地区。迁徙或越冬至甘肃、云南、西藏南部及东南部。本种在贺兰山共目击 2 次,从记录的时间判断,该种在贺兰山应为留鸟。但是由于尚无法判断该种在贺兰山是否有繁殖现象,故尚不能确定其居留型。

(7) 大杜鹃 *Cuculus canorus*

鹃形目杜鹃科杜鹃属。于 2007 年 9 月在大窑沟根据叫声判断。

中等体型(32 cm)的杜鹃。上体灰色,尾偏黑色,腹部近白而具黑色横斑。"棕红色"变异型雌鸟为棕色,背部具黑色横斑。

分布及习性:繁殖于欧亚大陆,迁徙至非洲及东南亚。夏季繁殖于中国大部分地区。亚种 *subtelephonus* 在新疆至内蒙古中部;指名亚种在新疆北部阿尔泰山、东北、陕西及河北;*fallax* 在华东及东南,*bakeri* 在青海、四川至西藏南部及云南。喜开阔的有林地带及大片芦苇地,有时停在电线上找寻大苇莺的巢。由于通常大杜鹃只在繁殖地才能听见其标准的鸣叫声,因此我们判断贺兰山是大杜鹃的繁殖地。

(8) 大斑啄木鸟 *Dendrocopos major*

䴕形目啄木鸟科啄木鸟属。于 2007 年 9 月在黄旗口记录到。

体型中等(24 cm)的常见型黑相间的啄木鸟。雄鸟枕部具狭窄红色带而雌鸟无。两性臀部均为红色,但带黑色纵纹的近白色胸部上无红色或橙红色。

分布及习性:欧亚大陆的温带林区,印度东北部,缅甸西部、北部及东部,印度支那北部。在中国为分布最广泛的啄木鸟。见于整个温带林区、农作区及城市园林。凿树洞营巢,吃食昆虫及树皮下的蛴螬。本种在贺兰山不甚常见,根据其取食习性及本属的共同特征判断为留鸟。

(9) 树鹨 *Anthus hodgsoni*

雀形目麻雀科鹨属。2007 年 9 月间在大口子沟、大窑沟以及甘沟记录到。

中等体型(15 cm)的橄榄色鹨。具粗显的白色眉纹。与其他鹨的区别在上体纵纹较少,喉及两胁皮黄,胸及两胁黑色纵纹浓密。

分布及习性:繁殖于喜马拉雅山脉及东亚;冬季迁至印度、东南亚、菲律宾及婆罗洲。指名亚种繁殖于中国东北及喜马拉雅山脉;越冬在中国东南、华中及华南以及台湾和海南岛。亚种 *yunnanensis* 繁殖于陕西南部至云南及西藏南部;越冬在南方包括海南岛及台湾。常见于开阔林区,高可至海拔 4 000 m。比其他的鹨更喜有树林的栖息生境,受惊扰时降落于树上。

(10) 黄腹山雀 *Parus venustulus*

雀形目山雀科山雀属。2007年9月在大口子沟记录到。

体小(10 cm)而尾短的山雀。下体黄色,翼上具两排白色点斑,嘴甚短。雄鸟头及胸兜黑色,颊斑及颈后点斑白色,上体蓝灰,腰银白。雌鸟头部灰色较重,喉白,与颊斑之间有灰色的下颊纹,眉略具浅色点。幼鸟似雌鸟但色暗,上体多橄榄色。

分布及习性:本种是中国东南部的特有种。地区性常见于华南、东南、华中及华东部的落叶混交林,北可至北京;夏季高可至海拔3 000 m,冬季较低。喜结群栖于林区,有间发性的急剧繁殖。本种在贺兰山仅观察到1次3只,据习性及分布判断,估计在贺兰山为夏候鸟。

(11) 普通鳾 *Sitta europaea*

雀形目鳾科鳾属。分别于2007年9月和10月在苏峪口和哈拉乌记录到。

中等体型(13 cm)而色彩优雅的鳾。上体蓝灰,过眼纹黑色,喉白,腹部淡皮黄,两胁浓栗。

分布及习性:本种为古北界鸟类,甚常见于中国大部地区的落叶林区,并为当地留鸟。在树干的缝隙及树洞中啄食橡树籽及坚果,飞行起伏呈波状,偶尔于地面取食,成对或结小群活动。

(12) 白眉鸫 *Turdus obscurus*

雀形目鹟科鸫属。于2007年9月分别在大窑沟和黄旗口观察到。

中等体型(23 cm)的褐色鸫。白色过眼纹明显,上体橄榄褐,头深灰色,眉纹白,胸带褐色,腹白而两侧沾赤褐。

分布及习性:繁殖于古北界中部及东部;冬季迁徙至印度东北部、东南亚、菲律宾、苏拉威西岛及大巽他群岛。在我国为常见的过境鸟,高可至海拔2 000 m的开阔林地及次生林,分布除青藏高原外遍及中国全境,部分鸟在中国极南部及西南越冬。于低矮树丛及林间活动,性活泼喧闹,甚温驯而好奇。

(13) 褐头鸫 *Turdus feae*

雀形目鹟科鸫属。于2007年9月在大窑沟记录到2只。IUCN物种红色名录定义为易危种。

中等体型(23 cm)的浓褐色鸫。腹部及臀白色。雄雌两性各似白眉鸫的雄雌鸟,但胸及两胁灰色而非黄褐色。似白腹鸫但白色的眉纹短,外侧尾羽羽端无白色。

分布及习性:繁殖于中国北方,越冬至印度东部及东亚。种群数量稀少,繁殖于针叶、落叶、阔叶、混交林,一般见于海拔 1 000 m 以上。喜成群活动,常与白眉鸫混群。

(14) 锈胸蓝姬鹟 *Ficedula hodgsonii*

雀形目鹟科姬鹟属。2007 年 9 月在大口子沟观察到。

雄鸟,体小(13 cm)的青石蓝色鹟。胸橘黄,上体无虹闪,外侧尾羽基部白色,胸橙褐渐变为腹部的皮黄白色。雌鸟全身褐灰,腹部浅赭色。

分布及习性:主要分布在尼泊尔至中国西部及印度支那北部。在我国主要为西藏东南部、青海东部、云南、四川、甘肃东南部至山西(庞泉沟)的不常见留鸟,栖于海拔 2 400~4 300 m 的潮湿密林;冬季下至低海拔处。本种在贺兰山仅见 1 只 1 次,尚无法判断其居留型。

(15) 白腰朱顶雀 *Carduelis flammea*

雀形目燕雀科金翅属。2008 年 1 月在小乱柴沟观察到。

体小(14 cm)的灰褐色雀鸟。头顶有红色点斑。繁殖期雄鸟褐色较重且多纵纹,胸部的粉红色上延至脸侧。腰浅灰而沾褐并具黑色纵纹。雌鸟似雄鸟但胸无粉红。非繁殖期雄鸟似雌鸟但胸具粉红色鳞斑,尾叉形。

分布及习性:本种分布在全北界(古北界和新北界)的北部,繁殖于北方的针叶林区,越冬于温带林区,为我国常见鸟。指名亚种越冬于中国西北部的西天山并经东北各省至山东及江苏。迷鸟有见于甘肃东北部。结群而栖,多在地面取食,受惊时飞至高树顶部,飞行快速而具有跳跃性。本次调查仅见 1 只 1 次,尚不能判断其在贺兰山的居留型。

(16) 长尾雀 *Uragus sibiricus*

雀形目燕雀科长尾雀属。2007 年 9 月在苏峪口观察到。

中等体型(17 cm)而尾长的雀鸟。嘴甚粗厚。繁殖期雄鸟:脸、腰及胸粉红;额及颈背苍白,两翼多具白色;上背褐色而具近黑色且边缘粉红的纵纹。繁殖期外色彩较淡。雌鸟:具灰色纵纹,腰及胸棕色。与朱鹀的区别为嘴较粗厚,外侧尾羽白,眉纹浅淡霜白色,腰粉红。

分布及习性:分布于西伯利亚南部、哈萨克斯坦、中国北部及中部、朝鲜及日本北部。亚种 *sibiricus* 见于我国西北及东北西至山西(庞泉沟),越冬在天山;*ussuriensis* 于中国东北部以南;*lepidus* 限于陕西秦岭经甘肃武山至西藏东部;*henrici* 于四川、云南西部及西藏东南部。地方性常见。成鸟常单独或成对活动,幼鸟结群。本次调查仅见 1 例。

(17) 黑头鹀 *Emberiza melanocephala*

雀形目燕雀科鹀属。2008 年 4 月记录于苏峪口。

体型略大(17 cm)具褐色斑纹的鹀。下体近黄而无纵纹。繁殖期雄鸟头黑,但冬季色较暗,背近褐而带黑色纵纹,腰有时沾棕色。雌鸟及亚成鸟皮黄褐色,上体具深色纵纹。雄雌两性均具两道近白的翼斑,下体及臀黄色而无纵纹。

分布及习性:繁殖于地中海东部至中亚;越冬在印度。迷鸟至泰国、中国、日本及婆罗洲等地。在新疆西部的天山有极少的迁徙鸟记录。迷鸟至福建及香港。

常栖于有稀疏矮树的旷野。本次调查仅见 1 只,根据其分布区和以往在中国的记录分析,判断贺兰山黑头鹀应属迷鸟。

(18) 芦鹀 *Emberiza schoeniclus*

雀形目燕雀科鹀属。2008 年 1 月在马莲口保护站观察到。

体型略小(15 cm)而头黑的鹀。具显著的白色下髭纹。繁殖期雄鸟似苇鹀但上体多棕色。雌鸟及非繁殖期雄鸟头部的黑色多褪去,头顶及耳羽具杂斑,眉线皮黄。

分布及习性:为古北界鸟种。在我国共有 7 个亚种分布,其中亚种 *pyrrhuloides* 繁殖于新疆极西部(喀什)及新疆东部(哈密),越冬鸟于黄河上游及甘肃西北部。亚种 *minor* 繁殖于内蒙古东部呼伦池附近和黑龙江的中部及东部;越冬沿中国东部沿海。亚种 *zaidamensis* 为留鸟于青海柴达木盆地。亚种 *pallidior* 在中国东南沿海越冬;亚种 *passerina*、*parvirostris* 及 *incognita* 偶见在中国西北部越冬。芦鹀栖于高芦苇地,但冬季也在林地、田野及开阔原野取食。

(19) 三道眉草鹀 *Emberiza cioides*

雀形目燕雀科鹀属。分别于 2007 年 9 月在插旗口,2008 年 1 月在马莲口站,2008 年 4 月在大口子沟观察到本种。

体型略大(16 cm)的棕色鹀。具醒目的黑白色头部图纹和栗色的胸带,以及白色的眉纹、上髭纹并颏及喉。繁殖期雄鸟脸部有别致的褐色及黑白色图纹,胸栗,腰棕。雌鸟色较淡,眉线及下颊纹皮黄,胸浓皮黄色。雄雌两性均似鲜见于中国东北的栗斑腹鹀。但三道眉草鹀的喉与胸对比强烈,耳羽褐色而非灰色,白色翼纹不醒目,上背纵纹较少,腹部无栗色斑块。幼鸟色淡且多细纵纹,甚似戈氏岩鹀及灰眉岩鹀的幼鸟但中央尾羽的棕色羽缘较宽,外侧尾羽羽缘白色。

分布及习性:本种分布较广,从西伯利亚南部、蒙古、中国北部及东部,东至日本。

亚种 *tanbagataica* 为留鸟于中国西北天山地区；*cioides* 为留鸟于中国西北阿尔泰山及青海东部；*weigoldi* 见于中国东北大部；*castaneiceps* 为留鸟于中国华中及华东，冬季有时远及台湾及南部沿海。喜栖居高山丘陵的开阔灌丛及林缘地带，冬季下至较低的平原地区。本种在3个调查季节均有发现，估计为留鸟，但见于分布数量有限，仍然有待进一步观察而定。

(20) 田鹀 *Emberiza rustica*

雀形目燕雀科鹀属。于2008年1月在马莲口保护站观察到。

体型略小(14.5 cm)而色彩明快的鹀。腹部白色。成年雄鸟清爽明晰，头具黑白色条纹，颈背、胸带、两胁纵纹及腰棕色，略具羽冠。雌鸟及非繁殖期雄鸟相似但白色部位色暗，染皮黄色的脸颊后方通常具一近白色点斑。幼鸟不甚清楚且纵纹密布。

分布及习性：繁殖于欧亚大陆北部的泰加林；越冬至中国。指名亚种为常见冬候鸟于中国东部省份及新疆西部。亚种 *latifascia* 为不常见越冬鸟于东部沿海。可能在黑龙江北部的泰加林区有繁殖。栖于泰加林、石楠丛及沼泽地带，越冬于开阔地带、人工林地及公园。

(21) 白喉林莺 *Sylvia curruca*

雀形目莺科莺属。2007年9月在大口子沟观察到。

体型略小(13.5 cm)的林莺。头灰，上体褐色，喉白，下体近白。耳羽深黑灰，胸侧及两胁沾皮黄色。外侧尾羽羽缘白色。似沙白喉林莺但体羽色较深，脚色较深且嘴较大。较漠地林莺色深而少棕色。

分布及习性：分布于古北界的温带区，越冬至热带非洲、阿拉伯半岛及印度。在我国为不常见的繁殖鸟及过境鸟。繁殖期在内蒙古呼伦池地区有记录，可能在河北近北京处也有记录。过境鸟在中国有广泛的记录。栖于开阔的栖息生境下的浓密灌丛。甚隐蔽。本次普查仅见1只，鉴于已有的鸟类记录，我们认为该种在贺兰山为旅鸟。

(22) 橙斑翅柳莺 *Phylloscopus pulcher*

雀形目莺科柳莺属。于2007年9月在大口子沟和苏峪口观察到。

体型小(12 cm)的柳莺。背橄榄褐色，顶纹色甚浅。特征为具两道栗褐色翼斑。外侧尾羽的内翈白色。腰浅黄，下体污黄，眉纹不显著。

分布及习性：主要分布于喜马拉雅山脉、缅甸、中国中部及西藏南部；越冬至泰国北部。繁殖于其分布区北部及高山区，越冬南迁及至较低海拔处。为喜马拉雅山脉、青藏高原及中国中部海拔 2 000~4 000 m 的针叶林及杜鹃林中最常见的鸟之一。性活泼的林栖型柳莺,有时加入混合鸟群。

7.3 贺兰山的兽类资源

兽类资源对于生态系统的维持具有十分重要的作用,因此,它长期受到不同层面的管理者、研究人员的关注与研究。从 20 世纪 80 年代开始,贺兰山国家级自然保护区的大型兽类资源得到了一定的研究,特别是从 90 年代起,贺兰山的主要的大型资源兽类之一的岩羊(*Pseudois nayaur*)的生物学与生态学得到了大量深入的、较长期的研究,对这一物种的科学管理提出了许多有价值的建议,使岩羊的数量在贺兰山有明显的上升(李涛等,2005)。本次调查在于全面、系统地对贺兰山的兽类资源进行调查,了解不同物种的分布,分析这些物种的变化规律,为贺兰山的兽类资源的全面恢复与合理利用提供科学的支持。

7.3.1 兽类种类及构成

贺兰山共有兽类 6 目 15 科 45 属 56 种(表 7-6),占全国兽类 607 种(王应祥,2003)的 9.23%,占宁夏回族自治区兽类(王香亭,1990)72 种的 77.78%。其中有国家 I 级重点保护野生动物 3 种,分别是雪豹、高山麝和牦牛,国家 II 级重点保护野生动物 10 种,分别是石貂、野猫、漠猫、猞猁、马鹿、黄羊、鹅喉羚、斑羚、岩羊和盘羊(刘晓红等,2004)。

表 7-6 贺兰山兽类种类及种群数量

目、科、属	种类	拉丁名	保护级别	区系成分	收录依据	种群数量
I 食虫目		INSECTIVORA				
i 猬科		Erinaceidae				
一 大耳猬属		*Hemiechinus*				
	1.大耳猬	*Hemiechinus auritus*		全	文	+
二 林猬属		*Mesechinus*				
	2.达乌尔猬	*Mesechinus dauuricus*		全	文	+
ii 鼩鼱科		Soricidae				
三 麝鼩属		*Crocidura*				
	3.北小麝鼩	*Crocidura shantungensis*		全	采	+
II 翼手目		CHIROPTERA				
iii 蝙蝠科		Vespertilionidae				
四 鼠耳蝠属		*Myotis*				
	4.大足鼠耳蝠	*Myotis ricketti*			文	+
五 棕蝠属		*Eptesicus*				
	5.北棕蝠	*Eptesicus nilssoni*		全	文	+
	6.大棕蝠	*Eptesicus serotinus*		全	文	+
六 阔耳蝠属		*Barbasoella*				

续表 7-6　贺兰山兽类种类及种群数量

目、科、属	种类	拉丁名	保护级别	区系成分	收录依据	种群数量
	7.阔耳蝠	*Barbasoella leucomelas*		泛	采	+
七 大耳蝠属		*Plecotus*				
	8.灰大耳蝠	*Plecotus austriacus*			文	+
III 食肉目		CARNTVORA				
iv 犬科		Canidae				
八 犬属		*Canis*				
	9.狼	*Canis lupus*		泛	文	−
九 狐属		*Vulpes*				
	10.赤狐	*Vulpes vulpes*		泛	观	++
	11.沙狐	*Vulpes corsac*		全	文	−
v 鼬科		Mustelidae				
十 貂属		*Martes*				
	12.石貂	*Martes foina*	II	全	文	+
十一 鼬属		*Mustela*				
	13.香鼬	*Mustela altaica*		全	文	+
	14.艾鼬	*Mustela eversmanni*		全	文	+
十二 虎鼬属		*Vormela*				
	15.虎鼬	*Vormela peregusna*		全	文	+
十三 狗獾属		*Meles*				
	16.狗獾	*Meles meles*		全	观	++
十四 猪獾属		*Arctonyx*				
	17.猪獾	*Arctonyx collaris*		泛	文	−
vi 猫科		Felidae				
十五 猫属		*Felis*				
	18.野猫	*Felis silvestris*	II	全	观	+
	19.漠猫	*Felis bieti*	II	全	文	+
十六 猞猁属		*Lynx*				
	20.猞猁	*Lynx lynx*	II	全	文	+
十七 雪豹属		*Uncia*				
	21.雪豹	*Uncia uncia*	I		文	−
IV 偶蹄目		ARTIODACTYLA				
vii 麝科		Moschidae				
十八 麝属		*Moschus*				
	22.高山麝	*Moschus chrysogaster*	I		文	+
viii 鹿科		Cervidae				
十九 鹿属		*Cervus*				
	23.马鹿	*Cervus elaphus*	II	全	观	++
ix 牛科		Bovidae				
二十 野牛属		*Bos*				
	24.牦牛	*Bos grunnieus*	I	全	观	+
二一 原羚属		*Procapra*				
	25.黄羊	*Procapra gurtturosa*	II	全	文	−

续表 7-6　贺兰山兽类种类及种群数量

目、科、属	种类	拉丁名	保护级别	区系成分	收录依据	种群数量
二二 羚羊属		Gazella				
	26.鹅喉羚	Gazella subgutturosa	II		观	+
二三 斑羚属		Naemorhedus				
	27.斑羚	Naemorhedus caudatus	II		文	−
二四 岩羊属		Pseudois				
	28.岩羊	Pseudois nayaur	II	全	采	+++
二五 盘羊属		Ovis				
	29.盘羊	Ovis ammon	II	全	文	−
V 啮齿目		RODENTIA				
x 松鼠科		Sciuridae				
二六 花鼠属		Tamias				
	30.花鼠	Tamias sibiricus			观	++
二七 黄鼠属		Spermophilus				
	31.阿拉善黄鼠	Spermophilus alaschanicus			采	+++
xi 仓鼠科		Cricetidae				
[一]仓鼠亚科		Cricetidae				
二八 仓鼠属		Cricetulus				
	32.黑线仓鼠	Cricetulus barabensis		全	采	++
	33.灰仓鼠	Cricetulus migratorius		全	采	+
	34.长尾仓鼠	Cricetulus longicaudatus		全	采	+
二九 大仓鼠属		Tscheskia				
	35.大仓鼠	Tscheskia triton			采	+
三十 短尾仓鼠属		Allocricetulus				
	36.无斑短尾仓鼠	Allocricetulus curtatus			文	+
三一 毛足鼠属		Phodopus				
	37.小毛足鼠	Phodopus roborovskii		全	文	+
三二 麝鼠属		Ondatra				
	38.麝鼠	Ondatra zibethicus			文	−
[二]沙鼠亚科		Gerbillinae				
三三 沙鼠属		Meriones				
	39.长爪沙鼠	Meriones unguiculatus		全	文	+
	40.子午沙鼠	Meriones meridianus		全	文	+

续表 7-6　贺兰山兽类种类及种群数量

目、科、属	种类	拉丁名	保护级别	区系成分	收录依据	种群数量
xii 鼠科		Muridae				
三四 姬鼠属		*Apodemus*				
	41.大林姬鼠	*Apodemus peninsulae*	全		采	+++
三五 家鼠属		*Rattus*				
	42.黄胸鼠	*Rattus tanezumi*			采	+
	43.褐家鼠	*Rattus norvegicus*		泛	采	++
三六 白腹鼠属		*Niviventer*				
	44.社鼠	*Niviventer confucianus*		泛	采	+++
三七 小鼠属		*Mus*				
	45.小家鼠	*Mus musculus*		泛	采	++
xiii 跳鼠科		Dipodidae				
[三]五趾跳鼠亚科		Allactaginae				
三八 五趾跳鼠属		*Allactaga*				
	46.五趾跳鼠	*Allactaga sibirica*	全		文	+
	47.巨泡五趾跳鼠	*Allactaga bullata*	全		文	+
[四]心颅跳鼠亚科		Cardiocranius				
三九 五趾心颅跳鼠属		*Cardiocranius*				
	48.五趾心颅跳鼠	*Cardiocranius paradoxus*	全		文	+
四十 三趾心颅跳鼠属		*Salpingotus*				
	49.三趾心颅跳鼠	*Salpingotus kozlovi*	全		文	+
[五]跳鼠亚科		Dipodinae				
四一 三趾跳鼠属		*Dipus*				
	50.三趾跳鼠	*Dipus sagitta*	全		文	+
四二 羽尾跳鼠属		*Stylodipus*				
	51.内蒙羽尾跳鼠	*Stylodipus andrewsi*			文	+
[六]长耳跳鼠亚科		Euchoreutinae				
四三 长耳跳鼠属		*Euchoreutes*				
	52.长耳跳鼠	*Euchoreutes naso*			文	+
VI 兔形目		LAGOMORPHA				
xiv 鼠兔科		Ochotonidae				
四四 鼠兔属		*Ochotona*				
	53.达乌尔鼠兔	*Ochotona daurica*			采	+++

续表 7-6 贺兰山兽类种类及种群数量

目、科、属	种类	拉丁名	保护级别	区系成分	收录依据	种群数量
	54.高山鼠兔	*Ochotona alpina*			文	+
	55.贺兰山鼠兔	*Ochotona helanshanensis*			文	-
xv 兔科		Leporidae				
四五 兔属		*Lepus*				
	56.草兔	*Lepus capensis*		泛	采	+++

注：保护级别　Ⅰ为国家Ⅰ级重点保护野生动物，Ⅱ为国家Ⅱ级重点保护野生动物。
　　区系成分　全，完全或主要分布于古北界或全北界的种；泛：广泛分布于古北界和东洋界或分布于两个地理及其他地理界的种。
　　收录依据　采，调查中采到了标本；观，野外观察到而未采集到标本的种类；文，根据文献记载。
　　种群数量　-可能已绝迹或无分布，+稀有种，++常见种，+++优势种。

7.3.2 贺兰山珍稀濒危保护兽类

　　贺兰山兽类资源丰富，其中有许多种类具有极高的保护价值、科研价值和经济价值，但目前狼、雪豹、猞猁、蒙原羚、斑羚和盘羊都已在贺兰山觅不到踪迹，因此不进行叙述，现对几种贺兰山目前有分布的重要兽类的生态、现状等进行简介：

（1）高山麝（*Moschus chrysogaster*）

　　高山麝又名马麝，是国家Ⅰ级重点保护野生动物，分布于贺兰山的高山麝为一个单独的居群——贺兰山居群（王应祥，2003）。

　　高山麝栖息活动于 1 700~5 000 m 的针叶林、杜鹃林、林线以上的高山灌丛、草甸、裸露山地和草地。多晨昏活动，但午夜也有一个活动高峰，白天隐于干燥能避风雨而又温暖的地方静卧休息。除发情交配期外，多独栖。行动轻快敏捷，善奔于悬崖峭壁间。在无干扰的情况下，外出寻食、排便和休息地，均有固定的路线和场所。寻食时行动缓慢，食性较广，以各种树的嫩枝、柔叶、草茎、苔藓、蘑菇及农作物的枝、叶、果实等为食。受惊后迅即逃走，但跑一段路有回头凝视的行为，几经反复后逃入灌丛或沿山坡从高处下至低处顺沟谷逃走，待一段时间后又返回原地，故说该物种有"舍命不舍山"的习性（王兆锭和张鹏，1997）。一年繁殖一次。11 月至翌年 1 月发情交配，5~6 月产崽，每胎 1~2 仔。初生幼崽体背及两侧有纵行排列的淡黄色斑。幼崽刚生下不久就能站立慢走。2 月后幼崽换毛,体背及两侧斑点消失。秋后幼崽与母体分开独立生活。野外最长寿命为 10 年(刘志宵和盛和林,2000)。

高山麝曾经在贺兰山广泛分布。据 1983 年的调查,高山麝的数量有 1 540~1 770 只,到 1995 年高山麝的数量仅为 227 只(刘志宵等,2000),本次调查没有在野外发现高山麝的实体,也没有发现粪便和活动痕迹,它在贺兰山已几乎绝迹,数量极其稀少,造成高山麝数量急剧下降的主要原因是盗猎。如不加强保护,高山麝将很快在贺兰山彻底灭绝(胡天华和李涛,2003)。

(2) 马鹿 (*Cervus elaphus*)

马鹿是国家 II 级重点保护野生动物,分布于贺兰山的马鹿为一个单独的亚种——马鹿阿拉善亚种(Ohtaishi and Sheng,1993;Nowak,1999;Wang and Schaller,1996;盛和林等,1992),该亚种目前仅分布于贺兰山中段,是我国唯一幸存的该亚种有效种群,也是各亚种中分布范围最小、数量最少的一个隔离种群(张显理等,1999)。

马鹿栖息于海拔 1 300~5 000 m 的高山草甸、草原、针阔混交林、林间草地、稀疏灌丛和溪谷沿岸。随季节变化有垂直迁移习性(王小明等,1999)。夏季多在高海拔的阴坡林中和林缘草地活动。冬季和早春在低海拔的向阳较暖地方活动(刘振生等,2004)。多晨昏活动取食,中午到山坡或山谷中阳光充足的地方休息。植食性,以杨、榆、桦、胡枝子的嫩枝、芽、叶为主要食物,也啃食树皮及杂草、山果、蘑菇、农作物及蔬菜(崔多英等,2007)。饱食后常到含盐多的地方舔食盐类(张显理等,2006)。喜结群,常 3~5 只成群活动,冬季则有 40~50 只的大群。9~11 月发情交配,此时雄鹿常鸣叫,且雄鹿之间常发生争雌斗殴。妊娠期约 8 个月,5~7 月产崽,每胎 1 崽,偶产 2 崽。崽鹿生下后母鹿舐干附在毛被上的黏液,几小时后开始站立吃奶。1 周内崽鹿处在少活动和假寐状态,静卧于密灌丛或草丛临时卧穴,此时母鹿不远离崽鹿,遇有敌害,则先逃跑以引开敌害,达到护崽目的(赵殿生,1983)。1 周后崽鹿能随母鹿在卧穴附近活动,3 月龄断乳合群。崽鹿 2~3 岁性成熟。雄崽鹿第 2 年开始生角,第 3 年角分叉。每年 3 月底至 4 月初旧角脱落,另生新角,角盘在角脱落后 10 天左右封口,继而生出茸角,经 15 天左右生第 1 枝眉叉,25天左右生第 2 枝,55 天左右生第 3 枝,70 天左右生第 4 枝。8 月中旬茸皮脱落露出骨化角。冬毛 9 月长出至 12 月长齐;翌年 4 月脱冬毛换夏毛,5 月换毛完成。马鹿性机警,善奔跑。听觉、嗅觉均较敏锐,视觉较差(胡天华和李涛,2002)。

马鹿在贺兰山常见,主要分布于贺兰山中段,1983 年其种群数量为 850~1 060 只,如今的种群数量在 700~1 000 只(张显理等,1999,2006),种群数量变化不大。作为仅分布于贺兰山的一个亚种,阿拉善马鹿具有重要的保护意义和研究价值,应加大保护力度,使其种群有所恢复。

(3) 鹅喉羚 (*Gazella subgutturosa*)

鹅喉羚是国家Ⅱ级重点保护野生动物,目前仅分布于贺兰山三关口附近的洪积扇上,由于该地区人为干扰大,而且不在保护区范围之内,其生存状况堪忧。

鹅喉羚栖息在海拔 1 000~2 700 m 的荒漠草原和荒漠戈壁,地形从平原、丘陵到戈壁滩。喜在开阔地带活动,常结成 2~6 头的小群,冬季结成 20~30 头的大群,在有水源的地方集群数量较大,可见到近百头的临时大群。白天活动,夜晚休息。以戈壁羽茅、葱属、猪毛菜属、艾蒿类、红砂、梭梭及其他禾本科植物等为食。受惊后常突然在原地高跳或以后肢直立,观察动静和逃跑方向。育幼期有雌雄分群现象。雄性自结成群,雌性带领幼崽。每年繁殖一次,11 月至翌年 1 月发情交配。5~6 月产崽,每胎 1~2 崽。幼崽出生后 3~4 天即能跟雌性快跑(刘振生等,2009)。

(4) 牦牛 (*Bos grunnieus*)

野牦牛是国家Ⅰ级重点保护野生动物,贺兰山生活的牦牛属于半野生牦牛。据传于 200 多年前的清乾隆年间,作为喇嘛从青海、甘肃向贺兰山的寺庙驮运经书的工具而带入贺兰山,后将其放入山中,逐渐野化形成现在的种群。每年的入冬时期保护区将牦牛赶下山对新生的小崽标记,并淘汰老病的牦牛。目前贺兰山牦牛的种群数量为 400~500 只左右,集中分布于哈拉乌沟。

牦牛是一种特殊适应于高寒气候的典型种类。分布在 4 000~5 000 m 的高山草原、高原寒漠地带。集群活动,小群 10 余头,大群可达百余头或数百头,一般由雌性和亚成体结群。成年雄性性情较孤独,常离群单独活动,或 2~3 头相伴。每群有一头壮年雄性带领,游荡在高山之间。若遇危险,牛群逃跑时成体分别位于前面和后面,幼体居中,受到保护。牦牛耐寒怕热,夏季栖息在 6 000 m 以上的高山冰川间隙草地,冬季高山积雪,常下降到 3 000 m 左右的低山带活动。由于常年生活在空气稀薄、植被贫乏的高寒草原或荒凉的寒漠地带,加之食量大,所以每天大部分时间都在觅食。在气温较高季节,食物比较充足,多在清晨和傍晚吃草,白天退居在陡峭险阻、背风向阳处休息,躺卧或站立反刍。在气温很高的中午,牦牛有到湖泊或溪流沐浴的习性。在严寒的冬季,植被多被冰雪覆盖,此时采食困难,常由雄性带领,在较大范围内作短距离的迁移。它以质地粗硬、适口性较差的野草充饥,以冰雪解渴。主要以各种禾本科和莎草科的高山寒漠植物为食。发情期 9~12 月。孕期 8~9 个月,翌年 6~7 月产崽,每胎 1 崽。产后 15 天左右,幼崽便可随雌性一起活动,第二年夏季断奶。3 岁左右性成熟(刘振生等,2009)。

作为一个独特的种群,贺兰山半野生牦牛具有很高的研究价值,其对贺兰山地理、气候的适应以及与其他食草动物的种间关系是今后研究的一个重要方向。

(5) 岩羊(*Pseudois nayaur*)

岩羊是国家 II 级重点保护野生动物,在贺兰山为最主要的优势物种。

岩羊是典型的高山动物,栖息于海拔 1 000~5 500 m 的高山裸岩地带、高山草甸和山谷草地,基本不进入林内,在贺兰山选择山地疏林草原带、亚高山灌丛和草甸带活动。体色与岩石接近,站立或卧于裸岩处很难被发现(刘振生等,2005,2005,2008)。无固定栖息场所,行走路线也不固定(Liu et al.,2007)。听觉、视觉灵敏,行动敏捷,善于在悬崖峭壁的岩石间攀登、跳跃。一跳可达 2~3 m,从高向下纵身跳跃可达 10 m(王小明等,1996)。喜群居,常数十只至上百只不等,冬季繁殖期集大群,在贺兰山平均群大小为4.86 只,其中母仔群为集群最多的类型(曹丽容,2005,2005;李新庆等,2007;梁云媚和王小明,2000;王小明等,1998,1998;余玉群等,2004)。一年中除冬季每天维持较高的活动外,其他季节晨昏活动(任青峰,1999;刘振生等,2005),以青草和各种灌木的枝叶为食,在贺兰山取食的植物多达 40 余种(属)(Liu et al.,2007)。冬季啃食干草和乔灌木的落叶。每年 11~12 月发情交配。孕期约 5 个月,每年 4~6 月产仔。每胎 1 仔。贺兰山岩羊在野外的最大寿命可达 18 岁(王小明等,2005)。

岩羊在贺兰山全山均有分布,很常见,种群数量在 15 000 只左右(Liu et al.,2008;刘振生等,2004,2007;刘楚光和王艳,2006;吕海军等,2000;任青峰等,1999;张显理等,2007)。

(6) 贺兰山鼠兔(*Ochotona helanshanensis*)

贺兰山鼠兔被 IUCN 列为极危种,但我国目前还仅将其列为达乌尔鼠兔的一个亚种,越来越多的证据显示贺兰山鼠兔是一个单独的种(刘振生等,2009)。

贺兰山鼠兔栖于海拔 2 000 m 以上的山地砾石带。在巨石堆砌的乱石坑或磷矿石、石灰石废弃旧矿井坑道的石缝、裂隙中栖居,尤喜在距坑道口 5~10 m 的地方生活。洞道结构简单,洞口无一定形状,洞道长短不一,内设巢室、贮室、厕所。巢室一般 1 至数个,贮室 1~3 个,巢室为居住及育幼使用,贮室中储有干草,为越冬使用。喜群居,一般由1~3个家族共同组成一个集群。以植物性食物为食,尤喜食蒿草,也吃莎草科和禾本科植物的茎、叶。不冬眠。全天活动,以晨昏最为活跃。胆小,活动范围 10~50 m。一年繁殖一次,每胎 2~4 仔。4 月开始繁殖,一直延续到夏末秋初,孕期约 25d,出生后 1 周龄可随雌性外出活动。一年换毛 2 次,9 月上中旬换冬毛,4 月中旬换夏毛(傅景文,2007)。

　　贺兰山鼠兔数量极少,分布区狭窄。仅分布于贺兰山苏峪口海拔 1 800~2 000 m 的地带。IUCN 预测贺兰山鼠兔将在最近几年内灭绝(Nowak,1999)。目前人们对贺兰山鼠兔所知甚少,在两年的调查中,曾经专门对贺兰山鼠兔进行捕捉,以期对其进行研究,但没有捕到,可见种群数量已极度濒危,应立即加强保护研究。

第八章 森林资源

8.1 森林资源现状与特点

8.1.1 各类土地面积

宁夏贺兰山国家级自然保护区土地总面积 193 535.68 hm²。其中,林地面积 191 127.08 hm²,占保护区土地总面积的 98.8%;非林地面积 2 408.6 hm²,占保护区土地总面积的 1.2%。

在林地面积中,有林地面积 18 635.3 hm²,占林地面积的 9.8%;森林面积 27 609.0 hm²,占林地面积的 14.4%;森林覆盖率 14.3%。各地类面积及所占比例详见表 8-1。

表 8-1 各类土地面积

地类	面积(hm²)	所占比例（%）
总计	193 535.68	100
针叶林	9 350.2	4.8
阔叶林	4 724.1	2.4
针阔混交林	4 561.0	2.4
疏林地	7 829.3	4.1
灌木林地	8 973.7	4.6
未成造	343.1	0.2
宜林荒山荒地	155 217.68	80.2
其他宜林地	125.2	0.1
辅助生产林地	2.8	
水浇地	68.2	0.1
旱地	253.3	0.1
水域	37.4	
未利用地	59.1	
建设用地	1 990.6	1.0

8.1.2 各类林地面积

宁夏贺兰山国家级自然保护区林地资源中,乔木林面积 18 635.3 hm²,占 9.8%;疏林地面积 7 829.3 hm²,占 4.1%;灌木林地面积 8 973.7 hm²,占 4.7%;未成林地343.1 hm²,占 0.2%;宜林地面积 155 342.88 hm²,占 81.3%。林地权属全部为国有。各类林地面积构成详见图 8-1。

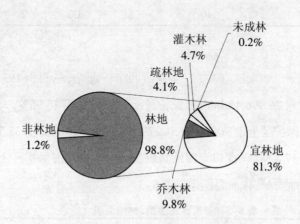

图 8-1　各类土地面积构成

乔木林中,针叶林面积 9 350.2 hm²,占乔木林地面积的 50.17%;阔叶林面积4 724.1 hm²,占乔木林面积的 25.35%;混交林面积 4 561.0 hm²,占乔木林地面积的 24.48%。其中天然起源面积 18 529.3 hm²,人工起源面积 106 hm²。

疏林地中,总面积为 7 829.3 hm²,其中天然起源的面积为 7 817.8 hm²,占 99.85%;人工起源的面积为 11.5 hm²,占 0.15%。优势树种(组)主要以灰榆、油松、云杉居多,仅此三个树种就占 96.36%;特别是本次调查的灰榆占 80.74%,其他树种(组)的面积较小。

灌木林地中,本区域全是国家特别规定的灌木林地,其总面积 8 973.7 hm²,全是天然灌木林地,主要树种是四合木面积 306.9 hm²,占灌木林总面积的 3.42%;柏类灌木面积 385.1 hm²,占灌木林地总面积的 4.29%。其他灌木面积 8 281.7 hm²,占灌木林地总面积的 92.29%。

未成林地中,未成林造林地面积 343.1 hm²,分别占贺兰山土地总面积和林地总面积的 0.17% 和 0.18%。

宜林地中,宜林荒山荒地面积 155 217.68 hm²,占宜林地面积的 99.92%;其他宜林地面积125.2 hm²,占宜林地面积的0.08%。

8.1.3 各类非林地面积

保护区非林地面积2 408.6 hm²,各类非林地面积及构成比例见表8-2。

表8-2 各类非林地面积及构成比例 hm²

	非林地	水田	水浇地	旱地	菜地	牧草地	水域	未利用地	建设用地
面积	2408.6		68.2	253.3			37.4	59.1	1990.6
比例%	100		2.8	10.5			1.6	2.5	82.6

8.1.4 各类土地分布情况

保护区下设红果子、大水沟、苏峪口、马莲口四个管理站,总面积193 535.68 hm²。其中红果子管理站面积26 996.48 hm²,占保护区土地总面积的13.95%,大水沟管理站面积99 242.3 hm²,占保护区土地总面积的51.27%,苏峪口管理站面积33 708.2 hm²,占保护区土地总面积的17.42%,马莲口管理站面积33 588.7 hm²,占保护区土地总面积的17.36%。各管理站土地面积、林地面积详见表8-3。

表8-3 各管理站土地、林地面积 hm²

管理站	土地面积	比例（%）	林地面积	有林地面积	有林地占土地面积比例(%)
保护区	193535.68	100	191127.08	18635.3	9.6
红果子管理站	26996.48	13.9	25452.78	350.7	1.3
大水沟管理站	99242.30	51.3	98616.30	7532.6	7.6
苏峪口管理站	33708.20	17.4	33581.60	6978.7	20.7
马莲口管理站	33588.70	17.4	33476.40	3773.3	11.2

各管理站有林地、疏林地、灌木林地等各类林地面积、森林覆盖率见表8-4。

表8-4 各管理站各类林地面积森林覆盖率 hm²

单位	有林地	疏林地	灌木林地	未成林造林地	宜林地	辅助生产用地	森林覆盖率
保护区	18635.3	7829.3	8973.7	343.1	155342.88	2.8	14.3
红果子	350.7	1161.9	1341.7		22597.68	0.8	6.3
大水沟	7532.6	4881.3	5250.8		80951.60		12.9
苏峪口	6978.7	1118.9	819.9	186.8	24477.30		23.1
马莲口	3773.3	667.2	1561.3	156.3	27316.30	2	15.9

8.1.5 各林种结构

保护区森林全部为生产公益林,保护区有林地、疏林地、灌木林、未成林地按照林种主要划分为防护林(农田牧场防护林和护路林),特种用途林(自然保护区林、环境保护林),以自然保护区林为主体。其中特种用途林面积为 35 323.4 hm²,占生态公益林面积的 99.67%,防护林面积 114.9 hm²,占生态公益林面积的 0.33%。在特种用途林中,以自然保护区林面积为主,面积达 35 301.4 hm²。各林种面积、蓄积见表 8–5。

表 8–5　各林种面积、蓄积构成　　　　　　　　　　　hm²,万 m³

林种	亚林种	林种面积结构		亚林种面积结构		蓄积结构	
		面 积	比例%	面 积	比例%	蓄 积	比例%
	合 计	35438.3	100	35438.3	100	132.07	100
特种用途林	自然保护区林	35323.4	99.67	35301.4	99.61	131.92	99.89
	环境保护林			22.0	0.06		0.00
防护林	护路林	114.9	0.33	59.8	0.17	0.15	0.11
	农田牧场防护林			55.1	0.16		0.00

8.1.5.1 乔木林林种结构

在乔木林中,自然保护区林面积 18 509.9 hm²,占乔木林面积的 99.33%;环境保护林面积 22.0 hm²,占乔木林面积的 0.12%;农田牧场防护林面积 43.6 hm²,占乔木林面积的 0.23%;护路林面积 59.8 hm²,占乔木林面积的 0.32%。

8.1.5.2 疏林地林种结构

在疏林中,自然保护区林面积 7 817.8 hm²,占疏林面积的 99.85%;、农田牧场防护林面积 11.5 hm²,占乔木林面积的 0.15%。

8.1.5.3 灌木林林种结构

在灌木林中,全部为自然保护区林,总面积 8 973.7 hm²。

8.1.6 各类林木蓄积

宁夏贺兰山国家级自然保护区林木总蓄积为 132.07 万 m³, 其中:林分蓄积为 127.75 万 m³,占林木总蓄积的 96.73%;疏林地蓄积为 4.32 万 m³,占林木总蓄积 3.27%。各类林木蓄积构成见图 8–2。

在森林蓄积中,针叶林蓄积 93.38 万 m³,占森林蓄积的 73.10%;阔叶林蓄积3.69 万 m³,占森林蓄积的 2.89%;混交林蓄积 30.68 万 m³,占森林蓄积的24.01%。

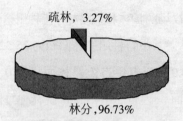

疏林，3.27%

林分，96.73%

图 8-2　各类林木蓄积构成

8.1.7 天然林资源

宁夏的天然林资源相对较少，但宁夏贺兰山国家级自然保护区是全区天然林比较集中的区域之一。天然林资源总面积 35 320.8 hm²，占贺兰山林木资源的 98.71%。其中天然乔木林面积为 18 529.3 hm²，蓄积为 1 276 673.0 m³；天然起源的国家特别规定的灌木林面积 8 973.7 hm²；天然疏林面积 7 817.8 hm²，蓄积 43 179.6 m³。

8.1.7.1 天然乔木林林种结构

天然乔木林总面积为 18 529.3 hm²，蓄积 1 276 673.0 m³。林种以特用林为主。其中特种用途林 18 497.7 hm²，蓄积 1 275 720.0 m³，防护林 31.6 hm²，蓄积 953 m³，分别占天然乔木林总面积、蓄积的 99.8% 和 99.93%（表 8-6）。

表 8-6　天然乔木林各林种面积、蓄积构成

林种	面积结构		蓄积结构	
	面积(hm²)	比例(%)	蓄积(m³)	比例(%)
合计	18529.3	100.00	1276673.0	100.00
特用林	18497.7	99.8	1275720.0	99.93
防护林	31.6	0.2	953.0	0.07

8.1.7.2 天然乔木林龄组结构

天然乔木林中，中龄林面积最大，其面积为 9 261.9 hm²，蓄积为 910 516.2 m³，分别占天然林面积、蓄积的 49.99% 和 71.32%。各龄组面积、蓄积详见表 8-7。

表 8-7 天然乔木林各龄组面积蓄积构成

龄 组	面积结构		蓄积结构	
	面积（hm²）	比例（%）	蓄积（m³）	比例（%）
合 计	18529.3	100	1276673	100
中 龄 林	9261.9	49.99	910516.2	71.32
近 熟 林	7328.9	39.55	289828.4	22.70
成 熟 林	1921.2	10.37	75935.5	5.95
过 熟 林	17.3	0.09	392.9	0.03

8.1.7.3 天然乔木林优势树种(组)结构

天然乔木林中，主要以青海云杉、油松、灰榆、山杨等优势树种为主，其中青海云杉面积为 9 288.8 hm²，占天然乔木林面积的 50.13%，蓄积为 915 328.9 m³，占天然林蓄积的 71.7%；油松面积为 3 219.5 hm²，占天然林面积的 17.38%，蓄积为 281 791.4 m³，占天然林蓄积的 22.07%，各优势树种面积、蓄积见表 8-8。

表 8-8 天然乔木林各优势树种(组)面积、蓄积构成

优势树种（组）	面积（hm²）	比例（%）	蓄积（m³）	比例（%）
合计	18529.3	100.00	1276 673.0	100.00
青海云杉	9288.8	50.13	915328.9	71.70
油松	3219.5	17.38	281791.4	22.07
柏类	19.7	0.11	139.5	0.01
灰榆	3978.5	21.47		0.00
山杨	1974.2	10.65	77708.5	6.09
其他阔叶	48.6	0.26	1704.7	0.13

8.1.8 人工林资源

宁夏贺兰山国家级自然保护区人工林总面积 460.6 hm²，蓄积 869.1 m³。其中人工乔木林面积 106.0 hm²，蓄积 869.1 m³，分别占人工林面积、蓄积的 23.01% 和 100%；人工疏林面积 11.5 hm²，占人工林面积的 2.50%；未成林造林地面积 343.1 hm²，占人工林面积的 74.49%。

8.1.8.1 人工林林种结构

人工乔木林与天然乔木林相比，面积很小，其林种全部为防护林，较为单一，主要是山下洪积扇区的人工护路林和防护林。

8.1.8.2 人工乔木林龄组结构

人工乔木林属幼、中龄林,且以中龄林为主,其面积 97.6 hm²、蓄积 761.9 m³,分别占人工乔木林总面积、蓄积的 92.08% 和 87.67%,详见表 8-9。

表 8-9 人工乔木林各龄组面积、蓄积构成

龄组	面积结构		蓄积结构	
	面积（hm²）	比例（%）	蓄积（m³）	比例（%）
合　计	106	100.00	869.1	100.00
幼 龄 林	8.4	7.92	107.2	12.33
中 龄 林	97.6	92.08	761.9	87.67

8.1.8.3 人工林优势树种(组)结构

人工林中,树种以灌木树种为主。人工林中刺槐面积为 72.3 hm²,占人工林面积的 15.70%;杨类树种面积为 16.0 hm²,占人工林面积的 3.47%,果树类树种面积为 43.2 hm²,占人工林面积的 9.38%。灌木树种(柠条等)面积 343.1 hm²,占人工林面积 74.49%。

8.1.9 乔木林资源

8.1.9.1 乔木林龄组结构

在以中龄、近熟林为主体的乔木林中,中龄林面积 9 358.7 hm²,占乔木林总面积的 50.22%,蓄积 911 278.1 m³,占乔木林总蓄积的 71.33%;近熟林面积 7 329.7 hm²,占乔木林总面积的 39.33%,蓄积 289 828.4 m³,占乔木林总蓄积的 22.69%。各龄组面积、蓄积见表 8-10。

表 8-10 乔木林各龄组面积、蓄积构成

龄组	面积结构		蓄积结构	
	面积（hm²）	比例（%）	蓄积（m³）	比例（%）
合　计	18635.3	100	1277542.1	100
幼 龄 林	8.4	0.05	107.2	0.01
中 龄 林	9358.7	50.22	911278.1	71.33
近 熟 林	7329.7	39.33	289828.4	22.69
成 熟 林	1921.2	10.31	75935.5	5.94
过 熟 林	17.3	0.09	392.9	0.03

8.1.9.2 乔木林优势树种(组)结构

保护区乔木林以针叶林为主,其优势树种(组)主要有青海云杉、油松、柏类、灰榆、山杨等,其中以青海云杉所占比例最大,青海云杉林面积 9 288.8 hm²,蓄积 915 328.9 m³,

分别占乔木林面积、蓄积的49.85%和71.65%。油松林面积3 219.5 hm²,蓄积281 791.4 m³,分别占乔木林面积、蓄积的17.28%和22.06%;灰榆面积3 978.5 hm²,占乔木林面积的21.35%。山杨面积1974.2 hm²,蓄积77 708.5 m³,分别占乔木林面积、蓄积的10.59%和6.08%。各优势树种(组)面积、蓄积详见表8-11。

表8-11 乔木林各优势树种(组)面积、蓄积构成

优势树种(组)	面积(hm²)	比例(%)	蓄积(m³)	比例(%)
合计	18635.3	100.00	1277542.1	100.00
青海云杉	9288.8	49.85	915328.9	71.65
油松	3219.5	17.28	281791.4	22.06
柏类	19.7	0.11	139.5	0.01
灰榆	3978.5	21.35		0.00
刺槐	23.6	0.13	524.4	0.04
山杨	1974.2	10.59	77708.5	6.08
其他阔叶	87.7	0.47	2049.4	0.16
其他果树	43.3	0.22		0

8.1.10 灌木林资源

宁夏贺兰山国家级自然保护区灌木林总面积为8 973.7 hm²,全部为国家特别规定的灌木林,按照覆盖度等级分,疏8 148.8 hm²,占保护区灌木林面积的90.81%;中671.3 hm²,占保护区灌木林面积的7.84%;密153.6 hm²,占保护区灌木林面积的1.71%;。

灌木林按树种组成统计,其他灌木类(蒙古扁桃等)8 281.7 hm²,占保护区灌木林面积的92.29%;四合木306.9 hm²,占保护区灌木林面积的3.42%;其他柏类(叉子圆柏等)385.1 hm²,占保护区灌木林面积的4.29%。保护区灌木林面积结构统计情况,详见表8-12。

表8-12 贺兰山灌木林面积结构统计　　　　　　hm²

树种	国家特别规定灌木林							
	合计	%	疏	%	中	%	密	%
贺兰山保护区	8973.7	100	8148.8	90.81	671.3	7.48	153.6	1.71
四合木	306.9	3.42	306.9				0	
柏类灌木	385.1	4.29	288.4		96.7		0	
其他灌木	8281.7	92.29	7553.5		574.6		153.6	

8.1.11 散生木资源

宁夏贺兰山国家级自然保护区的散生木主要为灰榆,灰榆广泛分布于保护区海拔 1 300~2 000 m 的阳坡地段,主要存在于灌木林和宜林荒山荒地中,平均 3 株/ hm²,大约 54 万株。

8.1.12 森林质量

8.1.12.1 各林种每公顷蓄积

保护区的自然保护区林总面积 35 301.4 hm²,其中乔木林 18 509.9 hm²,疏林 7 817.8 hm²,国家特别规定灌木林 8 973.7 hm²。这其中灰榆面积 10 299.8 hm²(有林地 3 978.5 hm²,疏林地 6 321.3 hm²)。除去灌木林及灰榆林,进行过蓄积量调查的自然保护区林面积为 16 027.9 hm²,各林种每公顷蓄积量见表 8-13。

表 8-13　　各林种每公顷蓄积　　hm²、m³

林种	亚林种	面积	蓄积	每公顷蓄积
防护林	农田牧场防护林	55.1		
	护路林	59.8	1526.5	25.5
特种用途林	环境保护林	22		
	自然保护区林 (除去灌木林及灰榆)	16027.9	1319 200	82.3

8.1.12.2 乔木林各龄组每公顷蓄积

保护区乔木林面积 18 635.3 hm²,在乔木林中灰榆林面积 3 978.5 hm²,其中灰榆近熟林面积 3 953.1 hm²,中龄林 25.4 hm²。各龄组每公顷蓄积中龄林为 97.37 立方米,近熟林为 85.83 m³,成熟林为 39.53 m³,过熟林为 22.71 m³,幼龄林最小,达每公顷 12.76 m³。由表 8-15 看出,造成保护区中龄林每公顷蓄积比近熟林高,以及近熟林比成熟林高的原因,是由于在中龄林总蓄积量中,主要以青海云杉为主,蓄积占中龄林总蓄积的 99.72%;在近熟林总蓄积量中,主要以油松为主,占近熟林总蓄积量的 96.1%;在成熟林总蓄积量中,主要以山杨为主,占成熟林总蓄积量的 99.71%;而青海云杉每公顷蓄积比油松大,油松每公顷蓄积比山杨大(表 8-16)。各龄组面积、蓄积及每公顷蓄积见表 8-14。

表 8-14　乔木林各龄组每公顷蓄积

龄组	面积		蓄积		每公顷蓄积（m³）
	面积（hm²）	比例（%）	蓄积（m³）	比例（%）	
合　计	14656.8	100	1277542.1	100	87.16
幼　龄　林	8.4	0.05	107.2	0.01	12.76
中　龄　林	9333.3	63.68	911278.1	71.33	97.37
近　熟　林	3376.6	23.04	289828.4	22.69	85.83
成　熟　林	1921.2	13.11	75935.5	5.94	39.53
过　熟　林	17.3	0.12	392.9	0.03	22.71

表 8-15　乔木林不同树种各龄组每公顷蓄积　　　　　　　　hm², m³

龄组	云杉			油松			山杨		
	面积	蓄积	每公顷蓄积	面积	蓄积	每公顷蓄积	面积	蓄积	每公顷蓄积
合　计	9288.8	915328.9	98.54	3219.5	281791.4	87.53	1974.2	77708.5	39.36
幼龄林									
中龄林	9124	904878.7	99.17	41	3287.4	80.18	17.4	595	34.20
近熟林	161.4	10232.2	63.40	3178.5	278504	87.62	21.7	1003.1	46.23
成熟林	3.4	218	64.12				1917.8	75717.5	39.48
过熟林							17.3	392.9	22.71

8.1.12.3　乔木林各优势树种(组) 每公顷蓄积

乔木林各优势树种每公顷蓄积以青海云杉最高,达每公顷 98.54 m³,油松次之,为每公顷 87.53 m³。柏类最低,为每公顷 7.08 m³。乔木林平均蓄积量为87.16 m³。各优势树种面积、蓄积及每公顷蓄积见表 8-16。

表 8-16　乔木林各优势树种每公顷蓄积

优势树种（组）	面积(hm²)	比例(%)	蓄积(m³)	比例(%)	每公顷蓄积(m³)
合计	18635.3	100	1277542.1	100	87.16 (除去灰榆)
青海云杉	9288.8	49.85	915328.9	71.65	98.54
油松	3219.5	17.28	281791.4	22.06	87.53
柏类	19.7	0.11	139.5	0.01	7.08
灰榆	3978.5	21.35			
刺槐	23.6	0.13	524.4	0.04	22.22
山杨	1974.2	10.59	77708.5	6.08	39.36
其他阔叶	87.7	0.47	2049.4	0.16	23.37
其他果树	43.3	0.22			

8.1.12.4 针阔叶林面积比

保护区乔木林以针叶林为主,面积 9 350.2 hm²,占乔木林总面积的 50.2%。其次为阔叶林,面积 4 724.1 hm²,占乔木林总面积的 25.3%,针、阔、混交林面积及构成比例见表8-17。

表 8-17　针、阔、混交林占乔木林面积比例

类别	乔木林	针叶林	阔叶林	混交林
面积	18635.3	9350.2	4724.1	4561.0
比例%	100	50.2	25.3	24.5

8.1.13 森林资源特点

（1）森林资源总量小,森林覆盖率和活立木蓄积量低,树种少而单纯

保护区森林覆盖率为 14.3%,活立木蓄积量为 1 320 721.7 m³,森林覆盖率和全国的平均水平相比还有一定差距(全国森林覆盖率为 18.21%)。同时,保护区森林主要为天然次生林,林种少而单纯,形成森林岛。主要树种有青海云杉,油松,山杨,灰榆等。

（2）有林地、疏林地、灌木林地所占比重小,宜林荒山荒地面积大

保护区有林地面积 18 635.3 hm²,疏林地面积 7 829.3 hm²,灌木林地面积 8 973.7 hm²,分别占保护区土地总面积的 9.6%、4.1%和4.6%。而宜林地面积 155 342.88 hm²,占保护区土地总面积的 80.3%。其中大水沟管理站宜林地面积 80 951.6 hm²,红果子管理站宜林地面积 22 597.68 hm²。

（3）有林地分布与坡向、海拔关系密切

保护区有林地主要以针叶林为主,占有林地面积的 50.2%,针叶林主要分布在山谷的阴坡及半阴坡、海拔 2 000~3 000 m 之间。阳坡分布有少量的灰榆林,这与阴阳坡水热条件不同及灰榆的耐旱特性有关。

（4）保护区森林资源地域分布不均

保护区森林资源集中分布在保护区中段的甘沟至汝箕沟段,约占保护区森林资源的 90% 以上;中段森林面积大,林分质量相对较好,针叶林仅分布在该段。其中以苏峪口管理站森林资源分布最多,有林地占管理站土地总面积的 20.7%,森林覆盖率达 23.1%;马莲口管理站次之,红果子管理站森林覆盖率及有林地占土地面积比例最低,仅为 6.3%和1.3%。同时,阴阳坡的森林分布也不均,阳坡多为宜林荒山,岩石裸露,仅存少量耐旱植物如灰榆、杜松、锦鸡儿等,阴坡多为灌木林、疏林、有林地分布。

（5）林龄结构不合理

保护区森林多为中龄林、近熟林,幼龄林、成、过熟林比重小。中龄林和近熟林占保护区有林地面积的 89.5%,幼龄林极少。另外,从树种结构来看,整个乔木林树种结构中,针叶树所占比重高达 50.2% ,阔叶林资源比重较低,针阔叶林种比例失调,这对维护生态平衡及生物多样性不利。

（6）保护区的野生动植物资源比较丰富

保护区有野生维管束植物 84 科 329 属 647 种 17 变种, 苔藓植物 26 科 65 属 142 种,大型真菌 16 目 32 科 81 属 259 种。有脊椎动物 218 种,其中鸟类 143 种,兽类 56 种,爬行类 14 种,两栖类 3 种,鱼类 2 种。

8.2 森林资源动态变化分析

宁夏贺兰山国家级自然保护区于 2003 年经国务院批准进行了范围调整（扩界）,调整后保护区范围由 157 812.9 hm² 调整到 206 266 hm²,2011 年 3 月又经国务院批准进行了范围调整,调整后保护区面积为 193 535.68 hm²。本次调查宁夏贺兰山国家级自然保护区总面积为 193 535.68 hm²(南起三关口,北到麻黄沟),活立木总蓄积 1 320 721.7 m³。为了便于与 1986 年"六五"森林资源调查资料进行对比分析(1986 年保护区范围为南起三关口,北到王泉沟,面积 157 812.9 hm²),我们将本次调查的三关口至王泉沟段资源单独统计,与 1986 年"六五"资料进行对比,分析该段森林资源的时空动态变化。

根据"六五"森林资源调查资料,1986 年保护区有林地面积 13 893.5 hm²,疏林地面积 2 798.7 hm²,灌木林地面积 2 511.7 hm²,活立木总蓄积量 143.2 万 m³。其中有林地蓄积 127.8 万 m³,平均每公顷蓄积 92.0 m³;疏林地蓄积 15.1 hm²,平均每公顷蓄积 54.0 m³。主要森林类型中,云杉林面积 7 377 hm²,蓄积 77.9 万 hm²,山杨林面积 3 996 hm²,蓄积 29.7 万 m³,油松林面积 2 520 hm²,蓄积 20.2 万 m³,郁闭度多在 0.6~0.8。

由表 8-18 可以看出,与 1986 年相比,22 年来,保护区有林地、疏林地、灌木林地面积均呈现增长态势。其中有林地面积增加 4 289.5 hm²,年均增加 195 hm²;疏林地面积增加 3 857.2 hm²,年均增加 175.3 hm²;灌木林地增加 5 120.3 hm²,年均增加 232.7 hm²,宜林地减少 13 267 hm²,年均减少 603 hm²。森林覆盖率由 1986 年的 10.4% 增加到 2008 年的 16.4%,增加 6 个百分点。

表 8-18   各类林地面积变化

年 度	总面积	有林地	疏林地	灌木林地	宜林地	非林地	森林覆盖率 (%)
1986	157812.9	13893.5	2798.7	2511.7	132954.7	5654.3	10.4
2008	157812.9	18183.0	6655.9	7632.0	119687.7	5654.3	16.4
增减变化		4289.5	3857.2	5120.3	−13267		6.0

8.2.1 各类林地面积的动态和变化分析

增长的原因,主要是由于自 1983 年保护区成立以来,特别是国家级保护区成立以来,随着封山育林、各种林业工程的实施及保护管理力度的加大,使林区有林地、疏林地、灌木林地面积增幅较大,森林覆盖率也随之增加。

8.2.1.1 乔木林主要优势树种结构变化分析

由表 8-19 可以看出,1986 年调查时保护区天然乔木林优势树种结构依次是青海云杉(53.1%)、山杨(28.8%)、油松(18.1%),而 2008 调查时保护区天然乔木林优势树种结构依次为青海云杉(64.2%)、油松(22.2%)、山杨(13.6%)。我们分析这主要是由于山杨的自然演替,大量死亡,被青海云杉、油松幼林代替,导致优势树种的结构发生变化。同时,由于山杨的大量死亡,蓄积量的减少(由 1986 年的 296 968 m³ 减少到 77 708.5 m³,减少 219 259.5 m³),致使保护区有林地总蓄积减少(由 1986 年的 1 277 834 m³ 减少到 2008 年的 1 274 828.8 m³,减少 3 005.2 m³)。如果除去由于山杨死亡减少的蓄积量,保护区天然乔木林的总蓄积量还是增加的。同时,由表中可以看出,保护区主要森林树种云杉、油松的蓄积量逐年递增。其中青海云杉由 779 158 m³ 增加到 915 328.9 m³,增加 136 170.9 m³,年均增加 6 189.6 m³;油松由 201 690 m³ 增加到 281 791.4 m³,增加 80 101.4m³,年均增加 3 641 m³。

表 8-19   天然乔木林主要树种面积蓄积变化

主要优势树种	1986 年				2008 年			
	面积(hm²)	%	蓄积(m³)	%	面积（hm²）	%	蓄积（m³）	%
合计	13893	100	1277834	100	14482.5	100	1274828.8	100
云杉	7377	53.1	779158	61.0	9288.8	64.2	915328.9	71.8
油松	2520	18.1	201690	15.8	3219.5	22.2	281791.4	22.1
山杨	3996	28.8	296986	23.2	1974.2	13.6	77708.5	6.1

8.2.1.2 乔木林单位面积蓄积变化分析

由表 8-20 可以看出, 天然乔木林每公顷蓄积由 1986 年的 92 m³/hm² 减少到 2008

年的 88 m³/hm²,减少 4 m³/hm²,这主要是由于山杨林的演替死亡,山杨林每公顷蓄积由 74.3 m³ 减少到 39.4 m³ 所致。

表 8-20	天然乔木林主要优势树种蓄积					hm²,m³
优势树种(组)	1986 年			2008 年		
	面积	蓄积	单位公顷蓄积	面积	蓄积	每公顷蓄积
合计	13893	1277834	92.0	14482.5	1274828.8	88.0
青海云杉	7377	779158	105.6	9288.8	915328.9	98.5
油松	2520	201690	80.0	3219.5	281791.4	87.5
山杨	3996	296986	74.3	1974.2	77708.5	39.4

8.2.2 重点林业工程建设成效分析

8.2.2.1 中德合作宁夏贺兰山东麓封山育林(草)项目

中德合作宁夏防护林项目,是宁夏贺兰山东麓地区集生态、经济、社会效益为一体的大型林业建设工程。贺兰山东麓封山育林(草)项目是其中的一个子项目。项目区位于贺兰山中部,南起大水渠,北到汝箕沟,西到贺兰山分水岭与内蒙交界处,东到贺兰山山脚,总面积 10.2 万 hm²。在此范围内规划封山育林育草面积 3 万 hm²,项目执行期为 5 年, 即 1996~2000 年。通过 5 年的封育, 项目区植被覆盖度由 1996 年的 35%提高到 2000 年的 44.2%,代表性植物高度平均增长 62%。

8.2.2.2 天然林保护工程

宁夏贺兰山国家级自然保护区天然林保护工程自 2000 年开始实施。2000 年规划保护区南起三关,北至苦水沟,西到分水岭,东沿山脚下,总面积 23.7 万 hm²,均纳入工程实施范围。截至目前,已在榆树沟、山嘴庙沟、大石头沟、甘沟、苏峪口沟、黄旗口沟、小口子沟共实施封育面积 3.42 万 hm²。经过多年的封育管护,封育区内植被覆盖度由 2000 年的 40%提高到目前的 60%,工程区水土流失得到基本治理,风沙危害明显减轻,植被涵养水源、蓄水保土、调节气候等多种效益功能明显增强。

8.3 森林资源保护和利用建议

8.3.1 取得的成绩和存在的问题

8.3.1.1 取得的成绩

(1)准确合理地对保护区土地资源进行了区划。对保护区土地按照管理局——管理站——林班——小班进行了四级区划。

(2)全面系统的掌握了保护区的森林资源状况。保护区土地总面积 193 535.68 hm²,其中林地面积 191 127.08 hm²,占保护区土地总面积的 98.8%;非林地面积 2 408.6 hm²,占保护区土地总面积的 1.2%。林地中有林地面积 18 635.3 hm²,疏林地面积 7 829.3 hm²,灌木林地面积 8 973.7 hm²;森林覆盖率 14.3%,活立木蓄积量 132.1 万 m³,其中林分蓄积 127.8 万 m³,疏林地蓄积 4.3 万 m³。

(3)查清了保护区的土地退化状况。保护区的土地退化主要以荒漠化为主,占土地总面积的 97.3%。荒漠化类型以水蚀为主,荒漠化程度以重度荒漠化为主。

8.3.1.2 存在的问题

由于山杨的自然演替,造成山杨大量死亡,山杨蓄积量较 1986 年大量锐减(减少 219 260 m³)。同时经过多年的封山育林,目前保护区的灰榆资源增长较快,根据本次调查,有灰榆林 3 978.5 hm²,灰榆疏林 6 321.3 hm²,散生木资源中主要以灰榆为主,保护区约有 54 万株。本次调查由于灰榆没有计算蓄积量,造成保护区活立木总蓄积量较 1986 年减少。

8.3.2 保护和利用建议

针对保护区森林资源现状、特点及对保护区森林资源动态变化特点的分析,根据保护区实际,在今后一个时期的林业建设中,保护和利用森林资源,维护生态平衡,应做到以下几方面。

8.3.2.1 保护建议

(1)加强森林资源保护宣传工作

林地是林业生产的物质基础,森林是地球上最大的陆地生态系统,是全球生物圈中重要的一环。它是地球上的基因库、碳贮库、蓄水库和能源库,对维系整个地球的生态平衡起着至关重要的作用, 是人类赖以生存和发展的资源和环境。保护和发展森林资源,在协调人口、资源、环境,协调当代人和后代人利益中,具有不可替代的作用,在实施可持续发展战略中居于重要地位。要通过强有力的宣传工作,充分调动全社会关注、关心和参与保护森林资源的积极性,增强全社会对林地、森林的认识,增强全社会依法保护森林资源的意识,进一步加强森林资源的有效保护和合理开发,维护生态安全。

(2)加强森林防火工作,减小森林火灾损失

近几年,随着封山育林及保护管理力度的加大,林下植被生长茂密、地被物连年积

累,林内及宜林地内可燃物大幅度增多。加上冬春季节西北地区风干物燥。同时,随着保护区及沿山生态旅游事业和其他产业的发展,进入林区的人员活动增多,造成野外火源管理难度增大, 森林防火任务越来越繁重。因此保护区主管部门要密切联系沿山各级政府及相关单位,认真落实森林防火责任制,做好森林防火工作,尽量减少森林火灾的发生。

(3)切实加强林地管理工作

林地是森林资源的重要组成部分, 是林业赖以生存和发展的最基本的物质基础,是森林动植物与微生物栖息、生长、发育和生物多样性保存的重要场所与载体,是森林资源管理的核心。在经济快速发展的今天,由于保护区内矿产资源丰富,受经济利益的驱动,非法盗采矿产资源、非法占用林地的现象时有发生;同时林地大量被征占用现象也越来越普遍。对此,除了要加大对非法占用林地的打击力度,坚决制止乱砍滥伐、毁林开荒和乱占林地,制止非法侵占林地现象的发生外,对征占用林地必须按规定的程序办理征占用林地手续,采取有效措施,能不占用林地的坚决不占用,能少占用的坚决不多占用,必须占用的,也要严格依法办理征占用手续,坚决杜绝随意使用林地资源,减小林地流失,确保生态建设的物质基础和林业发展的生命线不受侵害。保护好林地,对促进保护区森林资源稳步增长、森林覆盖率逐步提高、生态环境不断改善,实现保护区周边经济社会可持续发展具有重要的意义和作用。

(4)继续加强对天然林资源的保护

保护区的森林主要是天然次生林,因此,天然林资源保护的好坏,对保护区的生态环境起着举足轻重的作用。要在管护好现有林地资源的基础上,加强对天然林的保护。要加强森林病虫害和林业有害生物的防治,重视森林质量、使其健康成长,发挥更大的生态、社会效益。

(5)强化森林资源监测管理系统建设

进一步加强综合监测体系建设, 实现对森林资源与保护区生态状况的综合监测。要以森林资源动态监测为主体,整合现有监测资源(气象、水文等),扩展监测内容,利用先进技术,建立以3S技术为主的森林资源和生态状况综合监测体系,实现对森林资源和生态环境状况的综合监测与评价。要制定切实可行的计划,采取有力的措施,大力推进"数字林业"的建设,全面提高森林资源监测的科技含量和监测成果的时效性,为林业宏观管理和科学决策提供可靠依据。要从机构队伍、基础设施、监督能力等方面,进一步加强森林资源监测、管理的能力建设,为建设生态文明和现代林业提供强有力的保障。

(6)加大科研力度,提高科技含量,深化科技兴林战略。

保护区宜林地面积大,发展林业的优势、潜力及空间巨大。应大力开展科学研究工作,运用现代生物学技术探索贺兰山森林资源生存与演替的规律,为更好地保护、发展贺兰山森林资源提供科学依据。

8.3.2.2 开发利用建议

(1)良好的生态是保护区及周边生态旅游发展的基础,也是特色和优势所在。

对于保护区及周边的生态旅游,要在不破坏森林资源的前提下,建议由政府部门整合现有资源,统筹规划,合理布局,真正形成生态特色鲜明、文化底蕴深厚、质量效益高的贺兰山东麓品牌旅游带,使保护区及周边地区生态旅游发展与资源环境保护相协调。

(2)保护区丰富的观赏植物资源,能满足绝大多数的园林功能及观赏层次的需要,是园林绿化的优良材料,应在保护的前题下加以开发利用。

要遵循自然规律,坚持以保护为主、适度开发利用的原则。在利用时应以采种育苗为主,同时加大无性繁育工作。严禁采挖,禁止无序、"急功近利、杀鸡取卵"式的开发利用,做到合理利用,永续利用。

(3)对于贺兰山紫蘑菇的利用,从当前的采摘方式来看,还属于掠夺式的开采。

大量的人群涌入贺兰山,不分成幼,见菇就采,给紫蘑菇的生长带来了很大危害,而且与之共生的森林树种的生长、发育亦在一定程度上受到破坏。今后要加强科学利用,制定科学的管理措施,包括限沟、限人、轮采等具体管理措施,保证资源的持续发展和利用。

第九章　旅游资源

在我国的许多名山中,绝大多数是东西走向的;而贺兰山的山脉是为数不多的呈南北走向的山脉之一。抗金名将岳飞一首著名的《满江红》词,使贺兰山名震华夏。

贺兰山又称阿拉善山,北起内蒙古的巴音敖包,南迄宁夏的马夫峡子,绵延 250 km,东西宽 20~40 km,海拔在 2 000 m 以上。贺兰山的主峰俄博疙瘩(俗称沙锅州)海拔 3 556 m,高出银川平原 2 000 多 m。贺兰山不仅是内蒙古高原与宁夏的分水岭,也是这两个少数民族自治区的分界线,山脉的两侧属不同的气候带,在内蒙古一侧属半干旱区,在宁夏一侧属干旱区。贺兰山以断层面临银川平原,以其逶迤高大的山体和绵延荫翳的森林,发挥着重要的生态屏障作用,还有冰川物种的威力,给本来就云雾缭绕的贺兰山披上了一层神秘色彩。

贺兰山在浩瀚的黄沙中拔地而起,它的北、西、南部均为茫茫戈壁、沙漠,东部是宁夏平原,它作为宁夏鱼米之乡的一座天然屏障,削弱了西北高寒气流的侵袭,挡住了腾格里沙漠的东移,同黄河一道为宁夏平原发展成为"塞上江南"立下了显赫的功劳。

贺兰山是我国农耕民族与游牧民族的交接地带。贺兰山的许多沟谷,平时是贸易交通要道,战时又是兵家必争之地。"朔方之保障,沙漠之咽喉。"如今贺兰山作为昔日古战场边关要塞的功能,已消失殆尽,留给我们的是大自然的丹青妙手、鬼斧神工雕绘出的一幅壮丽的滚动的画卷。

9.1 地质地貌景观资源

在遥远的太古时期,贺兰山地区还是一片浩瀚烟海,沉积了厚逾万米的碎屑岩夹少许火山岩。大约在 25 亿年和 20 亿年时,经受强烈区域变质作用,形成了一套由片麻岩、变粒岩和各种混合岩组成的高–中级角闪岩相的变质岩系,从而固结成为贺兰山的结晶基底,也是构成华北地块的一部分。中元古代早期(距今约 16 亿年),这里开始裂陷,成为一个近南北向的裂陷槽,称"贺兰山拗拉槽",贺兰山区随之沦为大海。新元古代早期,贺兰山区抬升为陆,遭受剥蚀。至新元古代末期的震旦纪(距今约 7 亿年)时,这里经受构造变动之后,地形崎岖,高差悬殊,气候寒冷,遂在山麓海滨发育冰川,形成一系列与冰川作用有成因联系的岩石。

9.1.1 贺兰山的"宠儿"——黄旗口黑云母斜长花岗岩体

贺兰山区仅有的一处较大的花岗岩体,故成为贺兰山的"宠儿"。以它特有的结构及其形成的地形地貌特征,怪石嶙峋,千姿百态,构成一道靓丽的风景线,成为地质旅游的一大亮点。

9.1.2 中元古界长城系黄旗口组

该地层(距今约 15.5 亿年)出露于黄旗口、白寺口(拜寺口)等地,角度不整合覆于黑云母斜长花岗岩之上,平行不整合伏于蓟县系王全口组之下。分上、下两段:上段为厚层石英岩夹板岩含叠层石遂石条带白云岩,厚 13~245 m;下段为乳白、紫红、砖红色石英岩,底部夹暗紫色粉砂质泥质板岩(这就是著名的贺兰石),最底部为含砾粗粒石英岩,厚 10~138 m。

9.1.3 中元古界蓟县系王全口组

该地层(距今约 14 亿年)与黄旗口组相伴出现。以角度不整合伏于震旦系之下。为厚及千米的灰色中厚层白云岩,燧石条带白云岩、石灰岩夹石英岩。其底部之海绿石砂岩的钾氩测年值约 12.89 亿年。

这一地层的巨厚硅质白云岩,致密坚硬,是贺兰山的"脊梁",常形成奇峰绝壁,重峦叠嶂,十分壮观的地貌景观。

9.1.4 贺兰山之"娇子"——震旦纪正目观组

贺兰山震旦纪正目观组是一典型而稀有的地质遗迹。其下部杂砾岩,厚 7~144 m;向上过渡为板岩,厚 8~161 m,构成一个完整的沉积旋回。确认其时代为震旦纪晚期(距今约 6.6 亿年)。属山麓岸边冰川,当时贺兰山苏峪口一带的古纬度为 35.8,并总结出它的两种沉积模式(冰沟型简单式,兔儿坑型复杂式)。这些资料已载入英国剑桥大学 1994 年出版的《地球古冰川记录》一书中。因此,早已引起中外有关学者的瞩目。

震旦纪冰川遗迹有冰川刨蚀地貌(冰川漏斗)和阶梯状侵蚀陡坎、冰碛杂砾岩、冰川杂砾岩形成的峭壁陡坎、大型冰川漂砾、含有坠石的纹层状白云质细屑岩、层状杂砾岩、冰退过程中形成的冰成纹泥层等。

9.2 宁夏地区最古老的动物遗迹化石

宁夏新元古代最高层位,震旦纪上部的暗色板岩中含有丰富的蠕虫动物的遗迹化石。贺兰山苏峪口发现的距今约 6.5 亿年、宁夏地区最古老的动物遗迹化石,极大地提高了苏峪口的知名度。

经中国地质大学著名遗迹化石专家杨式溥教授和宁夏国土资源厅郑昭昌教授研究认为,这些震旦纪的遗迹化石主要是蠕虫动物在沉积层面附近形成的浅穴牧食迹和它们的粪粒。代表了较深水和安静滞流的低能环境,大量的蠕虫动物得以充分的繁衍生息,方可留下如此丰富的化石。

主要遗迹化石有 *Helanoichnus helanensis* Yang （贺兰贺兰迹）、*Ningxiaichnus suyukouensis* Yang（苏峪口宁夏迹）、*Neonerietes uniserialis* Seilacher（单列新砂蚕迹）、*Parascalarituba ningxiaensis* Yang（宁夏原始梯管迹）、*Ningxiaichnus zhengmuguanensis* Yang(正目观带状迹)等。

此外,该地层内还含有 *Bavlinella faveolata*(蜂巢巴甫林藻)、*Micrhystridium*(微刺藻)、*Trachyminuscula*(粗面小球藻)、*Leiominuscula*(光面小球藻)、*Taeniatum crassum*(厚带藻)等微体古植物化石。

9.3 丰富的生物多样性和绚丽多彩的森林景观

宁夏贺兰山在地理区划上处于蒙古高原, 青藏高原和华北黄土高原的汇集地,又是干旱草原和荒漠草原的过渡地带。由于特殊的地理位置和多样化的气候条件,孕育了比较丰富的动植物种类,特有的生物类群,比较复杂的生物区系成分,完整的山地植被垂直带谱,多种多样的植被类型,成为中国生物多样性的六大中心之一。

9.3.1 野生植物资源

在宁夏贺兰山,有许多植物是其分布的北界。在这个以保护森林植被和野生动植物资源为主的保护区内,有维管束植物 624 种,21 个变种,隶属 83 科 330 属。其中,蕨类植物 9 科 9 属 14 种,裸子植物 3 科 5 属 7 种,被子植物 71 科 316 属 603 种。其中,贺兰山特有种有贺兰山蝇子草、斑子麻黄、阿拉善点地梅、贺兰山玄参、阿拉善马先蒿、贺兰山风毛菊等 10 余种,国家重点保护植物 5 种,它们是野大豆、沙冬青、蒙古扁桃、羽叶丁香,还有被誉为植物界大熊猫的四合木;贺兰山濒危种 15 种它们是小叶朴、花叶海棠、西北沼委陵菜、文冠果、黄花忍冬、霸王、毛山楂、稠李等,同时贺兰山还是 40 余种植物的模式标本的原产地。

贺兰山还分布有苔藓植物 30 科 81 属 204 种,其中苔类 7 科 9 属 11 种;藓类 23 科 65 属 142 种;大型真菌 259 种,隶属于 16 目 32 科 81 属。其中"贺兰山紫蘑菇"以其个体硕大、味道鲜美、口感纯正,气味醇香,营养丰富,被誉为"贺兰山珍",深受人们喜爱,享誉国内外。

贺兰山的植被类型多样,垂直分布明显,带谱完整,并且是华北森林植被、蒙古草原植被、阿拉善戈壁荒漠植被和青藏高原高寒植被的汇集地,充分显示出它在植物区系、植被类型和植被带的组成方面所具有的的过渡性、复杂性和独特性。贺兰山植物区系的复杂性,是由于长期环境演变和人类活动的影响,使该山地植被比较多样,主要类型有:森林灌丛、疏林草原、草原、荒漠、草甸和栽培植被等。

由于山体高大,水热条件随海拔递升而发生变化,森林植被景观带也呈现出明晰的规律性分布,各植被带由于生物与非生物因素的相互作用,形成了在不同季节,不同海拔高度在外观上呈现出独特的森林植被分布景观多样性。在贺兰山中部,高耸入云的油松、杜松、青海云杉等天然林一望无际,吐红的樱桃、挂紫的丁香、披粉的蒙古扁桃等珍稀灌木遍布山谷沟壑,古松立于峭壁之间,残雪留存高山之巅,层层林海造就的四季景观,色彩斑斓,变化无穷,令人叫绝。

9.3.2 野生动物资源

宁夏贺兰山的野生动物在地理区划上属于蒙新区西部荒漠亚区的东端,除与东部草原亚区相邻外,还与青藏区、华北区相距不远,因而动物区系成份混杂,属于温带草原——森林草原——半荒漠动物群落,具有华北区、蒙新区的特点,主要以蒙新区特点为主。宁夏贺兰山分布着脊椎动物 218 种,其中鸟类 143 种,分属于 14 目 31 科;兽类 56 种,分属于 6 目 15 科;爬行类 14 种,分属 2 目 6 科;两栖类 3 种,分属 1 目 2 科;鱼类 2 种,分属于 1 目 2 科。有昆虫 1 025 种,隶属于 18 目 165 科 700 属。贺兰山分布有蜘蛛 80 多种,分属于 16 科;其中新记录种有 4 个:乌氏掠蛛、阿拉善小蚁蛛、贺兰山狂蛛、贺兰山拟赛蛛;中国新记录种 4 个:夜美蛛、图瓦小蚁蛛、皱纹花蟹蛛、壮逍遥蛛。

在兽类中,岩羊目前已成为贺兰山的优势物种。岩羊是典型的高山动物,具有很高的观赏、药用和科研价值,在国际上是重要的狩猎动物,近二十几年种群数量增长较快,1983 年自然保护区综合科学考察时,岩羊的种群数量仅为 1 580 只;1997 年进行的宁夏陆生野生动物资源调查结果表明,岩羊的种群数量增加至 7 420 只,增幅达 3.68 倍;2003 年陕西省西北濒危动物研究所对贺兰山岩羊的研究表明,宁夏贺兰山目前的岩羊种群密度已达每平方公里 11.5 只,种群数量约为 15 000 只,分布密度居世界各国岩羊分布区之首,而且每年还在以 10.54% 的速度递增,岩羊已成为贺兰山的优势物种,呈现出明显的优势物种特征。

9.4 人文景观资源

宁夏是中华文明的发祥地之一,早在 3 万年前的旧石器时代,人类就在此繁衍生息。在历史上,西北草原的匈奴、鲜卑、羌、回鹘、吐蕃、党项、蒙古等游牧民族就先后在贺兰山一带生活。自西夏建都兴庆府后,贺兰山以其山色秀丽多姿,成为统治者避暑游猎和善男信女进行佛教活动的重要场所,从而使贺兰山保留下了很多不同时期人类活动的历史文化遗存。

9.4.1 宁夏贺兰山古长城

宁夏自古就是中国北部边防前线,素有"关中屏障,自陇咽喉"之称,战略地位十分重要。从战国时期到秦、汉、隋、明几个朝代,统治者都在宁夏修筑过长城,总长度达1 500 km 之多。因此,宁夏又有"长城博物馆"之美誉。现在各代长城均有遗迹,有砖砌的,石垒的,土夯的,沙堆的,形式多样。这里是徒步考察长城的理想地段。然而,这些曾经见证过西夏王朝繁荣兴衰的历史遗迹却因常年风沙的侵蚀,人为的破坏,即将湮没于历史的尘埃之中。

9.4.2 西夏王陵

西夏王陵是公元 1038 年李元昊立国到 1227 年灭亡的西夏王朝的皇家陵园,有着悠久的历史和灿烂的文化,是以党项族为主体的西夏王国的实物例证。1988 年被国务院公布为全国重点文物保护单位、国家重点风景名胜区,2005 年被建设部公布为首批"中国国家自然与文化双遗产预备名录"。西夏陵景区内有 9 座帝陵和 253 座王公贵戚的陪葬墓。西夏陵是西夏政治、经济、文化、军事的一个缩影。

9.4.3 滚钟口景区

滚钟口,在银川市西北 35 km 处的贺兰山东麓,古为贺兰山胜境之一。

滚钟口,俗称"小口子"。此山口三面环山,山口面东敞开,形似大钟。在景区中央有一座小山,又像是钟内悬挂着的钟锤,人称"钟铃山"。"滚钟口"由此得名。

滚钟口山峦起伏,岩石峻峭,林木葱茏,巍峨秀丽。在西夏时,就是"西夏古名胜地"。当时,李元昊曾于山沟北部建造了一处规模宏大的避暑宫苑。现在在这片参差错落的20多处建筑遗址上,散落的砖、瓦、器物残片遗物,还俯拾即是。明清时,这里也大兴土木,建造庙宇、楼阁,修建了贺兰庙、老君堂、大悲阁、斗母宫、小洞天、关帝庙、兴隆寺、晚翠阁、观音庙等14处庙庵台阁,这些建筑依山临险,随势自然,错落有致。山内的三座山峰之上,还建有三座造型优美、小巧别致的白色喇嘛式塔。始建于清朝光绪十八年(1892年)的贺兰庙,庙宇坐落在半山之上,分为上中下三层台院,三座殿宇连成一体。主殿泥塑彩像,两侧绘有滚钟口全景图和贺兰庙全景图,殿宇雕梁画栋,蔚为壮观。据史料载:明清时期,每年六月,城镇村堡的善男信女多进香山寺,轮骑络绎不绝,名曰"朝山",亦借以游览涤暑。景区南侧山旁的"清真寺",有阿拉伯也门的马克伦丁·本·欧斯曼长老"拱北"墓,他曾在16世纪末远涉重洋来到中国,在银川等地传教30多年。每逢回族的传统节日,远近穆斯林纷纷前来念经朝拜,以示纪念。

9.4.4 拜寺口双塔

拜寺口沟口北岸的山坡地上,耸立着东西对峙相距仅百米的两座古塔,两塔之间及双塔西侧面积达数千平方米的台地上,到处可见绿色琉璃瓦等西夏建筑构件,是贺兰山中规模最大的一处西夏佛寺遗址。由双塔向西的北岸山坡上,有一片面积更大的台地(约数万平方米),当地也称为"皇城台子",其上遍布西夏时期的砖瓦、琉璃瓦、瓷器碎片等物,台面石砌墙基仍清晰可见,推测是一处重要的宫殿废墟。

9.4.5 贺兰山岩画

贺兰山东麓还分布着极为丰富的岩画遗存。自20世纪80年代贺兰山岩画被大量发现并公布于世后,在国内外引起强烈反响。1991年和2000年,联合国教科文组织所属的国际岩画委员会在亚洲召开的两次年会,都选择在银川举行。1996年,贺兰山岩画被国务院公布为全国重点文物保护单位,1997年国际岩画委员会将贺兰山岩画列入非正式世界遗产名录。

贺兰山岩画属全国重点文物保护单位,是中国游牧民族的艺术画廊。贺兰山在古代是匈奴、鲜卑、突厥、回鹘、吐蕃、党项等北方少数民族驻牧游猎、生息繁衍的地方。他们把生产生活的场景,凿刻在贺兰山的岩石上,来表现对美好生活的向往与追求,再现了他们当时的审美观、社会习俗和生活情趣。在南北长 200 多 km 的贺兰山腹地，就有20 多处遗存岩画。其中最具有代表性的是贺兰口岩画。岩画分布在贺兰山全长 250 余km、从北到南的十多个山口中。在贺兰山树林口、黑石峁、归德沟、贺兰口、苏峪口、回回沟、插旗口、西蕃口、口子门沟、双龙山、黄羊山、苦井沟，发现岩画群 20 多处，画面总数约在万幅以上。

9.4.6 镇北堡西部影城景区

镇北堡西部影城距银川市 35 km，是在一个原始古堡的基础上修建的。这里保持并利用了古堡原有的奇特、雄浑、苍凉、悲壮、残旧、衰而不败的景象，突出了它的荒凉感、黄土味及原始化、民间化的审美内涵，尽可能地保留了它特殊的审美价值，让电影艺术家们在这一片西部风光中心情尽兴地发挥他们的想象力和创造力。

沿公路边的古堡俗称"老堡"，始建于明代弘治年间，也叫明城，是古代军事要塞的兵营，在清乾隆三年(1738 年)被地震摧毁。据传说，当年明朝参将韩玉将军准备在贺兰山这一带修建城堡时，曾请所谓"风水先生"看过这里的"风水"，先生走遍四周，说这地方正处在贺兰山山脉中间，有"卧龙怀珠之势"，更有一条"龙脉"延伸下来，预言此处将来"必出帝王将相"，于是韩玉才决定把城堡建在这里，就成了现在的镇北堡。古往今来这里帝王将相倒是没有出过，但轰动世界影坛的影视作品和明星、名导却是出了不少。到了清代为防御外族的乘虚而入，于是，在震毁的"老堡"旁边不到 200 m 处的地方，又修建了一座比"老堡"略大一点的土城堡，这就是所称的"新堡"，它大约落成于旧堡被震毁后的两年，也就是清乾隆五年(1740 年)，又谓"清城"。这种古堡，在当地俗称"土围了"，是中国西北地区特有的"覆土建筑"。古代人也讲究因地制宜，就地取材，城堡墙体没有一块砖石，完全用黄土夯筑而成。经过数百年的雨雪风霜以及人为的破坏，到 20 世纪 50、60 年代，边防要塞的雄资已经荡然无存了。

1961 年，在附近南梁农场劳动的张贤亮发现它具有一种衰而不败的雄浑气势和发自黄土地深处的顽强生命力。到 20 世纪 80 年代，他平反后，第一次将镇北堡写进了他的小说《绿化树》，在书中称"镇南堡"，并将它介绍给影视界，电影《牧马人》、《红高粱》、《黄河谣》就是在这一时期拍摄并获得国际大奖的，这块神奇的土地，就是著名作家张贤亮及同仁们创办的"西部影视城"、"中国一绝"的镇北堡西部影城之基地。

9.4.7 贺兰山苏峪口国家森林公园

贺兰山苏峪口国家森林公园位于宁夏首府银川西北 25 km 的贺兰山国家级自然

保护区内。它北距沙湖旅游景区 35 km,东连镇北堡西部影视城 12 km,南靠西夏陵 30 km。苏峪口国家级森林公园总面积 9 587 hm²,拥有野生动植物 898 种,其每 1 hm² 岩羊分布量居世界首位,是宁夏著名的生态旅游景区,文明景区和国家 AAAA 级旅游景区。

苏峪口国家森林公园以山体巍峨、森林茂密、自然风光秀丽、人文景观独特、野生动植物资源众多、旅游基础设施完善而著称,现已形成"迎宾"、"樱桃谷"、"松涛山庄"、"青松岭"、"贺兰山阙"五大景区近百个景点。在景区内,高耸入云的油松、杜松、青海云杉等天然林一望无际,吐红的樱桃、挂紫的丁香、披粉的蒙古扁桃等珍稀灌木遍布山谷沟壑,古松立于峭壁之间,残雪留存高山之巅,层层林海造就的四季景观,色彩斑斓,变化无穷,令人叫绝。开发建设中的贺兰山阙景区,不仅可以使游客沿着银巴古道、探秘古老的摩崖石刻、观赏流水飞瀑、领略绝壁森林,还可以登上灵光顶,东望银塞上湖城、观平原日,西眺阿拉善戈壁,赏大漠落日,只要身处此地定会领略到岳飞驾长车踏破贺兰山阙的壮怀胸襟!

第十章 社会经济

贺兰山地处北温带草原向荒漠过渡地带,是宁夏、内蒙古两自治区的界山,也是中国农耕民族和猎牧民族的交界地带,历史上曾有猃狁、姜戎、匈奴、乌桓、鲜卑、柔然、突厥、回鹘、吐蕃、党项、蒙古等民族在这里生息繁衍,创造了灿烂的多民族文化,留下了丰富的文化遗存。

贺兰山自然资源丰富,山前冲击平原上草场辽阔,是宁夏滩羊的重要产区,所产滩羊二毛皮古称"千金裘",毛色细润,卷曲如云。山区富含优质煤炭,另外有磷灰岩、石英砂岩、灰岩、粘土岩等矿产,其中滚钟口出产的粘板岩质地细润,清雅莹柔,是制作贺兰石砚的材料。山前地带西夏名胜古迹丰富多彩,散落着西夏陵园、滚钟口、拜寺口双塔、贺兰山岩画以及沙湖景区。

宁夏贺兰山自然保护区地跨银川市、石嘴山市,纵贯永宁、银川、贺兰、平罗、石嘴山五市县。沿山地区的社会和经济发展状况,对自然保护区的建设有着深远地影响。

10.1 行政区划及社区人口

贺兰山自然保护区俯瞰银川平原,是宁夏回族自治区经济社会最为发达的地区。截止2008年底,沿山地区及保护区内分布着银川、石嘴山两市,永宁县、贺兰县、平罗县、西夏区、惠农区、大武口区六县区,共有15个乡31个镇39个街道办事处319个居委会462个自然村。土地面积17 105.8 km^2。有各类法人单位195 128个,各类产业活动单位3 819个。

沿山地区共有人口775 165户2 388 730人,户均3.08人。人口出生率10.1‰,自然增长率5.55‰。人口构成为汉族1 767 453人,占比75.27%;回族582 663人,占比

COMPREHENSIVE SCIENTIFIC INVESTIGATIOIV REPORTS ON NINGXIA HELAN NATIONAL NATURE RESERVE

23.27%；其他民族 38 614 人，占比 1.3%。

10.2 经济状况

据《宁夏统计年鉴 2008》表明，截至 2008 年底，沿山地区完成地区生产总值 5 291 500 万元，比上年增长 13.25%，其中，第一产业完成总产值 438 972 万元，占比 5.85%；第二产业完成 4 219 279 万元，占比 60.6%；第三产业完成 2 847 287 万元，占比 33.55%。人均地区生产总值 31 693.5 元，比上年增长 11.7%。完成全社会固定资产投资共计 5 267 922 万元，人均固定资产投资 22 177.5 元。地方财政收入 511 109 万元，人均 2 139.66 元。地方财政支出 947 769 万元。人均 3 967.66 元。城镇在岗职工年平均工资 30 366.5 元，农民家庭人均纯收入 4 899.99 元。人均社会消费品零售额 7 753 元。2008 年年内，实现社会消费品零售总额 1 995 766 万元，比上年增长 22.2%。周边地区及辖区内，有星级住宿业和限额以上餐饮业 85 个，从业人员 9 801 人，营业额 70 330.4 万元。

10.2.1 农业

沿山地区是宁夏的主要产粮区之一，具有良好的农业生产条件，年平均气温 10.65℃，年平均降水量 177.4 mm，年日照时间 2 834 小时。沿山地区共有耕地 209 390 hm²，人均耕地面积 0.615 hm²。2008 年，粮食总产量 1 304 500 万 t，人均粮食产量 546 kg，人均油料 15 kg，完成农业总产值 201 051 万元，比上年增长 6.3%，占地区总产值 3.8%，人均农林牧渔产值 15 612.5 元，猪牛羊肉类总产量 64 150 t，人均猪牛羊肉产量 27.95 kg，水产品产量 62 380 t，人均水产品产量 26.95 kg，人均牛奶拥有量 155.9 kg，人均禽蛋拥有量 7.98 kg。

10.2.2 工业

沿山地区及保护区内有规模以上工业企业 634 个，年内规模以上工业企业总产值 10 050 767 万元。基本建立起铝产业、能源、化工、机电、建材、冶金、制药、食品、煤炭等 30 多个门类的现代化工业生产体系。

10.2.3 建筑业

沿山地区有建筑业企业 343 个，2008 年完成 1 241 963.6 万元，竣工产值 1 089 777.5 万元，年末从业人员 65 571 人。实现利润总额 70 284 万元。

10.3 社区发展

　　保护区周边及辖区内,有铁路、高速公路、国道、省道、民航等较为完善的交通基础设施。以银川为中心的航线到达十余个城市。年客运量 4 894.5 万人,货运量 8 616.4 万t。邮电业务总量 378 561.7 万元,电话机总数 800 286 户,移动电话用户 1 718 271 户。国际互连网用户 165 118 户。周边地区经济的快速发展,为科技、教育、文化、卫生等各项事业的发展,提供了有力的保障。沿山地区有普通高等学校 11 所,在校学生 84 471 人;中学(含中等专科学校、职业中学、普通中学)170 所,在校学生 230 374 人;小学 335 所,在校学生 210 364 人。有各类卫生机构 684 个,其中医院 90 个,每千人执业医师 2.1 人,共计床位数 11 928 张。

第十一章 功能区划

　　自然保护区是为了保护典型的生态系统、拯救濒危的珍稀生物物种、保存重要的自然历史遗迹而依法建立起来的特别区域。它具备自然保护、监测研究、宣传教育和地区发展等多种功能特征，而这些功能是以自然保护区内部的功能分区所实现的。客观明确的功能区区划方案，既有利于更好地促进对自然环境和自然资源的保护，又有利于协调社区经济的发展，促进区域生态效益和社会效益的统一。

　　自然保护区功能区划是根据保护对象及其周围环境特点以及管理需要将自然保护区划分为具有不同功能的区域，一般划分为核心区、缓冲区和实验区。自然保护区实行分区管理，对自然保护区的有效保护管理具有特别重要的意义：这既坚持自然保护区全面保护的地位，又根据保护对象的具体情况，特别是动态规律，合理地提出不同的保护方法、重点措施和具体步骤，使自然保护区保护的质量和效率都得到充分保证。

11.1 保护区性质和保护对象

11.1.1 保护区的性质

　　宁夏贺兰山国家级自然保护区是以保护干旱山地自然生态系统和珍稀濒危野生动植物物种及其栖息地为主，集生物多样性保护、水源涵养、科学研究、科普宣教和生态旅游于一体的综合型国家级自然保护区。

11.1.2 保护对象

　　干旱山地自然生态系统及其生物多样性；珍贵稀有动植物资源及其栖息地，特别是珍贵稀有树种和马鹿、岩羊、马麝等珍稀濒危动物及其栖息地；以青海云杉为主的水源涵养林,以及体现森林植被呈垂直带谱分布的典型自然地段;不同自然地带的典型自然景观。

11.1.3 保护区类型

根据国家环境保护部和国家技术监督局联合发布的《自然保护区类型与级别划分原则》(GB/T14529—93),宁夏贺兰山国家级自然保护区应属于"自然生态系统"类别的"森林生态系统类型"的国家级自然保护区。

11.2 保护区功能区划

11.2.1 区划原则

以森林生态系统及其功能保护为主体的宁夏贺兰山自然保护区,在区域界定和功能分区上必须遵循以下原则。

坚持以保护自然资源为主,遵循自然规律,在有利于保护森林生态系统及其功能,有利于保护生物多样性,有利于拯救珍稀濒危野生动植物,有利于促进区域经济的繁荣发展,有利于科学研究等原则下全面充分发挥自然保护区的多功能效益。具体如下:

(1)有利于保持贺兰山山地自然生态系统垂直带结构的完整性,有利于保护以森林为主的各类保护对象的生存、自然环境的保护及可持续发展。

(2)有利于突出资源价值及特点,将自然保护区最有价值和最具代表性的资源划入核心区。

(3)将自然地形地势作为各区的分界线,而不应受行政界限的限制。功能区的布局应充分考虑当地社区生产生活的基本需要和社会经济的发展需求。

(4)充分发挥保护区的多种功能效益,以利于维护其长期稳定性,方便经营管理。

在此原则的指导下,依照保护生物学理论、景观生态学理论以及可持续发展理论和自然保护区在特定区域最佳规划方案,界定保护区主体范围和内部功能分区,亦即通常划分的核心区、缓冲区和实验区。

11.2.2 区划依据

依据《中华人民共和国自然保护区条例》、《自然保护区工程总体设计标准》、《宁夏回族自治区六盘山、贺兰山、罗山国家级自然保护区条例》、保护区本底调查资料和专题科学考察报告,分析保护区的性质、任务、重点保护植物群落的分布区域、植被的垂直分布格局、动物种群分布以及生态类型特性,以森林小班作为最基本的区划单元. 在宁夏区林业局领导下,会同有关市、县、乡镇政府在现地勘界论证,确定保护区界限和功能区划。

11.2.3 功能区划

11.2.3.1 功能区范围

(1)自然保护区边界确定

由于贺兰山呈东北-西南走向,植被类型沿海拔高度呈自然垂直分布,从山脚低海拔的温带草原区域逐渐过渡到山顶的亚高山灌丛草甸带,人类影响强度也依此序列渐次减弱或消失。因此,保护区的三区结构应当成为自下而上的垂直叠加布局,即从实验区、缓冲区垂直至较高海拔的核心区,各区呈带状南北走向分布。同时,保护区边界确定尚需兼顾物种的保护(如四合木与斑子麻黄)、管理上的可操作性和便利性,考虑当地居民的生活和经济利益。据此,保护区边界确定采取自然区划为主、人工区划为辅的综合区划法。

①西、西北、北部、东北边界　以山脊线、黄河为界,是植被垂直带的顶部,也是宁夏与内蒙古自治区的界线。

②南部边界　以银巴公路(银川-巴彦浩特)为界,是贺兰山山体南段和中段的分界线,也是山体逐渐变为低缓下降部分,自然界线明显。

③东部边界　东至西夏王陵、西北煤机总厂及步兰乙线、正兰乙线高压线 74 号电线杆、苦水沟南侧大南沟沟口,沿山脚下向北延伸至宁夏、内蒙古行政区界,不包括汝箕沟矿区、石炭井矿区、王泉沟矿区、正义关矿区及其进出通道。这一片区地域上是连续的。

④东北角　110 国道以东石嘴山落石滩洪积扇四合木生境片区。

保护区地理坐标为东经 105°49′~106°41′,北纬 38°19′~39°22′。保护区南北长170 km,东西宽 10~40 km,总面积 193 535.68 hm²。

(2)功能分区

根据总体规划原则,结合自然地域特点,将该自然保护区划分为核心区、缓冲区、实验区三个功能区,功能区面积统计结果见表 11-1。

表 11-1 宁夏贺兰山国家级自然保护区功能区划面积统计

	总面积	核心区	缓冲区	实验区
面积(hm²)	193535.68	86238.71	43309.99	63986.98
比例(%)	100	44.6	22.4	33.0

①核心区 核心区是自然保护区系统结构的核心,是受绝对保护的地区,是人为活动干扰最少,自然生态系统保存最完整,野生动植物资源最集中的地区,是具有特殊保护意义的地段。

核心区的划分主要考虑以下因素:生态系统的自然状态;保护对象的集中程度;面积适宜性;尽可能避开人为活动频繁区域。

综合以上因素,保护区划出两块核心区。第一块核心区为贺兰山山体上部及套门沟斑子麻黄生境片区一线,沿保护区主峰分水岭,划出南北走向的核心区。核心区在汝箕沟和石炭井沟由于历史原因形成的煤矿开采区接近分水岭,致使该区域核心区宽度较小,接近分水岭;在苏峪口沟,由于有国家森林公园,该区域的核心区宽度也较小,接近分水岭,海拔较高。核心区在汝箕沟以南相当于海拔 2 000 m 以上区域,在汝箕沟以北海拔稍低。第二块核心区位于石嘴山市落石滩四合木生境片区,其界线为西依110国道,北依宁夏、内蒙古行政区界,东、南沿110国道石嘴山收费站北侧洪水沟至黄河。

核心区总面积86 238.71 hm²,占保护区总面积的44.6%。区内是贺兰山海拔最高地段,生物种类最为丰富,植被类型多种多样,油松林与青海云杉林占有很大面积,同时还分布有国家一级保护植物——四合木。植被覆盖率平均高达65%以上,该区域包括亚高山灌丛草甸带和山地针叶林带,生物多样性最为丰富,并且保持着原生生态系统的基本面貌,是贺兰山自然生态系统的精华所在。山地针叶林带的主要植被有油松、青海云杉、山杨、灰榆、杜松、紫丁香、单瓣黄刺玫、毛樱桃、小叶金露梅、华西银露梅;亚高山灌丛草甸带的主要植被类型有毛蕊杯腺柳、鬼箭锦鸡儿、珠牙廖、高山蚤缀、高山唐松草、喜山葶苈等。区内没有居民点和工矿企业,人为干扰极少。

②缓冲区 在核心区外围,以山脊、林班、小班界地物地标为界,集中连片,划出缓冲区,形成保护缓冲地带,其功能是使核心区不受任何破坏性干扰,确保自然生态系统的良性循环。缓冲区面积43 309.99 hm²,占保护区总面积的22.4%。该区除了包括一部分原生生态系统外,还包括一部分由演替类型占据的次生生态系统,包括垂直带结构的山地疏林草原带和部分山地草原带。区内无居民点和工矿企业。该区在汝箕沟以南相当于海拔 1 600~2 000 m 区域,在汝箕沟以北海拔稍低。主要植被有灰榆、蒙古扁桃、狭

叶锦鸡儿、内蒙野丁香、狗尾草等。

③实验区 保护区边界以内,缓冲区界限以外的区域划为实验区。该区面积为
63 986.98 hm²,占保护区总面积的 33.0%。实验区的主要功能是开展科学实验,繁育珍
稀濒危动植物资源,开展生态旅游、多种经营和教学实习活动。区内由于山地海拔高度
逐渐降低,其垂直厚度已显著减小,使山地植被垂直带结构简化,植被类型减少,动植物
种类也不及核心区、缓冲区丰富,整个山区环境干旱特征明显。该区在汝箕沟以南相当
于海拔 1 600 m 以下区域,在汝箕沟以北海拔稍低。主要是山地草原带区域,该区的主
要植被有短花针茅、灌木亚菊、鹰爪柴、刺叶柄棘豆等。

11.2.4 功能区管理

11.2.4.1 核心区

(1)管理目标 最大限度地保护珍稀、濒危物种自然栖息地和完整自然生态系
统;丰富生物多样性,扩大珍稀物种种群;提供科学研究观测点。

(2)管理措施 核心区禁止一切人为活动,未经批准不得擅自进入核心区。确因科
学研究需要,必须进入核心区从事科学观测、调查活动的,应当按照国家有关规定办理
审批手续。

11.2.4.2 缓冲区

(1)管理目标 通过对这一区域的控制和管理,减少对核心区的压力,有效保护核
心区;通过自然生态系统的恢复,促进特有、珍稀植物的正常演替和濒危动物的繁衍;提
供机会,使森林植被得以恢复;满足宣传、教学和科研活动的需要。

(2)管理措施 采取封山育林措施恢复植被;改善特有、珍稀动植物的生存条件。
缓冲区禁止开展旅游活动和生产经营活动。

11.2.4.3 实验区管理

(1)管理目标 提供特有、珍稀动植物繁育科学研究基地;提供生态环境教育场
所;提供多种经营基地;提供一个理想的生态旅游区域;促进保护区管理水平的提高。

(2)管理措施 实施科研、宣教工程;开展恢复扩大珍稀动植物种群数量的科学
研究;发展科普型生态旅游业;绿化和美化环境;建设必要的公益性设施,使地方和保
护区共同受益;添置必要的保护、科研、宣教及交通设备,满足保护、科研、宣教及旅游
的需要。

附录 1

大型真菌名录

通过对本次考察获得的 750 余号标本的研究,鉴定出 259 种,隶属子囊菌门 2 目 5 科 9 属 10 种,担子菌门 14 目 27 科 72 属 249 种,其中有 42 种为宁夏新记录种,按照《Ainsworth & Bisby's Dictionary of the Fungi》(1995,第八版)的分类系统编写了贺兰山大型真菌物种多样性目录。

子囊菌门 \ 核菌纲 \ 锤舌菌目 \ 地舌菌科 \ 地锤菌属

1.黄地锤菌 *Cudonia lutea* (Peck) Sacc.

生境:夏、秋季多于针阔叶林地上群生或近丛生。

采集号:宋刚 988

分布:黑龙江、甘肃、青海、四川、陕西、云南、新疆、西藏、内蒙古等地。

\ 地匙菌属

2.黄地勺菌 *Spathularla flavida* Pers. : Fr.

生境:夏、秋季于冷杉、云杉等针叶林中地上群生,往往生于苔藓间。

采集号:宋刚 928

分布:吉林、黑龙江、西藏、新疆、四川、山西、陕西、甘肃、青海、内蒙古等地。

马鞍菌科 \ 马鞍菌属

3.灰褐马鞍菌 *Helvella ephippium* Lèv.

生境:秋季生于针、阔叶林中地上或腐朽木上,单生或群生。

采集号:宋刚 990

分布:河北、山西、吉林、江苏、四川、云南、甘肃、新疆、内蒙古等地。

羊肚菌科 \ 羊肚菌属

4.尖顶羊肚菌 *Morchella conica* Fr.

生境:林中地上潮湿处或腐叶层单生或群生。

采集号:宋刚 994

分布:河北、山西、江西、江苏、甘肃、西藏、云南、新疆等地。

5.小羊肚菌 *Morchella deliciosa* Fr.

生境:生稀疏林地上。

采集号:宋刚 834

分布:甘肃、山西、福建等地。

盘菌目 \ 肉盘菌科 \ 球肉盘菌属

6.* 紫星裂盘菌 *Sarcosphaera coronaria*（Jacq. ex Cke.）Boud.（宁夏新记录种）

生境:秋季于云杉林沙地上埋生至半埋生、群生、散生。

采集号:023

分布:青海、甘肃、新疆、西藏等地。

盘菌科 \ 口盘菌属

7.* 黑褐口盘菌 *Plectania melastoma*（Sow.）Fuck.（宁夏新记录种）

生境:春至秋季于林地腐木上群生或散生。

采集号:114

分布:广东、云南、西藏等地。

\ 侧盘菌属

8.兔耳侧盘菌 *Otidea leporina*（Batsh. : Fr.）Fuck.

生境:夏、秋季于针叶林或阔叶林地上群生或近丛生。

采集号:宋刚 901

分布:黑龙江、吉林、陕西、四川、云南、新疆、西藏等地。

\ 盘菌属

9.林地盘菌 *Peziza sylvestris*（Boub.）Sace. et Trott.

生境:林中地上单生或群生。

采集号:宋刚 987

分布:河北、云南、山西、黑龙江、湖北、江苏、甘肃、新疆等地。

\ 球肉盘菌属

10.冠裂球肉盘菌 *Sarcosphaera coronaria*（Jacg. ex Cooke）Boud.

生境:夏、秋季于青海云杉林散生 。

采集号:宋刚 810

分布:青海、甘肃、新疆、宁夏等地。

担子菌门 \ 担子菌纲 \ 有隔担子菌亚纲 \ 银耳目 \ 黑耳科 \ 黑耳属

11.胶黑耳 *Exida glandulosa*(Bull.)Fr.

生境:夏秋季生阔叶树枝上或腐木缝隙处或树皮上。

采集号:宋刚 077

分布:广泛。

无隔担子菌亚纲 \ 韧革菌目 \ 齿菌科 \ 丽齿菌属

12.蓝柄丽齿菌 *Calodon suaveolens*(Scop. : Fr.)Quel.

生境:夏、秋季生冷杉、高山丛林中地上。

采集号:003

分布:四川、西藏等地。

\   肉齿菌属

13.翘鳞肉齿菌 *Sarcodon imbricatum*(L. : Fr.)Karst.

生境:生高山针叶林中地上,尤以云杉、冷杉林中生长多。

采集号:057

分布:甘肃、新疆、四川、云南、安徽、吉林、西藏等及台湾地区。

\   齿菌属

14.美味齿菌 *Hydnum repandum* L. : Fr.

生境:夏、秋季于混交林中地上散生或群生。

采集号:宋刚 887

分布:广泛。

革菌科 \ 拟韧革菌属

15.* 伯特拟韧革菌 *Stereopsis burtianum*(Peck)Reid(宁夏新记录种)

生境:林中地或草地上群生。

采集号:034

分布:吉林、四川、云南等地及台湾地区。

\   韧革菌属

16.韧革菌 *Stereum hirsufum*(Willd.)Fr.

生境:针叶树腐木桩上群生。

采集号 079

分布:吉林、黑龙江、河北、山西、陕西、甘肃、青海、宁夏、新疆、江苏、安徽、浙江、湖南、福建、广东、广西、贵州、云南及四川等地及台湾地区。

17.红褐韧革菌 *Stereum rufum* Fr.

生境:生于杨、柞等树的枯枝、树皮上。

采集号:宋刚 835

分布:吉林、河北、山西、陕西、甘肃、青海、宁夏、四川、云南等地。

多孔菌目 \ 革盖菌科 \ 栓菌属

18.绒毛栓菌 *Trametes pubescens*(Schum. : Fr.)Pilat.

生境:生于杨、柳、栎、赤杨等阔叶树倒木或伐木桩上,也生于枕木上。

采集号:118

分布:广泛。

\ 烟管菌属

19.烟管菌 *Bjerkandera adusta*(Willd. : Fr.)Karst.

生境:云杉、桦树等伐桩、枯立木、倒木上覆瓦状排列或连成片。

采集号:232

分布:较广泛。

\ 牛舌菌属

20.牛舌菌 *Fistulina hepatica*(Schaeff.)Fr.

生境:夏、秋季生板栗树桩上及其他阔叶树干上。

采集号:049

分布:河南、浙江、广东、广西、甘肃、福建、云南、贵州、四川等地及台湾地区。

\ 干酪菌属

21.* 蹄形干酪菌 *Tyromyces lacteus*(Fr.)Murr.(宁夏新记录种)

生境:生阔叶林或针叶树腐木上。

采集号:117

分布:河北、山西、四川、浙江、江西、广东、西藏等地。

22.绒盖干酪菌 *Tyromyces pubescens*(Schum. : Fr.)Imaz.

生境:生杨、柳、桦、赤杨等阔叶树倒木或伐木桩上,也生枕木上。

采集号:宋刚907

分布:广泛。

\ 鳞孔菌属

23.宽鳞大孔菌 *Favolus squamosus*（Huds.：Fr.）Ames.

生境:生柳、杨、榆、槐、刺槐及其他阔叶树的树干上。

采集号:125

分布:广泛。

\ 卧孔菌属

24.树皮生卧孔菌 *Poria corticola*（Fr.）Cooke.

生境:生于杨树等树干或树支上。

采集号:宋刚836

分布:吉林、黑龙江等地。

25.真卧孔菌 *Poria cepora*（Karst.）Cooke.

生境:青海云杉林中腐木上。

采集号:宋刚956

分布:陕西、河北等地。

\ 革褶菌属

26.白革褶菌 *Lenzites albida* Fr.

生境:生于阔叶树或针叶树的倒木、枯立木上。

采集号:119

分布:吉林、河北、陕西、山西、安徽、浙江、江苏、江西、福建、湖南、广西、贵州、云南、四川等地。

27.异型革褶菌 *Lenzites heteromorpha* Fr.

生境:槭、桦、椴、榆、柞等阔叶树及松、云杉等针叶树的倒木上。

采集号:233

分布:吉林、黑龙江、河北、甘肃、青海、宁夏、山西、广西、浙江、云南等地。

28.变凸革菌 *Lenzites gibbosa*（Pers.：Fr.）Hemmi.

生境:油松、山杨混交林枯木上。

采集号:宋刚951

分布：黑龙江、吉林、河北、山西、河南、甘肃、青海、广西、云南

香菇科 \ 侧耳属

29.侧耳 *Pleurotus ostreatus*（Jacq. : Fr.）Kummer

生境：冬春季于阔叶树腐木上覆瓦状丛生。

采集号：128

分布：广泛。

30.具盖侧耳 *Pleurotus calyptrtus*（Lindbl. in. Fr.）Sacc.

生境：秋季于油松、山杨混交林中、山杨腐木上。

采集号：宋刚 936

分布：河南、宁夏等地及台湾地区。

31.泡囊侧耳 *Pleurotus cystidiosus* O. K. Mill.

生境：夏、秋季于腐木上叠生或近丛生。

采集号：028

分布：广东、台湾等地。

  \ 亚侧耳属

32.黄褐亚侧耳 *Hohenbuehelia tramula*（Schaeff. : Fr.）Thorn et Barron.

生境：夏、秋季于青海云杉林下腐枝落叶层、藓丛中。

采集号：宋刚 829

分布：宁夏贺兰山。

多孔菌科 \ 多孔菌属

33.* 青柄多孔菌 *Polyporus picipes* Fr.（宁夏新记录种）

生境：生阔叶树腐木上，有时也生针叶树上。

采集号：007

分布：广泛。

34.* 黑柄多孔菌 *Polyporus melanopus*（Sw.）Pilat（宁夏新记录种）

生境：桦、杨等阔叶树腐木桩上或靠近基部腐木上单生或群生。

采集号：070

分布：广泛。

35.黄多孔菌 *Polyporus elegans*（Bull.）Fr.

生境:夏、秋季于阔叶树腐木上及枯树上散生或群生。

采集号:宋刚 964

分布:广泛。

36.宽鳞多孔菌 *Polyporus squamosus*（Huds. : Fr.）Ames.

生境:生于柳、杨、榆、槐、洋槐及其他阔叶树的树干上。

采集号:宋刚 864

分布:吉林、内蒙古、山西、河北、陕西、甘肃、青海、四川等地。

37.多孔菌 *Polyporus varius* Pers. : Fr.

生境:生于阔叶树腐木上。

采集号:宋刚 991

分布:黑龙江、吉林、甘肃、新疆、青海、四川、云南、广西、福建等地。

38.条纹多孔菌 *Polyporus virgatus* Berk. & Curt.

生境:生于阔叶树枯枝和腐木上。

采集号:宋刚 969

分布:西藏、云南等地。

牛肝菌目 \ 牛肝菌科 \ 疣柄牛肝菌属

39.* 褐疣柄牛肝菌 *Leccinum scabrum*（Bull. : Fr.）Gray（宁夏新记录种）

生境:夏秋季于阔叶林中、地上单生或散生。

采集号:100

分布:广泛。

40.* 灰疣柄牛肝菌 *Leccinum griseum*（Quél.）Sing.（宁夏新记录种）

生境:夏秋季于阔叶林中、地上单生或群生。

采集号:006、014

分布:云南、吉林、黑龙江、海南、新疆、四川、西藏等地。

乳牛肝菌属

41.* 暗黄黏盖牛肝菌 *Suillus plorans*（Roll.）Sing.（宁夏新记录种）

生境:夏、秋季于松等林地上单生或群生。

采集号:088

分布:宁夏贺兰山。

42.* 褐环黏盖牛肝菌 *Suillus luteus*（L. : Fr.）Gray（宁夏新记录种）

生境：夏秋季于松林或混交林中地上单生或群生。

采集号：124

分布：广泛。

43.厚环黏盖牛肝菌 *Suillus grevillei*（Kl.）Sing.

生境：夏、秋季于松林地上单生、群生或丛生。

采集号：宋刚 924

分布：黑龙江、吉林、辽宁等地。

44.点柄黏盖牛肝菌 *Suillus granulatus*（L. : Fr.）O. Kuntce

生境：夏、秋季于松林及混交林中地上散生、群生或丛生。

采集号：宋刚 935

分布：广泛。

45.灰环黏盖牛肝菌 *Suillus aeruginascens*（Secr.）Snell

生境：夏、秋季生于落叶松林地。

采集号：宋刚 923

分布：吉林、黑龙江、辽宁、云南等地。

铆钉菇科 \ 铆钉菇属

46.斑点铆钉菇 *Gomphidius maculatus*（Scop.）Fr.

生境：夏、秋季于松、云杉等针阔混交林中地上散生、群生或单生。

采集号：宋刚 853

分布：黑龙江、吉林、云南、四川、西藏、内蒙古等地。

松塔牛肝菌科 \ 条孢牛肝菌属

47.空柄小牛肝菌 *Boletinus cavipes*（Opat.）Kalchbr

生境：秋季于林中地上群生或丛生。

采集号：101

分布：吉林、黑龙江、内蒙古、甘肃、广东、四川、西藏等地。

红菇目 \ 红菇科 \ 红菇属

48.稀褶黑菇 *Russula nigricans*（Bull.）Fr.

生境：夏、秋季于阔叶林或混交林地散生或群生。

分布:广泛。

\ 乳菇属

49.松乳菇 *Lactarius delicious*（L.：Fr.）Gray

生境:夏、秋季于针阔叶林中地上单生或群生。

采集号:094

分布:广泛。

50.* 乳黄色乳菇 *Lactarius musteus* Fr.（宁夏新记录种）

生境:夏、秋季生林地上。

采集号:033

分布:河南、青海等地。

51.* 浅黄褐乳菇 *Lactarius flavidulus* Imai（宁夏新记录种）

生境:秋季于针叶树等林地上群生或单生。

采集号:1054

分布:山西等地。

52.苍白乳菇 *Lactarius pallidus*（Pers.：Fr.）Fr.

生境:夏、秋季于混交林地上群生。

采集号:016

分布:福建、吉林、河北、陕西、河南、云南、西藏等地。

鸡油菌目 \ 珊瑚菌科 \ 枝瑚菌属

53.变绿枝瑚菌 *Ramaria abietina*（Pers.：Fr.）Quél.

生境:夏、秋季于云杉、冷杉等针叶林地腐枝层上群生。

采集号:037

分布:吉林、四川、黑龙江、新疆、甘肃、西藏、青海、湖南、广东等地。

54.棕黄枝瑚菌 *Ramaria flavo-brunnescens*（Atk.）Corner

生境:夏、秋季混交林中地上散生或群生。

采集号;宋刚 825

分布:甘肃、四川、云南、福建、西藏等地。

55.疣孢黄枝瑚菌 *Ramaria flava*（Schaeff.：Fr.）Quél.

生境:阔叶林中地上群生或散生。

采集号:048

分布:河南、福建、四川、山西、辽宁、甘肃、云南、西藏等地及台湾地区。

杯珊瑚菌科 \ 杯珊瑚菌属

56.杯珊瑚菌 Clavicorona pyxidata（Pers.：Fr.）Doty

生境:于腐木上特别是杨、柳属的腐木上群生或丛生,有时生腐木桩上。

采集号:103

分布:吉林、河北、河南、湖南、福建、陕西、西藏、云南等地。

丝膜菌目 \ 丝膜菌科 \ 丝膜菌属

57.黄丝膜菌 Cortinarius turmalis Fr.

生境:夏、秋季于林地或林缘地上单生或群生。

采集号:宋刚 884

分布:四川、云南、吉林、辽宁、湖南、安徽等地。

58.紫丝膜菌 Cortinarius purpurascens Fr.

生境:夏、秋季于混交林地上群生或散生。

采集号:宋刚 985

分布:吉林、湖南、青海、四川、内蒙古等地。

59.紫绒丝膜菌 Cortinarius violaceus（L.）Fr.

生境:秋季于混交林地上单生或散生。

采集号:108

分布:安徽、云南、新疆、西藏等地。

60.黄棕丝膜菌 Cortinarius cinnamomeus（L.：Fr.）Fr.

生境:秋季于云杉至混交林地上群生或丛生。

采集号:110

分布:黑龙江、吉林、四川、新疆等地。

61.草黄丝膜菌 Cortinarius colymbadius Fr.

生境:夏、秋季于林地上群生或散生。

采集号:126

分布:青海、云南、四川、西藏等地。

62.白紫丝膜菌 Cortinarius albovilaceus（Pers.：Fr.）Fr.

生境:夏、秋季于云杉或混交林中地上散生或群生。

采集号:011

分布:西藏、黑龙江等地。

63.米黄丝膜菌 *Cortinarius multiformis* Fr.

生境:夏、秋季于针叶林及混交林中地上散生或群生。

采集号:027

分布:山西、湖南、四川、青海、新疆及台湾地区。

64.丁香紫丝膜菌 *Cortinarius lilacinus* PK.

生境:夏、秋季于青海云杉林中地上。

采集号:056

分布:山西、吉林、黑龙江等地。

65.* 紫红丝膜菌 *Cortinarius rufo-olivaceus*（Pers.）Fr.（宁夏新记录种）

生境:夏、秋季于云杉等针叶林地上群生或散生。

采集号:080

分布:四川、宁夏、青海、西藏等地。

66.蓝丝膜菌 *Cortinarius caerulescens*（Schaeff.）Fr.

生境:夏、秋季于阔叶林地上群生或丛生。

采集号:129

分布:吉林、安徽、云南等地。

67.* 荷叶丝膜菌 *Cortinarius salor* Fr.（宁夏新记录种）

生境:秋季于阔叶林地上群生或单生。

采集号:104

分布:安徽、四川、甘肃、青海、海南、广东等地。

68.* 暗褐丝膜菌 *Cortinarius neoarmillatus* Hongo（宁夏新记录种）

生境:夏、秋季于针阔林地上群生或单生。

采集号:004

分布:青海等地。

69.* 棕褐丝膜菌 *Cortinarius infractus*（Pers. : Fr.）Fr.（宁夏新记录种）

生境:秋季生林中地上。

采集号:065

分布:西藏、宁夏贺兰山等地。

70.* 褐色丝膜菌 *Cortinarius decoloratus* Fr.（宁夏新记录种）

生境:夏、秋季于云杉等针叶林林地上群生或丛生或散生。

采集号:035

分布:云南、甘肃、青海、海南、广东等地。

71.* 柱柄丝膜菌 *Cortinarius cylindripes* Kauff.（宁夏新记录种）

生境:秋季于阔叶林及混交林中地上群生或有时近丛生。

采集号:015

分布:云南、四川、安徽等地。

72.小黏腿丝膜菌 *Cortinarius delibutus* Fr.

生境:秋季生于云杉、冷杉林地上。

采集号:宋刚 870、910

分布:吉林、黑龙江、青海等地。

73.松林丝膜菌 *Cortinarius pinctorum* Kauffm.

生境:秋季于青海云杉林中地上散生或群生。

采集号:宋刚 892

分布:黑龙江、吉林、辽宁等地。

74.白丝膜菌 *Cortinarius albiclus* Pedk.

生境:秋季常生树下或云杉林中地上散生或群生。

采集号:宋刚 814

分布:宁夏、西藏、黑龙江等地。

75.球孢丝膜菌 *Cortinarius distans* Peck

生境:秋季于青海云杉林下苔藓丛中散生或群生。

采集号:宋刚 816

分布:吉林、黑龙江等地。

76.亚美尼亚丝膜菌 *Cortinarius armeniacus*（Fr. Schaeff）Fr.

生境:秋季生于针阔混交林或云杉、冷杉林等地。

采集号:宋刚 902

分布:辽宁、四川等地。

77.白鳞紫丝膜菌 *Cortinarius Pseudopurpurascens* Hongo

生境:秋季于常绿阔叶林中地上单生、散生。

采集号:宋刚 869

分布:黑龙江等地。

78.大丝膜菌 *Cortinarius largus* Fr.

生境:夏、秋季于针叶林地上群生或近似丛生。

采集号:宋刚 986

分布:黑龙江、吉林等地。

79.黏柄丝膜菌 *Cortinarius collinitus*(Pers.)Fr.

生境:秋季生于针阔叶林地上群生或散生。

采集号:宋刚 929

分布:吉林、黑龙江、四川、西藏、内蒙古等地。

80.亮色丝膜菌 *Cortinarius claricolor*(L.:Fr.)Fr.

生境:秋季于混交林地上群生或散生。

采集号:宋刚 812

分布:吉林、黑龙江、内蒙古等地。

　　\　盔孢伞属

81.盔孢伞 *Gelerina clavata*(Velen.)Kuhn.

生境:秋季于青海云杉林下苔藓间单生。

采集号:宋刚 876

分布:宁夏贺兰山等地。

　　\　黏滑菇属

82.黄盖黏滑菇 *Hebeloma versipelle*(Fr.)Gill.

生境:夏、秋季生于云杉等林地上。

采集号:241

分布:云南、甘肃、青海等地。

83.大孢滑锈伞 *Hebeloma sachariolens* Quél.

生境:夏、秋季生林中地上。

采集号：宋刚 885

分布：吉林、四川、甘肃、云南、山西、黑龙江等地。

84. 波状滑锈伞 Hebeloma sinuosum（Fr.）Quél.

生境：秋季于针、阔叶林地上群生或散生。

采集号：270

分布：吉林、山西、四川、陕西、甘肃、云南等地。

85. 光柄滑锈伞 Hebeloma nudipes（Fr.）Sacc.

生境：秋季于林地上散生。

采集号：宋刚 945

分布：四川等地。

86. 褐顶黏滑菇 Hebeloma testaceum（Batsch.：Fr.）Quél

生境：秋季在林地上群生。

采集号：宋刚 903

分布：河北、西藏等地。

87. 大黏滑菇 Hebeloma sinapizans Fr.

生境：夏、秋季于混交林地下苔藓间单生或群生。

采集号：宋刚 811

分布：吉林、陕西、四川、云南、山西、黑龙江等地。

88. 粗柄黏滑菇 Hebeloma bulbiferum R. Maire

生境：秋季于青海云杉林中地上群生或单生。

采集号：宋刚 855

分布：宁夏贺兰山等地。

89. 瓶囊黏滑菇 Hebeloma apile H. Romagnesi，Sydowia.

生境：秋季于青海云杉林藓丛中群生或单生。

采集号：宋刚 972

分布：宁夏等地。

90. 长柄黏滑菇 Hebeloma longicaudum（Pers. ex Fr.）Fr.

生境：秋季于青海云杉林中地上散生。

采集号：宋刚 841

分布:吉林、四川等地。

\ 丝盖伞属

91.* 茶褐丝盖伞 *Inocybe umbrinella* Bres.（宁夏新记录种）

生境:夏、秋季于林中地上单生或散生。

采集号:062

分布:河北、山西、吉林、四川、新疆、香港、云南等地。

92.* 小黄褐丝盖伞 *Inocybe auricoma* Fr.（宁夏新记录种）

生境:秋季于林中地上。

采集号:022

分布:青海等地。

93.* 黄丝盖伞 *Inocybe fastigiata*（Schaeff.）Fr.（宁夏新记录种）

生境:夏、秋季于林中或林缘地上单独或成群生长。

采集号:018

分布:广泛。

94.* 黄褐丝盖伞 *Inocybe flavobrunnea* Wang（宁夏新记录种）

生境:夏、秋季于冷杉等林中地上单生或群生。

采集号:086

分布:四川、西藏等地。

95.黄黑丝盖伞 *Inocybe xanthomelas* Bours. et Kuhn.

生境:秋季于青海云杉林中地上群生。

采集号:宋刚 979

分布:宁夏等地。

96.灰褐丝盖伞大孢变种 *Inocybe descissa*（Fr.）Quél.

生境:秋季于青海云杉林中地上。

采集号:宋刚 838

分布:宁夏等地。

97.亚黄丝盖伞 *Inocybe cookei* Bers.

生境:夏、秋季混交林地上群生。

采集号:宋刚 906

分布:广西、西藏、新疆等地。

98.粉褐丝盖伞 *Inocybe aurora* Grund et Stuntz,Mycol.

生境:秋季于青海云杉林中地上群生或单生。

采集号:宋刚 980

分布:宁夏等地。

99.疏生丝盖伞 *Inocybe praetvisa* Quél.

生境:夏、秋季于青海云杉林中地上群生或单生。

采集号:宋刚 965

分布:黑龙江、吉林、四川、青海、广东等地。

100.裂缘丝盖伞 *Inocybe rimosoides* Peck. Bull.

生境:秋季于青海云杉林中地上。

采集号:宋刚 886

分布:宁夏等地。

101.淡棕丝盖伞 *Inocybe aellanea* Kobay.

生境:秋季于青海云杉林下苔藓丛中。

采集号:宋刚 8723

分布:吉林等地。

102.裂丝盖伞 *Inocybe rimosa*(Bull. : Fr.)Quél.

生境:秋季于青海云杉林中地上。

采集号:宋刚 978

分布:黑龙江、吉林、河北、山西、青海、江西等地。

103.* 甜苦丝盖伞 *Inocybe dulacamara*(Alb. et Sohw. ex Fr.)Quél(宁夏新记录种)

生境:夏、秋季生于林中地上。

采集号:038

分布:云南、青海等地。

猴头菌目 \ 刺革菌科 \ 木层孔菌属

104.* 缝裂木层孔菌 *Phellinus rimosus*(Berk.)Pilat.(宁夏新记录种)

生境:杨、柳树干上多年生。

采集号:055

分布:山西、江西、湖南、广东、广西、新疆、西藏等地。

105.* 平伏木层孔菌 *Phellinus isabellinus*（Fr.）Bourd. & Galz.（宁夏新记录种）

生境:生阔叶树腐木上。

采集号:074

分布:广东、广西、湖南、福建、江西、河北等地。

106.* 火木层孔菌 *Phellinus igniarius*（L.：Fr.）Quél（宁夏新记录种）

生境:柳、桦、杨、花楸、山楂等阔叶树的树桩或树干上或倒木上多年生。

采集号:017

分布:广泛。

107.苹果木层孔菌 *Phellinus pomaceus*（Pers.：Gray）Quél.

生境:李、野苹果、桃的主枝和树干上多年生。

采集号:宋刚 944

分布:较广泛。

108.稀硬木层孔菌 *Phellinus robustus*（Karst.）Bond. et Sing.

生境:柳、杨树干上多年生。

采集号:宋刚 827

分布:广泛。

\　纤孔菌属

109.* 中华纤孔菌 *Inonotus sinensis*（Lloyd）Teng（宁夏新记录种）

生境:生腐朽木上。

采集号:012

分布:广东、海南、浙江、福建、四川、吉林等地。

靴耳科 \ 靴耳属

110.桦木靴耳 *Crepidotus betular* Murr.

生境:秋季于山杨腐木上簇生或迭生。

采集号:宋刚 938

分布:吉林等地。

111.褐毛锈耳 *Crepidotus badiofloccosus* Imai.

生境:秋季于青海云杉腐木上散生。

采集号：宋刚 889

分布：吉林等地。

112.* 平盖锈耳 *Crepidotus applanatus*（Pers. : Pers.）Kummer（宁夏新记录种）

生境：夏、秋季于倒伏的朽木上单生或近覆瓦状生长。

采集号：005

分布：黑龙江、香港特区、吉林等地。

113.软靴耳 *Crepidotus mollis*（Schaeff. : Fr.）Gray.

生境：夏、秋生于各种阔叶树的倒木上。

采集号：宋刚 943

分布：河北、河南、吉林、江苏、浙江、福建、香港特区、山西、青海、贵州、云南、湖南、广东、四川、西藏等地。

114.黄茸锈耳 *Crepidotus fulvotomentosus* Peck.

生境：夏、秋季在阔叶树腐木上群生。

采集号：宋刚 883

分布：吉林、河北、江苏、四川等地。

蘑菇目 \ 粪伞科 \ 田头菇属

115.平田头菇 *Agrocybe pediades*（Fr.）Fayod, Four, et Maubl. Agaricales

生境：春至秋季于地上群生或散生。

采集号：宋刚 894

分布：吉林、辽宁、云南等地。

116.无环田头菇 *Agrocybe farinacea* Hongo

生境：于道旁或林缘及空旷草地或肥沃地上单生、群生或几近丛生。

采集号：009

分布：香港、宁夏等地。

117.田头菇 *Agrocybe praecox*（Pers : Fr.）Fayod.

生境：春、夏、秋季于稀疏的林中地上或田野、路边草地上散生或群生至近丛生。

采集号：宋刚 896

分布：河北、吉林、内蒙古、陕西、江苏、山西、青海、湖南、四川等地。

118.半球盖田头菇 *Agrocybe semiobrcularis*（Bull.）Fayod.

生境:路边牛粪上单生或群生。

采集号:宋刚 963

分布:四川、宁夏等地。

\ 粪伞属

119.* 粪锈伞 *Bolbitius vitellinus*(Pers.)Fr.(宁夏新记录种)

生境:春至秋季于牲畜粪上或肥沃地上单生或群生。

采集号:231

分布:广泛。

球盖菇科 \ 球盖菇属

120.黄铜绿球盖菇 *Stropharia aeruginosa*(Curt:Fr.)Quél.

生境:秋季于青海云杉林下苔藓丛中散生。

采集号:宋刚 873

分布:云南、宁夏等地。

121.亮白球盖菇 *Stropharia albonitens*(Fr.)Quél.

生境:青海云杉林下苔藓丛中散生。

采集号:宋刚 857

分布:湖南、宁夏贺兰山等地。

122.铜绿球盖菇 *Stropharia thrausta*(Schulz. Wp. halcbbr)Sacc.

生境:生林中腐枝落叶层或肥沃处,单生或群生。

采集号:宋刚 975

分布:陕西、甘肃等地及台湾地区。

123.半球盖菇 *Stropharia semiglibata*(Batsch:Fr.)Quél.

生境:夏、秋季于林中草地、草原、田野、路旁等有牛马粪肥处群生或单生。

采集号:宋刚 856、904

分布:广泛。

124.白球盖菇 *Stropharia cothurata* Fr.

生境:青海云杉林下苔藓丛中散生。

采集号:宋刚 976

分布:宁夏等地。

\ 裸盖菇属

125.粪生光盖伞 *Psilocybe coprophila*（Bull.：Fr.）Kummer

生境:在马粪或牛粪上单生或群生。

采集号:121

分布:湖南、西藏等地。

\ 沿丝伞属

126.鳞盖韧伞 *Naematoloma squamosum*（Pers.：Fr.）Sing.

生境:夏、秋季于腐木上单生或数个生长在一起。

采集号:宋刚 822

分布:陕西、西藏等地。

\ 鳞伞属

127.黄伞 *Pholiota adiposa*（Fr.）Quél.

生境:夏、秋季生于杨、柳等多种阔叶树活立木、倒木、腐朽木上。

采集号:宋刚 815

分布:黑龙江、吉林、内蒙古、河北、浙江、甘肃、青海、新疆等地。

128.翅鳞环锈伞 *Pholiota squarrosa*（Pers：Fr.）Quél.

生境:夏、秋季于针叶树、阔叶树的倒木、树桩基部成丛生长。

采集号:813

分布:河北、吉林、甘肃、青海、新疆、四川、云南等地。

129.地鳞伞 *Pholiota terrigena*（Fr.）Karst.

生境:夏、秋季于白杨林林中地上散生或丛生。

采集号:宋刚 922

分布:山西、甘肃、青海、云南、内蒙古、吉林、四川、西藏等地。

130.地生春至鳞伞 *Pholiota highlandensis*（Peck）A. H. Smith et Hseler

生境:秋季于火烧地上群生或近丛生。

采集号:宋刚 874

分布:湖南、西藏、四川等地。

\ 库恩菌属

131.春生库恩菌 *Kuebneromyces vernalis*（Peck）Sing.

生境:秋季生于青海云杉腐枝落叶层上。

采集号:宋刚 880

分布:吉林、内蒙古、宁夏等地。

132.喙囊库恩菌 *Kuehneromyces rostratus* Sing. et Smith

生境:秋季于青海云杉腐球果上单生。

采集号:宋刚 840

分布:宁夏、贺兰山等地。

光柄菇科 \ 包脚菇属

133.矮小草菇 *Volvariella pusilla*(Pers. : Fr.)Sing.

生境:夏、秋季生草地、公园或林中,单生或群生。

采集号:031

分布:山西、四川、广西、北京、宁夏、内蒙古等地。

134.银丝草菇 *Volvariella bombycina*(Schacff. : Fr.)Sing.

生境:夏、秋季于阔叶树腐木上单生或群生。

采集号:036

分布:广泛。

鬼伞科 \ 鬼伞属

135.白绒鬼伞 *Coprinus lagopus* Fr.

生境:于肥土上或于林地上群生。

采集号:宋刚 908

分布:广泛。

136.晶粒鬼伞 *Coprinus micaceus*(Bull.)Fr.

生境:春、夏、秋三季于针、阔叶林树根部地上群生、丛生或单生。

采集号:宋刚 895

分布:广泛。

137.毛头鬼伞 *Coprinus comatus*(Mull. : Fr.)Gray.

生境:春至秋季的雨季于田野、林缘、道旁、公园生长。

采集号:235

分布:广泛。

138.瓦鳞鬼伞 *Coprinus clavatus* Fr.

生境:秋季生于粪堆、肥土、沙土上单生或散生。

采集号:237

分布:甘肃、青海、新疆、西藏、湖南等地。

139.墨汁鬼伞 *Coprinus atramentarius*(Bull.) Fr.

生境:春至秋季的雨季于林中、田野、道旁、村庄、公园等地下有腐木的地方丛生。

采集号:244

分布:广泛。

140.粪鬼伞 *Coprinus sterquilinus* Fr.

生境:夏、秋季于分粪堆上散生至群生。

采集号:235

分布:河北、江苏、台湾地区、广西、云南等地。

141.白绒鬼伞 *Coprinus laguilinus* Fr.

生境:夏、秋季生于堆肥、稻草堆或林中地上。

采集号:宋刚 882

分布:广泛。

142.家园鬼伞 *Coprinus domesticus* Fr.

生境:春至秋季生于红松、阔叶林中地上,或树根部土上。

采集号:039

分布:黑龙江、辽宁、河北、山东、湖北、宁夏、内蒙古等地。

\ 脆柄菇属

143.白黄小脆柄菇 *Psathyrella candolleana*(Fr.) A. H. Smith

生境:夏、秋季于林中、林缘、道旁腐木周围及草地上大量群生或近丛生。

采集号:025

分布:广泛。

蜡伞科 \ 蜡伞属

144.肉色蜡伞 *Hygrophorus pacificus* Smith & Hesl.

生境:夏、秋季生于混交林地上。

采集号:112

分布:吉林、四川等地。

145.变黑蜡伞 *Hygrophorus conicus* (Fr.) Fr.

生境:夏、秋季于针叶林或阔叶林中地上群生或散生。

采集号:宋刚 861

分布:黑龙江、吉林、河北、台湾地区、福建、广西、湖南、西藏、新疆等地。

146.朱红蜡伞 *Hygrophorus miniatus* (Scop. : Fr.) Fr.

生境:夏、秋季生于针叶林或针阔叶混交林以及林缘地上。

采集号:宋刚 942

分布:吉林、安徽、江苏、广西、云南、西藏等地。

147.橄榄白蜡伞 *Hygrophorus olivaceo-albus* (Fr.) Fr.

生境:夏、秋季生于青海云杉林中地上。

采集号:宋刚 866

分布:湖南、吉林、黑龙江、辽宁等地。

148.褐盖顶蜡伞 *Hygrophorus camarophyllus* (Alb. et Schw. : Fr.) Dum.

生境:夏、秋季生于针叶林地上。

采集号:宋刚 824、862

分布:黑龙江、吉林、湖南等地。

　　\ 湿伞属

149.浅黄褐湿伞 *Hygrocybe flavescens* (Kauffm.) Sing.

生境:夏、秋季生于混交林中草地上群生。

采集号:127

分布:黑龙江、吉林、香港特区、四川等地。

150.洁白湿伞 *Hygrocybe nivea* (Scop.) Fr.

生境:夏、秋雨后生于林缘斜坡、草地上。

采集号:041

分布:辽宁、福建、香港等地。

粉褶菌科 \ 赤褶菌属

151.* 褐盖粉褶菌 *Rhodophyllus rhodoplius* (Fr.) Quél. (宁夏新记录种)

生境:夏、秋季生于阔叶林地上。

采集号:064

分布:吉林、福建、湖南、四川、甘肃、广东、云南、西藏等地。

口蘑科 \ 杯伞属

152.杯伞 *Clitocybe infundibuliformis*（Schaeff.：Fr.）Quél.

生境:夏、秋季于林中地上或腐枝落叶层及草地上单生或群生。

采集号:宋刚 932

分布:吉林、河北、陕西、甘肃、青海、四川、黑龙江、山西、西藏、新疆等地。

153.小白杯伞 *Clitocybe candicans*（Pers.：Fr.）Kummer.

生境:夏、秋季生于林中落叶层上群生或丛生。

采集号:宋刚 833、970

分布:吉林、陕西、青海、黑龙江、内蒙古等地。

154.* 粗壮杯伞 *Clitocybe robusta* PK.（宁夏新记录种）

生境:夏、秋季生于林中地上。

采集号:066

分布:广东等地。

155.白霜杯伞 *Clitocybe dealbata*（Sow.：Fr.）Kummer

生境:夏、秋季于林中地上群生或丛生。

采集号:宋刚 823

分布:青海、山西、云南、甘肃等地。

156.肉色香蘑 *Clitocybe irina*（Fr.）Bigelow & Svmith

生境:秋季在草地、树林中地上群生或散生,往往形成蘑菇圈。

采集号:宋刚 957

分布:黑龙江、山西、陕西、甘肃、西藏、内蒙古等地。

157.条缘灰杯伞 *Clitocybe expallens*（Pers.：Fr.）Kummer.

生境:秋季生于林中地上。

采集号:029

分布:吉林等地。

158.落叶杯伞 *Clitocybe phyllophila*（Pers. ex Fr.）Quél.

生境:秋季于青海云杉林中地上。

采集号:宋刚 927

分布:四川、云南等地。

159.毒杯伞 *Clitocybe cerussata*（Fr.）Kummer.

生境:秋季生于青海云杉林中地上。

采集号:宋刚 826

分布:黑龙江、甘肃、青海、四川、云南等地。

160.灰离褶伞 *Lyophyllum cinerascens*（Bull. et Konr.）Konr. & Maubl.

生境:夏、秋季于青海云杉林中地上。

采集号:宋刚 915

分布:黑龙江、吉林、河南、青海、云南、西藏等地。

161.水粉杯伞 *Clitocybe nebularis*（Batsch : Fr.）Kummer.

生境:夏、秋季散生或群生于针阔混交林或阔叶林中地上。

采集号:宋刚 828

分布:黑龙江、青海、四川、吉林、西藏、河南、山西、内蒙古等地。

162.暗色杯伞 *Clitocybe impovita* Bigelow.

生境:秋季于青海云杉林、云杉球果上。

采集号:宋刚 953

分布:宁夏、内蒙古等地。

163.假蜜环菌 *Clitocybe tabescens*（Scop. : Fr.）Bres.

生境:夏、秋季丛生于阔叶树干基部、根部,伐桩和倒木上。

采集号:234

分布:吉林、黑龙江、辽宁、青海、内蒙古、宁夏等地。

164.亚白杯伞 *Clitocybe catinus*（Fr.）Quél.

生境:秋季于混交林中的落叶层上散生至群生。

采集号:宋刚 858

分布:河北、吉林、安徽、黑龙江等地。

165.华美杯伞 *Clitocybe splendens*（Pers. ex Fr.）Gill.

生境:夏、秋季于针叶林中地上散生或群生。

采集号:宋刚 843

分布：吉林、内蒙古、青海、云南、西藏、安徽、黑龙江等地。

166.白杯伞 *Clitocybe phyllophila*（Pers.：Fr.）Kummer.

生境：夏、秋季于林中地上群生,有时近似丛生。

采集号：238

分布：吉林、四川、云南、黑龙江等地。

167.灰假杯伞 *Pseudoclitocybe cyathiformis*（Bull.：Fr.）Sing.

生境：夏、秋季于林地和倒木上散生或群生。

采集号：116

分布：吉林、河北、陕西、四川、山西、内蒙古、西藏等地。

168.大白桩菇 *Leucopaxillus giganteus*（Sow.：Fr.）Sing.

生境：夏秋季在草原上单生或群生,有时生林中草地上。

采集号：122

分布：吉林、河北、内蒙古、辽宁、黑龙江、青海、新疆等地。

　　\　金钱菌属

169.构菌 *Collybia velutipes*（Curt.：Fr.）Quél.

生境：早春和晚秋至初冬季节在阔叶林活立木腐朽部位或倒木上。

采集号：239

分布：吉林、黑龙江、河北、陕西、甘肃、青海、江苏、新疆、浙江、广东、广西、湖南、四川、西藏、云南等地。

170.宽褶菇 *Collybia platyphylla* Kummer

生境：夏、秋季单生、群生或近似丛生于倒木上。

采集号：宋刚 844

分布：吉林、黑龙江、浙江、青海、江苏、福建、四川、内蒙古等地。

171.堆金钱菌 *Collybia acervata*（Fr.）Kummer

生境：夏、秋季于阔叶林落叶层或腐木上丛生至群生。

采集号：宋刚 946

分布：吉林、河北、广东、云南、湖北、内蒙古等地。

　　\　冬菇属

172.金针菇 *Flammulina velutipes*（Curt.：Fr.）Sing.

生境:早春和晚秋至初冬季节于阔叶林腐木桩上或根部丛生。

采集号:宋刚 877

分布:广泛。

\ 离褶伞属

173.褐离褶伞 *Lyophyllum fumosum*（Pers.：Fr.）P. D. Orton

生境:夏、秋季单生或丛生于林地上,尤其多生于阔叶林或混交林中地上。

采集号:068

分布:河北、甘肃、四川、青海、内蒙古、黑龙江等地。

174.大孢离褶伞 *Lyophyllum macrospum* Singer

生境:秋季生于青海云杉林中地上。

采集号:宋刚 916

分布:青海、内蒙古等地。

175.荷叶离褶伞 *Lyophyllum decastes*（Fr.：Fr.）Sing.

生境:夏、秋季于阔叶林地落叶层上群生或近丛生。

采集号:宋刚 919

分布:江苏、广西、青海、云南、甘肃、西藏、新疆等地。

\ 小皮伞属

176.脐顶小皮伞 *Marasmius chordalis* Fr.

生境:夏、秋季于阔叶林地落叶层上群生或近丛生。

采集号:242

分布:吉林、河北、广东、福建等地。

177.栎小皮伞 *Marasmius dryophilus*（Bull.：Fr.）Karst.

生境:于阔叶林或针叶林中地上丛生或群生。

采集号:236

分布:广泛。

178.琥珀小皮伞 *Marasmius siccus*（Schw.）Fr.

生境:林中落叶层上群生。

采集号:宋刚 818

分布:广泛。

179.联柄小皮伞 *Marasmius cohaerens*（Pers.：Fr.）

生境：秋季于混交林中地上丛生。

采集号：093

分布：青海、吉林等地。

180.大盖小皮伞 *Marasmius maximus* Hongo

生境：春季或夏秋季于林中腐枝落叶层上散生、群生或有时近丛生。

采集号：052

分布：香港特区、广西、福建等地。

181.硬柄小皮伞 *Marasmius oreades*（Bolt.：Fr.）Fr.

生境：夏、秋季于草地上群生并形成蘑菇圈，有时生林中地上，是著名的形成蘑菇圈的种类。

采集号：099

分布：广泛。

\ 小菇属

182.洁小菇 *Mycena pura*（Pers.：Fr.）Kummer.

生境：秋季生于青海云杉林中腐枝落叶层上。

采集号：宋刚 808

分布：台湾地区、香港特区、广东、海南、山西、新疆、青海、黑龙江、吉林、四川等地。

183.杏黄小菇 *Mycena crocata*（Schrad.：Fr.）Kummer.

生境：夏、秋雨后于阔叶林中落叶层上群生。

采集号：宋刚 805

分布：福建等地。

\ 锒囊菇属

184.钟形铦囊菌蘑 *Melanoleuca exscissa*（Fr.）Sing.

生境：夏、秋季于林缘地上、草地上单生或散生。

采集号：247

分布：河北、青海、四川、江苏、甘肃、山西、西藏等地。

185.铦囊蘑 *Melanoleca cognata*（Fr.）Konr. et Maubl.

生境：林中、林缘草地或旷野地上群生。

采集号:043

分布:吉林、河北、青海、四川、山西、江苏、云南、新疆、西藏等地。

186.绒点柄铦囊蘑 *Melanoleca verrucipes*（Fr. ex Quél）Sing.

生境:夏、秋季于阔叶混交林或林缘草地上群生或散生。

采集号:044

分布:吉林、西藏等地。

\ 干脐菇属

187.黄干脐菇 *Xeromphalia campanella*（Batsch.：Fr.）Maire

生境:秋季生于青海云杉林中腐木上。

采集号:宋刚 806、854、879

分布:黑龙江、吉林、甘肃、新疆、四川、云南、广西、福建等地。

188.褐黄干脐菇 *Xeromphalia caiticinalis*（Fr.）Kuhn et Maire

生境:秋季生于青海云杉林苔藓丛中。

采集号:宋刚 977

分布:陕西、青海、西藏等地。

\ 白桩菇属

189.柔美白桩菇 *Leucopaxillus letus*（Post ex Sall.）Courtecuisse.

生境:秋季生于青海云杉林苔藓丛中。

采集号:宋刚 926

分布:宁夏、内蒙古等地。

190.* 白桩菇 *Leucopaxillus candidus*（Bres.）Sing.（宁夏新记录种）

生境:秋季生于针叶(云杉)林中地上。

采集号:030

分布:黑龙江、山西、青海等地。

191.* 纯白桩菇 *Leucopaxillus albissimus*（Peck）Sing.（宁夏新记录种）

生境:夏、秋季于云杉等针叶林中地上往往大量群生。

采集号:059

分布:新疆、西藏、山西等地。

\ 囊伞属

192.栗绒大囊伞 *Macrocystidia cucumis*（Pers.：Fr.）Joss.

生境：夏、秋季生或单生于林地、草原上。

采集号：宋刚 973

分布：黑龙江、陕西、吉林、西藏、云南等地。

　　\ 假蜜环菌属

193.* 黄小蜜环菌 *Armillariella cepistipes* Velen.（宁夏新记录种）

生境：夏、秋季于腐木上群生、稀单生。

采集号：078

分布：黑龙江、内蒙古等地。

194.* 蜜环菌 *Armillariella mellea*（Vahl.：Fr.）Karst.（宁夏新记录种）

生境：秋季于针叶或阔叶树等多种树木基部、根部或倒木上丛生。

采集号：045

分布：广泛。

　　\ 蜜环菌属

195.黄绿蜜环菌 *Armillaria luteo-viens*（Alb. et Schw.：Fr. sacc）

生境：夏、秋季生于草原或高山草地上，在西藏珠穆朗玛峰地区，其分布高度可达海拔 5 000 m 处的高山草甸。

采集号：宋刚 909、914

分布：青海、陕西、西藏等地。

196.白黄蜜环菌 *Armillaria albolanaripes* Ark.

生境：夏、秋季群生于针阔混交林中地上，有时可形成蘑菇圈。

采集号：宋刚 974

分布：黑龙江、北京、西藏、青海等地。

　　\ 松苞菇属

197.梭柄松苞菇 *Catathlasma ventricosum*（Peck）Sing.

生境：夏、秋季于松、杉林或混交林中地上单生，一般多生于海拔较高、气候凉爽的松林地上。

采集号：083、051

分布：黑龙江、四川、贵州、云南、西藏等针叶林区。

\ 香蘑属

198.灰紫香蘑 *Lepista glaucocana*（Bres.）Sing.

生境:秋季于针叶和阔叶林中地上群生。

采集号:宋刚 801

分布:黑龙江、甘肃、山西、内蒙古等地。

199.花脸香菇 *Lepista sordida*（Schum.：Fr.）Sing.

生境:夏、秋季于山坡草地、草原、菜园、村庄路旁、火烧地、堆肥处群生或近丛生。

采集号:宁刚 807

分布:广泛。

\ 蜡蘑属

200.红蜡蘑 *Laccaria laccata*（Scop.：Fr.）Berk et Br.

生境:夏、秋季于林地上或腐枝层上散生或群生,有时近丛生。

采集号:246

分布:广泛。

\ 亚脐菇属

201.乡村亚脐菇 *Omphhalina rustica*（Fr.）Quél.

生境:秋季于青海云杉林中地上散生。

采集号:宋刚 971

分布:四川、贵州、云南、青海、甘肃、西藏等地。

202.亚透脐菇 *Omphhalina subpellueida* Berk. et Curt.

生境:秋季于青海云杉林苔藓丛中散生。

采集号:宋刚 959

分布:河北、广西、云南、西藏等地。

\ 口蘑属

203.油黄口蘑 *Tricholoma flavovirens* (Pers.：Fr.) Lundell.

生境: 秋季生于青海云杉林地上。

采集号: 宋刚 954

分布: 黑龙江、吉林、辽宁、青海、江苏、云南等地。

204.鳞盖口蘑 *Tricholoma imbricatum*（Fr. : Fr）Kummer

生境: 秋季生于油松林下地上。

采集号: 宋刚 948

分布: 青海、四川、西藏等地。

205.棕灰口蘑 *Tricholoma terreum*（Schaeff. : Fr.）Kummer

生境: 秋季生于油松林下地上。

采集号: 宋刚 934

分布: 黑龙江、吉林、辽宁、河北、甘肃、江苏、河南等地。

206.雕纹口蘑 *Tricholoma scalpturatum* (Fr.) Quél.

生境: 秋季于落叶层地上群生,往往野生量较多。

采集号: 宋刚 918

分布: 黑龙江、青海、新疆等地。

207.锈色口蘑 *Tricholoma Pessundatum* (Fr.) Quél.

生境: 夏、秋季于针叶或阔叶林地上群生或近丛生。

采集号: 宋刚 819

分布: 河南、四川、云南、西藏、陕西等地。

208.杨树口蘑 *Tricholoma populinum* J. Lange

生境: 秋季于杨树林中沙质土地上群生或散生。

采集号: 034

分布: 内蒙古、河北、山西、黑龙江等地。

209.松口蘑 *Tricholoma matsutake* (S. Ito et Imai) Sing.

生境: 秋季于松林或针阔混交林中地上群生或散生或形成蘑菇圈。

采集号: 002

分布: 黑龙江、吉林、安徽、台湾地区、四川、甘肃、山西、贵州、云南、西藏等地。

210.黄褐松口蘑 *Tricholoma fulvocastanen* Hongo

生境: 秋季生于油松、山杨混交林中地上。

采集号:宋刚 958、805

分布: 宁夏、四川、吉林、黑龙江、广西、贵州、云南、西藏、内蒙古等地。

211.* 豹斑口蘑 *Tricholoma pardinum* Quél（宁夏新记录种）

生境:于针叶或阔叶林地上群生或散生。

采集号: 001

分布: 云南、四川等地。

212.* 土豆口蘑 *Tricholoma japonicum* Kawamura (宁夏新记录种)

生境: 夏季于针阔叶混交林地上群生或形成蘑菇圈。

采集号: 042

分布: 宁夏、黑龙江等地。

213.* 棕黄褐口蘑 *Tricholoma luridus* (Schaeff. : Fr.) Quél. (宁夏新记录种)

生境: 夏、秋季于阔叶林地上单生或群生。

采集号: 075

分布: 不广泛。

214.苦口蘑 *Tricholoma acerbum* (Bull. : Fr.) Quél.

生境: 夏、秋季于阔叶林或混交林地上群生。

采集号:076

分布: 黑龙江、河北、青海、内蒙古等地。

215.棕灰口蘑 *Tricholoma terreum* (Schaeff. : Fr) Kummer

生境: 夏秋季于松林或混交林中地上散生或群生。

采集号:宋刚 809

分布: 河北、黑龙江、山西、江苏、河南、甘肃、辽宁、青海、湖南等地。

216.蒙古口蘑 *Tricholoma mongolicum* Imai.

生境: 夏、秋季于草原上群生。

采集号:095

分布: 河北、内蒙古、黑龙江、吉林、辽宁等地。

蘑菇科 \ 蘑菇属

217.蘑菇 *Agaricus campestris* L. : Fr.

生境: 春、秋季于草地、路旁、田野、堆肥场、林间草地上空地等处单生或群生。

采集号: 宋刚 952

分布: 黑龙江、吉林、辽宁、河北、山西、陕西、甘肃、新疆、云南等地。

218.林地蘑菇 *Agaricus silvaticus* Schaeff. : Secr.

生境: 夏、秋季于青海云杉林林间草地上群生。

采集号: 宋刚 803

分布: 广泛。

219.小白蘑菇 *Agaricus comtulus* Sacc.

生境: 夏、秋季于稀疏的林中草地上单生。

采集号: 008

分布: 河北、陕西、云南、内蒙古等地。

220.白林地蘑菇 *Agaricus silvicola* (Vitt.) Sacc.

生境: 夏、秋季生于林中地上单生到散生。

采集号: 宋刚 852、899、930

分布: 黑龙江、吉林、辽宁、河北、山西、青海、四川、内蒙古、云南等地。

221.淡黄蘑菇 *Agaricus fissurata* (Moeller.) Moeller.

生境: 夏、秋季生于青海云杉林林间草地上。

采集号: 宋刚 931

分布: 内蒙古、河北、西藏、新疆、甘肃、香港等地。

222.田野蘑菇 *Agaricus arvensis* Schaeff. ex Fr.

生境: 夏、秋季生于青海云杉林林间草地上。

采集号: 宋刚 801

分布: 河北、黑龙江、内蒙古、新疆、青海、甘肃、陕西、山西等地。

223.大紫蘑菇 *Agaricus augustus* Fr.

生境: 夏、秋季于草原上散生到近丛生。

采集号: 宋刚 898

分布: 青海、西藏、黑龙江、新疆等地。

224.* 瓦鳞蘑菇 *Agaricus praerimosus* Peck（宁夏新记录种）

生境: 秋季于针叶林地上散生或丛生。

采集号: 026、040

分布: 黑龙江、内蒙古、新疆等地。

225.大肥蘑菇 *Agaricus bitorquis* (Quél.) Sacc.

生境: 夏、秋季草原上散生到单生。

采集号：047

分布：青海、河北、新疆等地。

226.草地蘑菇 *Agaricus pratensis* Schaeff. : Fr.

生境：夏、秋季于草地或草原上单生或群生。

采集号：宋刚 837

分布：河北、山西、青海、新疆、四川、西藏等地。

227.麻脸蘑菇 *Agaricus villaticus* Brond.

生境：春至秋季于草原上单生到群生。

采集号：宋刚 865

分布：新疆、吉林、西藏、山西等地。

228.紫褐蘑菇 *Agaricus rubellus* (Gill.) Sacc.

生境：秋季于林中草地单生至丛生。

采集号：宋刚 849

分布：江苏、河北、云南、西藏等地。

　　\ 环柄菇属

229.白环柄菇 *Lepiota alba* (Bres.) Fr.

生境：夏、秋季于林地腐殖层或草地上群生。

采集号：宋刚 993

分布：黑龙江、吉林、辽宁及台湾地区。

230.红顶环柄菇 *Lepiota gracilenta* (Krombh.) Quél.

生境：夏、秋季于林中草地上或空旷处的地上单生或散生。

采集号：宋刚 998

分布：河北、甘肃、青海、四川、台湾地区、山西、广东、贵州、云南、吉林、海南等地。

231.褐顶环柄菇 *Lepiota prominens* (Fr.) Sacc.

生境：夏、秋季生于草地上。

采集号：宋刚 846

分布：广西、青海、四川、台湾地区、云南、贵州、吉林、甘肃、河北、广东、新疆等地。

232.* 近肉红环柄菇 *Lepiota subincacarnata* J. Lange（宁夏新记录种）

生境：秋季于针叶树等林下地上单生或散生。

采集号: 089

分布: 云南等地。

\ 白鬼伞属

233.纯黄白鬼伞 *Leucocoprinus birnbaumii* (Corda) Sing.

生境: 夏、秋季于林地上散生或群生。

采集号: 021

分布: 广东、云南、海南、台湾地区、香港特区、福建等地。

\ 囊皮菌属

234.朱红囊皮菌 *Cystoderma cinnabarinum* (Alb. et Schw. ex secr) Fayod

生境: 夏末和秋季于马尾松林中地上或散生。

采集号: 024

分布: 云南、西藏、河南、辽宁、吉林、黑龙江等地。

\ 大环柄菇属

235.乳头状大环柄菇 *Marcolepiota mastoidea* (Fr.) Sing.

生境: 秋季生于林中空旷地上。

采集号: 宋刚 921

分布:东北、内蒙古等地。

\ 松果菌属

236.大囊松果伞 *Strobilurus stephanocystis* (Hora) Sing.

生境: 秋季生于松林等针叶林地上。

采集号: 054

分布: 陕西、甘肃等地。

马勃目 \ 地星科 \ 地星属

237.小地星 *Geastrum minus* (Pers.) Fisch.

生境: 秋季于青海云杉林中地上群生。

采集号: 宋刚 845

分布: 山西、云南、甘肃、青海、新疆等地。

238.毛嘴地星 *Geastrum fimbriatum* (Fr.) Fisch.

生境: 夏末秋初于林中腐枝落叶层地上散生或近群生,有时单生。

采集号：宋刚 842

分布：河北、河南、湖南、宁夏、甘肃、西藏、青海、黑龙江等地。

239.绒皮地星 *Geastrum velutinum*（Morg.）Firsh.

生境：夏、秋季生于林地上。

采集号：058

分布：湖南、安徽、浙江、河南、四川、云南、海南等地。

240.尖顶地星 *Geastrum triplex*（Jungh.）Fisch.

生境：夏、秋季于青海云杉林腐枝落叶层上群生。

采集号：宋刚 961

分布：河北、山西、吉林、黑龙江、四川、云南、甘肃、青海、宁夏、新疆等地。

241.* 无柄地星 *Geastrum sessile*（Sow.）Pouz.（宁夏新记录种）

生境：秋季生于林地上。

采集号：053

分布：宁夏、河北等地。

242.袋形地星 *Geastrum saccatum*（Fr.）Fisch.

生境：夏、秋季于混交林地上单生或群生。

采集号：宋刚 865

分布：河北、甘肃、山西、青海、四川、安徽、湖南、贵州、云南、西藏等地。

马勃科 \ 马勃属

243.梨形马勃 *Lycoperdon pyriforme* Schaeff.：Pers.

生境：夏、秋季于林地上、枝物或腐木桩基部丛生、散生或密集群生。

采集号：063

分布：广泛。

244.* 长柄梨形马勃 *Lycoperdon pyriforme* Schaeff. var. *excipuliforme* Desm（宁夏新记录种）

生境：夏、秋季于青海云杉林腐木上群生。

采集号：032

分布：湖南、海南、广西、甘肃、陕西等地。

245.* 粒皮马勃 *Lycoperdon fuscum* Bon.（宁夏新记录种）

生境：夏、秋季生于林中地上，偶生腐木上。

采集号：103

分布：山西、辽宁、吉林、青海、云南、西藏、甘肃等地。

246.* 赭褐马勃 *Lycoperdon umbrinum* Pers.（宁夏新记录种）

生境：夏、秋季生于林中地上，偶生腐木上。

采集号：013

分布：吉林、河北、陕西、甘肃、四川、青海、安徽、江苏、浙江、贵州、黑龙江、内蒙古、西藏等地。

247.网纹马勃 *Lycoperdon perlatum* Pers.

生境：夏、秋季于林中地上群生，偶生腐木上。

采集号：123

分布：极广泛。

248.莫尔马勃 *Lycoperdon molle* Pers.

生境：夏秋季于阔叶林或针叶林中地上群生，稀单生。

采集号：宋刚 891

分布：河北、山西、内蒙古、江苏、四川、云南、西藏、青海、宁夏、陕西等地。

\ 秃马勃属

249.大秃马勃 *Calvatia gigantea*（Batsch.：Fr.）Lloyd.

生境：夏、秋季于旷野的草地上单生至群生，在新疆山地草原和内蒙古呼伦贝尔草原发现可生长成"蘑菇圈"。

采集号：宋刚 900

分布：河北、山西、内蒙古、辽宁、吉林、江苏、福建、甘肃、青海、宁夏、新疆等地。

250.白秃马勃 *Calvatia candida*（Rostk.）Hollos

生境：夏、秋季生于林中地上。

采集号：046

分布：河北、山西、辽宁、黑龙江、陕西、甘肃、新疆等地。

251.头状秃马勃 *Calvatia craniiformis*（Schw.）Fr.

生境：夏、秋季于林中地上单生至散生。

采集号：061

分布：广泛。

鸟巢菌目 \ 鸟巢菌科 \ 黑蛋巢菌属

252.柯氏黑鸟巢菌 *Cyathus colensoi* Berk.

生境:夏、秋季单生或群生于腐木。

采集号:宋刚 868

分布:云南、内蒙古等地。

253.紊乱黑鸟巢 *Cyathus confuses* Tai et Hung.

生境:夏秋季于青海云杉林中腐木上群生。

采集号:宋刚 848

分布:云南、宁夏、内蒙古等地。

\ 白鸟巢菌属

254.白鸟巢菌 *Crucibulum vulgare* Tul.

生境:夏、秋季于林中腐木上和枯枝上群生。

采集号:宋刚 804

分布:十分广泛。

裂褶菌目 \ 裂褶菌科 \ 裂褶菌属

255.裂褶菌 *Schizophylluum commune* Fr.

生境:春至秋生于针、阔叶树枝、腐木和活立木上。

采集号:宋刚 992

分布:广泛。

灰锤目 \ 灰锤科 \ 灰锤属

256.白柄灰锤 *Tulostoma jourdanii* Pat.

生境:云杉、杨等林中地上或草原上单生或散生。

采集号:宋刚 888

分布:山西、内蒙古、甘肃、青海、新疆等地。

257.柄灰锤 *Tulostoma brumale* Pers.

生境:秋季生于林中地上。

采集号:宋刚 839

分布:山西、宁夏、内蒙古等地。

附录2

宁夏贺兰山自然保护区苔藓植物名录

本名录采用的拉丁文学名按照 Redfearn 和 Tan（1996）的 A Newly Updated and Annotated Checklist of Chinese mosses；Crosby 等（1999）的 A Checklist of the Mosses；Piippo（1990）的 Annotated catalogue of Chinese Hepaticae and Anthocerotae 论文作了订正，汉语学名主要依据吴鹏程等（1984）编写的《苔藓名词及名称》和高谦（1996）《中国苔藓志》。

苔类植物的排列系统根据 Schuster（1966,1969,1974,1980,1992）The Hepaticae and Anthocerotae of North America 和高谦、张光初（1981）《东北苔类植物志》；藓类植物的排列系统根据陈邦杰等（1963,1978）《中国藓类植物属志》，上、下册，并参考了 Crum 和 Anderson（1981）Mosses of Eastern North America, vol. 1 and 2。

通过对宁夏贺兰山国家级自然保护区 956 号苔藓植物标本整理发现苔藓植物 26 科 65 属 142 种（含变种、变型），其中苔类 5 科 7 属 9 种，藓类 21 科 58 属 133 种（含变种、变型）；发现中国新记录种（◎）3 个、宁夏新记录种（*）126 个、贺兰山新记录种（△）38 个。所有的标本均存放于内蒙古大学植物标本馆和宁夏贺兰山国家级自然保护区标本室。

苔纲 Hepaticae

一、合叶苔科 Scapaniaceae

1.* 卷叶合叶苔 *Scapania cuspiduligera* (Nees) K. Muell. [2 600~3 000m/ 苏峪口 025]云杉林下、高山草甸岩面土生。北温带成分。

二、瘤冠苔科 Grimaldiaceae 3 属 4 种

2.* △ 紫背苔 *Plagiochasma rupestre* (Forst.) Steph. [2 000~2 500m/苏峪口 0808003,0808004 小口子 196，小口子 204，小口子 213]岩下土生。北温带成分。

3.* 小瘤冠苔 *Mannia triandra* (Scop.) Grolle [2 000~2 500m/ 小口子 216~218, 250~251，苏峪口 88,榆树沟 0808052]峭壁、云杉林下石生、土生。北温带成分。

4.*△瘤冠苔 *Mannia fragrans* (Balbis.) Fry et Clark [2 500~3 000m/苏峪口 024，小口子 212, 221, 245,榆树沟 0808043] 峭壁、云杉林下土生。北温带成分。

5.△石地钱 *Reboulia hemisphaerica* (L.) Raddi [2 300m/ 小口子 196]阴面岩石下土生。世界广布种。

三、拟大萼苔科 Cephaloziellaceae

6.*△红色拟大萼苔 *Cephaloziella rubella* (Nees) Warnst. [2 000~2 500m/ 苏峪口 057~058,075,088,124,131~132,136,152~153,160,180]油松、山杨、灰榆、云杉林下。北温带成分。

四、羽苔科 Plagiogchilaceae

7.* 羽苔 *Plagiochila ovalifolia* Mitten. [2 500~3 400m/苏峪口 0808020,沙锅洲 98]云杉林、高山草甸土生。北温带成分。

五、钱苔科 Ricciaceae 1 属 2 种

8.*△肥果钱苔 *Riccia sorocarpa* Bisch [2 200~2 350m/小口子 214, 226]岩下土生。北温带成分。

9. ◎刺毛钱苔 *Riccia setigera* Schust. [2 300~2 400m/小口子 225,234]岩下土生。北温带亚洲–北美成分。

藓纲 Musci

六、牛毛藓科 Ditrichaceae 2 属 4 种

10.* 细牛毛藓 *Ditrichum flexicaule* (Schwaegr.) Hamp. [2 100~3 400m/ 苏峪口 030, 085, 378, 0808018,沙锅洲 115, 119~123]云杉林下地被层主要成分。北温带成分。

11.* 细叶牛毛藓 *Ditrichum pusillum* (Hedw.) Hamp. [2 200m/ 苏峪口 088]油松林下岩面生。北温带成分。

12.对叶藓 *Distichium capillaceum* (Hedw.) B. S. G. [1 900~3 400m/苏峪口 030~031, 180~181，黄旗口 277，沙锅洲 82~83, 133，苏峪口 57]油松、云杉、山杨林下地被层主要成分。世界广布种。

13.* 斜蒴对叶藓 *Distichium inclinatum* (Hedw.) B. S. G. [2 500~3 000m/沙锅洲 99,

苏峪口 17]云杉林、高山草甸土生。北温带成分。

七、凤尾藓科 Fissidentaceae

14.* 凤尾藓 *Fissidens bryoides* Hedw. [1 600~2 500m/ 苏峪口 017, 73, 0808002, 小口子249~251, 黄旗口 269, 汝箕沟 304, 榆树沟0808036]阴湿土生。世界广布种。

八、大帽藓科 Encalyptaceae 1 属 5 种

15.* 大帽藓 *Encalypta vulgaris* Hedw. [2 000~3 000m/ 苏峪口 003, 小口子 215~216, 沙锅洲 86]灰榆、高山草甸、油松林下岩面、阴沟土生。世界广布种。

16.*△ 剑叶大帽藓 *Encalypta spathulata* C. Muell. [2 000~2 800m/ 苏峪口 021, 汝箕沟364~365, 372]山顶薄土生。北温带成分。

17.*△ 西藏大帽藓 *Encalypta tibetana* Mitt. [2 000~2 500m/ 苏峪口 078, 苏峪口 172]山杨、灰榆、云杉、油松林下岩面、阴沟土生。中国特有种。

18.* 尖叶大帽藓 *Encalypta rhabdocarpa* Schwaegr. [2000~3400m/ 苏峪口 131, 135, 149, 榆树沟 0808044]山杨、灰榆、云杉、油松林下岩面薄土、阴沟土生。北温带成分。

19.* 高山大帽藓 *Encalypta alpina* Smith. [2 000~3 400m/ 苏峪口 026, 124, 0808005, 汝箕沟 368, 沙锅洲 83, 86, 苏峪口 54]油松、云杉、山杨林下、高山草甸岩面、土生。北温带成分。

九、丛藓科 Pottiaceae 19 属 53 种

20.* 侧立毛氏藓(新拟名)*Molendoa schliephackei*(Limpr.) Zand. [2 000m/小口子244]峭壁岩石薄土生。北温带欧亚成分。

21.* 高山毛氏藓 *Molendoa sendtneriana* (B. S. G.) Limpr. [2 000~2 150m/ 苏峪口 001, 小口子 255~256]峭壁岩面薄土生。北温带成分。

22.*△ 丛本藓 *Anoectangium aestivum* (Hedw.) Mitt. [2 000~2 400m/苏峪口 032, 070, 075, 137]山杨、灰榆、云杉、油松林下阴沟岩面土生。世界广布种。

23.* 卷叶丛本藓 *Anoectangium thomsonii* Mitt. [2 000~2 400m/苏峪口 039, 070, 148, 小口子 191, 201]油松林、山杨、灰榆、云杉、油松林下岩面薄土生。喜玛拉雅成分。

24.* 净口藓 *Gymnostomum calcareum* Nees et Hornsch. [2 000~3 400m/苏峪口 016, 086, 188, 0808008, 小口子 207, 榆树沟 0808049, 沙锅洲 105]油松、云杉、山杨林下烂墙、岩面土生。世界广布种。

25.* 铜绿净口藓 *Gymnostomum aeruginosum* Sm. [2 000~2 200m/ 苏峪口 083]油松

林圆柏、忍冬林下岩面薄土生。北温带成分。

26.* 钩喙立膜藓 *Hymenostylium recurvirostre* (Hedw.) Dix. [2 100~3 400m/ 苏峪口 041，049，沙锅洲 114]油松林、高山草甸水沟岩面。北温带成分。

27.* 钩喙立膜藓橙色变种 *Hymenostylium recuvirostre* var. *cylindricum* (Bartr.) Zand. =*Gymnostomum aurantiacum* (Mitt.) Jaeg. [2 000~2 200m/ 苏峪口 148]山杨、灰榆、云杉、油松林下阴沟岩面薄土生。北温带成分。

28.* 折叶纽藓 *Tortella fragilis* (Hook. & Wils.) Limpr. [2 000~3 400m/苏峪口 051，077，小口子 242，沙锅洲 122~123]钙质土壤生。北温带成分。

29.*△ 缺齿小石藓 *Weissia edentula* Mitt. [2 100~2 300m/苏峪口 052，苏峪口 118] 油松林、山杨、灰榆、云杉、油松林阴沟岩下土生。中国-日本-喜玛拉雅成分。

30.* 短叶小石藓 *Weissia semipallida* C. Muell. [1 500~2 900m/ 苏峪口 104，小口子 193] 阳坡岩面薄土生。中国特有种。

31.*△ 小石藓 *Weissia controversa* Hedw. [2 000m/小口子 206，214，榆树沟 0808055]阳面岩下土生。世界广布种。

32.*△ 钝叶小石藓 *Weissia newcomeri* (Bartr.) Saito [2 000~2 300m/苏峪口 029，086，小口子 206，小口子 242,榆树沟 0808041]油松、杜松林下岩石缝生。中国日本成分。

33.*△ 皱叶毛口藓 *Trichostomum crispulum* Bruch in F. A. Muell. [2 000~2 300m/ 苏峪口 005，172，175]山杨、灰榆、云杉、油松林下阴沟岩面生。北温带成分。

34.* 反扭藓 *Timmiella anomala* (B. S. G.) Limpr. [1 700~2 000m/小口子 196，213，246,榆树沟 0808037]峭壁钙质土壤。北温带成分。

35.*△ 扭口藓 *Barbula unguiculata* Hedw. [2 000~2 700m/苏峪口 030，088，125~126，165，98,小口子 242]山杨、灰榆、云杉、油松林裸岩下土生。世界广布种。

36.* 印度扭口藓 *Barbula indica* （Hook.）Spreng. [1 800m/苏峪口 104，小口子 193,榆树沟 0808051]岩面土生。热带亚洲-非洲成分。

37.* 细叶对齿藓 *Didymodon perobtusus* Broth. [3 000~3 400m/ 沙锅洲 104~105，126]峭壁钙质土壤。北温带亚洲成分。

38.尖叶对齿藓 *Didymondon constrictus* (Mitt.) Saito [2 300~3 200m/苏峪口 87]云杉林、高山灌丛岩面土生。日本-喜马拉雅成分。

39. 尖叶对齿藓芒尖变种 *Didymondon constrictus* var. *flexicuspis* Chen [1 900~3 200m/

苏峪口 059，073,148] 云杉林、油松林、高山灌丛岩面土生。中国-日本成分。

40.* 硬叶对齿藓 *Didymodon rigidulus* Hedw. [2 200~3 250m/ 苏峪口 045，096，179，汝箕沟 320]灌木丛、山杨、灰榆、云杉、油松林下岩面钙质土生。北温带成分。

41.* 硬叶对齿藓尖叶变种 *Didymodon rigidulus* var. *ditrichoides*（Broth.）Zand. =*Barbula ditrichoides* Broth. [2 300~3 000m/苏峪口 71,榆树沟 0808040]岩面钙质土生。中国特有种。

42.* 硬叶对齿藓细肋变种 *Didymodon rigidulus* var. *icmadophyllus* (Schimp. ex C. Muell.) Zand.=*Didymodon icmadophyllus*(Schimp. ex C. Muell.) Saito. [1 900~2 200m/苏峪口 023，163，小口子 247]油松林、云杉林下岩面钙质土生。北温带成分。

43.* 硬叶对齿藓锐尖变种 *Didymodon rigidulus* var. *gracilis* (Schimp. ex Hook. & Grev.) Zand. [2 700~2 900m/ 苏峪口 12~13]岩面钙质土壤。北温带成分。

44. * 红对齿藓 *Didymodon asperifolius* (Mitt.) Crum [2 300~3 200m/苏峪口 024，096，189，汝箕沟 317]灌木丛、山杨、灰榆、云杉、油松林下岩面钙质土生。北温带成分。

45.土生对齿藓 *Didymodon vinealis* (Brid.) Zand. [1 500~3 400m/苏峪口 001，021~022，0808001，小口子 203~204，黄旗口 261，汝箕沟 367~368，371~372，榆树沟 0808035，沙锅洲 78~79]广泛分布。北温带成分。

46.* 梭尖对齿藓 *Didymodon johansenii* (Williams) Crum [2 200~3 300m/苏峪口 098，沙锅洲 102] 高山草甸钙质土壤生。北温带亚洲-北美成分。

47.* 剑叶对齿藓 *Didymodon rufidulus* (C. Muell.) Broth. [2 400m~3 000m/沙锅洲 84，85，128] 高山岩面钙质土生。中国特有种。

48.* 黑对齿藓 *Didymodon nigrescens* (Mitt.) Saito. [1 900~3 000m/ 苏峪口 004，006，016~017，102~103，154~156，汝箕沟 317]岩面钙质土生。北温带亚洲-北美成分。

49.* 反叶对齿藓 *Didymodon ferrugineus* (Schimp. ex Besch.) Hill =*Didymodon rigidicaulis* (C. Muell.)Saito./[2 400~3 400m/苏峪口 025，123~124，小口子 191，241~242，汝箕沟 320，沙锅洲 131]岩面钙质土生。北温带成分。

50.* 灰土对齿藓 *Didymodon tophaceus* (Bird.) Lisa. [1 900~2 300m/ 苏峪口 056~068，154~155]山杨、灰榆、云杉、油松林下阴沟岩面薄土生。北温带成分。

51.* 红叶藓 *Bryoerythrophyllum recurvirostrum* (Hedw.) Chen. [1 900~3 100m/苏峪口 007，019，043，小口子 251，黄旗口 272~273，278，汝箕沟 338，沙锅洲 93] 山杨、灰

榆、云杉、油松林下阴沟岩下土生。世界广布种。

52.* 钝头红叶藓 *Bryoerythrophyllum brachystegium* (Besch.) Saito. [2 200~2 500m/苏峪口126]油松林、山杨、灰榆、云杉林下岩面钙质土生。中国–日本成分。

53.* 无齿红叶藓 *Bryoerythrophyllum gymnostomum* (Broth.) Chen. [1 900~2 100m/黄旗口 295，汝箕沟 366]岩面钙质土生。中国–日本–喜玛拉雅成分。

54.* 盐土藓 *Pterygoneurum subsessile* (Brid.) Jur. [1 500~2 600m/ 苏峪口 008，111~112，小口子 195，240，汝箕沟 300~301，311]油松林、云杉林下土生。北温带成分。

55.* 卵叶盐土藓 *Pterygoneurum ovatum* (Hedw.) Dix. [2 300~2 500m/小口子 243]阴湿土层。北温带成分。

56.*△ 厚肋流苏藓 *Crossidium crassinerve* (De Not.) Jur. [1 800~2 200m/苏峪口 102~103，小口子 208，241~242，榆树沟 0808046]岩面土生。北温带成分。

57.* 流苏藓 *Crossidium squamiferum* (Viv.) Jur. [2 000~2 200m/苏峪口 112~113，汝箕沟 364]灌木丛下土生。北温带成分。

58.* 芦荟藓 *Aloina rigida* (Hedw.) Limpr. [1 560~2 500m/ 苏峪口 006，072，108，小口子 240，汝箕沟 305]山坡城墙土生。北温带成分。

59.* 斜叶芦荟藓 *Aloina obliquifolia* (C. Muell.) Broth. [1 900~2 400m/ 苏峪口 001，182~183]油松林、山杨、灰榆、云杉林下、烂墙上土生。中国特有种。

60.*△ 短喙芦荟藓 *Aloina brevirostris* (Hook. & Grev.) Kindb. [2 200m/苏峪口 114]阳坡土生。北温带成分。

61. ◎*△ 条纹细丛藓 *Microbryum starckeanum* (Hedw.) Zand.=*Pottia starckeana* (Hedw.) C. Muell. [2 300m/苏峪口 029，汝箕沟 340] 油松–云杉混交林下土壤。北温带成分。

62.* 卵叶藓 *Hilpertia velenovskyi* (Schiffn.) Zand. [1 600~2 100m/ 苏峪口 185~186]废弃民居土墙生。北温带欧洲–亚洲成分。

63.* 石芽藓 *Stegonia latifolia* (Schwaegr.) Vent. ex Broth. [2 200~3 400m/苏峪口 097，114，汝箕沟 315，沙锅洲 95]高山薄土生。北温带成分。

64.* 中华赤藓 *Syntrichia sinensis* (C. Muell.) Ochyra Jur. [2 000~2 500m/苏峪口 037，143，小口子 253]岩面薄土生。北温带成分。

65.* 树生赤藓 *Syntrichia laevipila* Bird. [1 800~2 300m/苏峪口 046，汝箕沟 318]油

松、云杉、山杨林下土生。北温带成分。

66.* 芽胞赤藓 *Syntrichia pagorum* (Milde) Amann. [2 200~2 500m/苏峪口 066，151，0808006，0808019，黄旗口 281]山杨、灰榆、云杉、油松林树皮生。北温带成分。

67.* 大赤藓 *Syntrichia princes* (De Not.) Mitt. [2 300~3 400m/汝箕沟 308~309，313，350~352，沙锅洲 119~121]云杉林、蒙古扁桃灌木丛下土生。世界广布种。

68.* 刺叶赤藓 *Syntrichia caninervis* Mitt.=*Tortula desertorum* Broth. [2 300~2 800m/汝箕沟 336]山顶裸岩缝中。北温带欧洲-亚洲成分。

69.* 双齿赤藓 *Syntrichia bidentata* (X.-L. Bai) X.-L. Bai. [2 100~2 800m/汝箕沟 357]岩面薄土生。北温带亚洲成分。

70.* 无疣墙藓 *Tortula mucronifolia* Schwaegr. [2 000~3 200m/苏峪口 017，164，169，171，0808001，黄旗口 262，278，汝箕沟 362，沙锅洲 94]岩面薄土生。北温带成分。

71.* 卷叶墙藓 *Tortula atrovirens* (Sm.) Lindb.=*Desmatodon convolutus* (Brid.) Grout. [1 700~2 400m/ 苏峪口 008，小口子 259，汝箕沟 300~301] 油松林、灌木丛裸岩面、土生。世界广布种。

72. * 云南墙藓 *Tortula yunnanensis* Chen. [2 500~3 300m/汝箕沟 320，沙锅洲 127]高山草甸、灌木丛下土生。中国特有种。

十、紫萼藓科 Grimmiaceae 4 属 6 种

73.* 筛齿藓 *Coscinodon cribrosus* (Hedw.) Spruce. [2 250m/苏峪口 4345]岩面薄土生。北温带成分。

74. * 缨齿藓 *Jaffueliobryum wrightii* (Sull.) Ther. [2 100~2 800m/汝箕沟 329，359]岩面薄土生。北温带亚洲-北美成分。

75. *△南欧紫萼藓 *Grimmia tergestina* Tomm. ex B. S. G. [2 000m/ 苏峪口 162]岩面钙质薄土生。北温带成分。

76. * 卵叶紫萼藓 *Grimmia ovalis*（Hedw.）Lindb. [2 000~3 200m/苏峪口 005，小口子210，黄旗口 260，汝箕沟 370，沙锅洲 105]岩面钙质土壤。世界广布种。

77. * 阔叶紫萼藓 *Grimmia laevigata* (Brid.) Brid. [2 100~3 000m/苏峪口 015，094，小口子 248，汝箕沟 336~337]高山岩面主要成分。世界广布种

78. * 细枝连轴藓 *Schistidium strictum* (Turn.) Loesk. ex O. Maert. [2 500~3 300m/

沙锅洲 122]高山岩面主要成分。北温带成分。

十一、葫芦藓科 Funariaceae 1 属 3 种

79. * 刺边葫芦藓 *Funaria muhlenbergii* Turn. [1 900~2 300m/ 苏峪口 149~150]干燥环境下生。北温带成分。

80. *△直蒴葫芦藓 *Funaria discelioides* C. Muell. [2 200m/ 苏峪口 145]灰榆林下阳坡土生。中国特有种。

81. * 葫芦藓 *Funaria hygrometrica* Hedw. [2 200m/苏峪口 107]阳面灌木丛下土生。世界广布种。

十二、壶藓科 Splachnaceae 2 属 2 种

82.*△残齿小壶藓 *Tayloria rudimenta* X.-L. Bai & B. C. Tan [2 050m/ 苏峪口 099]腐殖质土生。贺兰山特有种。

83.* 隐壶藓 *Voitia nivalis* Hornsch. [2 100~3 200m/ 苏峪口 082, 091~092, 沙锅洲 110]云杉林、高山草甸腐殖质土。北温带成分。

十三、真藓科 Bryaceae 1 属 11 种

84.*△银藓 *Anomobryum filiforme* (Dicks.) Solms [1 800m/ 小口子 200]水沟边湿生。世界广布种。

85.*△缺齿藓 *Mielichhoferia mielichhoferi*（Funck ex Hook.）Loeske. [2 250m/苏峪口 4346]石壁岩面生。北温带成分。

86.* 丛生真藓 *Bryum caespiticium* Hedw. [2 000~3 400m/苏峪口 001, 007, 小口子 199, 黄旗口 275~276]生于各种生境土壤。世界广布种。

87.* 真藓 *Bryum argenteum* Hedw. [1 600~2 500m/苏峪口 002, 008, 小口子 257, 汝箕沟 300~304]油松林、云杉林裸岩面土生。世界广布种。

88.*△卷叶真藓 *Bryum thomsonii* Mitt. [2 100~2 300m/苏峪口 126]山杨、灰榆、云杉、油松林下土生。中国特有种。

89.* 刺叶真藓 *Bryum cirrhatum* Hopp. et Hornsch. [2 000~2 400m/ 苏峪口 003, 177~178, 黄旗口 276]油松–云杉混交林下土生。世界广布种。

90.*△双色真藓 *Bryum bicolor* Dicks. [2 100~2 300m/ 苏峪口 048, 069, 166]油松林、灰榆树下岩面土生。世界广布种。

91.高山真藓 *Bryum alpinum* Huds. ex With. [1 800~2 300m/ 苏峪口 131]流水沟边土生。北温带成分。

92.◎幽美真藓(新拟名)*Bryum elegans* Nees cx Brid. [3 000m/ 沙锅洲 82]高山草甸土生。北温带成分。

93.* 细叶真藓 *Bryum capillare* Hedw. [2 300~2 600m/ 苏峪口 175]云杉林下砂质土生。世界广布种。

94.* 垂蒴真藓 *Bryum uliginosum* (Brid.) B. S. G. [2 100~3 200m/ 苏峪口 010，161，黄旗口 276]生于各种生境土壤。北温带成分。

十四、提灯藓科 Mniaceae 3 属 7 种

95.* 具缘提灯藓 *Mnium marginatum* (With.) Beauv. [2 000~3 200m/ 苏峪口 081，170，黄旗口 384，沙锅洲 107]云杉林、高山草甸、灌木丛下土生。北温带成分。

96.*△平肋提灯藓 *Mnium laevinerve* Card. [2 300~3 200m/ 苏峪口 138，沙锅洲 103]灰榆、云杉、油松林、高山草甸岩面土生。北温带亚洲成分。

97.*△异叶提灯藓 *Mnium heterophyllum* (Hook.) Schwaegr. [2300~3200m/苏峪口 141，黄旗口 291，沙锅洲 107]山杨、灰榆、云杉、油松林下阴沟岩面土生。北温带成分。

98.* 刺叶提灯藓 *Mnium spinosum* (Voit.) Schwaegr. [1 700~2 500m/苏峪口 181，0808016，黄旗口 274]灌木丛下岩面土生。北温带成分。

99.* 偏叶提灯藓 *Mnium thomsonii* Schimp. [2 400~3 100m/ 沙锅洲 99]云杉林、高山草甸岩面土生。北温带成分。

100.* 树形疣灯藓 *Trachycystis ussuriensis* (Maack et Regel) T. Kop. [2 400~2 900m/ 黄旗口 291，苏峪口 376，0808012~13]云杉林下土生。北温带欧洲–亚洲成分。

101.*△毛灯藓 *Rhizomnium punctatum* (Hedw.) T. Kop. [1 900~2 200m/ 小口子 237，小口子 249~251]岩面土生。北温带成分。

十五、美姿藓科 Timmiaceae 1 属 2 种

102.* 北方美姿藓 *Timmia bavarica* Hessl. [2 200~3 400m/ 苏峪口 010，140~141，0808022，379，小口子 252，黄旗口 296，沙锅洲 129~130]油松林、云杉–山杨林下地被层主要成分。北温带成分。

103.* 美姿藓 *Timmia megapolitana* Hedw. [2 500~2 600m/ 黄旗口 288]云杉林下土坡生。北温带成分。

十六、木灵藓科 Orthotrichaceae 1 属 5 种

104.*△污色木灵藓 *Orthotrichum sordidum* Sull. & Lesq. [2 300~2 800m/ 苏峪口 120~121，黄旗口 279，汝箕沟 347]云杉林下枯树上生。北温带亚洲–北美成分。

105.* 钝叶木灵藓 Orthotrichum obtusifolium Brid. [2 300~2 600m/ 苏峪口 084，黄旗口 267]云杉林树干、灰榆树皮上生。北温带成分。

106.*△ 条纹木灵藓 Orthotrichum striatum Hedw. [2 500~3 100m/ 黄旗口 278，汝箕沟 345，沙锅洲 97]云杉林下枯树上生。北温带成分。

107.* 拟木灵藓 Orthotrichum affine Brid. [2 500~3 500m/ 黄旗口 278] 云杉林、高山草甸枯木、岩面土生。北温带成分。

108.* 木灵藓 Orthotrichum anomalum Hedw. [2 300~3 000m/1 苏峪口 144，黄旗口 278]云杉林树干、岩面土生。北温带成分。

十七、薄罗藓科 Leskeaceae

109.细罗藓 Leskeella nervosa (Brid.) Loesk. [2 700~3 100m/ 苏峪口 66] 云杉林下岩面土生。北温带成分。

十八、鳞藓科 Theliaceae 1 属 2 种

110.* 柔叶小鼠尾藓 Myurella tenerrima (Brid.) Lindb. [2 000~3 200m/ 苏峪口 053，088，沙锅洲 112~113]高山草甸、油松林岩面土生。北温带成分。

111.* 钝叶小鼠尾藓 Myurella julacea (Schwaegr.) B. S. G. [2 600m/ 苏峪口 26]云杉林下岩面土生。北温带成分。

十九、白齿藓科 Leucodontaceae

112.* 白齿藓 Leucodon sciuroides (Hedw.) Schwaegr. [2 300m/苏峪口樱桃谷 0808010,0808011]峭壁岩面。北温带成分。

二十、碎米藓科 Fabroniaceae 1 属 2 种

113.* 碎米藓 Fabronia ciliaris (Brid.) Brid. [1 900~2 600m/ Y034，苏峪口 120，130，143，0808007，小口子 230，241]山杨、灰榆、油松、云杉林树上生。北温带成分。

114.*△ 东亚碎米藓 Fabronia matsumurae Besch. [2 200~2 300m/ 苏峪口 121，小口子 235]油松林路边灰榆树上。中国–日本成分。

二十一、牛舌藓科 Anomodontaceae 1 属 2 种

115.*△ 小牛舌藓 Anomodon minor (Hedw.) Fuernr. [2 300m/ 小口子 247] [2300m/小口子 247]岩下土生。北温带亚洲–北美成分。

116.*△ 小牛舌藓全缘亚种 Anomodon minor ssp. integerrimus (Mitt.) Iwats. [2 300m/苏峪口 0808009]岩下土生。中国–日本–喜玛拉雅成分

二十二、羽藓科 Thuidiaceae

117.山羽藓 *Abietinella abietina* (Hedw.) Fleisch. [2 100~2 700m/ 苏峪口 023，055，黄旗口 293，汝箕沟 366]云杉林、云杉–山杨林下地被层优势种。北温带成分。

二十三、柳叶藓科 Amblystegiaceae 4 属 5 种

118.* 牛角藓 *Cratoneuron filicinum* (Hedw.) Spruce [1 700~2 700m/ 苏峪口 049，小口子 200] 油松林、云杉林下流水沟岩面。世界广布种。

119.* 细湿藓 *Campylium hispidulum* (Brid.) Mitt. [2000~2700m/ 苏峪口 003，025，黄旗口 272~273] 油松林、云杉林下岩面、树基生。世界广布种。

120.柳叶藓 *Amblystegium serpens* (Hedw.) B. S. G. [2000~2900m/ 苏峪口 010，044，159~160，171，小口子 197~198] 油松林、云杉林下湿岩面，阴湿土生。世界广布种。

121.* 薄网柳叶藓 *Amblystegium riparium* (Hedw.) B. S. G. [2600~2800m/ 黄旗口 279]山沟湿土生。世界广布种。

122.弯叶大湿原藓 *Calliergonella lindbergii* (Mitt.) Hedens. =H. lindbergii Mitt. [2 300~3 200m/沙锅洲 107] 林下潮湿岩面生。北温带成分。

二十四、青藓科 Brachytheciaceae 3 属 7 种

123.* 同蒴藓 *Homalothecium sericeum* (Hedw.) B. S. G. [2 100~3 100m/ 苏峪口 058，黄旗口 295，沙锅洲 107]云杉林下岩面、朽木。北温带成分。

124.* 羽枝青藓 *Brachythecium plumosum* (Hedw.) B. S. G. [2 400~3 100m/ 苏峪口 024，129，黄旗口 272，沙锅洲 92~93]云杉林下岩面。世界广布种。

125.* 青藓 *Brachythecium albicans* (Hedw.) B. S. G. [1 800~2 700m/ 苏峪口 089，黄旗口 289]云杉林、云杉–山杨林下岩面土生。世界广布种。

126.* 褶叶青藓 *Brachythecium salebrosum* (Web. & Mohr.) B. S. G. [2 300~2 900m/ 苏峪口 129，黄旗口 278，汝箕沟 366]云杉林下土生。世界广布种。

127.*△皱叶青藓 *Brachythecium kuroishicum* Besch. [2 300~3 400m/ 苏峪口 140，沙锅洲 129]山杨、灰榆、云杉、油松林下阴沟岩面土生。中国–日本成分。

128.* 长毛尖藓 *Cirriphyllum piliferum* (Hedw.) Grout. [2 000~2 700m/ 苏峪口 001，黄旗口 286]山杨林、油松林、云杉林下土生。北温带成分。

129.* 毛尖藓 *Cirriphyllum cirrhosum* (Schwaegr.) Grout. [2 500~2 700m/ 苏峪口 382]云杉林下土生。北温带成分。

二十五、绢藓科 Entodontaceae

130.厚角绢藓 *Entodon concinnus* (De Not.) Par. [2 300~2 900m/ 黄旗口 266，苏峪

口375]云杉林下地被层主要成分。北温带成分。

二十六、灰藓科 Hypnaceae 6 属 12 种

131.*△美丽拟同叶藓 *Isopterygiopsis pulchella*（Hedw.）Iwats. [2 300~2 400m/ 苏峪口 088，175]山杨、灰榆、云杉、油松林下阴沟岩面土生。北温带成分。

132.*△金灰藓 *Pylaisiella polyantha* (Hedw.) Grout. [2 800m/ 黄旗口 267]云杉林下树皮生。北温带成分。

133.* 美灰藓 *Eurohypnum leptothallum* （C. Muell.）Ando [2 200~3 200m/ 苏峪口 065，黄旗口 279，汝箕沟 331，360，榆树沟 0808038,沙锅洲 118，124]高山草甸岩面。东亚中国-日本-喜玛拉雅成分。

134.*△美灰藓圆枝变种 *Eurohypnum leptothallum* var. *tereticaule* （C.Muell.）Gao & Chang [2 600~3 400m/ 黄旗口 287，沙锅洲 133]云杉林、高山草甸土生。东亚中国-日本-喜玛拉雅成分。

135.*△齿灰藓 *Podperaea krylovii* (Podp.) Iwats [2 200~2 400m/ 黄旗口 269]油松、云杉、山杨、杜松林下岩下土生。北温带亚洲成分。

136.* 直叶灰藓 *Hypnum vaucheri* Lesq. [1 800~3 200m/ 苏峪口 003，383，汝箕沟 330,352~353,367,榆树沟 0808039,沙锅洲 100]油松林、云杉林、高山草甸下土生。北温带成分。

137.△弯叶灰藓 *Hypnum hamulosum* B. S. G. [2 000~3 400m/ 苏峪口 016，023，127，沙锅洲 131]山杨、灰榆、云杉、油松林、高山草甸阴沟土。北温带成分。

138.灰藓 *Hypnum cupressiforme* Hedw. [2 000~3 200m/ 苏峪口 003，004，黄旗口 289，385,汝箕沟 335,沙锅洲 85~86]分布于贺兰山各处。世界广布种。

139.* 灰藓凹叶变种 *Hypnum cupressiforme* var. *lacunosum* Brid. [2 600~3 400m/ 黄旗口 273，沙锅洲 129] 干燥云杉林、高山草甸岩面。世界广布种。

140.黄灰藓 *Hypnum pallescens* (Hedw.) Beauv. [2 200~2 800m/ 苏峪口 079] 油松林、云杉林下岩面生。北温带成分。

141.◎*△镰叶灰藓（新拟名）*Hypnum bambergeri* Schimp [2 500~3 300m/ 苏峪口 380，沙锅洲 113]云杉林、高山草甸土生。北温带成分。

142. * 假丛灰藓 *Pseudostereodon procerrimum* (Mol.) Fleisch. [1 900~3 400m/ 苏峪口 031，黄旗口 276，386，沙锅洲 132]油松、云杉、山杨林下土生。北温带成分。

附录 3

宁夏贺兰山自然保护区野生维管植物名录

蕨类植物门 Pteridophyta

一、石松科 Lycopodiceae

（一）石松属 *Lycopodium* L.

1. 石松 *Lycopodium clavatum* L.

中生植物,生海拔 1300~1500 m 低山带阴坡山地灌丛中。零星分布于个别沟,少见。

二、卷柏科 Selaginellaceae

（一）卷柏属 *Selaginella* Spring

1. 圆枝卷柏 *Selaginella sanguinolenta* (L.) Spring

中生植物。生海拔 1 400~2 500 m 山坡岩石缝中。见苏峪沟、小口子、黄旗沟、榆树沟。

2. 中华卷柏 *Selaginella sinensis* (Desv.) Spring

中生植物。生海拔 1 300~2 300 m 阴坡石缝中。见苏峪沟、小口子、黄旗沟、榆树沟。

三、木贼科 Equisetaceae

（一）木贼属 *Equisetum* L.

1. 问荆 *Equisetum arvense* L.

中生植物。生沟谷溪边湿地。呈小片群聚。

2. 犬问荆 *Equisetum palustre* L.

中生植物。生海拔 2 100~2 400 m 山地林缘湿地、河溪边。见于苏峪沟、黄旗沟。

3. 节节草 *Equisetum ramosissimum* Desf.

中生植物。生海拔 1 100~1 800 m 沟谷河溪湿地中。见于苏峪沟、汝箕沟、小口子。

四、阴地蕨科 Botrychiaceae

（一）阴地蕨属 *Botrychium* Sw.

1. 扇羽阴地蕨 *Botrychium lunaria* (L.) Sw. 中生植物。生海拔 2 700~3 000 m 亚高山石隙间。

五、中国蕨科 Sinopteridaceae

（一）粉背蕨属 *Aleuritopteris* Fee

1. 银粉背蕨 *Aleuritopteris argentea* (Gmel.) Fee

中生植物，较为耐旱。生海拔 1 350~2 500 m 沟谷岩石缝中，见于苏峪沟、拜寺沟、大水沟。

六、蹄盖蕨科 Athyriaceae

（一）冷蕨属 *Cystopteris* Bernh.

1. 冷蕨 *Cystopteris fragilis*（L.）Bernh.

中生植物。生海拔 2 200~2 900 m 云杉林下岩缝中及沟谷阴坡岩石下。见镇木关沟。

2. 欧洲冷蕨 *Cystopteris sudetica* A. Br.

喜阴中生植物。生海拔 2 400~2 900 m 溪边及滴水岩石下或石缝中，进生于云杉林下。见插旗沟。

3. 高山冷蕨 *Cystopteris montana* (Lam.) Bernh. ex Desv.

耐寒中生植物，生海拔 2 900 m 左右的阴湿岩缝中及高山灌丛下，零星出现。

七、铁角蕨科 Aspleniaceae

（一）铁角蕨属 *Asplenium* L.

1. 北京铁角蕨 *Asplenium pekinense* Hance

中生植物。生海拔 1 400~2 100 m 山坡石缝中。见苏峪沟、小口子、黄旗沟、甘沟等。

八、鳞毛蕨科 Dryopteridaceae

（一）耳蕨属 *Polystichum* Roth.

1. 中华耳蕨 *Polystichum sinense* Christ Bull.

中生植物。生海拔 1 700~2 500 m 山地沟谷阴湿石缝中，见苏峪沟、黄旗沟等。

九、水龙骨科 Polypodiaceae

（一）瓦韦属 *Lepisorus* Ching

1 小五台瓦韦 *Lepisorus hsiawutaiensis* Ching et S. K. Wu

中生植物。生海拔 1 800~2 400 m 山地沟谷阴湿石缝中，见苏峪沟、贺兰沟、插旗沟。

2. 有边瓦韦 *Lepisorus marginatus* Ching

中生植物。生海拔 2 500 m 左右山地岩缝中，零星少见，仅见大南沟（参照标本，宁药队 158. 1969–08–11）.

十、槲蕨科 Drynariaceae

（一）槲蕨属 *Drynaria* J. Sm.

1. 中华槲蕨（秦岭槲蕨）*Drynaria sinica* Diels 从拉丁学名看，叫中华槲蕨更合适。

中生植物。生海拔 1 800~2 500 m 阴坡岩石或树上，见于黄旗沟、插旗沟。

裸子植物门 GYMNOSPERMAE

十一、松科 Pinaceae

（一）云杉属 Picea Dietr.

1.青海云杉 *Picea crassifolia* Kom.

中生长绿乔木。生海拔 2 100~3 100 m 山地阴坡、半阴坡及沟谷中。成纯林或混交林。为贺兰山最主要建群树种。见中部各主要山体。

（二）松属 *Pinus* L.

2.油松 *Pinus tabulaeformis* Carr.

中生常绿针叶乔木。生海拔 1 900~2 300 m 阴坡、半阴坡。成纯林或混交林，是贺兰山主要建群树种之一。见中部各主要山体，向北不超过汝箕沟向南不超过红石峡。

十二、柏科 Cupressaceae

（一）刺柏属 *Juniperus* L.

1.杜松 *Juniperus rigida* Sieb. et Zucc.

旱中生常绿针叶小乔木,在当地有时呈灌木状。生海拔 1 600~2 500 m 的山坡、沟谷。单个或与灰榆疏林形成疏林,也混生于油松林、云杉林中。是除灰榆以外,分布最广泛的树种。

（二）圆柏属 *Sabina* Mill

2.叉子圆柏 *Sabina vulgaris* Ant.

中生常绿匍匐灌木。生海拔 1 800~2 600 m 山坡及沟谷,在云杉、油松林林缘或在 2 500 m 左右的山顶、半阳坡上形成灌丛,山地中部各坡均有分布。

十三、麻黄科 Ephedraceae

（一）麻黄属 *Ephedra* Tourn. ex L.

1. 中麻黄 *Ephedra intermedia* Schrenk ex Mey.

旱生常绿茎灌木。生海拔 1 100~1 600 m 山地干谷和山麓。见北部荒漠化程度高的地段。如麻黄沟、汝箕沟。

2. 木贼麻黄 *Ephedra equisetina* Bunge

旱生常绿茎灌木。生海拔 1 500~2 300 m 山脊、干燥阳坡、沟谷、石缝中。

3. 斑子麻黄 *Ephedra rhytidosperma* Pachom

旱生性极强的常绿茎矮灌木。生海拔 1 900 m 以下的山口、山缘的石质山坡和山麓多石、岩石裸露处,能形成群落。为贺兰山特有种,向北不超过贺兰沟。

被子植物门 ANGIOSPERMAE

十四、杨柳科 Salicaceae

（一）杨属 *Populus* L.

1. 青杨 *Populus cathayana* Rehd.

中生夏绿阔叶乔木。生海拔 1 900~2 400 m 的山地沟谷杂木林中,见大水沟、桦树泉、汝箕沟。

2. 山杨 *Populus davidiana* Dode

中生夏绿阔乔木。生海拔 1 500~2 600 m 地沟谷、阴坡、半阴坡,单独成林或与油松、云杉混交成林。是贺兰山最常见的阔叶树种,中部各沟均有分布。

（二）柳属 *Salix* L.

3.乌柳 *Salix cheilophila* Schneid.

湿中生灌木。生海拔 2 000~2 300 m 沟谷、溪边,见于插旗沟。

4.密齿柳 *Salix characta* Schneid.

中生灌木。生海拔 1 600~2 600 m 山地沟谷、林缘和林下。苏峪沟、黄旗沟、插旗沟。

5.小红柳 *Salix microstachya* Turcz. ex Traut. var. *bordensis* (Nakai) C. F. Fang

湿中生灌木。生海拔 2 000~2 400 m 沟谷溪边湿地。见苏峪口、插旗沟。

6. 高山柳 *Salix oritrepha* Schneid.

寒温型中生灌木。生海拔 2 800~3 300 m 亚高山地带单独或与鬼箭锦鸡儿形成高寒灌丛。也进入云杉林下成为下木。见于 2 800 m 以上的山坡、山脊平缓处。

6a. 尖叶高山柳(青山生柳) *Salix oritrepha* Schneid. var. *amnematchinensis*(Hao) C. Wang et C. F. Fang

寒温型中生灌木。常与高山柳混生,分布与生境亦同。该变种与正种区别为叶椭圆状卵形或椭圆状披针形。即叶较长先端具尖。

7. 狭叶柳 *Salix rehderiana* Schneid.

中生灌木。生海拔 2 800~3 000 m 亚高山沟谷灌丛中。见于中段山脊附近。

8.中国黄花柳 *Salix sinica*(Hao) C. Wang et C. F. Fang

中生灌木或小乔木。生海拔 2 000~2 500 m 沟谷及林缘。见苏峪沟、黄旗沟、插旗沟。

9.崖柳 *Salix xerophila* Flod.

中生小乔木或灌木。生 1 400~2 500 m 沟谷及湿润山坡。见苏峪沟、小口子、大水沟。

10. 皂柳 *Salix wallichiana* Anderss.

中生植物。生海拔 2 000~2 200 m 山地沟谷,林缘及林下,零星小片出现。产苏峪口、黄旗沟、插旗沟。

十五、桦木科 Betulaceae

（一）桦属 *Betula* L.

1. 白桦 *Betula platyphylla* Suk.

中生夏绿小乔木。生海拔 1 800~2 300 m 山阴坡或沟谷、混生于杂木林或灌丛中。

零星分布,不能成林。见于苏峪口沟、小口子、黄旗沟。

（二）虎榛子属 *Ostryopsis* Decne.

2. 虎榛子 *Ostryopsis davidiana* Decne.

中生灌木。生海拔 1 800~2 500 m 山地阴坡、半阴坡、单独或与其他灌木形成灌丛。为中山带中生灌丛的建群种之一。见于苏峪口樱桃沟、黄旗沟、小口子、大水沟。

十六、榆科 Ulmaceae

（一）朴属 *Celtis* L.

1. 小叶朴 *Celtis bungeana* Bl.

喜暖中生乔木。生海拔 1 300~1 700 m 山地干燥阳坡岩缝中。多单株或数株生长在一起。仅见于黄旗沟、插旗沟、苏峪口沟、贺兰沟、插旗沟。

（二）榆属 *Ulmus* L.

2. 灰榆 *Ulmus glaucescens* Franch.

旱生小乔木。生海拔 1 300~2 800 m 干燥石质阳坡或沟谷,干河床上能形成疏林。为贺兰山夏绿阔叶树种中分布最广的一种。见于各山体。

2a. 毛果灰榆 *Ulmus glaucescens* Franch. var. *lasiocarpa* Rehd.

旱生小乔木。生境分布与灰榆同。散见于灰榆中。

十七、桑科 Moraceae

（一）大麻属 *Cannabis* L.

1. 野大麻 *Cannabis sativa* L.

中生一年生草本。生海拔 1 100~1 300 m 山口沟谷、河滩上。见于黄旗沟、马莲口、苏峪口。

（二）葎草属 *Humulus* L.

2. 葎草 *Humulus scandens*（Lour.）Merr.

中生一年生缠绕草本。生山麓沟边、沟中和路旁较湿润处。零星见于中部山麓。

（三）桑属 Morus L.

3. 蒙桑（崖桑）*Morus mongolica* Schneid.

旱生性较强的中生乔木。生海拔 1 200~1 500 m 干燥石质阳坡崖壁上。单株或数株生长在一起。仅见于黄旗沟、插旗沟。

十八、荨麻科 Urticaceae

（一）墙草属 *Parietaria* L.

1. 小花墙草 *Parietaria micrantha* Ledeb.

耐阴中生一年生小草。生海拔 1 300~1 600 m 沟谷阴坡泉溪边岩石缝中。见于插旗沟。

（二）荨麻属 *Urtica* L.

2. 麻叶荨麻 *Urtica cannabina* L.

中生一年生杂草。生海拔 1 200~2 300 m 山口、沟谷、居民点附近。为常见杂草之一。

3. 贺兰山荨麻 *Urtica helanshanica* W. Z. Di et W. B. Liao

中生一年生草本。生海拔 1 800~2 200 m 山地沟谷中。较少见。见苏峪口樱桃沟。

十九、蓼科 Polygonaceae

（一）木蓼属 *Atraphaxis* L.

1. 锐技木蓼 *Atraphaxis pungens*（M. B.）Jaub. et Spach.

旱生矮灌木。生北部荒漠化较强的石质山石。仅见山地北部。

（二）荞麦属 *Fagopyrum* Gaertn.

2. 苦荞麦 *Fagopyrum tataricum*（L.）Gaertn.

中生一年生杂草。生海拔 1 200~1 600 m 山口、沟谷。见黄旗沟。

（三）何首乌属 *Fallopia* Adans.

3. 木藤蓼(鹿挂面) *Fallopia aubertii*（L. Henry）Holub

中生木质藤本植物。生海拔 1 500~2 200 m 山地沟谷灌丛中。能形成群落,见于苏峪口、黄旗沟、小口子、贺兰沟等。

4.卷茎蓼 *Fallopia convolvulus* L.

中生一年生缠绕草本。生海拔 1 800~2 300 m 沟谷、灌丛间;也为杂草。见苏峪口、黄旗沟、插旗沟。

（四）蓼属 *Polygonum* L.

5.萹蓄 *Polygonum aviculare* L.

中生一年生草本。生 2 500 m 以下沟谷、溪边、路旁。各沟中分布较多。

6.拳参 *Polygonum bistorta* L.

中生一年生草本。生 2 500 m 以上山地林缘,灌丛及亚高山草甸上。见中段山脊两侧。

7.酸模叶蓼（大马蓼）*Polygonum lapathifolium* L.

中生一年生草本。生海拔 1 200~1 800 m 山麓沟渠、水库、涝坝边。山口、山麓地带常见。

8.圆穗蓼 *Polygonum macrophyllum* D. Don.

寒温型中生多年生草本。生海拔 3 000 m 以上高山、亚高山灌丛草甸中。见主峰下。

9.尼泊尔蓼 *Polygonum nepalense* Meisn.

中生一年生草本。生海拔 2 200~2 800 m 山地沟谷、水边湿地。少见。见插旗沟。

10.西伯利亚蓼 *Polygonum sibiricum* Laxm.

耐盐中生多年生草本。生山口、山麓河溪边、水库、涝坝、盐渍化土壤上。

11.箭叶蓼 *Polygonum sieboldii* Meisn.

中生一年生蔓生草本。生 1 800~2 400 m 山地沟谷、溪边湿地上。见大水沟、插旗沟。

12.珠芽蓼 *Polygonum viviparum* L.

寒温型中生多年生草本。生海拔 2 600 m 以上山地林缘、高寒灌丛、草甸中。在嵩草高寒草甸中能成为优势种。见主峰和山脊两侧。

（五）大黄属 *Rheum* L.

13. 矮大黄 *Rheum nanum* Siev. ex Pall.

旱生多年生草本。生北部荒漠化较强的石质山丘上。见于鬼头沟、汝箕沟。

14. 总序大黄 *Rheum racemiferum* Maxim.

中旱生多年生草本。生海拔 1 600~2 600 m 山地岩崖石壁上。中段山地极为常见。

（六）酸模属 *Rumex* L.

15.皱叶酸模 *Rumex crispus* L.

中生多年生高大草本。生海拔 1 200~2 000 m 北口、沟谷河溪边湿地。能形成小片群落。见苏峪口、插旗沟、黄旗沟、大永沟。

16.巴天酸模 *Rumex patientia* L.

中生多年生草本。生海拔 2 200 m 左右山地林缘、沟谷湿地。仅见苏峪口。

二十、藜科 Chenopodiaceae

（一）沙米属 *Agriophyllum* M. Bieb.

1. 沙米 *Agriophyllum squarrosum*（L.）Moq.

沙生一年生草本。生山前和北部山口、河溪、干河床沙地上。见石炭井横沟。

（二）假木贼属 *Anabasis* L.

2. 短叶假木贼 *Anabasis brevifolia* C. A. Mey.

超旱生小半灌木。生北部和山前石质、碎石质山丘。见石炭井。

（三）轴藜属 *Axyris* L.

3. 杂配轴藜 *Axyris hybrida* L.

中生一年生草本。生海拔 1 500~2 200 m 山地沟谷、河滩、山口，亦为农田杂草。见于苏峪口、黄旗沟、大水沟、插旗沟等。

4. 平卧轴藜 *Axyris prostrata* L.

中生一年生草本。生海拔 1 900~2 500 m 林缘、沟谷河滩。见苏峪口。

（四）滨藜属 *Atriplex* L.

5. 中亚滨藜 *Atriplex centralasiatica* Iljin

耐盐中生一年生草本。生山口和山麓冲刷沟和盐化低地。

6. 西伯利亚滨藜 *Atriplex sibirica* L.

盐生中生一年生草本。生山麓冲刷沟和盐化低地上。习见。

（五）雾冰藜属 *Bassia* Allioni

7. 雾冰藜 *Bassia dasyphylla*（Fisch. et Mey.）O. Kuntze

旱生一年生草本。生山麓荒漠草原和草原化荒漠群落中。习见。

（六）藜属 *Chenopodium* L.

8. 尖头叶藜 (绿珠藜、油勺勺) *Chenopodium acuminatum* Willd.

中生一年生杂草。生海拔 1 150~2 300 m 山麓、山口、山地沟谷、居民点附近。

9. 藜（白藜、灰藜）*Chenopodium album* L.

中生一年生杂草。生海拔 1 150~2 300m 山麓、山口、沟谷、居民点附近。

10.刺藜（野鸡冠子花、刺穗藜）*Chenopodium aristatum* L.

中生一年生草本。生海拔 1 300~2 200 m 沟谷、干河床、山麓冲刷沟。习见。

10a.无刺刺藜 *Chenopodium aristatum* L. var. *inerme* W. Z. Di

生境分布同本种。

11.菊叶香藜 *Chenopodium foetidum* Schrad.

中生一年生植物。生海拔 1 400~2 000 m 的沟谷、干河床、居民点附近。见于苏峪口、甘沟、黄旗沟、大水沟等。

12. 灰绿藜 *Chenopodium glaucum* L.

盐生一年生草本。生山麓边缘盐化低地和盐湿地上。山麓习见。

13. 杂配藜（大叶藜）*Chenopodium hybridum* L.

中生一年生草本。生海拔 1 500~2 300 m 山地沟谷、灌丛、林缘。见于苏峪沟、贺兰沟、插旗沟、大水沟等。

14. 小白藜 *Chenopodium iljinii* Golosk.

盐生旱中生一年生草本。生山麓盐碱地及草原化荒漠群落中，也进入山地开阔沟谷。

15. 平卧藜 *Chenopodium prostratum* Bunge

中生一年草本。生海拔 1 400~1 950 m 山地沟谷、居民点附近。见苏峪沟。

16. 小藜 *Chenopodium serotinum* L.

中生一年杂草。生山麓田边路旁、山口河滩上。

17. 东亚市藜 *Chenopodium urbicum* L. subsp. *sinicum* Kung et G. L. Chu

中生一年生植物,生海拔 1 600~2 300 m 山地沟谷、路旁、居民点附近。见于苏峪沟、汝箕沟等。

（七）虫实属 *Corispermum* L.

18. 瘤果虫实 *Corispermum tylocarpum* Hance

中生一年生草本。生山麓沙地及沙砾质土壤上。习见。

（八）地肤属 *Kochia* Roth

19. 木地肤 *Kochia prostrata*（L.）Schrad.

旱生小半灌木。生海拔 1 600~1 900 m 山坡的荒漠草原中。见苏峪口

20. 地肤 *Kochia scoparia*（L.）Schrad.

中生一年生杂草。生山麓冲沟、低地、居民点附近,也进入山口河滩地。

21. 碱地肤 *Kochia dinsiflora* Turcz. ex Mog

耐盐旱中生一年生草本。生山麓盐碱化冲沟、居民点附近。

（九）驼绒藜属　*Krascheninnikovia* Gueldenst.

22. 驼绒藜　*Krascheninnikovia Ceratoides*（L.）Gueldenst

旱生半灌木。生海拔 1 700~2 000m 的山坡阳坡与半阳坡。见于苏峪口、甘沟。

（十）盐爪爪属　*Kalidium* Moq.

23. 尖叶盐爪爪　*Kalidium cuspidatum*（Ung.–Sternb.）Grub.

盐生半灌木。生山谷、山麓盐碱洼地、水库、涝坝附近。见石炭井。

24. 细枝盐爪爪　*Kalidium gracile* Fenzl

盐生半灌。生山谷、山麓盐碱洼地。见于石炭井。

（十一）蛛丝蓬属　*Micropeplis* Bunge

25. 蛛丝蓬　*Micropeplis arachnoidea*（Moq.）Bunge

耐盐旱生一年生草本。生山麓、山口干河床、浅山低山丘陵。见甘沟、石炭井。习见。

（十二）猪毛菜属　*Salsola* L.

26. 猪毛菜　*Salsola collina* Pall.

中生一年生草本。生山麓冲刷沟居民点附近、山口干河床、山地沟谷。习见。

27. 刺沙蓬　*Salsola tragus* L.

中生一年生草本。生山麓冲刷沟、草原化荒漠群落中。习见。

28. 松叶猪毛菜　*Salsola laricifolia* Turcz. ex Litv

超旱生矮灌木。生山地浅山丘和北部荒漠较强的石质低山丘陵,单独或与蒙古扁桃共同组成群落。习见,北部集中。

29. 珍珠猪毛菜(珍珠柴)　*Salsola passerina* Bunge

超旱生的半灌木。有时呈小半灌木状。生山前土质山麓和浅山山谷中,为贺兰山草原化荒漠的主要建群种,也进入荒漠草原中。零星分布。

（十三）碱蓬属　*Suaeda* Forsk. ex Scop.

30. 碱蓬　*Suaeda glauca* (Bunge) Bunge

盐生一年生草本。生山麓湿润的盐碱洼地上。

（十四）合头藜属　*Sympegma* Bunge

31. 合头藜(合头草)　*Sympegma regelii* Bunge

超旱生半灌木。生北部荒漠化较强的石质低山丘陵上。石炭井以北习见。

二十一、苋科 Amaranthaceae

（一）苋属 *Amaranthus* L.

1. 反枝苋 *Amaranthus retroflexus* L.

中生一年生杂草。生山麓、山口、山地沟谷、居民点附近。

二十二、马齿苋科 Portulacaceae

（一）马齿苋属 *Portulaca* L.

1. 马齿苋 *Portulaca oleracea* L.

中生一年生肉质草本。生山麓、山口、水分条件较好地段。

二十三、石竹科 Caryophyllaceae

（一）蚤缀属 *Arenaria* L.

1. 高山蚤缀 *Arenaria meyeri* Fenzl

寒旱生多年生垫状草本。生海拔 2 800~3 500 m 高山、亚高山石质山坡和石缝中。见于主峰及中部山脊西侧。

2. 美丽蚤缀 *Arenaria formosa* Fisch. ex Ser.

旱生多年生垫状草本。生海拔 2 200~2 600 m 石质山坡、山顶和山脊上。见中部山脊两侧。

（二）卷耳属 *Cerastium* L.

3. 簇生卷耳 *Cerastium vulgatum* L.

中生多年生草本。生海拔 2 000~2 500 m 山地沟谷，河边湿地。见苏峪沟、黄旗沟。

4. 小卷耳 *Cerastium pusillum* Ser.

中生多年生矮小草本。生海拔 2 800~3 200 m 亚高山灌丛草甸中。见中部山脊。

5. 卷耳 *Cerastium arvense* L.

中生多年生草本。生海拔 2 000~2 500 m 山地沟谷，河边湿地。见苏峪口、黄旗沟。

（三）石竹属 *Dianthus* L.

6. 瞿麦 *Dianthus superbus* L.

中生多年生草本，生海拔 1 900~2 800 m 山地沟谷、林缘、灌丛下。山地中段均有分布。

（四）石头花（丝石竹）属 *Gypsophila* L.

7. 头花石头花（头状石头花）*Gypsophila capituliflora* Rupr.

旱生多年生草本。生海拔 1 200~2 500 m 石质山坡。见于苏峪沟、黄旗沟、汝箕沟等。

8. 尖叶石头花 *Gypsophila licentiana* Hand.-Mazz.

旱生多年生草本。生海拔 1 400~2 300 m 石质山坡、沟谷斜坡。见苏峪沟、黄旗沟、插旗沟。

（五）女娄菜属 *Melandrium* Roehl.

9. 贺兰山女娄菜 *Melandrium alaschanicum*（Maxim.）Y. Z. Zhao

中生多年生草本。生海拔 2 000 m 左右的山地沟谷河溪边湿地上。较少见。见大水沟。

10. 女娄菜 *Melandrium apricum*（Turcz. ex Fisch. et Mey.）Rohrb.

旱中生多年生草本。生海拔 1 800~2 400 m 山地沟谷。见苏峪沟、黄旗沟。

11. 耳瓣女娄菜 *Mclandrium auritipetalum* Y. Z. Zhao et Ma f.

中生多年生草本。生海拔 2 800~3 400 m 亚高山高寒灌丛、草甸中。见主峰下。

（六）孩儿参属 *Pseudostellaria* Pax

12. 贺兰山孩儿参 *Pseudostellaria hclanshanensis* W. Z. Di et Y. Ren.

耐阴中生多年生草本。生海拔 2 800~3 000 m 云杉林下及沟谷水边湿地。见主峰下。

（七）麦瓶草属 *Silene* L.

13. 旱麦瓶草 *Silene jenisseensis* Willd.

旱生多年生草本。生海拔 1 800~2 500 m 干燥阳坡或石质山坡、沟谷石砾地。少见。见苏峪沟、甘沟、黄旗沟。

14. 宁夏麦瓶草 *Silene ningxiaensis* C. L. Tang

旱生多年生草本。生海拔 1 800~2 800 m 山地林缘、灌丛或石质山坡。习见。

15. 毛萼麦瓶草 *Silene repers* Patr.

中生多年生草本。生海拔 1 800~2 900 m 山地沟谷、草甸及林缘。习见。

（八）牛漆姑草属 *Spergularia*（Pers.）J. et C. Presl

16. 牛漆姑草 *Spergularia salina* J. et C. Presl

盐中生一年生草本。生海拔 2 000 m 以下沟谷、盐化的水边湿地。见大水沟。

（九）繁缕属 *Stellaria* L.

17. 贺兰山繁缕 *Stellaria alaschanica* Y. Z. Zhao.

旱中生多年生草本。生海拔 2 500~3 100 m 山地云杉林下和石质山坡及灌丛下。见主峰下和中段山脊。

18. 二柱繁缕 *Stellaria bistyla* Y. Z. Zhao

旱中生多年生草本。生海拔 2 000~2 800 m 的沟谷石缝中或云杉林缘。见苏峪口、黄旗沟、贺兰沟等。

19. 银紫胡 *Stellaria gypsophiloides* Fenzl

旱生多年生草本。生海拔 1 400~2 100 m 山口浅山丘的宽谷河滩上。仅见大水沟、石炭井。

（十）王不留行属 *Vaccaria* Medic.

20. 王不留行 *Vaccaria hispanlca* (Mill.) Rouschert

中生一年生杂草。生山麓、居民点及农田。见中部山麓。

二十四、毛茛科 Ranunculaceae

（一）银莲花属 *Anemone* L.

1. 阿拉善银莲花 *Anemone alaschanica* (Schipcz.) Borod.–Grabovsky.

中生多年生草本。生海拔 2 000~2 800 m 山地沟谷岩壁和阴坡石缝中。见苏峪沟、贺兰沟、大水沟、插旗沟等沟。

2. 展毛银莲花 *Anemone demissa* Hook. f. et Thoms

中生多年生草本。生海拔 3 000~3 400 m 的亚高山石缝中。见主峰下和山脊两侧。

（二）类叶升麻属 *Actaea* L.

3. 类叶升麻 *Actaea asiatica* Hara

耐阴中生多年生草本。生海拔 2 500 m 左右林缘或林间空地。见苏峪沟。

（三）耧斗菜属 *Aguilegia* L.

4. 耧斗菜 *Aguilegia viridiflora* Pall.

石生中生多年生草本。生海拔 1 500~2 500 m 山地沟岩壁石缝中。见苏峪沟、小口子、黄旗沟、大水沟等。

（四）水毛茛属 *Batrachium* J. F. Gray

5. 毛柄水毛茛 *Batrachium trichophyllum* (Chaix) Bossche

水生多年生草本。生海拔 1 500 m 左右宽阔山谷河溪湾缓水处。见插旗沟。

（五）铁线莲属 *Clematis* L.

6. 芹叶铁线莲（断肠草）*Clematis acethusifolia* Turcz.

中生多年生草质藤本。生海拔 1 700~2 500 m 山坡灌丛、林缘及沟谷两侧。见苏峪口、黄旗沟、插旗沟、小口子。

7. 短尾铁线莲 *Clematis brevicaudata* DC.

中生多年生草质藤本。生海拔 1 800~2 400 m 山地沟谷灌丛上。习见。

8. 灌木铁线莲 *Clematis fruticosa* Turcz.

中旱生灌木。生海拔 1 200~2 000 m 山地半阳坡、半阴坡，有些能成为建群植物。见汝箕沟、龟头沟、大水沟、甘沟等沟。

9. 黄花铁线莲 *Clematis intricata* Bunge

旱生多年生草质藤本。生海拔 1 150~2 000 m 的山地沟谷,河滩及居民点附近。见苏峪沟、黄旗沟等。

10. 长瓣铁线莲（大萼铁线莲）*Clematis macropetala* Ledeb.

中生多年生木质藤本。生海拔 1 400~2 600 m 山地沟谷灌丛、林缘、林中。见苏峪沟、黄旗沟、贺兰沟、大水沟、插旗沟等。

11. 甘青铁线莲（唐古特铁线莲）*Clematis tangutica*（Maxim.）Korsh.

中生多年生木质藤本。生海拔 1 200~2 600 m 河滩砾石堆及山脚下。见苏峪沟。

（六）翠雀花属 *Delphinium* L.

12. 白蓝翠雀花 *Delphinium albocoeruleum* Maxim.

中生多年生草本。生海拔 1 800~2 800 m 林缘、林下及灌丛中。见苏峪口、大水沟、黄旗沟、拜寺沟、小口子。

13. 软毛翠雀花 *Delphinium mollipilum* W. T. Wang

中生多年生草本。生海拔 1 300~2 500 m 山地林缘、灌丛及草甸,在较高海拔处也生于干燥山坡。习见。

（七）拟耧斗菜属 *Paraquilegia* Drumm. et Hutch.

14. 乳突拟耧斗菜（宿萼假耧斗菜）*Paraquilegia anemonoides*（Willd.）Engl. ex Ulbr.

耐寒中生多年生草本。生海拔 2 800~3 400 m 的山地岩石缝和灌丛下。见主峰下。

（八）白头翁属 *Pulsatilla* Adans.

15. 细叶白头翁 *Pulsatilla turczaninovii* Kryl. et Serg.

中旱生多年生草本。生海拔 2 000 m 左右山地半阳坡草原及灌丛中。见苏峪沟、大水沟。

（九）毛茛属 *Ranunculus* L.

16. 回回蒜 *Ranunculus chinensis* Bunge

湿中生一年生草本。生山麓地带泉溪、涝坝边缘。零星生长。产苏峪沟、汝其沟、贺兰沟等。

17. 叉裂毛茛 *Ranunculus furcatifidus* W. T. Wang

中生多年生草本。生海拔 2 800~3 400 m 亚高山灌丛、草甸中，为重要伴生种。见主峰及山脊两侧。

18. 棉毛茛（贺兰山毛茛）*Ranunculus membranaceus* Royle

中生多年生草本。生海拔 3 000 m 以上的高山、亚高山草甸、灌丛中及流石坡石缝中。见主峰下及山脊处。

19. 掌裂毛茛 *Ranunculus rigescens* Turcz. ex Ovcz.

中生多年生草本。生海拔 2 000~2 600 m 山地沟谷河溪边。见插旗沟。

（十）唐松草属 *Thalictrum* L.

20. 高山唐松草 *Thalictrum alpinum* L.

中生多年矮小草本。生海拔 3 000 m 以上的高寒草甸、灌丛下。见主峰下及山脊两侧。

21. 香唐松草（腺毛唐松草）*Thalictrum foetidum* L.

中生多年生草本。生海拔 1 400~2 300 m 的山地沟谷或阴坡上。见苏峪口、大水沟、黄旗沟、小口子等。

22. 欧亚唐松草（小唐松草）*Thalictrum minus* L.

中生多年生高大草本。生海拔 1 700~2 300 m 山地阴坡林缘或灌丛中。见苏峪口、黄旗沟、大水沟、甘沟。

23. 东亚唐松草 *Thalictrum thumbergii* DC. Syst.

中生多年生高大草本。生境分布同欧亚唐松草。但分布的海拔略高些。

24. 箭头唐松草 *Thalictrum simplex* L.

湿中生多年生草本。生海拔 1900~2 200 m 山地沟谷、水边湿地。见苏峪口。

25. 细唐松草 *Thalictrum tenue* Franch.

旱生多年生草本。生海拔 1 300~2 000 m 浅山区石质阴坡或石缝中。见苏峪口、黄旗沟、贺兰沟、小口子、拜寺沟等。

二十五、小檗科 Berberidaceae

（一）小檗属 *Berberis* L.

1. 鄂尔多斯小檗 *Berberis caroli* Schneid.

旱中生灌木。生海拔 1 300~2 000 m 浅山区和宽阔山谷的沟谷和山坡。甘沟等有少量分布。

2. 置疑小檗 *Berberis dubia* Schneid.

中生灌木。生海拔 1 500~2 600 m 山地沟谷、半阴坡、阴坡与其他中生灌木组成灌丛。见苏峪口、黄旗沟、插旗沟等。

3.西伯利亚小檗（刺小檗）*Berberis sibirica* Pall.

旱中生灌木。生海拔 1 600~2 000 m 山地半阳、半阴坡及沟谷中。见苏峪沟、黄旗沟、甘沟、汝箕沟。

二十六、罂粟科 Papaveraceae

（一）白屈菜属 *Chelidonium* L.

1. 白屈菜（山黄连）*Chelidonium majus* L.

中生多年生草本。生海拔 1 300~1 800 m 的山地沟谷干河床上。见苏峪沟、黄旗沟、甘沟。

（二）紫堇属 *Corydalis* Vent.

2. 灰绿黄堇 *Corydalis adunca* Maxim.

旱生多年生丛生草本。生海拔 1 400~2 300 m 浅山区的石质山坡岩壁石缝中。习见。

3. 蛇果黄堇 *Corydalis ophiocarpa* Hook. f. et Thoms.

中旱生多年生草本。生海拔 1 600~2 000 m 山地沟谷崖壁和石质山坡上。见黄旗沟、大水沟等沟。

4.贺兰山延胡索（贺兰山稀花紫堇）*Corydalis* Alaschanica（Maxim）Peshkova.

中生多年生草本。生海拔 2 500~2 800 m 山地冲沟、林下或石缝阴湿处。见贺兰沟、黄旗沟。

（三）角茴香属 *Hypecoum* L.

5. 角茴香 *Hypecoum crectum* L.

中生一年生草本。生山地 2 900 m 左右山顶。见高山气象站。

二十七、十字花科 Cruciferae

（一）南芥属 *Arabis* L.

1. 贺兰山南芥 *Arabis alaschanica* Maxim.

中生多年生草本。生海拔 1 900~2 800 m 云杉林下，阴湿的岩石缝中。见苏峪沟、黄旗沟、插旗沟、大水沟等。

2. 硬毛南芥 *Arabis hirsuta*（L.）Scop.

中生一年生草本。生海拔 2 000~2 500 m 山地沟谷湿地边缘。见插旗沟、大水沟等。

3. 垂果南芥（粉绿垂果南芥）*Arabis pendula* L.

中生一、二年生草本。生海拔 2 000~2 500 m 山地沟谷、灌丛中或阴坡石缝中。见苏峪沟、黄旗沟、小口子等。

（二）离子芥属 *Chorispora* R. Br. ex DC.

4. 离子芥 *Chorispora tenella*（Pall.）DC.

中生一年生草本。生山麓冲沟湿润处及农田。

（三）异蕊芥属 *Dimorphostemon* Kitag.

5. 异蕊芥 *Dimorphostemon pinnatus*（Pers.）Kitag.

中生二年生草本。生海拔 2 700~3 000 m 的山坡。

（四）花旗竿属 *Dontostemon* Andrz.

6. 多年生花旗竿（无腺花旗竿）*Dontostemon perennia* C. A. Mey.

旱生一、二年生草本。生浅山区的宽阔山谷和石质山坡上。见甘沟、黄旗沟。

7. 小花花旗竿 *Dontostemon micranthus* C. A. Mey

中生少年生草本。生海拔 1 200~1 800 m 浅山沟谷、溪水边湿地。见苏峪沟、小口子、大水沟、甘沟等。

（五）播娘蒿属 *Descurainia* Webb. et Berth.

8. 播娘蒿 *Descurainia sophia*（L.）Webb. ex Prantl

中生一、二年生草本。生海拔 1 200~1 500 m 山口及山麓冲沟或居民点附近,见山麓地带。

（六）葶苈属 *Draba* L.

9. 蒙古葶苈 *Draba mongolica* Turcz.

中生多年生丛生草本。生海拔 2 200~3 000 m 山地沟谷溪边和山顶高山草甸或石缝中。见主峰下。

10. 光果葶苈 *Draba nemorosa* L. var. *leiocarpa* Lindbl.

中生一年生草本。生海拔 2 000~2 800 m 山地沟谷、溪边湿地、灌丛及林缘。习见。

11. 喜山葶苈 *Draba oreades* Schrenk.

耐寒中生多年生草本。生海拔 3 000 m 以上高寒灌丛、草甸和岩石缝中。见主峰下和山脊两侧。

（七）糖芥属 *Erysimum* L.

12. 小花糖芥 *Erysimum cheiranthoides* L.

中生一年生草本。生海拔 1 800~2 300 m 山地沟谷溪边湿地或阴坡石缝中。见大水沟、插旗沟等。

（八）独行菜属 *Lepidium* L.

13. 独行菜 *Lepidium apetalum* Willd.

旱中生一、二年生杂草。生山麓冲沟、盐碱地和浅山区山口、居民点附近。为习见杂草。

14. 宽叶独行菜 *Lepidium latifolium* L.

耐盐中生多年生杂草。生山麓冲沟、盐碱地和居民点附近。为习见杂草。

（九）燥原荠属 *Ptilotrichum* C. A. Mey.

15. 薄叶燥原荠 *Ptilotrichum tenuifoium* (Steoh.) C. A. Mey.

旱生多年生草本。生海拔 1 400~1 800 m 山麓和浅山区低山丘陵的山坡上,是山地草原、荒漠草原群落的伴生种,习见。

（十）蔊菜属 *Rorippa* Scop.

16. 风花菜(沼生蔊菜)*Rorippa islandica* (Oed.) Borbas, Balat.

湿中生二至多年生草本。生海拔 1 400~2 000 m 山地沟谷溪边湿地。见大水沟、苏峪沟、插旗沟、小口子等。

（十一）大蒜芥属 *Sisymbrium* L.

17. 垂果大蒜荠 *Sisymbrium heteromallum* C. A. Mey.

中生多年生草本。生海拔 1 300~2 200 m 山地沟谷，干河床及灌丛中。见大水沟、苏峪沟、小口子、黄旗沟、甘沟等。

（十二）爪花荠属 （棒果荠属） *Oreoloma* Botsch.

18. 紫花棒果芥 *Oreoloma matthioloides*（Franch.）Botsch.

旱生多年生草本。生海拔 1 400~1 900 m 山麓的冲沟和沙砾地上。见贺兰沟、苏峪沟等。

（十三）遏蓝菜属 *Thlaspi* L.

19. 遏蓝菜 *Thlaspi arvense* L.

中生一年生草本。生海拔 1 500 m 或 3 000 m 左右的山麓和山地沟谷草甸。见中部山麓。

（十四）串珠芥属 *Neotorularia* Hedge et J. Leonard

20. 串珠芥 *Neotorularia humilis*（C. A. Mey.）Hedgeet J. Leonard

旱中生一年生草本。生山麓冲沟和浅山区宽谷干河、河滩及山坡上。见大水沟、甘沟、苏峪沟、插旗沟、汝箕沟等。

（十五）阴山荠属 *Yinshania* Ma et Y. Z. Zhao

21. 阴山荠 *Yinshania acutangula*（O. E. Schulz）Y. H. Zhang

中生一年生草本。生海拔 1 300~1 600 m 山地沟谷溪边和灌丛中。见小口子、贺兰沟、大水沟。

二十八、景天科 Crassulaceae

（一）瓦松属 *Orostachys* DC. Fisch.

1. 瓦松 *Orostachys fimbriatus*（Turcz.）Berger

旱生二年生肉质草本。生海拔 1 350~2 300 m 沟谷河滩砾石地及石质山坡。见苏峪沟、黄旗沟、插旗沟、小口子、大水沟等。

（二）红景天属 *Rhodiola* L.

2. 小丛红景天 *Rhodiola dumulosa*（Franch.）S. H. Fu

旱中生多年生草本。生海拔 2 300~3 100 m 山地山顶和岩石缝中。见苏峪沟、黄旗沟、插旗沟、小口子等。

（三）景天属 *Sedum* L.

3. 费菜 *Sedum aizoon* L.

旱生多年生肉质植物。生 1 700~2 500 m 石质山坡、沟谷崖壁或石缝中。

3a.乳毛费菜 *Sedum aizoon* L. var. *scabrum* Maxim.

旱生多年生肉质草本。生 1 700~2 500 m 石质山坡、沟谷崖壁或石缝中。习见。

二十九、虎耳草科 Saxifragaceae

（一）茶藨子属 *Ribes* Royle ex Decne.

1. 糖茶藨子 *Ribes himalense* Royle ex Decne

中生灌木。生海拔 2 000~2 700 m 山地云杉林林缘、林下及沟谷灌丛中。见苏峪沟、黄旗沟、插旗沟、贺兰沟。

2. 小叶茶藨子 *Ribes pulchellum* Turcz.

中生灌木。生海拔 1 500~2 600 m 山地沟谷、半阴坡，与其他中生灌木组成灌丛。见苏峪沟、黄旗沟、贺兰沟、小口子、镇木关沟、甘沟、大水沟、汝箕沟等。

（二）虎耳草属 *Saxifraga* L.

3. 鳞茎虎耳草（点头虎耳草）*Saxifraga cernua* L.

耐寒中生多年生草本。生海拔 3 000 m 以上山地岩石缝中。见主峰下及山脊两侧。

4. 爪虎耳草 *Saxifraga unguiculata* Engl.

耐寒中生多年生草本。生海拔 2 800~3 500 m 的高寒灌丛草甸中，能形成层片。见主峰下及山脊两侧。

三十、蔷薇科 Rosaceae

（一）地蔷薇属 *Chamaerhodos* Bunge.

1. 地蔷薇 *Chamaerhodos erecta*（L.）Bunge

中旱生一、二年生草本。生海拔 1 800~2 300 m 沟谷干河滩及石质山坡上。见苏峪沟、黄旗沟、插旗沟、大水沟等。

（二）沼委陵菜属 *Comarum* L.

2. 西北沼委陵菜 *Comarum salesovianum*（Steph.）Asch. et Gr.

中生高大半灌木。生海拔 2 100~2 300 m 山地沟谷砾石地上局部地方形成灌丛。见大水沟、镇木关沟。

（三）枸子属 *Cotoneaster* B. Ehrhart.

3. 灰枸子 *Cotoneaster acutifolius* Turca.

旱中生灌木。生海拔 1 600~2 600 m 的山地半阴坡、阴坡和沟谷。见黄旗沟、小口子、大水沟、甘沟。

4. 全缘枸子 *Cotoneaster integerrimus* Medic.

中生植物。生山地沟谷杂木林下，海拔 2 000~2 200 m，伴生树种。产苏峪沟。

5. 黑果枸子 *Cotoneaster melanocarpus* Lodd.

中生灌木。生海拔 2 000~2 600 m 山地阴地半阴坡林下、林缘和山谷灌丛中。见苏峪沟、黄旗沟、大水沟、插旗沟等。

6. 蒙古枸子 *Cotoneaster mongolicus* Pojark.

中生灌木。生海拔 1 500~2 500 m 山地沟谷灌丛中。见黄旗沟。

7. 水枸子 *Cotoneaster multiflorus* Bunge.

中生灌木。生海拔 1 800~2 500 m 山地沟谷和阴坡、常阴坡林缘。见插旗沟、黄旗沟等。

8. 准噶尔枸子 *Cotoneaster soongoricus*（Regel & Herd.）M. Popov

旱中生灌木。生海拔 1 600~2 300 m 山地沟谷和山坡。是山地灌丛的重要组成者。见苏峪沟、贺兰沟、大水沟、插旗沟等。

9. 毛叶水枸子 *Cotoneaster submultiflorus* M. Popov.

中生灌木。生海拔 2 000~2 300 m 山地沟谷和阴坡石缝中。见苏峪沟、插旗沟、小口子。

10. 细枝枸子 *Cotoneaster tenuipes* Rehd & Wils.

中生灌木。生海拔 1 600~2 000 m 山地阴坡、半阴坡，常与其他中生灌木组成灌丛。见苏峪沟、黄旗沟、插旗沟等。

11. 西北枸子 *Cotoneaster zabelii* Schneid.

中生灌木。生海拔 1 900~2 500 m 山地阴坡、半阴坡林缘、灌丛中，也进入沟谷。见苏峪沟、贺兰沟、黄旗沟、插旗沟。

（四）山楂属 *Crataegus* L.

12. 毛山楂 *Crataegus maximowiczii* Schneid.

中生灌木型小乔木。生海拔 1 800 m 左右山口。仅见插旗沟口。

（五）苹果属 *Malus* Mill

13. 花叶海棠 *Malus transitoria* (Batal.) Schneid.

中生灌木。生 2 000 m 左右山地沟谷，混生于灌丛或杂木林中，少见。见插旗沟。

（六）金露梅属 *Pentaphylloides* Ducham.

14. 小叶金露梅 *Pentaphylloides parvifolia*（Fisch. ex Hehm）Sojak.

生态幅度很广的旱中生灌木。生海拔 1 500~2 900 m 山区的砾石质山坡，中山带的山顶石质阳坡、沟谷，亚高山带的各种坡向。是贺兰山分布最广的灌木，单独组成群落或成为灰榆、杜松疏林和高寒灌丛的伴生种和优势种。

15. 银露梅 *Pentaphylloides davurica*（Nestl.）Z. Y. Chu Comb. nov.

耐寒中生灌木。生海拔 2 500~2 900 m 山地阴坡、半阴雨坡和湿润的坡，在裸岩和云杉疏林间常形成灌丛。见苏峪沟、贺兰沟、黄旗沟、小口子。

15a. 白毛银露梅（华西银露梅）*Pentaphylloides davurica* var. *mandshurica* (Maxim.) Z. Y. Chu Comb. nov.

分布生境同正种，在贺兰山该变种较正种分布的数量多。

（七）委陵菜属 *Potentilla* L.

16. 星毛委陵菜 *Potentilla acaulis* L.

旱生多年生草本。生海拔 2 000 m 左右山地沟谷的干燥坡地，见苏峪沟等。

17. 鹅绒委陵菜 *Potentilla anserina* L.

耐盐中生多年生匍匐草本。生山麓盐湿地、山口、山谷、泉溪边上，能形成小片群落。习见。

18. 二裂委陵菜 *Potentilla bifurca* L.

生态幅度广的中旱生多年生草本。生山麓冲沟、滩地、居民点附近，也近入宽阔山谷干燥地、路边、河滩地。习见。

18a. 高二裂委陵菜 *Potentilla bifurca* L. var. *maior* Ledeb.

本变种与正种区别在于：植株较高大，可达 30 cm，叶柄、花茎下部伏生柔毛或光滑无毛，小叶片长椭圆形或条形，花较大，直径 12~15 mm。

19. 大萼委陵菜（白毛委陵菜）*Potentilla conferta* Bunge.

中生多年生草本。生海拔 1 900~2 900 m 山地沟谷,灌丛下或草甸边缘。见苏峪沟、黄旗沟、插旗沟。

20. 多茎委陵菜 *Potentilla multicaulis* Bunge.

中旱生多年生草本。生海拔 1 300~2 300 m 山地沟谷砾石地,干燥地。也偶见山麓冲沟。见大水沟、苏峪沟、甘沟。

21. 多裂委陵菜 *Potentilla multifida* L.

中生多年生草本。生海拔 1 700~2 600 m 山地沟谷、泉溪边及灌丛、林缘。见苏峪沟、小口子、黄旗沟等。

21a. 掌叶多裂委陵菜 *Potentilla multifida* L. var. *ornithopoda* Wolf

中生多年生草本。生境与分布与本种近同。

21b. 矮生多裂委陵菜 *Potentilla mudltifida* L. var. *nubigena* Wolf

中生多年生矮草本。生海技 2 500~3 100 m 山地沟谷、林缘、灌丛下。

22. 雪白委陵菜 *Potentilla nivea* L.

耐寒中生多年生草本。生海拔 2 800~3 500 m 山地高寒灌丛、高寒草甸中,为伴生种,见主峰下和山脊两侧。

23. 西山委陵菜 *Potentilla sischanensis* Bunge ex Lehm.

中生多年生草本。生海拔 1 700~2 600 m 山地沟谷、山地灌丛、草甸、林缘。习见。

24. 铺地委陵菜 *Potentilla supina* L.

耐盐中生少年生草本。生山麓、山口、山地沟谷、冲沟、河滩地、低洼地、居民点附近。习见。

(八) 李属 *Prunus* L.

25.蒙古扁桃 *Prunus mongolica* Maxim.

强旱生灌木。生海拔 1 300~2 300 m 石质低山丘陵、山地沟谷、干燥阳坡。南、北两端都有广泛分布。

26.山杏 *Prunus sibirica* L.

中生灌木或小乔木。生海拔 1 800~2 300 m 山地较陡的石质山坡、山脊上。见苏峪沟、黄旗沟、小口子、贺兰沟等。

27.稠李 *Prunus padus* L.

中生小乔木。生海拔 2 000~2 200 m 山地沟谷,见贺兰沟。

28.毛樱桃 *Prunus tomentosa* Thunb.

中生灌木。生海拔 1 800~2 300 m 山地较阴湿的沟谷。能形成小片的毛樱桃灌丛。见苏峪沟、黄旗沟、插旗沟、镇木关沟、甘沟等。

28a. 白果毛樱桃（变种）*Prunus tomentosa* Thumb. var. *jeueocarpa* Rehd.

本变种与正种区别是核果白色。产东坡苏峪口樱桃谷。生境同正种。

（九）蔷薇属 *Rosa* L.

29. 刺蔷薇（大叶蔷薇）*Rosa acicularis* Lindl.

耐寒中生灌木。生海拔 2 500~2 900 m 云杉林下、林缘，为少有的下木。也见沟谷溪边。见苏峪沟、贺兰沟、黄旗沟、小口子。

30.单瓣黄刺玫 *Rosa xanthina* Lindi.

中生灌木。生海拔 1 600~2 500 m 山地沟谷，石质山坡（阳坡、半阳坡）、单独或与其它灌木形成灌丛。习见。

31. 山刺梅 (刺玫果) *Rosa davurica* Pall.

中生灌木。生海拔 2 200~2 500 m 的山地林缘。为林缘灌丛的伴生种。不能入林下。零星分布。产苏峪沟.

（十）悬钩子属 *Rubus* L.

32. 库页悬钩子 *Rubus sachalinensis* Leveille.

中生果刺灌木。生海拔 2 000~2 500 m 山地沟谷、阴坡山脚下、灌丛、林缘。见苏峪沟、插旗沟。

（十一）地榆属 *Sanguisorba* L.

33. 高山地榆 *Sanguisorba alpina* Bunge.

中生多年生草本。生海拔 2 000~2 800 m 山地沟谷溪水边、山地草甸和亚高山灌丛中，能形成以其为主的草甸但面积不大。见苏峪沟、贺兰沟、黄旗沟等。

（十二）山莓草属 *Sibbaldia* L.

34. 伏毛山莓草 *Sibbaldia adpressa* Bunge.

旱生多年生草本。生海拔 1 800~2 300 m 山口、山地沟谷干燥地、中山石质山坡。习见。

（十三）绣线菊属 *Spiraea* L.

35. 耧斗菜叶绣线菊 *Spiraea aquilegifolia* Pall.

旱中生灌木。生海拔 1 500~1 900 m 浅山沟谷,石质山坡。见苏峪沟、插旗沟、甘沟等。

36. 蒙古绣线菊 *Spiraea mongolica* Maxim.

旱中生灌木。生海拔 1 500~2 600 m 山地沟谷,阴坡、半阴坡。与其他灌木一起组成中生灌丛。是贺兰山分布广、最习见的灌木之一。

37. 折枝绣线菊 *Spiraea tomentulosa*(Yu)Y. Z. Zhao.

旱生灌木。生海拔 1 600~2 300 m 山地沟谷、石质山坡、山脊。在干旱的石质阳坡进入灰榆疏林下。见苏峪沟、插旗沟、黄旗沟等。

三十一、豆科 Leguminosae

(一)沙冬青属 *Ammopiptanthus* Cheng f.

1. 沙冬青(蒙古黄花木)*Ammopiptanthus mongolicus*(Maxim. ex Kom)Cheng f.

强旱生常绿灌木。生北部荒漠化强的石质低山丘陵。也生沙砾质和沙质山麓地带。见汝箕沟以北沟谷。

(二)黄芪属 *Astragalus* L.

2. 斜茎黄芪(直立黄芪)*Astragalus adsurgens* Pall.

中旱生多年生草本。生海拔 1 500 m 左右山地沟谷、林缘。仅见苏峪沟、黄旗沟。

3. 灰叶黄芪 *Astragalus discolor* Bunge ex Maxim.

旱生多年生草本。生海拔 1 600~2 300 m 山地沟谷和石质山坡。见苏峪沟、黄旗沟、插旗沟。

4. 白花黄芪(乳白花黄芪)*Astragalus galactites* Pall.

旱生多年生矮丛草本。生山前荒漠草原群落中,见苏峪沟,黄旗沟。

5. 贺兰山黄芪(粗壮黄芪)*Astragalus hoantchy* Franch.

旱中生粗壮高大多年生草本。生海拔 1 600~2 500 m 山地沟谷、溪边、灌丛下或林缘。见苏峪沟、黄旗沟、贺兰沟、插旗沟、大水沟等。

6. 毛果莲山黄芪 *Astragalus leansanicus* Ulbr. var. *lasiocarpus* Z. Y. Chu et C. Z. Liang

旱生多年生草本。宽阔峪干河床,溪水边和沙砾地。见大水沟。

7. 马衔山黄芪 *Astragalus mahoschanicus* Hand. –Mazz.

中生多年生草本。生海拔 2 000~2 600 m 山地沟谷、灌丛中林缘或石缝中。见苏峪沟、黄旗沟、贺兰沟。

8. 草木樨状黄芪 *Astragalus melilotoides* Pall.

中旱生多年生草本。生海拔 1 700~2 300 m 山地沟谷沙砾地、干燥地皮和灌丛下。较常见。

9. 拟边塞黄芪 *Astragalus ochrias* Bunge.

旱生多年生密丛草本。生海拔 1 300~2 200 m 浅山和山缘的石质山坡和宽阔山谷的干燥阳坡。数量较多是荒漠草原，旱生灌丛中常见的伴生种。习见。

10. 皱黄芪(鞑靼黄芪) *Astragalus zacharensis* Bunge

中旱生多年生草本。生海拔 1 700~2 900 m 山地沟谷、灌丛间、林缘和亚高山草甸。见苏峪沟、兔儿坑、黄旗沟、小口子等。

11. 多枝黄芪 *Astragalus polycladus* Bur. et Franch.

中旱生植物。生海拔 1 900~2 200 m 山前沟谷、干河床。零星少见。产黄渠沟。

（三）锦鸡儿属 *Caragana* Fabr.

12. 短脚锦鸡儿 *Caragana brachypoda* Pojark.

强旱生矮灌木。生山麓地带覆沙的草原化荒漠中，常成小片分布。见苏峪沟中。

13. 鬼箭锦鸡儿 *Caragana jubata* (Pall.) Poir.

耐寒旱中生灌木。生海拔 2 700~3 400 m 亚高山、高山地带的乱石坡，单独或与高山柳形成高寒灌丛。也进入云杉林下形成下林层，组成云杉—鬼箭锦鸡儿林，成为亚优势种。主峰和山脊两侧均有分布。

13a. 双耳鬼箭锦鸡儿 *Caragana jubata* (Pall.) Poir. var. *biaurita* Liouf.

14. 柠条锦鸡儿(柠条) *Caragana korshinskii* Kom.

强旱生灌木。生北部荒漠化较强的低山丘陵覆沙山坡及河床内。仅见北部龟头沟。

15. 白毛锦鸡儿 *Caragana licentiana* Hand.-Mazz.

旱生矮灌木。生海拔 1 500 m 左右浅山区石质山坡。见苏峪口石灰窑附近。

16. 甘蒙锦鸡儿 *Caragana opulens* Kom.

喜暖中旱生灌木。生海拔 1 700~2 100 m 石质、碎石质阳坡。局部地段能形成群落。见苏峪沟、甘沟、黄旗沟等。

16a. 毛叶甘蒙锦鸡儿 *Caragana opulens* Kom. var. *trichophylla* Z. H. Gao et S. C. Zhang.

高达 2m 的旱中生灌木。生海拔 2 000~2 200 m 的山地石质阳坡,能形成局部优势,仅见苏峪口磷矿附近。

17. 荒漠锦鸡儿 *Caragana roborovskyi* Kom.

强旱生矮灌木。生浅山区、山缘及山麓的冲刷沟、干河床、石质山坡,沿水线常呈条带状分布。习见。

18. 狭叶锦鸡儿 *Caragana stenophylla* Pojark.

旱生矮灌木。生 1 580~2 300 m 山地石质山坡、沟谷、灌丛下及石缝中。见苏峪沟、黄旗沟、插旗沟、拜寺沟、大水沟、汝箕沟等。

（四）大豆属 *Glycine* L.

19. 野大豆 *Glycine soja* Sieb. et Zucc.

中生一年生草本。生宽阔山谷溪水边。见汝箕沟。

（五）甘草属 *Glycyrrhiza* L.

20. 甘草 *Glycyrrhiza uralensis* Fisch.

中旱生多年生草本。生山麓地带的冲沟内。习见。

（六）米口袋属 *Gueldenstaedtia* Fisch.

21. 狭叶米口袋 *Gueldenstaedtia stenophylla* Bunge.

旱生多年生矮小草本。生山麓洪积扇缘红沙草原化荒漠群落中,为伴生种。习见。

22. 米口袋 *Gueldenstaedtia multiflora* Bunge.

旱生多年生草本。生山麓冲沟及沙砾地上。习见。

（七）岩黄芪属 *Hedysarum* L.

23. 贺兰山岩黄芪 *Hedysarum petrovii* Yakovl.

旱生多年生草本。生海拔 1 800~2 300 m 浅山和山缘的石质山坡、沟谷砂砾地。沟谷习见。

24. 宽叶多序岩黄芪 *Hedysarum polybotrys* Hand. – Mazz. var. *alaschanicum* (B. Fedtsch.) H. C. Fu et Z. Y. Chu Comb.

中生多年生草本。生海拔 1 800~2 500 m 山地石质山坡、沟谷、灌丛林缘或山地草甸中。见苏峪沟、贺兰沟等。

（八）胡枝子属 *Lespedeza* Michx.

25. 多花胡枝子 *Lespedeza floribunda* Bunge.

旱中生小半灌木。生海拔 2 000 m 左右石质山坡。见黄旗沟、小口子、大水沟。

26. 达乌里胡枝子 *Lespedeza davurica* (Laxm.) Schindl.

中旱生小半灌木。生海拔 1 500~2 000 m 山地石质山坡,沟谷河滩地及灌丛下。见苏峪沟、大水沟、小口子、插旗沟。

26a. 牛枝子 *Lespedeza davurica* (Laxm.) Schindl. var. *potaninii* (V. Vass.) Liou f.

旱生小半灌木。生山麓冲沟,沙砾地及覆沙地。见苏峪沟、黄旗沟、大水沟、龟头沟。

27. 尖叶胡枝子 *Lespedeza hedysaroides* (Pall.) Kitag.

中旱生植物。生山地沟谷灌丛中。仅见东坡小口子。

(九) 百脉根属 *Lotus* L.

28. 细叶百脉根 *Lotus tenuis* Wald. et Kit. ex wild.

中旱生多年生草本。生山麓盐湿地和水塘、涝坝边。见汝箕沟。

(十) 苜蓿属 *Medicago* L.

29. 天蓝苜蓿 *Medicago lupulina* L.

中生一、二年生草本。生海拔 1 400~2 000 m 山地沟谷、溪水边。见苏峪沟、拜寺沟、黄旗沟。

30. 紫花苜蓿 *Medicago sativa* L.

旱中生多年生草本。生海拔 1 300~2 300 m 山地沟谷中,为逸生的半野生植物。见苏峪沟、黄旗沟等。

31.花苜蓿(扁蓿豆)*Medicago rutbenica* (L.) Trautv.

中旱生多年生草本。生海拔 1 500~2 000 m 山地沟谷、溪水边和灌丛下。见苏峪沟、黄旗沟。

(十一) 草木樨属 *Melilotus* Adams.

32. 细齿草木樨 *Melilotus dentatus* (Wald. et Kit.) Pers.

中生二年生草本。生海拔 1 300~2 000 m 山地沟谷、溪水边及灌丛中。见苏峪沟、黄旗沟、插旗沟、龟头沟等。

(十二) 棘豆属 *Oxytropis* DC.

33. 刺叶柄刺豆 *Oxytropis aciphylla* Ledeb.

强旱生矮丛状半灌木。生北部荒漠化较强的石质、伏沙质低山丘陵和沟谷,沿干燥阳坡可上升至海拔 2 300 m 的山地。为山麓极常见的植物。

34. 急弯棘豆 *Oxytropis deflexa* (Pall.) DC.

旱中生多年生草本。生海拔 2 500~2 800m 山地沟谷,溪水边和林缘石质山坡。见苏峪沟。

35. 小花棘豆 *Oxytropis glabra* (Lam.) DC.

耐盐中生多年生伏地草本。生山麓盐碱化低地上。见龟头沟。

36. 贺兰山棘豆 *Oxytropis holanshanensis* H. C. Fu

旱生多年生草本。生海拔 2 000~2 400m 山地石质山坡,为山地杂类草草原的伴生种。见苏峪沟、贺兰沟等。

37. 宽苞棘豆 *Oxytropis latibracteata* Jurtz.

耐寒旱中生多年生草本。生海拔 2 600~3 400m 山地及亚高山,高山草甸及灌丛中或林缘石质山坡。见苏峪沟、贺兰沟。

38. 内蒙古棘豆(单小叶棘豆)*Oxytropis monophylla* Grub.

旱生矮丛多年生草本。生山缘与近山山麓的石质低山丘陵、沙砾地。是山地荒漠草原和旱生灌丛的伴生种。见甘沟。

39. 紫花棘豆 *Oxytropis subfalcata* Hance.

旱中生多年生草本。生海拔 1 800~2 000m 的山地林缘或灌丛下。仅见黄旗沟、苏峪沟。

40. 胶黄芪棘豆 *Oxytropis tragacanthoides* Fisch.

旱生矮丛小半灌木。生海拔 1 800~2 200m 山脊和石质干燥山坡。见汝箕沟。

41. 黄毛棘豆 *Oxytropis ochrantha* Turcz.

中旱生植物。生山地沟谷林缘。仅见东坡大口子转角楼下。

(十三) 苦马豆属 *Swainsona* Salisb

42. 苦马豆 *Swainsona Salsula* (Pall.) DC.

耐盐中生多年生草本。生山麓盐碱地和宽阔山谷、山口盐湿河滩地上。见苏峪沟、贺兰沟、汝箕沟等。

(十四) 野决明属 (黄华属) *Thermopsis* R. Br.

43. 披针叶黄华 *Thermopsis lanceolata* R. Br.

中旱生多年生草本。生山麓冲沟及宽阔山谷河滩地、山坡脚下。见苏峪沟、拜寺沟、黄旗沟、插旗沟、大水沟等等。

（十五）野豌豆属 *Vicia* L.

45. 肋脉野豌豆 *Vicia costata* Ledeb.

中旱生多年生草本。生海拔 1 300~2 000 m 山地沟谷河滩砾石地及灌丛下。见黄旗沟、苏峪沟、大水沟、榆树沟等。

三十二、牻牛儿苗科 Geraniaceae

（一）牻牛儿苗属 *Erodium* L' Herit

1. 牻牛儿苗 *Erodium stephanianum* Willd.

旱中生一、二年生草本，生海拔 1 400~2 000 m 宽阔山谷溪水边、干河床石砾地。习见。

（二）老鹳草属 *Geranium* L.

2. 鼠掌老鹳草 *Geranium sibiricum* L.

中生多年生草本。生海拔 1 300~2 200 m 山地河谷溪边、灌丛下及林缘。见苏峪沟、黄旗沟、拜寺沟、大水沟等。

三十三、亚麻科 Linaceae

（一）亚麻属 *Linum* L.

1. 宿根亚麻 *Linum perenne* L.

旱生多年生草本。生山脚和山麓冲沟、草原环境中。见苏峪沟口等。

三十四、蒺藜科 Zygophyllaceae

（一）白刺属 *Nitraria* L.

1. 白刺（唐古特白刺）*Nitraria tangutorum* Bobr.

旱生灌木。生山麓及北部荒漠化较强的山丘下部覆沙地、干河床、盐碱沙地。见石炭井、龟头沟。

（二）骆驼蓬属 *Peganum* L.

2. 多裂骆驼蓬 *Peganum. multisectum*（Maxim.）Bobr.

旱生多年生草本。生浅山区山口、山麓冲沟、居民点附近、路边。习见。

3. 匍根骆驼蓬（骆驼蒿）*Peganum nigellastrum* Bunge

旱生多年生草本。生山地沟谷、居民点、畜圈附近。山麓路边、冲沟内，习见。

（三）霸王属 *Sarcozygium* Bunge.

4. 霸王 *Sarcozygium xanthoxylon* Bunge

强旱生肉质叶灌木，生北部荒漠化较强的石质低山丘陵。见石炭井、汝箕沟、龟头沟。

（四）四合木属 *Tetraena* Maxim.

5. 四合木 *Tetraena mongolica* Maxim.

强旱生肉质矮灌木。生北部边缘荒漠化较强的石质丘陵及覆沙、沙砾质山麓平原。见落石滩。

（五）蒺藜属 *Tribulus* L.

6. 蒺藜 *Tribulus terrestris* L.

旱中生一年生杂草。生山麓冲沟、路旁和居民点附近。习见。

（六）驼蹄瓣属 *Zygophyllum* L.

7. 蟹胡草 *Zygophyllum mucronatum* Maxim.

强旱生肉质多年生草本。生山麓冲沟和草原化荒漠群落中，也见于山缘及北部荒漠化较强的石质低山丘陵。

三十五、芸香科 Rutaceae

（一）拟芸香属 *Haplophyllum* Juss.

1. 针枝芸香 *Haplophyllum tragacanthoides* Diels.

旱生小半灌木。生海拔 1 400~2 300 m 浅山和山缘低山丘陵，沿干燥石质山坡可上升至 2 500 m 山脊。在山缘地带能形成局部优势的小群落。见苏峪沟、黄旗沟、甘沟、大水沟、汝箕沟等。

三十六、苦木科 Simarubaceae

（一）臭椿属 *Ailanthus* Desf.

1. 臭椿 *Ailanthus altissima* (Mill.) Swingle.

喜暖中生落叶阔叶乔木。生山缘石质山坡、沟谷阳坡一侧。见黄旗沟、拜寺沟、小口子。

三十七、远志科 Polygalaceae

（一）远志属 *Polygala* L.

1. 卵叶远志 *Polygala sibirica* L.

中旱生多年生草本。生海拔 1 500~2 300 m 山地石质山坡、沟谷河滩上。见苏峪沟、黄旗沟、小口子等。

2. 远志 *Polygala tenuifolia* Willd.

旱生多年生草本。生海拔 1 300~2 000 m 山缘低山丘陵和山脚坡麓地带。见苏峪沟、黄旗沟、插旗沟、甘沟等。

三十八、大戟科 Euphorbiaceae

（一）大戟属 *Euphorbia* L.

1. 乳浆大戟（猫眼草）*Euphorbia esula* L.

旱生多年生草本。生 1 500~2 300 m 山地沟谷、灌丛下及山坡。见苏峪沟、黄旗沟、插旗沟、小口子等。

2. 地锦 *Euphorbia humifusa* Willd.

中生一年生草本。生海拔 1 500~2 300 m 山地沟谷、山麓冲沟及河床沙砾地上。东西均有分布，为习见植物。

3. 红腺大戟 *Euphorbia ordosinensis* Z. Y. Chu et W. Wang

旱生多年生矮小草本。生北部荒漠化较强石质低山丘陵、浅山丘石质山坡和石缝中。见甘沟、大水沟。

（二）一叶萩属 *Flueggea* Willd.

4. 一叶萩（叶底珠）*Flueggea suffruticosa* (Pall.) Baill.

喜暖中生灌木或小乔木。生海拔 1 700~1 900 m 山地沟谷或阳坡灌丛和杂木林中。见黄旗沟、苏峪沟、插旗沟、大水沟等。

三十九、卫矛科 Celastraceae

（一）卫矛属 *Euonymus* L.

1. 矮卫矛 *Euonymus nanus* Bieb.

中生矮灌木。生海拔 1 700~2 300 m 山坡沟谷、阴坡或林缘林下。见苏峪沟、黄旗沟、小口子等。

四十、槭树科 Aceraceae

（一）槭树属 *Acer* L.

1. 细裂槭 *Acer stenolobum* Rehd.

中生夏绿小乔木。生海拔 1 700~2 000 m 山地沟谷、阴坡。杂生于其他灌木、小乔木中。见小口子、黄旗沟、甘沟。

1a. 大叶细裂槭 *Acer stenolobum* Rehd. var. *megalophyllum* Fang et Wu.

同本种。见甘沟、镇木关沟。

1b. 毛细裂槭 *Acer stenolobum* Rehd var. *pubescens* W. Z. Di

同本种。见甘沟、镇木关沟。

四十一、无患子科 Sapindaceae

（一）文冠果属 *Xanthoceras* Bunge

1. 文冠果 *Xanthoceras sorbifolia* Bunge

生态幅度很广的中生小乔木或灌木。生海拔 1 500~2 000 m 沟谷石质阳坡或崖峰中，多零星生长。多见黄旗沟、拜寺沟、大水沟、插旗沟、汝箕沟等。

四十二、鼠李科 Rhamnaceae

（一）鼠李属 *Rhamnus* L.

1. 柳叶鼠李 *Rhamnus erythroxylon* Pall.

旱中生灌木。生海拔 1 600~2 100 m 山地沟谷或阴坡灌丛中。见甘沟、黄旗沟。

2. 毛脉鼠李 *Rhamnus maximowicziana* J. Vass.

旱中生灌木。生海拔 1 600~2 300 m 山地沟谷，阴坡、半阴坡林缘及灌丛中，与其他灌丛一起组成山地中生灌丛，是贺兰山鼠李属分布最多的一种。习见。

3. 小叶鼠李 *Rhamnus parvifolia* Bunge.

喜暖旱中生灌木。生海拔 1 300~1 800 m 山地沟谷、石质山坡。见苏峪沟、甘沟等。

（二）枣属 *Zizyphus* Mill.

4. 酸枣 *Zizyphus jujuba* Mill. var. *spinosa* (Bunge) Hu ex H.

旱中生多刺灌木。生山麓洪积扇冲沟和宽阔山谷石质阳坡或坡脚下。习见。

四十三、葡萄科 Vitaceae

（一）蛇葡萄属 *Ampelopsis* Michx.

1. 乌头叶蛇葡萄 *Ampelopsis aconitifolia* Bunge.

中生木质藤本。生山口干河床上石砾地或村舍附近，也进入宽阔山谷河流。见插旗沟。

四十四、锦葵科 Malvaceae

（一）木槿属 *Hibiscus* L.

1. 野西瓜苗 *Hibiscus trionum* L.

中生一年生杂草。生海拔 1 200~1 400 m 山麓冲沟沙砾地和村舍附近。见苏峪沟、插旗沟、汝箕沟。

（二）锦葵属 *Malva* L.

2. 野葵 *Malva verticillata* L.

中生一年生杂草。生山麓居民点附近、田间、路边。中部多见。

四十五、柽柳科 Tamaricaceae

（一）水柏枝属 *Myricaria* Desv.

1. 河柏 *Myricaria bracteata* Royle

旱中生灌木。生海拔 1 500~1 700 m 宽阔山谷河床沙地。见大水沟。

（二）红沙属 *Reaumuria* L.

2. 红沙 *Reaumuria soongorica* (Pall.) Maxim.

荒漠旱生矮灌木。生山麓砾石质、沙砾质盐化的冲、洪积扇上。形成草原化荒漠群落。习见。

3. 长叶红沙 *Reaumuria trigyna* Maxim.

荒漠旱生矮灌木。生北部荒漠化较强的低山丘陵、山前洪积扇、干河床。大武口以北均有分布。

（三）柽柳属 *Tamarix* L.

4. 红柳(多枝柽树柳) *Tamarix ramosissima* Ledeb.

盐中生灌木。生山麓盐碱地上,见大武口。

四十六、堇菜科 Violaceae

(一) 堇菜属 *Viola* L.

1. 双花堇菜 *Viola biflora* L.

中生多年生草本。生海拔 2 000~2 600 m 山地云杉林下、山地沟谷溪水边或石缝中。见苏峪沟、插旗沟、黄旗沟、大水沟等。

2. 裂叶堇菜 *Viola dissecta* Ledeb.

中生多年生草本。生海拔 1 400~2 200 m,山地阴坡石缝、山地沟谷阴坡。见苏峪沟、黄旗沟、贺兰沟、插旗沟、小口子等。

3. 早开堇菜 *Viola prionantha* Bunge.

中生多年生草本。生海拔 1 300~2 200 m 山地沟谷灌丛下,阴坡溪水边或石缝中。见苏峪沟、拜寺沟、黄旗沟。

4. 菊叶堇菜 *Viola takahashii* (Nakai) Taken

旱中生多年生草本。生山口河床沙砾地、灌丛下。见甘沟、拜寺沟。

5. 南山堇菜 *Viola chaerophylloides* (Regel) W. Beck.

中生植物,生海拔 1 700~2 000 m 山地林缘、阴坡石缝中。仅见苏峪沟、小口子。

四十七、瑞香科 Thymelaeaceae

(一) 草瑞香属 *Diarthron* Turcz.

1. 草瑞香 *Diarthron linifolium* Turcz.

中生一年生草本。生海拔 1 500~2 200 m 山地、山口沟谷河滩地、坡脚及灌丛下。

(二) 狼毒属 *Stellera* L.

2. 狼毒 *Stellera chamaejasme* L.

旱生多年生草本。生山麓洪积扇冲沟内。见北端石嘴山的落石滩。

四十八、柳叶菜科 Onagraceae

(一) 柳兰属 *Chamaenerion* Seguier

1.柳兰 *Chamaenerion angustifolium* (L.) Scop.

中生多年生草本。生海拔 2 200~2 800 m 山地草甸、林缘、林下,在溪水边有时成小片群落。见苏峪沟、贺兰沟、插旗沟、黄旗沟、小口子。

(二) 柳叶菜属 *Epilobium* L.

2.细籽柳叶菜 *Epilobium minutiflorum* Hausskn.

湿生多年生草本。生山口或山麓溪水和低洼湿地。见插旗沟、大水沟等。

四十九、锁阳科 Cynomoriaceae

(一) 锁阳属 *Cynomorium* L.

1. 锁阳 *Cynomorium songaricum* Rupr.

寄生多年生肉质草本。生北部荒漠化较强的低山丘陵和山麓盐碱地白刺生长地。见石炭井以北。

五十、伞形科 Umbelliferae (Apiaceae)

(一) 柴胡属 *Bupleurum* L.

1. 红柴胡 *Bupleurum scorzonerifolium* Willd.

旱生植物。生海拔 1 600~2 300 m 山地石质、砾石质坡地。见苏峪沟、贺兰沟、小口子、黄旗沟。

2. 短茎柴胡 *Bupleurum pusillum* Krylor.

中旱生多年生草本。生海拔 2 000~2 500 m 山地石质山坡,山脊石缝中。见苏峪沟。

3.小叶黑柴胡 *Bupleurum smithii* Wolff var. *parvifolium* Shan et Y. Li

中生多年生草本。生海拔 2 600~2 800 m 亚高山灌丛和草甸中,也生于裸岩石缝中。见主峰下及山脊两侧。

(二) 葛缕子属 (蒿属) *Carum* L.

4. 葛缕子 *Carum carvi* L.

中生多年生草本。生海拔 1 900~2 500m 山地沟谷溪水边或湿地上。能形成小片集群。见苏峪沟、贺兰沟、大水沟等。

(三) 蛇床属 *Cnidium* Cuss.

5. 碱蛇床 *Cnidium salinum* Turcz.

耐盐中生二或多年生草本。生海拔 1 400~2 300 m 山地沟谷溪边、湿地上。见黄旗沟、小口子、拜寺沟、插旗沟。

（四）岩风（香芹）属 *Libanotis* Hill.

6. 香芹 *Libanotis seseloides* (Fisch. et Mey. ex Turcz.) Turcz.

中生多年生草本。生海拔 2 000~2 300 m 山地沟谷、林缘。见小口子。

（五）藁本属（岩茴香属）*Ligusticum* L.

7. 岩茴香 *Ligusticum tachiroei* (Franch. et Sav.) Hiroe et Constance.

中生多年生草本。生海拔 2 000~3 200 m 山地沟谷或山脚石缝中。见苏峪沟、黄旗沟、大水沟。

（六）水芹属 *Oenanthe* L.

8. 水芹 *Oenanthe javanica* (Bl.) DC.

湿生多年生草本。生山麓、塘坝、水库、渠溪水边。见拜寺沟。

（七）西风芹属 *Seseli* L.

9. 内蒙古西风芹 *Seseli intramongolicum* Y. C. Ma.

旱生多年生草本。生海拔 1 300~2 700 m 山地石质干燥山坡、崖石缝中。习见。

（八）迷果芹属 *Sphallerocarpus* Bess. ex Dc.

10. 迷果芹 *Sphallerocarpu gracilis* (Bess.) K.–Pol.

中生一、二年生草本。生海拔 1 200~2 600 m 山麓村舍附近，山地沟谷、溪水地、草甸上。见苏峪沟、贺兰沟、黄旗沟、马兰口、汝箕沟等。

五十一、山茱萸科 Cornaceae

（一）梾木属 *Cornus* L.

1. 沙梾 *Cornus bretschneideri* （L.）Henry

中生夏绿灌木。生海拔 1 800~1 900 m 山地沟谷灌丛和杂木林内。见小口子。

五十二、鹿蹄草科 Pyrolaceae

（一）独丽花属 *Moneses* Salisb.

1. 独丽花 *Moneses uniflora* (L.) A. Gray

耐阴中生多年生矮小草本。生海拔 2 500~2 800 m 云杉林下的潮湿腐殖土上。见苏峪沟及主峰下和山脊两侧。

五十三、报春花科 Primulaceae

（一）点地梅属 *Androsace* L.

1. 阿拉善点地梅 *Androsace alashanica* Maxim.

旱生垫状多年生草本。生海拔 1 900~2 500 m 山地石质山坡和岩石缝中。在石质山地草原中，有时能形成层片。习见。

2. 西藏点地梅 *Androsace mariae* Kanitz.

旱中生多年生草本。生海拔 1 800~2 800 m 山地林缘灌丛下和阴湿石质山坡。见苏峪沟、黄旗沟、小口子。

3. 大苞点地梅 *Androsace maxima* L.

旱中生一、二年生草本。生海拔 1 500~2 200 m 山地沟谷河滩及砾石质山坡。见苏峪沟、甘沟等。

4. 北点地梅 *Androsace septentrionalis* L.

旱中生一年生草本。生海拔 1 900~2 500 m 山地沟谷河滩地、山地林缘、灌丛下。见苏峪沟、黄旗沟。

（二）海乳草属 *Glaux* L.

5. 海乳草 *Glaux maritima* L.

耐盐中生多年生矮小草本。生山麓盐湿地和山地沟谷溪边盐湿地。习见。

（三）报春花属 *Primula* L.

6. 翠南报春 *Primula sieboldii* E. Morren.

中生多年生草本。生海拔 1 350~2 600 m 山地沟谷、阴坡林缘、灌丛下，是当地报春花属分布最多一种。见苏峪沟、黄旗沟、插旗沟、小口子等。

7. 伞报春 *Primula nutans* Georgi

中生植物。生于溪边草甸。零星偶见，见黄渠沟，大水沟。

五十四、白花丹科（蓝雪科） Plumbaginaceae

（一）补血草属 *Limonium* Mill.

1. 黄花补血草 *Limonium aureum* (L.) Hill. ex O. Kuntze

盐生旱生多年生草本。生山麓和北部荒漠较强山丘中的盐碱地。见石炭井、龟头沟。

2. 二色补血草 *Limonium bicolor* (Bunge) O. Kuntze.

旱生多年生草本。生海拔 1 500~2 200 m 山地沟谷、灌丛中。见苏峪沟、贺兰沟、黄旗沟、插旗沟等。

3. 细枝补血草 *Limonium tenellum* (Turcz.) O. Kuntze.

旱生多年生草本。生山麓荒漠草原和草原化荒漠的砾石质或盐生生境。为群落的伴生种。习见。

五十五、木犀科 Oleaceae

（一）丁香属 *Syringa* L.

1. 紫丁香 *Syringa oblata* Lindl.

中生夏绿阔叶灌木或小乔木。生海拔 1 550~2 300 m 山地沟谷和半阴坡上。能形成以其为主的中生灌丛。见苏峪沟、贺兰沟、小口子、黄旗沟等。

2.羽叶丁香 (贺兰山羽叶丁香) *Syringa pinnatifolia* Hemsl.

喜暖中生夏绿灌木。生海拔 1 700~2 100 m 山地沟谷和土质阴坡、半阴坡，与其它灌木一起形成中生灌丛。见甘沟、榆林沟。

贺兰山羽叶丁香作为羽叶丁香的一个变种(var. *alashanensis* Ma et S. Q. Zhou)，仅因为叶或多一对或相当，学者们有争议，更多的认为就是羽叶丁香。

五十六、马钱科 Loganiaceae

（一）醉鱼草属 *Buddleja* L.

1. 互叶醉鱼草 *Buddleja alternifolia* Maxim.

喜暖中生夏绿灌木。生海拔 1 300~2 300 m 山地阳坡坡脚下和沟口河滩沙砾地，在局部地段形成小片群落。见苏峪沟、插旗沟等。

五十七、龙胆科 Gentianaceae

（一）腺鳞草属 *Anagallidium* Griseb.

1. 腺鳞草 *Anagallidium dichotomum* (L.) Griseb.

中生一年生草本。生海拔 2 000~2 300 m 山地沟谷滩地、灌丛下和阴坡山脚下。见苏峪沟、黄旗沟、小口子、插旗沟等。

（二）百金花属 *Centaurium* Hill.

2. 百金花 *Centaurium pulchellum*（Swartz）Druce

湿中生一年生草本。生海拔 1 500~2 000 m 山地沟谷溪边湿地、山麓涝坝边。见苏峪沟、黄旗沟、大水沟。

（三）喉毛花属 *Comastoma* Toyokuni.

3. 镰萼喉毛花 *Comastoma falcatum* (Turcz.) Toyokuni.

耐寒中生多年生草本。生海拔 2 600~3 400 m 亚高山、高山地带的林缘、灌丛下或石质山坡。见苏峪沟、贺兰沟等沟谷上部,主峰下和山脊两侧。

4. 尖叶喉毛花 *Comastoma acuta* (Michx.) Y. Z. Zhao et X. Zhang

中生植物。生海拔 1 800~2 600 m 山地沟谷、林缘、灌丛中。见苏峪沟、小口子。

（四）龙胆属 *Gentiana* L.

5. 达乌里龙胆 *Gentiana dahurica* Fisch.

中旱生多年生草本。生海拔 2 000~2 700 m 山地林缘、灌丛下及草原中,也生于山地沟谷和山地草甸。在 2 300~2 400 m 草原或草甸群落中。能形成季相。给群落以蓝色花丛的点缀,甚悦目。见苏峪沟、贺兰沟、黄旗沟、插旗沟、甘沟。

6. 秦艽 *Gentiana macrophylla* Pall.

中生多年生草本。生海拔 2 300~2 500 m 山地沟谷、林缘、草甸。见苏峪沟。

7. 假水生龙胆 *Gentiana pseudoaquatica* Kusnez.

中生一年生草本。生海拔 2 700~3 000 m 亚高山地带的灌丛下和山脊石缝中。仅见主峰及山脊一带。

8. 鳞叶龙胆 *Gentiana squarrosa* Ledeb.

中生一年生小草本。生海拔 1 900~2 600 m 山地草甸、林缘、沟谷。见苏峪沟、黄旗沟、大水沟。

（五）假龙胆属 *Gentianella* Moench.

9.尖叶假龙胆 *Comastoma acuta* (Michx.) Y. Z. Zhao et X. Zhang

中生一年生小草本。生海拔 1 800~2 600 m 山地沟谷、林缘、灌丛中。见苏峪沟、小口子等。

（六）扁蕾属 *Gentianopsis* Ma.

10. 扁蕾 *Gentianopsis barbata* (Froel.) Ma.

中生一年生草本。生海拔 2 000~2 300 m 山地沟谷、河溪边及灌丛下。见苏峪沟（兔儿坑）、黄旗沟、小口子等。

11. 卵叶扁蕾 *Gentianopsis paludosa*（Hook. f.）Ma var. *ovato-deltoidea*（Burk.）Ma ex T.N.Ho

耐寒中生植物。生海拔 2 800~3 400 m 高山、亚高山灌丛、草甸中及山脊石缝中。仅见主峰下及山脊两侧。

（七）花锚属 *Halenia* Borkh.

12. 椭圆叶花锚 *Halenia elliptica* D. Don.

中生一年生草本。生海拔 1 600~2 100 m 山地沟谷河滩地及灌丛下。仅见苏峪沟、甘沟。

（八）翼萼蔓属 *Pterygocalyx* Maxim.

13. 翼萼蔓 *Pterygocalyx volubilis* Maxim.

中生一年生草质藤本。生海拔 2 000~2 300 m 山地阴坡灌丛中。见甘沟、大口子等。

五十八、夹竹桃科 Apocynaceae

（一）罗布麻属 *Apocynum* L.

1. 罗布麻 *Apocynum venetum* L.

耐盐旱生半灌木。生北部荒漠化较强的山谷盐碱地。仅见石炭井附近。

五十九、萝摩科 Asclepiadaceae

（一）鹅绒藤属 *Cynanchum* L.

1. 白首乌 *Cynanchum bungei* Decne.

中生多年生缠绕草本。生山麓冲沟、居民点附近，也生宽阔山谷河滩地和灌丛中。见苏峪沟、甘沟、大水沟、插旗沟。

2. 鹅绒藤 *Cynanchum chinense* R. Br.

中生多年生缠绕草本。生山麓居民点附近、山地沟谷、沙砾地及灌丛中。见苏峪沟、黄旗沟、大水沟、贺兰沟、拜寺沟、小口子等。

3. 牛心朴子 *Cynanchum komarovii* Al. Iljinski.

旱生多年生草本。生山麓冲沟及覆沙地段,也偶见北部荒漠化较强的干河床两侧。见石炭井。

4. 地稍瓜 *Cynanchum thesioides* (Freyn) K. Schum.

旱生多年生草本。生山麓和浅山坡地地表覆沙地段和冲沟内。习见。

六十、旋花科 Convolvulaceae

(一) 旋花属 *Convolvulus* L.

1. 银灰旋花 *Convolvulus ammannii* Desr.

旱生多年生矮小草本。生山麓荒漠草原和草原化荒漠中,也进入浅山区干燥山坡。习见。

2. 田旋花 *Convolvulus arvensis* L.

中生多年生缠绕草本。生山麓冲沟和农田、居民点附近,也进入山谷河滩地。习见。

3. 刺旋花 *Convolvulus tragacanthoides* Turcz.

旱生具刺垫状半灌木。生浅山区和山缘石质阳坡、常形成小片优势群落。也见洪积扇多石或岩石出露地方。见汝箕沟以南地段。

(二) 菟丝子属 *Cuscuta* L.

4. 大菟丝子 *Cuscuta europaea* L.

寄生一年生草本。寄生于多种草本植物上。有少量分布。

5. 菟丝子 *Cuscuta chinensis* Lam.

寄生一年生草本。寄生于豆科和蒿属植物上。见山麓和山沟中。

六十一、紫草科 Boraginaceae

(一) 软紫草属 *Arnebia* Forsk.

1. 灰毛软紫草 *Arnebia fimbriata* Maxim.

旱生多年生草本。生山麓砾石质、覆沙冲积坡上。见甘沟、榆树沟。

2. 黄花软紫草 *Arnebia guttata* Bunge

旱生植物。生北部荒漠化较强的低山丘陵石质坡地,也偶见南部浅山区干燥石质山坡。见石炭井以北。

(二) 斑种草属 *Bothriospermum* Bunge

3. 狭苞斑种草 *Bothriospermum kusnezowii* Bunge

旱中生植物。生海拔 1 800~2 200 m 山地沟谷、河滩地及石质山坡。见苏峪沟、贺兰沟。

（三）牛舌草属 （狼紫草属） *Anchusa* L.

4. 狼紫草 *Anchusa ovata* Lehm.

中生一年生草本。生山麓冲沟、居民点附近。见山麓。

（四）齿缘草属 *Eritrichium* Schrad.

5. 北齿缘草 *Eritrichium borealisinense* Kitag.

中旱生多年生草本。生海拔 1 800~2 500 m 山地石质山坡，为山地草原伴生种。见苏峪沟、黄旗沟。

6. 石生齿缘草 *Eritrichium rupestre* (Pall.) Bunge.

中旱生多年生草本。生海拔 2 000~2 500 m 山地石质山坡。为山地草原重要伴生种，局部地段能形成层片。这较上一种数量为多。见苏峪沟、贺兰沟、黄旗沟、大水沟、汝淇沟。

（五）假鹤虱属 *Hackelia* Opiz.

7. 反折假鹤虱 *Hackelia deflexa* (Wahelenb.) Opiz.

中旱生多年生草本。生海拔 1 400~2 000 m 山地沟谷、沙砾地、石质阴坡灌丛中。见苏峪沟、大水沟。

（六）鹤虱属 *Lappula* V. Wolf.

8. 卵盘鹤虱 *Lappula redowskii* (Horn.) Greene.

中旱生一年生草本。生山麓冲沟、山口河滩沙砾地、干燥山坡。见山麓。

（七）紫筒草属 *Stenosolenium* Turcz.

9. 紫筒草 *Stenosolenium saxatile* (Pall.) Turcz.

旱生多年生草本。生山麓洪积扇的沙砾地上。见山麓。

六十二、马鞭草科 Verbenaceae

（一）莸属 *Caryopteris* Bunge.

1. 蒙古莸 *Caryopteris mongholica* Bunge.

旱生小灌木。生海拔 1 300~2 400 m 山地干燥石质阳坡和山麓砾石质坡地。在一些地段单独或与其他旱生灌木共同形成群落。见苏峪沟、贺兰沟、插旗沟、黄旗沟、拜寺沟。

（二）荆条属 *Vitex* L.

2. 荆条 *Vitex negundo* L. var. *heterophylla* (Franch.) Rehd.

喜暖中生灌木。生山麓冲沟内。稀见山麓。

六十三、唇形科 Labiatae

（一）水棘针属 *Amethystea* L.

1. 水棘针 *Amethystea caerulea* L.

中旱生一年生杂草。生山麓冲沟、宽阔山谷河滩地上。见山麓。

（二）香薷属 *Elsholtzia* Willd.

2. 香薷 *Elsholtzia ciliata* (Thunb.) Hyland.

中生多年生草本。生山麓村舍附近。见山麓。

3. 细穗香薷 *Elsholtzia densa* Benth. var. *ianthina* (Maxim. et Kanitz) C. Y. Wu et S. C. Huang.

中生一年生草本。生海拔 1 500~2 600 m 山地沟谷、河溪边、沙砾地、灌丛中。见苏峪沟、大水沟、插旗沟。

（三）青兰属 *Dracocephalum* L.

4. 灌木青兰(沙地青兰)*Dracocephalum fruticulosum* Steph.

旱生小半灌木。生海拔 1 500~2 100 m 浅山区、山麓干燥石质山坡。见甘沟。

5. 白花枝子花 *Dracocephalum heterophyllum* Benth. Labiat. Gen. et Sp.

中旱生多年生草本。生海拔 2 100~3 000 m 山地、亚高山石质山坡的山地草甸、亚高山灌丛、草甸和林缘、灌丛以及山地沟谷河滩地上。在 2 500 m 左右山地灌丛中数量甚多。为重要伴生种。见苏峪沟、黄旗沟、贺兰沟、大水沟。

6.香青兰 *Dracocephalum moldavica* L.

一年生中生杂草。生于山地沟谷和山麓的村舍、路旁,零星分布。产东坡小口子。

（四）兔唇花属 *Lagochilus* Bunge

7. 冬青叶兔唇花 *Lagochilus ilicifolius* Bunge.

强旱生多年生草本。生山麓荒漠草原及山缘石质山坡,为荒漠草原重要伴生种。习见。

7a. 毛萼兔唇花 *Lagochilus ilicifolius* Bunge var. *tomentosus* W. Z. Di. et Y. Z. Wang

基本生境同冬青叶兔唇花,但甚少见。仅见苏峪沟。

（五）夏至草属 *Lagopsis* Bunge ex Benth.

8. 夏至草 *Lagopsis supina* (Steph.) Ik.–Gal. ex Knorr.

旱中生多年生草本。生山地宽阔河谷河漫地,形成小片集群。见苏峪沟、大水沟。

（六）益母草属 *Leonurus* L.

9. 益母草 *Leonurus japonicus* Houtt

中生一、二年生杂草。生山麓冲沟、居民点附近。见山麓。

10. 细叶益母草 *Leonurus sibiricus* L.

旱中生一、二年生杂草。生山麓冲沟,居民点附近。见苏峪沟、黄旗沟、甘沟。

（七）薄荷属 *Mentha* L.

11. 薄荷 *Mentha arvensis* L.

湿中生多年生草本。生山口及山麓溪水边及水渠上。见苏峪沟、插旗沟、贺兰沟。

（八）荆芥属 *Nepeta* L.

12. 大花荆芥 *Nepeta sibirica* L.

中生多年生草本。生海拔 1 600~2 500 m 山地沟谷、林缘、灌丛中。在一些地段能形成小片居群。见苏峪沟、贺兰沟、小口子、黄旗沟、插旗沟。

（九）白龙昌菜属（脓苍草属） *Panzeria* Moench

13. 白龙昌菜(脓苍草) *Panzeria lanata* (L.) Bunge.

旱生多年生草本。生北部荒漠化较强的低山丘陵、宽阔山谷干河床及山麓覆沙地。见汝箕沟。

（十）糙苏属 *Phlomis* L.

14. 尖齿糙苏 *Phlomis dentosa* Franch.

旱中生多年生草本。生海拔 1 400~2 200 m 山地沟谷、山麓冲沟、路旁。见苏峪沟、黄旗沟、插旗沟。

（十一）裂叶荆芥属 *Schizonepeta* Briq.

15. 小裂叶荆芥 *Schizonepeta annua* (Pall.) Schischk.

中旱生一年生草本。生海拔 1 300~1 900 m 宽阔山谷干河床、沙砾地,能成小片集群。见汝箕沟、拜寺沟、大水沟、石炭井。

16. 多裂叶荆芥 *Schizollepeta multifida* (L.) Briq.

中旱生植物。生于海拔 2 000~2 300 m 山地较湿润山坡,为山地草原的伴生种,零星分布。产于汝其沟、大小沟。

(十二) 黄芩属 *Scutellaria* L.

17. 甘肃黄芩(阿拉善黄芩) *Scutellaria rehderiana* Diels.

旱生多年生草本。生海拔 1 200~2 200 m 山地沟谷石沙砾地,石质山坡及山麓冲沟内。见甘沟、榆树沟、苏峪沟、大水沟。

(十三) 百里香属 *Thymus* L.

18. 蒙古百里香 *Thymus serpyllum* L. var. *mongolicus* Ronn.

中旱生小半灌木。生海拔 2 000~2 600 m 山地石质山坡。为石质杂类草草原及山地草甸的重要伴生种。见苏峪沟、贺兰沟、黄旗沟。

六十四、茄科 Solanaceae

(一) 曼陀罗属 *Datura* L.

1. 曼陀罗 *Datura stramonium* L.

中生一年生高大杂草。生山麓洼地、村舍附近,也进入宽阔山谷干河床内。习见。

(二) 天仙子属 *Hyoscyamus* L.

2. 天仙子 *Hyoscyamu niger* L.

中生一年生杂草。生山麓冲沟、洼地和村舍附近。习见。

(三) 枸杞属 *Lycium* L.

3. 枸杞 *Lycium chinensis* Mill.

中生植物。生山麓冲沟和山口、宽阔山谷坡脚下。见山麓。

4. 黑果枸杞 *Lycium ruthenicum* Murr.

盐生灌木。生山麓盐碱池。见石炭井。

(四) 茄属 *Solanum* L.

5. 龙葵 *Solanum nigrum* L.

中生一年生杂草。生山麓路旁、冲沟和村舍附近,也少量进入宽阔山谷河滩地。习见。

6. 青杞 *Solanum septemlobum* Bunge.

中生多年生杂草。生山麓冲沟、村舍附近。也进入宽阔山谷沟边。零星分布。

六十五、玄参科 Scrophulariaceae

（一）芯芭属 *Cymbaria* L.

1. 蒙古芯芭 *Cymbaria mongolica* Maxim.

旱生多年生草本。生山缘、山麓干燥石质山坡、丘陵坡脚下，为刺旋花和荒漠草原群落的伴生种，有时在局部地段也形成小群聚。见甘沟、榆林沟及山麓。

（二）野胡麻属 *Dodartia* L.

2. 野胡麻 *Dodartia orientalis* L.

旱生多年生草本。生北部荒漠化较强低山丘陵的石质山坡。见石炭井附近。

（三）小米草属 *Euphrasia* L.

3. 小米草 *Euphrasia pectinata* Ten.

中生一年生小草。生海拔 2 000~2 800 m 山地阴坡草甸、林缘、沟谷、溪水边。在局部地段数量较高。见苏峪沟、黄旗沟。

（四）疗齿草属 *Odontites* Ludwig.

4. 疗齿草 *Odontites serotina* (Lam.) Dum.

中生一年生草本。生海拔 1 800~2 200 m 山地沟谷溪水边，河漫地上。见大水沟、汝箕沟、插旗沟。

（五）马先蒿属 *Pedicularis* L.

5. 阿拉善马先蒿 *Pedicularis alaschanica* Maxim.

中生多年生草本。生海拔 2 000~2 500 m 山地阴坡云杉林缘、灌丛下石质山地及山地沟谷河滩地。见苏峪沟、兔儿坑、五道塘。

6. 藓生马先蒿 *Pedicularis muscicola* Maxim.

耐阴中生多年生草本。生海拔 2 000~2 700 m 山地阴坡云杉林木、沟谷阴坡脚下，阴湿石质山坡石缝中。为云杉—苔藓林内伴生植物。见苏峪沟、黄旗沟、插旗沟。

7. 粗野马先蒿 *Pedicularis rudis* Maxim.

中生多年生草本。生海拔 2 100~2 500 m 山地沟谷草甸、林缘及针阔叶混交林下。见苏峪沟、贺兰沟。

8. 红纹马先蒿 *Pedicularis striata* Pall.

中生多年生草本。生海拔 2 000~2 500 m 山地沟谷、石质山坡脚下。见苏峪沟、黄旗沟。

9. 三叶马先蒿 *Pedicularis ternate* Maxim.

耐寒中生多年生草本。生海拔 2 700~3 000 m,亚高山林下、灌丛中。见主峰下及山脊两侧。

(六) 地黄属 *Rehmannia* Libosch. ex Fisch. et Mey.

10. 地黄 *Rehmannia glutinosa* (Gaert.) Libosch. ex Fisch. et Mey.

旱中生多年生草本。生海拔 1 600~2 000 m 山地沟谷、河滩地。见苏峪沟(石灰窑)。

(七) 玄参属 *Scrophularia* L.

11. 贺兰玄参 *Scrophularia alaschanica* Batal.

中生多年生草本。生海拔 1 700~2 500 m 山地沟谷,阴湿的坡脚下,山地草甸中。见苏峪沟、贺兰沟。

12. 砾玄参 *Scrophularia incisa* Weinm.

旱生多年生草本。生北部荒漠化较强的低山丘陵,见于河床和沙质地。见石炭井。

(八) 婆婆纳属 *Veronica* L.

13. 北水苦荬 *Veronica anagallis–aquatica* L.

湿生多年生草本。生海拔 1 500~2 300 m 山地沟谷溪水边、湿地。见苏峪沟、大水沟、插旗沟。

14. 长果水苦荬 *Veronica anagallis–aguatica* L. subsp. *anagalloides* (Guss.) A. Jelen.

湿生多年生草本。生于海拔 1 500~2 300 m 山地沟谷溪水边、湿地。见苏峪沟、大水沟、插旗沟。

15. 长果婆婆纳 *Veronica ciliata* Fisch.

耐寒多年生草本。生海拔 3 000~3 500 m 高山、亚高山灌丛、草甸中,也见阴湿石缝中。见主峰下及山脊两侧。

六十六、紫薇科 Bignoniaceae

(一) 角蒿属 *Incarvillea* Juss.

1. 角蒿 *Incarvillea sinensis* Lam.

中生一年生杂草。生于山麓冲沟、居民点附近,也见于人为活动较多的山谷干河床上。见山麓及贺兰沟、黄旗沟、插旗沟。

六十七、列当科 Orobanchaceae

（一）肉苁蓉属 *Cistanche* Hoffmg. et Link.

1. 沙苁蓉 *Cistanche sinensis* G. Beck.

寄生多年生草本。多寄生于红沙等荒漠小灌木上。见山麓。

（二）列当属 *Orobanche* L.

2. 列当 *Orobanche coerulescens* Steph.

寄生二年生或多年生草本。多寄生于山麓蒿属(*Artemisia* sp.)植物根上。习见。

3. 弯管列当 *Orobanche cumana* Wallr.

寄生植物。山麓习见。

六十八、车前科 Plantaginaceae

（一）车前属 *Plantago* L.

1. 平车前 *Plantago depressa* Willd.

中生多年生草本。生海拔 1 300~2 500 m 山地沟谷、溪水边、湿地,习见。

2. 条叶车前 *Plantago minuta* Pall.

旱生一年生草本。生山麓草原化荒漠和宽阔山谷干河床、干旱山坡。春季一年生植物的组成者。见山麓。

六十九、茜草科 Rubiaceae

（一）拉拉藤属 *Galium* L.

1. 北方拉拉藤 *Galium boreale* L.

中生多年生草本。生于海拔 1 700~2 500 m 山地林缘及灌丛中。见苏峪沟、黄旗沟、小口子。

2. 细毛拉拉藤 *Galium pusillosetosun* Hara.

中生多年生草本。生于海拔 2 000~2 300 m 山地林缘、灌丛中沟谷边缘。见苏峪沟、黄旗沟、小口子、贺兰沟。

3. 蓬子菜 *Galium verum* L.

中生多年生草本。生于海拔 1 800~2 300 m 山地林缘、灌丛及草甸中。见苏峪沟、黄旗沟、贺兰沟。

（二）薄皮木属（野丁香属）*Leptodermis* Wall.

4. 内蒙野丁香 *Leptodermis ordosica* H. C. Fu et E. W. Ma.

旱生小灌木。生于海拔 1 200~2 300 m 山地阳坡、潜水区、山缘及北部荒漠化较强的石质山坡。可单独或与其他灌木组成群落。也进入山地灰榆疏林下部成为建群种。习见。

（三）茜草属 *Rubia* L.

5. 茜草 *Rubia cordifolia* L.

中生多年生攀援草本。生于海拔 1 500~2 200 m 山地沟谷灌丛中。见苏峪沟、黄旗沟、小口子、插旗沟、大水沟。

5a. 阿拉善茜草 *Rubia cordifolia* var. *alaschanica* G. H. Liu.

形态与生境与本种同。

七十、忍冬科 Caprifoliaceae

（一）忍冬属 *Lonicera* L.

1. 蓝锭果忍冬 *Lonicera edulis* Turcz

耐寒中生灌木。生海拔 2 500~2 800 m 山地阴坡云杉林下。为特征性伴生种,见主峰下沟谷。

2. 黄花忍冬 *Lonicera chrysantha* Turcz.

耐阴中生灌木。生海拔 2 000~2 300 m 山地沟谷、阴坡的灌丛及杂木林中。见小口子、插旗沟。

3. 葱皮忍冬 *Lonicera ferdinandii* Franch.

中生灌木。生海拔 1 700~2 000 m 山地沟谷、灌丛及杂木林中。见小口子、镇木关沟。

4. 小叶忍冬 *Lonicera microphylla* Willd. ex Roem. et Schult.

旱中生灌木。生海拔 1 600~2 600 m 山地沟谷、阴坡、半阴坡、半阳坡的灌丛和杂木林中,是构成山地灌丛的重要成员。在宽阔山谷干河床两侧常与灰榆形成疏林灌丛。习见。

（二）荚蒾属 *Viburnum* L.

5. 蒙古荚蒾 *Viburnum mongolicum*（Pall.）Rehd.

喜暖中生灌木。生海拔 1 500~2 300 m 地阴坡、半阴坡和沟谷灌丛中。见苏峪沟、贺兰沟、小口子、黄旗沟。

七十一、败酱科 Valerianaceae

（一）缬草属 *Valeriana* L.

1. 西北缬草 *Valeriana tangutica* Batal.

耐寒中生多年生矮小草本。生海拔 2 000~2 700 m 阴湿山坡、云杉林缘或岩石缝中。见苏峪沟、贺兰沟。

七十二、葫芦科 Cucurbitaceae

（一）赤爬属 *Thladiantha* Bunge.

1. 赤爬 *Thladiantha dubia* Bunge.

种生多年生攀援草本。生海拔 1 300~1 500 m 山地沟谷溪边灌丛中和山口居民点附近。仅见苏峪沟、贺兰沟、小口子。

七十三、桔梗科 Campanulaceae

（一）沙参属 *Adenophora* Fisch.

1. 宁夏沙参 *Adenophora ningxiaensis* Hong.

旱中生多年生草本。生海拔 1 600~2 500 m 山地的山坡、沟谷崖壁石缝中。见苏峪沟、贺兰沟、黄旗沟、大水沟、插旗沟、甘沟。

七十四、菊科 Compositae

（一）顶羽菊属 *Acroptilon* Cass.

1. 顶羽菊 *Acroptilon repens*（L.）DC.

耐盐旱生多年生草本。生山麓盐碱地、居民点附近,也进入山口宽阔山谷干河床。见苏峪沟口、汝箕沟口、石炭井。

（二）亚菊属 *Ajania* Poljak.

2. 蓍状亚菊 *Ajania achilloides*（Turcz.）Poljak.

强旱生小半灌木。生山麓荒漠草原和草原化荒漠群落中。为重要伴生种,也沿石质山坡上升到海拔 2 000 m 以下的低山残丘。有时能形成小片群落。习见。

3. 灌木亚菊 *Ajania fruticulosa*（Ledeb.）Poljak.

强旱生小半灌木。生山麓草原化荒漠群落中。见苏峪沟、甘沟、石炭井。

4. 铺伞亚菊 *Ajania khartensis* (Dunn) Shin

旱生植物。生海拔 1 400~ 2 300 m 山地沟谷砾石地、石质山坡；也偶见山麓冲沟、干河床。见黄旗沟、甘沟、苏峪沟。

（三）牛蒡属 *Arctium* L.

5. 牛蒡 *Arctium lappa* L.

中生二年生杂草。生山麓水沟、镜坝村舍附近。见苏峪口。

（四）蒿属 *Artemisia* L.

6. 碱蒿 *Artemisia anethifolia* Web. ex Stethm.

耐盐中生一、二年生草本。生山麓盐碱地和村舍附近。见山麓。

7. 黄花蒿 *Artemisia annua* L.

中生一年生杂草。生海拔 2 300 m 以下山地沟谷、山麓冲沟、村舍附近。能形成小群聚。习见。

8. 艾蒿 *Artemisia argyi* Levl. et Van.

中生多年生草本。生山麓村舍附近、渠边、人工林下。见山麓。

9. 糜蒿(白莎蒿) *Artemisia blephareolepis* Bunge.

喜沙旱中生一年生草本。生北部荒漠化较强的浅山原干河床和裸沙地。见贺兰山北端。

10. 狭叶青蒿(龙蒿) *Artemisia dracunculus* L.

广幅中生根部木质化的多年生草本。生海拔 1 600~2 300 m 山地石质山坡、沟谷或岩石缝中。见苏峪沟、黄旗沟、汝箕沟、大水沟。

11. 无毛牛尾蒿 *Artemisia dubia* Wall. ex Bess. var. *subdigitata* (Mattf.) Y. R. Ling

中生多年生草本。生山地河溪边湿地及干河床，零星及小片状分布。仅见石质山坡、灌丛中、林缘石缝中。见插旗沟口、苏峪沟及沟口村舍、农田附近。

12. 南牡蒿 *Artemisia eriopoda* Bunge

中旱生多年生草本。生海拔 1 300~2 500 m 山地石质山坡、灌丛中、林缘石缝中。见苏峪沟、黄旗沟、插旗沟、汝箕沟。

13. 冷蒿 *Artemisia frigida* Willd.

旱生小半灌木。生海拔 1 600~2 500 m 山地石质、土质山坡、山麓荒漠草原群落中。为山地草原、荒漠草原的重要伴生种。局部形成层片。见苏峪沟、贺兰沟、黄旗沟、甘沟及各沟口山麓。

14. 臭蒿 *Artemisia hedinii* Ostenf. et Pauls.

中生一年生草本。生海拔 2 400~2 600 m 山地沟谷、溪水边及山地草甸中。见主峰两侧。

15. 甘肃蒿 *Artemisia gansuensis* Ling et Y. R. Ling.

旱生多年生根草本。生海拔 1 800~2 300 m 山地石质山坡和山地沟谷。见苏峪沟、黄旗沟。

16. 细裂莲蒿 *Artemisia gmelinii* Web. ex Stechm.

旱生矮半灌木。生海拔 1 600~2 500 m 山地石质、沟谷石壁、林缘及灌丛中。在山地中部干燥山坡有时能形成小片群落。习见。

17. 茭蒿(华北米蒿) *Artemisia giraldii* Pamp.

喜暖旱生多年生草本。生宽阔山谷干河床沙砾地和山口冲沟内。见黄旗沟、甘沟、汝箕沟。

18. 白叶蒿 *Artemisia leucophylla* (Turcz. ex Bess.) C. B. Clarke.

中生多年生草本。生海拔 1 900~2 300 m 山地沟谷、河滩阴坡和较湿润坡地。见苏峪沟。

19. 蒙古蒿 *Artemisia mongolica* (Fisch. ex Bess.) Nakai

中生多年生草本。生山麓边缘村舍及山谷河滩、沙质地。习见。

20. 黑沙蒿(油蒿) *Artemisia ordosica* Krasch.

沙生旱生半灌木。生山麓覆沙地、冲沟沙地,也进入宽阔山谷干河床。见北部山丘覆沙地。

21. 褐苞蒿 *Artemisia phaeolepis* Krasch.

中生多年生木质根草本。生海拔 1 800~2 400 m 山地灌丛、林缘及山地草甸中。见黄旗沟。

22. 黄蒿 *Artemisia scoparia* Waldst. et Kit.

旱生或旱中生一年生草本。生山麓荒漠草原和草原化荒漠群落中,能形成一年生蒿类植物层片。也零星进入山谷河滩地、山坡灌丛、山地草原中。习见。

23. 大籽蒿 *Artemisia sieversiana* Ehrhart ex Willd.

中生一年生草本。生山地冲沟、村舍附近,也进入山谷滩地和路旁。有时能形成小片群落。习见。

24. 白沙蒿 *Artemisia sphaerocephala* Krasch.

沙生强旱生半灌木。生北部荒漠化较强的山麓干河床和覆沙地。见北部山麓。

25. 裂叶蒿 *Artemisia tanacetifolia* L.

中生多年生草本。生海拔 1 800~2 500 m 山地沟谷河溪边、湿地、山地草甸。见大水沟、插旗沟、黄旗沟。

26. 辽东蒿 *Artemisia verbenacea* (Kom.) Kitag.

中生多年生草本。生于海拔 1 800~2 400 m 的山地沟谷河滩地、泉溪湿地,沿冲沟也分布到山麓低湿地。有时形成局部小群落。见苏峪沟、插旗沟。

27. 旱蒿 *Artemisia xerophytica* Krasch.

强旱生半灌木。生山麓荒漠化草原及草原化荒漠中,为伴生种。见北部荒漠较强山麓。

28. 白莲蒿 (铁秆蒿) *Artemisia sacrorum* Ledeb.

旱生植物。生海拔 1 600~1 900~2 500 m 山地石质、沟谷石壁、林缘及灌丛中。在山地中部干燥山坡有时能形成小片群落。为习见植物。

28a. 密毛白莲蒿 *Artemisia sacrorum* Ledeb. var. *messerschmidtiana* (Bess.) Y. R. Ling

分布与生境同正种

(五) 紫菀属 *Aster* L.

29. 三脉紫菀 *Aster ageratoides* Turcz.

中生多年生草本。生海拔 1 500~1 900 m 之间的山地林缘,灌丛下。多呈零星分布。见甘沟、黄渠沟。

(六) 紫菀木属 *Asterothamnus* Novopokr.

30. 中亚紫菀木 *Asterothamnus centrali–asiaticus* Novopokr.

超旱生半灌木。生山麓沟谷、干河床及沙砾地,沿干河床向山地深入。在各大山口、干河床两侧常形成群落。见甘沟、汝箕沟、苏峪沟。

(七) 鬼针草属 *Bidens* L.

31. 小花鬼针草 *Bidens parviflora* Willd.

中生一年生草本。生山麓和浅山沟谷、干河床及村舍、农田、路旁。零星分布。习见。

32. 狼巴草 *Bidens tripartita* L.

中生一年生草本。生山麓村舍,道路附近。零星分布。见山麓。

（八） 飞廉属 *Carduus* L.

33. 飞廉 *Carduus crispus* L.

中生二年生草本。生山麓村舍、道路、农田、沿干河床、道路进入山地中部。零星分布。习见。

（九） 蓟属 *Cirsium* Mill.

34. 丝路蓟 *Cirsium arvensel* (L.) Scop.

中生多年生草本。生山麓、水塘、涝坝、盐湿地。零星或小片分布。习见。

35. 刺儿菜（小蓟）*Cirsium segetum* Bunge

中生多年生草本。生山麓村舍、路旁及农田。零星分布,为农田杂草。习见。

36. 大蓟（大刺儿菜）*Cirsium setosum* (Willd.) MB.

中生多年生草本。生山麓村舍、路旁及农田。零星或片状分布,为农田杂草。习见。

（十） 白酒草属 *Conyza* L.

37. 小蓬草（小飞蓬）*Conyza canadensis* (L.) Cronq.

中生较高的一年生草本,生山麓村舍、庭院。零星偶见。见马兰口。

（十一） 还阳参属 *Crepis* L.

38. 还阳参（还羊参）*Crepis crocea* (Lam.) Babc.

中旱生多年生草本。生海拔 1 600~2 500 m 土石质山坡、山地草原及疏松土壤上。零星分布。见苏峪沟、黄渠沟、小口子、甘沟、大水沟。

（十二） 菊属 *Dendranthema* (DC.) Des Moul.

39. 小红菊 *Dendranthema chanetii* (Levl.) Shih.

中生多年生草本。生海拔 1 800~2 400 m 山地林缘。灌丛下的山地草甸上。零星分布。为山地草甸的常见伴生种。

（十三） 蓝刺头属 *Echinops* L.

40. 火烙草 *Echinops przewalskii* Iljin

中旱生多年生草本。生低山带杂类草草原和石质、砾石质山坡。零星分布。数量尚多。见苏峪沟、黄渠沟、甘沟、汝箕沟、大水沟。

（十四）絮蒿属 *Elachanthemum* Ling et Y. R. Ling

41. 絮蒿 *Elachanthemum intricatum*（Franch.）Ling et Y. R. Ling

旱生一年生草本。生山麓草原化荒漠及干河床上。见北部山麓地带。

（十五）飞蓬属 *Erigeron* L.

42. 棉苞飞蓬 *Erigeron eriocalyx*（Ledeb.）Vierh.

中生多年生草本。生海拔 3 000 m 左右高山灌丛及草甸中。呈零星分布。见主峰下的东西两侧。

43. 堪察加飞蓬 *Erigeron kamtschaticus* DC.

中生二年生草本。生山麓及中低山地沟谷、村舍、干山坡、沟谷干河床。习见。

（十六）狗娃花属 *Heteropappus* Less.

44. 阿尔泰狗娃花 *Heteropappus altaicus*（Willd.）Novopokr.

中旱生多年生草本。生山麓荒漠草原、草原化荒漠及山地草原，石质山坡和干河床上。呈零星或小片分布。习见。

（十七）女蒿属 *Hippolytia* Poljak.

45. 贺兰山女蒿 *Hippolytia kaschgarica*（Krasch.）Poljak. subsp. *alashanica*（Ling）Z. Y. Chu. et. C. Z. Liang（Camb. nov.）

旱生小半灌木。生海拔（1 500）~1 700~2 400 m 山地石质山坡，悬崖石缝中。多呈零星或小片分布。见甘沟、黄旗沟、苏峪沟、插旗沟、汝箕沟等。

（十八）旋覆花属 *Inula* L.

46. 旋覆花 *Lnula japonica* Thunb.

中生多年生草本。生山麓河溪、塘坝及农田附近。也见于山地沟谷湿地。零星或小片分布。习见。

47. 线叶旋覆花 *Inula lineariifolia* Turcz.

中生多年生草本。生山麓水田及沟渠中。零星或单个分布。见山麓。

48. 沙旋覆花 *Inula salsoloides*（Turcz.）Ostenf.

耐盐碱、耐沙埋的旱生多年生草本。生山麓农舍附近的河碱地、覆沙地。多小片或零星分布。见苏峪口、拜寺口外。

（十九）苦荬菜属 *Ixeris* Cass.（Ixeridium C. A. Gray）Tzerl.

49. 山苦荬 *Ixeris chinensis* (Thunb.) Nakai

中生一、二年生草本。生山地沟谷、林缘、灌生,也作杂草生于农田、村舍附近。零星分布。习见。

50. 丝叶山苦荬 *Ixeris chinensis* (Thunb.) Nakai subsp. *graminifolia* (Ledeb.) Kitag.

旱生二年生草本。中、低山地和干燥、石质山坡,也见于灌丛下,沟谷、干河床上。零星分布。习见。

51. 抱茎苦荬菜 *Ixeris sonchifolia* (Maxim.) Z. Y. Chu comb. comb. nov.

中生二年生杂草。多生地沟谷,灌丛下,也见于浅山地质、农舍附近。习见。

（二十）久苓菊属 *Jurinea* Cass.

52. 蒙新苓菊 *Jurinea mongolica* Maxim.

旱生多年生草本。生山麓草原化荒漠、荒漠草原的覆沙地和干河床。零星偶见。见北部山麓石嘴山落石滩、矿务局。

（二一）花花柴属 *Karelinia* Less.

53. 花花柴 *Karelinia caspia* (Pall.) Less.

荒漠盐生为多年生草本。生山麓重盐碱地。零星或小片分布。见贺兰山麓,及石炭井附近。

（二二）大丁草属 *Leibnitzia* Cass.

54. 大丁草 *Leibnitzia anandria* (L.) Turcz.

中生多年生草本。生海拔 1 800~2 400 m 土地沟谷、林缘、灌丛下。零星分布。见苏峪沟、小口子、黄旗沟、插旗沟、大水沟等。

（二三）火绒草属 *Leontopodium* R. Br.

55. 火绒草 *Leontopodium leontopodioides* (Willd.) Beauv.

旱生多年生草本。生海拔 1 800~2 500 m 山地干燥山坡、林缘、灌丛间。零星小片状分布。见苏峪沟、黄旗沟、大水沟、甘沟等。

56. 矮火绒草 *Leontopodium nanum*（Hook. f. et Thoms.）Hand.–Mazz.

耐寒旱生多年生草本。生海拔 2 900~3 500 m 高山、亚高山草甸或灌丛下。零星分布。见主峰山脊两侧。

（二四）乳苣属 *Mulgedium* Cass.

57. 乳苣 *Mulgedium tataricum* (L.) DC.

中生多年生草本。生山麓农田、地埂、盐碱地,沿干河床进入山地中部沟谷河溪边。零星或小片状分布。习见。

（二五）栉叶蒿属 *Neopallasia* Poljak.

58. 栉叶蒿 *Neopallasia pectinata* (Pall.) Poljak.

旱中生一、二年生草本。生山麓草原化荒漠、荒漠草原和山地道路、干河床、干山坡上。零星或片状分布。在山麓草原化荒漠和荒漠化草原群落中能形成层片。习见。

（二六）蝟菊属（鳍蓟属）*Olgaea* Iljin

59. 鳍蓟 *Olgaea leucophylla* (Turcz.) Iljin

沙生—砾石生旱生多年生草本。生山麓干河床和覆沙地,也生于山地砾石质山坡。零星分布。习见。

（二七）风毛菊属 *Saussurea* DC.

60. 阿拉善风毛菊 *Saussurea alaschanica* Maxim.

中生多年生草本。生海拔2 000~2 800 m山地林缘、沟谷和湿润山坡。零星分布。见苏峪沟、插旗沟等。

61. 禾叶风毛菊 *Saussurea graminea* Dunn

寒生中生多年生草本。生海拔3 000~3 500 m高山草甸、灌丛下。呈零星或小片分布。见主峰下东、西两侧。

62. 贺兰山风毛菊 *Saussurea helanshanensis* Z. Y. Chu. et C. Z. Liang

旱生多年生草本。生海拔2 500~2 700 m山地干旱石质山坡及石缝。产贺兰山苏峪沟,零星分布。为贺兰山特有种。

63. 小花风毛菊 *Saussurea parviflora* (Poir.) DC.

中生多年生草本。生海拔2 100 m左右山地林缘、灌丛下。零星偶见。见大水沟(桦树泉)。

64. 西北风毛菊 *Saussurea petrovii* Lipsch.

旱生多年生草本。生海拔2 000 m左右山地石质山坡、山地旱生灌丛。呈零星分布。可成为重要伴生种。见甘沟、汝箕沟。

65. 碱地风毛菊 *Saussurea runcinata* DC.

耐盐中生多年生草本。生山麓泉溪、涝坝湿润土壤上和农田、地埂。零星或小片分布。见山麓中段。

66.盐地风毛菊 *Saussure salsa* (Pall.) Spreng.

盐中生多年生草本。生长在山麓、盐生草甸或盐碱地上,零星小片出现。

（二八）鸦葱属 *Scorzonera* L.

67. 鸦葱 *Scorzonera austriaca* Willd.

中旱生多年生草本。生海拔 2 000~2 500 m 山地石质山坡和沟谷岩石缝中。零星分布。见苏峪沟、甘沟等。

68. 头状鸦葱 *Scorzonera capito* Maxim.

旱生多年生草本。生海拔 1 600~2 200 m 山地石质山坡和岩石缝中。习见。

69. 蒙古鸦葱 *Scorzonera mongolica* Maxim.

盐旱生多年生草本。生山麓草原化荒漠,在白刺、盐爪爪群落的重盐碱地上.零星分布。见山麓、汝箕沟。

70.帚状鸦葱 *Scorzonera pseudodivaricata* Lipsch.

强旱生多年生草本。生荒漠化较强山丘的石质山坡。零星分布。见北端山丘。

（二九）麻花头属 *Serratula* L.

71. 蕴苞麻花头 *Serratula stranglata* Iljin

旱生多年生草本。生海拔 2 400~2 600 m 山地露天煤矿石质山坡和岩石缝中。零星分布。见苏峪沟。

（三十）苣荬菜属 *Sonchus* L.

72. 苣荬菜 *Sonchus arvensis* L.

中生多年生草本。生山麓农田、地埂、村舍附近。零星分布。见山麓。

73. 苦苣菜(苦菜) *Sonchus oleraceus* L.

中生一、二年生草本。生山麓农田、地埂、村舍附近。沿干河床、道路也进入浅山区及山的中部。零星分布。习见。

（三一）漏芦属 *Stemmacantha* Cass.

74. 祁州漏芦 *Stemmacantha uniflora* (L.) Dittrich

中旱生多年生草本。生海拔 1 800~2 000 m 石质山坡。在山地草原和旱生灌丛中零星分布。见苏峪沟、黄旗沟、大水沟、甘沟等。

（三二）尾药菊属 *Synotis* (C. B. Clarke) C. Jeffrey et. Y. L. Chen

75.术叶菊（术叶千里光）*Synotis atractylidifolia* (Ling) C. Jeffrey et Y. L. Chen

中生多年生草本。生海拔 1 400~2 400 m 山地沟谷、岩石缝及干河床上。小片群生。有时能形成小片的群落。习见。

（三三）蒲公英属 *Taraxacum* Weber.

76. 多裂蒲公英 *Taraxacum dissectum*（Ledeb.）Ledeb.

中生多年生草本。生山麓河流旁湿地。零星分布。见茇茇滩。

77. 蒲公英 *Taraxacum mongolium* Hand.–Mazz.

中生多年生草本。生山地沟谷、干河床及河溪边湿地。零星分布。习见。

78. 白喙蒲公英 *Taraxacum platypecidum* Diels

中生多年生草本。生海拔 1 800~2 200 m 山地沟谷、溪旁湿地。零星分布。见苏峪沟、黄旗沟。

（三四）黄鹌菜属 *Youngia* Cass.

79. 细叶黄鹌菜 *Yougia tenuifolia* (Willd.) Babc. et Stebb.

石生中旱生多年生草本。生海拔 2 200~2 500 m 山地岩石缝及石质山坡。零星分布。见苏峪沟、汝箕沟。

80. 鄂尔多斯黄鹌菜 *Youngia ordosica* Y. Z. Zhao et L. Ma

石生旱生多年生草本。生海拔 1 600~2 300 m 山地石质山坡及岩石缝中。零星分布。见苏峪沟、大水沟、汝箕沟和石炭井等。

（三五）革苞菊属 *Tugarinovia* Iljin

81. 革苞菊 *Tugarinovia mongolica* Iljin

强旱生多年生草本。生山麓砾石质坡地。零星分布。见南端三关口。

（三六）苍耳属 *Xanthium* L.

82. 苍耳 *Xanthium sibiricum* Patrin ex Widder

中生一年生草本。生山麓农田、村舍附近、沿道路、干河床也进入山地。呈小片或零星分布，有时能形成小群聚。习见山麓。

单子叶植物纲

七十五、香蒲科 Typhaceae

（一）香蒲属 *Typha* L.

1. 长苞香蒲 *Typha angustata* Bory et Chaub.

湿生多年生草本。生山麓水田边及沼泽地中。群生,能成小群落。见大武口、龟头沟。

2. 小香蒲 *Typha minima* Funk.

湿生多年生草本。生山麓沼泽地、水泡子。零星或小片生长。见大武口。

七十六、眼子菜科 Potamogetonaceae

(一) 眼子菜属 *Potamogeton* L.

1. 眼子菜 *Potamogeton distinctus* A. Benn.

水生多年生草本。生溪水、流水缓弯处。群生,小片。见汝箕沟。

2. 穿叶眼子菜 *Potamogeton perfoliatus* L.

水生多年生草本。生溪水缓弯处及水库、塘坝中。群生,小片。见拜寺沟口。

(二) 角果藻属 *Zannichellia* L.

3. 角果藻 *Zannichellia palustris* L.

水生多年生草本。生溪水缓弯处。混生于眼子菜中。零星分布。见拜寺沟口、汝箕沟。

七十七、水麦冬科 Juncaginaceae

(一) 水麦冬属 *Triglochin* L.

1. 水麦冬 *Triglochin palustre* L.

湿生多年生草本。生山麓溪水边湿地上。零星分布。见拜寺沟口、汝箕沟。

2. 海韭菜 *Triglochin maritimum* L.

耐盐湿生多年生草本。生山麓溪边盐湿地上。呈小片群生。见拜寺沟口、汝箕沟、插旗沟。

七十八、泽泻科 Alismataceae

(一) 慈菇属 *Sagittaria* L.

1. 野慈菇 *Sagittaria trifolia* L.

湿生或水生多年生草本。生水库、塘坝中。零星或小片分布于香蒲群落中。见大武口。

七十九、禾本科 Gramineae

（一）芨芨草属 *Achnatherum* Beauv.

1. 醉马草 *Achnatherum inebrians* (Hance) Keng.

旱生多年生草本。生海拔 1 800~2 200 m 山地沟谷、山脚坡地、沿水线伸入到山前荒漠草原及草原化荒漠地带中。能形成纯的醉马草群落。是环境退化的代表植物。见山麓。

2. 朝阳芨芨草 *Achnatherum nakaii*（Honda）Tateoka

中旱生多年生草本。生海拔 1 800~2 000 m 山地石质山坡，为榆树、疏林、灌丛下的伴生种。零星分布。见黄旗沟、甘沟、大水沟等。

3. 毛颖芨芨草 *Achnatherum pubicalyx* (Ohwi) Keng ex P. C. Kuo.

中旱生多年生草本。生海拔 2 000~2 400 m 山地沟谷、林缘、灌丛下。零星分布。见苏峪沟、黄旗沟和大水沟等。

4. 紫花芨芨草 *Achnatherum purpurascens*（Hitchc.）Keng

耐寒旱生多年生草本。生海拔 2 800~3 400 m 高山、亚高山草甸、灌丛中。零星分布。见主峰下两侧山地。

5. 羽茅 *Achnatherum sibiricum* (L.) Keng

中旱生多年生草本。生海拔 2 000~2 400 m 山地灌丛下和干旱山坡。零星分布。习见。

6. 芨芨草 *Achnatherum splendens* (Trin.) Nevski

盐生中生多年生草本。生山麓盐湿地、盐碱地及干河床上，局部地段形成群落或与白刺、红河成盐生荒漠群落。也零星分布。习见。

（二）獐茅属 *Aeluropus* Trin.

7. 獐茅 *Aeluropus sinensis* (Debeaux) Tzvel.

盐中生多年生草本。生山麓盐湿地、盐碱地。群生或零星分布，有时形成盐化草甸小群落。也进入芨芨草和白刺、盐爪爪盐生荒漠中。习见。

（三）冰草属 *Agropyron* Gaertn.

8. 冰草 *Agropyron cristatum* (L.) Gaertn

旱生多年生草本。生海拔 1 400~2 100 m 山地的干燥山坡和疏林、灌丛下。零星分布。为山地草原和荒漠草原的伴生种。习见。

9. 沙芦草 *Agropyron mongolicum* Keng

旱生多年生草本。生山麓荒漠草原及山地沟谷、覆沙地、干河床上。零星分布。见苏峪沟、黄旗沟、甘沟。

（四）剪股颖属 *Agrostis* L.

10. 细弱剪股颖 *Agrostis tenuis* Sibth.

中生多年生草本。生海拔 1 500~2 300 m 山地沟谷及河溪边湿地上。零星或小片分布。见苏峪沟、大水沟、黄旗沟、插旗沟等。

（五）三芒草属 *Aristida* L.

11. 三芒草 *Aristida adscenionis* L.

旱中生一年生草本。生山麓草原化荒漠、荒漠草原群落中,沿干燥山坡、干河床也进入山体内部。零星或片状分布。在山麓地带能形成一年生小禾草层片。习见。

（六）荩草属 *Arthraxon* Beauv.

12. 荩草 *Arthraxon hispidus* (Thunb.) Makino

中生一年生草本。生海拔 1 800~2 400 m 山地沟谷泉溪边。小片或零星分布。见苏峪沟、贺家沟、插旗沟等。

（七）草属 *Beckmannia* Host.

13. 草 *Beckmannia syzigachne* (Steud.) Fern.

中生–湿生–年生草本。生海拔 2 000 m 左右山地沟谷溪水边。片状或零星分布。见大水沟。

（八）燕麦属 *Avena* L.

14. 野燕麦 *Avena fatua* L.

中生一年生草本。生山地林缘、沟谷及山麓农田、村舍附近。零星分布。见苏峪沟、大水沟。

（九）孔颖草属 *Bothriochloa* Kuntze.

15. 白羊草 *Bothriochloa ischaemum*（L.）Keng

喜暖中旱生多年生草本。生海拔 1 250~1 500 m 山麓及浅山区的沟谷阳坡山脚及坡麓的干河外缘河滩。群生,能形成局部小群落,成为优势种。见黄旗沟、马莲口、苏峪口。

（十）雀麦属 *Bromus* L.

16. 无芒雀麦 *Bromus inermis* Leyss.

中生多年生根茎草本。生海拔（1 500~1 800）~2 000 m 山地林缘、灌丛下及草甸中。零星和小片状分布。见苏峪沟、贺兰沟、黄旗沟、小口子等。

（十一）拂子茅属 *Calamagrostis* Adans.

17. 拂子茅 *Calamagrostis epigeios* (L.) Roth.

中生多年生根茎草本。生山地沟谷、河溪边湿地、干河床、浅水砂地。片状分布。习见。

18. 假苇拂子茅 *Calamagrostis pseudophragmites*（Hall. f）Koeler.

中生多年生根茎草本。生山麓溪渠边、塘坝附近湿地，也沿山地沟谷湿地、河床进入山地中部。群生，小片。习见。

（十二）虎尾草属 *Chloris* Sw.

19. 虎尾草 *Chloris virgata* Sw.

中生一年生草本。生山麓草原带荒漠、荒漠草原群落中，也作杂草生农田和村舍附近。零星或片状分布。能形成夏雨型一年生小稀层片。习见。

（十三）隐子草属 *Cleistogenes* Keng

20. 丛生隐子草 *Cleistogenes caespitosa* Keng

中旱生多年生丛生草本。生海拔 2 000~2 500 m 山地石质山坡、沟谷、灌丛下。零星分布。见苏峪沟、插旗沟。

21. 中华隐子草 *Cleistogenes chinensis* (Maxim.) Keng

中旱生多年生丛生草本。生海拔 2 400 m 左右山地沟谷、石质山坡及灌丛下。零星分布。见苏峪沟、插旗沟、贺兰沟等。

22. 多叶隐子草 *Cleistogenes polyphylla* Keng

旱生多年生丛生草本。生海拔（1 200~1 500）~1 800 m 山地的干燥、石质阳坡。为石质山地草原，疏林、灌丛的伴生种。有时可形成层片。群生或零星分布。见中南部各山坡。

23. 无芒隐子草 *Cleistogenes songorica* (Roshev.) Ohwi.

强旱生多年生丛生草本。生山麓草原化荒漠和荒漠草原群落中，常形成多年生丛生禾草层片，可成为亚优势种。群生。习见。

24. 糙隐子草 *Cleistogenes squarrosa* (Trin.) Keng

旱生多年生丛生草本。生海拔（1 500~1 700）~2 400 m 山地干旱山坡、疏林、灌丛下，为山地草原的主要伴生种。零星或片状分布。习见。

（十四）隐花草属 *Crypsis* Ait.

25. 隐花草 *Crypsis aculeata* (L.) Ait.

盐中生一年生草本。生山麓盐湿地、盐渍地、片状或零星分布。习见。

（十五）马唐属 *Digitaria* Heist.

26. 止血马唐 *Digitaria ischaemum* (Schreb.) Schreb. ex Muhl.

中生一年生草本。生山麓农田和村舍附近。零星分布。习见。

（十六）稗属 *Echinochloa* Beauv.

27. 野稗 *Echinochloa crusgalli* (L.) Beauv.

中—湿生一年生草本。生山麓水田、水浇地、渠道和村舍附近。零星分布。习见。

（十七）披碱草属 *Elymus* L.

28. 黑紫披碱草 *Elymus atratus*（Nevski）Hand.–Mazz.

中生多年生草本。生海拔 2 900~3 000 m 高山、亚高山草甸、灌丛下。零星分布。见主峰下西侧缓坡上。

29. 圆柱披碱草 *Elymus cylindricus* (Franch.) Honda Journ.

中生疏丛多年生草本。生海拔 1 800~2 500 m 山地沟谷、林缘及灌丛下。零星或小片分布。习见。

30. 披碱草 *Elymus dahuricus* Turcz.

中生疏丛多年生草本。生海拔 1 900~2 400 m 山地沟谷、林缘、灌丛下及干河床上。零星或小片分布。见苏峪沟、黄旗沟、小口子、插旗沟等。

31. 垂穗披碱草 *Elymus nutans* Griseb.

中生疏丛多年生草本。生海拔 1 500~2 200 m 山地林缘、灌丛下及石质山坡。零星分布。习见。

32. 老芒麦 *Elymus sibiricus* L.

中生疏丛多年生草本。生海拔 2 200~2 500 m 山地草甸、林缘及沟谷湿地上。小片群生或零星分布。有时能形成小群落。习见。

33. 麦　草 *Elymus tangutorum* (Nevski) Hand.

中生疏丛多年生草本。生海拔 2 500 m 左右山地石质山坡、岩石缝中。零星分布。见苏峪沟。

（十八）偃麦草属 *Elytrigia* Desv.

34. 偃麦草 *Elytrigia repens* (L.) Desv. ex Nevski

中生疏丛多年生草本。生海拔 2 500~2 700 m 山地石质山坡、沟谷河溪边。零星分布。见苏峪沟。

（十九）冠芒草属 *Enneapogon* Desv. ex Beauv.

35. 冠芒草 *Enneapogon desvauxii* P.

旱中生一年生草本。生山麓草原化荒漠和荒漠草原群落中。组成夏雨型一年生小禾草层片。零星或小片状分布。习见。

（二十）画眉草属 *Eragrostis* Beauv.

36. 小画眉草 *Eragrostis minor* Host, Icon et Descr.

旱中生一年生草本。生山麓草原化荒漠和荒漠草原群落中，组成夏雨型一年生小禾草层片。沿石质山地也进入山体浅山区。群生或零星分布。习见。

37. 无毛画眉草（蚊蚊草）*Eragrostis pilosa* (L.) Beauv var. *imberbis* Franch.

中生性杂草，生于农田菜园地埂，零星散生。

（二一）羊茅属 *Festuca* L.

38. 紫羊茅 *Festuca rubra* L.

中生多年生根茎草本。生海拔 2 900~3 400 m 山地的高山、亚高山草甸、灌丛中，为重要伴生种，呈零星或小片分布。见主峰下山脊两侧。

（二二）异燕麦属 *Helictotrichon* Bess.

39. 天山异燕麦 *Helictotrichon tianschanicum* (Roshev.)Henr.

耐寒中生多年生丛生草本。生海拔 2 800~3 400 m 山地高山、亚高山草甸、灌丛中，为重要伴生种或次优势种。群生或零星分布。见主峰下山脊两侧。

40. 藏异燕麦 *Helictotrichon tibeticum* (Roshev.) Holub

耐寒中生多年生丛生草本。生海拔 2 500~3 000 m 山地的高山、亚高山草甸、灌丛下和石质山坡。零星分布。见主峰以下山脊两侧。

（二三）草属 *Koeleria* Pers.

41. 茫草 *Koeleria cristata*（L.）Pers.

耐寒旱生多年生丛生草本。生海拔 2 500~3 400 m 山地的高山、亚高山灌丛、草甸，为重要伴生种。也进入山地砾石质草原和岩石缝中。零星分布。见贺兰山主峰下。

（二四）赖草属 *Leymus* Hochst.

42. 赖草 *Leymus secalinus*（Georgi）Tzvel.

耐盐中生多年生根茎草本。生山麓盐碱地、盐湿地及农田、村舍附近。沿干河床、盐湿草甸也进入山地沟谷。零星分布或片状分布。习见。

43. 毛穗赖草 *Leymus paboanus* (Claus) Pilger

耐盐中生植物。生于贺兰山东麓大武口—带盐化草甸、沟渠边。

（二五）臭草属 *Melica* L.

44. 细叶臭草 *Melica radula* Franch.

中生多年生丛生草本。生海拔 1 500~2 300 m 山地沟谷，阴地及干河床。常在山口干河床或坡脚形成小群落。小片群生或零星分布。为低山和山口习见植物。

45. 臭草 *Melica scabrosa* Trin.

中生多年生丛生草本。生海拔 2 000~2 400 m 山地石质山坡、岩石缝中。零星分布。见苏峪沟、黄旗沟、插旗沟等。

46. 抱草 *Melica virgata* Turcz. ex Trin.

旱中生多年生丛生草本。生海拔 2 000~2 200 m 山地石质山坡。山地草原及岩石缝中。零星分布。见苏峪沟、黄旗沟等。

（二六）落芒草属 *Oryzopsis* Michaux.

47. 中华落芒草 *Oryzopsis chinensis* Hitchc.

旱生多年生丛生草本。生浅山区石质山坡、岩石缝中。为山地荒漠草原伴生种。零星或片状分布。见插旗沟、甘沟、大水沟等。

（二七）狼尾草属 *Pennisetum* Rich.

48. 白草 *Pennisetum centrasiaticum* Tzvel.

多年生根茎草本。生浅山区和山麓坡脚、干河床及山麓覆沙地。片状或零星分布。习见。

（二八）芦苇属 *Phragmites* Adans.

49. 芦苇 *Phragmites australis*（Cav.）Trin. ex Steudel

生态幅度极广的湿生多年生根茎草本。生山麓溪渠边湿地、盐湿地。群生或零星分布。世界种。常见。

（二九）早熟禾属 *Poa* L.

50. 高地早熟禾 *Poa alpigema*（Fr.）Lindm.

耐寒中生多年生草本。生海拔 3 000 m 以上高山、亚高山灌丛、草甸上。零星分布。见主峰下山脊两侧。

51. 细叶早熟禾 *Poa angustifolia* L.

中生多年生草本。生海拔 2 200~2 500 m 山地沟谷、林缘、灌丛下。零星分布。见苏峪沟、黄旗沟等。

52. 极地早熟禾 *Poa arctica* R. Br.

耐寒中生多年生根茎草本。生海拔 2 500~3 000 m 山地林缘、灌丛下及岩石缝和无林山脊。零星或小片分布。见主峰下部。

53. 堇色早熟禾 *Poa ianthina* Keng. ex Sh. Chen

中生多年生丛生草本。生海拔 1 800~2 500 m 山地灌丛下、石质山坡。见苏峪沟。

54. 密花早熟禾 *Poa pachyantha* Keng. ex Sh. Chen

中生多年生根茎草本。生海拔 2 500 m 左右山地林缘、灌丛下。零星分布。见苏峪沟。

55. 少叶早熟禾 *Poa paucifolia* Keng. ex Sh. Chen

旱生多年生丛生草本。生海拔 1 700~2 300 m 山地草原、石质山坡及疏林下。零星分布。见苏峪沟、黄旗沟、大水沟、甘沟。

56. 多叶早熟禾 *Poa plurifolia* Keng

中生多年生丛生草本。生海拔 2 000~2 500 m 山地沟谷、石质山坡及岩石缝中。零星或小片分布。见甘沟、黄旗沟。

57. 草地早熟禾 *Poa pratensis* L.

中生多年生丛生草本。生海拔 2 200~2 500 m 山地沟谷、干河床上。零星分布。见苏峪沟。

58. 硬质早熟禾 *Poa sphondylodes* Trin. ex Bunge

旱生多年生丛生草本。生海拔 1 800~2 200 m 山地草原、石质山坡及浅山区沟谷、岩石缝中。零星分布。见苏峪沟、甘沟。

59. 长花长稃早熟禾 *Poa dolichachyra* Keng ex L. Liu. var. *longiflora* S. L. Chen ex

D. Z. Ma

中生植物。生于山地中部、林缘和山地草甸中。零星分布,仅见苏峪沟。为贺兰山特有变种。

（三十）棒头草属 *Polypogon* Desf.

60. 长芒棒头草 *Polypogon monspeliensis*（L.）Desf.

中生一年生草本。生海拔 1 300~1 500 m 山地沟谷溪边湿地。零星或片状分布。见大水沟、插旗沟。

(三一) 沙鞭属 *Psammochloa* Hitchc.

61. 沙鞭 *Psammochloa villosa*（Trin.）Bor.

沙旱生多年生根茎草本。生山麓草原化荒漠的覆沙地。小片分布。见北端山麓。

（三二）细柄茅属 *Ptilagrostis* Griseb.

62. 细柄茅 *Ptilagrostis mongholica*（Turcz.）Griseb.

耐寒旱中生多年生丛生草本。生海拔 2 900 m 以上高山、亚高山灌丛、草甸,呈重要伴生种和局部次优势种。片状或零星分布。见主峰下山脊西侧。

63. 中亚细柄茅 *Ptilagrostis pelliotii*（Danguy）Grub.

强旱生多年生丛生草本。生浅山区低山丘陵石质山坡,可形成荒漠草原、草原化荒漠、旱生灌丛、榆树疏林下的优势种、亚优势种和伴生种。群生或片状分布。习见。

(三三) 碱茅属 *Puccinellia* Parl.

64. 微药碱茅(鹤甫碱茅)*Puccinellia hauptiana*（Trin.）Krecz.

盐中生多年生丛生草本。生山麓盐湿地、盐碱地及盐湿荒漠中,沿干河床湿地也进入山体沟谷。零星或小片分布。见山麓。

65. 星星草 *Puccinellia tenuiflora* (Griseb.) Scribn. et Merr.

盐中生植物,产山麓盐湿地、盐碱地和灌溉农田地埂、沟渠边。

66. 碱茅 *Puccinellia distans* (L.) Parl.

耐盐中生植物。生于盐湿低地。盐碱地、灌溉农田、渠田路边。

（三四）鹅观草属 *Roegneria* C. Koch

67. 阿拉善鹅观草 *Roegneria alashanica* Keng

旱生多年生根茎—疏丛草本。生海拔 1 600~2 200 m 山地石质山坡及岩石缝中能形成极稀疏草原群落,也作为灰榆疏林、旱生灌丛的伴生种。片状和零星分布。习见。

68. 岷山鹅冠草(耐久鹅观草)*Roegneria dura* (Keng) Keng

旱中生多年生疏丛草本。生海拔2 200 m左右山地阴坡、沟谷山脚。零星分布。见苏峪沟。

69. 多变鹅观草 *Roegneria varia* Keng.

旱中生多年生根茎—疏丛草本。生浅山区石质山坡及山地草原、疏林中及沟谷、干河床上。零星分布。见苏峪沟、插旗沟等。

(三五) 狗尾草 *Setaria* Beauv.

70. 金色狗尾草 *Setaria glauca* (L.) Beauv.

中生一年生草本。生山麓干河床、农田、地边、村舍、道路附近。零星分布。习见。

71. 狗尾草 *Setaria viridis* (L.) Beauv.

中生一年生草本。生山麓农田、地边、村舍、道路附近。沿干河床、道路也进入山体内部。零星或小片分布。习见。

(三六) 针茅属 *Stipa* L.

72. 异针茅 *Stipa aliena* Keng.

寒旱生多年生丛生草本。生海拔3 000 m以上山地和高山草甸、灌丛中。零星分布。为高寒草甸重要伴生种。见主峰下山脊两侧。

73. 贝加尔针茅 *Stipa baicalensis* Roshev.

中旱生多年生丛生草本。生海拔2 000~2 500 m山地林缘、灌丛下及山地阴坡。零星或片状分布。见苏峪沟(兔儿坑)、黄旗沟、贺兰沟。

74. 短花针茅 *Stipa breviflora* Griseb.

旱生多年生丛生草本。生山麓、浅水区干燥坡顶、坡脚。在近山山麓土质坡地形成群落,为山前荒漠草原的建群种,草原化荒漠的伴生种。习见。

75. 本氏针茅 *Stipa bungeana* Trin.

广幅暖旱生多年生丛生草本。生山麓干沟、河床和浅山区土、石质山坡。能形成群落,为山地草原建群种,亚优势种和伴生种。习见。

76. 沙生针茅 *Stipa glareosa* P. Smirn.

强旱生多年生丛生草本。生山麓洪积扇缘草原化荒漠和冲沟、干河床外缘沙砾地。为草原化荒漠(中亚紫苑木、红沙)群落的次优势种和伴生种。习见。

77. 戈壁针茅 *Stipa gobica* Roshev.

旱生多年生丛生草本。生海拔 2 000~2 200 m 山地石质山坡、岩石缝中。片状或零星分布。见浅山或山区。

78. 大针茅 *Stipa grandis* P. Smirn.

旱生多年生丛生草本。生海拔 1 800~2 400 m 干燥山坡,岩石缝中,也见于干燥沟谷。零星分布。见苏峪沟、大水沟、汝箕沟、甘沟等。

79. 小针茅(克列门兹针茅) *Stipa klemenzii* Roshev.

强旱生多年生丛生草本。生山麓和石质丘陵上,为灌木(木旋花、斑子麻黄)草原化荒漠的次优势种。有时也形成以它为主的荒漠草原群落。习见。

80. 克氏针茅 *Stipa krylovii* Roshev.

旱生多年生丛生草本。生海拔 2 000~2 400 m 山地石质山坡,灌丛下及土质干燥阳坡,为山地草原、灰榆疏林草原建群种或优势种。习见。

81. 甘青针茅 *Stipa przewalskyi* Roshev.

旱生多年生丛生草本。生海拔 1 600~2 000 m 山地土石质山坡,沟谷山脚下。零星分布。见苏峪沟、大水沟、汝箕沟、甘沟等。

82. 狭穗针茅(紫花芨芨草) *Stipa regeliana* Hack.

耐寒旱生多年生草本。生海拔 2 800~3 400 m 高山、亚高山草甸、灌丛中。零星分布。主峰下两侧山地。

(三七) 钝基草属 *Timouria* Roshev.

83. 钝基草 *Timouria saposchnikowii* Roshev.

旱生多年生丛生草本。生浅山区石质、砾石质山坡。为山地荒漠草原的重要伴生种。零星分布。习见。

(三八) 锋芒草属 *Tragus* Hall.

84. 锋芒草 *Tragus mongolorum* Ohwi

中生一年生草本。生山麓草原化荒漠和荒漠草原的冲沟,局部低洼地,也作为农田杂草,见于农田、村舍、路旁。零星分布。见山麓。

(三九) 草沙蚕属 *Tripogon* Roem. et Schult.

85. 中华草沙蚕 *Tripogon chinensis* (Fr.) Hack

旱生多年生丛生草本。生山麓荒漠草原与浅山区干燥山坡及干河床上。零星分布。见苏峪口、马莲口、黄旗沟口、甘沟口。

（四十）三毛草属 *Trisetum* Pers.

86. 穗三毛草 *Trisetum spicatum* (L.) Richt.

耐寒中生多年生丛生草本。生海拔 3 000 m 以上高山草甸、灌丛中，为重要伴生种。零星分布。见主峰下山脊两侧。

八十、莎草科 Cyperaceae

（一）扁穗草属 *Blysmus* Panz.

1. 华扁穗草 *Blysmus sinocompressus* Tang et Wang

湿生多年生草本。生山沟河溪边、山口积水沼泽、草甸中。零星分布。见苏峪沟气象站、拜寺沟。

（二）苔草属 *Carex* L.

2. 祁连苔草 *Carex allivescens* V. Krecz.

中生多年生根茎草本。生海拔 2 800~3 000 m 山地、高山云杉林林缘及高山灌丛下。零星或片状生长。在高山灌丛下能形成小群落。见主峰下山脊两侧。

3. 干生苔草 *Carex aridula* V. Krecz.

中旱生多年生根茎疏丛草本。生海拔 3 000 m 左右山地高山灌丛的石缝中。零星、小片分布。见主峰下的山脊两侧。

4. 糙喙苔草 *Carex scabrirostris* Kükenth.

中生多年生根茎疏丛草本。生海拔 3 000~3 500 m 山地高山灌丛、高山草甸中，呈零星或片状分布，有时可形成层片。见主峰山脊两侧。

5. 寸草苔（卵穗苔草）*Carex duriuscula* C. A. Mey.

中旱生多年生根茎草本，生海拔（1 800~2 000）~2 500 m 山地草原、灌丛和林缘。多小片或零星分布，为山地草原的重要伴生种。习见。

6. 华北苔草 *Carex hancockiana* Maxim.

中生多年生疏丛草本。生海拔 2 000~2 400 m 山地林缘、溪泉边和阴坡灌丛下。多呈小片状分布。见苏峪沟、插旗沟、黄旗沟。

7. 黄囊苔草 *Carex korshinsnskyi* Kom.

中旱生多年生根茎疏丛草本。生海拔 2 000~2 400 m 山地林缘、灌丛下，草原群落及土石质山坡。呈片状或零星分布。为草原与灌丛群落的伴生种。见苏峪沟、黄旗沟、插旗沟、甘沟。

8. 凸脉苔草(披针苔草)*Carex lanceolata* Boott.

中生多年生丛生草本。生海拔 1 900~2 400 m 山地油松林下、林缘,山地中生灌丛下及山地土、石质阴坡。片状或小片状分布。在林下能形成层片,成草本层的优势种。习见。

9. 臌囊苔草 *Carex schmidtii* Meinsh.

中生多年生根茎草本。生海拔 2 400~2 600 m 云杉林林缘、山地沟谷溪边。零星或小片分布。见苏峪沟、兔儿坑。

10. 紫喙苔草 *Carex serreana* Hand.–Mazz.

中生多年生根茎疏丛草本。生海拔 3 000~3 400 m 山地的高山灌丛与草甸中。小片状分布。见主峰下山脊两侧。

11. 砾苔草 *Carex stenophylloides* V. Krecz.

旱生多年生根茎丛生草本。生山麓荒漠和荒漠草原及山地草原。多呈零星分布,也有小片生长。为草原及荒漠群落的伴生种。习见。

12. 扁囊苔草 *Carex coriophorra* Fish. et Mey. ex Kunth.

中生植物,生山地海拔 2 400~2 800 m 溪水,湿地中呈小片和零星分布,见苏峪沟。

(三) 莎草属 *Cyperus* L.

13. 密穗莎草 *Cyperus fuscus* L.

中—湿生一年生草本。生山地沟谷溪水边、山前水塘、涝坝中,呈密集小片分布。见汝箕沟、大水沟。

(四) 荸荠属 *Eleocharis* R. Br.

14. 卵穗荸荠 *Eleocharis ovata*(Roth)Roem. et Schult.

湿生一年生草本。生山地沟谷溪水边。小片分布。见汝箕沟。

(五) 水莎草属 *Juncellus* (Griseb.) C. B. Clarke.

15. 花穗水莎草 *Juncellus pannonicus* (Jacq.) C. B. Clarke.

湿生多年生草本。生山地沟谷溪水边、山口沟渠积水地。零星分布。见插旗沟口、苏峪沟。

(六) 嵩草属 *Kobresia* Willd.

16. 贺兰山嵩草 *Kobresia helanshanica* W. Z. Di et M. J. Zhong

耐寒中生多年生丛生草本。生海拔 3 000 m 左右山地的高山灌丛、草甸中,零星或小片分布。见主峰山脊两侧。

17. 嵩草 *Kobresia myosuroides*（Villars）Fiori

耐寒中生多年生丛生草本。生海拔 2 800~3 400 m 山地云杉疏林林缘,高山灌丛、草甸中。零星分布。见主峰下山脊两侧。

18. 高原嵩草 *Kobresia pusilla* Ivan.

寒生中生多年生矮丛草本。生海拔 3 000~3 500 m 高山灌丛与高山草甸中。片状或小片状分布。为高山草甸或高山灌丛的建群种或优势种。见主峰山脊两侧,西侧较多。

19. 高山嵩草 *Kobresia pygmaea* C. B. Clarke

寒生中生多年生矮丛草本。生海拔 2 800~3 500 m 山地、高山草甸及岩石缝中。片状或形成毡状草皮。为高山草甸或高山灌丛的建群种与优势种。

（七）扁莎属 *Pycreus* P. Beauv.

20. （槽鳞扁莎）红鳞扁莎 *Pycreus korshinskyi*（Meinsh.）V. Krecz.

湿生一年生草本。生山地沟谷溪边、山前水库、涝坝中、零星或小片分布。见黄旗沟、汝箕沟。

（八）藨草属 *Scirpus* L.

21. 扁杆藨草 *Scirpus planiculmis* Fr. Schmidt

湿生多年生根茎草本。生山麓低洼积水地和水库、涝坝中。小片或零星分布。见大武口、拜寺沟口。

22. 水葱 *Scirpus tabernaemontani* Gmel.

湿生多年生根茎草本。生山麓低洼积水处、水库、涝坝中。小片分布。见大武口。

23. 藨草 *Scirpus triqueter* L.

湿生多年生根茎草本。生山麓低洼积水处、水库、涝坝中。小片或零星分布。见大武口。

八十一、灯心草科 Juncaceae

（一）灯心草属 *Juncus* L.

1. 小灯心草 *Juncus bufonius* L.

湿生一年生草本。生山地沟谷溪水边及山口积水湿地。小片状或星零分布。见苏峪沟、拜寺沟、大水沟等。

2. 栗花灯心草 *Juncus castaneus* Smith

湿生一生年草本。生山地沟谷溪水边湿地上。零星或小片分布。见汝箕沟。

3. 细灯心草 *Juncus gracillimus* (Buch.) Krecz. et Gontsch.

湿生多年生草本。生山地沟谷溪水边、山麓水库、涝坝中。小片状分布。见拜寺沟。

4.小花灯心草 *Juncus articulatus* L.

湿生多年生丛生草本。生山地沟谷溪边湿地,山麓水库、涝坝边。零星小片分布。见汝箕沟、大水沟。

八十二、百合科 Liliaceae

(一) 葱属 *Allium* L.

1. 阿拉善葱 *Allium alaschanicum* Y. Z. Zhao

旱中生多年生丛生草本。生海拔 2 000~2 800 m 山地石质山坡。零星或小片分布。见苏峪沟等。

2. 矮葱 *Allium anisopodium* Ledeb.

旱中生多年生丛生草本。生海拔 1 800~2 300 m 山地沟谷、灌丛及草原群落中。呈零星分布。见苏峪沟、贺兰沟、黄旗沟等。

3. 贺兰葱 *Allium eduardii* Stearn

中旱生多年生小丛草本。生 2 100~2 600 m 山地、石质山坡、山脊及石缝中。零星分布。见苏峪沟、黄旗沟、拜寺沟等。

4. 短梗韭 *Allium kansuense* Ragel.

中旱生多年生小丛草本。生 2 400~2 900 m 山地、土石质山坡,山脊石缝中。也偶见林缘、灌丛下和草原群落中。零星或小片状分布。见苏峪沟、黄旗沟。

5. 蒙古葱 *Allium mongolicum* Regel

旱生多年生丛生草本。生海拔 1 600~1 800 m 山麓荒漠和荒漠草原群落中,在地表沙质化地段数量较多。零星或小片状分布。习见。

6. 多根葱(碱韭)*Allium polyrhizum* Turcz. ex Regel

旱生多年生密丛草本。生山麓荒漠草原和荒漠群落中。小片或星零分布。有时可成为荒漠草原的亚优势种和伴生种。习见。

7. 青甘葱 *Allium przewalskianum* Regel

中旱生多年生小丛草本。生海拔 2 300~2 500 m 山地、石质山坡或灌丛下。零星分布。见苏峪沟、甘沟、大水沟等。

8. 雾灵葱 *Allium plurifoliatum* Rendle var. *stenodon* (Nakai et Kitag.) J. M. Xu

中生多年生草本。生海拔 2 000~2 500 m 山地林缘、灌丛下，土质阳坡。零星分布。见苏峪沟。

9. 野韭 *Allium ramosum* L.

旱生植物，生海拔 2 000~2 500 m 山地林缘、灌丛下，土质阳坡。零星分布。见小口子、甘沟。

10. 细叶葱 *Allium tenuissimum* L.

旱生多年生小丛草本。生海拔 2 000~2 300 m 浅山区的土、石质山坡。为草原群落和灌丛下的伴生种。零星分布。见苏峪沟、小口子、甘沟等。

（二）天门冬属 *Asparagus* L.

11. 攀援天门冬 *Asparagus brachyphllus* Turcz.

中旱生多年生攀援草本。生海拔 1 900~2 200 m 山地灌丛或石缝中。零星分布。见甘沟等。

12. 戈壁天门冬 *Asoaragus gobicus* Ivan. ex Grub.

旱生多年生草本。生山麓草原化荒漠及荒漠草原群落中。零星分布。见苏峪沟、甘沟口山麓地带。

（三）顶冰花属 *Gagea* Salisb.

13. 少花顶冰花 *Gagea pauciflora* Turcz.

旱生中生多年生草本。生海拔 1 900~2 400 m 山地沟谷、溪水及灌丛下。零星分布。见苏峪沟等。

（四）百合属 *Lilium* L.

14. 山丹 *Lilium pumilum* DC.

中生多年生草本。生海拔 2 000~2 400 m 山地沟谷、石质山坡及灌丛下。零星分布。见苏峪沟、小口子、黄旗沟、汝箕沟、大水沟、甘沟等。

（五）舞鹤草属 *Maianthemum* Web.

15. 二叶舞鹤草 *Maianthemum bifolium* (L.) F. W. Schmidt.

中生多年生草本。生海拔 2 400~2 500 m 山地林缘、林下。零星偶见。见苏峪沟、贺兰沟等。

（六）黄精属 *Polygonatum* Mill.

16. 热河黄精 *Polygonatum macropodium* Turcz.

中生多年生草本。生海拔 2 000~2 500 m 山地林缘、灌丛下及山地沟谷。零星分布。见苏峪沟、大水沟等。

17. 玉竹 *Polygonatum odoratum* (Mill.) Druce

中生多年生草本。生海拔 1 800~2 200 m 山地林缘、林下灌丛中。零星分布。见苏峪沟、插旗沟等。

18. 黄精 *Polygonatum sibiricum* Delar. ex Redodte Lill.

中生多年生草本。生海拔 1 800~2 400 m 山地土石质山坡的林缘、灌丛下。零星分布。见苏峪沟、甘沟、大水沟。

（七）洼瓣花属 *Lloydia* Salisb.

19. 西藏洼瓣花 *Lloydia tibetica* Baker ex Oliver

旱生中生多年生草本。生海拔 3 000 m 左右，石质山脊、石缝和高山灌丛下。仅见主峰下山脊两侧。

八十三、鸢尾科 Iridaceae

（一）鸢尾属 *Iris* L.

1. 大苞鸢尾 *Iris bungei* Maxim.

旱生多年生丛生草本。生山麓草原化荒漠和冲沟内。零星或小片分布。见东麓大水沟口、大武口北。

2. 射干鸢属（歧花鸢尾）*Iris dichotoma* Pall.

中旱生多年生草本。生海拔 1 800~2 400 m 石质山坡、山脊及石缝中。零星分布。见苏峪沟、小口子、黄旗沟、大水沟等。

3. 马蔺 *Iris lactea* Pall. var. *chinensis* (Fisch.) Koidz.

耐盐中生多年生大丛草本。生山麓盐渍化或盐碱低地。有时能形成小片群落。片状分布。习见。

4. 天山鸢尾 *Iris loczyi* Kanitz

旱生多年生丛生草本。生海拔 2 300 m 山地土、石质山坡，为山地草原，中、旱生灌丛群落的伴生种。见苏峪沟、插旗沟、黄旗沟、大水沟等。

八十四、兰科 Orchidaceae

（一）火烧兰属 *Epipactis* Zinn

1. 小花火烧兰 *Epipactis helleborine*（L.）Crantz

中生多年生草本。生海拔 2 000~2 400 m 山地云杉林缘，土层较厚的灌丛下。零星分布。见苏峪沟、甘沟。

（二）角盘兰属 *Herminium* Guett.

2. 裂瓣角盘兰 *Herminium alaschanicum* Maxim.

中生多年生草本。生海拔 2 200~2 800 m 山地云杉林下、林缘草甸。零星分布。见苏峪沟。

（三）鸟巢兰属 *Neottia* Guett.

3. 堪察加鸟巢兰 *Neottia camtschatea*（L.）Reichb.

腐生中生多年生草本。生海拔 2 200~2 500 m 山地阴坡云杉林下，林缘河谷溪边。零星分布。见苏峪沟、大水沟等。

（四）绶草属 *Spiranthes* L. C. Rich

4. 绶草 *Spiranthes sinensis* (Pers.)

中生—湿中生多年生草本。生山麓渠溪边湿地。零星偶见。见龟头沟等。

附录4

贺兰山自然保护区栽培植物名录

一、造林及庭院树种

1. 银杏 *Ginkgo biloba* L. (银杏科)。

2. 云杉 *Picea asperta* Mast.(松科)。

3. 青扦 *Picea willsonii* Mast.(松科)。

4. 白扦 *Picea mereri* Rehd. (松科)。

5. 樟子松 *Pinus sylvestris* L. var. *mongolica* Litv.(松科)。

6. 华北落叶松 *Larix principis—rupprechtii* Meyr. (松科)。

7. 侧柏 *Platycladus orientalis* (L.) Franch.(柏科)。

8. 圆柏 *Sabina chinensis* (L.) Ant.(柏科)。

9. 爬地柏 *Sabina procumbens* (Endl.) Iwata et Kusaka.(柏科)。

10. 毛白杨 *Populus tomentosa* Carr.(杨柳科)。

11. 银白杨 *Populus alba* L.(杨柳科)。

12. 新疆杨 *Populus alba* L. var. *pyramidalis* Bunge.(杨柳科)。

13. 箭杆杨 *Populus nigra* L. var. *therestina* (Dode) Beqn.(杨柳科)。

14. 小青杨 *Populus pseudo—simonii* Kitag.(杨柳科)。

15. 小叶杨 *Populus simonii* Carr.(杨柳科)。

16. 旱柳 *Salix matsudana* Koidz.(杨柳科)。

17. 垂柳 *Salix babylonica* L.(杨柳科)。

18. 金丝垂柳 *Salix babylonica* L. f. *tortousa* Y. L. Chou.(杨柳科)。

19. 榆 *Ulmus pumila* L. cv. *pendula*.(榆科)。

20. 槐 *Sophora japonica* L.(豆科)。

21. 龙爪槐 *Sophora japonica* L. f. *pendula* Loud.(豆科)。

22. 刺槐 *Sophora psedoaeacia* L. (豆科)。

23. 紫穗槐 *Sophora fruticosa* L.(豆科)。

24. 臭椿 *Ailanthus altissima* (Mill.) Swingle.(豆科)。

25. 复叶槭(糖槭、梣叶槭)*Acer negunda* L.(豆科)。

26. 桃叶卫矛(丝棉木、白杜)*Euonymus bungeana* Maxim.(卫矛科)。

27. 栾树 *Koelreuteria paniculata* Laxm(无患子科)。

28. 沙枣 *Elaiagnus angustifolia* L.(胡颓子科)。

29. 白蜡 *Fraxinus chinensis* Roxb.(木樨科)。

30. 洋白蜡 *Fraxinus pennsylvanica* Marsh. var. *lancelata* Sarg. (木樨科)。

31. 火炬树 *Rhus tyhina* L. (槭树科)。

32. 梓树 *Catalpa ovata* G. Don. (紫威科)。

二、果树类

1. 核桃(胡桃)*Juglans regia* L. (胡桃科).。

2. 桑 *Morus alba* L. (桑科)。

3. 山楂 *Crataegus pinnatifida* Bunge.(蔷薇科)。

4. 苹果 *Malus pumila* Mill.(蔷薇科)。

5. 花红 *Malus asiatica* Nakai.(沙果,蔷薇科)。

6. 白梨 *Pyrus ussuriensis* Maxim.(蔷薇科)。

7. 秋子梨 *Pyrus ussuriensis* Maxim.(蔷薇科)。

8. 桃 *Prunus persica* (L.) Batsch.–*Amygalus persica* L.(蔷薇科)。

9. 杏 *Prunus armenica* L.(蔷薇科)。

10. 李 *Prunus salicina* Lindl.(蔷薇科)。

11. 葡萄 *Vitis vinifera* L.(葡萄科)。

三、花灌木

1. 牡丹 *Peania suffrticosa* Andr.(毛茛科)。

2. 紫叶小檗 *Berbeiis thunbergii* DC. var. *atropurpurea* Rehd.(小檗科)。

3. 山梅花 *Philadelphus incanus* Koehne.(虎耳草科)。

4. 珍珠梅 *Sorboria kirilowii* (Regel) Maxim.(蔷薇科)。

5. 黄刺玫 *Rosa xanthina* Lindl. (蔷薇科)。

6. 月季 *Rosa chinesis* Jacp. (蔷薇科)。

7. 榆叶梅 *Prunnus triloba* Lindl. (蔷薇科)。

8. 红叶李 *Prunnus cerasifera* Ehrh. f. *atropurpurea* (Jaep.) Rehd. (蔷薇科)。

9. 碧桃 *Prunnus persica* L. batsh. f. *duplex* Rehd. (蔷薇科)。

10. 泡叶栒子 *Coteonseaster bullatus* Bois.(蔷薇科)。

11. 白刺花 *Sophora viciifolia* Hance(豆科)。

12. 黄杨 *Buxus sinica* (Rehd. et Wils.) M. Cheng .(黄杨科)。

13. 五叶地锦 *Pavthenocissus guinguefdia* Planch.(葡萄科)。

14. 栓翅卫矛 *Euonymus phellomanus* Loes.(卫矛科)。

15. 红瑞木 *Cornus alba* L.—*Swida alba* Opiz. (山茱萸科)。

16. 梾木 *Cornus macrophyla* Wall.—*Swida macrophyla* (Wall.) Sojak. (山茱萸科)。

17. 毛黄栌 *Cotinus coggygria* Scop. var. *pulescans*.(漆树科)。

18. 花椒 *Zanthexylum bungeanum* Maxim. (芸香科)。

19. 连翘 *Forsythia suspense* (Thunb.) Vahl.(忍冬科)。

20. 红丁香(毛丁香)*Syringa villosa* Vahl.(木樨科)。

21. 暴马丁香 *Syringa pekinensis* Rupr.(木樨科)。

22. 白花丁香 *Syringa oblate* Lindl. var. *affinis* (L. Henry) Lingelsh.(木樨科)。

23. 光果莸 *Caryopteris tangutica* Maxim.(马鞭草科)。

24. 金果莸 *Caryopterisx Clandonnensis* Warcester Gold.(马鞭草科)

25. 东侧光果莸 *Caryopteris tangutica* Maxim.(马鞭草科)。

26. 金银忍冬(小花金银花)*Lonicera maackii* (Rupr.) Maxim.(忍冬科)。

27. 红花忍冬 *Lonicera rupicola* Hook. f. t Thoms. var. *syringantha* (Maxim.) Zebel. (忍冬科)。

28. 锦带花 *Weigela florida* (Bunge) A. DC. (忍冬科)。

29. 香荚莲 *Viburnum farreri* W. T. Stearn.(忍冬科)。

四、露地草花（不含室内与盆栽花卉）

1. 芍药 *Paeonia lastiflora* Pall.(毛茛科或单立芍药科)。

2. 荭草 *Polygonum orientale* L.(蓼科)。

3. 扫帚苗 *Kochia scdparia* (L.) Schrad. f. *trichophila* (Hort) Schinz et Thell.(藜科)。

4. 石竹(洛阳花)*Dianthus chinsis* L.(石竹科)。

5. 虞美人 *Papaver thoeas* L.(罂粟科)。

6. 旱金莲 *Tropaelum majus* L.(旱金莲科)。

7. 鸡冠花 *Celosia crista* L.(苋科)。

8. 草茉莉 *Mirabilis jalapa* L.(紫茉莉科)。

9. 醉蝶花 *Cleome spinosa* L.(白花菜科)。

10. 大花马齿苋(半支莲)*Portuloca grandiflora* Hook.(马齿苋科)。

11. 红花子豆 *Phaseolus purpurea* (L.) (豆科)。

12. 凤仙花(指甲草)*Impatiens balsamina* L.(凤仙花科)。

13. 锦葵(小熟季)*Malva sinensis* Cavan.(锦葵科)。

14. 蜀锦(大熟季)*Althaea rosea* L. (锦葵科)。

15. 三色堇 *Viola tricolor* L.(堇菜科)。

16. 圆叶牵牛 *Pharbitis purpurea* (L.) Voight.(旋花科)。

17. 银边翠(高山积雪)*Euphorbia margina* Pursh.(大戟科)。

18. 夜来香(月见草)*Oenothera biennis* L.(柳叶菜科)。

19. 一串红 *Salvia splendens* Ker-Gawl.(唇形科)。

20. 金鱼草 *Antirrhinum majus* L.(玄参科)。

21. 翠菊(江西腊、六月菊)*Callistephus chinsis* (L.) Ness.(菊科)。

22. 白日菊(步步高)*Zinnia eleguns* Jacq.(菊科).。

23. 大丽花 *Dahlia pinnata* Cav.(菊科)。

24. 小丽花 *Dahlia hybrida* Hort.(菊科)。

25. 秋英(波斯菊、八瓣梅)*Cosmos bipinnata* Cav.(菊科)。

26. 万寿菊(臭芙蓉)*Tagetes eaecta* L. (菊科)。

27. 金盆花 *Calendula officinalis* L. (菊科)。

28. 黑心菊(黑心金光菊)*Rudbeckia hirta* L. (菊科)。

29. 美人蕉 *Canna generalis* Bailey.(美人蕉科)。

五、牧草

1. 苏丹草 *Sorghum sudamenne* (Piper) Stapf .(禾本科)。

2. 黄香草木樨 *Melilotus officinalis* (L.) Desr.(豆科)。

3. 白香草木樨 *Melilotus albus* Medic.(豆科)。

4. 箭舌豌豆(巢菜)*Vicia sativa* L.(豆科)。

5. 毛苕子 *Vicia villosa* Roth.(豆科)。

6. 紫花苜蓿 *Medicago sativa* L.(豆科)。

7. 沙打旺 *Astragalus adsurgens* Pall. ev Shadawang.(豆科)。

六、粮食、油料及经济作物

1. 小麦 *Triticum aestivum* L.(禾本科)。

2. 大麦 *Hordeum vulgare* L.(禾本科)。

3. 稻(水稻)*Oryzo sativa* L.(禾本科)。

4. 玉米(玉蜀香)*Zea mays* L.(禾本科)。

5. 谷子(栗)*Setaria italica* (L.)Beauv.(禾本科)。

6. 黍(黍子)*Panicum miliaceum* L.(禾本科)。

7. 高粱(蜀黍)*Sorghum bicolor* (L.) Moench(禾本科)。

8. 大豆(黄豆、黑豆)*Glycine max* (L.) Merr.(豆科)。

9. 蚕豆(大豆)*Vicia faba* L.(豆科)。

10. 豌豆 *Pisum sativum* L.(豆科)。

11. 绿豆 *Phaseolus radiatus* L.(豆科)。

12. 赤小豆 *Phaeolus angularis* (Willd.) W. F. Wight.(豆科)。

13. 菜豆(豆角)*Phaeolus vulgaris* L.(豆科)。

14. 落花生 *Arachis hypogaea* L.(豆科)

15. 荞麦 *Fagopyrum sagiffatum* Gilib.(蓼科)。

16. 菜籽 *Brassica juncea* (L.) Cern. et Coss.(十字花科)种子可做芥茉。

17. 芝麻菜(臭芥)*Eruca sativa* Mill.(十字花科)逸为半野生。

18. 亚麻(胡麻)*Linum usitissimum* L.(亚麻科)。

19. 向日葵 *Helianthus annuus* L.(菊科)。

20. 蓖麻 *Ricinus communis* L.(大戟科)。

21. 线麻(大麻)*Cannabis sativa* L.(桑科)。

22. 甜菜 *Beta vulgaris* L.(藜科)。

23. 烟草(黄花烟草)*Nicotiana rustica* L.(茄科)。

24. 草红花 *Carthamus tinchorius* L.(菊科)。

七、蔬菜、瓜果

1. 白菜(长白菜、大白菜)*Brassico rapa* L. var. *glabra* Regel.(十字花科)。

2. 甘蓝(莲花白、圆白菜)*Brassica oleracea* L. var. *capitata* L.(十字花科)。

3. 球茎甘蓝 *Brassia oleracea* L. var. *gangylodes* L.(十字花科)。

4. 花椰菜(菜花)*Brassica oleracea* L. var. *botrytis* L.(十字花科)。

5. 油菜(青菜)*Brassica rapa* L. var. *chinensis* (L.) Kitam. (十字花科)。

6. 芥菜疙瘩 *Brassica juncea* (L.) Czern. Et Coss. var. *napiformis* (Paill. et Bois) Kitam.(十字花科)。

7. 雪里红(雪里蕻)*Brassica juncea* (L.) Czern. et Coss.(十字花科)。

8. 紫萝卜(芜菁)*Brassica rapa* L.(十字花科)。

9. 萝卜 *Raphanus sativus* L.(十字花科)。

10. 芹菜 *Apium graveolens* L.(伞形科)。

11. 芫荽(香菜)*Coriandrum sativum* L.(伞形科)。

12. 茴香(小茴香)*Foeniculum vulgare* Mill.(伞形科)。

13. 胡萝卜 *Daucus carota* L. var. *sativa* Hoffm.(伞形科)。

14. 莴苣(生菜)*Lactuca sativa* L.(菊科)。

15. 蒿子秆(茼蒿)*Chrysanthemum carinatum* Schousb.(菊科)。

16. 茄 *Solanum melongena* L.(茄科)。

17. 番茄(西红柿)*Lycopersicon esculentum* Mill.(茄科)。

18. 辣椒 *Capsicum annuum* L.(茄科)。

19. 马铃薯 *Solanum tuberosum* L.(茄科)。

20. 菠菜 *Spinacia oleracea* L.(藜科)。

21. 韭 *Allium tuberosum* L.(百合科)。

22. 葱 *Allium fistulosum* L.(百合科)。

23. 蒜 *Allium sativa* L.(百合科)。

24. 洋葱 *Allium cepa* L.(百合科)。

25. 菊芋(洋姜)*Helianthus tuberosus* L.(菊科)。

26. 宝塔菜(甘露子)*Stachys sieboldii* Miq.(唇形科)。

27. 西葫芦 *Cucurbita pepo* L.(葫芦科)。

28. 南瓜(倭瓜)*Cucurbita moschata* (Duch .ex Lam.) Duch. ex Poiret (葫芦科)。

29. 大瓜(笋瓜)*Cucurbita maxima* Duch.(葫芦科)。

30. 黄瓜 *Cucumis sativus* L.(葫芦科)。

31. 香瓜 *Cucumis sativus* L.(葫芦科)。

32. 菜瓜 *Cucumis melo* L. var. *conomon* (Thunb.) Makino.(葫芦科)。

33. 丝瓜 *Luffo cylindrical* (L.) Roem.(葫芦科)。

34. 西瓜 *Citrullus lanatus* (Thunb.) Mastum.(葫芦科)。

附录5

宁夏贺兰山昆虫名录

弹尾目 Collembola

圆跳虫科 Sminthuridae

宁夏贺兰山记述 1 属 1 种。

1. 绿圆跳虫 *Sminthurus viridis* (Linnaeus, 1758)

分布：宁夏(贺兰山)、全国各地；欧洲，北非，澳大利亚。

寄主：豆科植物等。

石蛃目 Microcoryphia

石蛃科 Machilidae

宁夏贺兰山采集 1 未定种。

2. 石蛃 *Machilis* sp.

分布：宁夏(贺兰山)。

寄主：苔藓类植物。

衣鱼目 Zygentoma

衣鱼科 Lepismatidae

宁夏贺兰山记述 1 属 1 种。

3. 多毛栉衣鱼 *Ctenolepsma villosa* (Fabricius, 1775)

分布：宁夏(贺兰山)、全国各地广泛分布；日本，朝鲜。

寄主：潮湿的石块下或动物毛皮。

蜻蜓目 Odonata

蜓科 Aeshnidae

宁夏贺兰山记述 2 属 3 种。

4. 混合蜓 *Aeshna mixta* (Latreille, 1805)

分布：宁夏(贺兰山小口子)、北京、吉林、山西、内蒙古、新疆；日本，朝鲜，欧洲。

寄主：捕食小型昆虫。

5. 黑纹伟蜓 *Anax nigrofasciatus* (Oguma, 1915)

分布:宁夏(贺兰山:苏峪口、正义关、西峰沟)、北京、河北、山西、江苏、福建、湖北、广东、四川、贵州、甘肃;日本,韩国,东亚。

寄主:捕食小型昆虫。

6. 碧伟蜓 *Anax parthenope julius* (Brauer, 1865)

分布:宁夏(贺兰山:大水沟、大口子)、北京、吉林、黑龙江、江苏、云南、贵州、甘肃、新疆;日本,韩国,缅甸,东亚。

寄主:捕食小型昆虫。

春蜓科 Gomphidae

宁夏贺兰山记录 2 属 2 种。

7. 马奇异春蜓 *Anisogomphus maacki* (Selys, 1878)

分布:宁夏(贺兰山)、北京、辽宁、黑龙江、内蒙古、山西、河南、湖北、广东、四川、贵州、云南、陕西。

寄主:捕食小型昆虫。

8. 奇异扩腹春蜓 *Stylurus occultus* (Selys, 1878)

分布:宁夏(贺兰山)、河北、黑龙江、江西、河南、甘肃、台湾地区。

寄主:捕食小型昆虫。

大蜻科 Macromidae

本科宁夏贺兰山记录 1 属 1 种。

9. 闪蓝丽大蜻 *Epophthalmia elegans* (Brauer, 1865)

分布:宁夏(贺兰山)、北京、山西、东北、湖南、广东、四川、甘肃;日本,朝鲜,俄罗斯。

寄主:捕食小型昆虫。

蜻科 Corduliidae

宁夏贺兰山记述 6 属 11 种。

10. 红蜻 *Crocothemis servilia* (Drury, 1770)

分布:宁夏(贺兰山:大口子、贺兰口、小口子、黄旗口、镇木关、大寺沟、独树沟、柳条沟、甘沟、拜寺口、西峰沟、椿树沟、王泉沟、大水渠、哈拉乌)、北京、河北、山西、吉林、江苏、江西、福建、湖北、广东、广西、四川、云南、甘肃;日本,印度,欧洲,非洲。

寄主:捕食小型昆虫。

11. 异色多纹蜻 *Deielia phaon* (Selys, 1883)

分布:宁夏(贺兰山)、北京、河北、山西、黑龙江、吉林、山东、江苏、浙江、湖南、台湾地区、四川、甘肃；朝鲜，日本。

寄主：捕食小型昆虫。

12. 小斑蜻 *Libellula quadrimaculata* (Linnaeus, 1758)

分布：宁夏（贺兰山）、河北、内蒙古、西藏、贵州、新疆；日本，朝鲜，俄罗斯，欧洲。

寄主：捕食小型昆虫。

13. 白尾灰蜻 *Orthetrum albistylum speciosum* (Uhler, 1858)

分布：宁夏（贺兰山）、北京、河北、山西、吉林、黑龙江、江苏、浙江、福建、湖南、广东、四川、云南、甘肃；日本，朝鲜。

寄主：捕食小型昆虫。

14. 褐肩灰蜻 *Orthetrum japonicum internum* (Mclachlan, 1894)

分布：宁夏（贺兰山）、北京、河北、江苏、浙江、福建、湖北、广东、四川、云南、甘肃；日本，菲律宾。

寄主：捕食小型昆虫。

15. 线痣灰蜻 *Orthetrum lineostigma* (Selys, 1886)

分布：宁夏（贺兰山：马莲口）、河北、山西、湖南、云南、甘肃；日本，朝鲜，俄罗斯，欧洲。

寄主：捕食小型昆虫。

16. 黄蜻 *Pantala flavescens* (Fabricius, 1798)

分布：宁夏（贺兰山：贺兰口、大口子、苏峪口、黄旗口、独树沟、柳条沟、拜寺口、甘沟、西峰沟、椿树沟）、北京、河北、山西、吉林、黑龙江、江苏、浙江、福建、湖南、江西、广东、广西、四川、云南、甘肃、西藏、青海；日本，缅甸，印度，斯里兰卡。

寄主：捕食小型昆虫。

17. 夏赤蜻 *Sympetrum darwinianum* (Selys, 1883)

分布：宁夏（贺兰山：大水沟、柳条沟）、吉林、山西、浙江、福建、江西、山东、河南、湖南、广东、广西、四川、云南、贵州、陕西及台湾地区；日本，朝鲜。

寄主：捕食小型昆虫。

18. 秋赤蜻 *Sympetrum frequens* (Selys, 1883)

分布：宁夏（贺兰山：小口子、柳条沟）、北京、吉林、黑龙江、山西、江西、陕西；日本。

寄主：捕食小型昆虫。

19. 黄腿赤蜻 *Sympetrum imitens* (Selys, 1886)

分布：宁夏（贺兰山：大口子、小口子、大寺沟、甘沟、椿树沟）、北京、黑龙江、辽宁、河北、江西、河南、广东、四川、陕西、山西。

寄主:捕食小型昆虫。

20. 小黄赤蜻 *Sympetrum kunckeli* (Selys, 1884)

分布:宁夏(贺兰山)、北京、河北、山西、吉林、上海、浙江、福建、江西、江苏、山东、河南、湖北、湖南、陕西、台湾地区;日本,朝鲜,俄罗斯。

寄主:捕食小型昆虫。

丝蟌科 Lestidae

宁夏贺兰山记述 3 属 3 种。

21. 斑脊蓝丝蟌 *Ceylonolestes gracilis* (Hagen, 1862)

分布:宁夏(贺兰山:苏峪口、黄旗口、柳条沟、甘沟,西峰沟、拜寺口)、河南、湖北、云南;日本,朝鲜。

寄主:捕食蚜虫、叶蝉、叶螨等。

22. 刀尾丝蟌 *Lestes barbara* (Fabricius, 1798)

分布:宁夏(贺兰山)、新疆;日本,朝鲜,俄罗斯,欧洲。

寄主:捕食蚜虫、叶蝉、叶螨等。

23. 三叶黄丝蟌 *Sympecma paedisca* (Brauer, 1877)

分布:宁夏(贺兰山:大口子、王泉沟)、吉林、黑龙江、陕西、新疆;日本,朝鲜,俄罗斯,欧洲。

寄主:捕食蚜虫、叶蝉、叶螨等。

蟌科 Coenagrionidae

宁夏贺兰山记述 2 属 2 种。

24. 心斑绿蟌 *Enallagma cyathigerum* (Charpentier, 1840)

分布:宁夏(贺兰山)、北京、吉林、云南、陕西;欧洲。

寄主:捕食蚜虫、叶蝉、叶螨等。

25. 长叶异痣蟌(长叶瘦蟌) *Ischnura elegans* (Vander Linden, 1823)

分布:宁夏(贺兰山)、北京、河北、山西、黑龙江、广东、陕西及台湾地区;日本,欧洲。

寄主:捕食蚜虫、叶蝉、叶螨等。

蜚蠊目 Blattaria

地鳖科 Polyphagidae

宁夏贺兰山记述 1 属 1 种。

26. 中华真地鳖 *Eupolyphaga sinensis*（Walker, 1868）

分布：宁夏（贺兰山：苏峪口、椿树沟、王泉沟）、河北、山西、内蒙古、辽宁、上海、江苏、浙江、安徽、山东、河南、湖北、四川、贵州、陕西。

寄主：疏松略潮湿的腐殖质土中或石块下，多汁的果、菜等。可入药，治疗妇科常见病和多发病。

螳螂目 Mantodea

螳螂科 Mantidae

宁夏贺兰山记述 1 属 1 种。

27. 薄翅螳螂 *Mantis religiosa*（Linnaeus, 1758）

分布：宁夏（贺兰山：大口子、贺兰口、小口子、大水沟、苏峪口、黄旗口、镇木关、大寺沟、独树沟、甘沟、拜寺口、椿树沟、响水沟、王泉沟、大水渠、汝箕沟）、北京、河北、山西、辽宁、吉林、黑龙江、江苏、浙江、福建、广东、海南、四川、云南、西藏、新疆；世界广布种。

寄主：捕食菜粉蝶、黏虫、槐羽舟蛾、杨毒蛾、蝗虫、叶蝉、蟋蟀、金龟子、天牛、蝇类等多种昆虫。

革翅目 Dermaptera

蠷螋科 Labiduridae

宁夏贺兰山记述 1 属 1 种。

28. 日本蠷螋 *Labidura japonica*（De Haan, 1842）

分布：宁夏（贺兰山）、河北、吉林；日本，朝鲜。

寄主：捕食蛾类、蚜虫等。

直翅目 Orthoptera

驼螽科 Raphidophoridae

宁夏贺兰山记述 1 属 1 种

29. 灶马 *Diestrammena japonica*（Blatchley, 1920）*

分布：宁夏（贺兰山：马莲口、小口子、椿树沟），国内广泛分布；日本，朝鲜。

寄主：居民区的禾草、灌丛。

螽斯科 Tettigoniidae

宁夏贺兰山记述 1 属 1 种。

30. 暗褐蝈螽 *Gampsocleis sedakovii obscura*（Walker, 1869）*

分布：宁夏（贺兰山汝箕沟）、河北、山东；日本，朝鲜。

寄主:灌丛,禾草。

硕螽科 Bradyporidae

宁夏贺兰山记述 1 属 1 种。

31. 阿拉善懒螽 *Mongolodectes alashanicus*（Bey-Bienko, 1951）

分布:宁夏(贺兰山:汝箕沟、王泉沟、小水沟、西峰沟、汝箕沟、苏峪口、正义关、大水沟、柳条沟、大寺沟、椿树沟、小口子、镇木关、响水沟、拜寺口、大水渠、马莲口、甘沟、黄旗口、水磨沟)、内蒙古;蒙古,俄罗斯。

寄主:白茨,沙蒿及禾草。

草螽科 Conocephalidae

宁夏贺兰山记述 1 属 1 种。

32. 长尾草螽 *Conocephalus percaudatus*（Bey-Bienko, 1955*）

分布:宁夏(贺兰山:汝箕沟、大水沟)、河北、吉林、甘肃;俄罗斯。

寄主:灌丛,禾草。

蝼蛄科 Gryllotalpidae

宁夏贺兰山记述 1 属 2 种。

33. 非洲蝼蛄 *Gryllotalpa africana*（Palisot de Beauvois, 1805）

分布:宁夏(贺兰山)、全国各地;亚洲,非洲,澳大利亚。

寄主:豆科、禾本科牧草及林木幼苗。

34. 华北蝼蛄 *Gryllotalpa unispina*（Saussure, 1874）

分布:宁夏(贺兰山)、河北、山西、内蒙古、辽宁、吉林、江苏、山东、河南、陕西、甘肃;土耳其,俄罗斯。

寄主:禾本科、十字花科植物、苹果、梨、桃幼苗,杨、柳、榆、刺槐、松、柏根下。

蟋蟀科 Gryllidae

宁夏贺兰山记述 1 属 1 种。

35. 银川油葫芦 *Teleogryllus infernalis*（Saussure, 1877）

分布:宁夏(贺兰山:小口子、椿树沟)、北京、天津、内蒙古、黑龙江、山东、河南、陕西、甘肃。

寄主:豆类、瓜类、沙枣、果树等,常与北京油葫芦混合发生。

癞蝗科 Pamphagidae

宁夏贺兰山记述 4 属 12 种。

36. 贺兰突颜蝗 *Eotmethis holanensis* （Zheng *et* Gow, 1981)

分布:宁夏(贺兰山)、内蒙古。

寄主:灌丛,禾草。

37. 宁夏突颜蝗 *Eotmethis ningxiaensis* （Zheng *et* Fu, 1989)

分布:宁夏贺兰山。

寄主:灌丛,禾草。

38. 裴氏短鼻蝗 *Filchnerella beicki* （Ramme, 1931)

分布: 宁夏(贺兰山:苏峪口、椿树沟、大寺口沟、小口子、镇木关、拜寺口、大水渠、马莲口、甘沟、黄旗口)、陕西、甘肃;蒙古,俄罗斯,欧洲。

寄主:禾本科植物或牧草。

39. 短翅短鼻蝗 *Filchnerella brachyptera* （Zheng, 1992)

分布:宁夏(贺兰山汝箕沟)。

寄主:灌丛,禾草。

40. 贺兰短鼻蝗 *Filchnerella helanshanensis* （Zheng, 1992)

分布:宁夏(贺兰山:苏峪口、正义关、柳条沟)。

寄主:灌丛,禾草。

41. 黑胫短鼻蝗 *Filchnerella nigribia* （Zheng, 1992)

分布:宁夏(贺兰山:西峰沟、汝箕沟、正义关、柳条沟、椿树沟、小水沟)。

寄主:灌丛,禾草。

42. 红缘短鼻蝗 *Filchnerella rubimargina* （Zheng, 1992)

分布:宁夏(贺兰山)。

寄主:灌丛,禾草。

43. 内蒙古笨蝗 *Haplotropis neimongolensis* （Yin, 1982)

分布:宁夏(贺兰山:汝箕沟、椿树沟、大寺沟、独树沟、黄旗口、小水沟、苏峪口)、内蒙古。

寄主:灌丛,禾草。

44. 贺兰疣蝗 *Pseudotmethis alashanicus* （B.–Bienko, 1948)

分布:宁夏(贺兰山:正义关、柳条沟、小水沟)、内蒙古、甘肃。

寄主:禾草、灌丛。

45. 短翅疣蝗 *Pseudotmethis brachypterus* （Li, 1986)

分布:宁夏(贺兰山汝箕沟)、内蒙古。

寄主:灌丛,禾草。

46. 红缘疙蝗 *Pseudotmethis rubimarginis*（Li, 1986）

分布:宁夏(贺兰山:小水沟、西峰沟、汝箕沟、苏峪口、正义关、柳条沟、白虎洞、大寺沟、椿树沟、小口子、镇木关、独树沟、拜寺口、大水渠、马莲口、甘沟、黄旗口、小水沟)、内蒙古。

寄主:灌丛,禾草。

47. 粉股疙蝗 *Pseudotmethis rufifemoralis*（Zheng et He, 1993）

分布:宁夏贺兰山

寄主:灌丛,禾草。

锥头蝗科 Pyrgomorphidae

宁夏贺兰山记述 1 属 1 种。

48. 短额负蝗 *Atractomorpha sinensis*（Bolivar, 1905）

分布:宁夏(贺兰山)、北京、河北、山西、上海、江苏、浙江、安徽、福建、江西、山东、河南、湖北、湖南、广东、广西、四川、贵州、云南、陕西、甘肃、青海、西藏;日本,越南。

寄主:禾本科牧草。

斑腿蝗科 Catantopidae

宁夏贺兰山记述 2 属 4 种。

49. 短星翅蝗 *Calliptamus abbreviatus*（Ikonnikov, 1913）

分布:宁夏(贺兰山:小水沟、苏峪口、大口子、大寺沟、椿树沟、贺兰口、正义关、响水沟、独树沟、拜寺口、大水渠、马莲口、甘沟、黄旗口、水磨沟)、北京、河北、山西、内蒙古、东北、江苏、浙江、安徽、江西、山东、湖北、湖南、广东、广西、四川、贵州、陕西、青海;朝鲜,蒙古,俄罗斯。

寄主:牧草。

50. 黑腿星翅蝗 *Calliptamus barbarus*（Costa, 1836）

分布:宁夏(贺兰山:王泉沟、小水沟、西峰沟、汝箕沟、苏峪口、大口子、柳条沟、白虎洞、椿树沟、贺兰口、小口子、镇木关、响水沟、独树沟、拜寺口、大水渠、马莲口、甘沟、黄旗口)、内蒙古、甘肃、青海;日本,朝鲜,蒙古,俄罗斯,欧洲。

寄主:禾本科、莎草科。

51. 无齿稻蝗 *Oxya adentata*（Willemse, 1925）

分布:宁夏(贺兰山)、河北、陕西、甘肃;欧洲。

寄主:麦类、蒿草、茅草。

52. 中华稻蝗 *Oxya chinensis* (Thunberg, 1815)

分布:宁夏(贺兰山:小口子、贺兰口、拜寺口)、河北、内蒙古、山西、江苏、浙江、安徽、福建、江西、山东、河南、湖北、湖南、广东、广西、海南、四川、贵州、云南、陕西、甘肃、台湾区地;日本,巴基斯坦,斯里兰卡,菲律宾,马来西亚,新加坡,印尼,俄罗斯,澳大利亚等。

寄主:麦类、蒿草、茅草。

斑翅蝗科 Oedipodidae

宁夏贺兰山记述 9 属 13 种。

53. 红翅皱膝蝗 *Angaracris rhodopa* (Fischer–Walheim, 1836)

分布:宁夏(贺兰山:汝箕沟、苏峪口、椿树沟、贺兰口、小口子、镇木关、大水沟、拜寺口、大水渠、甘沟、小水沟)、河北、山西、内蒙古、黑龙江、甘肃、青海;蒙古,俄罗斯。

寄主:灌丛,禾草。

寄主:禾本科植物及莎草科牧草。

54. 科氏痂蝗 *Bryodema kozlovi* (B.–Bienko, 1930)

分布:宁夏(贺兰山:苏峪口、大口子、独树沟、拜寺口、大水渠、马莲口、黄旗口、正义关、柳条沟、白虎洞、大寺沟、椿树沟、贺兰口、小口子、镇木关、大水沟、小水沟、西峰沟、汝箕沟)、内蒙古;蒙古。

寄主:灌丛,禾草。

55. 黑翅痂蝗 *Bryodema nigroptera* (Zheng et Gow, 1981)

分布:宁夏(贺兰山:西峰沟、椿树沟、镇木关、拜寺口、大水渠)、甘肃。

寄主:灌丛,禾草。

56. 黄胫异痂蝗 *Bryodemella holdereri holdereri* (Krauss, 1901)

分布:宁夏(贺兰山:大水沟)、内蒙古、东北、甘肃、青海;蒙古,俄罗斯。

寄主:禾本科和莎草科植物。

57. 赤翅蝗 *Celes skalozubovi* (Adelung, 1906)

分布:宁夏(贺兰山)、山西、东北、四川、陕西、青海;蒙古,俄罗斯。

寄主:禾本科和莎草科植物。

58. 大胫刺蝗 *Compsorhipis davidiana* (Saussure, 1888)

分布:宁夏(贺兰山:王泉沟、西峰沟、柳条沟、椿树沟、拜寺口、大水渠、小水沟)、河北、内蒙古、甘肃、陕西、新疆;俄罗斯,欧洲。

寄主:灌丛,禾草。

59. 大垫尖翅蝗 *Epacromius coerulipes* (Ivanov, 1888)

分布:宁夏(贺兰山)、河北、山西、内蒙古、东北、河南、陕西、甘肃、青海、新疆、江苏、安徽、山东;日本,俄罗斯。

寄主:豆科、菊科、藜科、蓼科及禾本科牧草。

60. 小垫尖翅蝗 *Epacromius tergestinus* (Chapentier, 1825)

分布:宁夏(贺兰山)、陕西、甘肃、青海、新疆;蒙古,俄罗斯,欧洲。

寄主:禾本科植物。

61. 东亚飞蝗 *Locusta migratoria manilensis* (Meyen, 1835)

分布:宁夏(贺兰山小口子)、天津、河北、山西、山东、河南、江苏、浙江、安徽、福建、江西、湖北、湖南、广东、广西、四川、云南、甘肃、陕西、台湾地区;印度,菲律宾,印度尼西亚。

寄主:禾本科植物。

62. 亚洲小车蝗 *Oedaleus decorus asiaticus* (B. Bienko, 1941)

分布:宁夏(贺兰山:王泉沟、西峰沟、汝箕沟、苏峪口、柳条沟、白虎洞、椿树沟、贺兰口、镇木关、响水沟、拜寺口、大水渠、马莲口、甘沟、黄旗口)、河北、内蒙古、山东、甘肃、陕西、青海;蒙古,俄罗斯。

寄主:禾本科、莎草科、鸢尾科等牧草。

63. 黄胫小车蝗 *Oedaleus infernalis* (Saussure, 1884)

分布:宁夏(贺兰山:王泉沟、小水沟、西峰沟、汝箕沟、苏峪口、正义关、柳条沟、白虎洞、大寺沟、椿树沟、贺兰口、小口子、镇木关、大水沟、拜寺口、大水渠、马莲口、甘沟、黄旗口)、北京、河北、山西、内蒙古、吉林、黑龙江、江苏、山东、陕西、青海;日本,韩国,蒙古,俄罗斯。

寄主:禾本科等牧草。

64. 宁夏束颈蝗 *Sphingonotus ningsianus* (Zheng et Gow, 1981)

分布:宁夏(贺兰山:王泉沟、西峰沟、苏峪口、大口子、正义关、柳条沟、小水沟)、甘肃。

寄主:禾本科植物。

65. 陶乐束颈蝗 *Sphingonotus taolensis* (Zheng, 1992)

分布:宁夏(贺兰山:王泉沟、正义关、西峰沟、柳条沟、白虎洞、椿树沟、镇木关、拜寺口)。

寄主:灌丛,禾草。

网翅蝗科 Arcypteridae

宁夏贺兰山记述 3 属 14 种。

66. 黑翅雏蝗 *Chorthippus aethalinus* (Zubovsky, 1899)

分布:宁夏(贺兰山)、河北、山西、吉林、黑龙江、陕西、甘肃;俄罗斯。

寄主:禾本科杂草和牧草等。

67. 白纹雏蝗 *Chorthippus albonemus* (Cheng *et* Tu, 1964)

分布:宁夏(贺兰山小口子)、陕西、甘肃、青海;

寄主:禾本科牧草等。

68. 异色雏蝗 *Chorthippus biguttulus* (Linnaeus, 1758)

分布:宁夏(贺兰山)、河北、东北、西藏、甘肃、青海、新疆;蒙古,伊朗,巴基斯坦,俄罗斯;欧洲,非洲。

寄主:灌丛,禾草。

69. 华北雏蝗 *Chorthippus brunneus huabeiensis* (Xia *et* Jin,1982)

分布:宁夏(贺兰山)、北京、河北、山西、内蒙古、东北、西藏、陕西、甘肃、青海、新疆。

寄主:禾本科植物及牧草。

70. 中华雏蝗 *Chorthippus chinensis* (Tarbinsky, 1927)

分布:宁夏(贺兰山)、四川、贵州、陕西、甘肃。

寄主:禾本科牧草等。

71. 翠饰雏蝗 *Chorthippus dichrous* (Eversmann, 1859)

分布:宁夏(贺兰山)、新疆;蒙古,伊朗,哈萨克斯坦,俄罗斯。

寄主:禾本科植物。

72. 狭翅雏蝗 *Chorthippus dubius* (Zubovsky, 1898)

分布:宁夏(贺兰山)、河北、山西、内蒙古、辽宁、吉林、黑龙江、四川、陕西、青海;蒙古,哈萨克斯坦,俄罗斯;欧洲。

寄主:禾本科、莎草科。

73. 夏氏雏蝗 *Chorthippus hsiai* (Cheng *et* Tu, 1964)

分布:宁夏(贺兰山)、陕西、甘肃、青海;

寄主:禾本科植物及菊科植物等

74. 东方雏蝗 *Chorthippus intermedius* (Bei-Bienko, 1926)

分布:宁夏(贺兰山)、河北、山西、内蒙古、东北、四川、西藏、陕西、甘肃、青海;蒙古,俄罗斯。

寄主:禾本科、莎草科牧草

75. 邱氏异爪蝗 *Euchorthippus cheui* (Hsia, 1964)

分布:宁夏(贺兰山)、内蒙古、陕西、甘肃。

寄主: 禾本科植物。

76. 素色异爪蝗 *Euchorthippus unicolor* (Ikonn, 1913)

分布:宁夏(贺兰山)、河北、山西、东北、陕西、甘肃、青海;日本,朝鲜,俄罗斯。

寄主: 禾本科植物。

77. 条纹异爪蝗 *Euchorthippus vittatus* (Zheng, 1980)

分布:宁夏(贺兰山)、山西、陕西、甘肃。

寄主:禾本科植物。

78. 永宁异爪蝗 *Euchorthippus yungningensis* (Cheng *et* Chiu, 1965)

分布:宁夏(贺兰山)、甘肃。

寄主:禾本科植物。

79. 宽翅曲背蝗 *Pararcyptera microptera meridionalis* (Ikonnikov, 1911)

分布:宁夏(贺兰山:小水沟、汝箕沟、苏峪口、贺兰口、小口子、镇木关、大水沟、拜寺口)、河北、山西、内蒙古、东北、山东、江西、陕西、甘肃、青海;蒙古,俄罗斯。

寄主:禾本科植物及牧草。

槌角蝗科 Gomphoceridae

宁夏贺兰山记述 3 属 3 种。

80. 贺兰山蛛蝗 *Aeropedellus helanshanensis* (Zheng, 1992)

分布:宁夏(贺兰山)、甘肃、新疆。

寄主:禾本科植物。

81. 李氏大足蝗 *Gomphocerus licenti* (Chang, 1939)

分布:宁夏(贺兰山:小水沟、西峰沟、汝箕沟、小水沟)、河北、山西、内蒙古、西藏、陕西、青海。

寄主:禾本科植物。

82. 宽须蚁蝗 *Myrmeleotettix palpalis* (Zubovski, 1900)

分布:宁夏(贺兰山)、内蒙古、青海、新疆;蒙古,俄罗斯。

寄主:禾本科植物。

剑角蝗科 Acrididae

宁夏贺兰山记述3属4种。

83. 中华剑角蝗 *Acrida cinerea* (Thunberg, 1815)

分布:宁夏(贺兰山:王泉沟、西峰沟、苏峪口、大口子、正义关、柳条沟、白虎洞、椿树沟、贺兰口、小口子、镇木关、拜寺口、大水渠、马莲口、黄旗口、小水沟)、北京、河北、山西、江苏、浙江、安徽、福建、江西、山东、湖北、湖南、广东、广西、四川、云南、贵州、陕西、甘肃。

寄主:禾本科植物及杂草。

84. 科氏剑角蝗 *Acrida kozlovi*(Mishchenko, 1951)

分布:宁夏(贺兰山)、内蒙古、陕西、甘肃。

寄主:禾本科植物及杂草。

85. 短翅迷蝗 *Confusacris brachypterus*(Yin *et* Li, 1987)

分布:宁夏(贺兰山椿树沟)。

寄主: 禾本科植物等。

86. 日本鸣蝗 *Mongolotettix japonicus*(Bolivar, 1898)

分布:宁夏(贺兰山:小水沟、汝箕沟)、陕西、甘肃;日本。

寄主: 禾本科植物等。

蚱科 Tetrigidae

宁夏贺兰山记述3属4种。

87. 贺兰台蚱 *Formosatettix helanshanensis*(Zheng, 1992)

分布:宁夏(贺兰山:苏峪口、椿树沟)。

寄主:灌丛、禾草。

88. 日本蚱 *Tetrix japonica* (Bolivar, 1887)

分布:宁夏(贺兰山:大口子、马莲口)、北京、河北、山西、内蒙、江苏、浙江、福建、湖北、广东、广西、西藏、陕西、青海;日本,蒙古,俄罗斯。

寄主:禾草、灌丛。

89. 亚锐隆背蚱 *Tetrix tartara subacuta*(B.-Bienko, 1951)

分布:宁夏(贺兰山:小水沟、苏峪口)、新疆;中亚。

寄主:禾草、灌丛。

90. 长翅长背蚱 *Paratettix uvarovi* （Semenov, 1915）

分布：宁夏（贺兰山：苏峪口、椿树沟）、河北、吉林、新疆、陕西、河南、广东、广西、云南；伊朗，俄罗斯。

寄主：禾草、灌丛。

蚤蝼科 Tridactylidae

宁夏贺兰山记述 1 属 1 种。

91. 日本蚤蝼 *Tridactylus japonicus* （De Haan）

分布：宁夏（贺兰山）；日本，朝鲜，俄罗斯（远东）。

寄主：禾本科植物等。

啮目 Psocoptera

虱啮科 Liposcelididae

宁夏贺兰山记述 1 属 1 种。

92. 嗜卷虱啮 *Liposcelis bostrychophila* （Badonnel, 1931）

分布：宁夏（贺兰山）、上海、浙江、福建、江西、河南、湖北、湖南、广东、青海；欧洲，非洲，亚洲。

寄主：湿度较大的石块下或土壤中。

缨翅目 Thysanoptera

纹蓟马科 Aeolothripidae

宁夏贺兰山记述 1 属 2 种。

93. 横纹蓟马 *Aeolothrips fasciatus* （Linnaeus, 1758）

分布：宁夏（贺兰山小口子）、北京、河北、内蒙古、河南、湖北、云南；日本，朝鲜，蒙古，欧洲。

寄主：在各种植物上捕食其他小节肢动物。

94. 黑白纹蓟马 *Aeolothrips melaleucus* （Haliday, 1852）

分布：宁夏（贺兰山：小口子、拜寺口）、河北、内蒙古、甘肃；蒙古，欧洲，北美洲。

寄主：草木樨、蓟及菊科植物。

蓟马科 Thripidae

宁夏贺兰山记述 7 属 11 种。

95. 玉米黄呆蓟马 *Anaphothrips obscurus* （Muller, 1776）

分布：宁夏（贺兰山）、河北、山西、内蒙古、江苏、浙江、福建、河南、广东、海南、四川、贵州、西藏、甘肃、新疆、台湾地区;日本,朝鲜,蒙古,马来西亚,俄罗斯。

寄主:狗尾草、苦买菜、野菊花等。

96. 袖指蓟马 *Chirothrips manicatus* (Haliday, 1836) *

分布:宁夏(贺兰山)、河北、辽宁、吉林、河南、甘肃、台湾地区;朝鲜,日本,蒙古;欧洲,北美洲,澳洲,南美洲。

寄主:稗、芨芨草、燕麦等禾本科植物。

97. 花蓟马 *Frankliniella intonsa* (Trybom, 1895)

分布:宁夏(贺兰山)、北京、河北、内蒙古、辽宁、吉林、黑龙江、江苏、浙江、安徽、福建、江西、山东、河南、湖北、湖南、广东、海南、广西、四川、贵州、云南、甘肃、台湾地区;朝鲜,日本,蒙古,印度,土耳其。

寄主:苜蓿、草木犀、大蓟、地黄、慈姑等

98. 禾蓟马 *Frankliniella tenuicornis* (Uzel, 1895)

分布:宁夏(贺兰山)、北京、河北、山西、内蒙古、吉林、辽宁、江苏、江西、河南、湖北、湖南、福建、广东、广西、四川、贵州、陕西、甘肃、新疆、台湾;朝鲜,日本,蒙古,土耳其;欧洲,北美,澳大利亚等。

寄主:稗、狗尾草、曼佗罗、枸杞、马齿苋、野菊等。

99. 丝大蓟马 *Megaleurothrips sjostedti* (Trybom, 1908)

分布:宁夏(贺兰山)、河北、内蒙古、福建、河南、湖北、甘肃;欧洲。

寄主:稗、狗尾草。

100. 端大蓟马 *Megalurothrips distalis* (Karny, 1913)

分布:宁夏(贺兰山)、河北、辽宁、江苏、福建、山东、河南、湖北、湖南、广东、广西、海南、四川、贵州、云南、西藏、甘肃、台湾地区;朝鲜,日本,印度,印度尼西亚,斯里兰卡,菲律宾。

寄主:野菊花等。

101. 牛角花齿蓟马 *Odontothrips loti* (Haliday, 1852)

分布:宁夏(贺兰山)、河北、山西、内蒙古、河南、陕西、甘肃;日本,蒙古,俄罗斯,美国;欧洲。

寄主:黄花草木樨、车轴草属。

102. 草木樨近绢蓟马 *Sussericothrips melilotus* (Han, 1991)

分布:宁夏(贺兰山)、河北、山西、内蒙古、河南、陕西、甘肃。

寄主:草木樨、苜蓿、杂草。

103. 大蓟马 *Thrips major* (Uzel, 1895)

分布:宁夏(贺兰山)、内蒙古、甘肃、甘肃;蒙古,俄罗斯,欧洲。

寄主:灰榆树叶、禾草类。

104. 烟蓟马 *Thrips tabaci* (Lindeman, 1888)

分布:宁夏(贺兰山)、河北、山西、内蒙古、辽宁、吉林、江苏、山东、河南、湖北、湖南、广东、广西、海南、四川、贵州、云南、西藏、陕西、甘肃、新疆、台湾地区;朝鲜,日本,蒙古,印度,菲律宾等世界各大洲。

寄主:沙打旺、草木犀、苦荬菜、蒲公英、南瓜等

105. 八节黄蓟马 *Thrips flavidulus* (Bagnall, 1923)

分布:宁夏(贺兰山)、河北、辽宁、江苏、浙江、福建、江西、山东、河南、湖北、湖南、广东、广西、海南、四川、贵州、云南、西藏、陕西、甘肃、台湾地区;朝鲜,日本,尼泊尔,斯里兰卡,东南亚。

寄主:夏枯草、山芝麻、野地黄、野葡萄、土豆、黄芪、等。

管蓟马科 Phlaeothripidae

宁夏贺兰山记述 1 属 4 种。

106. 稻管蓟马 *Haplothrips aculeatus* (Fabricius, 1803)

分布:宁夏(贺兰山)、北京、河北、辽宁、山西、内蒙古、吉林、黑龙江、江苏、河南、安徽、福建、湖北、湖南、广东、广西、海南、四川、贵州、云南、西藏、陕西、新疆、台湾地区;朝鲜,日本,蒙古;欧洲。

寄主:稗、狗尾草、莎草、夏枯草、毛茛、车前等。

107. 华简管蓟马 *Haplothrips chinensis* (Priesner, 1933)

分布:宁夏(贺兰山)、北京、河北、吉林、江苏、浙江、安徽、福建、河南、湖北、湖南、广东、广西、海南、贵州、云南、西藏、陕西、新疆、甘肃、台湾地区;朝鲜,日本。

寄主:大蓟、野菊、蒲公英、旋花、野枸杞等

108. 尖毛简管蓟马 *Haplothrips reuteri* (Karny, 1907)

分布:宁夏(贺兰山)、内蒙古、浙江;蒙古,俄罗斯,印度,巴基斯坦;欧洲。

寄主:杂草、黄刺。

109. 平简管蓟马 *Haplothrips tolerabilis* (Priesner, 1936)

分布:宁夏(贺兰山)、内蒙古;埃及。

寄主：杂草。

同翅目 Homoptera

飞虱科 Delphacidae

宁夏贺兰山记述 2 属 3 种。

110. 灰飞虱 *Laodelphax striatellus* (Fallen, 1826)

分布：宁夏（贺兰山）、河北、山西、吉林、黑龙江、浙江、江苏、安徽、福建、江西、山东、河南、湖北、湖南、广东、广西、海南、四川、贵州、云南、西藏、陕西、甘肃、新疆；朝鲜，日本，菲律宾，印度尼西亚，俄罗斯；欧洲。

寄主：稷、稗、牧草、鹅冠草、冰草。

111. 白背飞虱 *Sogatella furcifera* (Horváth, 1899)

分布：宁夏（贺兰山）、河北、山西、辽宁、吉林、黑龙江、江苏、浙江、安徽、福建、江西、山东、河南、湖北、湖南、广东、广西、四川、云南、贵州、陕西、西藏、甘肃、台湾地区；朝鲜，日本，菲律宾，印度尼西亚，马来西亚，印度，斯里兰卡，俄罗斯，澳大利亚。

寄主：稗、早熟禾等禾本科植物及芸香科植物。

112. 稗飞虱 *Sogatella longifurcifera* (Esaki et Ishihara, 1947)

分布：宁夏（贺兰山）、河北、辽宁、吉林、江苏、浙江、安徽、福建、江西、山东、河南、湖北、湖南、广东、广西、海南、四川、贵州、云南、陕西、台湾地区；蒙古，日本，俄罗斯，越南，澳大利亚。

寄主：稗草等。

蝉科 Cicadidae

宁夏贺兰山记述 2 属 2 种。

113. 寒蝉 *Meimuna opalifera* (Walker, 1850)

分布：宁夏（贺兰山：马莲口、椿树沟、大水渠）；朝鲜，日本。

寄主：危害多种林木。

114. 枯蝉 *Subpsaltria yangi* (Chen, 1943*)

分布：宁夏（贺兰山：马莲口、椿树沟、大水渠）、陕西。

寄主：灌丛。

叶蝉科 Cicadellidae

宁夏贺兰山记述 7 属 9 种。

115. 二点叶蝉 *Cicadula fasciifrons* (Stal)

分布:宁夏(贺兰山)、河北、内蒙古、东北、浙江、江苏、安徽;朝鲜,日本,俄罗斯;欧洲,北美洲。

寄主:禾草类。

116. 榆叶蝉 *Empoasca bipunctata* (Oshida, 1871)

分布:宁夏(贺兰山)、甘肃;欧洲。

寄主:灰榆等。

117. 烟翅小绿叶蝉 *Empoasca limbifera* (Matsumura, 1931)

分布:宁夏(贺兰山)、浙江、安徽、福建、河南、湖北、四川、贵州、云南、甘肃;日本。

寄主:蒿、禾本科植物。

118. 黑纹片角叶蝉 *Idiocerus koreanus* (Matsumura, 1915)

分布:宁夏(贺兰山:小口子、贺兰口)、内蒙古、河南、甘肃;朝鲜,日本。

寄主: 柳、灰榆等。

119. 片角叶蝉 *Idiocerus urakawensis* (Matsumura, 1912)

分布:宁夏(贺兰山贺兰口)、内蒙古、甘肃;日本。

寄主:禾草类、柳、山杨。

120. 窗耳胸叶蝉 *Ledra auditura* (Waller, 1858)

分布:宁夏(贺兰山小口子)、国内杨树分布区;朝鲜,日本,印度。

寄主:杨树。

121. 黑尾叶蝉 *Nephotettix cincticeps* (Uhler, 1896)

分布:宁夏(贺兰山)、华北、东北、华东、华中、西南、甘肃;日本,朝鲜。

寄主:稗草等。

122. 条沙叶蝉 *Psammotettix striatus* (Linnaeus, 1758)

分布:宁夏(贺兰山)、华北、东北、安徽、四川、西藏、台湾地区、新疆;朝鲜,日本,印度尼西亚,马来西亚,缅甸,印度;欧洲,北美洲。

寄主:禾草类。

123. 大青叶蝉 *Tettigella viridis* (Linnaeus, 1758)

分布:宁夏(贺兰山:苏峪口)、北京、河北、山西、内蒙古、辽宁、吉林、黑龙江、江苏、浙江、安徽、福建、江西、山东、河南、湖北、湖南、四川、陕西、青海、新疆、台湾地区;朝鲜,日本,俄罗斯,加拿大;欧洲。

寄主:多种豆科、禾本科、十字花科、杨柳科、蔷薇科植物,共有寄主39科,160多种。

角蝉科 Membracidae

宁夏贺兰山记述 1 属 1 种。

124. 黑圆角蝉 *Gargara genistae*（Fabricius, 1775）

分布:宁夏(贺兰山:大口子、小口子、黄旗口、镇木关、独树沟、甘沟、拜寺口、椿树沟、大水渠)、全国广泛分布。日本,朝鲜,俄罗斯;欧洲。

寄主:苜蓿、枸杞、锦鸡儿、沙打旺、枣、杨、柳、槐。

斑木虱科 Aphalaridae

宁夏贺兰山记述 2 属 3 种。

125. 萹蓄斑木虱 *Aphalara polygoni*（Forster, 1848）

分布:宁夏(贺兰山)、北京、河北、山西、内蒙古、吉林、山东、四川、西藏、陕西、甘肃、青海;澳大利亚;欧洲,北美。

寄主:萹蓄。

126. 脉斑边木虱 *Craspedolepta lineoleta*（Loginova, 1962）

分布:宁夏(贺兰山)、北京、山西、内蒙古、辽宁、吉林、黑龙江、四川、陕西、甘肃;蒙古,哈萨克斯坦;欧洲。

寄主:篙。

127. 顶边木虱 *Craspedolepta terminate*（Loginova, 1963）

分布:宁夏(贺兰山)、河北、四川、陕西、甘肃;蒙古,中亚,俄罗斯。

寄主:篙。

木虱科 Psyllidae

宁夏贺兰山记述 2 属 2 种。

128. 耆豆木虱 *Cyamophila fabra*（Loginova, 1964）

分布:宁夏(贺兰山)、内蒙古、新疆;俄罗斯。

寄主:狭叶锦鸡儿、小檗。

129. 枸杞准木虱 *Paratrioza sinica*（Yang et Li, 1982）

分布:宁夏(贺兰山)、甘肃。

寄主: 枸杞、龙葵。

个木虱科 Triozidae

宁夏贺兰山记述 1 属 2 种。

130. 沙枣木虱 *Trioza magnisetosa*（Loginova, 1964）

分布:宁夏(贺兰山)、甘肃、青海;欧洲。

寄主:沙枣、沙果、苹果、李、杏、禾本科牧草。

131. 荨麻个木虱 *Trioza urticae* (Linnaeus, 1758)

分布:宁夏(贺兰山)、北京、山西、吉林、广西、云南、甘肃、新疆;欧洲。

寄主:荨麻。

蚜科 Aphididae

宁夏贺兰山记述 8 属 11 种。

132. 豌豆蚜 *Acyrthosiphon pisum* (Harris, 1776)

分布:全国及世界各地。

寄主:黄芪属、草木樨属等豆科草本植物。也包括少数豆科木本植物。

133. 豆蚜 *Aphis craccivora* (Koch, 1854)

分布:宁夏(贺兰山)及全国;世界各地。

寄主:豆科植物。

134. 夹竹桃蚜 *Aphis nerii* (Boyer de Fonscolombe, 1841)

分布:宁夏(贺兰山)、北京、河北、上海、江苏、浙江、广东、广西、香港、台湾等地区;朝鲜,印度,印度尼西亚;欧洲,非洲,南美州及北美州。

寄主:桃。

135. 大豆蚜 *Aphis glycines* (Matsmura, 1917)

分布:宁夏(贺兰山)、北京、河北、山西、内蒙古、辽宁、吉林、黑龙江、浙江、山东、广东、河南、台湾地区;朝鲜,日本,泰国,马来西亚;欧洲,北美洲。

寄主:鼠李。

136. 棉蚜 *Aphis gossypii* (Glover, 1877)

分布:广泛分布于全国及世界各地。

寄主:第一寄主石榴、花椒、木槿和鼠李属植物。第二寄主棉花、瓜类、豆类、蔬菜等。

137. 酸模短尾蚜 *Brachycaudus rumexicolens* (Patch, 1917)

分布:宁夏(贺兰山),华北、东北;欧洲,南美洲。

寄主:酸模属植物。

138. 沙枣丁毛蚜 *Capitophorus formosartemisiae* (Takahashi, 1921)

分布:宁夏(贺兰山)、甘肃;日本,印度。

寄主:沙枣。

139. 荨麻小无网蚜 *Microlophium carnosum* (Buckton, 1876)

分布:宁夏(贺兰山)、河北、四川、云南、甘肃、新疆;日本,欧洲,北美。

寄主:荨麻及荨麻属杂草,在叶反面取食。

140. 桃蚜 *Myzus persicae* (Sulzer, 1776)

分布:宁夏(贺兰山)、华北、东北、西北;世界各地。

寄主:桃、李、梨、杏、大黄等多种经济植物和杂草。为多食性蚜虫。

141. 麦二叉蚜 *Schizaphis graminum* (Rondani, 1847)

分布:宁夏(贺兰山)、北京、河北、山西、内蒙古、黑龙江、江苏、浙江、福建、河南、云南、陕西、新疆、甘肃、台湾地区;朝鲜,日本,中亚,印度;地中海地区,美洲。

寄主:、狗尾草、画眉草及莎草等禾本科和莎草科植物。

142. 桃瘤头蚜 *Tuberocephalus momonis* (Matsumura, 1917)

分布:宁夏(贺兰山)、北京、河北、辽宁、江苏、浙江、福建、江西、山东、河南、甘肃、台湾地区;朝鲜,日本。

寄主:樱桃、山桃等。

瘿绵蚜科 Pemphigidae

宁夏贺兰山记述 3 属 6 种。

143. 榆绵蚜 *Eriosoma lanuginosum nuginosum* (Zhang, 1980)

分布:宁夏(贺兰山)、北京、河北、辽宁、浙江、山东。

寄主:灰榆。

144. 囊柄瘿绵蚜 *Pemphigus bursarius* (Linnaeus, 1758)

分布:宁夏(贺兰山)、黑龙江、新疆、甘肃;蒙古,伊朗,伊拉克,叙利亚,黎巴嫩,俄罗斯;欧洲,大洋洲,美洲。

寄主:第一寄主山杨;第二寄主多为草本植物(根部),尤其是菊科。

145. 柄脉叶瘿绵蚜 *Pemphigus sinobursarius* (Zhang, 1979)

分布:宁夏(贺兰山)、内蒙古、辽宁、黑龙江、云南。

寄主:山杨。

146. 白杨瘿绵蚜 *Pemphigus napaeus* (Buckton, 1896)

分布:宁夏(贺兰山)、山东、陕西、青海;印度。

寄主:危害杨树,以小叶杨受害最重。

147. 宗林四脉蚜 *Tetraneura sorini* (Lambers, 1970)

分布：宁夏(贺兰山)、北京、天津、辽宁、吉林、浙江、山东、甘肃、新疆；日本，朝鲜，俄罗斯。

寄主：第一寄主榆树，第二寄主不详。

148. 榆四脉绵蚜 *Tetraneura ulmi* (Linnaeus, 1758)

分布：宁夏(贺兰山)、甘肃、新疆、青海；东亚，中亚，俄罗斯；欧洲，北美州。

寄主：第一寄主榆树；第二寄主早熟禾等禾本科杂草(根部)。

大蚜科 Lachnidae

宁夏贺兰山记述 2 属 2 种。

149. 松长足大蚜 *Cinara pinea* (Mordvilko, 1895)

分布：宁夏(贺兰山)、河南；日本，朝鲜，俄罗斯；欧洲。

寄主：油松。

150. 柳瘤大蚜 *Tuberolachnus salignus* (Gmelin, 1790)

分布：宁夏(贺兰山)、北京、河北、内蒙古、吉林、辽宁、上海、江苏、浙江、福建、山东、河南、云南、陕西、台湾地区；日本，俄罗斯，朝鲜，日本，印度，中亚，土耳其，埃及；欧洲，北美洲。

寄主：柳。

粉虱科 Aleyrodidae

宁夏贺兰山记述 1 属 1 种

151. 温室粉虱 *Trialeurodes vaporariorum* (Westwood)

分布：宁夏(贺兰山)及世界各地。

寄主：茄科蔬菜和花卉。

旌蚧科 Ortheziidae

宁夏贺兰山记述 1 属 1 种。

152. 荨麻旌蚧 *Orthezia urticae* (Linnaeus, 1758)

分布：宁夏(贺兰山)、甘肃；欧洲。

寄主：荨麻、菊科、伞形花科、唇形花科、毛茛科等。

蜡蚧科 Coccidae

宁夏贺兰山记述 3 属 3 种。

153. 朝鲜球坚蜡蚧 *Didesmococcus koreanus* (Borchsenius, 1955)

分布：宁夏(贺兰山)、北京、河北、山西、内蒙古、辽宁、吉林、黑龙江、山东、河南、湖北、青海；朝鲜。

寄主：李、杏、桃、樱桃、刺梅的枝干上。

154. 瘤坚大球蚧 *Eulecanium gigantea* (Shinji, 1935).

分布：宁夏(贺兰山)、河北、山西、辽宁、江苏、安徽、山东、河南、青海；朝鲜，日本。

寄主：沙枣，酸枣及核桃。

155. 苹果褐球蚧 *Rhodococcus sariuoni* (Borchsenius, 1955)

分布：宁夏(贺兰山)、东北、华北、西北；朝鲜。

寄主：梨属、苹果属、李属、绣线菊属等。

粉蚧科 Pseudococcidae

宁夏贺兰山记述 1 属 1 种。

156. 苹果绵粉蚧 *Phenacoccus mespili* (Signoret, 1875)

分布：宁夏(贺兰山)、山西、新疆、甘肃；俄罗斯；欧洲。

寄主：苹果、杏、梨、沙果。

盾蚧科 Diaspididae

宁夏贺兰山记述 5 属 9 种。

157. 微孔雪盾蚧 *Chionaspis micropori* (Marlatt, 1908)

分布：宁夏(贺兰山)、山西；朝鲜，俄罗斯。

寄主：山杨、柳杨柳科植物。

158. 孟雪盾蚧 *Chionaspis montana* (Borchsenius, 1949)

分布：宁夏(贺兰山)、新疆；吉尔吉斯斯坦。

寄主：山杨、沙柳

159. 拟孟雪盾蚧 *Chionaspis montanoides* (Tang, 1986)

分布：宁夏(贺兰山)、新疆。

寄主：山杨。

160. 柳雪盾蚧 *Chionaspis salicis* (Linnaeus, 1758)

分布：宁夏(贺兰山)、甘肃、青海、吉林、辽宁；欧洲。

寄主：柳、山杨。

161. 柳蛎盾蚧 *Lepidosaphes salicina* (Borchsenius, 1947)

分布：宁夏(贺兰山)、东北、华北、西北、华东；朝鲜，日本，俄罗斯。

寄主：山杨、灰榆、核桃、忍冬、丁香等。

162. 桑白盾蚧 *Pseudaulacaspis pentagona* (Targioni–Tozzetti, 1855)

分布:宁夏(贺兰山)、北京、天津、河北、山西、内蒙古、辽宁、吉林、江苏、浙江、湖南、广东、广西、四川、山东、河南、甘肃;日本,欧洲,北美洲,新西兰。

寄主:桃、杏、梨、桑、苹果、核桃、樱桃、榆等植物。

163. 杨圆蚧 *Quadraspidiotus gigas* (Thiem et Gerneck, 1934)

分布:宁夏(贺兰山)、河北、山西、内蒙古、辽宁、吉林、黑龙江、陕西、甘肃、青海、新疆;俄罗斯,欧洲。

寄主:杨、柳。

164. 梨笠圆盾蚧 *Quadraspidiotus perniciosus* (Comstock, 1881)

分布:宁夏(贺兰山)、河北、内蒙古、东北、江苏、浙江、安徽、江西、山东、河南、湖南、广东、广西、四川、云南、甘肃;东亚,大洋州,美洲,欧洲。

寄主:苹果、梨、桃、杏、李、杨、柳、榆、槐等植物。

165. 中国晋盾蚧 *Shansiaspis sinensis* (Tang, 1981)

分布:宁夏(贺兰山)、山西、内蒙古、陕西。

寄主:山杨、柳。

半翅目 Hemiptera

黾蝽科 Gerridae

宁夏贺兰山记述 1 属 1 种。

166. 水黾 *Aquarium paludum* (Fabricius, 1794)

分布:宁夏(贺兰山:贺兰口、小口子、大寺沟、独树沟、西峰沟)、北京、河北、辽宁、吉林、黑龙江、甘肃、江苏、浙江、福建、江西、广东、台湾地区;朝鲜,日本。

寄主:捕食落在水面的蝇类、飞虱、叶蝉等小昆虫。

仰蝽科 Notonectidae

宁夏贺兰山记述 1 属 1 种。

167. 黑纹仰蝽 *Notonecta chinensis* (Fallou, 1887)

分布:宁夏(贺兰山:小水沟、苏峪口)、北京、辽宁、黑龙江、福建、山东、湖南、广东、甘肃。

寄主:蚊子幼虫、蜻蜓稚虫、水生蝇类、落到水面的小型昆虫及鱼苗等。

猎蝽科 Reduviidae

宁夏贺兰山记述 4 属 5 种。

168. 淡带荆猎蝽 *Acanthaspis cincticrus* (Stal, 1859)

分布：宁夏(贺兰山：柳条沟、王泉沟)。

寄主：捕食中、小型昆虫。

169. 显脉土猎蝽 *Coranus hammarstroemi* (Reuter, 1892*)

分布：宁夏(贺兰山：汝箕沟、大水沟)、北京、内蒙古、山西、四川、甘肃；土耳其，叙利亚；欧洲，北非。

寄主：捕食中、小型昆虫。

170. 大土猎蝽 *Coranus magnus* (Hsiao et Ren, 1981*)

分布：宁夏(贺兰山：贺兰口、苏峪口)、河北、内蒙古、黑龙江、陕西。

寄主：捕食中、小型昆虫。

171. 双环真猎蝽 *Harpactor dauricus* (Kiritschenko, 1926)

分布：宁夏(贺兰山汝箕沟)、河北、山西、四川、甘肃；蒙古，俄罗斯。

寄主：捕食中、小型昆虫。

172. 伏刺猎蝽 *Reduvius testaceus* (Herrich-Schaeffer, 1845) *

分布：宁夏(贺兰山贺兰口)、内蒙古、甘肃；欧洲。

寄主：捕食中、小型昆虫。

盲蝽科 Miridae

宁夏贺兰山记述 10 属 19 种。

173. 三点苜蓿盲蝽 *Adelphocoris fasciaticollis* (Reuter, 1903)

分布：宁夏(贺兰山拜寺口)、河北、山西、内蒙古、吉林、黑龙江、江苏、安徽、江西、山东、河南、湖北、海南、四川、陕西、甘肃。

寄主：苜蓿、杨、柳、榆等多种植物及草本、木本植物。

174. 苜蓿盲蝽 *Adelphocoris lineolatus* (Goeze, 1778)

分布：宁夏(贺兰山：贺兰口、苏峪口、马莲口)、东北、华北、华东、西北；全北区，东洋区。

寄主：苜蓿、草木樨、沙枣等。

175. 黑点食蚜盲蝽 *Deraecoris punctulatus* (Fallén, 1807) *

分布：宁夏(贺兰山：大口子、贺兰口、小口子、大水沟、苏峪口、黄旗口、镇木关、独树沟、王泉沟)；欧洲。

寄主：捕食蚜虫。

176. 克氏圆额盲蝽 *Leptopterna kerzhneri* (Vinokurov, 1981*)

分布:宁夏(贺兰山苏峪口)、内蒙古、黑龙江;俄罗斯。

寄主:不详。

177. 雷氏草盲蝽 *Lygus renati* Schwartz et (Foottit, 1998*)

分布:宁夏(贺兰山:贺兰口、苏峪口)、内蒙古、青海、西藏、新疆;蒙古,哈萨克斯坦。

寄主:不详。

178. 长毛草盲蝽 *Lygus rugulipennis* (Poppius, 1911) *

分布:宁夏(贺兰山拜寺口)、河北、内蒙古、辽宁、黑龙江、甘肃、新疆;蒙古,哈萨克斯坦。

寄主:不详。

179. 西伯利亚草盲蝽 *Lygus sibirica* (Bergroth, 1914)

分布:宁夏(贺兰山:贺兰口、苏峪口、黄旗口、大寺沟、拜寺口、大水渠)、内蒙古、青海、甘肃;俄罗斯(西伯利亚)。

寄主:不详。

180. 牧草盲蝽 *Lygus pratensis* (Linnaeus, 1758)

分布:宁夏(贺兰山:贺兰口、苏峪口、黄旗口、大寺沟、柳条沟、拜寺口、王泉沟)、东北、华北、西北;欧洲,北美洲,南美洲。

寄主:豆科牧草、苹果、梨、桃、杏、杨、榆、沙枣、花棒等。

181. 荨麻奥盲蝽 *Orthops mutans* (Stal, 1858) *

分布:宁夏(贺兰山:苏峪口、椿树沟)、河北、内蒙古;蒙古,俄罗斯。

寄主:荨麻属植物。

182. 诺植盲蝽 *Phytocoris nowickyi* (Fieber, 1870)

分布:宁夏(贺兰山苏峪口)、河北、内蒙古、吉林、黑龙江、湖北、四川、陕西、甘肃;日本,朝鲜。

寄主:不详。

183. 冷杉松盲蝽 *Pinalitus abietus* Lv et (Zheng, 2002*)

分布:宁夏(贺兰山苏峪口)、甘肃。

寄主:不详。

184. 红楔异盲蝽 *Polymerus cognatus* (Fieber, 1858) *

分布:宁夏(贺兰山:苏峪口、贺兰口、黄旗口、镇木关、椿树沟、大水渠)、山西、内蒙古、黑龙江、山东、河南、陕西、甘肃、新疆;蒙古,俄罗斯;欧洲,北非。

寄主:苜蓿、草木犀、三叶草等豆科植物及荞麦、马铃薯、亚麻、红花、胡萝卜、苋菜等。

185. 北京异盲蝽 *Polymerus pekinensis* （Horváth, 1901*）

分布:宁夏(贺兰山苏峪口)、河北、山西、内蒙古、黑龙江、陕西。

寄主:不详。

186. 斑异盲蝽 *Polymerus unifasciatus* （Fabricius, 1794） *

分布:宁夏(贺兰山苏峪口)、河北、内蒙古、四川、甘肃、新疆;朝鲜,日本,蒙古,中亚,俄罗斯;欧洲,北非,北美。

寄主:不详。

187. 山地狭盲蝽 *Stenodema alpestris* （Reuter, 1904*）

分布:宁夏(贺兰山独树沟)、浙江、湖北、江西、福建、广西、四川、贵州、云南、陕西、甘肃。

寄主:不详。

188. 短额狭盲蝽 *Stenodema laevigata* （Linnaeus, 1758）

分布:宁夏(贺兰山苏峪口)、内蒙古、甘肃;朝鲜,蒙古,俄罗斯;欧洲,非洲西部及北部。

寄主:豆科及禾本科牧草。

189. 长额狭盲蝽 *Stenodema virens* （Linnaeus, 1767） *

分布:宁夏(贺兰山苏峪口),新疆、内蒙、甘肃;荷兰、英国、土耳其、叙利亚、伊朗、俄罗斯、蒙古、美国。

寄主:禾本科植物。

190. 中亚狭盲蝽 *Stenodema turanica* （Reuter, 1904*）

分布:宁夏(贺兰山苏峪口)、内蒙古、山东、甘肃、新疆;蒙古,中东,俄罗斯。

寄主:不详。

191. 条赤须盲蝽 *Trigonotylus coelestialium* （Kirkaldy, 1902）

分布:宁夏(贺兰山:大口子、苏峪口、独树沟、柳条沟、正义关、大水渠)、河北、山西、内蒙古、辽宁、吉林、黑龙江、山东、河南、陕西、新疆;蒙古,俄罗斯,英国。

寄主:赖草、冰草等。

网蝽科 Tingidae

宁夏贺兰山记述 2 属 2 种。

192. 长喙网蝽 *Derephysia foliacea* （Fallen, 1807）

分布:宁夏(贺兰山水磨沟)、内蒙古、河北、四川、青海;俄罗斯,欧洲寄主:蒿属,蓝蓟属,车前属,茼篙属,忍冬属,百里香属,常春藤属,藜属,栎属。

193. 强裸菊网蝽 *Tingis robusta* （Golub, 1977）

分布:宁夏(贺兰山苏峪口)、内蒙古;蒙古。

寄主:不详。

姬蝽科 Nabidae

宁夏贺兰山记述 2 属 2 种。

194. 泛希姬蝽 *Himacerus apterus* （Fabricius, 1798)

分布:宁夏(贺兰山:大口子、苏峪口、大寺沟、拜寺口、汝箕沟、大水渠)、北京、河北、山西、内蒙古、辽宁、吉林、黑龙江、山东、河南、湖北、湖南、广东、海南、四川、云南、西藏、陕西、甘肃、青海;朝鲜,日本,俄罗斯;欧洲,北非。

寄主:捕食蚜虫、飞虱、鳞翅目低龄幼虫及卵等小型昆虫。

195. 淡色姬蝽 *Nabis palifer* （Seidenstucker, 1954) *

分布:宁夏(贺兰山:大口子、贺兰口、苏峪口、黄旗口、拜寺口、椿树沟、大水渠)、内蒙古、四川、西藏;中亚,中东,南亚,欧洲。

寄主:捕食蚜虫、飞虱、鳞翅目低龄幼虫及卵等小型昆虫。

花蝽科 Anthocoridae

宁夏贺兰山记述 1 属 2 种。

196. 蒙新原花蝽 *Anthocoris pilosus* （Jakovlev, 1877)

分布:宁夏(贺兰山)、内蒙、甘肃、新疆;蒙古,中亚,东欧。

寄主: 成、若虫捕食蚜虫、蓟马等小型昆虫。

197. 西伯利亚原花蝽 *Anthocoris sibiricus* （Reuter, 1875)

分布:宁夏(贺兰山),山西、内蒙、青海、甘肃;蒙古,俄罗斯;欧洲。

寄主:捕食蚜虫、介壳虫、粉虱、蓟马、螨类等小型昆虫及鳞翅目、鞘翅目昆虫的卵等。

长蝽科 Lygaeidae

宁夏贺兰山记述 9 属 11 种。

198. 黑盾肿腮长蝽 *Arocatus fasciatus* （Jakovlev, 1890*)

分布:宁夏(贺兰山:大口子、拜寺口、椿树沟)、北京、河北、陕西;日本,蒙古,俄罗斯(西伯利亚)。

寄主:不详。

199. 宽边叶缘长蝽 *Emblethis dilaticollis* （Jakovlev, 1874) *

分布:宁夏(贺兰山:贺兰口、小水沟、柳条沟、汝箕沟、王泉沟)、新疆;中亚。

寄主:不详。

200. 大眼长蝽 *Geocoris pallidipennis* (Costa, 1843) *

分布:宁夏(贺兰山)、北京、天津、河北、山西、上海、江苏、浙江、江西、山东、河南、湖北、四川、云南、西藏、陕西、甘肃;中亚,印度,菲律宾,印度尼西亚;欧洲。

寄主:捕食蚜虫、蓟马、叶蝉叶螨及蛾类幼虫等。

201. 巨膜长蝽 *Jakowleffia setujosa* (Jakovlev, 1843) *

分布:宁夏(贺兰山)、内蒙古、新疆。蒙古,俄罗斯;欧洲。

寄主:蒿、蒙古扁桃。

202. 微小线缘长蝽 *Lamprodema minusculus* (Reuter, 1885) *

分布:宁夏(贺兰山:贺兰口、苏峪口)、新疆;俄罗斯(西伯利亚)。

寄主: 不详。

203. 横带红长蝽 *Lygaeus equestris* (Linnaeus, 1758)

分布:宁夏(贺兰山:大口子、贺兰口、小口子、小水沟、大水沟、马莲口、镇木关、大寺沟、独树沟、拜寺口、正义关、西峰沟、椿树沟、大水渠、白虎洞)、河北、山西、内蒙古、东北、江苏、浙江、山东、四川、云南、青海、西藏、陕西、甘肃、新疆;蒙古,日本,印度,俄罗斯,英国;非洲。

寄主:十字花科蔬菜及豆科牧草、榆、沙枣、刺槐等。

204. 桃红长蝽 *Lygaeus murinus* (Kiritschenko, 1914) *

分布:宁夏(贺兰山:大口子、贺兰口、小口子、小水沟、大水沟、苏峪口、马莲口、黄旗口、镇木关、大寺沟、独树沟、拜寺口、正义关、西峰沟)、北京、河北、山西、内蒙古、四川、西藏、甘肃、新疆;中亚,俄罗斯(西伯利亚);欧洲。

寄主:十字花科蔬菜及豆科牧草。

205. 丝光小长蝽 (高地型) *Nysius thymi* (Wolff, 1804) *

分布: 宁夏(贺兰山:大口子、贺兰口、苏峪口、黄旗口、王泉沟)、河北、内蒙古、辽宁、吉林、四川、西藏、新疆、青海;蒙古,俄罗斯(西伯利亚);中亚,欧洲,北美。

寄主:不详。

206. 斑腹直缘长蝽 *Ortholomus punctipennis* (Herrich-Schaffer, 1839) *

分布:宁夏(贺兰山:贺兰口、小口子、马莲口、黄旗口、柳条沟、水磨沟、大水渠)、北京、天津、河北、新疆;蒙古,俄罗斯(西伯利亚);中亚,欧洲,非洲。

寄主:不详。

207. 宽地长蝽 *Rhyparochromus jakowlewi*（Seidenstucker, 1958）*

分布:宁夏(贺兰山:贺兰口、苏峪口、王泉沟)、河北、辽宁;蒙古,俄罗斯(西伯利亚)。

寄主:不详。

208. 松地长蝽 *Rhyparochromus pini*（Linnaeus, 1758）*

分布:宁夏(贺兰山汝箕沟)、北京、河北、山西、内蒙古、四川、西藏、甘肃、新疆;中亚,俄罗斯(西伯利亚);欧洲。

寄主:不详。

红蝽科 Pyrrhocoridae

宁夏贺兰山记述 1 属 1 种。

209. 地红蝽 *Pyrrhocoris tibialis*（Stal, 1874）

分布:宁夏(贺兰山:大口子、贺兰口、大水沟、马莲口、大寺沟、拜寺口、正义关)、北京、天津、河北、内蒙古、辽宁、上海、江苏、浙江、山东、西藏、甘肃;朝鲜,日本,蒙古,俄罗斯。

寄主:冬葵、禾本科杂草。

缘蝽科 Coreidae

宁夏贺兰山记述 7 属 12 种。

210. 亚蛛缘蝽 *Alydus zichyi*（Horváth, 1901）*

分布:宁夏(贺兰山:正义关、汝箕沟、大殿沟),河北、山西、黑龙江、河南、四川;俄罗斯。

寄主:不详。

211. 亚姬缘蝽 *Corizus albomarginatus*（Blote）

分布:宁夏(贺兰山:大水沟、贺兰口、黄旗口、镇木关、正义关、西峰沟、椿树沟、响水沟)、山西、内蒙古、黑龙江、西藏、甘肃;蒙古,中亚,俄罗斯(远东)。

寄主:禾草类。

212. 刺腹颗缘蝽 *Coriomeris nigridens*（Jakovlev, 1905）*

分布:宁夏(贺兰山:大口子、小口子、黄旗口、镇木关、独树沟、拜寺口、响水沟、大水渠)、甘肃、新疆;欧洲。

寄主:不详。

213. 粟缘蝽 *Liorhyssus hyalinus*（Fabricius, 1794）

分布:宁夏(贺兰山)、北京、天津、河北、黑龙江、江苏、安徽、江西、湖北、广东、广西、四川、贵州、云南、西藏、甘肃;世界各地均有分布。

寄主:禾本科植物。

214. 细角迷缘蝽 *Myrmus glabellus* （Horváth, 1901） *

分布:宁夏(贺兰山:黄旗口、响水沟)、黑龙江、内蒙古;俄罗斯。

寄主:不详。

215. 黄边迷缘蝽 *Myrmus lateralis* （Hsiao, 1964） *

分布:宁夏(贺兰山苏峪口)、北京、河北、内蒙古、山东、甘肃。

寄主:无芒雀麦、羊草、拂子茅。

216. 黄粒缘蝽 *Spathocera obscura* （Germar, 1842） *

分布:宁夏(贺兰山苏峪口)、内蒙古;欧洲。

寄主:不详。

217. 茼环缘蝽 *Stictopleurus abutilon* （Rossi, 1790） *

分布:宁夏(贺兰山:大口子、苏峪口,马莲口、拜寺口、独树沟、柳条沟)、内蒙古,新疆;中亚,俄罗斯(西伯利亚);欧洲。

寄主:不详。

218. 棕环缘蝽 *Stictopleurus crassicornis* （Linnaeus, 1758） *

分布:宁夏(贺兰山:马莲口、苏峪口)、内蒙古;韩国,俄罗斯(西伯利亚);欧洲。

寄主:不详

219. 开环缘蝽 *Stictopleurus minutus* （Blote, 1834） *

分布:宁夏(贺兰山)、北京、河北、山西、吉林、黑龙江、江苏、浙江、福建、江西、四川、云南、广东、河南、陕西、新疆、台湾地区;日本,韩国。

寄主:不详。

220. 闭环缘蝽 *Stictopleurus nysioides* （Reuter, 1891）

分布:宁夏(贺兰山:大口子、贺兰口、小水沟、大水沟、苏峪口、黄旗口、镇木关、大寺沟、拜寺口、椿树沟、响水沟、王泉沟、大水渠)、北京、河北、山西、内蒙古、辽宁、吉林、陕西、甘肃、新疆等;中亚,东亚,北美。

寄主:禾草类。

221. 欧环缘蝽 *Stictopleurus punctatonervosus* （Goeze, 1778）

分布:宁夏(贺兰山:小口子、黄旗口、独树沟)、内蒙古;欧洲。

寄主:不详。

异蝽科 Urostylidae

宁夏贺兰山记述 1 属 2 种。

222. 黄壮异蝽 *Urochela flavoannulata* (Stal, 1854)

分布:宁夏(贺兰山:大口子、贺兰口、苏峪口、大寺沟、独树沟、拜寺口)、河北、山西、吉林、黑龙江、四川、陕西;朝鲜,日本。

寄主:不详。

223. 花壮异蝽 *Urochela luteovaria* (Distant, 1881)

分布:宁夏(贺兰山)、北京、天津、河北、山西、东北、山东、安徽、江西、河南、湖北、广西、四川、云南、陕西、青海;朝鲜,日本等。

寄主:梨、桃、杏、苹果、花椒、李、沙果、樱桃等。

同蝽科 Acanthosomatidae

宁夏贺兰山记述 2 属 3 种。

224. 泛刺同蝽 *Acanthosoma spinicolle* (Jakovlev, 1880)

分布:宁夏(贺兰山西峰沟、大水渠)、北京、河北、东北、内蒙、四川、云南、西藏、陕西、甘肃、青海、新疆;俄罗斯。

寄主:梨树。

225. 背匙同蝽 *Elasmucha dorsalis* (Jakovlev, 1876)

分布:宁夏(贺兰山)、河北、山西、内蒙古、辽宁、浙江、安徽、福建、江西、湖北、湖南、广西、贵州、陕西、甘肃;朝鲜,日本,蒙古,俄罗斯(西伯利亚)。

寄主:中华绣线菊、圆锥绣球、黄荆。

226. 宽肩直同蝽 *Elasmostethus humeralis* (Jakovlev, 1883) *

分布:宁夏(贺兰山黄旗口)、北京、吉林、四川、陕西;日本,俄罗斯(西伯利亚)。

寄主:榆。

土蝽科 Cydnidae

宁夏贺兰山记述 3 属 3 种。

227. 圆地土蝽 *Geotomus convexus* (Hsiao, 1977) *

分布:宁夏(贺兰山:西峰沟、拜寺口)、山西、内蒙古、四川;俄罗斯(西伯利亚)。

寄主:不详。

228. 长点边土蝽 *Legnotus longiguttulus* (Hsiao, 1977)

分布:宁夏(贺兰山:西峰沟、拜寺口)、河北、青海、甘肃。

寄主:牧草等禾本科、伞形科植物。

229. 白边光土蝽 *Sehirus niviemarginatus* Scott*

分布:宁夏(贺兰山:黄旗口、拜寺口)、河北、山西、内蒙古、江苏、山东、云南、陕西;日本,俄罗斯,芬兰。

寄主:苜蓿、百蕊草、云杉等。

盾蝽科 Scutelleridae

宁夏贺兰山记述 3 属 5 种。

230. 绒盾蝽 *Irochrotus sibiricus* (Kerzhner, 1976) *

分布:宁夏(贺兰山:苏峪口、独树沟)、内蒙古、甘肃、新疆;蒙古,俄罗斯。

寄主:燕麦、莜麦、芒草等禾本科植物。

231. 灰盾蝽 *Odontoscelis fuliginosa* (Linnaeus, 1761) *

分布:宁夏(贺兰山:大口子、拜寺口、正义关)、北京、河北;蒙古,俄罗斯;欧洲。

寄主:禾本科植物。

232. 贝皱盾蝽 *Phimodera bergi* (Jakovlev, 1905) *

分布:宁夏(贺兰山:柳条沟、王泉沟、白虎洞)、内蒙古;蒙古,俄罗斯。

寄主:禾本科植物。

233. 皱盾蝽 *Phimodera distincta* (Jakovlev, 1880) *

分布:宁夏(贺兰山独树沟)、河北、山西、内蒙古;蒙古,俄罗斯;欧洲。

寄主:禾本科植物。

234. 黑皱盾蝽 *Phimodera laevilinea* (Stal, 1873) *

分布:宁夏(贺兰山:白虎洞)、内蒙古;蒙古,俄罗斯。

寄主:禾本科植物。

蝽科 Pentatomidae

宁夏贺兰山记述 17 属 24 种。

235. 西北麦蝽 *Aelia sibirica* (Reuter, 1884)

分布:宁夏(贺兰山小水沟)、山西、内蒙古、甘肃、青海、新疆;中亚,南亚,俄罗斯。
寄主:麦类、苜蓿及禾本科牧草。

236. 邻实蝽 *Antheminia lindbergi* (Tamanini, 1962)

分布:宁夏(贺兰口:大口子、贺兰口、小口子、小水沟、大水沟、苏峪口、马莲口、黄旗口、柳条沟、拜寺口、正义关、西峰沟、王泉沟、大水渠)、内蒙古;蒙古。

寄主:禾本科植物。

237. 实蝽 *Antheminia pusio* (Kolenati, 1846)

分布:宁夏(贺兰山:大口子、贺兰口、小口子、大水沟、苏峪口、马莲口、黄旗口、镇木关、独树沟、拜寺口、正义关、水磨沟、大水渠)、北京、河北、山西、内蒙古、辽宁、吉林、陕西;中亚,土耳其,高加索。

寄主:向日葵,马铃薯,甜菜。

238. 多毛实蝽 *Antheminia varicornis* (Jakovlev, 1874)

分布:宁夏(贺兰山:小水沟、拜寺口)、北京、天津、内蒙古、山西、黑龙江、陕西、新疆;小亚细亚,俄罗斯(西伯利亚),南欧。

寄主:禾草、豆科。

239. 蠋蝽 *Arma custos* (Fabricius, 1794)

分布:宁夏(贺兰山:拜寺口、椿树沟、西峰沟、大水渠)、河北、山西、内蒙古、辽宁、吉林、黑龙江、江苏、浙江、江西、山东、湖北、四川、贵州、云南、陕西、甘肃、新疆;日本,中亚,俄罗斯(西伯利亚);欧洲。

寄主:在苹果、海棠、杨树、榛树、梨等树木上生活,取食鳞翅目等昆虫的软体幼虫。

240. 苍蝽 *Brachynema germarii* (Kolenati, 1846)

分布:宁夏(贺兰山:小口子、贺兰口、大水沟、苏峪口、甘沟、西峰沟)、河北、西藏、陕西、甘肃、青海、新疆;阿拉伯,土耳其,叙利亚,俄罗斯,欧洲。

寄主:沙枣、牧草、骆驼刺、假木贼等植物。

241. 紫翅果蝽 *Carpocoris purpureipennis* (De Geer, 1773)

分布:宁夏(贺兰山:小口子、小水沟、马莲口、黄旗口、镇木关、大寺沟、独树沟、柳条沟、正义关、椿树沟、王泉沟、大水渠)、山西、吉林、黑龙江、陕西、青海;古北区。

寄主:沙枣、禾草。

242. 斑须蝽 *Dolycoris baccarum* (Linnaeus, 1758)

分布:宁夏(贺兰山:大口子、贺兰口、小口子、小水沟、马莲口、黄旗口、镇木关、大寺沟、正义关、响水沟、大水渠)、河北、山西、内蒙古、辽宁、吉林、黑龙江、江苏、浙江、福建、江西、山东、河南、湖北、湖南、广东、广西、海南、四川、贵州、云南、西藏、陕西、青海、新疆;朝鲜,日本,印度,俄罗斯;北美洲,中亚,阿拉伯地区。

寄主:杨、柳、苹果、桃、梨、及其他森林和观赏植物等。

243. 麻皮蝽 *Erthesina fullo* (Thunberg, 1783)

分布:宁夏(贺兰山:小口子、镇木关)、河北、山西、内蒙古、辽宁、甘肃、山东、江苏、浙江、安徽、江西、湖南、广东、广西、海南、贵州、云南;日本,马来西亚,印尼,缅甸,印度,锡兰。

寄主:梨、杨、柳、榆、刺槐、臭椿等。

244. 斑菜蝽 *Eurydema dominulus* (Scopoli, 1763)

分布:宁夏(贺兰山:大口子、小口子、小水沟)、北京、河北、山西、吉林、黑龙江、江苏、浙江、安徽、福建、江西、山东、湖北、湖南、广东、广西、四川、贵州、云南、西藏、陕西、甘肃;俄罗斯;欧洲。

寄主:主要为害十字花科植物。

245. 新疆菜蝽 *Eurydema festiva* (Linnaeus, 1758)

分布:宁夏(贺兰山:马莲口、黄旗口、大水沟、响水沟)、内蒙古、甘肃、青海、新疆;俄罗斯;欧洲。

寄主:苜蓿、红豆草、三叶草、甘草。

246. 横纹菜蝽 *Eurydema gebleri* (Kolenati, 1846)

分布:宁夏(贺兰山:大口子、贺兰口、小口子、小水沟、苏峪口、马莲口、黄旗口、镇木关、大寺沟、独树沟、甘沟、拜寺口、正义关、西峰沟、椿树沟、响水沟)、北京、天津、河北、山西、内蒙古、辽宁、吉林、黑龙江、江苏、安徽、山东、湖北、四川、贵州、云南、西藏、陕西、甘肃、新疆;俄罗斯,土耳其;南欧。

寄主:主要为害十字花科植物。

247. 弯角蝽 *Lelia decempunctata* (Motschulsky, 1859)

分布:宁夏(贺兰山:大口子、贺兰口、小口子、马莲口、黄旗口、镇木关、大寺沟、独树沟、拜寺口、大水渠)、内蒙古、吉林、黑龙江、安徽、甘肃;日本,俄罗斯(西伯利亚)。

寄主:榆、杨、黄醋栗及其他阔叶树。

248. 短翅蝽 *Masthletinus nigriventris* (Jakovlev)

分布:宁夏(贺兰山:贺兰口、苏峪口、马莲口、西峰沟、大水渠)、北京、内蒙古、山东;俄罗斯(西伯利亚)。

寄主:鳞翅目幼虫。

249. 草蝽 *Holcostethus vernalis* (Wolf, 1804)

分布:宁夏(贺兰山:大口子、贺兰口、马莲口、镇木关、独树沟)、北京、山西、东北、新疆;伊朗,土耳其,俄罗斯(西伯利亚);欧洲。

寄主:杨、榆等。

250. 北曼蝽 *Menida scotti* (Puton, 1886)

分布:宁夏(贺兰山:贺兰口、小口子、黄旗口、镇木关、独树沟、拜寺口、大水渠)、北京、河北、山西、内蒙古、辽宁、黑龙江、江西、山东、湖北、湖南、广西、四川、贵州、云南、西藏、青海;朝鲜,日本,俄罗斯(西伯利亚)。

寄主:杨、榆等。

251. 宽碧蝽 *Palomena viridissima* (Poda, 1761)

分布:宁夏(贺兰山:大口子、贺兰口、小口子、小水沟、苏峪口、马莲口、黄旗口、镇木关、大寺沟、独树沟、拜寺口、正义关、椿树沟)、北京、河北、山西、内蒙古、吉林、黑龙江、山东、陕西、甘肃、青海、新疆;朝鲜,蒙古,俄罗斯(西伯利亚),印度;欧洲,北非。

寄主:大麻、落叶松、小檗、

252. 褐真蝽 *Pentatoma armandi* (Fallou, 1881)

分布:宁夏(贺兰山:大口子、贺兰口、小口子、小水沟)、北京、河北、山西、内蒙古、东北、江苏、浙江、江西、河南、湖北、湖南、四川、贵州、陕西、甘肃、青海;朝鲜,俄罗斯(西伯利亚)。

寄主:、杨、柳、榆、松等。

253. 金绿真蝽 *Pentatoma metallifera* (Motschulsky, 1859)

分布:宁夏(贺兰山:大口子、贺兰口、小口子、小水沟、大水沟、苏峪口、马莲口、黄旗口、镇木关、大寺沟、独树沟、甘沟、拜寺口、正义关、西峰沟、椿树沟、汝箕沟、响水沟、王泉沟、大水渠)、北京、河北、山西、内蒙古、东北、甘肃、青海;朝鲜,蒙古,俄罗斯(西伯利亚)。

寄主:杨、榆、柳、核桃楸等多种树木。

254. 红足真蝽 *Pentatoma rufipes* (Linnaeus, 1758)

分布:宁夏(贺兰山:大口子、贺兰口、小口子、小水沟、大水沟、苏峪口、马莲口)、北京、河北、山西、内蒙、东北、四川、西藏、陕西、甘肃、青海、新疆;朝鲜,日本,俄罗斯,欧洲。

寄主:杨、柳、榆。

255. 双刺益蝽 *Picromerus bidens* (Linnaeus,1758)

分布:宁夏(贺兰山)、内蒙古;英国;北美洲。

寄主:鳞翅目幼虫。

256. 益蝽 *Picromerus lewisi* (Scott, 1874)

分布:宁夏(贺兰山:小口子、拜寺口)、河北、山西、内蒙古、辽宁、吉林、黑龙江、江苏、浙江、安徽、福建、江西、山东、河南、湖北、湖南、广东、广西、海南、四川、贵州、云南、陕西、甘肃、新疆;朝鲜,日本,俄罗斯。

寄主:鳞翅目幼虫。

257. 珠蝽 *Rubiconia intermedia* (Wolff, 1811)

分布:宁夏(贺兰山)、北京、天津、河北、山西、辽宁、吉林、黑龙江、江苏、浙江、安徽、福建、江西、山东、湖北、湖南、广西、四川、贵州、陕西、甘肃;蒙古,日本,俄罗斯;欧洲。

寄主:麦类、豆类、水稻、苹果、枣、柳叶菜、水芹等。

258. 蓝蝽 *Zicrona caerula* (Linnaeus, 1758)

分布:宁夏(贺兰山)及全国各地;日本,朝鲜,蒙古,阿富汗,巴基斯坦,越南,缅甸,印度,马来西亚,印尼,伊朗,俄罗斯;欧洲,北美。

寄主:大戟、甘草、毛薄荷、多枝白蕊草、桦和各种杂草、其他蛾蝶类幼虫。

瘤蝽科 Phymatidae

宁夏贺兰山记述 1 属 1 种。

259. 中国螳瘤蝽 *Cnizocoris sinensis* (Kormilev, 1968)

分布:宁夏(贺兰山:大口子、贺兰口、苏峪口、黄旗口、大寺沟、拜寺口)、北京、河北、山西、内蒙古、陕西、甘肃、青海。

寄主:捕食中、小昆虫。

蛇蛉目 Raphidioptera

蛇蛉科 Raphidiidae

宁夏贺兰山记述 1 属 1 种。

260. 戈壁黄痣蛇蛉 *Xanthostigma gobicola* (Aspöck et Aspöck, 1990) *

分布:宁夏(贺兰山:椿树沟、贺兰口);蒙古。

寄主:捕食小型昆虫。

盲蛇蛉科 Inocelliidae

宁夏贺兰山记述 1 未定种。

261. 盲蛇蛉未定种 *Inocellia* sp.

分布:宁夏(贺兰山)。

寄主:捕食小型昆虫。

脉翅目 Neuroptera

褐蛉科 Hemerobiidae

宁夏贺兰山记述 2 属 2 种。

262. 全北褐蛉 *Hemerobius humuli*（Linnaeus, 1758）

分布:宁夏(贺兰山:苏峪口)、河北、山西、内蒙、辽宁、吉林、江苏、江西、湖北、四川、西藏、陕西、甘肃;欧洲。

寄主:捕食蚜虫、介壳虫、红蜘蛛。

263. 双钩齐褐蛉 *Kimminsia bihamita*（Yang, 1980）

分布:宁夏(贺兰山苏峪口)及全国各地。

寄主:捕食叶蝉、蓟马、蚜虫、介壳虫、粉虱、木虱等。

草蛉科 Chrysopidae

宁夏贺兰山记述 1 属 7 种。

264. 白线草蛉 *Chrysopa albolineata*（Killington, 1935）*

分布:宁夏(贺兰山小口子)、河北、内蒙古、山东、湖北、云南、西藏、陕西、甘肃、新疆;欧洲。

寄主:捕食叶蝉、蓟马、蚜虫、介壳虫、粉虱、木虱等。

265. 丽草蛉 *Chrysopa formosa*（Brauer, 1850）

分布:宁夏(贺兰山:大口子、贺兰口、苏峪口、黄旗口、大寺沟、独树沟、柳条沟、西峰沟、椿树沟、王泉沟、大水渠)、北京、山西、内蒙古、吉林、山东、河南、湖北、陕西、甘肃、青海;日本,朝鲜,俄罗斯(西伯利亚),欧洲。

寄主:捕食蚜虫、叶螨、叶蝉、介壳虫、粉虱、木虱、蓟马及鳞翅目的卵和初孵幼虫。

266. 多斑草蛉 *Chrysopa intima*（McLachlan, 1893）

分布:宁夏(贺兰山)、河北、山西、内蒙古、辽宁、吉林、黑龙江、湖北、四川、云南、陕西、甘肃;朝鲜,日本,俄罗斯(远东)。

寄主:捕食蚜虫、介壳虫、木虱、叶蝉、红蜘蛛、蝶蛾类的幼虫及卵等。

267. 叶色草蛉 *Chrysopa phyllichroma*（Wesmael, 1841）

分布:宁夏(贺兰山:贺兰口、苏峪口、镇木关、拜寺口、王泉沟、大水渠)、东北、华北、西北、华中;朝鲜,日本,蒙古,小亚细亚,欧洲。

寄主:捕食蚜虫、介壳虫、木虱、叶蝉、红蜘蛛、蝶蛾类的幼虫及卵等。

268. 大草蛉 *Chrysopa septempunctata*（Wesmael, 1841）

分布:宁夏(贺兰山:贺兰口,小口子,苏峪口,拜寺口)及全国各地;朝鲜,俄罗斯(远东);欧洲。

寄主:捕食蚜虫、介壳虫、木虱、叶蝉、红蜘蛛、蝶蛾类的幼虫及卵等。

269. 中华通草蛉 *Chrysapa sinica* (Tieder, 1936)

分布:宁夏(贺兰山:大口子、苏峪口、黄旗口、柳条沟、拜寺口)及全国各地;朝鲜,蒙古,俄罗斯。

寄主:捕食蚜虫、叶蝉、介壳虫、粉虱、木虱、蓟马等多种昆虫的卵和初龄幼虫。

270. 黄褐草蛉 *Chrysopa yatsumatsui* (Kuwayama, 1962)

分布:宁夏(贺兰山)、河北、山西、安徽、陕西、新疆;韩国,日本。

寄主:捕食蚜虫、叶蝉、介壳虫、粉虱、木虱、蓟马等。

蚁蛉科 Myrmeleontidae

宁夏贺兰山记述 5 属 5 种。

271. 条斑次蚁蛉 *Deutoleon lineatus* (Fabricius, 1798)

分布:宁夏(贺兰山:大口子、贺兰口、小口子、大水沟、苏峪口、马莲口、黄旗口、镇木关、大寺沟、拜寺口、大水渠)、内蒙古、吉林、青海、甘肃;朝鲜,俄罗斯,土耳其,罗马尼亚。

寄主: 捕食鳞翅目、鞘翅目等幼虫。

272. 褐纹树蚁蛉 *Dendronleon pantherius* (Fabricius, 1787)

分布:宁夏(贺兰山:贺兰口、苏峪口)、北京、内蒙古、江苏、湖北、江西、福建、河南、陕西、甘肃;欧洲。

寄主:捕食鳞翅目、鞘翅目等幼虫。

273. 中华东蚁蛉 *Eurolcon sinicus* (Navds, 1930)

分布:宁夏(贺兰山:小口子、贺兰口、苏峪口、马莲口)、内蒙古、吉林、甘肃、青海;蒙古。

寄主:捕食鳞翅目、鞘翅目等幼虫。

274. 白云蚁蛉 *Glenuroides japonicus* (Mclachlan, 1867) *

分布:宁夏(贺兰山:小口子、贺兰口、马莲口)、北京、浙江、福建、江西、湖北、湖南、广东、甘肃、台湾;朝鲜,日本。

寄主:捕食鳞翅目、鞘翅目等幼虫。

275. *Myrmeleon trigrammus* (Pallas, 1781) *

分布:宁夏(贺兰山)。

寄主:捕食鳞翅目、鞘翅目等幼虫。

蝶角蛉科 Ascalaphidae

宁夏贺兰山记述 1 属 1 种。

276. 黄花蝶角蛉 *Ascalaphus sibericus*（Everman）*

分布：宁夏（贺兰山：马莲口、镇木关、大水渠）、北京、河北、山西、内蒙古、辽宁、吉林、黑龙江、山东、陕西、青海、甘肃；俄罗斯（西伯利亚）。

寄主：成、幼虫均捕食小昆虫。

鞘翅目 Coleoptera

虎甲科 Cicindelidae

宁夏贺兰山记述 2 属 5 种。

277. *Cephalota chiloleuca*（Fisher-Waldheim, 1820）*

分布：宁夏（贺兰山）；韩国，俄罗斯，土耳其。

寄主：捕食鳞翅目等多种小型昆虫。

278. 云纹虎甲 *Cicindela elisae*（Motschulsky, 1859）

分布：宁夏（贺兰山）、北京、河北、山西、内蒙古、黑龙江、上海、江苏、浙江、安徽、江西、山东、河南、湖北、广东、海南、云南、甘肃、新疆、台湾地区；朝鲜，日本。

寄主：捕食鳞翅目等多种小型昆虫。

279. 芽斑虎甲 *Cicindela gemmata*（Faldermann, 1848）*

分布：宁夏（贺兰山）、北京、河北、内蒙古、山西、黑龙江、河南、山东、安徽；湖北、江苏、上海、浙江、江西、云南、广东、海南、新疆、甘肃、台湾地区；朝鲜，日本。

寄主：捕食鳞翅目等多种小型昆虫。

280. 星斑虎甲 *Cicindela kaleea*（Bates, 1866）*

分布：宁夏（贺兰山）、北京、河北、江苏、浙江、江西、山东、河南、四川、贵州、云南、甘肃、台湾地区；印度。

寄主：捕食多种昆虫。

281. 月斑虎甲 *Cicindela lunulata*（Fabricius, 1781）

分布：宁夏（贺兰山）、北京、河北、山西、内蒙古、辽宁、贵州、新疆、甘肃；俄罗斯，伊朗，叙利亚，埃及；欧洲。

寄主：捕食小型昆虫及其他小动物。

步甲科 Carabidae

宁夏贺兰山记述 17 属 41 种。

282. 棒胸暗步甲 *Amara banghaasi* Baliani, 1933*

分布:宁夏(贺兰山:小口子、西峰沟、苏峪口、椿树沟)、北京、黑龙江、辽宁、湖北、青海;韩国,俄罗斯。

寄主:黏虫、地老虎等鳞翅目幼虫和蛴螬。

283. 短胸暗步甲 *Amara brevicollis* (Chaudoir, 1850) *

分布:宁夏(贺兰山贺兰口);欧洲。

寄主:捕食鳞翅目幼虫和蛴螬。

284. 点胸暗步甲 *Amara dux* (Tschitscherine, 1894) *

分布:宁夏(贺兰山苏峪口);韩国,日本,俄罗斯。

寄主:捕食鳞翅目幼虫和蛴螬。

285. 甘肃胸暗步甲 *Amara gansuensis* (Jedlicka, 1957) *

分布:宁夏(贺兰山:苏峪口、大寺口、小口子)、甘肃。

寄主:捕食鳞翅目幼虫和蛴螬。

286. 膨胸暗步甲 *Amara tumida* (Morawitz, 1862)

分布:宁夏(贺兰山:苏峪口)、黑龙江;蒙古,俄罗斯。

寄主:捕食鳞翅目幼虫和蛴螬。

287. 小细胫步甲 *Agonum nitidum* (Motschulsky, 1861) *

分布:宁夏(贺兰山:苏峪口、贺兰口);俄罗斯,欧洲。

寄主:捕食鳞翅目幼虫和蛴螬。

288. 锥须步甲属 *Bembidion* sp.

分布:宁夏(贺兰山贺兰口)。

寄主:捕食鳞翅目幼虫和蛴螬。

289. 考氏肉步甲 *Broscus kozlovi* (Kryzhanovskij, 1995) *

分布:宁夏(贺兰山苏峪口),内蒙古;蒙古。

寄主:捕食鳞翅目幼虫和蛴螬。

290. 中华金星步甲 *Calosoma chinense* (Kirby,1818)

分布:宁夏(贺兰山小口子),黑龙江、吉林、辽宁、内蒙、山西、河北、北京、山东、河南、江苏、安徽、浙江、湖南、福建、四川、贵州、云南、西藏、青海、新疆、甘肃;日本,朝鲜,俄罗斯,东南亚。

寄主:捕食黏虫、地老虎等鳞翅目幼虫和蛴螬。

291. 大星步甲 *Calosoma maximoviczi*（Morawitz, 1863）

分布:宁夏(贺兰山正义关)、北京、河北、山西、内蒙古、辽宁、江苏、浙江、安徽、福建、江西、山东、河南、湖北、四川、云南、陕西、台湾地区;朝鲜,日本,俄罗斯。

寄主:捕食毒蛾科、舟蛾科等鳞翅目昆虫之幼虫。

292. 麻步甲 *Carabus brandti*（Faldermann, 1835）*

分布:宁夏(贺兰山小口子)、北京、河北、内蒙古、辽宁、吉林、黑龙江、河南;日本,韩国,俄罗斯。

寄主:捕食鳞翅目昆虫的幼虫。

293. 黄斑青步甲 *Chlaenius micans*（Fabriciue,1792）

分布:宁夏(贺兰山:椿树沟、拜寺口),辽宁、吉林、青海、陕西、内蒙、甘肃、北京、河北、河南、山东、江苏、安徽、湖北、江西、湖南、福建、广西、四川、贵州、云南、台湾地区;朝鲜、日本、斯里兰卡、印度尼西亚。

寄主:捕食鳞翅目昆虫的幼虫。

294. 毛青步甲 *Chlaenius pallipes*（Gebler,1823）

分布:宁夏(贺兰山:小口子、拜寺口),东北、新疆、青海、陕西、内蒙、北京、河北、河南、山西、山东、江苏、湖北、湖南、福建、广西、四川、贵州、云南;日本、朝鲜、蒙古、前苏联。

寄主: 捕食黏虫、地老虎及半翅目昆虫和蝗虫卵等。

295. 点沟清步甲 *Chlaenius praefectus*（Bates, 1873）*

分布:宁夏(贺兰山贺兰口)、湖北、广西、四川、台湾;日本,东南亚。

寄主:捕食鳞翅目幼虫和蛴螬。

296. 黄缘青步甲 *Chlaenius spoliatus*（Rossi,1792）

分布:宁夏(贺兰山小口子),黑龙江、吉林、辽宁、新疆、内蒙、甘肃、河北、江苏、湖北、湖南、福建、台湾地区、广东、广西、四川、贵州、云南;朝鲜,日本,俄罗斯;欧洲。

寄主:捕食黏虫、地老虎等鳞翅目昆虫。

297. 皮步甲 *Corsyra fusula*（Fischer–Waldheim, 1820）*

分布:宁夏(贺兰山柳条沟)、内蒙古;俄罗斯。

寄主:捕食鳞翅目幼虫和蛴螬。

298. 双斑猛步甲 *Cymindis binotata*（Fischer–Waldheim, 1820）*

分布:宁夏(贺兰山贺兰口)、北京、内蒙古;韩国,日本,俄罗斯。

寄主:捕食鳞翅目幼虫和蛴螬。

299. 半猛步甲 *Cymindis daimio*（Bates, 1873）*

分布：宁夏（贺兰山贺兰口）、河南；朝鲜，日本，俄罗斯。

寄主：捕食鳞翅目幼虫和蛴螬。

300. 猛步甲属 *Cymindis* sp.

分布：宁夏（贺兰山苏峪口）。

寄主：捕食鳞翅目幼虫和蛴螬。

301. 赤胸长步甲（蠋步甲） *Dolichus halensis*（Schaller, 1783）*

分布：宁夏（贺兰山：苏峪口），东北、新疆、青海、陕西、内蒙、北京、河北、河南、山西、山东、安徽、江苏、浙江、湖北、江西、湖南、福建、广东、广西、四川、贵州、云南；日本、朝鲜、俄罗斯、欧洲。

寄主：捕食蚜虫、蝼蛄、蛴螬、黏虫、地老虎等鳞翅目昆虫幼虫。

302. 广胸婪步甲 *Harpalus amplicollis*（Menetries, 1848）*

分布：宁夏（贺兰山：贺兰口、西峰沟）、北京、河北、内蒙古；日本，韩国，俄罗斯；欧洲。

寄主：捕食鳞翅目幼虫和蛴螬。

303. 棒婪步甲 *Harpalus bungii*（Chaudoir, 1844）*

分布：宁夏（贺兰山：大寺沟、小水沟、拜寺口、苏峪口、贺兰口、西峰沟、）、北京、吉林；日本，韩国，俄罗斯；欧洲。

寄主：捕食鳞翅目幼虫和蛴螬。

304. 谷婪步甲 *Harpalus calceatus*（Duftschmid, 1812）*

分布：宁夏（贺兰山：正义关、西峰沟、苏峪口、大水沟）、河北、内蒙古、辽宁、吉林、黑龙江、福建、河南、新疆；日本，俄罗斯，印度；欧洲。

305. 铜绿婪步甲 *Harpalus chalcentus*（Bates, 1873）*

分布：宁夏（贺兰山苏峪口），吉林、北京、河北、江苏、浙江、湖北、江西、湖南、福建、广东、广西、四川、贵州；朝鲜、日本。

寄主：为害谷类植物种子，小麦、长芒草、冰草，也是鳞翅目幼虫的天敌。

306. 直角婪步甲 *Harpalus corporosus*（Motschulsky, 1861）

分布：宁夏（贺兰山拜寺口、小口子、西峰沟、贺兰口）、内蒙古；日本，韩国，俄罗斯；欧洲。

寄主：捕食鳞翅目幼虫和蛴螬。

307. 强婪步甲 *Harpalus crates*（Bates, 1873）*

分布:宁夏(贺兰山、苏峪口)、内蒙古、甘肃;韩国,日本,俄罗斯。

寄主:危害谷子。亦捕食某些叩头甲和象甲幼虫。

308. 大卫蝼步甲 *Harpalus davidi* (Tschitscherine, 1897) *

分布:宁夏(贺兰山:大水渠、西峰沟、小口子、柳条沟);日本,韩国。

寄主:捕食鳞翅目幼虫和蛴螬。

309. 红缘蝼步甲 *Harpalus froelichii* (Sturm, 1818) *

分布:宁夏(贺兰山:王泉沟、小水沟、苏峪口、贺兰口、西峰沟、拜寺口、白虎洞、大寺沟、独树沟);俄罗斯,欧洲。

寄主:捕食鳞翅目幼虫和蛴螬。

310. 毛蝼步甲 *Harpalus griseus* (Panzer, 1797)

分布:宁夏(贺兰山小口子、贺兰口)、山西、辽宁、吉林、黑龙江、山东、湖北、江苏、浙江、安徽、福建、江西、湖南、广西、四川、贵州、云南、陕西、甘肃、新疆、台湾地区;欧洲西部至东亚一带,北非。

寄主:主要危害禾本科植物的种子。据报道,在南方成幼虫大量捕食白蚁。

311. 巨胸蝼步甲 *Harpalus macronotus* (Tschitscherine, 1893) *

分布:宁夏(贺兰山:西峰沟、苏峪口、贺兰口、椿树沟);俄罗斯。

寄主:捕食鳞翅目幼虫和蛴螬。

312. 喜蝼步甲 *Harpalus optabilis* (Dejean, 1829) *

分布:宁夏(贺兰山:汝箕沟、苏峪口、西峰沟);俄罗斯。

寄主:捕食鳞翅目幼虫和蛴螬。

313. 黄鞘蝼步甲 *Harpalus pallidipennis* (Morawitz, 1862) *

分布:宁夏(贺兰山:贺兰口、小口子、黄旗口、西峰沟)、北京、河北、内蒙古;日本,韩国,俄罗斯,欧洲。

314. 径蝼步甲 *Harpalus salinus* (Dejean, 1829) *

分布:宁夏(贺兰山:柳条沟、王泉沟)、内蒙古;日本,韩国,俄罗斯,欧洲。

寄主:捕食鳞翅目幼虫和蛴螬。

315. 中华蝼步甲 *Harpalus sinicus* (Hope, 1862) *

分布:宁夏(贺兰山:小口子、贺兰口)、北京、河北、内蒙古、辽宁、吉林、江苏、浙江、安徽、福建、江西、山东、河南、湖北、湖南、广东、四川、贵州、云南、西藏、甘肃、台湾地区;朝鲜,日本,俄罗斯(西伯利亚),越南。

寄主:取食麦类、糜子等的种子;也取食红蜘蛛、蚜虫等昆虫。

316. 圆胸钝颚步甲 *Martyr alter*（Semenov *et* Znojko, 1929）*

分布:宁夏(贺兰山小口子);蒙古,俄罗斯。

寄主:捕食鳞翅目幼虫和蛴螬。

317. 黄缘心步甲 *Nebria livida*（Linnaeus, 1758）*

分布:宁夏(贺兰山苏峪口)、北京、河北、内蒙古、辽宁、吉林、山西、黑龙江、浙江、江苏、河南、青海;日本,朝鲜,俄罗斯。

寄主: 捕食叶蝉、飞虱、蚜虫、黏虫等多种昆虫。

318. 锯步甲属 *Pristosia* sp.

分布:宁夏(贺兰山:苏峪口、黄旗口、贺兰口)。

寄主:捕食鳞翅目幼虫和蛴螬。

319. 蒙古伪葬步甲 *Pseudotaphoxenus mongolicus*（Jedlicka, 1953）*

分布:宁夏(贺兰山苏峪口)、山西;蒙古。

寄主:捕食鳞翅目幼虫和蛴螬。

320. 短翅伪葬步甲 *Pseudotaphoxenus brevipennis*（Semonov, 1889）*

分布:宁夏(贺兰山苏峪口)、青海、西藏。

寄主:捕食鳞翅目幼虫和蛴螬。

321. 直角通缘步甲 *Pterostichus gebleri*（Dejean, 1831）

分布:宁夏(贺兰山汝箕沟、苏峪口)、北京、河北、内蒙古、辽宁、吉林、黑龙江、四川、云南;朝鲜,俄罗斯。

寄主:捕食地老虎、草地螟、蝇类幼虫多种昆虫。

322. 单齿蝼步甲 *Scarites terricola*（Bonelli, 1813）

分布:宁夏(贺兰山小口子),黑龙江、辽宁、河北、江苏、台湾地区、新疆、甘肃、河南、内蒙古;北非、欧洲。

寄主:成虫在地表下打隧道,使幼苗根部外露或失去水分供应而导致枯死。亦捕食鳞翅目幼虫。

龙虱科 Dytiscidae

宁夏贺兰山记述 2 属 2 种。

323. 黄缘龙虱 *Cybister japonicus*（Sharp, 1873）

分布:宁夏(贺兰山:大口子,拜寺口)、天津、辽宁、吉林、黑龙江、上海、江西、湖南、贵州、云南、陕西、甘肃;日本,朝鲜,俄罗斯。

寄主:捕食水生昆虫及小动物。

324. 宽缝斑龙虱 *Hydaticus grammicus*（Germar, 1830）

分布:宁夏(贺兰山:拜寺口、马莲口)、北京、吉林、黑龙江、上海、江苏、浙江、河南、湖南、四川、云南、新疆;亚洲,欧洲。

寄主: 捕食水生昆虫及小动物。

埋葬甲科 Silphidae

宁夏贺兰山记述 3 属 3 种。

325. 尸葬甲 *Necrodes littoralis*（Linnaeus, 1758）*

分布:宁夏(贺兰山:苏峪口)、北京、吉林;俄罗斯,欧洲。

寄主:以动物尸体为食。

326. 大红斑葬甲 *Nicrophorus japonicus*（Harold, 1877）

分布:宁夏(贺兰山:苏峪口)、内蒙古、辽宁、吉林、黑龙江、上海、江西、河南、贵州、陕西、甘肃;朝鲜,蒙古,日本。

寄主:以动物尸体为食。

327. 亡葬甲 *Thanatophilus sinuatus*（Fabricius, 1775）*

分布:宁夏(贺兰山苏峪口)、北京、内蒙古、山东;俄罗斯;欧洲。

寄主:以动物尸体为食。

隐翅甲科 Staphylinidae

宁夏贺兰山记述 1 属 1 种。

328. 大颚斧须隐翅虫 *Oxyporus maxillosus*（Fabricius, 1792）

分布:宁夏(贺兰山)、内蒙古、甘肃;韩国,俄罗斯;欧洲。

寄主:林间菌类及周围落叶、土壤。

水龟甲科 Hydrophilidae

宁夏贺兰山记述 1 属 2 种。

329. 长须牙甲 *Hydrophilus acuminatus*（Mostchuisky, 1853）

分布:宁夏(贺兰山:贺兰口、大口子)及全国大部分省区;朝鲜,日本,俄罗斯(西伯利亚)。

寄主:水生昆虫的幼虫和蛹。

330. 小巨牙甲 *Hydrophilus affinis*（Sharp, 1873）

分布:宁夏(贺兰山:贺兰口、大口子、拜寺口)、北京;日本,朝鲜,俄罗斯。

寄主:水生昆虫。

阎甲科 Histeridae

宁夏贺兰山记述 3 属 4 种。

331. 窝胸清亮阎虫 *Atholus depistor* (Marseul, 1873) *

分布:宁夏(贺兰山:苏峪口)、内蒙古、辽宁、福建;俄罗斯。

寄主:以动物尸体、粪便为食。

332. 吉氏分阎虫 *Merohister jekeli* (Marseul, 1857) *

分布:宁夏(贺兰山苏峪口)、内蒙古、辽宁、福建;亚洲,欧洲。

寄主:以动物尸体、粪便为食。

333. 细纹腐阎虫 *Saprinus tenuistrius* (Marseul, 1855) *

分布:宁夏(贺兰山:苏峪口)、内蒙古、福建、甘肃、新疆;伊拉克,伊朗,阿富汗,欧洲,北非。

寄主:以动物尸体、粪便为食。

334. 半纹腐阎虫 *Saprinus semistriatus* (Scriba,1790)

分布:宁夏(贺兰山:苏峪口、汝箕沟)、新疆、黑龙江、吉林、辽宁;蒙古,俄罗斯;埃及,伊朗,中亚,欧洲。

锹甲科 Lucanidae

宁夏贺兰山记述 1 属 1 种。

335. 戴维刀锹甲 *Dorcus davidis* (Fairmaire, 1887) *

分布:宁夏(贺兰山)、北京、河北、陕西、青海。

寄主:幼虫腐食性,成虫取食植物伤口处溢液。

粪金龟科 Geotrupidae

宁夏贺兰山记述 2 属 2 种。

336. 戴锤角粪金龟 *Bolbotrypes davidis* (Fairmaire, 1891)

分布:宁夏(贺兰山:苏峪口)、河北、山西、内蒙古、辽宁、吉林、黑龙江、江苏、山东、台湾地区;越南,老挝,柬埔寨,俄罗斯。

寄主:成、幼虫均以食粪为生。

337. 波笨粪金龟 *Lethrus potanini* (Jakovlev, 1890)

分布:宁夏(贺兰山:贺兰口、小口子、大寺沟、独树沟、椿树沟、大水渠)、山西、甘肃;蒙古。

寄主:牛、羊粪。

皮金龟科 Trogidae

宁夏贺兰山记述 1 属 1 种。

338. 祖氏皮金龟 *Trox zoufali*（Balthasar, 1931）*

分布:宁夏(贺兰山:贺兰口、苏峪口)、山西;俄罗斯。

寄主:成、幼虫均以食粪为生。

蜉金龟科 Aphodiidae

宁夏贺兰山记述 1 属 3 种。

339. 血斑蜉金龟 *Aphodius haemorrhoidalis*（Linnaeus, 1758）*

分布:宁夏(贺兰山:苏峪口)、河北、山西、江苏、四川、西藏;日本,中亚,俄罗斯(西伯利亚),欧洲,北美。

寄主:成、幼虫均以食粪为生。

340. 红亮蜉金龟 *Aphodius impunctatus*（Waterhouse, 1875）*

分布:宁夏(贺兰山:苏峪口)、山西、中国北部;俄罗斯(东西伯利亚),日本。

寄主:成、幼虫均以食粪为生。

341. 直蜉金龟 *Aphodius rectus*（Motschulsky, 1866）

分布:宁夏(贺兰山:苏峪口)、北京、河北、山西、内蒙古、辽宁、江苏、山东、河南、四川、青海、台湾地区;朝鲜,日本,蒙古,俄罗斯;东亚,中亚。

寄主:成、幼虫均以食粪为生。幼虫偶尔为害禾草根部。

金龟科 Scarabaeidae

宁夏贺兰山记述 3 属 5 种。

342. 独角凯蜣螂 *Caccobius unicornis*（Fabricius, 1798）*

分布:宁夏(贺兰山:苏峪口、椿树沟)、山西、福建、湖北、台湾地区;朝鲜,日本,东洋区。

寄主:成、幼虫均以食粪为生。

343. 墨侧裸蜣螂 *Gymnopleurus mopsus*（Pallas, 1781）

分布:宁夏(贺兰山:苏峪口、小水沟)、河北、内蒙古、辽宁、吉林、黑龙江、江苏、浙江、山东、甘肃、新疆;欧洲,北非。

寄主:成、幼虫均以食粪为生。

344. 双顶嗡蜣螂 *Onthophagus bivertex*（Heyden, 1887）*

分布:宁夏(贺兰山:苏峪口)、河北、山西、福建、四川;朝鲜,日本,俄罗斯(远东)。

寄主:成、幼虫均以食粪为生。

345. 小驼嗡蜣螂 Onthophagus gibbulus (Pallas, 1781) *

分布:宁夏(贺兰山:苏峪口)、北京、河北、山西、内蒙古、辽宁、吉林、黑龙江、甘肃、青海;蒙古,俄罗斯(远东);欧洲。

寄主:成、幼虫均以食粪为生。

346. 中华嗡蜣螂 Onthophagus sinicus (Zhan et Wang, 1997) *

分布:宁夏(贺兰山:苏峪口、西峰沟)、河北、山西。

寄主:成、幼虫均以食粪为生。

犀金龟科 Dynastidae

宁夏贺兰山记述 1 属 1 种。

347. 阔胸禾犀金龟 Pentodon mongonlicus (Motschulsky, 1849)

分布:宁夏(贺兰山:大口子、贺兰口、小口子、马莲口、正义关)、北京、河北、山西、内蒙古、辽宁、吉林、黑龙江、江苏、浙江、山东、河南、陕西、甘肃、青海;蒙古。

寄主:危害多种植物的种子、芽、根、茎、块根等。

丽金龟科 Rutelidae

宁夏贺兰山记述 4 属 4 种。

348. 斑喙丽金龟 Adoretus tenuimaculatus (Waterhouse, 1875)

分布:宁夏(贺兰山:苏峪口)、河北、山西、辽宁、江苏、浙江、江西、安徽、福建、山东、河南、湖北、湖南、广东、广西、贵州、四川、云南、陕西、甘肃、台湾地区;朝鲜,日本,美国。

寄主:成虫取食苹果、梨、葡萄、刺槐等植物的叶片,幼虫危害果树苗木及农植物的地下部分。

349. 弱脊异丽金龟 Anomala sulcipennis (Faldermann, 1835) *

分布:宁夏(贺兰山:苏峪口)、辽宁、河北、山西、江苏、浙江、福建、江西、河南、湖北、湖南、广东、广西、四川、贵州、陕西、甘肃;俄罗斯。

寄主:成虫危害苹果,梨等果树之叶子。

350. 弓斑丽金龟 Cyriopertha arcuata (Gebler, 1832) *

分布:宁夏(贺兰山:小口子、椿树沟、苏峪口)、河北、山西、内蒙古、辽宁、吉林、黑龙江、河南;俄罗斯。

寄主:成虫危害禾本科植物之嫩穗,幼虫危害根部。

351. 中华弧丽金龟 *Popillia quadriguttata*)

分布:宁夏(贺兰山:贺兰口、小口子、黄旗口)、河北、山西、内蒙古、辽宁、吉林、黑龙江、江苏、浙江、安徽、福建、江西、山东、河南、湖北、广东、广西、四川、云南、贵州、陕西、甘肃、青海、台湾;朝鲜,越南。

寄主:葡萄、苹果、梨、杏、桃、榆、杨、紫穗槐、牧草等。

鳃金龟科 Melolonthidae

宁夏贺兰山记述 7 属 9 种。

352. 福婆鳃金龟 *Brahmina faldermanni*（Kraatz, 1892)

分布:宁夏(贺兰山:贺兰口、小口子)、山西、内蒙古、黑龙江、甘肃;蒙古,朝鲜,俄罗斯(远东地区)。

寄主:成虫取食苹果、山枣、杏、刺槐等树的叶片。幼虫危害禾草、灌木的地下部分。

353. 介婆鳃金龟 *Brahmina intermedia*（Mannerheim, 1849)

分布:宁夏(贺兰山:贺兰口、苏峪口、马莲口、大寺沟、王泉沟)、山西、内蒙古、黑龙江;朝鲜,俄罗斯(远东)。

寄主:成虫取食苹果、山杏、刺槐等树的叶片。幼虫危害禾草、灌木的地下部分。

354. 华北大黑鳃金龟 *Holotrichia oblita*（Faldermann, 1835)

分布:宁夏(贺兰山小口子)、北京、天津、河北、山西、内蒙古、辽宁、江苏、浙江、安徽、江西、山东、河南、陕西、甘肃、青海;俄罗斯。

寄主:成虫取食苹果、榆等的嫩叶。幼虫危害牧草及苗木的地下部分。

355. 围绿单爪鳃金龟 *Hoplia cincticollis*（Faldermann, 1833)

分布:宁夏(贺兰山:贺兰口、苏峪口、黄旗口、独树沟)、河北、山西、内蒙古、辽宁、吉林、黑龙江、山东、河南、甘肃;日本,俄罗斯;欧洲。

寄主:成虫取食杨、榆、桑、杏、梨、桦嫩梢的嫩叶及野生白花苜蓿苗。

356. 小阔胫玛绢金龟 *Maladera ovatula*（Fairmaire, 1891)

分布:宁夏(贺兰山小口子)、河北、山西、内蒙古、辽宁、吉林、黑龙江、江苏、安徽、山东、河南、广东、海南;韩国,俄罗斯。

寄主:成虫取食榆、柳、杨、梨、苹果等叶片,幼虫危害不大。

357. 阔胫玛绢金龟 *Maladera verticalis*（Fairmaire, 1888)

分布:宁夏(贺兰山:大口子、小口子、拜寺口)、河北、山西、辽宁、吉林、黑龙江、山东、陕西;朝鲜。

寄主:成虫取食榆、柳、杨、梨、苹果等叶片,幼虫危害不大。

358. 大云鳃金龟 *Polyphylla laticollis* (Lewis, 1895)

分布:宁夏(贺兰山:苏峪口、贺兰口、椿树沟)、北京、河北、山西、内蒙古、辽宁、吉林、黑龙江、江苏、安徽、浙江、福建、山东、河南、四川、贵州、云南、陕西、甘肃、青海、新疆;日本,朝鲜,亚洲北部。

寄主:成虫取食松、榆、杨、云杉、柳叶,幼虫危害灌木、杂草地下部分。

359. 东方绢金龟 *Serica orientalis* (Motschulsky, 1857) *

分布:宁夏(贺兰山:贺兰口、大水沟)、河北、山西、内蒙古、辽宁、吉林、黑龙江、江苏、安徽、山东、河南、甘肃;蒙古,朝鲜,日本,俄罗斯(远东)。

寄主:成虫喜食榆叶、杨叶及柳叶,幼虫以腐殖质和嫩根为食。

260. 大皱鳃金龟 *Trematodes grandis* (Semenov, 1902)

分布:宁夏(贺兰山:苏峪口)、内蒙古、陕西、甘肃;俄罗斯。

寄主:危害沙地植物。

花金龟科 Cetoniidae

宁夏贺兰山记述 3 属 5 种。

361. 华美花金龟 *Cetonia magnifica* (Ballion, 1870) *

分布:宁夏(贺兰山:贺兰口、王泉沟、苏峪口)、河北、山西、内蒙古、辽宁、吉林、黑龙江、山东、河南、陕西;俄罗斯(远东)。

寄主:成虫取食苹果、梨、松、槐等植物的花蜜、树汁、嫩芽;幼虫危害多种林木。

362. 暗绿花金龟 *Cetonia viridiopaca* (Motschulsky, 1860) *

分布:宁夏(贺兰山:贺兰口、小口子、大水沟、苏峪口、大寺沟、王泉沟)、河北、山西、内蒙古、黑龙江;朝鲜,俄罗斯(远东)。

寄主:成虫取食花蜜、树汁、嫩芽、嫩叶、幼柞蚕等;幼虫危害各类植物的地下根茎部分。

363. 小青花金龟 *Oxycetonia jucunda* (Faldermann, 1835)

分布:宁夏(贺兰山:苏峪口)及全国广泛分布;朝鲜,日本,尼泊尔,印度,俄罗斯,北美。

寄主:成虫取食榆、杨、刺槐、山杏、桃及灌木等的花器、果实及嫩芽,幼虫危害地下根、茎。

364. 白星花金龟 *Potosia brevitarsis* (Lewis, 1879)

分布:宁夏(贺兰山:贺兰口、小口子、黄旗口、拜寺口、椿树沟、大水渠)、北京、河北、山西、内蒙古、东北、江苏、浙江、安徽、福建、江西、山东、河南、湖北、湖南、四川、云南、西藏、陕西、甘肃、青海、台湾地区;朝鲜,日本,蒙古,俄罗斯。

寄主:柳、榆、柏、苹果、梨、山杏等的花、流汁、果及树叶。

365. 饥星花金龟 *Potosia famelica* (Janson, 1879) *

分布:宁夏(贺兰山:贺兰口、大口子、小口子、大水沟、苏峪口、镇木关、独树沟、柳条沟、拜寺口、椿树沟、大水渠)、河北、山西、内蒙古、辽宁、吉林、黑龙江、江苏、浙江、山东、云南、陕西;朝鲜,俄罗斯(远东)。

寄主:同白星花金龟。

吉丁甲科 Buprestidae

宁夏贺兰山记述 4 属 5 种。

366. 棕窄吉丁 *Agrilus integerrimus* (Ratzeburg, 1839) *

分布:宁夏(贺兰山:贺兰口);韩国,俄罗斯;欧洲。

寄主:杨、榆。

367. 绿窄吉丁甲 *Agrilus viridis* (Linnaeus, 1758)

分布:宁夏(贺兰山:拜寺口)、东北、西北、西南、西藏;俄罗斯;西欧,北非。

寄主:柳、杨、榆。

368. 六星吉丁虫 *Chrysobothris succedanea* (Saunders, 1875)

分布:宁夏(贺兰山:小口子)、河北、辽宁、江苏、山东、河南、甘肃、青海;日本,俄罗斯。

寄主:苹果、梨、杏、桃、杨等。

369. 梨金缘吉丁甲 *Lampra limbata* (Gebler, 1832)

分布:宁夏(贺兰山:贺兰口)、河北、辽宁、吉林、黑龙江、河南、西北及长江流域;蒙古,俄罗斯。

寄主:为害梨、苹果、杏、桃、杨等。

370. 杨锦纹吉丁 *Poecilonota variolosa* (Paykull, 1799)

分布:宁夏(贺兰山:苏峪口)、内蒙古、东北、湖北;俄罗斯。

寄主:杨。

叩甲科 Elateridae

宁夏贺兰山记述 5 属 6 种,

371. 细胸锥尾叩甲 *Agriotes fusicollis* (Miwa, 1928)

分布:宁夏(贺兰山:小口子、贺兰口)及全国各地;俄罗斯。

寄主:杨树及多种树木、牧草。

372. 泥红槽缝叩甲 *Agrypnus argillaceus* (Solsky, 1871) *

分布:宁夏(贺兰山:马莲口、贺兰口、拜寺口、小口子、西峰沟)、内蒙古、辽宁、吉林、湖北、广西、四川、云南、贵州、西藏、陕西、甘肃、台湾;朝鲜,蒙古,俄罗斯,越南,柬埔寨。

寄主:松、核桃。

373. 暗色槽缝叩甲 *Agrypnus musculus* (Candèze, 1873) *

分布:宁夏(贺兰山拜寺口)、江苏、浙江、湖北、福建、广东、海南、台湾地区;日本,韩国。

寄主:麦类、玉米、高粱、水稻。

374. 黑色锥胸叩甲 *Ampedus nigrinus* (Herbst, 1784) *

分布:宁夏(贺兰山:小口子、贺兰口)、辽宁、吉林;蒙古。

寄主:柞。

375. 栗腹梳爪叩甲 *Melanotus nuceus* (Candeze, 1881) *

分布:宁夏(贺兰山:苏峪口、拜寺口)、广东、四川;朝鲜,越南。

寄主:不详

376. 宽背金叩甲 *Selatosomus latus* (Fabricius, 1801)

分布:宁夏(贺兰山小口子)、内蒙古、辽宁、吉林、黑龙江、甘肃、新疆、青海;哈萨克斯坦,俄罗斯欧洲部分。

寄主:榆。

花萤科 Cantharidae

宁夏贺兰山记述 2 属 3 种。

377. 红毛花萤 *Cantharis rufa* (Linnaeus, 1758) *

分布:宁夏(贺兰山);日本,欧洲。

寄主:白昼活动,常见于花上,主要捕食蚜虫、介壳虫、叶甲等害虫。

378. 柯氏花萤 *Cantharis knizeki* (Svihla, 2004) *

分布:宁夏(贺兰山);日本;欧洲

寄主:白昼活动,常见于花上,主要捕食蚜虫、介壳虫、叶甲等害虫。

379. 毛胸异花萤 *Lycocerus pubicollis* (Heyden, 1889) *

分布:宁夏(贺兰山);日本;欧洲。

寄主:白昼活动,常见于花上,主要捕食蚜虫、介壳虫、叶甲等害虫。

皮蠹科 Dermestidae

宁夏贺兰山记述 2 属 4 种。

380. 白带圆皮蠹 *Anthrenus pimpinellae* （Fabricius, 1775）

分布:宁夏(贺兰山)、河北、内蒙古、黑龙江、浙江、山东、河南、四川、陕西、青海、新疆;欧洲。

寄主:成虫喜食紫穗槐、沙枣等植物花粉、花蜜,幼虫危害面粉、糠麸、羊皮及其制品、腐败物质等。

381. 玫瑰皮蠹 *Dermestes dimidiatus ab. rosea* （Kusnezova, 1908）

分布:宁夏(贺兰山:独树沟、响水沟、西峰沟)、黑龙江、西藏、甘肃、新疆、青海;蒙古,俄罗斯;欧洲。

寄主:动物尸体。

382. 拟白腹皮蠹 *Dermestes frischi* （Kugelann, 1892）

分布:宁夏(贺兰山:西峰沟)、河北、山西、内蒙古、辽宁、黑龙江、吉林、山东、上海、浙江、湖南、福建、四川、陕西、青海、新疆;世界各地。

寄主:主要危害兽骨、各种生皮毛。

383. 赤毛皮蠹 *Dermestes tessellatocollis* （Motschulsky, 1860）

分布:宁夏(贺兰山:小口子、贺兰口)及全国大多数省区;朝鲜,日本,俄罗斯(西伯利亚),印度。

寄主:主要危害兽骨、各种生皮毛。

棘胫小蠹科 Scolytidae

宁夏贺兰山记述 5 属 6 种。

384. 多毛切梢小蠹 *Blastophagus pilifer* （Spessivtseff, 1919）

分布:宁夏(贺兰山:苏峪口)、北京、黑龙江;俄罗斯。

寄主:松。

385. 云杉八齿小蠹 *Ips typographus* （Linnaeus, 1758）

分布:宁夏(贺兰山:苏峪口)、辽宁、吉林、黑龙江、四川、新疆;日本,朝鲜,俄罗斯;欧洲。

寄主:云杉。

386. 中穴星坑小蠹 *Pityogenes chalcographus* （Linnaeus, 1761）

分布:宁夏(贺兰山:苏峪口)、内蒙古、辽宁、吉林、黑龙江、四川、新疆;日本,朝鲜,俄罗斯。

寄主:云杉。

387. 云杉四眼小蠹 *Polygraphus polygrphus* （Linnaeus, 1758）

分布:宁夏（贺兰山:苏峪口）、内蒙古、陕西、青海;俄罗斯;欧洲。

寄主:云杉、油松。

388. 脐腹小蠹 *Scolytus schevyrewi* （Semenov, 1902）

分布:宁夏（贺兰山:小口子、柳条沟）、河北、河南、陕西、新疆;俄罗斯。

寄主:榆。

389. 云杉小蠹 *Scolytus sinopiceus* （Tsai, 1962）

分布:宁夏（贺兰山:苏峪口）、内蒙古、四川、云南、西藏、青海。

寄主:云杉。

郭公虫科 Cleridae

宁夏贺兰山记述 2 属 3 种。

390. 中华食蜂郭公虫 *Trichodes sinae* （Chevrolat, 1874）

分布:宁夏（贺兰山苏峪口）、河北、山西、内蒙古、辽宁、吉林、黑龙江、山东、湖南、四川、陕西、甘肃、青海;朝鲜。

寄主:幼虫取食叶蜂、泥蜂等幼虫,成虫取食胡萝卜、萝卜、苦豆、蚕豆等植物的花粉。

391. 蚁形郭公虫 *Thanasimus formicarius* （Linnaeus, 1758） *

分布:宁夏（贺兰山苏峪口）、内蒙古、甘肃;欧洲。

寄主: 捕食其它小型昆虫。

392. *Thanassimus lewisi* （Jacobson, 1911） *

分布:宁夏（贺兰山苏峪口）、北京;韩国。

寄主: 捕食其他小型昆虫。

瓢虫科 Coccinellidae

宁夏贺兰山记述 13 属 19 种。

393. 二星瓢虫 *Adalia bipunctata* （Linnaeus, 1758）

分布:宁夏（贺兰山:贺兰口、苏峪口、黄旗口、镇木关、大寺沟、拜寺口、正义关、椿树沟、白虎洞）、北京、河北、山西、内蒙古、吉林、黑龙江、江苏、浙江、安徽、福建、江西、山东、河南、广西、四川、贵州、云南、西藏、陕西、甘肃、青海、新疆;亚洲,欧洲,非洲,南美洲。

寄主:桃粉蚜、棉蚜、槐蚜、麦二叉蚜、吹绵蚧、粉虱、瘿螨等。

394. 存疑裸纹瓢虫 *Bothrocaluia* sp.

分布：宁夏（贺兰山）。

395. 七星瓢虫 *Coccinella septempunctata* （Linnaeus, 1758）

分布：宁夏（贺兰山：大口子、贺兰口、小口子、小水沟、大水沟、苏峪口、马莲口、黄旗口、镇木关、大寺沟、独树沟、柳条沟、甘沟、拜寺口、正义关、西峰沟、椿树沟、响水沟、王泉沟、大水渠、白虎洞）、北京、河北、山西、内蒙古、东北、江苏、浙江、福建、江西、山东、河南、湖北、湖南、广东、四川、云南、西藏、陕西、甘肃、青海、新疆；古北区。

寄主：棉蚜、豆蚜、槐蚜、菜缢管蚜、桃蚜、大豆蚜、麦二叉蚜等各种蚜虫及桑木虱、螨类等。

396. 横斑瓢虫 *Coccinella transversoguttata* （Faldermann, 1835）

分布：宁夏（贺兰山苏峪口）、四川、西藏、甘肃、青海、新疆；亚洲中部，俄罗斯（西伯利亚）；欧洲，北美洲。

寄主：蚜虫。

397. 十一星瓢虫 *Coccinella undecimpunctata* （Linnaeus, 1758）

分布：宁夏（贺兰山拜寺口）、河北、山西、安徽、山东、陕西、新疆；亚洲，欧洲，非洲北部。

寄主：麦蚜、棉蚜等蚜虫。

398. 双七瓢虫 *Coccinula quatuordecimpustulata* （Linnaeus, 1758）

分布：宁夏（贺兰山拜寺口）、北京、河北、内蒙古、山西、辽宁、吉林、黑龙江、浙江、江西、山东、河南、四川、陕西、甘肃、新疆、青海；日本；欧洲。

寄主：捕食麦蚜、菜蚜等各种蚜虫。

399. 黑缘红瓢虫 *Chilocorus rubidus* （Hope, 1831）

分布：宁夏（贺兰山：大水沟、拜寺口）、北京、河北、内蒙古、辽宁、吉林、黑龙江、江苏、浙江、福建、山东、河南、湖南、海南、四川、贵州、云南、西藏、陕西、甘肃；日本，朝鲜，印度，尼泊尔，印尼，俄罗斯，澳大利亚。

寄主：朝鲜毛球蚧、褐球蚧、白蜡虫、黍缢管蚜等。

400. 蒙古光瓢虫 *Exochomus mongol* （Barovsky, 1922） *

分布：宁夏（贺兰山：柳条沟、正义关）、北京、河北、辽宁、江苏、山东、河南、陕西、甘肃；朝鲜，蒙古。

寄主：松干蚧、柿绒蚧、康粉蚧等介壳虫。

401. 茄二十八星瓢虫 *Henosepilachna vigintioctopunctata* （Fbricius,1775）

分布:宁夏(贺兰山:大水沟、拜寺口)、山西、辽宁、河北、河南、山东、陕西、江苏、浙江、安徽、四川、江西、湖南、湖北、福建、台湾地区、广东、广西、海南、贵州、云南、西藏;韩国南部,日本,印度,尼泊尔,缅甸,泰国,越南,印度尼西亚,新几内亚,澳大利亚。

寄主:茄科植物。

402. 十三星瓢虫 *Hippodamia tredecimpunctata* (Linnaeus, 1758)

分布:宁夏(贺兰山:小口子、王泉沟)、北京、河北、吉林、江苏、浙江、山东、河南、甘肃、新疆;俄罗斯(西伯利亚),欧洲,北美洲。

寄主:槐蚜、棉蚜、麦长管蚜、豆长管蚜、麦二叉蚜、小米蚜、荷缢管蚜。

403. 多异瓢虫 *Hippodamia variegata* (Goeze, 1777)

分布:宁夏(贺兰山:大口子、贺兰口、小口子、小水沟、大水沟、苏峪口、马莲口、黄旗口、镇木关、独树沟、大寺沟、柳条沟、甘沟、拜寺口、正义关、西峰沟、椿树沟、响水沟、王泉沟、大水渠、白虎洞)、北京、天津、河北、内蒙古、山西、辽宁、吉林、江苏、浙江、安徽、福建、山东、河南、四川、云南、西藏、陕西、甘肃、青海、新疆;印度,非洲中部。

寄主:棉蚜、槐蚜、麦蚜、豆蚜等多种蚜虫。

404. 异色瓢虫 *Harmonia axyridis* (Pallas, 1773)

分布:宁夏(贺兰山:贺兰口、小口子、小水沟、大水沟、苏峪口、马莲口、黄旗口、镇木关、大寺沟、独树沟、拜寺口、西峰沟、椿树沟)、北京、河北、山西、吉林、黑龙江、江苏、浙江、福建、江西、山东、河南、湖南、广东、广西、四川、云南、陕西、甘肃;朝鲜,蒙古,日本,俄罗斯(西伯利亚)。

寄主:菜缢管蚜、豆蚜、棉蚜、高粱蚜、甘蔗蚜、橘蚜、木虱、瘤蚜、粉蚧、松干蚧、绒蚧、螨类等。

405. 四斑显盾瓢虫 *Hyperaspis leechi*(Miyatake, 1961） *

分布:宁夏(贺兰山西峰沟)、河北、山西、辽宁、吉林、黑龙江、浙江、江苏、湖北、四川;日本,韩国。

寄主:蚜虫

406. 存疑显盾瓢虫 *Hyperaspis* sp.

分布:宁夏(贺兰山)。

407. 黄斑盘瓢虫 *Lemnia saucia*（Mulsant, 1850） *

分布:宁夏(贺兰山:贺兰口、苏峪口、黄旗口、椿树沟)、浙江、福建、山东、河南、湖南、广东、广西、四川、贵州;印度,菲律宾。

寄主:捕食蚜虫、飞虱。

408. 菱斑巧瓢虫 *Oenopia conglobata* (Linnaeus, 1758)

分布:宁夏(贺兰山:小口子、椿树沟)、北京、河北、内蒙古、山西、福建、山东、河南、西藏、陕西、新疆;蒙古。

寄主:麦蚜、棉蚜、玉米蚜、苹果绵蚜、瘤蚜等多种蚜虫。

409. 十二斑巧瓢虫 *Oenopia bissexnotata* (Mulsant, 1850)

分布:宁夏(贺兰山:贺兰口、大寺沟、椿树沟、大水渠、白虎洞)、北京、河北、辽宁、吉林、黑龙江、山东、湖北、四川、贵州、陕西、甘肃、新疆、青海;日本,朝鲜,俄罗斯。

寄主:蚜虫、粉蚧、叶螨、木虱等。

410. 日本龟纹瓢虫 *Propylaea japonica* (Thunberg, 1781)

分布:宁夏(贺兰山:小口子、贺兰口、大寺沟、椿树沟、大水渠、白虎洞)、北京、河北、内蒙古、辽宁、吉林、黑龙江、上海、江苏、浙江、江西、福建、山东、河南、湖北、湖南、广东、广西、海南、四川、贵州、云南、陕西、甘肃、新疆、台湾地区;日本,朝鲜,印度,俄罗斯(西伯利亚),意大利。

寄主:蚜虫、松干蚧、粉蚧、叶螨、木虱等。

411. 十八斑菌瓢虫 *Psyllobora* sp.

分布:宁夏(贺兰山)。

拟步甲科 Tenebrionidae

宁夏贺兰山记述 19 属 49 种。

412. 小丽东鳖甲 *Anatolica amoenula* (Reitter, 1889)

分布:宁夏(贺兰山:正义关、柳条沟)、内蒙古、甘肃;蒙古。

寄主:石块下或植物根缘沙土内,取食多种植物的根。

413. 平原东鳖甲 *Anatolica ebenina* (Fairmair, 1886)

分布:宁夏(贺兰山:正义关、柳条沟、白虎洞)、北京。

寄主:石块下或植物根缘沙土内,取食多种植物的根。

414. 宽腹东鳖甲 *Anatolica gravidula* (Frivaldszky, 1889)

分布:宁夏(贺兰山王泉沟)、内蒙古、甘肃、新疆。

寄主:石块下或植物根缘沙土内,取食多种植物的根。

415. 小东鳖甲 *Anatolica minima* (Bogdnov-Katjkov, 1915)

分布:宁夏(贺兰山柳条沟)、内蒙古、甘肃。

寄主:石块下或植物根缘沙土内,取食多种植物的根。

416. 尖尾东鳖甲 *Anatolica mucronata* (Reitter, 1889)

分布:宁夏(贺兰山甘沟)、内蒙古、陕西、甘肃;蒙古。

寄主:石块下或植物根缘沙土内,取食多种植物的根。

417. 纳氏东鳖甲 *Anatolica nureti* Schuster et (Reymond, 1937)

分布:宁夏(贺兰山柳条沟)、内蒙古、陕西、甘肃;蒙古。

寄主:石块下或植物根缘沙土内,取食多种植物的根。

418. 弯胫东鳖甲 *Anatolica pandaroides* (Reitter, 1889)

分布:宁夏(贺兰山:西峰沟、汝箕沟、苏峪口、大口子、正义关、大水沟、白虎洞、大寺沟、椿树沟、贺兰口、小口子、独树沟、拜寺口、马莲口、黄旗口、小水沟)、内蒙古、甘肃。

寄主:石块下或植物根缘沙土内,取食多种植物的根。

419. 平坦东鳖甲 *Anatolica planate* (Frivaldszky, 1889)

分布:宁夏(贺兰山:王泉沟、小水沟、西峰沟、汝箕沟、大口子、正义关、大水沟、柳条沟、大寺沟、贺兰口、响水沟、拜寺口、马莲口、甘沟)、甘肃。

寄主:石块下或植物根缘沙土内,取食多种植物的根。

420. 波氏东鳖甲 *Anatolica potanini* (Reitter, 1889)

分布:宁夏(贺兰山小口子)、内蒙古、四川、陕西、甘肃、新疆;蒙古。

寄主:石块下或植物根缘沙土内,取食多种植物的根。

421. 宽突东鳖甲 *Anatolica sternalia* (Reitter, 1889)

分布:宁夏(贺兰山:王泉沟、柳条沟)、内蒙古、甘肃、新疆。

寄主:石块下或植物根缘沙土内,取食多种植物的根。

422. 瘦东鳖甲 *Anatolica strigosa* (Germar, 1824)

分布:宁夏(贺兰山:汝箕沟、小口子、小水沟)、青海。

寄主:石块下或植物根缘沙土内,取食多种植物的根。

423. 球胸小鳖甲 *Microdera globata* (Faldermann, 1835)

分布:宁夏(贺兰山小口子)、山西、内蒙古、甘肃、青海;蒙古。

寄主:石块下或植物根缘沙土内,取食多种植物的根。

424. 克小鳖甲 *Microdera kraatzi* (Reitter, 1889)

分布:宁夏(贺兰山:王泉沟、小水沟、正义关、柳条沟、椿树沟、大水渠)、内蒙古、甘肃;蒙古。

寄主:石块下或植物根缘沙土内,取食多种植物的根。

425. 小皮鳖甲 *Scytosoma pygmaeum* (Gebler, 1832)

分布:宁夏(贺兰山:王泉沟、小水沟、西峰沟、汝箕沟、苏峪口、大口子、正义关、大水沟、柳条沟、白虎洞、椿树沟、贺兰口、镇木关、响水沟、拜寺口、大水渠、马莲口、甘沟)、内蒙古;蒙古,俄罗斯(远东)。

寄主:石块下或植物根缘沙土内,取食多种植物的根。

426. 棕腹皮鳖甲 *Scytosoma rufiabdomina* (Ren et Zheng, 1993)

分布:宁夏(贺兰山:柳条沟、白虎洞)、内蒙古。

寄主:石块下或植物根缘沙土内,取食多种植物的根。

427. 谢氏龙甲 *Leptodes szekessyi* (Kaszab, 1962)

分布:宁夏(贺兰山苏峪口)、山西、内蒙古、陕西;俄罗斯,北欧。

寄主:石块下或植物根缘沙土内,取食多种植物的根。

428. 蒙古漠王 *Platyope mongolica* (Falderman,1835)

分布:宁夏(贺兰山:正义关、柳条沟)、甘肃。

寄主:石块下或植物根缘沙土内,取食多种植物的根。

429. 莱氏脊漠甲 *Pterocoma reitteri* (Frivaldszky, 1889)

分布:宁夏(贺兰山柳条沟)、内蒙古、甘肃;蒙古。

寄主:幼虫在石块、洞穴内及白刺等植物根缘沙土内发育。

430. 泥脊漠甲 *Pterocoma vittata* (Frivaldszky, 1889)

分布:宁夏(贺兰山柳条沟)、内蒙古、甘肃、青海。

寄主:石块下或植物根缘沙土内,取食多种植物的根。

431. 多毛宽漠甲 *Sternoplax setosa setosa* (Bates, 1879)

分布:宁夏(贺兰山小口子)、内蒙古、甘肃、新疆;塔吉克斯坦、乌兹别克斯坦。

寄主:幼虫在石块、洞穴内及白刺等植物根缘沙土内发育。

432. 拟步行琵甲 *Blaps caraboides* (Allard, 1882)

分布:宁夏(贺兰山:苏峪口、大口子、独树沟、甘沟)、陕西、甘肃、青海;阿富汗,哈萨克斯坦,塔吉克斯坦。

寄主:石块下或植物根缘沙土内,取食多种植物的根或腐食性。

433. 达氏琵甲 *Blaps davidea* (Deyrolle, 1878)

分布:宁夏(贺兰山苏峪口)、内蒙古、陕西。

寄主:幼虫在石块、洞穴内及多种植物根缘沙土内发育,成虫取食植物的根或腐食性。

434. 弯齿琵甲 *Blaps femoralis femoralis*（Fischer-Waldheim, 1844）

分布:宁夏(贺兰山:小口子、王泉沟、小水沟、正义关、镇木关)、河北、山西、内蒙古、陕西、甘肃;蒙古。

435. 钝齿琵甲 *Blaps femoralis medusula*（Skopin, 1964）

分布:宁夏(贺兰山:小口子、小水沟、王泉沟)、内蒙古;蒙古。

寄主:幼虫在石块、洞穴内及多种植物根缘沙土内发育,成虫取食植物的根或腐食性。

436. 直齿琵甲 *Blaps femoralis rectispinus*（Kaszab, 1968）

分布:宁夏(贺兰山:小水沟、正义关、柳条沟、王泉沟)、山西。

寄主:幼虫在石块、洞穴内及多种植物根缘沙土内发育,成虫取食植物的根或腐食性。

437. 异距琵甲 *Blaps kirishenkoi* Semenow et（Bogatschev, 1936）

分布:宁夏(贺兰山苏峪口)、内蒙古、甘肃。

寄主:幼虫在石块、洞穴内及多种植物根缘沙土内发育,成虫取食植物的根或腐食性。

438. 边粒琵甲 *Blaps miliaria*（Gebler, 1825）

分布:宁夏(贺兰山小口子)、内蒙古;蒙古。

寄主:幼虫在石块、洞穴内及多种植物根缘沙土内发育,成虫取食植物的根或腐食性。

439. 磨光琵甲 *Blaps opaca*（Reitter, 1889）

分布:宁夏(贺兰山小口子)、甘肃、新疆。

寄主:幼虫在石块、洞穴内及多种植物根缘沙土内发育,成虫取食植物的根或腐食性。

440. 条纹琵甲 *Blaps potanini*（Reitter, 1889）

分布:宁夏(贺兰山:苏峪口)、甘肃、青海、西藏。

寄主:幼虫在石块、洞穴内及多种植物根缘沙土内发育,成虫取食植物的根或腐食性。

441. 异形琵甲 *Blaps variolosa*（Faldermann, 1835）

分布:宁夏(贺兰山:苏峪口)、内蒙古、甘肃。

寄主:幼虫在石块、洞穴内及多种植物根缘沙土内发育,成虫取食植物的根或腐食性。

442. 扁长琵甲 *Blaps variolaris*（Allard, 1880）

分布:宁夏(贺兰山小口子)、山西、甘肃、新疆。

寄主:幼虫在石块、洞穴内及多种植物根缘沙土内发育,成虫取食植物的根或腐食性。

443. 冈氏齿琵甲 *Itagonia ganglbaueri*（Schuster, 1914）

分布:宁夏(贺兰山拜寺口)、内蒙古。

寄主:幼虫在石块、洞穴内及多种植物根缘沙土内发育,成虫取食植物的根或腐食性。

444. 奥氏真土甲 *Eumylada oberbergeri* (Schuster, 1933)

分布:宁夏(贺兰山:正义关、柳条沟)、内蒙古、甘肃。

寄主:幼虫在石块、洞穴内及多种植物根缘沙土内发育,成虫取食植物的根或腐食性。

445. 多皱漠土甲 *Melanesthes rugipennis* (Reitter, 1889)

分布:宁夏(贺兰山苏峪口)、内蒙古。

寄主:幼虫在石块、洞穴内及多种植物根缘沙土内发育,成虫取食植物的根或腐食性。

446. 长爪方土甲 *Myladina unguiculina* (Reitter, 1889)

分布:宁夏(贺兰山:苏峪口、哈拉乌)、内蒙古、陕西。

寄主:幼虫在石块、洞穴内及多种植物根缘沙土内发育,成虫取食植物的根或腐食性。

447. 类沙土甲 *Opatyum asperienne* (Reitter, 1835)

分布:宁夏(贺兰山:王泉沟、大水沟、大口子、拜寺口)、华北、东北、华东、西北;蒙古,哈萨克斯坦,俄罗斯(远东)。

寄主:幼虫在石块、洞穴内及多种植物根缘沙土内发育,成虫取食植物的根或腐食性。

448. 沙土甲 *Opatyum sabulosum* (Linnaeus, 1761)

分布:宁夏(贺兰山小口子)、内蒙古、甘肃、新疆;蒙古,俄罗斯。

寄主:幼虫在石块、洞穴内及多种植物根缘沙土内发育,成虫取食植物的根或腐食性。

449. 阿笨土甲 *Penthicus alashanicus* (Reichardt, 1936)

分布:宁夏(贺兰山:王泉沟、小水沟、西峰沟、苏峪口、白虎洞、大寺沟、椿树沟、小口子、镇木关)、内蒙古。

寄主:幼虫在石块、洞穴内及多种植物根缘沙土内发育,成虫取食植物的根或腐食性。

450. 厉笨土甲 *Penthicus laelaps* (Reichardt, 1936)

分布:宁夏(贺兰山甘沟)、内蒙古;蒙古。

寄主:幼虫在石块、洞穴内及多种植物根缘沙土内发育,成虫取食植物的根或腐食性。

451. 钝突笨土甲 *Penthicus nojonicus* (Kaszab, 1968)

分布:宁夏(贺兰山柳条沟)、内蒙古、甘肃。

寄主:幼虫在石块、洞穴内及多种植物根缘沙土内发育,成虫取食植物的根或腐食性。

452. 粗背伪坚土甲 *Scleropatrum horridum horridum* (Reitter, 1898)

分布:宁夏(贺兰山:西峰沟、苏峪口、大口子、大水沟、王泉沟)、山西、内蒙古、甘肃。

寄主:幼虫在石块、洞穴内及多种植物根缘沙土内发育,成虫群居,取食植物的根或腐食性。

453. 郝氏刺甲 *Platyscelis hauseri*（Reitter, 1889）

分布：宁夏（贺兰山苏峪口）、甘肃、青海、新疆。

寄主：幼虫在石块、洞穴内及多种植物根缘沙土内发育,成虫取食植物的根或腐食性。

454. 淡红毛隐甲 *Crypticus rufipes*（Gebler, 1830）

分布：宁夏（贺兰山：西峰沟、贺兰口）、内蒙古、陕西；蒙古。

寄主：幼虫在石块、洞穴内及多种植物根缘沙土内发育,成虫取食植物的根或腐食性。

455. 阿栉甲 *Cteniopinus altaicus*（Gebler,1830）

分布：宁夏（贺兰山小口子）、内蒙古、河南、陕西、甘肃；俄罗斯(西伯利亚)。

寄主：幼虫在石块、洞穴内及多种植物根缘沙土内发育,成虫取食植物的根或腐食性。

456. 小栉甲 *Cteniopinus parvus*（Yu et Ren, 1997）

分布：宁夏（贺兰山：大口子、苏峪口、拜寺口、马莲口）。

寄主：幼虫在石块、洞穴内及多种植物根缘沙土内发育,成虫取食植物的花粉。

457. 波氏栉甲 *Cteniopinus potanini*（Heyd, 1889）

分布：宁夏（贺兰山：苏峪口、大口子、小口子、响水沟）、河北、东北、河南、四川、陕西、甘肃；朝鲜,俄罗斯。

寄主：幼虫在石块、洞穴内及多种植物根缘沙土内发育,成虫取食植物的花粉。

458. 窄跗栉甲 *Cteniopinus tenuitarsis*（Borchmann, 1930）

分布：宁夏（贺兰山小口子）、内蒙古、河南、陕西、甘肃；朝鲜。

寄主：幼虫在石块、洞穴内及多种植物根缘沙土内发育,成虫取食植物的根或腐食性。

459. 异角栉甲 *Cteniopinus varicornis*（Ren et Bai, 2003）

分布：宁夏（贺兰山：苏峪口、大口子、椿树沟、小口子、响水沟、独树沟、拜寺口、马莲口）、陕西、甘肃。

寄主：幼虫在石块、洞穴内及多种植物根缘沙土内发育,成虫取食植物的花粉。

460. 红翅伪叶甲 *Lagria rufipennis*（Marseul, 1876）

分布：宁夏（贺兰山：小口子、拜寺口、大水渠）、北京、陕西、重庆、四川；日本,俄罗斯。

寄主：杨、槐树。

花蚤科 Mordellidae

宁夏贺兰山记述 1 属 1 种。

461. 大麻花蚤 *Mordellistena cannabisi*（Matsumura, 1919）

分布:宁夏(贺兰山:大口子、贺兰口、苏峪口、王泉沟)、安徽、甘肃;日本,韩国。

寄主:大麻、苍耳。

芫菁科 Meloidae

宁夏贺兰山记述 3 属 8 种.

462. 中国豆芫菁 *Epicauta chinensis* (Laporte, 1833)

分布:宁夏(贺兰山:大口子、贺兰口、小口子、大水沟、苏峪口、黄旗口、甘沟、拜寺口、椿树沟、王泉沟)、北京、河北、山西、辽宁、吉林、黑龙江、江苏、山东、陕西、甘肃、台湾地区;朝鲜,日本。

寄主:成虫危害紫穗槐、槐树、豆类、甜菜、苜蓿、玉米、马铃薯等,幼虫食蝗虫卵。

463. 黑头黑 (疑) 豆芫菁 *Epicauta dubid* (Fabricius, 1781) *

分布:宁夏(贺兰山:大口子、贺兰口、小口子、大水沟、苏峪口、大寺沟、甘沟、拜寺口、椿树沟、王泉沟)、河北、内蒙古、东北、河南、四川、甘肃;俄罗斯。

寄主:成虫危害豆科植物、马铃薯、瓜类等,幼虫食蝗虫卵。

464. 暗头豆芫菁 *Epicauta obscurocephala* (Reitter, 1905)

分布:宁夏(贺兰山:贺兰口、小口子、小水沟、苏峪口、独树沟、拜寺口、椿树沟)、北京、天津、河北、山西、内蒙古、吉林、安徽、江西、山东、河南、湖北、陕西、甘肃、青海。

寄主:成虫危害豆科植物、苜蓿、甜菜、槐树等,幼虫取食土蝗卵。

465. 西伯利亚豆芫菁 *Epicauta sibirica* (Pallas, 1777)

分布:宁夏(贺兰山:贺兰口、小口子、大水沟、苏峪口、大寺沟、甘沟)、内蒙古、黑龙江、浙江、江西、河南、湖北、广东、甘肃、青海;蒙古,日本,俄罗斯(西伯利亚),越南,印度尼西亚。

寄主:成虫危害豆类、甜菜、马铃薯、玉米、南瓜、向日葵、苜蓿、黄芪等,幼虫食蝗虫卵。

466. 凹胸黑芫菁 *Epicauta xantusi* (Kaszab, 1952)

分布:宁夏(贺兰山贺兰口)、北京、河北、山西、内蒙古、上海、江苏、河南、四川、陕西。

寄主:成虫为害大豆,食害豆叶,还危害花生、马铃薯、番茄、茄子等。

467. 绿芫菁 *Lytta caraganae* (Pallas, 1781)

分布:宁夏(贺兰山:贺兰口、小口子)、北京、河北、山西、内蒙古、辽宁、吉林、黑龙江、江苏、浙江、安徽、江西、山东、河南、湖北、青海;日本,朝鲜,俄罗斯。

寄主:成虫危害豆类、苜蓿、黄芪、柠条、槐等,幼虫取食蝗虫卵

468. 革斑芫菁 *Mylabris calida* (Pallas, 1782)

分布:宁夏(贺兰山:贺兰口、小口子)、北京、河北、山西、内蒙古、辽宁、吉林、黑龙江、江苏、浙江、河南、山东、湖北、陕西、甘肃、青海、新疆;俄罗斯。

寄主:成虫危害豆科、野芍药的花;幼虫取食蝗虫卵。

469. 红斑芫菁 *Mylabris speciosa* (Pallas, 1781)

分布:宁夏(贺兰山:小口子、大水沟、苏峪口、马莲口、黄旗口、镇木关、正义关、椿树沟)、辽宁、吉林、青海、甘肃;朝鲜。

寄主:豆科、十字花科、枸杞等;幼虫取食蝗虫卵。

天牛科 Cerambycidae

宁夏贺兰山记述 25 属 31 种。

470. 长角灰天牛 *Acanthocinus aedilis* (Linnaeus, 1758)

分布:宁夏(贺兰山小口子)、河北、内蒙古、辽宁、吉林、黑龙江、浙江、安徽、江西、山东、河南、广西、陕西、甘肃;朝鲜,俄罗斯(西伯利亚);欧洲。

寄主:红松、山杨、云杉。

471. 小灰长角天牛 *Acanthocinus griseus* (Fabricius, 1792)

分布:宁夏(贺兰山:马莲口、贺兰口)、河北、辽宁、吉林、黑龙江、山东、河南、陕西、甘肃;朝鲜,俄罗斯;欧洲

寄主:油松、云杉。

472. 苜蓿多节天牛 *Agapanthia amurensis* (Kraatz, 1879) *

分布:宁夏(贺兰山小口子)、河北、内蒙古、辽宁、黑龙江、吉林、江苏、浙江、福建、江西、山东、湖南、四川、陕西、甘肃;朝鲜,日本,俄罗斯。

寄主:苜蓿、松、刺槐。

473. 光肩星天牛 *Anoplophora glabripennis* (Motschulsky, 1853)

分布:宁夏(贺兰山:贺兰口、苏峪口、拜寺口、小口子)及全国各地;蒙古,日本,俄罗斯。

寄主:苹果、梨、李、樱桃、柳、杨、械、桑、榆等。

474. 桑天牛 *Apripona germari* (Hope, 1831)

分布:宁夏(贺兰山:苏峪口)、河北、内蒙古、辽宁、江苏、浙江、福建、山东、湖南、广东、广西、四川、台湾地区;日本,越南,缅甸,印度。

寄主:苹果、榆、柳等

475. 褐幽天牛 *Arhopalus rusticus* (Linnaeus, 1758)

分布:宁夏(贺兰山苏峪口)、辽宁、吉林、黑龙江、内蒙古、江西、河南、四川、云南、陕西、甘肃;朝鲜,俄罗斯(西伯利亚);欧洲。

寄主:油松、侧柏、云杉、杨、榆等。

476. 杨红颈天牛 *Aromia moschata orientalis* (Plavilstshikov, 1932)

分布:宁夏(贺兰山小口子)、内蒙古、辽宁、吉林、黑龙江、甘肃;朝鲜,日本,俄罗斯。

寄主:杨、旱柳。

477. 桃红颈天牛 *Aromia bungii* (Faldermann, 1835)

分布:宁夏(贺兰山:贺兰口、拜寺口)、河北、山西、内蒙古、辽宁、江苏、浙江、福建、江西、山东、河南、湖北、湖南、广东、广西、四川、贵州、云南、陕西、甘肃;朝鲜,俄罗斯。

寄主:桃、柳、杨、核桃等。

478. 松幽天牛 *Asemum amurense* (Kraatz, 1879)

分布:宁夏(贺兰山苏峪口)、河北、山西、内蒙古、吉林、黑龙江、浙江、山东、湖北、陕西、甘肃、青海、新疆;朝鲜,日本,蒙古,俄罗斯。

寄主:油松、云杉。

479. 红缘天牛 *Asias halodendri* (Pallas, 1776)

分布:宁夏(贺兰山:贺兰口、小口子、黄旗口、椿树沟、王泉沟)、河北、山西、内蒙古、辽宁、吉林、黑龙江、江苏、浙江、山东、河南、甘肃;朝鲜,蒙古,俄罗斯(西伯利亚)。

寄主:刺槐、榆、沙枣、云杉、枸杞、忍冬、锦鸡儿。

480. 眼天牛 *Bacchisa* sp.

分布:宁夏(贺兰山)。

481. 榆绿天牛 *Chelidonium provosti* (Fairmaire, 1887)

分布:宁夏(贺兰山:贺兰口、小口子)、北京、内蒙古、陕西。

寄主:灰榆、杨、梨。

482. 樱桃虎天牛 *Chlorophorus diadema* (Motschulsky, 1853)

分布:宁夏(贺兰山:苏峪口、贺兰口、小口子)、北京、天津、河北、内蒙古、辽宁、吉林、黑龙江、江苏、山东、河南、湖北、甘肃、台湾地区;朝鲜,日本,蒙古,俄罗斯(西伯利亚)。

寄主:刺槐、樱桃、桦、灌丛。

483. 六斑虎天牛 *Chlorophorus sexmaculatus* (Motschulsky, 1859)

分布:宁夏(贺兰山苏峪口)、河北、内蒙古、辽宁、吉林、黑龙江、福建、山东、河南、四川、甘肃;朝鲜,俄罗斯。

寄主:山杨、栎树等。

484. 大牙锯天牛 *Dorysthenes paradoxus*（Faldermann, 1833）

分布:宁夏(贺兰山:小口子、大水渠)、河北、山西、内蒙古、辽宁、浙江、安徽、江西、陕西、山东、河南、四川、甘肃、青海;俄罗斯;欧洲。

寄主:幼虫生活于土中,危害杂草及杨、柳、榆等植物的根部。

485. 粒肩草天牛 *Eodorcadion heros*（Jakovlev, 1899）

分布:宁夏(贺兰山汝箕沟)、内蒙古;蒙古。

寄主:灌木、杂草。

486. 白条草天牛 *Eodorcadion lutshniki*（Plavil., 1937）

分布:宁夏(贺兰山:贺兰口、小口子、拜寺口、椿树沟)、内蒙古;蒙古。

寄主:灌木、杂草。

487. 密条草天牛 *Eodorcadion virgatum*（Motschulsky, 1854）

分布:宁夏(贺兰山:苏峪口、汝箕沟)、北京、河北、山西、内蒙古、东北、上海、浙江、湖南、陕西、甘肃;朝鲜,蒙古,俄罗斯。

寄主:杨、刺槐、核桃、灌木、杂草。

488. 芜天牛 *Mantitheus pekinensis*（Fairmaire, 1889）

分布:宁夏(贺兰山小口子)、北京、河北、山西、内蒙古、河南、甘肃。

寄主:苹果、刺槐、松等。

489. 培甘弱脊天牛 *Menesia sulphurata*（Gebler, 1825）

分布:宁夏(贺兰山拜寺口)、河北、内蒙古、辽宁、吉林、黑龙江、山东、河南、湖北、四川、甘肃;日本,朝鲜,俄罗斯(西伯利亚)。

寄主:核桃、培甘。

490. 四点象天牛 *Mesosa myops*（Dalman, 1817）

分布:宁夏(贺兰山:小口子、贺兰口)、北京、河北、山西、内蒙古、东北、安徽、河南、广东、四川、陕西、甘肃、台湾地区;朝鲜,日本,俄罗斯;北欧。

寄主:杨、柳、榆、核桃、苹果等。

491. 云杉大墨天牛 *Monochamus urussovii*（Fischer, 1806）

分布:宁夏(贺兰山)、河北、山西、东北、江苏、山东、河南、陕西;朝鲜,日本,蒙古,俄罗斯;欧洲。

寄主:红松、落叶松、冷杉、云杉、白桦等;贺兰山系建筑木材引入。

492. 松厚花天牛 *Pachyta lamed* （Linnaeus, 1758）

分布:宁夏(贺兰山苏峪口)、内蒙古、吉林、陕西、甘肃、青海、新疆;朝鲜,日本,蒙古,俄罗斯(西伯利亚)。

寄主:油松、云杉。

493. 四斑厚花天牛 *Pachyta quadrimaculata* （Linnaeus, 1758）

分布:宁夏(贺兰山苏峪口)、内蒙古、黑龙江、陕西、甘肃、新疆;蒙古,俄罗斯(西伯利亚);欧洲。

寄主: 油松、云杉。

494. 菊天牛 *Phytoecia rufiventris* （Gautier, 1870）

分布:宁夏(贺兰山:贺兰口、小口子)、河北、东北、江苏、安徽、江西、福建、山东、湖北、广东、广西、四川、陕西、台湾;朝鲜,日本,蒙古,俄罗斯(西伯利亚)。

寄主:危害多种菊科植物。

495. 黄带蓝天牛 *Polyzonus fanciatus* （Faimaire, 1781）

分布:宁夏(贺兰山:小口子、独树沟、拜寺口、苏峪口)、北京、天津、河北、山西、内蒙古、辽宁、吉林、黑龙江、浙江、山东、河南、广西、云南、甘肃;韩国,俄罗斯。

寄主:柳属、菊科植物。

496. 青杨楔天牛 *Saperda populnea* （Linnaeus, 1758）

分布:宁夏(贺兰山小口子)、河北、内蒙古、辽宁、吉林、黑龙江、江苏、山东、河南、陕西、甘肃、青海、新疆;朝鲜,蒙古,俄罗斯;欧洲。

寄主: 杨、柳等。

497. 双条杉天牛 *Semanotus bifasciatus* （Motschulsky, 1875）

分布:宁夏(贺兰山)、河北、黑龙江、上海、江苏、安徽、福建、江西、河南、广西、四川;朝鲜,日本。

寄主:侧柏、扁柏、杜松等;贺兰山系建筑木材引入。

498. 光胸断眼天牛 *Tetropium castaneum* （Linnaeus, 1758）

分布:宁夏(贺兰山苏峪口)、天津、河北、山西、内蒙古、辽宁、吉林、黑龙江、河南、四川、云南、陕西、青海、甘肃;朝鲜,日本,蒙古,俄罗斯,欧洲北部。

寄主:云杉等。

499. 麻天牛 *Thyestilla gebleri* （Faldermann, 1835）

分布:宁夏(贺兰山:小口子、黄旗口)、北京、河北、山西、内蒙古、东北、江苏、浙江、福建、山东、湖北、广东、广西、四川、陕西、台湾地区;朝鲜,日本,俄罗斯(西伯利亚)。

寄主:蓟。

500. 家茸天牛 *Trichoferus campestris* (Faldermann, 1835)

分布:宁夏(贺兰山:大口子、苏峪口、马莲口)、西北、华北、东北、西南;朝鲜,日本,蒙古,俄罗斯。

寄主:刺槐、杨、柳、榆、椿、苹果、梨、枣、柏、沙枣、云杉、丁香、油松、白蜡等。

负泥虫科 Crioceridae

宁夏贺兰山记述 2 属 2 种。

501. 十四点负泥虫 *Criocenris quatuordecimpunctata* (Scopoli, 1763)

分布:宁夏(贺兰山苏峪口)、北京、河北、内蒙古、辽宁、吉林、黑龙江、江苏、浙江、福建、山东、广西、陕西。

寄主:禾草类。

502. 枸杞负泥虫 *Lema decempunctata* (Gebler, 1830)

分布:宁夏(贺兰山:贺兰口、小口子、拜寺口)、北京、河北、山西、内蒙古、吉林、江苏、浙江、福建、江西、山东、湖南、四川、西藏、西北地区;朝鲜,日本,俄罗斯。

寄主:枸杞。

叶甲科 Chrysomelidae

宁夏贺兰山记述 13 属 16 种。

503. 紫榆叶甲 *Ambrostoma quadriimpressum* (Motschulsky, 1845)

分布:宁夏(贺兰山:贺兰口、苏峪口、黄旗口、拜寺口)、河北、辽宁、吉林、黑龙江、内蒙;俄罗斯。

寄主:灰榆。

504. 漠金叶甲 *Chrysolina aeruginosa* (Faldermann, 1835)

分布:宁夏(贺兰山:贺兰口、苏峪口、拜寺口)、河北、内蒙古、吉林、黑龙江、四川、西藏、青海;甘肃;朝鲜,俄罗斯(西伯利亚)。

寄主:沙蒿等蒿属植物。

505. 蒿金叶甲 *Chrysolina aurichalcea* (Mannerheim, 1825)

分布:宁夏(贺兰山:王泉沟、椿树沟、拜寺口、独树沟、柳条沟、大寺沟、镇木关、黄旗口、苏峪口、贺兰口)、河北、辽宁、吉林、黑龙江、浙江、福建、山东、河南、湖北、湖南、广西、四川、贵州、云南、陕西、甘肃、新疆;越南,俄罗斯(西伯利亚)。

寄主:蒿属植物。

506. 薄荷金叶甲 *Chrysolina exanthematica* （Wiedemann, 1821）

分布:宁夏(贺兰山:苏峪口、拜寺口、大水渠)、河北、吉林、江苏、浙江、安徽、福建、河南、湖北、湖南、广东、四川、云南、甘肃、青海;日本,俄罗斯,印度。

寄主:杨、柳、旋花科植物。

507. 菜无缘叶甲 *Colaphellus bowringii* （Baly, 1865）

分布:宁夏(贺兰山:苏峪口、大寺沟、拜寺口)、河北、山西、内蒙古、东北、江苏、浙江、福建、江西、山东、河南、湖北、湖南、广东、广西、四川、贵州、云南、陕西、甘肃、青海;越南。

寄主:十字花科植物。

508. 柳沟胸跳甲 *Crepidodera pluta pluta* （Latreille, 1804）

分布:宁夏(贺兰山:贺兰口、小口子)、河北、山西、吉林、黑龙江、湖北、云南、西藏;朝鲜,日本,中亚,俄罗斯;欧洲。

寄主:山杨、柳。

509. 白茨粗角萤叶甲 *Diorhabda rybakowi* （Weise, 1890）

分布:宁夏(贺兰山:苏峪口)、内蒙古、四川、陕西、甘肃、新疆;蒙古。

寄主:白茨。

510. 枸杞毛跳甲 *Epitrix abeillei* （Bauduer, 1874）

分布:宁夏(贺兰山:贺兰口、小口子)、河北、山西、内蒙古,甘肃、新疆;中亚,西亚,欧洲,北非。

寄主:枸杞。

511. 灰褐萤叶甲 *Galeruca pallasia* （Jacobson,1925）

分布: 宁夏(贺兰山正义关)、内蒙古、西藏、甘肃、青海;欧洲。

寄主:不详。

512. 萹蓄齿胫叶甲 *Gastrophysa polygoni* （Linnaeus, 1758）

分布:宁夏(贺兰山贺兰口、小口子)、河北、辽宁、甘肃、新疆;朝鲜,俄罗斯,欧洲,北美。

寄主:蓼科植物

513. 阔胫萤叶甲 *Pallasiola absinthii* （Pallas, 1773）

分布:宁夏(贺兰山:贺兰口、小口子、柳条沟、王泉沟)、河北、山西、内蒙古、东北、四川、云南、西藏、陕西、甘肃、新疆;蒙古,俄罗斯(西伯利亚)。

寄主：灰榆、蒿、山樱桃、假木贼、藜科。

514. 杨弗叶甲 *Phratora laticollis*（Suffrian, 1851）

分布：宁夏（贺兰山：贺兰口、小口子）、山西、内蒙古、辽宁、吉林、黑龙江、四川、云南、陕西、甘肃、新疆；蒙古，俄罗斯（西伯利亚）；非洲，美洲。

寄主：山杨。

515. 柳圆叶甲 *Plagiodera versicolora*（Laicharting, 1781）

分布：宁夏（贺兰山拜寺口）、河北、山西、内蒙古、东北、江苏、浙江、安徽、福建、江西、陕西、甘肃、山东、河南、湖北、湖南、四川、贵州、台湾地区；日本，俄罗斯（西伯利亚），印度；欧洲，非洲北部。

寄主：柳。

516. 模带蚤跳甲 *Psylliodes obscurofasciata*（Chen, 1933）

分布：宁夏（贺兰山：苏峪口）、河北、山西、陕西、甘肃、台湾地区。

寄主：枸杞、白茨。

517. 榆绿毛萤叶甲 *Pyrrhalta aenescens*（Fairmaire, 1878）

分布：宁夏（贺兰山：贺兰口、大水沟、马莲口、独树沟、拜寺口）、河北、山西、内蒙古、吉林、江苏、山东、河南、陕西、甘肃、台湾地区；日本。

寄主：灰榆。

518. 榆黄毛萤叶甲 *Pyrrhalta maculicollis*（Motschulsky, 1853）

分布：宁夏（贺兰山：贺兰口、大水沟、马莲口、独树沟、拜寺口）、河北、山西、东北、江苏、浙江、福建、江西、山东、河南、广东、广西、陕西、甘肃、台湾地区；朝鲜，日本，俄罗斯（西伯利亚）。

寄主：灰榆。

肖叶甲科 Eumolpidae

宁夏贺兰山记述9属10种。

519. 双斑盾叶甲 *Aspidolopha bisignata* Pic*

分布：宁夏（贺兰山）。

寄主：不详。

520. 蓝紫萝藦肖叶甲 *Chrysochus asclepiadeus*（Pallas, 1776）

分布：宁夏（贺兰山拜寺口）、内蒙古；俄罗斯；欧洲。

寄主：萝摩科植物。

521. 大绿叶甲 *Chrysochares asiaticus* （Pallas, 1771）

分布：宁夏（贺兰山小口子）、甘肃、新疆；俄罗斯，东欧。

寄主：白蒿、长茅草。

522. 中华萝藦肖叶甲 *Chrysochus chinensis* （Baly, 1859）

分布：宁夏（贺兰山：大寺沟、贺兰口）、河北、山西、内蒙古、东北、江苏、浙江、山东、河南、陕西、甘肃、青海；朝鲜，日本，俄罗斯。

寄主：梨、茄、芋、甘薯、曼佗罗等萝藦科、夹竹桃科和蝶形花科植物。

523. 光背锯角叶甲 *Clytra laeviuscula* （Ratzeburg, 1837）

分布：宁夏（贺兰山：贺兰口、小口子）、北京、河北、山西、内蒙古、吉林、黑龙江、江苏、江西、山东、陕西、甘肃；朝鲜，日本，俄罗斯；欧洲。

寄主：杨、桦、榆、柳。

524. 亚洲切头叶甲 *Coptocephala asiatica* （Chujo, 1940）

分布：宁夏（贺兰山：贺兰口、苏峪口、大寺沟、甘沟、拜寺口、椿树沟、王泉沟、大水渠）、北京、河北、山西、内蒙古、吉林、黑龙江、陕西、青海；朝鲜，日本。

525. 黑斑隐头叶甲 *Cryptocephalus agnus* Weise*

分布：宁夏（贺兰山贺兰口）、云南。

寄主：不详。

526. 斑额隐头叶甲 *Cryptocephalus kulibini* （Gebler, 1832）

分布：宁夏（贺兰山）、河北、山西、内蒙古、东北、山东、陕西、甘肃；朝鲜，俄罗斯。

寄主：枣、榆、胡枝子。

527. 槭隐头叶甲 *Cryptocephalus mannerheimi* （Gebler, 1825）

分布：宁夏（贺兰山）、河北、山西、内蒙古、辽宁、黑龙江；朝鲜，日本，俄罗斯。

寄主：榆。

528. 二点钳叶甲 *Labidostomis bipunctata* （Mannerheim, 1825）

分布：宁夏（贺兰山苏峪口）、北京、河北、山西、内蒙古、辽宁、黑龙江、山东、陕西、青海、甘肃；朝鲜，俄罗斯。

寄主：胡枝子、柳、杏、枣、青杨、榆、李。

铁甲科 Hispidae

宁夏贺兰山记述 1 属 2 种。

529. 枸杞血斑龟甲 *Cassida deltoides* （Weise, 1889）

分布:宁夏(贺兰山:贺兰口、小口子、椿树沟、白虎洞)、河北、江苏、浙江、湖南、陕西、甘肃;日本,俄罗斯,欧洲。

寄主:枸杞、小蓟、藜类。

530. 甜菜龟甲 *Cassida nebulosa* (Linnaeus, 1758)

分布:宁夏(贺兰山:苏峪口)、北京、天津、河北、山西、内蒙古、辽宁、吉林、黑龙江、上海、江苏、湖北、山东、四川、陕西、甘肃、新疆;朝鲜,日本,俄罗斯(西伯利亚),欧洲。

寄主:藜、旋花等植物。

卷象科 Attelabidae

宁夏贺兰山记述 1 属 2 种。

531. 梨卷叶象 *Byctiscus betulae* (Linnaeus, 1758)

分布:宁夏(贺兰山:小口子、贺兰口)、辽宁、吉林、黑龙江、甘肃;俄罗斯。

寄主:梨、苹果、小叶杨、山杨、桦树。

532. 苹果卷叶象 *Bystiscus princeps* (Solsky)

分布:宁夏(贺兰山:小口子、拜寺口)、河北、辽宁、吉林、黑龙江、甘肃;日本,朝鲜,俄罗斯。

寄主:苹果等蔷薇科植物。

象甲科 Curculionidae

宁夏贺兰山记述 15 属 17 种。

533. 甜菜象甲 *Bothynoderes punctiventris* (Germar, 1824)

分布:宁夏(贺兰山小口子)、北京、河北、山西、内蒙古、黑龙江、陕西、甘肃、新疆;俄罗斯;欧洲。

寄主:藜科、苋科、蓼科植物、牧草。成虫取食叶,幼虫食根。

534. 鳞片遮眼象 *Callirhopalus squamosus* (Marshall)

分布:宁夏(贺兰山),内蒙古;蒙古,俄罗斯。

寄主:不详。

535. 西伯利亚绿象 *Chlorophanus sibiricus* (Gyllenhyl, 1834)

分布:宁夏(贺兰山苏峪口)、北京、河北、山西、内蒙古、东北、四川、陕西、甘肃、青海;朝鲜,蒙古,俄罗斯(西伯利亚)。

寄主:苹果、柳、杨。

536. 红背绿象 *Chlorophanus solaria* (Zumpt) *

分布:宁夏(贺兰山苏峪口)、河北、内蒙古、吉林、辽宁、甘肃、青海;蒙古,俄罗斯。

寄主:云杉、杨、柳、枸杞。

537. 黑斜纹象 Chromonotus declivis (Olivier, 1807)

分布:宁夏(贺兰山)、北京、河北、内蒙古、黑龙江、甘肃;朝鲜,蒙古,俄罗斯,匈牙利。

寄主:沙地植物。

538. 粉红锥喙象 Conorrhynchus conirostris (Gebler)

分布:宁夏(贺兰山:柳条沟、甘沟、贺兰口、小水沟)、内蒙古、新疆、青海;蒙古,俄罗斯。

寄主:沙地植物。

539. 甘肃齿足象 Deracanthus potanini (Faust, 1890)

分布:宁夏(贺兰山柳条沟)、甘肃、青海。

寄主:沙地植物。

540. 沟眶象 Eucryptorrhynchus chinensis (Olivier, 1790)

分布:宁夏(贺兰山:拜寺口、椿树沟)、北京、河北、山西、辽宁、黑龙江、上海、江苏、山东、河南、四川、陕西、甘肃;日本;欧洲。

寄主:臭椿。

541. 亥象 Heydenia crassicornis (Tournier, 1874)

分布:宁夏(贺兰山:椿树沟、小口子、大寺沟、独树沟、黄旗口、大水沟、拜寺口、苏峪口)、河北、山西、内蒙古、陕西、甘肃、青海;俄罗斯。

寄主:茵陈蒿、锦鸡儿属植物。

542. 大筒喙象 Lixus divaricatus (Motschulsky, 1860)

分布:宁夏(贺兰山)、河北、辽宁、吉林、黑龙江、江苏、浙江、安徽、江西、河南、湖北、广东、四川、云南、贵州;日本,俄罗斯。

寄主:不详。

543. 暗褐尖筒象 Myllocerus pelidnus (Voss) *

分布:宁夏(贺兰山:大水沟、独树沟、拜寺口)、福建、江西、广东、广西;日本。

寄主:灌丛杂草。

544. 金绿尖筒象 Myllocerus scitus (Voss) *

分布:宁夏(贺兰山:大水沟、独树沟、拜寺口)、上海、福建;日本。

寄主:灌丛杂草。

545. 甜菜毛足象 Phacephorus umbratus（Faldermann, 1835）

分布:宁夏(贺兰山:小口子、大口子)、北京、河北、山西、内蒙古、甘肃、青海、新疆;蒙古。

寄主:藜科、苋科、蓼科植物、牧草。成虫取食叶,幼虫食根。

546. 金树绿叶象 Phyllobius virideaeris（Laicharting, 1781）*

分布:宁夏(贺兰山苏峪口)、北京、山西、内蒙古、吉林、黑龙江、甘肃;俄罗斯(西伯利亚);欧洲。

寄主:杨树、李子树。

547. 榆跳象 Rhynchaenus alini（Linnaeus, 1758）

分布:宁夏(贺兰山:大水沟、独树沟、拜寺口)、北京、天津、内蒙古、辽宁、吉林、黑龙江、上海、江苏、陕西、甘肃、新疆;俄罗斯;欧洲。

寄主:榆。

548. 黄褐纤毛象 Tanymecus urbanus（Gyllenhyl, 1834）

分布:宁夏(贺兰山:苏峪口)、北京、河北、内蒙古、河南、甘肃、青海、新疆;俄罗斯。

寄主:榆、杨、柳等。

549. 蒙古土象 Xylinophorus mongolicus（Faust, 1881）

分布:宁夏(贺兰山:小口子、大水沟、独树沟、拜寺口)、北京、内蒙古、辽宁、吉林、黑龙江、山东、青海;朝鲜,蒙古,俄罗斯。

寄主:苜蓿、苹果、梨、杨、刺槐、核桃、柳等。

双翅目 Diptera

大蚊科 Tipulidae

宁夏贺兰山记述 1 属 1 种。

550. 黄斑大蚊 Nephrotoma appendiculata（Pierre, 1919）

分布:宁夏(贺兰山:苏峪口、柳条沟、大寺沟)、内蒙古、河南、山东、江苏;日本,韩国,俄罗斯;欧洲。

寄主:苜蓿。

蚊科 Culicidae

宁夏贺兰山记述 2 属 4 种。

551. 朝鲜伊蚊 Aedes koreicus（Edwards, 1917）

分布:宁夏(贺兰山)、北方各省;日本,朝鲜。

寄主:幼虫孳生在清洁的积水中,成虫吸食脊椎动物的血。

552. 阿拉斯加脉毛蚊 *Culiseta alaskaensis* (Ludlow, 1906)

分布:宁夏(贺兰山)、黑龙江、辽宁、吉林、青海、新疆、内蒙古;日本,蒙古;欧洲,北美洲。

寄主:幼虫孳生在清洁的积水中,成虫吸食脊椎动物的血。

553. 大叶脉毛蚊 *Culiseta megaloba* (Luh, Chao et Xu, 1974)

分布:宁夏(贺兰山)。

寄主:幼虫孳生在泉水中。

554. 褐翅脉毛蚊 *Culiseta ochroptera* (Peus, 1935)

分布:宁夏(贺兰山);日本,俄罗斯;欧洲。

寄主:幼虫孳生在清洁的积水中,成虫吸食脊椎动物的血。

虻科 Tabanidae

宁夏贺兰山记述 4 属 9 种。

555. 长斑黄虻(斜纹黄虻)*Atylotus karybenthinus* (Szilady, 1915)

分布:宁夏(贺兰山:苏峪口),北京、内蒙古、黑龙江、甘肃、新疆;俄罗斯。

寄主:不详。

556. 中华斑虻 *Chrysops sinensis* (Walker, 1856)

分布:宁夏(贺兰山:苏峪口),北京、河北、山西、内蒙古、辽宁、陕西、甘肃、华东、华中、华南。

寄主:幼虫期取食多种昆虫,成虫期吸食牲畜。

557. 土麻虻 *Haematopota turkestanica* (Krober, 1922)

分布:宁夏(贺兰山:苏峪口),河北、山西、辽宁、吉林、黑龙江、甘肃、青海、新疆;蒙古,朝鲜,俄罗斯,欧洲。

寄主:不详。

558. 斐虻 *Tabanus filipjevi* (Olsufjev, 1936)

分布:宁夏(贺兰山:苏峪口),甘肃、新疆;蒙古,俄罗斯。

寄主:不详。

559. 白须虻(里虻)*Tabanus leleani* (Austen, 1920)

分布:宁夏(贺兰山:苏峪口)、甘肃、新疆;蒙古,俄罗斯;欧洲。

寄主:不详。

560. 副菌虻 *Tabanus parabactrinus* (Liu, 1960)

分布:宁夏(贺兰山苏峪口)、北京、内蒙古、辽宁、青海。

寄主:不详。

561. 沙虻 *Tabanus sabuletorum* (Loew, 1874)

分布:宁夏(贺兰山:苏峪口)、内蒙古、甘肃、新疆;蒙古,俄罗斯。

寄主:不详。

562. 亚沙虻 *Tabanus subsabuletorum* (Olsufjev, 1936)

分布:宁夏(贺兰山苏峪口)、北京、内蒙古、辽宁、黑龙江、新疆;蒙古,俄罗斯。

563. 类柯虻 *Tabanus subcordiger* (Liu, 1960)

分布:宁夏(贺兰山:小苏峪口)、北京、河北、内蒙古、云南、陕西、甘肃、青海。

寄主:不详。

蠓科 Ceratopogonidae

宁夏贺兰山记述1属6种。

564. 原野库蠓 *Culicoides homotomus* (Kieffer, 1921)

分布:宁夏(贺兰山:苏峪口)、河北、内蒙古、辽宁、吉林、黑龙江、江苏、浙江、福建、山东、湖北、广东、广西、四川、云南、台湾地区、西藏;日本,马来西亚,泰国,柬埔寨。

寄主:刺吸脊椎动物血液。

565. 东北库蠓 *Culicoides manchuriensis* (Tokunaga, 1941)

分布:宁夏(贺兰山苏峪口)、辽宁、黑龙江、四川、新疆;俄罗斯;欧洲。

寄主:刺吸脊椎动物血液。

566. 迷库蠓 *Culicoides mihensis* (Arnaud, 1956)

分布:宁夏(贺兰山);日本,朝鲜。

寄主:不详。

567. 云斑库蠓 *Culicoides nubeculosus* (Meigen, 1830)

分布:宁夏(贺兰山、苏峪口);欧洲。

寄主:不详。

568. 里库蠓 *Culicoides riethi* (Kieffer 1914)

分布:宁夏(贺兰山)。

寄主:不详。

569. 肾库蠓 *Culicoides parroti* (Kieffer, 1922)

分布:宁夏(贺兰山苏峪口)、辽宁、内蒙古、河北、山东、云南;俄罗斯,印度。

寄主:不详。

摇蚊科 Chironomidae

宁夏贺兰山记述 1 属 1 种。

570. 稻摇蚊 *Chironomus oryzae*（Matsumura）

分布:宁夏(贺兰山:拜寺口、大口子),黑龙江、湖南、甘肃;日本,韩国。

寄主:稗草。

蜂虻科 Bombyliidae

宁夏贺兰山记述 2 属 2 种。

571. 黄绒长吻蜂虻 *Anastoechus nitidulus*

分布:宁夏(贺兰山苏峪口);俄罗斯。

寄主:采访多种食物。

572. 透翅蜂虻 *Villa limbata*（Coquillett, 1898）

分布:宁夏(贺兰山苏峪口)、广东、台湾地区、甘肃、青海;日本。

寄主:采访多种食物。

网翅虻科 Nemestrinidae

宁夏贺兰山记述 1 属 1 种。

573. 长吻网翅虻 *Nemestrina longirostris*（Linnaeus, 1758）

分布:宁夏(贺兰山:苏峪口);欧洲。

寄主:不详。

食虫虻科 Aslidae

宁夏贺兰山记述 2 属 2 种。

574. 柯鬃额食虫虻 *Neomochtherus kozlovi*（Lehr, 1972）

分布:宁夏(贺兰山:大口子、贺兰口、苏峪口)。

寄主:捕食小型昆虫。

575. 白齿铗食虫虻 *Philonicus albiceps*（Meigen, 1820）

分布:宁夏(贺兰山:大口子、贺兰口、苏峪口),内蒙古、湖南、甘肃;欧洲。

寄主:卷蛾、夜蛾、叶甲、蜢类等。

食蚜蝇科 Syrphidae

宁夏贺兰山记述 10 属 20 种。

576. 八斑长角蚜蝇 *Chrysotoxum octomaculata*（Cutris, 1837）*

分布:宁夏(贺兰山拜寺口)、河北、山西、内蒙古、黑龙江、浙江、江西、湖北、湖南、四川、陕西;俄罗斯;欧洲。

寄主:捕食蚜虫,亦采食花粉。

577. 丽纹长角蚜蝇 *Chrysotoxum elegans* (Loew, 1841) *

分布:宁夏(贺兰山苏峪口)、河北、东北、江西、湖南、陕西、新疆;俄罗斯;欧洲。

寄主:捕食蚜虫,亦采食花粉。

578. 黑带蚜蝇 *Episyrphus balteatus* (De Geer, 1776)

分布:宁夏(贺兰山:苏峪口)、河北、辽宁、吉林、黑龙江、江苏、浙江、江西、福建、湖北、湖南、广东、广西、四川、云南、西藏、陕西、甘肃;日本,蒙古,俄罗斯,澳大利亚;欧洲,东洋区。

寄主:捕食蚜虫,亦采食花粉。

579. 短腹管蚜蝇 *Eristalis arbustorum* (Linnaeus, 1758) *

分布:宁夏(贺兰山:马莲口、椿树沟)、河北、山西、内蒙古、吉林、黑龙江、山东、河南、浙江、江西、湖南、四川、云南、陕西、甘肃;中亚,俄罗斯;欧洲,北美洲。

寄主:幼虫生活在污水、人尿中,成虫为许多植物的传粉昆虫。

580. 鼠尾管蚜蝇 *Eristalis campestris* (Meigen, 1822) *

分布:宁夏(贺兰山:贺兰口、苏峪口、西峰沟)、山西、陕西、甘肃、青海。

寄主:幼虫生活在污水、人尿中,成虫为许多植物的传粉昆虫。

581. 灰带管蚜蝇 *Eristalis cerealis* (Fabricius, 1805) *

分布:宁夏(贺兰山:苏峪口、独树沟)、河北、内蒙古、辽宁、黑龙江、江苏、浙江、安徽、福建、江西、山东、湖北、湖南、广东、四川、西藏、云南、陕西、甘肃、青海、新疆;日本,朝鲜,俄罗斯,东洋区。

寄主:幼虫生活在污水、人尿中,成虫为许多植物的传粉昆虫。

582. 长尾管蚜蝇 *Eristalis tenax* (Linnaeus, 1758) *

分布:宁夏(贺兰山:贺兰口、苏峪口)、河北、山西、江苏、浙江、湖北、湖南、福建、广东、四川、青海、西藏、云南、甘肃;东洋区、古北区、非洲区、澳洲区及北美洲。

寄主:幼虫为腐食性种类,生活于富含有机质的污水和粪便中。

583. 大灰优蚜蝇 *Eupeodes corollae* (Fabricius, 1794)

分布:宁夏(贺兰山:贺兰口、苏峪口、黄旗口)、河北、内蒙古、东北三省、浙江、江西、福建、河南、湖北、湖南、台湾、广西、四川、贵州、云南、西藏、陕西、甘肃;日本,蒙古,俄罗斯。

寄主：幼虫捕食棉蚜、麦蚜、桃蚜、豆蚜、玉米蚜等蚜虫。

584. 捷优蚜蝇 *Eupeodes alaceris* He et Li, 1998*

分布：宁夏（贺兰山：苏峪口、响水沟）、陕西。

寄主：捕食蚜虫，亦采食花粉。

585. 黄带优蚜蝇 *Eupeodes flavofasciatus* （Ho, 1987）*

分布：宁夏（贺兰山）、西藏、陕西。

寄主：捕食蚜虫，亦采食花粉。

586. 林优蚜蝇 *Eupeodes silvaticus* （He, 1993）*

分布：宁夏（贺兰山苏峪口）、黑龙江、陕西。

寄主：捕食蚜虫，亦采食花粉。

587. 三色毛管蚜蝇 *Mallota tricolor* （Loew, 1871）*

分布：宁夏（贺兰山：大口子、拜寺口）、河北、吉林、黑龙江、浙江、四川；俄罗斯；欧洲。

寄主：捕食蚜虫，亦采食花粉。

588. 斑盾美蓝蚜蝇 *Melangyna guttata* （Fallén, 1817）*

分布：宁夏（贺兰山苏峪口）、陕西、甘肃；俄罗斯；欧洲，北美洲。

寄主：捕食蚜虫，亦采食花粉。

589. 暗颊美蓝蚜蝇 *Melangyna lasiophthalma* （Zetterstedt, 1843）*

分布：宁夏（贺兰山苏峪口）、内蒙古、四川、云南、甘肃；日本，蒙古，俄罗斯；欧洲。

寄主：捕食蚜虫，亦采食花粉。

590. 美蓝蚜蝇未定种 *Melangyna* sp.

分布：宁夏（贺兰山：苏峪口、黄旗口、椿树沟）。

寄主：捕食蚜虫，亦采食花粉。

591. 斜斑鼓额蚜蝇 *Scaeva pyrastri* （Linnaeus, 1758）

分布：宁夏（贺兰山苏峪口）、河北、山西、内蒙古、辽宁、黑龙江江苏、、山东、河南、四川、云南、西藏、陕西、甘肃、新疆、青海；日本，蒙古，阿富汗，俄罗斯；欧洲，北非，北美洲。

寄主：捕食棉蚜、桃蚜、萝卜蚜等蚜虫，亦采食花粉。

592. 月斑鼓额蚜蝇 *Scaeva selenitica* （Linnaeus, 1758）

分布：宁夏（贺兰山：贺兰口、苏峪口、柳条沟）、河北、山西、吉林、黑龙江、浙江、江西、湖南、广西、四川、云南、陕西、甘肃；蒙古，印度，越南，俄罗斯；欧洲。

寄主：捕食蚜虫，亦采食花粉。

593. 印度细腹蚜蝇 *Sphaerophoria ndiana*（Bigot, 1884）*

分布:宁夏(贺兰山:大口子、苏峪口)、河北、山西、黑龙江、江苏、浙江、福建、湖北、湖南、广东、广西、四川、贵州、云南、西藏、陕西、甘肃;蒙古,朝鲜,日本,印度,阿富汗,俄罗斯。

寄主:捕食蚜虫,亦采食花粉。

594. 连带细腹蚜蝇 *Sphaerophoria taeniata*（Meigen, 1822）*

分布:宁夏(贺兰山:苏峪口、黄旗口、镇木关、柳条沟)、河北、内蒙古、陕西、甘肃。蒙古,日本,俄罗斯;欧洲。

寄主:捕食蚜虫,亦采食花粉。

595. 黄环粗股蚜蝇 *Syritta pipiens*（Linnaeus, 1758）*

分布:宁夏(贺兰山)、河北、山西、黑龙江、福建、云南、甘肃、新疆;全北区。

寄主:捕食蚜虫,亦采食花粉。

粪蝇科 Scathophagidae

宁夏贺兰山记述 1 属 1 种。

596. 黄粉粪蝇 *Scathophaga stercoraria*（Linnaeus, 1758）*

分布:宁夏(贺兰山:椿树沟、苏峪口)及全国各地;俄罗斯;欧洲,亚洲,非洲,北美洲。

寄主:寄主:幼虫喜于人、畜粪便中,成、幼虫均具有捕食性。

花蝇科 Anthomyiidae

宁夏贺兰山记述 4 属 5 种。

597. 粪种蝇 *Adia cinerella*（Fallen, 1825）

分布:宁夏(贺兰山,苏峪口)及全国各地;亚洲,俄罗斯,欧洲,非洲北部,北美洲。

寄主:不详。

598. 雨兆花蝇 *Anthomyia pluvialis*（Linnaeus, 1758）

分布:宁夏(贺兰山)、河北、辽宁、黑龙江、四川、甘肃、青海、新疆;墨西哥,俄罗斯;欧洲,非洲北部,亚洲,新北区,加勒比海沿岸。

寄主:不详。

599. 麦地种蝇 *Delia coarctata*（Fallen, 1825）

分布:宁夏(贺兰山,大口子)、黑龙江、内蒙古、甘肃、青海、新疆;亚洲,欧洲。

寄主:幼虫危害麦类作物及禾本科牧草。

600. 灰地种蝇 *Delia platura*（Meigen, 1826）

分布:宁夏(贺兰山:苏峪口)及全国各地;世界各地。

寄主:幼虫可危害多种作物。

601. 根邻种蝇 *Paregle audacula* (Harris, 1780)

分布:宁夏(贺兰山:苏峪口)、山西、辽宁、吉林、黑龙江、四川、甘肃、青海;亚洲,欧洲,非洲北部,北美洲,澳大利亚。

寄主:不详。

蝇科 Muscidae

宁夏贺兰山记述 8 属 15 种。

602. 软毛秽蝇 *Coenosia mollicula* (Fallen, 1825) *

分布:宁夏(贺兰山苏峪口)、山西、辽宁、黑龙江;俄罗斯,土耳其,欧洲,新北区。

寄主:不详。

603. 亚洲毛蝇 *Dasyphora asiatica* (Zimin, 1947) *

分布:宁夏(贺兰山);日本,韩国;欧洲。

寄主:不详。

604. 拟变色毛蝇 *Dasyphora paraversicolor* (Zimin, 1951)

分布:宁夏(贺兰山苏峪口)、甘肃、新疆、青海、西藏;吉尔吉斯斯坦,塔吉克斯坦,俄罗斯,巴基斯坦。

寄主:不详。

605. 毛胸毛蝇 *Dasyphora trichosterna* (Zimin, 1951) *

分布:宁夏(贺兰山)。

寄主:不详。

606. 少毛阳蝇 *Helina calceataeformis* (Schnabl, 1911)

分布:宁夏(贺兰山)、内蒙古、山西、辽宁、黑龙江、甘肃;俄罗斯;中东,非洲北部,欧洲。

寄主:不详。

607. 靴阳蝇 *Helina cothurnata* (Rondani, 1866)

分布:宁夏(贺兰山苏峪口)、山西、辽宁;俄罗斯;欧洲。

寄主:不详。

608. 毁阳蝇 *Helina deleta* (Stein, 1914)

分布:宁夏(贺兰山:苏峪口,黄旗口)、山西、内蒙古、黑龙江、辽宁、四川、甘肃、青海;日本;欧洲。

寄主:不详。

609. 常齿股蝇 *Hydrotaea dentipes* （Fabricius，1805）

分布:宁夏(贺兰山)、北京、河北、山西、内蒙古、辽宁、吉林、黑龙江、江苏、上海、山东、西藏、青海、甘肃、新疆;朝鲜,日本,尼泊尔,印度,俄罗斯;欧洲,北非,北美洲。

寄主:不详。

610. 东方溜蝇 *Lispe orientalis* （Wiedemann，1830）

分布:宁夏(贺兰山苏峪口)、北京、河北、内蒙古、辽宁、吉林、江苏、浙江、上海、福建、山东、湖北、广东、台湾地区、四川、云南;朝鲜,日本,印度,巴基斯坦,印度尼西亚。

寄主:幼虫为两栖,捕食性,兼粪食和尸食。

611. 中华溜蝇 *Lispe sinica* （Hennig，1960）

分布:宁夏(贺兰山黄旗口)。

寄主:不详。

612. 鳌溜蝇 *Lispe tentaculata* （De Geer,1776）

分布:宁夏(贺兰山苏峪口)、辽宁、吉林、黑龙江、北京、河北、山西、内蒙古、江苏、山东、新疆;欧洲,中亚细亚;秘鲁等。

寄主:不详。

613. 瘤胫莫蝇 *Morellia podagrica* （Loew，1857）

分布:宁夏(贺兰山苏峪口)、吉林、新疆;蒙古,俄罗斯;欧洲,新北区。

寄主:不详。

614. 欧妙蝇 *Myospila meditabunda meditabunda* （Fabricius，1871）

分布:宁夏(贺兰山)、内蒙古、辽宁、吉林、黑龙江、山东、甘肃、新疆;日本,朝鲜,蒙古,阿富汗,俄罗斯;欧洲,中东,北非,新北区,新热带区。

寄主:1龄幼虫粪食性,长大后行捕食性。

615. 绿额翠蝇 *Neomyia coeruleifrons* （Macquart，1851）

分布:宁夏(贺兰山:苏峪口)、浙江、台湾地区、河南、广东、广西、云南、西藏;日本,印度尼西亚,菲律宾,尼泊尔,泰国,老挝,马来西亚。

寄主:不详。

616. 紫翠蝇 *Neomyia gavisa* （Walker，1859）

分布:宁夏(贺兰山:苏峪口)、安徽、江苏、浙江、上海、福建、江西、山东、河南、湖北、湖南、广东、广西、台湾地区、四川、贵州、云南、西藏、陕西、甘肃;缅甸,印度,尼泊尔,巴基斯坦,斯里兰卡,印度尼西亚。

寄主:不详。

丽蝇科 Calliphoridae

宁夏贺兰山记述6属10种。

617. 广额金蝇 *Chrysomya phaonis* (Seguy, 1928)

分布:宁夏(贺兰山苏峪口)、河北、山西、内蒙古、辽宁、江西、河南、山东、四川、贵州、云南、西藏、陕西、甘肃、青海;印度北部,阿富汗。

寄主:动物腐尸、粪块。

618. 肥躯金蝇 *Chrysomya pinguis* (Walker, 1858)

分布:宁夏(贺兰山)、河北、山西、内蒙古、辽宁、江苏、浙江、安徽、福建、江西、山东、河南、湖北、湖南、台湾地区、广东、广西、海南、四川、贵州、云南、西藏、陕西、甘肃;日本,朝鲜,印度,斯里兰卡,东南亚。

寄主:动物腐尸、粪块。

619. 叉叶绿蝇 *Lucilia caesar* (Linnaaeus, 1758)

分布:宁夏(贺兰山大寺沟)、辽宁、河北、山西、内蒙古、吉林、黑龙江、山东、四川、贵州、云南、陕西、青海、新疆;日本,朝鲜,俄罗斯,古北区。

寄主:灌丛、草地、林地、动物腐尸、粪块。

620. 丝光绿蝇 *Lucilia sericata* (Meigen, 1826)

分布:宁夏(贺兰山:苏峪口,大口子)及世界各地。

寄主:动物腐尸、粪块。

621. 沈阳绿蝇 *Lucilia shenyangensis* (Fan , 1965)

分布:宁夏(贺兰山)、北京、山西、内蒙古、辽宁、吉林、黑龙江、山东、河南、四川、贵州、云南、陕西;朝鲜,俄罗斯。

寄主:动物腐尸或积水附近。

622. 太原绿蝇 *Lucilia taiyuanensis* (Chu, 1975)

分布:宁夏(贺兰山:贺兰口,大口子)、河北、山西、辽宁、吉林、山东、湖南。

寄主:动物腐尸。

623. 疣腹变丽蝇 *Paradichosia tuscamitoi* (Kano, 1962)

分布:宁夏(贺兰山小口子)、辽宁、河北;日本。

寄主:潮湿灌丛、林地。

624. 中华粉腹丽蝇 *Pollenomyia sinensis* Seguy, 1935

分布:宁夏(贺兰山苏峪口)、北京、河北、陕西、辽宁、江苏、浙江、四川;日本,俄罗斯。

寄主:不详。

625. 新陆原伏蝇 *Protophormia terraenovae* (Robineau-Desvoidy, 1830)

分布:宁夏(贺兰山苏峪口)、河北、山西、内蒙古、辽宁、吉林、黑龙江、山东、河南、江苏、四川、西藏、陕西、甘肃、青海、新疆;日本,俄罗斯;欧洲,北美洲。

寄主:不详。

626. 叉丽蝇 *Triceratopyga calliphoroides* (Rohdendorf, 1931)

分布:宁夏(贺兰山小口子)、北京、天津、河北、山西、内蒙古、辽宁、吉林、黑龙江、安徽、江苏、上海、浙江、福建、江西、山东、河南、湖北、湖南、四川、贵州、云南、陕西、青海;日本,朝鲜,蒙古,俄罗斯。

寄主:幼虫滋生在腐动物质、垃圾以及粪便中。

麻蝇科 Saveophagidae

宁夏贺兰山记述 6 属 12 种。

627. 贺兰欧麻蝇 *Heteronychia helanshanensis* (Han, Zhao et Ye, 1985)

分布:宁夏(贺兰山)。

寄主:不详。

628. 侧突库麻蝇 *Kozlovea cetu* (Chao et Zhang, 1978)

分布:宁夏(贺兰山)、北京、河北、辽宁、四川、西藏、甘肃。

寄主:不详。

629. 复斗库麻蝇 *Kozlovea tshernovi* (Rohdendorf, 1937)

分布:宁夏(贺兰山小口子)、内蒙古。

寄主:不详。

630. 酱亚麻蝇 *Parasarcophaga dux* (Thomson, 1868)

分布:安徽、江苏、浙江、山东、河南、湖北、四川、福建、台湾地区、广东、广西、海南、云南、甘肃;朝鲜,日本,泰国,缅甸,印度,斯里兰卡,印度尼西亚,菲律宾,美国,澳大利亚。

寄主:动物粪便或松毛虫。

631. 贪食亚麻蝇 *Parasarcophaga harpax* (Pandelle, 1896)

分布:宁夏(贺兰山)、北京、辽宁、吉林、黑龙江、山东、甘肃、新疆;朝鲜,日本,俄罗斯;欧洲,北美洲。

寄主:松毛虫。

632. 波突亚麻蝇 *Parasarcophaga jaroschevskyi* (Rohdendorf,1937)

分布:宁夏(贺兰山),河北、辽宁、吉林、山东、河南、陕西;俄罗斯。

寄主:不详。

633. 急钩亚麻蝇 *Parasarcophaga portschinskyi* (Rohdendorf,1937)

分布:宁夏(贺兰山苏峪口)、河北、山西、内蒙古、辽宁、吉林、黑龙江、山东、河南、江苏、四川、青海、新疆;蒙古,俄罗斯。

寄主:幼虫寄生于柳毒蛾幼虫体内。

634. 红尾拉麻蝇 *Ravinia striata* (Fabricius, 1794)

分布:宁夏(贺兰山)、北京、天津、河北、山西、内蒙古、辽宁、吉林、黑龙江、江苏、山东、河南、湖北、湖南、四川、贵州、云南、西藏、陕西、甘肃、新疆、青海;朝鲜,日本,蒙古,阿富汗,尼泊尔,巴基斯坦,印度,中东,俄罗斯;欧洲,非洲北部。

寄主:脊椎动物新鲜粪便。

635. 柯氏楔蜂麻蝇 *Seniorwhitea kozlovi* (Rohdendorf, 1967)

分布:宁夏(贺兰山:贺兰口)。

寄主:不详。

636. 蒙古楔蜂麻蝇 *Seniorwhitea mongolia* (Fan, 1965)

分布:宁夏(贺兰山苏峪口)。

寄主:不详。

637. 阿拉善污蝇 *Wohlfahrtia fedtschenkoi* (Rohdendorf,1956)

分布:宁夏(贺兰山:苏峪口、贺兰口),内蒙古、甘肃、新疆;中亚。

寄主:不详。

638. 黑须污蝇 *Wohlfahrtia magnifica* (Schiner,1862)

分布:宁夏(贺兰山:苏峪口、贺兰口),北京、吉林、内蒙古、江苏、甘肃、新疆;蒙古,西南亚,俄罗斯;欧洲,北非。

寄主:幼虫寄生牛、羊、绵羊、骆驼、马、驴、骡等牲畜,在猫、犬、刺猬以及一些鸟类也发现被寄生。

寄蝇科 Tachinidae

宁夏贺兰山记述 7 属 8 种。

639. 梳胫饰腹寄蝇 *Blepharipa schineri*（Mesnil, 1939）*

分布:宁夏(贺兰山苏峪口)、吉林、黑龙江、江苏、四川、湖南;日本,俄罗斯(西伯利亚),欧洲。

寄主:舞毒蛾幼虫。

640. 短尾卷蛾寄蝇 *Blondelia siamensis*（Baranov, 1938）*

分布:宁夏(贺兰山独树沟)、辽宁、宁夏、湖南,日本;全北区。

寄主:卷蛾幼虫。

641. 普通膜腹寄蝇 *Gymnosoma rotundata*（Linneaus, 1758）*

分布:宁夏(贺兰山:苏峪口)、北京、四川、云南、西藏;印度、塞浦路斯,阿尔及利亚,摩洛哥,埃塞俄比亚。

寄主:半翅目蝽科昆虫。

642. 阴叶甲寄蝇 *Macquartia tenebricosa*（Meigen, 1824）*

分布:宁夏(贺兰山)、北京、辽宁、山西、青海、内蒙古;蒙古,以色列,俄罗斯(高加索、西伯利亚),英国。

寄主:榆紫叶甲幼虫。

643. 杂色美根寄蝇 *Meigenia dorgalis*（Meigen, 1824）*

分布:宁夏(贺兰山苏峪口)、河北、内蒙古、黑龙江、浙江、福建、西藏、青海、新疆;欧洲,非洲。

寄主:榆绿毛萤叶甲、东方油菜叶甲、柳叶甲、红足跳甲。

644. 粘虫长须寄蝇 *Peleteria varia*（Fabricius, 1794）*

分布:宁夏(贺兰山拜寺口)、吉林、辽宁、北京、天津、内蒙古、甘肃、河北、山西、河南、陕西、山东、安徽、江苏、上海、浙江、湖北、湖南、江西、福建、台湾地区、广东、香港、广西、海南、贵州、重庆、四川、云南、西藏;韩国,日本,欧洲,俄罗斯(西伯利亚、远东),高加索,哈萨克斯坦,北非;马来西亚,印度,印度尼西亚,缅甸,尼泊尔,菲律宾,斯里兰卡,泰国;澳大利亚,巴布亚新几内亚,热带非洲地区,东洋区,欧洲北部。

寄主:黏虫、小地老虎,油松毛虫

645. 肥须诺寄蝇 *Tachina atripalpis*（Robineau-Desvoidy, 1863）*

分布:宁夏(贺兰山苏峪口)、黑龙江、吉林、山西、内蒙古、甘肃、青海、新疆、浙江、广东、四川、西藏;俄罗斯,外高加索;中亚,欧洲,蒙古。

寄主:不详。

646. 黄跗寄蝇 *Tachina fera* (Linneaus, 1758) *

分布:宁夏(贺兰山响水沟);吉林、北京、天津、河北、山西、内蒙古、新疆、西藏;蒙古,俄罗斯(远东、西伯利亚、外高加索);中亚,日本,中东,北非,欧洲。

寄主:舞毒蛾,松夜蛾,杉苔蛾等。

鳞翅目 Lepidoptera

弄蝶科 Hesperiidae

宁夏贺兰山记述 2 属 3 种。

647. 基点银弄蝶 *Carterocephalus argyrostigma* (Eversman, 1851) *

分布:宁夏(贺兰山苏峪口)、东北;蒙古,俄罗斯(西伯利亚)。

寄主:不详。

648. 星点弄蝶 *Muschampia tessellum* (Hübner, 1802)

分布:宁夏(贺兰山:贺兰口、大水沟、马莲口、黄旗口、柳条沟、甘沟、拜寺口、西峰沟、椿树沟、王泉沟)、河北、山西、东北、陕西、甘肃、新疆;蒙古,俄罗斯。

寄主:不详。

649. 点弄蝶未定种 *Muschampia* sp.

分布:宁夏(贺兰山)。

寄主:不详。

凤蝶科 Papilionidae

宁夏贺兰山记述 1 属 1 种。

650. 金凤蝶 *Papilio machaon* (Linnaeus, 1758)

分布:宁夏(贺兰山:贺兰口、小水沟、苏峪口、黄旗口、镇木关、大寺沟、独树沟、拜寺口、正义关、汝箕沟、响水沟)及全国各地;除北极以外全球广泛分布。

寄主:伞形科植物。

绢蝶科 Parnassdaei

宁夏贺兰山记述 1 属 1 种。

651. 红珠绢蝶 *Parnassius bremeri* (Bremer, 1864)

分布:宁夏(贺兰山苏峪口)、北京、河北、吉林、黑龙江、河南、陕西、甘肃、青海、新疆;俄罗斯。

寄主:景天科植物。

粉蝶科 Pieridae

宁夏贺兰山记述 5 属 11 种。

652. 暗色绢粉蝶 *Aporia bieti* （Oberthür, 1884）

分布:宁夏(贺兰山:贺兰口、小水沟、大水沟、苏峪口、马莲口、黄旗口、大寺沟、独树沟、椿树沟、汝箕沟、响水沟、大水渠、白虎洞)、四川、贵州、云南、西藏、陕西、甘肃、青海、新疆;日本;欧洲。

寄主:蔷薇科植物。

653. 绢粉蝶 *Aporia crataegi* （Linnaeus, 1758）

分布:宁夏(贺兰山:大口子、大水沟、苏峪口、马莲口、独树沟、柳条沟、甘沟、拜寺口、椿树沟)、北京、河北、内蒙古、山西、辽宁、吉林、黑龙江、浙江、安徽、山东、河南、湖北、四川、西藏、陕西、青海、新疆、甘肃;朝鲜,日本,俄罗斯;欧洲。

寄主:苹果、梨、桃、杏、李榆等。

654. 小蘖绢粉蝶 *Aporia hippia* （Breme, 1861）

分布:宁夏(贺兰山:贺兰口)、山西、吉林、黑龙江、江西、河南、云南、贵州、西藏、陕西、甘肃、青海、台湾地区;朝鲜,日本,俄罗斯(西伯利亚)。

寄主:小蘖属植物、禾本科牧草。

655. 斑缘豆粉蝶 *Colias erate* （Esper, 1808）

分布:宁夏(贺兰山:贺兰口、小水沟、苏峪口、马莲口、黄旗口、镇木关、大寺沟、独树沟、柳条沟、东麓、拜寺口、正义关、西峰沟、椿树沟、汝箕沟、王泉沟、大水渠、白虎洞)、山西、吉林、辽宁、黑龙江、江苏、浙江、福建、江西、河南、湖南、云南、西藏、陕西、甘肃、青海、新疆、台湾地区;从东欧到日本都有分布。

寄主:苜蓿、大豆、百脉根、毛条等豆科植物、蝶形花科植物。

656. 橙黄豆粉蝶 *Colias fieldi* （Ménétriès, 1855）

分布:宁夏(贺兰山:苏峪口、拜寺口、大水渠、白虎洞)、山西、吉林、山东、河南、湖北、江西、广西、四川、云南、陕西、甘肃、青海;印度,尼泊尔,缅甸,泰国。

寄主:苜蓿、三叶草及其他豆科植物。

657. 黎明豆粉蝶 *Colias hoes* （Herbst）

分布:宁夏(贺兰山苏峪口)、吉林、四川、陕西;蒙古,俄罗斯(西伯利亚)。

寄主:不详。

658. 钩粉蝶 *Gonepteryx rhamni* （Linnaeus, 1758）

分布:宁夏(贺兰山苏峪口)、北京、吉林、黑龙江、浙江、福建、江西、河南、湖北、云南、贵州、陕西、甘肃、新疆;朝鲜,日本;欧洲。

寄主:枣、酸枣、鼠李。

659. 东方菜粉蝶 *Pieris canidia* (Linnaeus, 1768)

分布:宁夏(贺兰山镇木关)及大部分省区;朝鲜,越南,老挝,缅甸,柬埔寨,泰国,土耳其。

寄主:十字花科植物。

660. 菜粉蝶 *Pieris rapae* (Linnaeus, 1758)

分布:宁夏(贺兰山:苏峪口、马莲口、大寺沟、拜寺口、椿树沟、汝箕沟、大水渠、白虎洞)及全国各地;分布在整个北温带,包括美洲北部直到印度北部。

寄主:十字花科植物及豆科牧草。

661. 箭纹云粉蝶 *Pontia callidica* (Hübner, 1799) *

分布:宁夏(贺兰山:苏峪口)、西藏、甘肃、青海、新疆;蒙古,哈萨克斯坦,俄罗斯等。

寄主:十字花科植物及豆科牧草。

662. 云粉蝶 *Pontia daplidice* (Linnaeus, 1758)

分布:宁夏(贺兰山:苏峪口)、河北、山西、内蒙古、辽宁、吉林、黑龙江、河南、浙江、江西、山东、广东、广西、四川、贵州、西藏、陕西、甘肃、青海、新疆。西亚,中亚,北非。

寄主:十字花科植物及豆科牧草。

眼蝶科 Satyridae

宁夏贺兰山记述 8 属 9 种。

663. 牧女珍眼蝶 *Coenonympha amaryllis* (Gramer, 1782)

分布:宁夏(贺兰山:苏峪口、独树沟)、吉林、黑龙江、浙江、河南、甘肃、青海、新疆;朝鲜。

寄主:香附子、油莎豆等莎草科植物。

664. 隐藏珍眼蝶 *Coenonympha arcania* (Linnaeus, 1758)

分布:宁夏(贺兰山:苏峪口、独树沟)、吉林、黑龙江;欧洲。

寄主:不详。

665. 红眼蝶 *Erebia alcmena* (Grum-Grshimailo, 1891)

分布:宁夏(贺兰山:大口子、大水沟、马莲口、独树沟、拜寺口、椿树沟)、吉林、浙江、河南、四川、青海、西藏、陕西;日本。

寄主:羊胡子草。

666. 仁眼蝶 *Hipparchia autonoe* （Esper, 1784）

分布：宁夏（贺兰山：大口子、苏峪口、马莲口、独树沟、甘沟、西峰沟、椿树沟）、山西、黑龙江、陕西、甘肃；俄罗斯。

寄主：不详。

667. 斗毛眼蝶 *Lasiommata deidamia* （Eversmann, 1851）

分布：宁夏（贺兰山：大口子、贺兰口、苏峪口、马莲口、黄旗口、镇木关、独树沟、大寺沟、甘沟、拜寺口、椿树沟、大水渠）、北京、河北、山西、辽宁、吉林、黑龙江、福建、山东、河南、湖北、四川、陕西、甘肃、青海；朝鲜，日本。

寄主：鹅冠草、糠穗、野青茅等禾本科牧草。

668. 白眼蝶 *Melanargia halimede* （Ménétriès, 1859）

分布：宁夏（贺兰山苏峪口），河北、山西、辽宁、吉林、黑龙江、江西、山东、河南、湖北、贵州、陕西、甘肃、青海；朝鲜，蒙古，俄罗斯。

寄主：不详。

669. 蛇眼蝶 *Minois dryas* （Scopoli, 1763）

分布：宁夏（贺兰山：大口子、贺兰口、苏峪口、马莲口、黄旗口、镇木关、大寺沟、独树沟、甘沟、拜寺口、西峰沟、椿树沟、大水渠）、吉林、黑龙江、河北、山西、浙江、福建、江西、山东、河南、陕西、甘肃、青海、新疆；朝鲜，日本，俄罗斯，欧洲。

寄主：羊胡子草、结缕草、早熟禾、芒等植物。

670. 寿眼蝶 *Pseudochazara hippolyte* （Esper, 1784）

分布：宁夏（贺兰山：大口子、贺兰口、苏峪口、马莲口、黄旗口、镇木关、大寺沟、独树沟、甘沟、拜寺口、西峰沟、椿树沟、大水渠）、陕西、新疆；俄罗斯。

寄主：不详。

671. 赭带眼蝶 *Satyrus hyppolyte* （Esper, 1784）

分布：宁夏（贺兰山苏峪口），甘肃。

寄主：不详。

蛱蝶科 Nymphalidae

宁夏贺兰山记述 11 属 15 种。

672. 柳紫闪蛱蝶 *Apatura ilia* （Denis *et* Schiffermüller, 1775）

分布：宁夏（贺兰山苏峪口）、辽宁、吉林、黑龙江、河北、山西、江苏、浙江、福建、江西、山东、河南、四川、贵州、云南、陕西、甘肃、青海、新疆；朝鲜；欧洲。

寄主:柳、杨、禾草。

673. 长眉蛱蝶 *Apatura nycteis* （Ménétriés,1858）

分布:宁夏(贺兰山苏峪口),北京。

寄主:柳、杨、禾草。

674. 荨麻蛱蝶 *Aglais urticae* （Linnaeus, 1758）

分布:宁夏(贺兰山:贺兰口、小水沟、苏峪口、马莲口、拜寺口、正义关、白虎洞)、山西、吉林、黑龙江、广东、广西、四川、贵州、西藏、云南、陕西、甘肃、青海、新疆;朝鲜,日本,印度;中亚,欧洲。

寄主:荨麻科植物。

675. 绿豹蛱蝶 *Argynnis paphia* （Linnaeus, 1758）

分布:宁夏(贺兰山:大水沟、马莲口)、河北、山西、辽宁、吉林、黑龙江、浙江、福建、江西、河南、湖北、广东、广西、四川、贵州、云南、西藏、陕西、甘肃、青海、新疆;日本,朝鲜;欧洲,非洲;

寄主:紫花地丁、堇科植物。

676. 曲纹银豹蛱蝶 *Childrena zenobia* （Leech, 1890） *

分布:宁夏(贺兰山:大水沟、马莲口)、北京、河南、四川、西藏、云南、陕西;印度。

寄主:不详。

677. 灿福蛱蝶 *Fabriciana adippe* （Linnaeus, 1758）

分布:宁夏(贺兰山:贺兰口、小口子、小水沟、苏峪口、独树沟、水磨沟、大水渠、白虎洞)、吉林、黑龙江、江苏、江西、山东、河南、湖北、四川、贵州、云南、西藏、陕西、甘肃、青海;日本,朝鲜,西伯利亚;中亚,西亚。

寄主:堇菜科植物。

678. 蟾福蛱蝶 *Fabriciana nerippe* （Felder et Felder, 1862）

分布:宁夏(贺兰山:小水沟、大水沟、马莲口、黄旗口、拜寺口、正义关、西峰沟)、吉林、黑龙江、浙江、江西、河南、湖北、陕西、甘肃;日本,朝鲜。

寄主:堇科植物、松等。

679. 狄网蛱蝶 *Melitaea didyma* （Esper, 1779） *

分布:宁夏(贺兰山:大口子、苏峪口、马莲口、黄旗口、大寺沟、独树沟、拜寺口、椿树沟)、河北、山西、黑龙江、河南、云南、西藏、陕西、甘肃、新疆;欧洲,非洲北部。

680. 圆翅网蛱蝶 *Melitaea yuenty* （Oberthür, 1886） *

分布:宁夏(贺兰山:大口子、苏峪口、马莲口、黄旗口、大寺沟、独树沟、拜寺口、椿树沟)、广西、四川、云南。

寄主:禾草、灌丛。

681. 夜迷蛱蝶 *Mimathyma nycteis* (Ménétriès, 1858)

分布:宁夏(贺兰山:大口子、贺兰口、小水沟、大水沟、苏峪口、马莲口、黄旗口、镇木关、大寺沟、独树沟、柳条沟、拜寺口、正义关、西峰沟、椿树沟、汝箕沟、响水沟、大水渠、白虎洞)、黑龙江、浙江、福建、江西、湖北、四川、云南、陕西;朝鲜,俄罗斯。

寄主:灰榆、杨。

682. 单环蛱蝶 *Neptis rivularis* (Scopoli, 1763)

分布:宁夏(贺兰山:贺兰口、小水沟、大水沟、苏峪口、马莲口、黄旗口、镇木关、大寺沟、独树沟、正义关、西峰沟、椿树沟、汝箕沟、白虎洞)、河北、东北、河南、四川、陕西、甘肃、青海、台湾地区;日本,朝鲜,蒙古,俄罗斯(西伯利亚),欧洲中部。

寄主:绣线菊、胡枝子等。

683. 黄缘蛱蝶 *Nymphalis antiopa* (Linnaeus, 1758)

分布:宁夏(贺兰山苏峪口)、北京、吉林、黑龙江、四川、陕西、青海、新疆、台湾地区;日本,朝鲜,俄罗斯,欧洲西部。

寄主:杨树、榆、柳、桦等林木。

684. 银斑豹蛱蝶 *Speyeria aglaja* (Linnaeus, 1758)

分布:宁夏(贺兰山拜寺口)、河北、山西、辽宁、吉林、黑龙江、山东、河南、四川、西藏、云南、陕西、甘肃、青海、新疆;朝鲜,日本,英国,非洲北部。

寄主:不详。

685. 小红蛱蝶 *Vanessa cardui* (Linnaeus, 1758)

分布:宁夏(贺兰山:苏峪口、黄旗口、独树沟、柳条沟、西峰沟)、北京、东北、浙江、福建、江西、山东、湖南、海南、四川、贵州、陕西、青海、台湾地区;为世界广布种,仅南美尚未发现。

寄主:大豆、大麻、黄麻、苎麻、艾、牛蒡、荨麻、山杨等。

686. 大红蛱蝶 *Vanessa indica* (Herbst, 1794)

分布:宁夏(贺兰山:苏峪口、拜寺口、西峰沟、大水渠)及全国各地;亚洲东部、欧洲、非洲西北部。

寄主:榆、榉、黄麻、苎麻、马尾松。

灰蝶科 Lycaenidae

宁夏贺兰山记述 11 属 15 种。

687. 婀灰蝶 *Albulina orbitula* (Prunner, 1798)

分布:宁夏(贺兰山苏峪口)、山西、河南、云南、甘肃、青海;印度;欧洲。

寄主:不详。

688. 华夏爱灰蝶 *Aricia chinensis* (Murray, 1874)

分布:宁夏(贺兰山:大口子、苏峪口、黄旗口、拜寺口、椿树沟、王泉沟、大水渠)、黑龙江、河南、甘肃、青海。

寄主:不详。

689. 曲纹紫灰蝶 *Chilades pandava* (Horsfield, 1829)

分布:宁夏(贺兰山苏峪口)、广西、香港特区;斯里兰卡、马来西亚、缅甸。

寄主:不详。

690. 红珠灰蝶 *Lycaeides argyrognomon* (Bergstrasser, 1779)

分布:宁夏(贺兰山:大口子、贺兰口、小水沟、苏峪口、马莲口、黄旗口、镇木关、大寺沟、独树沟、甘沟、拜寺口、正义关、椿树沟、大水渠)、河北、山西、辽宁、吉林、黑龙江、山东、河南、四川、西藏、陕西、甘肃、青海、新疆;朝鲜,日本。

寄主:锦鸡儿、牧草等豆科植物。

691. 橙灰蝶 *Lycaena dispar* (Haworth, 1802)

分布:宁夏(贺兰山苏峪口)、辽宁、吉林、黑龙江、陕西、甘肃、西藏;朝鲜,俄罗斯(西伯利亚)。

寄主:苜蓿、酸模等蓼科植物。

692. 红灰蝶 *Lycaena phlaeas* (Linnaeus, 1758)

分布:宁夏(贺兰山苏峪口)、北京、河北、吉林、黑龙江、浙江、江西、福建、河南、贵州、西藏、甘肃;朝鲜,日本;欧洲,非洲。

寄主:何首乌、羊蹄草、酸模等蓼科植物。

693. 阗新灰蝶 *Neolycaena tengstroemi* (Erschoff, 1874) *

分布:宁夏(贺兰山苏峪口)、河北、新疆;吉尔吉斯斯坦。

寄主:不详。

694. 伊眼灰蝶 *Polyommatus icarus* (Rottemburg, 1775) *

分布:宁夏(贺兰山:黄旗口、镇木关、甘沟、大水渠)、新疆;欧洲。

寄主:不详。

695. 多眼灰蝶 *Polyommatus eros* （Ochsenbeimer, 1808）

分布:宁夏(贺兰山:大口子、贺兰口、小口子、小水沟、苏峪口、马莲口、黄旗口、镇木关、独树沟、甘沟、拜寺口、正义关、椿树沟、汝箕沟、大水渠、白虎洞)、河北、吉林、黑龙江、山东、河南、四川、西藏、陕西、甘肃;日本,朝鲜,俄罗斯;欧洲。

寄主:不详。

696. 彩燕灰蝶 *Rapala selira* （Moore, 1874） *

分布:宁夏(贺兰山)、河北、辽宁、吉林、黑龙江、浙江、江西、云南、西藏、陕西、甘肃、青海;印度。

寄主:榆树。

697. 蓝燕灰蝶 *Rapala caerulea* （Bremer et Grey, 1851） *

分布:宁夏(贺兰山苏峪口)、河北、黑龙江、江苏、浙江、江西、山东、甘肃、台湾地区;朝鲜。

寄主:不详。

698. 优秀洒灰蝶 *Satyrium eximium* （Fixsen, 1887）

分布:宁夏(贺兰山:贺兰口、马莲口、黄旗口、镇木关、大寺沟、独树沟、拜寺口、西峰沟、椿树沟)、辽宁、吉林、黑龙江、陕西、青海、浙江、福建、山东、河南、广东、四川、云南、台湾地区;日本。

寄主:不详。

699. 昙灰蝶阿拉亚种 *Thersamonia thersamon alaica* （Grum-Grshimailo, 1888） *

分布:宁夏(贺兰山:大口子、贺兰口、大水沟、苏峪口、马莲口)、新疆;中亚。

寄主:不详。

700. 玄灰蝶 *Tongeia fischeri* （Eversmann, 1843） *

分布:宁夏(贺兰山:大口子、贺兰口)、河北、山西、辽宁、黑龙江、福建、江西、山东、河南、陕西、甘肃、台湾地区;日本。

寄主: 景天科植物。

701. 竹都玄灰蝶 *Tongeia zuthus* （Leech, 1893） *

分布:宁夏(贺兰山:大口子、贺兰口)、四川、贵州、西藏、青海。

寄主:不详。

巢蛾科 Yponomeutidae

宁夏贺兰山记述 1 属 1 种。

702. 苹果巢蛾 *Yponomeuta padella* （Linnaeus, 1758）

分布:宁夏(贺兰山:贺兰口)、北京、河北、山西、辽宁、黑龙江、江苏、山东、四川、陕西、甘肃、青海、新疆;日本,朝鲜,俄罗斯;欧洲,北美洲。

寄主:苹果、乌荆子、沙枣、梨。

菜蛾科 Plutellidae

宁夏贺兰山记述 1 属 1 种。

703. 菜蛾 *Plutella xylostella* （Linnaeus, 1758）

分布:宁夏(贺兰山)及世界各地。

寄主:十字花科植物。

草蛾科 Ethmiidae

宁夏贺兰山记述 1 属 1 种。

704. 密云草蛾 *Ethmia cirrhocnemia* （Lederer, 1870）

分布:宁夏(贺兰山:贺兰口、苏峪口)、北京、河北、内蒙古、陕西;蒙古,伊朗,俄罗斯。

寄主:紫草科植物。

木蠹蛾科 Cossidae

宁夏贺兰山记述 1 属 1 种。

705. 芳香木蠹蛾 *Cossus cossus* （Linnaeus, 1758）

分布:宁夏(贺兰山:贺兰口、苏峪口)、东北、华北、西北、华东;中亚,欧洲,非洲。

寄主:杨、柳、榆、槭、梨、苹果。

卷蛾科 Tortricidae

宁夏贺兰山记述 20 属 23 种。

706. 紫杉黄卷蛾 *Archips fumosus* （Kodama, 1960） *

分布:宁夏(贺兰山:苏峪口)、辽宁、青海、西藏;日本。

寄主:云杉。

707. 异色卷蛾 *Choristoneura diversana* （Hübner, 1817）

分布:宁夏(贺兰山苏峪口)、黑龙江、甘肃;日本,俄罗斯,欧洲。

寄主:云杉、冷杉、杨、柳、槭、桦、梨、栎、落叶松、樱、稠李、野丁香、丁香、忍冬、榆、山毛榉等。

寄主:云杉、杨、柳、槭、桦、梨、栎、樱、丁香、忍冬、榆、山毛榉等。

708. 紫色卷蛾 *Choristoneura murinana*（Hübner, 1796–1799）*

分布：宁夏（贺兰山：苏峪口、贺兰口）、黑龙江；日本，俄罗斯；欧洲。

寄主：云杉。

709. 暗褐卷蛾 *Pandemis phaiopteron*（Razowski, 1978）

分布：宁夏（贺兰山苏峪口）、河北、内蒙古、四川、陕西、甘肃、青海。

寄主：不详。

710. 忍冬双斜卷蛾 *Clepsis rurinana*（Linnaeus, 1758）

分布：宁夏（贺兰山苏峪口）、北京、天津、河北、山西、辽宁、吉林、黑龙江、浙江、安徽、山东、河南、湖北、湖南、四川、贵州、陕西、甘肃、青海；韩国，日本，中亚，俄罗斯（远东），欧洲各国。

寄主：日本落叶松、黄芪，荨麻科，罂粟科，旋花科，大戟科，蓼科，毛茛科，百合科，伞形科，菊科，蔷薇科，忍冬科，槭树科，壳斗科。

711. 菊云卷蛾 *Cnephasiini chrysantheana*（Dupchonel, 1843）*

分布：宁夏（贺兰山苏峪口）、黑龙江、江苏、青海；欧洲。

寄主：不详。

712. 细狭云卷蛾 *Stenopteron stenopterum*（Filipjev, 1962）*

分布：宁夏（贺兰山苏峪口）、陕西；俄罗斯（远东）。

寄主：云杉、油松。

713. 青白长翅卷蛾 *Acleris albopterana*（Liu et Bai, 1993）*

分布：宁夏（贺兰山苏峪口）、青海。

寄主：云杉、油松。

714. 黄斑长翅卷蛾 *Acleris fimbriana*（Thunberg, 1791）

分布：宁夏（贺兰山苏峪口）、天津、河北、辽宁、山西、山东、陕西、甘肃；韩国，日本，俄罗斯（远东），欧洲。

寄主：蔷薇科，桦木科。

715. 银实小卷蛾 *Retinia coeruleostriana*（Caradja, 1919）*

分布：宁夏（贺兰山：苏峪口、贺兰口）、北京、河北、山西、福建、河南、四川、陕西、甘肃；日本，俄罗斯（远东）。

寄主：云杉、油松。

716. 松梢小卷蛾 *Rhyacionia pinicolana*（Doubleday, 1850）

分布:宁夏(贺兰山:苏峪口、贺兰口)、北京、天津、黑龙江、吉林、辽宁、内蒙古、河北、山西、江西、河南、贵州、陕西、甘肃;欧洲。

寄主:油松、云杉、樟子松

717. 油松球果小卷蛾 *Gravitarmata margarotana* (Heinemann, 1863)

分布:宁夏(贺兰山苏峪口)、辽宁、山西、江苏、浙江、安徽、江西、山东、河南、湖北、湖南、广东、广西、四川、云南、贵州、陕西、甘肃;日本,俄罗斯;欧洲。

寄主:油松、赤松、黑松、华山松、湿地松、白皮松、云南松、马尾松、云杉、冷杉等。

718. 松叶小卷蛾 *Epinotia rubiginosana rubiginosana* (Herrich-Schäffer, 1851)

分布:宁夏(贺兰山苏峪口)、华北、华中、华东、西北;日本,俄罗斯;欧洲。

寄主:油松、云杉。

719. 柳突小卷蛾 *Gravitarmata glaciate* (Meyrick, 1907) *

分布:宁夏(贺兰山苏峪口)、四川、台湾地区;巴基斯坦,印度,尼泊尔,泰国。

寄主:不详。

720. 白钩小卷蛾 *Epiblema foenella* (Linnaeus, 1758)

分布:宁夏(贺兰山苏峪口)、河北、吉林、黑龙江、江苏、安徽、福建、江西、山东、湖南、云南、青海、台湾地区;日本,印度。

寄主:幼虫危害艾蒿 *Artemisia argyi* 的根茎部。

721. 点基斜纹小卷蛾 *Apotomis capreana* (Hübner, 1825)

分布:宁夏(贺兰山苏峪口)、河北、内蒙古、河南、陕西、甘肃;俄罗斯;欧洲,北美洲。

寄主:不详。

722. 广新小卷蛾 *Olethreutes examinatus* (Falkovitsh, 1966)

分布:宁夏(贺兰山苏峪口)、河北、吉林、黑龙江、湖北、陕西、甘肃、青海;日本,俄罗斯。

寄主:不详。

723. 杨灰小卷蛾 *Metendothenia branderiana* (Linnaeus, 1758)

分布:宁夏(贺兰山苏峪口)、黑龙江;日本,俄罗斯;欧洲和北美洲等地。

寄主:山杨。

724. 草小卷蛾 *Celypha flavipalpana* (Herrich-Schäffer, 1848)

分布:宁夏(贺兰山:苏峪口)、北京、天津、河北、内蒙古、吉林、黑龙江、浙江、安徽、山东、河南、湖北、湖南、四川、贵州、陕西、甘肃、青海、新疆;日本,韩国,俄罗斯;欧洲。

寄主:百里香等草本植物。

725. 光轮小卷蛾 *Rudisociaria expeditana* (Snellen, 1883) *

分布:宁夏(贺兰山)、吉林、河南、四川、陕西、甘肃;日本。

寄主:不详。

726. 松针小卷蛾 *Piniphila bifasciana* (Haworth, 1811) *

分布:宁夏(贺兰山)、天津、福建、山东;日本,俄罗斯;欧洲。

寄主:松科,杜鹃花科。

727. 黑斑镰翅小卷蛾 *Ancylis melanoastigma* (Kuznetzov, 1970)

分布:宁夏(贺兰山苏峪口)、四川;韩国,日本,俄罗斯(远东)。

寄主:不详。

728. 大花小卷蛾 *Eucosma magnana* (Kuznetsov, 1978) *

分布:宁夏(贺兰山苏峪口)、内蒙古;吉尔吉斯坦;欧洲。

寄主:菊科。

斑蛾科 Zygaenidae

宁夏贺兰山记述 1 属 1 种。

729. 梨叶斑蛾 *Illiberis pruni* (Dyar, 1905)

分布:宁夏(贺兰山:贺兰口、苏峪口、马莲口)、河北、山西、东北、山东、江苏、浙江、江西、湖南、广西、四川、云南、陕西、甘肃、青海;日本。

寄主:梨、苹果、桃、李。

羽蛾科 Pterophoridae

宁夏贺兰山记述 1 属 1 种。

730. 甘薯异羽蛾 Pterophorus monodactylus (Linnaeus, 1758)

分布:宁夏(贺兰山:贺兰口、苏峪口、马莲口)、河北、山西、东北、山东、江苏、浙江、江西、湖南、广西、四川、云南、陕西、甘肃、青海;日本。

寄主:梨、苹果、桃、李。

螟蛾科 Pyralidae

宁夏贺兰山记述 21 属 25 种。

731. 二点织螟 *Aphomia zelleri* (De Joannis, 1932) *

分布:宁夏(贺兰山:贺兰口、苏峪口)、北京、河北、广东、四川;朝鲜,日本,斯里兰卡,英国。

寄主:杂草、苔藓。

732. 菱斑草螟 *Crambus pinellus* (Linnaeus, 1758) *

分布:宁夏(贺兰山:贺兰口、苏峪口)、青海、甘肃;日本,蒙古,俄罗斯;欧洲。

寄主: 不详。

733. 齿突沟胫野螟 *Algedonia luteorubralis* (Caradja, 1916) *

分布:宁夏(贺兰山苏峪口)、青海;蒙古,俄罗斯。

寄主: 不详。

734. 黄翅缀叶野螟 *Botyodes diniasalis* (Walker, 1859)

分布:宁夏(贺兰山苏峪口)、北京、河北、辽宁、山东、河南、湖北、陕西、甘肃、台湾地区;朝鲜,日本,缅甸,印度。

寄主:白杨、柳等。

735. 四斑绢野螟 *Diaphania quadrimaculalis* (Bremer et Grey, 1853) *

分布:宁夏(贺兰山苏峪口)、河北、辽宁、黑龙江、吉林、浙江、福建、广东、山东、湖北、四川、贵州、云南、青海;朝鲜,日本,俄罗斯(远东地区)。

寄主: 不详。

736. 白蜡绢野螟 *Diaphania nigropunctalis* (Bremer, 1864) *

分布:宁夏(贺兰山苏峪口)、河北、山西、东北、江苏、浙江、福建、山东、河南、四川、贵州、云南、陕西、台湾地区;朝鲜,日本,越南,印度尼西亚,印度,斯里兰卡,菲律宾。

寄主:白蜡、梧桐、丁香、白蜡树、木犀、女贞。

737. 甜菜白带野螟 *Hymenia recurvalis* (Fabricius, 1775)

分布:宁夏(贺兰山苏峪口)、东北、北京、河北、山西、内蒙古、福建、江西、山东、广东、广西、四川、云南、西藏、陕西、甘肃、青海、台湾地区;日本,朝鲜,缅甸,印度尼西亚,泰国,印度,斯里兰卡,菲律宾,澳大利亚;北美洲,非洲。

寄主:甜菜、向日葵、藜、苋菜等。

738. 蚀叶野螟属种 *Lamprosema* sp.

分布:宁夏(贺兰山苏峪口)。

739. 网锥额野螟 *Loxostege sticticalis* (Linnaeus, 1761)

分布:宁夏(贺兰山:贺兰口、苏峪口、拜寺口、王泉沟)、北京、河北、山西、内蒙古、吉林、江苏、陕西、甘肃、青海;朝鲜,日本,印度,俄罗斯;欧洲,北美。

寄主:藜、杨、柳、榆、沙枣、松、柳、牧草、苜蓿、豆类、禾谷类、杂草、灰菜及蒿类。

740. 二点额野螟 *Loxostege rhabdalis* (Hampson, 1900) *

分布:宁夏(贺兰山苏峪口),新疆。

寄主: 不详。

741.艾锥额野螟 *Loxostege aeruginalis* (Hübner, 1796) *

分布:宁夏(贺兰山:贺兰口、小口子)、北京、河北、山西、陕西、青海;欧洲。

寄主:艾草。

742. 豆荚野螟 *Maruca testulalis* (Geyer, 1832)

分布:宁夏(贺兰山苏峪口)、北京、河北、山西、江苏、浙江、福建、江西、山东、河南、湖北、湖南、广东、海南、四川、贵州、陕西、内蒙古、甘肃、台湾地区;朝鲜,日本,印度,斯里兰卡,澳大利亚;北非。

寄主:豆科植物。

743. 黄伸喙野螟 *Mecyna gilvata* (Fabricius, 1794)

分布:宁夏(贺兰山苏峪口)、北京、河北、内蒙古、甘肃、青海;印度,斯里兰卡;欧洲。

寄主: 蓼属、豆类、草棉、旱柳

744. 玉米螟 *Ostrinia nubilalis* (Hübner, 1796)

分布:宁夏(贺兰山:小口子、拜寺口、苏峪口)、河北、山西、内蒙古、辽宁、吉林、黑龙江、江苏、浙江、安徽、福建、江西、山东、河南、湖北、湖南、广东、广西、陕西、甘肃、台湾地区;欧洲,北美洲。

寄主:食性很杂。

745. 旱柳原野螟 *Proteuclasta stotzneri* (Caradja, 1927)

分布:宁夏(贺兰山苏峪口)、北京、河北、山西、内蒙古、黑龙江、山东、河南、湖北、四川、陕西、甘肃;蒙古,俄罗斯。

寄主:旱柳、垂柳、红柳、杜梨。

746. 泡桐卷野螟 *Pycnarmon cribrata* (Fabricius, 1794)

分布:宁夏(贺兰山苏峪口)、北京、河北、湖北、广东、广西、四川、贵州、云南、陕西、台湾地区;朝鲜,日本,越南,缅甸,印度尼西亚,印度,斯里兰卡;非洲东部,南非(阿扎尼亚)。

寄主: 不详。

747. 展峰斑螟 *Acrobasis tumidana* (Dennis *et* Schiffermuler, 1775) *

分布:宁夏(贺兰口、苏峪口),青海;欧洲。

寄主: 不详。

748. 果叶峰斑螟 *Acrobasis tokiella* (Ragonot, 1893) *

分布:宁夏(贺兰山苏峪口),青海;日本,韩国,俄罗斯。

寄主:蔷薇科植物。

749. 松果梢斑螟 *Dioryctria pryeri* (Ragonot, 1893) *

分布:宁夏(贺兰山苏峪口)、河北、辽宁、黑龙江、江苏、江西、甘肃;朝鲜,日本,苏联;欧洲。

寄主:油松。

750. 云杉梢斑螟 *Dioryctria schuetzeella* (Fuchs, 1899)

分布:宁夏(贺兰山苏峪口)、黑龙江、甘肃;欧洲。

寄主:云杉。

751. 豆荚螟 *Etiella hollandella* (Ragonot, 1893) *

分布:宁夏(贺兰山:贺兰口、苏峪口)、陕西、甘肃、青海、新疆;蒙古,朝鲜,日本。

寄主:豆科植物。

752. 二线云翅斑螟 *Nephopteryx bilineatella* (Inoue, 1889) *

分布:宁夏(贺兰山:贺兰口、苏峪口),北京;日本,朝鲜。

寄主:不详。

753. 红云翅斑螟 *Nephopteryx semirubella* (Scopoli, 1763)

分布:宁夏(贺兰山:大口子、贺兰口、苏峪口)、北京、河北、吉林、黑龙江、江苏、浙江、江西、山东、河南、湖南、广东、云南、甘肃、青海、台湾地区;日本,朝鲜,苏联,缅甸,印度,斯里兰卡;欧洲。

寄主:幼虫危害紫花苜蓿、百脉根、白苜蓿等豆科牧草。

754. 豆锯角斑螟 *Pima boisduvaliella* (Guenee, 1845) *

分布:宁夏(贺兰山:苏峪口)、内蒙古、甘肃、新疆;欧洲。

寄主:豆科植物。

755. 豆野螟 *Pyrausta varialis* (Bremer, 1864) *

分布:宁夏(贺兰山:苏峪口)。

寄主:豆科植物。

尺蛾科 Geometridae

宁夏贺兰山记述 22 属 24 种。

756. 淡黄中尺蛾 *Cidaria fulvata distinctata* (Staudinger, 1892)

分布:宁夏(贺兰山贺兰口)、新疆;俄罗斯;欧洲。

寄主：不详。

757. 舒涤尺蛾 *Dysstroma citrata* (Linnaeus, 1761) *

分布：宁夏（贺兰山贺兰口）、内蒙古、黑龙江、云南、西藏、甘肃、青海、新疆；日本，朝鲜，俄罗斯；欧洲。

寄主：蓼科、菊科、蔷薇科、杜鹃花科等多种植物。

758. 褐襦尺蛾 *Eustroma melancholica* (Butler, 1878) *

分布：宁夏（贺兰山贺兰口）、四川；日本，俄罗斯。

寄主：不详。

759. 葎草洲尺蛾 *Epirrhoe supergressa* (Butler, 1878)

分布：宁夏（贺兰山：贺兰口、苏峪口）、北京、河北、内蒙古、吉林、黑龙江、山东、青海；朝鲜，俄罗斯。

寄主：葎草。

760. 真界尺蛾 *Horisme tersata* (Dennis et Schiffermuler, 1775) *

分布：宁夏（贺兰山：苏峪口）、北京、河北、西藏、甘肃；日本，俄罗斯；欧洲。

寄主：不详。

761. 烟翡尺蛾 *Piercia fumataria* (Leech, 1897) *

分布：宁夏（贺兰山贺兰口）、湖北、四川、甘肃。

寄主：不详。

762. 白斑汝尺蛾 *Rheumaptera albiplaga* (Oberthur, 1886) *

分布：宁夏（贺兰山苏峪口）、四川、云南、西藏、青海、甘肃；印度。

寄主：不详。

763. 联掷尺蛾 *Scotopteryx junctata* (Staudinger, 1882)

分布：宁夏（贺兰山贺兰口）、四川、新疆；俄罗斯。

寄主：不详。

764. 花园潢尺蛾 *Xanthorhoe hortensiaria* (Graeser, 1889)

分布：宁夏（贺兰山贺兰口）、北京、黑龙江、湖南、四川、云南、甘肃；日本，俄罗斯。

寄主：不详。

765. 愚潢尺蛾 *Xanthorhoe stupida* (Alpheraky, 1897) *

分布：宁夏（贺兰山贺兰口）、河北、山西、内蒙古、吉林、黑龙江、湖北、四川、西藏、青海；朝鲜，俄罗斯。

寄主：报春花、野芝麻、酸模。

766. 甜黑点尺蛾 *Xenortholitha propinguata* (Kollar, 1844)

分布：宁夏(贺兰山：苏峪口)、北京、河北、内蒙古、吉林、黑龙江；日本，俄罗斯。

寄主：不详。

767. 遗仿锈腰青尺蛾 *Chlorissa obliterata* (Walker, 1862) *

分布：宁夏(贺兰山：苏峪口)、北京、山东、上海、甘肃；日本，朝鲜，俄罗斯。

寄主：不详。

768. 清二线绿尺蛾 *Thetidia atyche* (Prout, 1935) *

分布：宁夏(贺兰山：苏峪口)、北京、河北、华西、西藏。

寄主：不详。

769. 肖二线绿尺蛾 *Thetidia chlorphyllaria* (Hedemann, 1879)

分布：宁夏(贺兰山苏峪口)、华北、黑龙江、华西、青海；日本，俄罗斯。

寄主：不详。

770. 醋栗尺蛾 *Abraxas grossudariata* (Linnaeus, 1758)

分布：宁夏(贺兰山：黄旗口、镇木关)、内蒙古、吉林、黑龙江、上海、陕西、青海；日本，朝鲜，俄罗斯；西亚，欧洲。

寄主：醋栗、乌荆子、山榆、榛、李、杏、桃、稠李、杠柳、紫景天等植物。

771. 榆津尺蛾 *Astegania honesta* (Prout, 1908) *

分布：宁夏(贺兰山：贺兰口)、北京、天津、河北、山东、内蒙古；韩国，日本，俄罗斯；欧洲。

寄主：灰榆，杨。

772. 桦尺蛾 *Biston betularia* (Linnaeus, 1758)

分布：宁夏(贺兰山苏峪口)、北京、河北、内蒙古、东北、山东、河南、陕西、甘肃、青海、新疆；日本，俄罗斯；西欧。

寄主：桦、杨、柳、榆、槐、苹果、山毛榉、黄檗、艾蒿等。

773. 粉蝶尺蛾 *Bupalus vestalis* (Staudinger, 1897)

分布：宁夏(贺兰山：贺兰口、苏峪口)、吉林、黑龙江、甘肃；日本。

寄主：灰榆，杨。

774. 丝棉木金星尺蛾 *Calospilos suspecta* (Warren, 1913)

分布：宁夏(贺兰山苏峪口)、东北、华北、华中、华东、西北；日本，朝鲜，俄罗斯。

寄主:榆、上毛榉、黄连木、丝绵木、卫矛等。

775. 赤线尺蛾 *Culpinia diffusa* (Walker, 1861)

分布:宁夏(贺兰山)、东北、浙江、四川、陕西、甘肃、青海、台湾地区;日本。

寄主:桑、白三叶、白爪草、艾蒿等。

776. 云杉尺蛾 *Erannis yunshanvora* (Yang)

分布:宁夏(贺兰山苏峪口)、甘肃。

寄主:云杉

777. 槐尺蛾 *Semiothisa cinerearia* (Bremer et Grey, 1853)

分布:宁夏(贺兰山:苏峪口)、北京、河北、浙江、江苏、江西、山东、陕西、甘肃、西藏、台湾地区;日本。

寄主:槐。

778. 污日尺蛾 *Selenia sordidaria* (Leech, 1897) *

分布:宁夏(贺兰山苏峪口)、甘肃;日本,韩国。

寄主:不详。

779. 忍冬尺蛾 *Somatina indicataria* (Walker, 1861) *

分布:宁夏(贺兰山:贺兰口、苏峪口)、河北、东北、山东、湖北、湖南、陕西、甘肃;朝鲜,日本。

寄主:忍冬、云杉、冷衫、杨、桦等。

波纹蛾科 Thyatiridae

宁夏贺兰山记述 1 属 1 种。

780. 沤泊波纹蛾 *Bombycia ocularis* (Linnaeus, 1758)

分布:宁夏(贺兰山苏峪口)、河北、辽宁、吉林、黑龙江、甘肃、青海;朝鲜,日本,俄罗斯;欧洲。

寄主:山杨。

枯叶蛾科 Lasiocampidae

宁夏贺兰山记述 2 属 3 种。

781. 杨褐枯叶蛾 *Gastropacha populifolia* (Esper, 1784)

分布:宁夏(贺兰山:苏峪口、贺兰口)、东北、华北、华东、西北、西南;朝鲜,日本,俄罗斯;欧洲。

寄主:杨、柳、栎、苹果、梨、杏、桃、李等。

782. 北李褐枯叶蛾 *Gastropacha quercifolia cerridifolia* (Felder *et* Felder, 1862) *

分布:宁夏(贺兰山:苏峪口、黄旗口、镇木关、独树沟、拜寺口)、北京、河北、内蒙古、辽宁、吉林、黑龙江、安徽、江苏、浙江、江西、山东、河南、湖南、广西、陕西、甘肃、青海、台湾地区;朝鲜,日本,俄罗斯;欧洲。

寄主:苹果、梨、李、杏、桃、樱桃、沙果、梅、柳、杨等。

783. 黄褐幕枯叶蛾 *Malacosoma neustria testacea* (Motschulsky, 1861)

分布:宁夏(贺兰山:贺兰口、苏峪口)、北京、河北、内蒙古、东北、安徽、江苏、浙江、山东、河南、江西、湖北、湖南、四川、云南、陕西、甘肃、青海、新疆;朝鲜,日本,俄罗斯;欧洲。

寄主:杨、柳、榆、栎、桦、桑、梨、杏、桃、苹果、沙枣等林木、果树。

天蛾科 Sphingidae

宁夏贺兰山记述 6 属 6 种。

784. 黄脉天蛾 *Amorpha amurensis* (Staudinger, 1892)

分布:宁夏(贺兰山:苏峪口)、甘肃、新疆、东北、华北、华西;日本,俄罗斯。

寄主:山杨、柳。

785. 榆绿天蛾 *Callambulyx tatarinovi* (Bremer *et* Grey, 1853)

分布:宁夏(贺兰山:苏峪口、贺兰口)、西藏、甘肃、台湾地区;蒙古,朝鲜,日本,俄罗斯(西伯利亚)。

寄主:榆、柳、刺榆。

786. 八字白眉天蛾 *Celerio lineata livornica* (Esper, 1779)

分布:宁夏(贺兰山:贺兰口、苏峪口)、河北、黑龙江、浙江、江西、湖南、甘肃、台湾地区;日本,印度;非洲,欧洲,美洲。

寄主:葡萄属、大戟柳、沙枣、猪殃属、柳穿鱼属、金鱼草属、酸模属及锦葵科植物。

787. 小豆长喙天蛾 *Macroglossum stellatarum* (Linnaeus, 1758)

分布:宁夏(贺兰山:苏峪口、贺兰口)、河北、山西、山东、河南、广东、四川;朝鲜,日本,印度,越南,尼日利亚;欧洲。

寄主:毛条、锦鸡儿、小豆、茜草科、蓬子菜、土三七等植物。

788. 枣桃六点天蛾 *Marumba gaschkewitschi gaschkewitschi* (Bremer *et* Grey, 1852)

分布:宁夏(贺兰山:苏峪口、贺兰口)、河北、山西、山东、河南、甘肃。

寄主:枣、桃、杏、梨、苹果、樱桃、李等。

789. 红节天蛾 *Sphinx ligustri constricta*（Butler, 1885）*

分布:宁夏(贺兰山苏峪口)、东北、西北、华北;朝鲜,日本;欧洲,非洲。

寄主:丁香。

舟蛾科 Notodontidae

宁夏贺兰山记述 4 属 4 种。

790. 杨二尾舟蛾 *Cerura menciana*（Moore, 1877）

分布:宁夏(贺兰山苏峪口)及全国各地;朝鲜,日本,越南。

寄主:杨、柳。

791. 短扇舟蛾 *Clostera albosigma curtuloides*（Erschoff, 1870）*

分布:宁夏(贺兰山苏峪口)、吉林、黑龙江、北京、山西、云南、陕西、甘肃、青海;日本,朝鲜,俄罗斯;北美洲。

寄主:山杨、柳。

792. 燕尾舟蛾绯亚种 *Furcula furcula sangaica*（Moore, 1877）*

分布:宁夏(贺兰山苏峪口)、河北、山西、内蒙古、吉林、黑龙江、江苏、浙江、湖北、四川、云南陕西、新疆;日本、朝鲜、俄罗斯。

寄主:杨、柳。

793. 蚖羽舟蛾 *Pterotes eugenia*（Staudinger, 1896）*

分布:宁夏(贺兰山)、陕西、青海、内蒙古、甘肃;蒙古。

寄主:不详。

毒蛾科 Lymantriidae

宁夏贺兰山 6 属 6 种。

794. 缀黄毒蛾 *Euproctis karghalica*（Moore, 1878）*

分布:宁夏(贺兰山:贺兰口、苏峪口、马莲口、黄旗口、大寺沟、独树沟)、黑龙江;俄罗斯。

寄主:沙枣、蔷薇科植物、杨、柳。

795. 榆黄足毒蛾 *Ivela ochropoda*（Eversmann, 1847）

分布:宁夏(贺兰山:贺兰口、苏峪口)、河北、山西、内蒙古、辽宁、吉林、黑龙江、山东、河南、陕西、甘肃;朝鲜,日本,俄罗斯。

寄主:榆、旱柳。

796. 雪毒蛾 *Leucoma salicis*（Linnaeus, 1758）*

分布:宁夏(贺兰山:贺兰口、苏峪口)、河北、山西、内蒙古、辽宁、吉林、黑龙江、陕西、青海、新疆、西藏;蒙古,朝鲜,日本,俄罗斯;欧洲,北美洲。

寄主:杨、柳、槭、榛。

797. 舞毒蛾 Lymantria dispar (Linnaeus, 1758)

分布:宁夏(贺兰山:大口子、贺兰口、苏峪口、马莲口)、辽宁、吉林、黑龙江、内蒙古、河北、山西、江苏、山东、河南、湖南、四川、贵州、陕西、甘肃、青海、新疆、台湾地区;朝鲜、日本,俄罗斯;欧洲,北非。

寄主:杨、柳、榆、槭、椴、鹅耳枥、山毛榉、苹果、杏、核桃、松、云杉。

798. 古毒蛾 Orgyia antiqua (Linnaeus, 1758)

分布:宁夏(贺兰山小口子)、河北、山西、内蒙古、辽宁、吉林、黑龙江、山东、河南、西藏;朝鲜,日本,蒙古,俄罗斯;欧洲。

寄主:杨、柳、桦、栎、榛、鹅耳枥、山毛榉、李、梨、苹果、山楂、槭、欧石楠、云杉、松。

799. 角斑台毒蛾 Teia gonostigma (Linnaeus, 1767) *

分布:宁夏(贺兰山小口子)、北京,河北,山西,内蒙古、辽宁、吉林、黑龙江、江苏、浙江、山东、河南、湖北、湖南、贵州、陕西、甘肃;朝鲜,日本;欧洲。

寄主:蔷薇科植物,松、杨、柳。

苔蛾科 Lithosiidae

宁夏贺兰山记述 2 属 2 种。

800. 头橙荷苔蛾 Ghoria gigantea (Oberthur, 1879) *

分布:宁夏(贺兰山:贺兰口、苏峪口)、河北、山西、辽宁、黑龙江、浙江、陕西;日本,朝鲜,俄罗斯。

寄主:不详。

801. 黄痣苔蛾 Stigmatophora flava (Bremer et Grey, 1852) *

分布:宁夏(贺兰山:贺兰口、苏峪口、马莲口)、河北、山西、东北、江苏、浙江、福建、山东、湖北、江西、湖南、广东、四川、贵州、云南、陕西、甘肃、新疆;日本,朝鲜。

寄主:杂草及灌丛。

灯蛾科 Arctiidae

宁夏贺兰山记述 5 属 5 种。

802. 红缘灯蛾 Aloa lactinea (Cramer, 1777) *

分布:宁夏(贺兰山贺兰口)、东北、华北、西北、华东、华南、西南;日本,朝鲜,斯里兰卡,尼泊尔,缅甸,印度,越南,印度尼西亚。

寄主:杨、柳树木及杂草。

803. 豹灯蛾 *Arctia caja* (Linnaeus, 1758)

分布:宁夏(贺兰山贺兰口)、河北、内蒙古、东北、河南、青海、新疆;日本,朝鲜,印度,美国;欧洲,。

寄主:大麻、蚕豆、甘蓝、桑、菊、醋栗、接骨木等。

804. 黄臀黑灯蛾 *Epatolmis caesarea* (Goeze, 1781) *

分布:宁夏(贺兰山:贺兰口、苏峪口、马莲口、黄旗口、独树沟、拜寺口、椿树沟)、河北、山西、内蒙古、辽宁、吉林、黑龙江、山东、江苏、江西、湖南、四川、云南、陕西、甘肃、青海;日本,俄罗斯;欧洲。

寄主: 柳、蒲公英、车前、珍珠菜等。

805. 丽西伯灯蛾 *Sibirarctia kindermanni* (Staudinger, 1867) *

分布:宁夏(贺兰山苏峪口)、河北、内蒙古、黑龙江、辽宁、新疆;蒙古,俄罗斯。

寄主:不详。

806. 石南线灯蛾 *Spiris striata* (Linnaeus, 1758) *

分布:宁夏(贺兰山:贺兰口、苏峪口、马莲口、独树沟、拜寺口、椿树沟)、山西、内蒙古、黑龙江、甘肃、青海、新疆;叙利亚,俄罗斯;欧洲。

寄主:欧石南属植物。

鹿蛾科 Amatidae

宁夏贺兰山记述 1 属 1 种。

807. 黑鹿蛾 *Amata ganssuensis* (Grum–Grshimailo, 1891)

分布:宁夏(贺兰山:大口子、贺兰口、苏峪口、马莲口、独树沟、拜寺口、椿树沟)、河北、山西、内蒙古、黑龙江、福建、山东、陕西、青海;日本,朝鲜。

寄主:桑、菊科。

夜蛾科 Noctuidae

宁夏贺兰山记述 53 属 84 种。

808. 桃剑纹夜蛾 *Acronicta intermidia* (Warren, 1909) *

分布:宁夏(贺兰山:苏峪口)、北京、河北、山西、辽宁、吉林、黑龙江、安徽、江苏、山东、河南、广西、四川、云南、陕西、甘肃、青海;日本,朝鲜,西伯利亚。

寄主:苹果、梨、杏、桃、李、沙果、柳、樱桃、梅、榆、杨等。

809. 剑纹夜蛾 *Acronicta leporina* (Linnaeus, 1758) *

分布:宁夏(贺兰山:苏峪口)、黑龙江、青海、新疆;日本,俄罗斯;欧洲。

寄主:苹果、李、梨、杏、桦、桤木、榆、柳、杨等属。

810. 小剑纹夜蛾 *Acronicta omorii* (Matsumura, 1926) *

分布:宁夏(贺兰山贺兰口)、河北、甘肃、青海;日本。

寄主:不详。

811. 剑纹夜蛾 *Acronicta* sp.

分布:宁夏(贺兰山:苏峪口)。

812. 白黑首夜蛾 *Craniophora albonigra* (Herz, 1904) *

分布:宁夏(贺兰山:贺兰口、苏峪口)、河北、山西、黑龙江、湖北、四川;韩国。

寄主:不详。

813. 焰实夜蛾 *Heliothis fervens* (Butler, 1881) *

分布:宁夏(贺兰山:大口子、拜寺口、大水渠)、河北、黑龙江、江西、湖北、湖南、西藏、甘肃;日本。

寄主:不详。

814. 实夜蛾 *Heliothis viriplaca* (Hufnagel, 1766)

分布:宁夏(贺兰山:镇木关、独树沟、苏峪口)、河北、天津、辽宁、吉林、黑龙江、江苏、河南、云南、陕西、甘肃、青海、新疆;日本、印度、缅甸、叙利亚;欧洲。

寄主:苜蓿、牧草、苹果、柳穿鱼、矢车菊、芒柄花等。

815. 盾宽胫夜蛾 *Protoschinia scutatus* (Staudinger, 1895) *

分布:宁夏(贺兰山:贺兰口、拜寺口)、河北、内蒙古;蒙古。

寄主:不详。

816. 宽胫夜蛾 *Protoschinia scutosa* (Denis et Schiffermuller, 1775) *

分布:宁夏(贺兰山:贺兰口、小口子、拜寺口)、河北、内蒙古、江苏、山东、陕西、甘肃、青海;日本,朝鲜,印度,美国;亚洲中部,欧洲。

寄主:艾属、藜属植物。

817. 皱地夜蛾 *Agrotis clavis* (Hufnagel, 1766) *

分布:宁夏(贺兰山:贺兰口、苏峪口)、河北、吉林、黑龙江、四川、甘肃、青海;日本,印度,中亚,欧洲,非洲。

寄主:藜、酸模、翘摇等属、云杉苗。

818. 小地老虎 *Agrotis ipsilon* (Hufnagel, 1766)

分布:宁夏(贺兰山:贺兰口、苏峪口)及全国各地;世界各地。

寄主:食性杂,主要危害麦类、甜菜、玉米、高粱、蔬菜、豌豆、麻、马铃薯、烟草及多种林木幼苗。

819. 浦地夜蛾 *Agrotis ripae* (Hübner, 1823) *

分布: 宁夏(贺兰山:苏峪口)、内蒙古、甘肃、新疆、西藏;蒙古,欧洲。

寄主:倒提壶属、猪毛菜属。

820. 黄地老虎 *Agrotis segetum* (Denis et Schiffermuller, 1775)

分布:宁夏(贺兰山:贺兰口、苏峪口)、北京、天津、河北、内蒙古、辽宁、吉林、黑龙江、河南、山西、江苏、浙江、安徽、江西、山东、湖北、湖南、甘肃、青海、新疆;亚洲,非洲,欧洲。

寄主:麦类、甜菜、棉花、玉米、高粱、烟草、麻、瓜类、马铃薯、瓜苗、蔬菜、林木幼苗。

821. 地夜蛾 *Agrotis* sp.

分布:宁夏(贺兰山:贺兰口、苏峪口)。

822. 灰歹夜蛾 *Diarsia canescens* (Butler, 1878)

分布:宁夏(贺兰山贺兰口)、河北、黑龙江、内蒙古、江西、河南、湖北、四川、甘肃、青海、新疆;日本,朝鲜,印度,俄罗斯;欧洲。

寄主:酸模属、报春属、车前属等植物。

823. 赫黄歹夜蛾 *Diarsia stictica* (Poujade, 1887)

分布: 宁夏(贺兰山苏峪口)、湖南、四川、云南;日本,印度,斯里兰卡。

寄主:不详。

824. 断线昭夜蛾 *Eugnorisma depuncta* (Linnaeus, 1761) *

分布: 宁夏(贺兰山苏峪口)、甘肃、新疆;欧洲。

寄主:报春属、荨麻属、酸模属。

825. 历切夜蛾 *Euxoa lidia* (Cramer, 1782)

纹、肾纹灰白色,很大,具黑边;剑纹黑色;亚端纹黑色;后翅灰褐色,端区色暗。

分布:宁夏(贺兰山苏峪口)、黑龙江、内蒙古;印度;欧洲。

寄主:不详。

826. 灰褐狼夜蛾 *Ochropleura ignara* (Staudinger, 1896) *

分布:宁夏(贺兰山:贺兰口)、山西、内蒙古;蒙古;欧洲。

寄主:不详。

827. 阴狼夜蛾 *Ochropleura umbrifera* (Alpheraky, 1882) *

分布:宁夏(贺兰山:贺兰口、苏峪口)、新疆;蒙古,俄罗斯。

寄主:不详。

828. 疆夜蛾 *Peridroma saucia* (Hübner, 1827)

分布:宁夏(贺兰山苏峪口)、四川、云南、西藏、甘肃、青海;中亚,欧洲,美洲,北非。

寄主:杂食性,小麦、豆类、蔬菜、瓜类、高粱、牧草等。

829. 冬麦异夜蛾 *Protexarnis confinis* (Staudinger, 1881)

分布:宁夏(贺兰山苏峪口)、河北、陕西、甘肃、青海、新疆;中亚地区,伊朗。

寄主:赖草等。

830. 异夜蛾 *Protexarnis* sp.

分布:宁夏(贺兰山)。

831. 大三角鲁夜蛾 *Xestia kollari* (Lederer, 1853)

分布:宁夏(贺兰山:苏峪口)、河北、内蒙古、黑龙江、浙江、江西、湖南、云南、甘肃、青海、新疆;日本,俄罗斯。

寄主:幼虫危害苗木及植物。

832. 消鲁夜蛾 *Xestia tabida* (Butler, 1878) *

分布:宁夏(贺兰山贺兰口)、内蒙古、黑龙江、甘肃、新疆;日本。

寄主:柳、山楂、桦、报春等属。

833. 角线研夜蛾 *Aletia conigera* (Denis *et* Schiffermuller, 1775) *

分布:宁夏(贺兰山贺兰口)、河北、内蒙古、黑龙江、青海;日本,苏联;欧洲。

寄主:杂草。

834. 旋歧夜蛾 *Discestra trifolii* (Hufnagel, 1766) *

分布:宁夏(贺兰山:贺兰口、苏峪口)、河北、内蒙古、西藏、陕西、甘肃、青海、新疆;印度;亚洲西部,欧洲,美洲,非洲。

寄主:灰藜、刺蓬、洋葱等。

835. 东风夜蛾 *Eurois occulta* (Linnaeus, 1758) *

分布:宁夏(贺兰山:贺兰口)、甘肃、黑龙江;朝鲜;欧洲,北美洲。

寄主:报春属、蒲公英属等。

836. 俗安夜蛾 *Lacanobia suasa* (Denis *et* Schiffermuller, 1775) *

分布：宁夏（贺兰山）、黑龙江、甘肃、新疆；土耳其，俄罗斯；欧洲。

寄主：酸模、车前、藜等属。

837. 安夜蛾 *Lacanobia wlatinum* （Hufnagel, 1766) *

分布：宁夏（贺兰山：苏峪口）、黑龙江、陕西、甘肃、青海、新疆；伊朗；欧洲。

寄主：染料木属、蓼属、繁缕属植物等。

838. 灰茸夜蛾 *Lasionycta extrita* （Staudinger, 1888) *

分布：宁夏（贺兰山苏峪口）、四川、西藏；印度，中亚。

寄主：不详。

839. 黏夜蛾 *Leucania comma* （Linnaeus, 1761) *

分布：宁夏（贺兰山苏峪口）、黑龙江、甘肃、青海；欧洲。

寄主：鸭茅、酸模等。

840. 熏黏夜蛾 *Leucania fuliginosa* （Haworth, 1809) *

分布：宁夏（贺兰山苏峪口）、黑龙江、新疆、甘肃、青海；叙利亚，欧洲。

寄主：杂草。

841. 谷黏夜蛾 *Leucania zeae* （Duponchel, 1827) *

分布：宁夏（贺兰山苏峪口）、新疆、甘肃；欧洲。

寄主：禾草。

842. 绒黏夜蛾 *Leucania velutina* （Eversmann, 1856) *

分布：宁夏（贺兰山苏峪口）、河北、黑龙江、内蒙古、新疆、甘肃、青海；蒙古，俄罗斯。

寄主：杂草。

843. 咬盗夜蛾 *Hadena rivularis* （Fabricius, 1775) *

分布：宁夏（贺兰山苏峪口）、河北、黑龙江、浙江、湖南、四川；日本；西亚，欧洲。

寄主：不详。

844. 甘蓝夜蛾 *Mamestra brassicae* （Linnaeus, 1758)

分布：宁夏（贺兰山：苏峪口）、河北、内蒙古、山西、辽宁、吉林、黑龙江、江苏、浙江、安徽、山东、河南、湖北、湖南、广西、四川、西藏、陕西、甘肃、青海、新疆；日本，朝鲜，俄罗斯，印度；欧洲，北非。

寄主：松、豆类、大黄属、藜、牧草及其他十字花科植物。

845. 蒙灰夜蛾 *Polia bombycina* （Hufnagel, 1766) *

分布：宁夏（贺兰山）、河北、内蒙古、黑龙江、江苏、山东、湖北、青海、新疆；日本，朝鲜,蒙古;欧洲。

寄主:苦苣菜、蓼等属植物。

846. 粘虫 *Pseudaleti separata* (Walker, 1865)

分布:宁夏(贺兰山苏峪口)、全国除新疆和西藏外均有;世界各地。

寄主:牧草等禾本科植物及林木、果树幼苗,也危害豆、麻等植物。

847. 扁连环夜蛾 *Perigrapha hoenei* (Pungler, 1914) *

分布:宁夏(贺兰山贺兰口)、黑龙江;日本。

寄主:不详。

848. 银冬夜蛾 *Cucullia argentina* (Fabricius, 1787)

分布:宁夏(贺兰山:苏峪口)、新疆;伊朗,土耳其,俄罗斯;欧洲。

寄主:不详。

849. 黄条冬夜蛾 *Cucullia biornata* (Fischer–Waldheim, 1840)

分布:宁夏(贺兰山苏峪口)、河北、内蒙古、辽宁、新疆、青海;俄罗斯。

寄主:不详。

850. 长冬夜蛾 *Cucullia elongata* (Butler, 1880)

分布:宁夏(贺兰山苏峪口)、天津、河北、辽宁、黑龙江、江西、新疆、甘肃、青海;日本,印度,苏联。

寄主: 菊、蒿、茼蒿、艾等。

851. 侠冬夜蛾 *Cucullia generosa* (Staudinger, 1889) *

分布:宁夏(贺兰山:贺兰口、苏峪口)、青海、新疆;中亚。

寄主:不详。

852. 斑冬夜蛾 *Cucullia maculosa* (Staudinger, 1888) *

分布:宁夏(贺兰山:苏峪口)、河北、黑龙江;日本,俄罗斯。

寄主:不详。

853. 挠划冬夜蛾 *Cucullia naruensis* (Staudinger, 1879)

分布:宁夏(贺兰山)、内蒙古、新疆;蒙古,俄罗斯。

寄主:不详。

854. 修冬夜蛾 *Cucullia santonici* (Hübner, 1827)

分布:宁夏(贺兰山苏峪口)、吉林、青海、甘肃、新疆;土耳其,俄罗斯;欧洲。

寄主:蒿属植物。

855. 银装冬夜蛾 *Cucullia splendida* (Stoll, 1782) *

分布：宁夏(贺兰山)、内蒙古、西藏、青海、新疆；甘肃；俄罗斯，蒙古。

寄主：不详。

856. 艾菊冬夜蛾 *Cucullia tanaceti* (Denis et Schiffermuller, 1775) *

分布：宁夏(贺兰山苏峪口)、河南、新疆、青海；土耳其；欧洲。

寄主：菊科植物。

857. 分纹冠冬夜蛾 *Lophoterges millierei* (Staudinger, 1870) *

分布：宁夏(贺兰山)、新疆；欧洲。

寄主：不详。

858. 野爪冬夜蛾 *Oncocnemis camipicola* (Lederer, 1853) *

分布：宁夏(贺兰山苏峪口)、河北、内蒙古、黑龙江、山东、福建、甘肃、新疆；蒙古，俄罗斯。

寄主：不详。

859. 曲肾介夜蛾 *Amphidrina amurensis* (Staudinger, 1892) *

分布：宁夏(贺兰山：贺兰口、苏峪口)、内蒙古、黑龙江、青海；蒙古，俄罗斯。

寄主：不详。

860. 麦奂夜蛾 *Amphipoea fucosa* (Freyer, 1830)

分布：宁夏(贺兰山苏峪口)、河北、内蒙古、吉林、黑龙江、浙江、河南、湖北、湖南、云南、西藏、甘肃、青海、新疆；日本，朝鲜；欧洲，北美洲。

寄主：禾草。

861. 蔷薇杂夜蛾 *Amphipyra perflua* (Fabricius, 1787)

分布：宁夏(贺兰山：苏峪口)、河北、黑龙江、江苏、湖北、贵州、云南、甘肃、青海、新疆；朝鲜，日本，印度；欧洲。

寄主：山毛榉、乌荆子、柳、杨、榆。

862. 委夜蛾 *Athetis furvula* (Hübner, 1808) *

分布：宁夏(贺兰山：贺兰口、苏峪口)、河北、内蒙古、辽宁、吉林、黑龙江、甘肃、新疆；日本，朝鲜；欧洲。

寄主：低矮草本植物。

863. 疏纹杰夜蛾 *Auchmis paucinotata* (Hampson, 1894) *

分布：宁夏(贺兰山)、四川、青海；克什米尔。

寄主:不详。

864. 藏逸夜蛾 *Caradrina himaleyica* （Kollar, 1844） *

分布:宁夏(贺兰山)、吉林、黑龙江、四川、西藏、甘肃、青海;印度,锡金。

寄主:不详。

865. 穗逸夜蛾 *Caradrina clavipalpis* （Scopoli, 1763） *

分布:宁夏(贺兰山:贺兰口、苏峪口)、黑龙江、甘肃、青海、新疆;中亚,亚洲西部,欧洲。

寄主:禾草。

866. 白纹蛮夜蛾 *Celaena leucostigma* （Hübner, 1808） *

分布:宁夏(贺兰山:贺兰口、苏峪口)、河北、内蒙古、黑龙江;欧洲。

寄主:不详。

867. 暗翅夜蛾 *Dypterygia caliginosa* （Walker, 1858） *

分布:宁夏(贺兰山:贺兰口、苏峪口)、河北、浙江、福建、湖北、湖南、海南、四川、贵州、云南、陕西、甘肃;日本。

寄主:不详。

868. 北莜夜蛾 *Hoplodrina alsines* （Brahm, 1791） *

分布:宁夏(贺兰山小口子)、黑龙江、内蒙古、甘肃、新疆;土耳其,俄罗斯;欧洲。

寄主:酸模属、繁缕属、堇菜属、报春属、车前属、野芝麻属。

869. 粉缘钻夜蛾 *Earias pudicana* （Staudinger, 1887）

分布:宁夏(贺兰山苏峪口)、北京、天津、河北、山西、辽宁、黑龙江、吉林、安徽、江苏、浙江、福建、江西、山东、河南、湖北、湖南、四川、陕西、甘肃、青海;日本,朝鲜,印度,俄罗斯。

寄主:柳、毛白杨。

870. 谐夜蛾 *Emmelia trabealis* （Scopoli, 1763） *

分布:宁夏(贺兰山苏峪口)、河北、内蒙古、黑龙江、江苏、广东、陕西、甘肃、青海、新疆;日本,朝鲜;欧洲,非洲。

寄主:田旋花。

871. 稻螟蛉夜蛾 *Naranga aenescens* （Moore, 1881） *

分布:宁夏(贺兰山小口子)、河北、江苏、江西、福建、湖南、广西、云南、台湾地区、陕西;日本,韩国,缅甸,印尼。

寄主:不详。

872. 旋夜蛾 *Eligma narcissus* (Cramer 1776) *

分布:宁夏(贺兰山贺兰口)、河北、山西、浙江、福建、湖北、湖南四川、云南;日本,印度,东南亚。

寄主:不详。

873. 粉条巧夜蛾 *Oruza divisa* (Walker, 1862) *

分布:宁夏(贺兰山苏峪口)、江苏、福建、江西、海南;日本,印度,斯里兰卡。

寄主:不详。

874. 显裳夜蛾 *Catocala deuteronympha* (Staudinger, 1861)

分布:宁夏(贺兰山:贺兰口、苏峪口、大水渠、响水沟、西峰沟、拜寺口、独树沟)、河北、黑龙江、福建;日本,俄罗斯。

寄主:不详。

875. 迪裳夜蛾 *Catocala elocata* (Esper, 1787) *

分布:宁夏(贺兰山)、新疆、西藏;西亚,欧洲。

寄主:杨柳。

876. 宁裳夜蛾 *Catocala nymphaeoides* (Herrich-Schaffer, 1852) *

分布:宁夏(贺兰山:贺兰口、苏峪口)、黑龙江;俄罗斯。

寄主:杨柳。

877. 鸥裳夜蛾 *Catocala patala* (Felder Rogenhofer, 1874)

分布:宁夏(贺兰山:贺兰口、苏峪口)、黑龙江、浙江、江西、甘肃;日本,印度。

寄主:梨、藤,成虫吸食梨果汁。

878. 光裳夜蛾 *Ephesia fulminea* (Scopli, 1763)

分布:宁夏(贺兰山)、北京、天津、河北、东北、浙江、河南、陕西、甘肃、青海、新疆;朝鲜,日本,俄罗斯;欧洲。

寄主:梨、杏、桃、李、山楂等。

879. 柞光裳夜蛾 *Ephesia streckeri* (Staudinger, 1888) *

分布:宁夏(贺兰山:贺兰口、马莲口)、黑龙江;日本,俄罗斯。

寄主:栎。

880. 小折巾夜蛾 *Dysgonia obscura* (Bremer et Grey, 1853)

分布:宁夏(贺兰山:苏峪口)、河北、黑龙江、山东、江苏;韩国。

寄主:不详。

881. 平影夜蛾 Lygephila lubrica (Freyer, 1846)

分布:宁夏(贺兰山:贺兰口、苏峪口)、河北、山西、内蒙古、陕西、甘肃、青海、新疆;蒙古。

寄主:不详。

882. 清隰夜蛾 Autophila cataphanes (Hübner, [1813]) *

分布:宁夏(贺兰山:苏峪口)、河北、黑龙江、山东、甘肃、新疆;日本,朝鲜,欧洲。

寄主:不详。

883. 毛隰夜蛾 Autophila hirsuta (Staudinger, 1870) *

前翅长 17.5mm;头、胸部暗褐色;前翅暗褐色,内线黑色模糊,肾纹暗褐色,外线褐色模糊,亚端线隐约可见;后翅灰褐色。

分布:宁夏(贺兰山苏峪口)、新疆;伊朗;欧洲。

寄主:不详。

884. 赛妃夜蛾 Drasteria catocalis (Staudinger, 1882) *

分布:宁夏(贺兰山苏峪口)、甘肃、青海、新疆;中亚地区。

寄主:不详。

885. 宁妃夜蛾 Drasteria saisani (Staudinger, 1882) *

分布:宁夏(贺兰山:贺兰口、苏峪口)、内蒙古、甘肃、青海、新疆;中亚,西亚。

寄主:不详。

886. 两色髯须夜蛾 Hypena trigonalis (Guenee, 1854) *

分布:宁夏(贺兰山苏峪口)、浙江、江西、福建、山东、河南、四川、贵州、云南、西藏;日本,朝鲜,印度。

寄主:不详。

887. 豆髯须夜蛾 Hypena tristalis (Lederer, 1853) *

分布:宁夏(贺兰山:贺兰口、苏峪口)、北京、河北、山西、内蒙古、辽宁、吉林、黑龙江、福建、河南、云南、西藏、陕西、甘肃、青海、新疆;日本,俄罗斯。

寄主:豆科、大麻、葎草。

888. 银锭夜蛾 Macdunnoughia crassisigna (Warren, 1913)

分布:宁夏(贺兰山:贺兰口)、北京、河北、辽宁、吉林、黑龙江、河南、江苏、浙江、安徽、福建、江西、湖南、广东、四川、陕西、甘肃、青海;日本,朝鲜,印度。

寄主:杨、菊、十字花科植物等。

889. 黑点丫纹夜蛾 *Autographa nigrisigna* （Walker, 1857）

分布:宁夏(贺兰山贺兰口)、河北、东北、江苏、河南、四川、西藏、台湾地区、陕西、甘肃、青海;日本,印度,俄罗斯;欧洲。

寄主:豆科。

890. 隐金夜蛾 *Abrostola triplasia* （Linnaeus, 1758）

分布:宁夏(贺兰山)、河北、黑龙江、四川、华东;日本,土耳其;欧洲。

寄主:不详。

891. 印铜夜蛾 *Polychrysia montea* （Fabricius, 1787） *

分布:宁夏(贺兰山贺兰口)、河北、内蒙古、吉林、黑龙江、甘肃、青海;蒙古,俄罗斯,欧洲。

寄主:向日葵属、乌头属、金莲花属、翠雀属等植物。

膜翅目 Hymenoptera

叶蜂科 Tenthredinidae

宁夏贺兰山记述 1 属 1 种。

892. 松黄叶蜂 *Neodiprion sertifer* （Geoffroy， 1785）

分布:宁夏(贺兰山苏峪口),河北、辽宁、江西、陕西、甘肃;英国,加拿大,美国。

寄主:油松等松属植物的针叶。

扁叶蜂科 Pamphiliidae

宁夏贺兰山记述 1 属 1 种。

893. 贺兰腮扁叶蜂 *Cephalcia alashanica* （Gussakovskij, 1935）

分布:宁夏(贺兰山苏峪口)、内蒙古、黑龙江;欧洲。

寄主:青海云杉。

树蜂科 Siricidae

宁夏贺兰山记述 2 属 2 种。

894. 烟扁角树蜂 *Tremex fuscicornis* （Fabricius, 1787）

分布:宁夏(贺兰山:苏峪口)、北京、天津、河北、山西、内蒙古、东北、上海、浙江、湖南、西藏、陕西、甘肃;韩国,俄罗斯(西伯利亚),欧洲。

寄主:杨、柳、榆等。

895. 泰加大树蜂 *Urocerus gigas taiganus* （Benson, 1943）

分布:宁夏(贺兰山苏峪口),河北、山西、辽宁、黑龙江、河南、甘肃、新疆、青海;日本,俄罗斯;西欧。

寄主:云杉、油松等。

姬蜂科 Ichneumonidae

宁夏贺兰山2属2种。

896. 舞毒蛾黑瘤姬蜂 *Coccygomimus disparis* (Viereck, 1911)

分布:宁夏(贺兰山:贺兰口、大寺沟、独树沟、拜寺口、苏峪口)、北京、河北、山西、内蒙古、辽宁、吉林、黑龙江、江苏、浙江、安徽、江西、山东、河南、湖南、四川、福建、贵州、云南、西藏、陕西;蒙古,朝鲜,日本,印度,俄罗斯。

寄主:多种蛾类幼虫。

897. 夜蛾瘦姬蜂 *Ophion luteus* (Linnaeus, 1758)

分布:宁夏(贺兰山:贺兰口、苏峪口、大寺沟、独树沟、拜寺口、大水渠)、河北、吉林、甘肃、青海;日本,俄罗斯,欧洲。

寄主:小地老虎、大地老虎等蛾类幼虫。

茧蜂科 Braconidae

宁夏贺兰山记述1属1种。

898. 菜粉蝶绒茧蜂 *Apanteles glomeratus* (Linnaeus, 1758)

分布:宁夏(贺兰山:贺兰口、大寺沟、独树沟)、吉林、江苏、湖南;欧洲。

寄主:菜粉蝶、杨裳夜蛾等蝶类、蛾类幼虫。

蚁蜂科 Mutillidae

宁夏贺兰山记述1属1种。

899. 赤胸大蚁蜂 *Mutilla europea* (Linnaeus, 1758)

分布:宁夏(贺兰山:大水沟、小水沟、拜寺口),甘肃;俄罗斯,欧洲。

寄主:不详。

蚁科 Formicidae

宁夏贺兰山记述11属23种。

900. 日本弓背蚁 *Camponotus japonicus* (Mary, 1866)

分布:宁夏(贺兰山:拜寺口、大水渠)、北京、内蒙古、吉林、辽宁、黑龙江、上海、江苏、浙江、福建、山东、河南、湖北、湖南、广东、广西、四川、云南、陕西、甘肃、新疆;日本,朝鲜。

寄主:捕食多种昆虫,还可取食植物蜜露及分泌物。

901. 广布弓背蚁 *Camponotus herculeanus* (Linnaeus, 1758)

分布:宁夏(贺兰山苏峪口)、内蒙古、黑龙江、河南、四川、陕西、甘肃、青海、新疆;日本;欧洲,北美。

寄主:捕食多种昆虫。

902. 阿绿斜结蚁 *Plagiolepis alluaudi* (Emery, 1894)

分布:宁夏(贺兰山:拜寺口、独树沟、椿树沟)、内蒙古、上海、浙江、安徽、山东、湖北、湖南、广西、四川、云南、甘肃;印度,日本;非洲,欧洲。

寄主:杂食性。

903. 玉米毛蚁 *Lasius alienas* (Forester, 1850)

分布:宁夏(贺兰山苏峪口)、北京、山西、内蒙古、辽宁、吉林、黑龙江、浙江、山东、河南、湖北、湖南、四川、云南、陕西、甘肃、新疆、青海;亚洲,欧洲,非洲,北美洲。

寄主:杂食性,以树木分泌物及其他昆虫为食,群体觅食。

904. 黄毛蚁 *Lasius flavus* (Fabricius, 1782)

分布:宁夏(贺兰山:大口子、黄旗口、大寺沟、独树沟、拜寺口、椿树沟、大水渠)、北京、内蒙古、山西、吉林、辽宁、黑龙江、浙江、河南、广西、海南、云南、陕西、甘肃、新疆;东亚。

寄主:筑巢于疏林边缘石质沙土中,行动缓慢,单体觅食。

905. 高加索黑蚁 *Formica transkaucasica* (Nasonov, 1889)

分布:宁夏(贺兰山苏峪口)、北京、河北、山西、吉林、黑龙江、内蒙古、湖北、四川、陕西、甘肃、青海、新疆;亚洲,欧洲。

寄主:捕食性,群体或单体觅食。

906. 丝光蚁 *Formica fusca* (Linnaeus, 1758)

分布:宁夏(贺兰山:大口子、黄旗口、大寺沟、独树沟、拜寺口、椿树沟、大水渠)、北京、河北、辽宁、吉林、黑龙江、内蒙古、上海、浙江、山东、江西、湖南、四川、云南、陕西、甘肃、青海、新疆、台湾地区、香港特区;欧洲,整个古北区。

寄主:行动迅速,捕食性。

907. 日本黑褐蚁 *Formica japonica* (Motschulsky, 1866)

分布:宁夏(贺兰山:大口子、黄旗口、正义关、拜寺口、椿树沟、大水渠)、北京、河北、山西、辽宁、吉林、黑龙江、上海、浙江、福建、安徽、江西、山东、河南、湖北、湖南、广东、广西、四川、云南、甘肃、台湾地区;日本,韩国,俄罗斯(远东)。

寄主:捕食性,巢外堆土呈半月形,工蚁多单体觅食。

908. 短柄节黑褐蚁 _Formica breviscapa_（Chang _et_ He, 2002）

分布:宁夏(贺兰山苏峪口)。

寄主:捕食其他昆虫。

909. 红林蚁 _Formica sinae_（Emery, 1925）

分布:宁夏(贺兰山)、河北、山西、内蒙古、辽宁、吉林、黑龙江、浙江、安徽、山东、河南、陕西、甘肃、青海、新疆。

寄主:捕食其他昆虫。

910. 掘穴蚁 _Formica cunicularia_（Latreille, 1798）

分布:宁夏(贺兰山苏峪口)、北京、河北、内蒙古、安徽、山东、河南、湖北、湖南、四川、云南、陕西、甘肃、新疆;欧洲。

寄主:杂食性。

911. 艾箭蚁 _Cataglyphis aenescens_（Nylander, 1849）

分布:宁夏(贺兰山独树沟)、北京、河北、山西、内蒙古、辽宁、吉林、山东、陕西、甘肃、青海、新疆;阿富汗,俄罗斯。

912. 贺兰山箭蚁 _Cataglyphis helanensis_（Chang _et_ He, 2002）

分布:宁夏(贺兰山独树沟)、内蒙古、甘肃。

寄主:捕食性。

913. 光唇箭蚁 _Cataglyphis glabilabia_（Chang _et_ He, 2002）

体黑色或黑褐色,光亮。上颚具粗纵刻纹,唇基具细密点纵刻纹。体立毛稀疏,头后缘、唇基表面、前缘、腹柄节均无立毛存在,后腹部背板具 0~5 根立毛。上颚、触角、足胫节红褐色。后头缘微隆。上颚咀嚼缘具 5 齿。触角柄节约有 3/5 超过后头缘。唇基宽,前缘平直。侧面观前胸背板圆形隆起;中胸背板前端略高于前胸背板,向后倾斜;并腹胸基面平,斜面陡直。腹柄节厚鳞片状,直立,周缘厚而钝。

分布:宁夏(贺兰山:大口子、独树沟、拜寺口)、甘肃。

寄主:捕食性。

914. 蒙古原蚁 _Proformica mongolica_（Emery, 1901）

分布:宁夏(贺兰山:独树沟、大口子)、内蒙古、陕西、甘肃、青海、新疆;蒙古。

寄主:捕食性。

915. 铺道蚁 _Tetramorium caespitum_（Linnaeus, 1758）

分布:宁夏(贺兰山:大口子、黄旗口、大寺沟、独树沟、拜寺口、椿树沟、大水渠)、北京、河北、内蒙古、辽宁、吉林、黑龙江、上海、江苏、浙江、福建、安徽、江西、山东、湖南、湖北、广西、四川、西藏、陕西、甘肃、青海;日本,朝鲜;欧洲,北美洲。

寄主:捕食性。

916. 黄胸铺道蚁 *Tetramorium flavum* (Chang et He, 2001)

分布:宁夏(贺兰山:大口子、拜寺口、独树沟)。

寄主:捕食性。

917. 弯角红蚁 *Myrmica lobicornis* (Nylander, 1846)

分布:宁夏(贺兰山:大口子、独树沟、拜寺口、椿树沟)、北京、山西、内蒙古、辽宁、吉林、黑龙江、河南、四川、陕西、青海;北欧,俄罗斯(西伯利亚)。

寄主:捕食性。

918. 吉市红蚁 *Myrmica jessensis* (Fore, 1901)

分布:宁夏(贺兰山苏峪口)、河北、内蒙古、吉林、黑龙江、湖南、四川;日本,朝鲜,韩国。

寄主:捕食性。

919. 针毛收获蚁 *Messor aciculatus* (Smith, 1874)

分布:宁夏(贺兰山:大口子、黄旗口、大寺沟、独树沟、拜寺口、椿树沟、大水渠)、北京、河北、山西、内蒙古、辽宁、吉林、黑龙江、山东、上海、江苏、浙江、安徽、福建、河南、湖南、湖北、陕西、甘肃、青海;蒙古,日本。

寄主:取食禾本科、藜科、大戟科、菊科、豆科、蒺藜科等植物的种子。

920. 网纹细胸蚁 *Leptothorax reticulates* (Chang et He, 2001)

分布:宁夏(贺兰山:大口子、黄旗口、独树沟)、内蒙古、甘肃。

寄主:杂食性。

921. 褐斑细胸蚁 *Leptothorax galeatus* (Wheeler, 1927)

分布:宁夏(贺兰山:大口子、大寺沟、独树沟、拜寺口、椿树沟、大水渠)、北京、内蒙古、辽宁、吉林、青海、甘肃。

寄主:杂食性。

922. 卡氏圆颚切叶蚁 *Strongylognathus karawajewi* (Pisarski, 1966)

分布:宁夏(贺兰山:大口子、黄旗口、大寺沟、独树沟、拜寺口、椿树沟、大水渠)、北京;俄罗斯。

寄主:铺道蚁属 *Tetramorium* 昆虫。

蜾蠃科 Eumenidae

宁夏贺兰山记述 2 属 4 种。

923. 基蜾蠃 *Eumenes pedunculatus pedunculatus* (Panzer, 1799) *

分布:宁夏(贺兰山:黄旗口、大寺沟、甘沟、拜寺口、椿树沟、响水沟)、吉林、黑龙江、江苏、浙江、四川、甘肃;欧洲。

寄主:捕食多种鳞翅目昆虫的幼虫。

924. 孔蜾蠃 *Eumenes punctatus* (Saussure, 1852) *

分布:宁夏(贺兰山:贺兰口、苏峪口、黄旗口、独树沟、拜寺口、西峰沟、响水沟);日本。

寄主:捕食多种鳞翅目昆虫的幼虫。

925. 陆蜾蠃 *Eumenes mediterraneus* (Kriechbaumer, 1879) *

分布:宁夏(贺兰山)、河北、山西、吉林、黑龙江、江苏、山东、甘肃、新疆;土耳其;欧洲。

寄主:捕食鳞翅目、膜翅目、鞘翅目等昆虫幼虫。

926. 断带黄斑蜾蠃 *Katamenes sesquicintus sesquicintus* (Lichtenstein) *

分布:宁夏(贺兰山:小水沟、黄旗口、镇木关、大寺沟、独树沟、甘沟、拜寺口、大水渠)。

寄主:捕食多种鳞翅目昆虫的幼虫。

胡蜂科 Vespidae

宁夏贺兰山记述 2 属 7 种。

927. 中华长脚胡蜂 *Polistes chinesis antennalis* (Perez, 1905)

分布:宁夏(贺兰山苏峪口);日本。

寄主:多种昆虫。

928. 蚱蚕长脚胡蜂 *Polistes gallicus* (Linnaeus, 1767) *

分布:宁夏(贺兰山苏峪口);欧洲,北美。

寄主:多种昆虫。

929. 德国黄胡蜂 *Vespula germanica* (Fabricius, 1793)

分布:宁夏(贺兰山:贺兰口、苏峪口、独树沟、拜寺口)、河北、内蒙古、吉林、黑龙江、江苏、河南、甘肃、新疆;亚洲,非洲,大洋洲,欧洲,北美洲。

寄主:捕食鳞翅目幼虫等多种昆虫。在果实成熟时,会啃食果实,造成减产。

930. 朝鲜黄胡蜂 *Vespula koreensis koreensis* (Radoszkowski, 1887) *

分布:宁夏(贺兰山:贺兰口、苏峪口、大寺沟、独树沟、拜寺口、大水渠)、吉林、江西、广东、甘肃;朝鲜。

寄主:多种昆虫。在果实成熟时,会啃食果实,造成减产。

931. 中长黄胡蜂 *Dolichovespula media* (Retzius, 1783) *

分布:宁夏(贺兰山苏峪口)、黑龙江;俄罗斯;欧洲。

寄主:多种昆虫。在果实成熟时,会啃食果实,造成减产。

932. 黄斑胡蜂 *Vespula mongolica* (André)

分布: 宁夏(贺兰山:贺兰口、苏峪口)、吉林、甘肃;日本。

寄主:鳞翅目(幼虫)、蝉、蝇等。

933. 北方黄胡蜂 *Vespula ruta ruta* (Linnaeus, 1758) *

分布:宁夏(贺兰山:贺兰口、苏峪口、大水沟、小水沟)、河北、江苏、浙江、甘肃;欧洲,非洲。

寄主:多种昆虫。在果实成熟时,会啃食果实,造成减产。

切叶蜂科 Megachilidae

宁夏贺兰山记述 2 属 2 种。

934. 花黄斑蜂 *Anthidium florentinum* (Fabricius, 1775)

分布: 宁夏(贺兰山:大口子、贺兰口、白虎洞)、甘肃、新疆。

寄主: 采访植物为苜蓿及其他豆科植物。

935. 沙漠石蜂 *Megachile desertorum* (Morawitz, 1875)

分布:宁夏(贺兰山独树沟)、河北、内蒙古、山东;中亚、俄罗斯(远东)。

寄主:采访多种植物。

蜜蜂科 Apidae

宁夏贺兰山记述 7 属 11 种。

936. 中华突眼木蜂 *Proxylocopa sinensis* (Wu, 1983) *

分布:宁夏(贺兰山苏峪口)、山西、内蒙古、甘肃、青海。

寄主:采访植物为豆科牧草。

937. 褐足原木蜂 *Proxylocopa przewalskyi* (Morawitz, 1886)

分布:宁夏(贺兰山:苏峪口)、河北、内蒙古、甘肃、新疆;蒙古,中亚。

寄主:采访豆科牧草。

938. 紫木蜂 *Xylocopa valga* (Gerstaecker, 1872)

分布：宁夏（贺兰山：苏峪口、贺兰口）、内蒙古、新疆、甘肃、西藏；古北界的中部及南部。

寄主：采访多种植物。

939. 白颊无垫蜂 *Amegilla albigena* (Lepeletier, 1841) *

分布：宁夏（贺兰山：大口子、黄旗口、正义关、大寺沟、独树沟、拜寺口、椿树沟、大水渠）、内蒙古、新疆；中亚，欧洲，北非。

寄主：采访多种植物。

940. 黑角无垫蜂 *Amegilla nigricornis* (Morawitz, 1873) *

分布：宁夏（贺兰山苏峪口）、内蒙古、甘肃、新疆；俄罗斯。

寄主：采访多种植物。

941. 四条无垫蜂 *Amegilla quadrifasciata* (Villers, 1790) *

分布：宁夏（贺兰山：大口子、独树沟）、北京、河北、山西、内蒙古、新疆；古北区南部，印度，缅甸，斯里兰卡。

寄主：采访荆条、豆科牧草。

942. 拟砂斑蜂 *Ammobatoides melectoides* (Radoszkowski, 1885)

分布：宁夏（贺兰山：独树沟、拜寺口）。

寄主：采访多种植物。

943. 白绒斑蜂 *Epeolus ventralis* (Meade-Waldo, 1913) *

分布：宁夏（贺兰山：大口子、大水沟）。

寄主：采访多种植物。

944. 中断长须蜂 *Eucera interruptera* (Baer) *

分布：宁夏（贺兰山：苏峪口）、北京、新疆；欧洲。

寄主：采访多种植物。

945. 中华蜜蜂 *Apis cerana* (Fabricius, 1793)

分布：宁夏（贺兰山：黄旗口、拜寺口、椿树沟）及除新疆以外的我国各省区。

寄主：采访植物极广，喜欢采访零散植物的花粉。

945. 意大利蜂 *Apis mellifera* (Linnaeus, 1758)

分布：宁夏（贺兰山：拜寺口）及广布全国（除热带地区）各地；欧洲。

寄主：善采大蜜源如苜蓿、荞麦等。

泥蜂科 Sphecidae

宁夏贺兰山记述3属6种。

947. 长柄腹泥蜂 *Ammophila infesta*（Smith, 1873）

分布:宁夏(贺兰山:贺兰口、大口子)、吉林、甘肃;日本,韩国。

寄主:寄生于鳞翅目幼虫及蝗虫。

948. 沙泥蜂北方亚种 *Ammophila sabulosa nipponica*（Tsuneki, 1967）*

分布:宁夏(贺兰山:贺兰口、苏峪口、黄旗口、大寺沟、独树沟、拜寺口、椿树沟、响水沟、大水渠)及我国其他北方地区;蒙古,朝鲜,日本,俄罗斯。

寄主:捕食鳞翅目幼虫。

949. 耙掌泥蜂 *Palmodes occitanicus*（Lepeletier *et* Serville, 1828）*

分布:宁夏(贺兰山:大口子、苏峪口);古北区广布。

寄主:捕食直翅目若虫。

950. 齿爪长足泥蜂齿爪亚种 *Podalonia affinis affinis*（W. Kirby, 1798）*

分布:宁夏(贺兰山:苏峪口、黄旗口、大寺沟、柳条沟、拜寺口、响水沟、大水渠)、河北、山西、内蒙古、黑龙江、四川、云南、陕西、甘肃;蒙古,俄罗斯。

寄主:捕食叶蜂类幼虫。

951. 黄柄壁泥蜂黄柄亚种 *Sceliphron madraspatanum madraspatanum*（Fabricius, 1781）

分布:宁夏(贺兰山马莲口)、福建、广东、四川、贵州、云南;朝鲜,日本,印度,斯里兰卡,缅甸,印尼,俄罗斯;欧洲。

寄主:捕食直翅目若虫。

952. 壁泥蜂 *Sceliphron curvatum* (Smith, 1870)*

分布:宁夏(贺兰山)。

寄主:捕食直翅目若虫、鳞翅目幼虫。

补 遗

直翅目 Orthoptera

草螽科 Conocephalidae

953. 中华草螽 *Conocephalus chinaensis*（Redtenbacher, 1891）

分布:宁夏(贺兰山)、甘肃、黑龙江、吉林、陕西、山东、河南、四川、广西、江苏、江西、湖北、上海。

寄主:灌丛、禾草。

槌角蝗科 Gomphoceridae

954. 贺兰山蛛蝗 *Aeropedellus helanshanensis* (Zheng, 1992)

分布:宁夏(贺兰山)、甘肃、新疆。

寄主:禾本科植物。

同翅目 Homoptera

粉蚧科 Pseudococcidae

955. 远东安粉蚧 *Antonina tesquorum* (Danzig, 1971)

分布:宁夏(贺兰山黄渠口)、内蒙古、山西;俄罗斯远东地区,蒙古。

寄主:中华隐子草叶。

956. 蓍草黑粉蚧 *Atrococcus achilleae* (Kiritshenko, 1936)

分布:宁夏(贺兰山)、内蒙古;保加利亚,意大利,匈牙利,俄罗斯,南斯拉夫,朝鲜,蒙古。

寄主:猪毛蒿、紫杆蒿、沙蒿、黄杆沙蒿、蓍草、蒲公英、大戟、地肤等根部。

957. 草地黑粉蚧 *Atrococcus paludinus* (Green, 1921)

分布:宁夏(贺兰山白芨沟)、内蒙古、山西;挪威,瑞典,荷兰,英国,匈亚利,波兰,罗马尼亚,苏联,朝鲜。

寄主:悬钩子、蔷薇、猪毛蒿等。

958. 古北雪粉蚧 *Ceroputo pilosellae* (Sulc,1898)

分布:宁夏(贺兰山)、山西、内蒙古、新疆;保加利亚,捷克,法国,德国,匈亚利,波兰,瑞士,乌克兰,塔吉克斯坦,哈萨克斯坦,俄罗斯远东地区,日本,蒙古。

寄主:莎草、矢车菊、老鹳草、车前草、蒲公英、百里香、全叶马兰和飞蓬等。

959. 蒙古佳粉蚧 *Chnaurococcus mongolicus* (Danzig, 1969)

分布:宁夏(贺兰山)、内蒙古、山西;蒙古。

寄主:冰草、针茅、羊草、细叶鸢尾等根部。

960. 鸦葱巧粉蚧 *Chorizococcus scorzonerae* (Tang, 1992)

分布:宁夏(贺兰山)、内蒙古。

寄主:叉枝鸦葱、脓草、紫杆蒿、白茎盐生草、艾蒿、油蒿、羊草和绵蓬根部。

961. 远东盘粉蚧 *Coccura convexa* （Borchsenius, 1949）

分布：宁夏(贺兰山)、山西、内蒙古；苏联，蒙古，朝鲜。

寄主：沙蒿、绣线菊、锦鸡儿根部。

962. 贺兰皑粉蚧 *Crisicoccus helanensis* （Wu, 2000）

分布：宁夏(贺兰山)、内蒙古、山西。

寄主：术叶菊、斑种草。

963. 中亚灰粉蚧 *Dysmicoccus multivorus* （Kiritshenko, 1935）

分布：宁夏(贺兰山)；中欧(意大利、波兰、匈亚利)及苏联欧洲部分直至中亚，如乌兹别克斯坦，塔吉克斯坦和哈萨克斯坦。

寄主：寄生双子叶植物。

964. 蒙古草粉蚧 *Fonscolombia tshadaevae* （Danzig, 1980）

分布：宁夏(贺兰山)、内蒙古；蒙古。

寄主：针茅、野鸢尾、锥叶柴胡、羊草。

965. 蒙古星粉蚧 *Heliococcus tesquorum* （Borchsenius, 1949）

分布：宁夏(贺兰山)、山西、内蒙古；蒙古，哈萨克斯坦，塔吉克斯坦，亚美尼亚。

寄主：蒿类、青杞、苦菜、沙地旋复花、小蓟、地黄、小白酒草的根部和根颈。

966. 东方壤粉蚧 *Humococcus orientalis* （Borchsenius, 1949）

分布：宁夏(贺兰山)、内蒙古、山西；苏联 (从东哈萨克斯坦至远东沿海)，蒙古，朝鲜。

寄主：蒿类、中华牛尾蒿、毛头刺。

967. 赖草长粉蚧 *Longicoccus leymicola* （Tang, 1992）

分布：宁夏(贺兰山)、内蒙古、山西。

寄主：赖草、羊草、冰草叶鞘内。

968. 芦苇新粉蚧 *Neotrionymus monstatus* （Borchsenius, 1948）

分布：宁夏 (贺兰山苏峪口)、新疆、内蒙古、山西；乌兹别克斯坦，塔吉克斯坦，中亚及俄罗斯远东沿海等。

寄主：寄生于芦苇和羊草叶鞘下茎上。

969. 艾草品粉蚧 *Peliococcus chersonensis* （Kiritshenko, 1936）

分布：宁夏(贺兰山：大峰沟、黄渠口)、内蒙古；乌克兰，俄罗斯远东地区，朝鲜，蒙古。

寄主：寄生于艾蒿、绣线菊、灌木亚菊根部。

970. 野麦绵粉蚧 *Phenacoccus eugeniae* （Bazarov, 1967）

分布:宁夏(贺兰山)、内蒙古;塔吉克斯坦。

寄主:野麦、羊草。

971. 额济绵粉蚧 *Phenacoccus ejinensis*(Tang,1989)

分布:宁夏(贺兰山白芨沟)、内蒙古。

寄主:紫兰花、小花棘豆。

972. 拟芬绵粉蚧 *Trionymus phenacoccoides*(Kiritchenko,1932)

分布:宁夏(贺兰山)、山西、内蒙古;匈牙利,哈萨克斯坦,摩尔多瓦,蒙古,格鲁吉亚,俄罗斯,乌克兰,乌兹别克斯坦。

寄主:冰草、粗糙隐子草、狗牙根、野麦、牧梯草、早熟禾、披碱草、羊草叶鞘下。

973. 旧北蔗粉蚧 *Saccharicoccus penium*(Williams,1962)

分布:宁夏(贺兰山)、内蒙古;俄罗斯,波兰。

寄主:寄生于禾本科杂草,如羊草、冰草、羊茅、早熟禾和针茅等叶鞘下。

974. 醉马草脐粉蚧 *Tridiscus achnatherum*(Wu,2000)

分布:宁夏(贺兰山)、内蒙古。

寄主:醉马草、芨芨草。

975. 黑麦条粉蚧 *Trionymus aberrans aberrans*(Goux,1938)

分布:宁夏(贺兰山)、内蒙古;亚美尼亚,保加利亚,法国,德国,匈牙利,哈萨克斯坦,摩尔多瓦,波兰,格鲁吉亚,乌克兰。

寄主:冰草、剪谷颖、早熟禾、针茅、鹅观草。

976. 孤独条粉蚧 *Trionymus singularis*(Schmutterer,1952)

分布:宁夏(贺兰山);捷克,德国,波兰,俄罗斯。

寄主:剪谷颖、羊茅、草地早熟禾、芨芨草、羊草、针茅。

脉翅目 Neuroptera

粉蛉科 Coniopterygidae

977. 圣洁粉蛉 *Coniopteryx pygmaea*(Enderlein,1906)

分布:宁夏(贺兰山)、河北、辽宁。

寄主:不详。

草蛉科 Chrysopidae

978. 贺兰俗草蛉 *Suarius helana*(Yang,1993)

分布:宁夏(贺兰山拜寺口)。

寄主:捕食多种蚜虫。

鞘翅目 Coleoptera

金龟科 Scarabaeidae

979. 立叉嗡蜣螂 *Onthophagus olsoufieffi*（Boucomont，1924）

分布:宁夏(贺兰山:苏峪口)、山西、东北、河北;俄罗斯(远东),朝鲜,日本。

寄主:成、幼虫均以食粪为主。

葬甲科 Silphidae

980. 大黑埋葬甲 *Nicrophorus concolor*（Kraatz，1877）

分布:宁夏(贺兰山)、黑龙江、吉林、辽宁、青海、甘肃、陕西、内蒙、河北、河南、山西、山东、安徽、江苏、浙江、江西、福建、台湾地区、广东、广西、四川、云南、西藏;蒙古,日本,朝鲜。

寄主:蝇类的幼虫及卵。

981. 红斑葬甲 *Nicrophorus vespilloides*（Herbst，1783）

分布:宁夏(贺兰山)、甘肃;北美洲,欧洲;俄罗斯(西伯利亚),朝鲜,日本,蒙古。

寄主:蝇类的幼虫及卵,或腐食性。

双翅目 Diptera

蚋科 Simuliidae

982. 冬令特蚋 *Simulium hiemalis*（Rubstov, 1956）

分布:宁夏(贺兰山拜寺口)、辽宁、内蒙古、新疆、西藏等地;阿塞拜疆。

寄主:不详。

983. 巨特蚋 *Simulium alajense*（Rubtsov，1938）

分布:宁夏(贺兰山拜寺口)、新疆、辽宁、内蒙古、西藏;阿塞拜疆,阿富汗,吉尔吉思斯坦,塔吉克斯坦,土库曼斯坦,乌克兰,印度北部。

寄主:不详。

蠓科 Ceratopogonidae

984. 北域细蠓 *Leptoconops borealis*（Gutsevich, 1945）

分布:宁夏(贺兰山)。

寄主:不详。

985.曲囊库蠓 *Culicoides puncticollis*（Becker, 1903）

分布:宁夏(贺兰山)。

寄主:不详。

蝇科 Muscidae

986.吸溜蝇 *Lispe consanguinea* (Loew, 1858)

分布:宁夏(贺兰山)。

寄主:不详

丽蝇科 Calliphoridae

987.三色依蝇 *Idiella tripartita* (Bigot, 1874)

分布:宁夏(贺兰山)、内蒙古、甘肃、河北、北京、天津、山西、山东、陕西、青海、安徽、江苏、上海、浙江、江西、湖北、湖南、四川、贵州、福建、广东、云南、西藏;缅甸,菲律宾,尼泊尔,印度,锡金。

寄主:幼虫喜孳生在猪圈的泥土中。

麻蝇科 Sarcophagidae

988.棕尾别麻蝇 *Boettcherisca peregrina* (Robineau–Desvoidy, 1830)

分布:宁夏(贺兰山)及全国各地;朝鲜,日本,尼泊尔,泰国,菲律宾,印度,斯里兰卡,马来西亚,印尼,澳大利亚,斐济,夏威夷等。

寄主:幼虫喜孳生在稀的新鲜人粪中。

989.肥须亚麻蝇 *Parasarcophaga crassipalpis* (Macquart, 1838)

分布:宁夏(贺兰山)、黑龙江、吉林、辽宁、内蒙古、甘肃、河北、北京、天津、山东、河南、江苏、湖北、安徽、上海、陕西、新疆、青海、四川、西藏;日本,朝鲜,蒙古,俄罗斯,南非,澳大利亚等;美洲。

寄主:幼虫为尸生型,可成为续发性的创伤蛆症病原。

990.黑尾黑麻蝇 *Helicophagella maculata* (Meigen, 1835)

分布:宁夏(贺兰山)及全国各地;朝鲜,日本,蒙古,苏联,埃及,摩洛哥,突尼斯,毛里塔尼亚,印度,马来西亚;欧洲,中亚,北美等。

寄主:幼虫主要孳生在地表粪块、兽皮。

寄蝇科 Tachinidae

991.白毛依寄蝇 *Estheria pallicornis* (Loew, 1873)

分布:宁夏(贺兰山磷矿)、北京、河北、山西;阿富汗,印度,伊朗,蒙古,尼泊尔,巴基斯坦,塔吉克斯坦,乌兹别克斯坦,土耳其,希腊,俄罗斯(远东和西伯利亚)。

寄主:不详。

鳞翅目 Lepidoptera

谷蛾科 Tineidae

992.梯纹白斑衣蛾 *Monopis monachella* （Hubner, 1796）

分布:宁夏(贺兰山)、天津、河北、黑龙江、河南、安徽、湖南、湖北、四川、甘肃、新疆;日本,俄罗斯;欧洲。

寄主:不详。

993.灵芝谷蛾 *Nemapogon gerasimovi* （Zagulajev, 1961）

分布:宁夏(贺兰山)、北京、天津、吉林、辽宁、新疆;哈萨克斯坦,俄罗斯。

寄主:不详。

994.四点谷蛾 *Tinea tugurialis* （Meyrick, 1932）

分布:宁夏(贺兰山)、北京、河北、黑龙江、辽宁、山西、内蒙古、安徽、河南、湖南、陕西、甘肃;欧洲。

寄主:禾草及干果。

麦蛾科 Gelechiidae

995.山杨麦蛾 *Anacampsis populella* （Clerck，1759）

分布:宁夏(贺兰山)、内蒙古省区;东北、西北地区;中亚细亚、蒙古。

寄主:杨、柳、桦、槭。

996.桃条麦蛾 *Anarsia lineatella* （Zeller, 1839）

分布:宁夏(贺兰山)、天津、陕西、新疆;阿富汗,土耳其;欧洲。

寄主:桃、杏、梨、沙枣等果树。

997.枸杞伊麦蛾 *Ilseopsis erichi* （Povolny, 1964）

分布:宁夏(贺兰山)、陕西、甘肃;蒙古;中亚地区,欧洲。

寄主:野枸杞。

998.钩麦蛾 *Aproaerema anthylllidella* （Hubner, [1813]）

分布:宁夏(贺兰山)、陕西、青海、新疆;朝鲜,日本;欧洲,北美洲。

寄主:不详。

织蛾科 Oecophoridae

999.米织蛾 *Anchonoma xeraula* （Meyrick, 1910）

分布:宁夏(贺兰山)、全国各地。

寄主:禾草。

透翅蛾科 Sesiidae

1000.杨透翅蛾 *Parathrene tabaniformis* (Rottenburg)

分布:宁夏(贺兰山)、河北、陕西、山西、内蒙古、辽宁。

寄主:杨树。

潜蛾科 Lyonetiidae

1001.银纹潜蛾 *Lyonetia prunifoliella* (Hubner, 1796)

分布:宁夏(贺兰山)、北京、河北、陕西、甘肃、青海、新疆;日本;欧洲。

寄主:杨树。

细蛾科 Gracillariidae

1002.柳细蛾 *Lithocolletis pastorella* (Zeller, 1846)

分布:宁夏(贺兰山)、北京、河北、内蒙古、黑龙江、吉林、辽宁、陕西、甘肃、青海、新疆;日本;欧洲。

寄主:幼虫危害杨、柳的叶片。

羽蛾科 Pterophoridae

1003. 灰棕金羽蛾 *Agdistis adactyla* (Hübner, 1819)

分布:宁夏(贺兰山)、北京、天津、河北、辽宁、内蒙古、陕西、甘肃、新疆;蒙古,中亚各国;欧洲。

寄主:不详。

螟蛾科 Pyralidae

1004. 银光草螟 *Crambus perlellus* (Scopoli, 1763)

分布:宁夏(贺兰山)、黑龙江、吉林、内蒙古、山东、山西、四川、甘肃、青海、新疆;日本,英国,意大利,西班牙;北非。

寄主: 苜蓿、沙打旺、披碱草、银针草。

1005. 饰纹草螟 *Crambus ornatellus* (Leech, 1889)

分布:宁夏(贺兰山)、黑龙江、山东、甘肃、青海;朝鲜,日本。

寄主:苜蓿、雀麦草。

1006. 尖双突野螟 *Sitochroa verticalis* (Linnaeus, 1758)

分布:宁夏(贺兰山)、天津、河北、山西、内蒙古、辽宁、黑龙江、江苏、山东、四川、云南、西藏、陕西、甘肃、青海、新疆;朝鲜,日本,印度,俄罗斯;欧洲。

寄主:不详。

1007. 微红梢斑螟 *Dioryctria rubella*（Hampson, 1901）

分布:宁夏(贺兰山)、北京、天津、河北、黑龙江、吉林、辽宁、安徽、广东、四川、陕西;朝鲜,日本;欧洲。

寄主:不详。

1008. 基红云斑螟 *Nephopterix hostilis*（Stephens, 1834）

分布:宁夏(贺兰山)、天津、河北、安徽、湖南、新疆;日本;欧洲。

寄主:不详。

1009. 干果斑螟 *Cadra cautella*（Walker, 1863）

分布:宁夏及全国各地;欧洲,北美洲。

寄主:谷物、沙枣。

1010. 印度谷斑螟 *Plodia interpunctella*（Hubner, 1813）

分布:宁夏及全国各地;欧洲,北美洲。

寄主:谷物、沙枣。

1011. 梨大食心虫 *Nephoteryx pirivorelloa*（Matsumura, 1900）

分布:宁夏(贺兰山)、北京、河北、辽宁、内蒙古、甘肃;日本,朝鲜。

寄主:桃、杏、梨、苹果、樱桃、山楂、等果实或嫩梢。

1012. 紫斑谷螟 *Pyralis farinalis*（Linnaeus, 1758）

分布:宁夏(贺兰山)、河北、山东、江苏、浙江、湖南、台湾地区、广东、广西、四川、陕西、甘肃;世界各地。

寄主:干果、禾谷。

1013. 米缟螟 *Aglossa dimidiate*（Haworth, 1809）

分布:宁夏(贺兰山)、河北、山西、内蒙古、黑龙江、山东、安徽、江苏、浙江、湖北、湖南、福建、广东、四川、贵州、云南、甘肃、青海、新疆等;日本,朝鲜。

寄主:干果、禾谷。

尺蛾科 Geometridae

1014. 桑褶翅尺蛾 *Zamacra excavata*（Dyar, 1905）

分布:宁夏(贺兰山)、北京、河北、陕西、甘肃;日本,朝鲜。

寄主:桑、杨、槐、核桃等。

1015. 苹烟尺蛾 *Phthonosema tendinosaria*（Bremer, 1864）

分布:宁夏(贺兰山)、北京、河北、黑龙江、吉林、内蒙古;河南、山东、四川、陕西、甘肃;日本,朝鲜。

寄主:苹果、梨等。

1016. 沙枣尺蠖 *Apocheima cinerarius* (Erschoff)

分布:宁夏(贺兰山)、天津、河北、内蒙古、陕西、甘肃、青海、新疆。

寄主:沙枣、榆、杨、柳、梨、杏、苹果、槭、槐、柠条等。

夜蛾科 Noctuidae

1017. 刀夜蛾 *Simyra nervosa* (Denis & Schiffermüller, 1775)

分布:宁夏(贺兰山)、青海、甘肃、新疆;蒙古,苏联;欧洲。

寄主:大戟科、酸模。

1018. 类齿狼夜蛾 *Ochropleura aequicuspis* (Staudinger, 1899)

分布:不详。

膜翅目 Hymenoptera

叶蜂科 Tenthredinidae

1019. 黑背绿叶蜂 *Tenthredella mesomelas* (Linnaeus, 1758)

分布:宁夏(贺兰山);欧洲。

寄主:青海云杉。

1020. 黄翅菜叶蜂 *Athalia rosae* (Linnaeus, 1758)

分布:宁夏(贺兰山)、东北、内蒙古、甘肃、北京、河北、河南、江苏、安徽、上海、浙江、福建、台湾地区、广西、四川、云南、青海等;日本,朝鲜;欧洲。

寄主:十字花科植物。

茧蜂科 Braconidae

1021.赤腹深沟茧蜂 *Iphiaulax impostor* (Scopoli, 1763)

分布:宁夏(贺兰山)、甘肃、吉林、浙江、江苏。

寄主:云杉小黑天牛、光胸幽天牛、青杨天牛、桑天牛等天牛幼虫。

跳小蜂科 Encyrtidae

1022. 球蚧蓝绿跳小蜂 *Blastothrix sericae* (Dalman, 1820)

分布:宁夏(贺兰山)、甘肃、新疆、山西、湖南;欧洲、北美洲;中亚细亚、高加索。

寄主:蜡蚧。

1023. 刷盾跳小蜂 *Eucomys scutellata* (Swederus, 1795)

分布:宁夏(贺兰山)。

寄主:球蚧。

青蜂科 Chrysididae

1024. 上海青蜂 *Chrysis shanghalensis* (Smith)

分布:宁夏(贺兰山)、吉林、河北、北京、上海。

寄主:黄刺蛾等幼虫。

蛛蜂科 Pompilidae

1025. 六斑黑蛛蜂 *Anoplius fuscus* (Linnaeus,1761)

分布:宁夏(贺兰山);欧洲。

寄主:蛾类幼虫。

宁夏贺兰山自然保护区脊椎动物名录

种类		居留型	区系成分	收录依据
鱼纲	**PISCES**			
I 鲤形目	CYPRINIFORMES			
i 鳅科	Cobitidae			
[一] 条鳅亚科	Noemacheilinae			
一、高原鳅属	*Triplophysa*			
1.达里湖高原鳅	*Tripolophysa (T.) dalaica*			
[二] 雅罗鱼亚科	Leuciscinae			
二、鲅属	*Phoxinus*			
2.拉氏鲅（鲅）	*Phoxinus lagowskii*			
两栖纲	**AMPHIBIA**			
I 无尾目	ANURA			
i 蟾蜍科	Bufonidae			
一、蟾蜍属	*Bufo*			
1.花背蟾蜍	*Bufo raddei*		全	采
ii 蛙科	Ranidae			
二、蛙属	*Rana*			
2.中国林蛙	*Rana chensinensis*		全	采
3.黑斑蛙	*Rana nigromaculata*		泛	采
爬行纲	**REPTILIA**			
I 蜥蜴目	Lacertiformes			
i 壁虎科	Gekkonidae			
一、漠虎属	*Alsophylax*			
1.隐耳漠虎	*Alsophylax pipiens*			采
ii 鬣蜥科	Agamidae			
二、沙蜥属	*Phrynocephalus*			
2.荒漠沙蜥	*Phrynocephalus przewalskii*		全	采
3.草原沙蜥	*przewalskii frontalis*			采
iii 蜥蜴科	Lacertidae			
三、麻蜥属	*Eremias*			

续表

种类		居留型	区系成分	收录依据
4.丽斑麻蜥	*Eremias argus*		全	采
5.荒漠麻蜥	*Eremias przewalskii*			采
6.密点麻蜥	*Eremias multiocellata*		全	采
II 蛇目	SERPENTIFORMES			
iv 蝰科	Viperidae			
[一] 蝮亚科	Crotalinae			
四、亚洲蝮属	*Gloydius*			
7.中介蝮	*Agkistrodon intermedius*			采
v 蟒科	Boidae			
五、沙蟒属	*Eryx*			
8.沙蟒	*Eryx miliaris*			采
vi 游蛇科	Colubridae			
六、花条蛇属	*Psammophis*			
9.花条蛇	*Psammophis lineolatus*			采
七、游蛇属	*Coluber*			
10.黄脊游蛇	*Coluber spinalis*		全	采
八、颈槽蛇属	*Rhabdophis*			
11.虎斑颈槽蛇	*Rhabdophis tigrinus*			采
九、锦蛇属	*Elaphe*			
12.玉斑锦蛇	*Elaphe mandarina*			采
13.王锦蛇	*Elaphe carinata*			采
14.白条锦蛇	*Elaphe dione*			采
鸟纲	**AVES**			
I 鹳形目	CICONIIFORMES			
i 鹳科	Ciconiidae			
一、鹳属	*Ciconia*			
1.黑鹳	*Ciconia nigra*	夏	全	观
II 隼形目	FALCONIFORMES			
ii 鹰科	Accipitridae			
二、蜂鹰属	*Pernis*			
2.凤头蜂鹰	*Pernis ptilorhyncus*	旅	泛	观

续表

种类		居留型	区系成分	收录依据
三、鸢属	*Milvus*			
3. [黑] 鸢	*Milvus migrans*	留		观
四、鹰属	*Accipiter*			
4.苍鹰	*Accipiter gentiles*	旅	全	观
5.雀鹰	*Accipiter nisus*	留		观
6.松雀鹰	*Accipiter virgatus*	旅		观
五、鵟属	*Buteo*			
7.大鵟	*Buteo hemilasius*	留	全	观
8.普通鵟	*Buteo buteo*	旅		观
9.棕尾鵟	*Buteo rufinus*			观
六、雕属	*Aquila*			
10.金雕	*Aquila chrysaetos*	留	全	采
七、海雕属	*Haliaeetus*			
11.白尾海雕	*Haliaeetus albicilla*	旅		观
八、秃鹫属	*Aegypius*			
12.秃鹫	*Aegypius monachus*	留	全	采
九、兀鹫属	*Gyps*			
13.高山兀鹫	*Gyps himalayensis*			观
十、胡兀鹫属	*Gypaetus*			
14.胡兀鹫	*Gypaetus barbatus*	留	全	观
十一、鹞属	*Circus*			
15.鹊鹞	*Circus melanoleucos*	旅		观
16.白尾鹞	*Circus cyaneus*			观
十二、短趾雕属	*Circaetus*			
17.短趾雕	*Circaetus gallicus*			观
iii 隼科	Falconidae			
十三、隼属	*Falco*			
18.猎隼	*Falco cherrug*	夏	全	观
19.游隼	*Falco peregrinus*	旅		观
20.燕隼	*Falco subbuteo*	夏	全	采
21.阿穆尔隼	*Falco amurensis*			观

续表

种类		居留型	区系成分	收录依据
22.黄爪隼	*Falco naumanni*			观
23.红隼	*Falco tinnunculus*	留	泛	观
III 鸡形目	GALLIFORMES			
iv 雉科	Phasianidae			
十四、石鸡属	*Alectoris*			
24.石鸡	*Alectoris chukar*	留		采
十五、山鹑属	*Perdix*			
25.斑翅山鹑	*Perdix dauurica*			观
十六、雉属	*Phasianus*			
26.雉鸡	*Phasianus colchicus*	留	全	采
十七、马鸡属	*Crossoptilon*			
27.蓝马鸡	*Crossoptilon auritum*	留		采
IV 鹤形目	GRUIFORMES			
v 鹤科	Gruidae			
十八、蓑羽鹤属	*Antheropoides*			
28.蓑羽鹤	*Antheropoides vigro*			文
vi 鸨科	Otididae			
十九、鸨属	*Otis*			
29.大鸨	*Otis tarda*			文
V 鸻形目	CHARADRIIFORMES			
vii 鸻科	Charadriidae			
二十、鸻属	*Charadrius*			
30.金眶鸻	*Charadrius dubius*			观
viii 鹬科	Scolopacidae			
二十一、鹬属	*Tringa*			
31.白腰草鹬	*Tringa ochropus*			观
二十二、矶鹬属	*Actitis*			
32.矶鹬	*Actitis hypoleucos*	夏	全	观
二十三、丘鹬属	*Scolopax*			
33.丘鹬	*Scolopax rusticola*			文
VI 鸥形目	LARIFORMES			
ix 鸥科	Laridae			

续表

种类		居留型	区系成分	收录依据
二十四、鸥属	*Larus*			
34.银鸥	*Larus argentatus*			文
Ⅶ 鸽形目	**COLUMBIFORMES**			
x 鸠鸽科	Columbidae			
二十五、鸽属	*Columba*			
35.岩鸽	*Columba rupestris*			采
二十六、斑鸠属	*Streptopelia*			
36.山斑鸠	*Streptopelia orientalis*			观
37.灰斑鸠	*Streptopelia decaocto*			观
Ⅷ 鹃形目	**CUCULIFORMES**			
xi 杜鹃科	Cuculidae			
二十七、杜鹃属	*Cuculus*			
38.大杜鹃	*Cuculus canoru*			观
39.中杜鹃	*Cuculus saturatus*			观
Ⅸ 鸮形目	**STRIGIFORMES**			
xii 鸱鸮科	Strigidae			
二十八、角鸮属	*Otus*			
40.领角鸮	*Otus bakkamoena*	留	泛	观
二十九、雕鸮属	*Bubo*			
41.雕鸮	*Bubo bubo*	留	全	观
三十、小鸮属	*Athene*			
42.纵纹腹小鸮	*Athene noctua*	留	全	采
三十一、耳鸮属	*Asio*			
43.长耳鸮	*Asio otus*	留	全	观
X 夜鹰目	**CAPRIMULGIFORMES**			
xiii 夜鹰科	Caprimulgidae			
三十二、夜鹰属	*Caprimulgus*			
44.普通夜鹰	*Caprimulgus indicus*	留	泛	观
XI 雨燕目	**APODIFORMES**			
xiv 雨燕科	Apodidae			
三十三、雨燕属	*Apus*			

续表

种类		居留型	区系成分	收录依据
45.普通楼燕	*Apus apus*	夏	全	观
46.白腰雨燕	*Apus pacificus*	夏	全	观
XII 佛法僧目	CORACIIFORMES			
xv 佛法僧科	Coraciidae			
三十四、三宝鸟属	*Eurystomus*			
47.三宝鸟	*Eurystomus orientalis*	夏	泛	文
xvi 戴胜科	Upupidae			
三十五、戴胜属	*Upupa*			
48.戴胜	*Upupa epops*	夏	泛	采
XIII 鴷形目	PICIFORMES			
xvii 啄木鸟科	Picidae			
三十六、啄木鸟属	*Picoidae*			
49.大斑啄木鸟	*Picoidae major*			观
50.星头啄木鸟	*Picoides canicapillus*			观
XIV 雀形目	PASSERIFORMES			
xviii 百灵科	Alaudidae			
三十七、百灵属	*Melanocorypha*			
51. [蒙古] 百灵	*Melanocorypha mongolica*			观
三十八、沙百灵属	*Calandrella*			
52.小沙百灵	*Calandrella rufescens*	夏	全	采
53.短趾沙百灵	*Calandrella cinerea*			观
三十九、凤头百灵属	*Galerida*			
54.凤头百灵	*Galerida cristata*	留	泛	观
四十、角百灵属	*Eremophila*			
55.角百灵	*Eremophila alpestris*	留	全	观
xix 燕科	Hirundinidae			
四十一、岩燕属	*Ptyonoprogne*			
56.岩燕	*Ptyonoprogne rupestris*	夏	全	观
四十二、燕属	*Hirundo*			
57.家燕	*Hirundo rustica*	夏	全	观
58.金腰燕	*Hirundo daurica*	夏	泛	观

续表

种类		居留型	区系成分	收录依据
xx 鹡鸰科	Motacillidae			
四十三、山鹡鸰属	Dendronanthus			
59.山鹡鸰	Dendronanthus indicus	夏	全	观
四十四、鹡鸰属	Motacilla			
60.灰鹡鸰	Motacilla cinerea	夏	全	观
61.白鹡鸰	Motacilla alba	夏	泛	观
四十五、鹨属	Anthus			
62.田鹨	Anthus novaeseelandiae	夏	泛	观
63.平原鹨	Anthus campestris	旅	泛	观
64.粉红胸鹨	Anthus roseatus	夏	全	观
xxi 伯劳科	Laniidae			
四十六、伯劳属	Laniidae			
65.红尾伯劳	Lanius cristatus	夏	全	观
66.灰背伯劳	Lanius tephronotus	夏	全	观
67.灰伯劳	Lanius excubitor	夏	全	观
xxii 椋鸟科	Sturnidae			
四十七、椋鸟属	Sturnus			
68.紫翅椋鸟	Sturnus vulgaris	旅		观
69.灰椋鸟	Sturnus cineraceus	夏	全	观
xxiii 鸦科	Corvidae			
四十八、鹊属	Pica			
70.喜鹊	Pica pica	留	全	观
四十九、地鸦属	Podoces			
71.黑尾地鸦	Podoces hendersoni	留	全	文
五十、山鸦属	Pyrrhocorax			
72.红嘴山鸦	Pyrrhocorax pyrrhocorax	留	全	观
73.黄嘴山鸦	Pyrrhocorax graculus			观
五十一、鸦属	Corvus			
74.秃鼻乌鸦	Corvus frugilegus			观
75.寒鸦	Corvus monedula	留	全	观
76.大嘴乌鸦	Corvus macrorhynchus	留	泛	观

续表

种类		居留型	区系成分	收录依据
77.小嘴乌鸦	*Corvus corone*	留	全	观
78.渡鸦	*Corvus corax*			
xxiv 鹪鹩科	Troglodytidae			
五十二、鹪鹩属	*Troglodytes*			
79.鹪鹩	*Troglodytes troglodytes*	留	全	观
xxv 岩鹨科	Prunellidae			
五十三、岩鹨属	*Pruella*			
80.棕眉山岩鹨	*Prunella montanella*	旅	全	观
81.褐岩鹨	*Prunella fulvescens*	旅	全	观
82.贺兰山岩鹨	*Prunella koslowi*			文
xxvi 鹟科	Muscicapidae			
[一] 鸫亚科	Turdinae			
五十四、歌鸲属	*Luscinia*			
83.红点颏	*Luscinia calliope*	旅	全	观
84.蓝点颏	*Luscinia svecica*	旅		观
五十五、红尾鸲属	*Phoenicurus*			
85.贺兰山红尾鸲	*Phoenicurus alaschanicus*	留	全	采
86.赭红尾鸲	*Phoenicurus ochruros*	夏	全	采
87.蓝额红尾鸲	*Phoenicurus frontalis*			观
88.北红尾鸲	*Phoenicurus auroreus*	夏	全	采
五十六、水鸲属	*Rhyacornis*			
89.红尾水鸲	*Rhyacornis fuliginosus*	夏	泛	采
五十七、石䳭属	*Saxicola*			
90.黑喉石䳭	*Saxicola torquata*	夏	泛	观
五十八、䳭属	*Oenanthe*			
91.沙䳭	*Oenanthe isabellina*	留	全	观
92.漠䳭	*Oenanthe deserti*	留	全	观
93.白顶䳭	*Oenanthe pleschanka*	留	全	观
五十九、溪鸲属	*Chaimarrornis*			
94.白顶溪鸲	*Chaimarrornis leucocephalus*	夏	全	观
六十、矶鸫属	*Monticola*			

续表

种类		居留型	区系成分	收录依据
95.白背矶鸫	*Monticola saxatilis*	夏	全	观
96.蓝矶鸫	*Monticola solitarius*	留	全	观
六十一、地鸫属	*Zoothera*			
97.虎斑地鸫	*Zoothera dauma*	旅		观
六十二、鸫属	*Turdus*			
98.白腹鸫	*Turdus pallidus*	旅		观
99.赤颈鸫	*Turdus ruficollis*	留		观
100.斑鸫	*Turdus naumanni*	冬		观
[二] 画眉亚科	Timaliinae			
六十三、噪鹛属	*Garrulax*			
101.山噪鹛	*Garrulax davidi*	留	全	观
六十四、山鹛属	*Rhopophilus*			
102.山鹛	*Rhopophilus pekinensis*	留	全	观
[三] 莺亚科	Sylviinae			
六十五、柳莺属	*Phylloscopus*			
103.黄腹柳莺	*Phylloscopus affinis*	夏	全	观
104.褐柳莺	*Phylloscopus fuscatus*	夏	全	观
105.棕眉柳莺	*Phylloscopus armandii*	夏	全	观
106.橙斑翅柳莺	*Phylloscopus pulcher*			观
107.黄眉柳莺	*Phylloscopus inornatus*	夏	全	观
108.黄腰柳莺	*Phylloscopus proregulus*	夏	全	观
109.极北柳莺	*Phylloscopus borealis*	旅		观
六十六、戴菊属	*Regulus*			
110.戴菊	*Regulus regulus*			观
六十七、凤头雀莺属	*Lophobasileus*			
111.凤头雀莺	*Leptopoecile elegans*	留	全	观
[四] 鹟亚科	Muscicapinae			
六十八、姬鹟属	*Ficedula*			
112.黄眉 [姬] 鹟	*Ficedula narcissina*	夏	全	观
113.红喉 [姬] 鹟	*Ficedula parva*	旅		观
xxvii 山雀科	Paridae			

续表

种类		居留型	区系成分	收录依据
六十九、山雀属	*Parus*			
114.大山雀	*Parus major*	留	泛	观
115.煤山雀	*Parus ater*	留	全	采
116.褐头山雀	*Parus montanus*	留	全	采
117.绿背山雀	*Parus monticolus*			观
七十、长尾山雀属	*Aegithalos*			
118.银喉长尾山雀	*Aegithalos caudatus*	留	全	观
xxviii 鸭科	Sittidae			
七十一、鸭属	*Sitta*			
119.黑头鸭	*Sitta villosa*	留	全	观
七十二、旋壁雀属	*Tichodroma*			
120.红翅旋壁雀	*Tichodroma muraria*	留	全	观
xxix 攀雀科	Remizidae			
七十三、攀雀属	*Remiz*			
121.中华攀雀	*Remiz consobrinue*			观
122.白冠攀雀	*Remiz coronatus*			观
xxx 文鸟科	Ploceidae			
七十四、麻雀属	*Passer*			
123.[树]麻雀	*Passer montanus*	留	泛	观
七十五、石雀属	*Petronia*			
124.石雀	*Petronia petronia*			
七十六、雪雀属	*Montifringilla*			
125.黑喉雪雀	*Moniifringilla davidiana*	留	全	采
xxxi 雀科	Fringillidae			
[五] 雀亚科	Fringillinae			
七十七、金翅雀属	*Carduelis*			
126.金翅雀	*Carduelis sinica*	旅		观
127.白腰朱顶雀	*Cardulis flammea*			观
128.黄嘴朱顶雀	*Cardulis flavirostris*	留	全	观
129.黄雀	*Carduelis spinus*	旅		观
七十八、沙雀属	*Rhodopechys*			

续表

种类		居留型	区系成分	收录依据
130.漠雀	*Rhodopechys githagineus*			采
七十九、朱雀属	*Carpodacus*			
131.红眉朱雀	*Carpodacus pulcherrimus*	留	全	观
132.白眉朱雀	*Carpodacus thura*	留	全	观
133.普通朱雀	*Carpodacus erythrinus*	夏	全	观
134.北朱雀	*Carpodacus roseus*	冬		观
八十、交嘴雀属	*Loxia*			
135.红交嘴雀	*Loxia curvirostra*			观
[六] 锡嘴雀亚科	Coccothraustinae			
八十一、拟蜡嘴雀属	*Mycerobas*			
136.白翅拟蜡嘴雀	*Mycerobas carnipes*	留	全	观
[七] 鹀亚科	Emberizinae			
八十二、鹀属	*Emberiza*			
137.白头鹀	*Emberiza leucocephala*			观
138.三道眉草鹀	*Emberiza cioides*			观
139.田鹀	*Emberiza rustica*			观
140.小鹀	*Emberiza pusilla*	旅		观
141.灰鹀	*Emberiza variabilis*	旅		观
142.戈氏岩鹀	*Emberiza godlewskii*			
143.芦鹀	*Emberiza schoeniclus*			
哺乳纲	**Mammalia**			
I 食虫目	INSECTIVORA			
i 猬科	Erinaceidae			
一、大耳猬属	*Hemiechinus*			
1.大耳猬	*Hemiechinus auritus*		全	文
二、林猬属	*Mesechinus*			
2.达乌尔猬	*Mesechinus dauuricus*		全	文
ii 鼩鼱科	Soricidae			
三、麝鼩属	*Crocidura*			
3.北小麝鼩	*Crocidura shantungensis*		全	采

续表

种类		居留型	区系成分	收录依据
II 翼手目	CHIROPTERA			
iii 蝙蝠科	Vespertilionidae			
四、鼠耳蝠属	Myotis			
4.大足鼠耳蝠	Myotis ricketti			文
五、棕蝠属	Eptesicus			
5.北棕蝠	Eptesicus nilssoni		全	文
6.大棕蝠	Eptesicus serotinus		全	文
六、阔耳蝠属	Barbasoella			
7.阔耳蝠	Barbasoella leucomelas		泛	采
七、大耳蝠属	Plecotus Geoffroy			
8.灰大耳蝠	Plecotus austriacus			文
III 食肉目	CARNTVORA			
iv 犬科	Canidae			
八、犬属	Canis			
9.狼	Canis lupus		泛	文
九、狐属	Vulpes			
10.赤狐	Vulpes vulpes		泛	观
11.沙狐	Vulpes corsac		全	文
v 鼬科	Mustelidae			
十、貂属	Martes			
12.石貂	Martes foina		全	文
十一、鼬属	Mustela			
13.香鼬	Mustela altaica		全	文
14.艾鼬	Mustela eversmanni		全	文
十二、虎鼬属	Vormela			
15.虎鼬	Vormela peregusna		全	文
十三、狗獾属	Meles			
16.狗獾	Meles meles		全	观
十四、猪獾属	Arctonyx			
17.猪獾	Arctonyx collaris		泛	文

续表

种类		居留型	区系成分	收录依据
vi 猫科	Felidae			
十五、猫属	*Felis*			
18.野猫	*Felis silvestris*		全	观
19.漠猫	*Felis bieti*		全	文
十六、猞猁属	*Lynx*			
20.猞猁	*Lynx lynx*		全	文
十七、雪豹属	*Uncia*			
21.雪豹	*Uncia uncia*			文
IV 偶蹄目	ARTIODACTYLA			
vii 麝科	Moschidae			
十八、麝属	*Moschus*			
22.高山麝	*Moschus chrysogaster*			文
viii 鹿科	Cervidae			
十九、鹿属	*Cervus*			
23.马鹿	*Cervus elaphus*		全	观
ix 牛科	Bovidae			
二十、野牛属	*Bos*			
24.牦牛	*Bos grunnieus*		全	观
二十一、原羚属	*Procapra*			
25.黄羊	*Procapra gurtturosa*		全	文
二十二、羚羊属	*Gazella*			
26.鹅喉羚	*Gazella subgutturosa*			观
二十三、斑羚属	*Naemorhedus*			
27.斑羚	*Naemorhedus caudatus*			文
二十四、岩羊属	*Pseudois*			
28.岩羊	*Pseudois nayaur*		全	采
二十五、盘羊属	*Ovis*			
29.盘羊	*Ovis ammon*		全	文
V 啮齿目	RODENTIA			
x 松鼠科	Sciuridae			
二十六、花鼠属	*Tamias*			

续表

种类		居留型	区系成分	收录依据
30.花鼠	*Tamias sibiricus*			观
二十七、黄鼠属	*Spermophilus*			
31.阿拉善黄鼠	*Spermophilus alaschanicus*			采
xi、仓鼠科	*Cricetidae*			
[一]仓鼠亚科	*Cricetidae*			
二十八、仓鼠属	*Cricetulus*			
32.黑线仓鼠	*Cricetulus barabensis*		全	采
33.灰仓鼠	*Cricetulus migratorius*		全	采
34.长尾仓鼠	*Cricetulus longicaudatus*		全	采
二十九、大仓鼠属	*Tscheskia*			
35.大仓鼠	*Tscheskia triton*			采
三十、短尾仓鼠属	*Allocricetulus*			
36.无斑短尾仓鼠	*Allocricetulus curtatus*			文
三十一、毛足鼠属	*Phodopus*			
37.小毛足鼠	*Phodopus roborovskii*		全	文
三十二、麝鼠属	*Ondatra*			
38.麝鼠	*Ondatra zibethicus*			文
[二]沙鼠亚科	*Gerbillinae*			
三十三、沙鼠属	*Meriones*			
39.长爪沙鼠	*Meriones unguiculatus*		全	文
40.子午沙鼠	*Meriones meridianus*		全	文
xii、鼠科	*Muridae*			
三十四、姬鼠属	*Apodemus*			
41.大林姬鼠	*Apodemus peninsulae*		全	采
三十五、家鼠属	*Rattus*			
42.黄胸鼠	*Rattus tanezumi*			采
43.褐家鼠	*Rattus norvegicus*		泛	采
三十六、白腹鼠属	*Niviventer*			
44.社鼠	*Niviventer confucianus*		泛	采
三十七、小鼠属	*Mus*			
45.小家鼠	*Mus musculus*		泛	采

续表

种类		居留型	区系成分	收录依据
xiii、跳鼠科	Dipodidae			
[三]五趾跳鼠亚科	*Allactaginae*			
三十八、五趾跳鼠属	*Allactaga*			
46.五趾跳鼠	*Allactaga sibirica*		全	文
47.巨泡五趾跳鼠	*Allactaga bullata*		全	文
[四]心颅跳鼠亚科	Cardiocranius			
三十九、五趾心颅跳鼠属	*Cardiocranius*			
48.五趾心颅跳鼠	*Cardiocranius paradoxus*		全	文
四十、三趾心颅跳鼠属	*Salpingotus*			
49.三趾心颅跳鼠	*Salpingotus kozlovi*		全	文
[五]跳鼠亚科	Dipodinae			
四十一、三趾跳鼠属	*Dipus*			
50.三趾跳鼠	*Dipus sagitta*		全	文
四十二、羽尾跳鼠属	*Stylodipus*			
51.内蒙羽尾跳鼠	*Stylodipus andrewsi*			文
[六]长耳跳鼠亚科	*Euchoreutinae*			
四十三、长耳跳鼠属	*Euchoreutes*			
52.长耳跳鼠	*Euchoreutes naso*			文
VI、兔形目	LAGOMORPHA			
xiv、鼠兔科	Ochotonidae			
四十四、鼠兔属	*Ochotona*			
53.达乌尔鼠兔	*Ochotona daurica*			采
54.高山鼠兔	*Ochotona alpina*			文
55.贺兰山鼠兔	*Ochotona helanshanensis*			文
xv、兔科	Leporidae			
四十五、兔属	*Lepus*			
56.草兔	*Lepus capensis*		泛	采
xiii、跳鼠科	Dipodidae			

参考文献

［1］ Liang B X, Tan B C. New distribution record of *Coscinodon cribrosus*(Hedw.)Spruce (Musci,Grimmiaceae) in China, ARCTOA, A J. Bryology, 2004, 13: 1~4.

［2］ Liang B X, Tan B C. *Tayloria rudimenta* (Musci,Splachnaceae), a new species from Ningxia Huizu Autonomous Region of China, Cryptogamie Bryologie, 2000, 21(1):3~5.

［3］ Liang B X, Cheng Z J, Tan B C. On *Acaulon triquetrum* and *Didymodon hedysariformis* (Musci, Pottiaceae), two new xeric moss records from China, Cryptogamie Bryologie, 2006, 27 (4): 433~438.

［4］ Bisby G R, Ainsworth G C. Dictionary of the fungi. 8th ed. England: Huddersfield, 1995: 1~412.

［5］ Bisby G R. Geographical distribution of Fungi.Botanical Review.1943, 9: 466~482.

［6］ C. A 斯特斯(英). 植物分类学与生物系统学.北京:科学出版社 ,1986,3~10.

［7］ Cao T., Vitt D H. A taxonomic revision and phylogenetic analysis of Grimmia and Schistidium (Bryopsida, Grimmiaceae) in China. J. Hattori Bot. Lab, 1986, 61: 123~247. Cao T, Gao O C, Vitt D H. A taxonomic revision of the genus Ptychomitrium (Bryopsida, Ptychomitriaceae) in China. Harvard Papers Bot, 1995, 6: 75~96.

［8］ Crosby M R, Magill R E, Allen B, He S. A Checklist of the Mosses. Missouri Botanical Garden St. Louis. 1999.

［9］ Zhao D P, Bai X L, Zhao N. *Genus pterygoneurum* (Pottiaceae, Musci)in China, Ann. Bot. Fennici 2008, 45: 121~128.

[10] Zhao E M, Robert J, Theodore J P. A new species of Rana from Ningxia Hui Automomous Region. Chinese Herpeto logical Research, 1988, 2 (1) : 1~3.

[11] Gignac L D. Niche Structure, resource partitioning, and species interactions of mire bryophyte relative to climatic and ecological gradients in Western Canada. Bryologist, 1992, 105(3): 334~338.

[12] Grolle R, Zhu R L. A study of Drepanolejeunea subg. Rhaphidolejeunea (Herzog) Grolle & R. L. Zhu, stat. nov. (Hepaticae, Lejeuneaceae) in China with notes on its species elsewhere. Nova Hedwigia, 2000, 70(3,4): 3.

[13] Hattori S. Studies of the Asiatic species of the genus Porella (Hepaticae). J. Hattori Bot. Lab, 1970, 33: 41~87.

[14] Hattori S. Studies of the Asiatic species of the genus Porella (Hepaticea). J. Hattori Bot. Lab, 1967, 30: 129~151.

[15] Hattori S. Studies of the Asiatic species of the genus Porella (Hepaticae). J. Hattori Bot. Lab,1969, 32: 319~358.

[16] Hu R L. A revision of the Chinese species of Entodon (Musci. Entodontaceae). Bryologist, 1983, 86: 193~200.

[17] Ignatov M S, Hisatsugua, Ignatova E, A Bryophyte flora of Altai Mountains.Ⅶ. Hypnaceae and related Pleurocarps with Bi~Or ecostate leaves. Arctoa, 1996, 6: 21~ 112.

[18] Ignatov M S, Tsogiin T, Benito C T. Mosses of Gobi in Mongolia. J. Hattori Bot., 2004, No.96:183~210.

[19] Li X J, Crosby M R. Moss Flora of China, Vol.2. Beijing, New York, Science Press and Missouri Botanical Garden(St.Louis).2001.

[20] Li Z H. A revision of the Chinese species of Fissidens (Musci, Fissidentaceae. Acta Bot. Fenn., 1985,129:1.

[21] Liu Z S, Wang X M, Li Z G, Cui D Y, Li X G. Feeding habitats of blue sheep (*Pseudois nayaur*) during winter and spring in Helan Mountains, China. Frontiers of Biology in China, 2007, 2(1): 100~107.

[22] Liu Z S, Wang X M, Teng L W, Cao L R., Food habits of blue sheep, *Pseudois*

nayaur in the Helan Mountains, China. Folia Zoologica, 2007, 56(1): 13~22.

[23] Liu Z S, Wang X M, Teng L W, Cui D Y, Li X Q. Estimating the population density of Blue sheep (*Pseudois nayaur*) in Helan Mountain region using distance sampling methods. Ecological Research, 2008, 23(2): 393~400.

[24] Mac Kinnon J P K. 中国鸟类野外手册. 长沙: 湖南教育出版社. 2000.

[25] Margadant W D, Florschutz P A. Index Muscorum, Utrecht-Netherlands, 1969, Volume v (A-Z, Appendix).

[26] Nowak R M. Walker's Mammals of the World. Sixth ed. Vol. Ⅰ-Ⅱ. Baltimore and London: the Johns Hopking University Press, 1999.

[27] Ohtaishi N, Sheng H L. Deer of China: Biology and Management. Netherlands: Elsevier. 1993.

[28] Piippo S. Anotated catalogue of Chinese Hepaticae and Anthocerotae. J. Hattori Bot. Lab, 1990.

[29] Reese W D, LIN P J. A monograph of the Calymperaceae from China .J. Hattori Bot. Lab., 1991, 69:323~332.

[30] So M L. The genus Plagiochila (Hepaticae, Plagiochilaceae) in China. Syst. Bot. Monog., 2001, 60: 1~214.

[31] Stephani M F. Species Hepaticarum. 1910, 4: 242.

[32] Tan B C, Jia Y. A preliminary revision of Chinese Sematophyllaceae. J. Hattori Bot. Lab., 1999, 86: 1~70.

[33] Wang X M, Cao L R, Liu Z S, Fang S G. Mitochondrial DNA variation and matrilineal structure in Blue sheep population of Helan mountain, China. Canadian Journal of Zoology, 2006, 84(10): 1431~1439.

[34] Wang X M, Schaller G B. Status of large mammals in western Inner Mongolia, China. Journal of East China Normal University (Special Issue of Mammals), 1996, 6: 93~104.

[35] Wang H S, Zhang Y L. The biodiversity and characters of spermatophtic genera endemic to China. Acta Botanica Yunnanica, 1994, 16:209~220.

[36] Zhao D P, Bai X L, Wang D X, Jing H M. Bryophyte flora of Helan Mountain in

China. 2006, ARCTOA, A J. Bryology,15:219~235.

[37]Zhao E M, Adler K. Herpetology of China. SSAR&CSSAR. Ohio, USA. 1993.

[38]Zolotov V I. The genus bryum (Bryaceae, Musci) in middle European Russia. Arctoa, 2000, 9:155~232.

[39]Ц. ЦЭГМЭД, Бриофлора горных систем монголии (Монгольский, Алтай, Хангай, Хэнтэй), Санкт–Петербург, 2000.

[40]于有志, 张显理. 宁夏两栖、爬行动物资源初探. 宁夏农学院学报, 1990, 11(1):56~62.

[41]于有志, 张显理. 宁夏两栖爬行动物区系分析及地理区划.宁夏大学学报(自然科学版), 1990, 11(2):82~89.

[42]马克平等. 东灵山地区植物区系的基本特征与若干山区植物区系的关系. 植物研究, 1995, 15(4):501~515.

[43]中国科学院内蒙古宁夏综合考察队.内蒙古植被.北京:科学出版社.1985, 1758~7601.

[44]内蒙古自治区林业勘察设计院, 宁夏贺兰山国家级自然保护区管理局. 宁夏贺兰山国家级自然保护区总体规划(2005~2014).

[45]王小明, 刘志霄, 徐宏发, 李明, 李元广. 贺兰山岩羊种群生态及保护. 生物多样性, 1998,6 (1): 1~5.

[46]王小明, 刘振生, 李志刚, 崔多英, 李新庆.贺兰山岩羊不同年龄和性别昼夜时间分配的季节差异. 动物学研究, 2005, 26(4): 350~357.

[47]王小明, 刘振生, 李新庆, 李志刚. 贺兰山雄性岩羊两个时期生命表的比较. 动物学研究, 2005, 26(5): 467~472.

[48]王小明, 李明, 唐绍祥, 刘志宵, 李元广, 盛和林. 贺兰山偶蹄类动物资源及保护现状研究. 动物学杂志, 1999, 34 (5): 26~29.

[49]王小明, 李明, 唐绍祥, 刘志霄. 春季岩羊种群生态学特征的初步研究. 兽类学报, 1998, 18(1): 27~33.

[50]王小明, 唐绍祥, 李明. 贺兰山的岩羊. 大自然, 1996, (6): 22~23.

[51]王幼芳, 胡人亮. 中国青藓科研究资料 I .植物分类学报, 1998, 36(3): 12~30.

[52]王兆锭, 张鹏. 贺兰山林区马麝的生活习性及保护措施. 内蒙古林业调查设计,

1997, (1): 19~22.

[53] 王应祥. 中国哺乳动物种和亚种分类名录与分布大全. 北京: 中国林业出版社, 2003.

[54] 王香亭, 秦长育, 贾万章, 宋志明, 贺汝良, 钟宁祥.宁夏地区脊椎动物调查报告. 兰州大学学报(自然科学版), 1977, 14(1): 1~18.

[55] 王香亭主编. 宁夏脊椎动物志. 银川: 宁夏人民出版社, 1990.

[56] 王宽仓, 查仙芳. 宁夏贺兰山真菌.宁夏农林科技, 2000 增刊:48~51.

[57] 王荷生. 植物区系地理. 北京: 科学出版社, 1992.

[58] 王荷生. 张镱锂. 中国种子植物特有属的生物多样性和特征. 云南植物研究, 1994,16131:209~220.

[59] 邓叔群. 中国的真菌. 北京:科学出版社, 1963, 1503~6251.

[60] 仝治国.中国几种旱生藓类的新分布.内蒙古大学学报, 1963, 2: 73~85.

[61] 卯晓岚. 中国大型真菌. 郑州: 河南科学技术出版社, 2000.

[62] 卯晓岚. 我国大型经济真菌的分布及资源评价. 自然资源.1988, (2):79~841.

[63] 左家甫等. 植物区系的数值分析. 北京: 科学出版社, 1996.

[64] 田连恕. 贺兰山东坡植被.呼和浩特:内蒙古大学出版社, 1996.

[65] 白占奎, 王幼芳. 与青藓科相联系的几个属系统位置的研究. 上海: 上海科学技术文献出版社, 1998, 7~12.

[66] 白学良, 吴鹏程. 中国丛藓科的新纪录属和新纪录种. 植物分类学报, 1997,35(1): 83~85.

[67] 白学良, 郝丽芳. 中国藓类植物新纪录. 内蒙古大学学报, 1996, 27(3): 412~416.

[68] 白学良, 高谦. 中国丛藓科的新纪录属和新纪录种. 内蒙古大学学报, 1993, 24(4): 421~426.

[69] 白学良. 中国几种苔藓植物的新纪录. 隐花植物.生物学, 1998, 5: 31~34.

[70] 白学良. 内蒙古藓类植物初报. 内蒙古大学学报, 1987, 18(2): 311~350.

[71] 白学良主编. 内蒙古苔藓植物志. 内蒙古大学出版社, 1997.

[72] 白学良等. 贺兰山苔藓植物物种多样性、生物量及生态学作用的研究. 内蒙古大学学报(自然科学版), 1998, 29(1): 118~124.

[73] 任青峰, 白新廉, 白庆生. 宁夏贺兰山保护动物的研究. 宁夏大学学报, 1999, (3):

281~284.

[74] 任青峰, 李香兰, 张惠玲, 莫飞鸿. 岩羊行为的初步研究. 宁夏农学院学报, 1999, 20(1): 19~22.

[75] 任青峰, 郭宏玲, 李志刚, 戴金霞. 宁夏岩羊数量与资源利用. 宁夏农林科技(增刊), 1999, 38~42.

[76] 刘旭东. 中国野生大型真菌彩色图鉴. 北京: 中国林业出版社, 2004, 1~208.

[77] 刘志宵, 李元广, 于海, 王小明, 盛和林. 干旱与放牧对贺兰山野生有蹄类影响的初步观察. 华东师范大学学报(自然科学版), 1997, (3): 107~109.

[78] 刘志宵, 盛和林. 贺兰山马麝的渊源. 野生动物, 2000, 21(2): 10.

[79] 刘志霄, 盛和林, 李元广, 王绍绽, 赵登海, 杜和平. 贺兰山林区马麝隔离种群的生存现状及保护. 生态学报, 2000, 20(3): 463~467.

[80] 刘波. 中国药用真菌(第三版).太原: 山西人民出版社, 1984, 1~228.

[81] 刘振生.贺兰山脊椎动物,银川:宁夏人民出版社,2009.

[82] 刘振生, 王小明, 李志刚, 崔多英, 李新庆. 贺兰山岩羊冬春季取食生境的比较. 动物学研究, 2005, 26(6): 580~589.

[83] 刘振生, 王小明, 李志刚, 崔多英. 贺兰山岩羊(*Pseudois nayaur*)夏季取食和卧息生境选择. 生态学报, 2008, 28(9): 4277~4285.

[84] 刘振生, 王小明, 李志刚, 翟昊, 胡天华. 贺兰山岩羊的数量与分布. 动物学杂志, 2007, 42(3): 1~8.

[85] 刘振生, 曹丽荣, 王小明, 李涛, 李志刚. 贺兰山岩羊冬季对卧息地的选择. 兽类学报, 2005, 25(1): 1~8.

[86] 刘振生, 曹丽荣, 王小明. 宁夏贺兰山岩羊种群的管理和保护. 野生动物, 2004, 25(1): 56.

[87] 刘振生, 曹丽荣, 翟昊, 胡天华, 王小明. 贺兰山区马鹿对冬季生境的选择性. 动物学研究, 2004, 25(5): 403~409.

[88] 刘晓红, 翟昊, 吕海军, 周全良. 宁夏贺兰山国家级自然保护区脊椎动物调查研究. 宁夏农学院学报, 2004, 25(4): 22~29.

[89] 刘培贵. 内蒙古大青山高等真菌垂直分布规律及资源评价. 山地研究, 1992, 10(1):19~241.

[90]刘楚光, 王艳. 宁夏贺兰山自然保护区岩羊种群数量变化调查. 陕西师范大学学报 (自然科学版), 2006, 34(专辑): 159~162.

[91]吕海军, 李志刚, 翟昊, 李涛, 胡天华, 赵春玲, 王海林, 李永新, 石红岩, 王志诚, 常振林, 焦荣峰, 徐荷萍. 中德合作宁夏贺兰山封山育林育草项目区岩羊监测调查. 宁夏农林科技(增刊), 2000, 15~18.

[92]朱瑞良, 王幼芳等.苔藓植物研究进展 I –我国苔藓植物研究现状与展望 .西北植物学报, 2002, 22(2): 444~451.

[93]纪俊侠. 河北雾灵山苔藓植物研究. 北京: 首都师范大学生物系硕士论文, 1985.

[94]余玉群, 郭松涛, 白庆生, 李志刚, 胡天华, 吕海军. 贺兰山岩羊种群结构的季节性变化. 兽类学报, 2004, 24(3): 200~204.

[95]吴征镒, 王荷生.中国自然地理——植物地理(上册).北京: 科学出版社, 1983.

[96]吴征镒. 论中国植物区系的分区问题. 云南植物研究, 1979, 1(1): 1~221.

[97]吴钲镒. 中国种子植物属的分布区类型.云南植物研究,1991, IV: 1~139

[98]吴鹏程主编.中国苔藓志(第八卷).北京: 科学出版社,2004.

[99]吴鹏程主编.中国苔藓志(第六卷).北京: 科学出版社,2002.

[100]吴鹏程主编.横断山区苔藓植物志.北京: 科学出版社,2000.

[101]宋刚, 王黎元, 杨文胜. 贺兰山高等真菌的分类研究. 阴山学刊 (一), 1993, 12(2): 19~37.

[102]宋刚, 王黎元, 杨文胜. 贺兰山高等真菌的分类研究. 阴山学刊 (二), 1994, 12(3): 30~43.

[103]宋刚. 贺兰山的主要食用菌. 中国食用菌, 1992, 11(1): 26.

[104]张大治, 张显理. 宁夏两栖动物地理分布. 宁夏农林科技, 1997, (4):33.

[105]张文彤主编.SPSS11 统计分析教程(高级篇).北京希望电子出版社,2002,190~200.

[106]张功, 峥嵘, 巴图等. 贺兰山大型真菌资源调查记述. 内蒙古师范大学报 (自然科学版), 2000, 29(4): 292~296.

[107]张显理, 于有志. 宁夏哺乳动物区系与地理区划研究. 兽类学报, 1995, 15(2): 128~136.

[108]张显理, 李志军, 樊庆玲, 马亮亮, 王巧荣.贺兰山岩羊摄食量和能量需求研究. 农业科学研究, 2006, 27(2): 30~32.

[109] 张显理, 李志刚, 吕海军, 郭宏玲. 宁夏马鹿的生态习性与种群动态研究. 宁夏农林科技 (增刊), 1999, 22~27.

[110] 张显理, 李志刚, 李正, 马勇玺, 张铁师, 翟昊. 宁夏贺兰山马鹿春季种群数量与种群动态研究. 宁夏大学学报(自然科学版), 2006, 27(3): 263~265.

[111] 张显理, 翟昊, 张铁师, 李正, 马勇玺, 李志刚. 宁夏贺兰山岩羊春季种群生态研究. 宁夏大学学报(自然科学版), 2007, 28(3): 268~270.

[112] 张显理, 于有志. 宁夏回族自治区两栖爬行动物区系与地理区划. 见赵尔宓主编《蛇蛙研究丛书(8)》, 1995, 165~170.

[113] 张显理, 于有志. 宁夏回族自治区爬行动物区系与地理区划. 四川动物, 2002, 21(3): 149~151.

[114] 张荣祖. 中国动物地理. 北京: 科学出版社, 1999.

[115] 张荣祖等. 中国哺乳动物分布. 北京: 中国林业出版社, 1997.

[116] 李建宗, 胡新文, 彭寅斌. 湖南大型真菌志. 长沙: 湖南师范大学出版社, 1993, 45~89.

[117] 李林玉, 金航, 张金渝等. 中国药用真菌概述. 微生物学杂志, 2003, 3.

[118] 李茹光. 吉林省真菌志(第一卷). 长春: 东北师范大学出版社, 1991, 56~78.

[119] 李涛, 曹丽荣, 刘振生. 蓬勃发展中的宁夏贺兰山国家级自然保护区. 野生动物, 2005, 26(3): 42~43.

[120] 李新庆, 刘振生, 王小明, 崔多英, 李志刚, 胡天华. 发情交配期贺兰山岩羊的集群特征. 兽类学报, 2007, 27(1): 39~44.

[121] 汪松, 解焱. 中国物种红色名录(第一卷). 北京: 高等教育出版社, 2004.

[122] 汪松, 解焱主编. 中国物种红色名录(第一卷.红色名录). 北京: 高等教育出版社, 2004.

[123] 汪松主编. 中国濒危动物红皮书——兽类. 北京: 科学出版社, 1998.

[124] 狄维忠主编. 贺兰山维管植物. 西安: 西北大学出版社, 1986.

[125] 闵三弟. 真菌的药用价值. 食用菌学报. 1996, 345~564.

[126] 陈邦杰主编. 中国藓类植物属志（上册）. 北京: 科学出版社, 1963.

[127] 陈邦杰主编. 中国藓类植物属志(下册). 北京: 科学出版社, 1978.

[128] 陈邦杰, 黎兴江. 中国泥炭藓属植物的初步观察. 植物分类学报, 1956, 5(3): 17~24.

[129] 陈邦杰. 中国苔藓植物生态群落和地理分布的初步报告. 植物分类学报, 1958, 7(4): 271~293.

[130] 陈阜东. 南极洲菲德斯半岛苔藓植物手册. 北京: 海洋出版社, 1995.

[131] 国家林业局野生动植物保护与自然保护区管理司编. 国家级自然保护区工作手册. 北京: 中国林业出版社, 2008.

[132] 图力古尔. 大青山自然保护区菌物多样性. 呼和浩特: 内蒙古教育出版社, 2004, 25~26.

[133] 季达明, 温世生等. 中国爬行动物图鉴. 郑州: 河南科学技术出版社, 2002.

[134] 林骥. 贺兰山野生动物考察概况. 野生动物, 1985, 5(4): 5~6.

[135] 胡人亮主编. 中国苔藓志(第七卷). 北京: 科学出版社, 2005.

[136] 胡天华, 李涛. 宁夏贺兰山自然保护区马鹿的生物学特性和饲养管理. 宁夏农林科技, 2002, (3): 21~22.

[137] 胡天华, 李涛. 宁夏贺兰山马麝资源的兴衰及保护管理对策. 野生动物, 2003, 24(4): 4~5.

[138] 胡晓云, 吴鹏程. 四川金佛山藓类植物区系的研究. 植物分类学报, 1991, (4): 315~334.

[139] 费梁主编. 中国两栖动物图鉴. 郑州: 河南科学技术出版社, 1999.

[140] 贺士元主编. 河北植物志(第一卷). 石家庄: 河北科技出版社, 1986.

[141] 贺永喜. 贺兰山麓野生食(药)用真菌资源调查初告. 中国食用菌, 2002, 22(3):7~9.

[142] 赵文阁等. 黑龙江省两栖爬行动物志. 北京: 科学技术出版社, 2008.

[143] 赵尔宓, 张学文, 赵蕙, 鹰岩. 中国两栖纲和爬行纲动物校正名录. 四川动物, 2000, 19(3): 196~207.

[144] 赵尔宓, 宗愉, 黄美华等. 中国动物志—爬行纲第三卷(有鳞目:蛇亚目). 北京: 科学出版社, 1998.

[145] 赵尔宓, 赵肯堂, 周开亚等. 中国动物志—爬行纲第二卷 (有鳞目: 蜥蜴亚目). 北京: 科学出版社, 1999.

[146] 赵尔宓主编. 四川爬行类原色图鉴. 北京: 中国林业出版社, 2003.

[147] 赵尔宓著. 中国蛇类. 合肥: 安徽科学技术出版社. 2005.

[148] 赵建成, 李秀芹. 中国大帽藓科(Encalyptaceae. Musci)植物分类和分布的研究. 西北植物学报, 2002, 22(3): 11~29.

[149] 赵建成. 新疆东部天山苔藓植物区系. CHENIA, 1993, 1: 99~112.

[150] 赵登海. 贺兰山森林岛野生动物多样性. 野生动物, 2003, 24(2): 8~10.

[151] 赵殿生. 贺兰山马鹿及其保护利用. 野生动物, 1983, 4(3) :29~32.

[152] 赵德胜. 兴安南部苔藓植物分类和地理分布. 呼和浩特: 内蒙古大学学士学位论文, 1992.

[153] 赵遵田, 曹同. 山东苔藓植物志. 济南: 山东科学技术出版社, 1998.

[154] 赵遵田, 鲁艳芹. 山东鲁山苔藓植物的研究. 山东科学, 1998, 11(2): 43~50.

[155] 敖志文, 张光初. 黑龙江植物志(第一卷).哈尔滨: 东北林业大学出版社, 1985.

[156] 敖志文, 高谦. 黑龙江和大兴安岭藓类植物. 哈尔滨: 东北林业大学出版社, 1992.

[157] 秦长育. 宁夏啮齿动物与防治. 银川: 宁夏人民出版社, 2003.

[158] 秦长育. 宁夏啮齿动物区系及动物地理区划. 兽类学报, 1991, 11(2): 143~151.

[159] 高谦主编. 中国苔藓志(第二卷). 北京: 科学出版社, 1996.

[160] 高谦主编. 中国苔藓植物志(第一卷). 北京: 科学出版社, 1994.

[161] 崔多英, 刘振生, 王小明, 翟昊, 胡天华, 李志刚. 贺兰山马鹿冬季食性分析. 动物学研究, 2007, 28(4): 383~388.

[162] 曹丽荣, 王小明, 方盛国. 从细胞色素 b 基因全序列差异分析岩羊和矮岩羊的系统进化关系. 动物学报, 2003, 49 (2): 198~204.

[163] 曹丽荣, 王小明, 饶刚, 万秋红, 方盛国. 从细胞色素 b 基因全序列分析岩羊和山羊、绵羊的系统发生关系. 兽类学报, 2004, 24(2): 109~114.

[164] 曹丽荣, 刘振生, 王小明, 胡天华, 李涛, 翟昊, 侯建海.春冬两季贺兰山岩羊集群特征的比较研究. 动物学杂志, 2005, 40(2): 28~33.

[165] 曹丽荣, 刘振生, 王小明, 胡天华, 翟昊, 侯建海. 贺兰山保护区冬季岩羊集群特征的初步分析. 兽类学报, 2005, 25(2): 200~204.

[166] 梁云媚, 王小明. 岩羊角及头骨形态的比较研究. 华东师范大学学报 (自然科学版) (哺乳动物专辑), 1999, 154~58.

[167] 梁云媚, 王小明. 贺兰山岩羊的生命表和春夏季节社群结构的研究. 兽类学报, 2000, 20(4): 258~262.

[168] 梁存柱, 朱宗元, 王炜等.贺兰山植物群落类型多样性及其空间分异. 植物生态学报, 2004, 28(3): 361~368.

［169］盛和林等编著.中国鹿类动物. 上海: 华东师范大学出版社, 1992.

［170］傅景文主编. 宁夏鸟类图鉴. 银川: 宁夏人民出版社, 2007.

［171］谢树莲, 邱丽氚. 山西的苔藓植物.山西大学学报(自然科学版), 1992, 15(1): 78~81.

［172］路端正. 贺兰山习见苔藓植物. 北京林业大学学报, 1998, 20(1): 36~41.

［173］翟昊, 王力军. 宁夏蛇类一新纪录——王锦蛇. 四川动物, 2009, 28(2): 277.

［174］裴鑫德. 多元统计分析及其应用. 北京: 北京农业大学出版社, 1991.

［175］黎兴江主编. 中国苔藓志(第三卷). 北京: 科学出版社, 2000.

［176］黎兴江主编. 中国苔藓志(第四卷). 北京: 科学出版社, 2006.

［177］黎兴江主编. 西藏苔藓植物志. 北京: 科学出版社, 1985.

［178］戴芳澜. 中国真菌总汇. 北京: 科学出版社, 1979, 1374~7531.